普通高等教育“十二五”规划教材

AutoCAD 2015
实用教程

主　编　丁绪东
副主编　刘长慧　段培永
编　写　刘书军　阎　俏
　　　　王新立　刘兆峰

中国电力出版社
CHINA ELECTRIC POWER PRESS

内 容 提 要

本书延续了《AutoCAD 2007 实用教程》的基本结构，采用由浅入深、理论结合实例的方式，全面介绍了 AutoCAD 最新版本 AutoCAD 2015 的使用方法及其功能。全书共分 14 章，主要讲述 AutoCAD 2015 入门基础知识，基本绘图基础和设置，基本二维图形绘制，绘图辅助工具，通用编辑命令，尺寸标注，块与动态块的创建与使用，布局的创建和图形的打印，三维实体模型的创建，三维实体的编辑，三维曲面建模和编辑，三维网格的建模和编辑，三维模型的视觉样式和渲染，三维视图和三维坐标系等内容。与以前的版本相比，本书新增了大量的应用案例，注重绘图方法与绘图技巧的讲解。

本书内容详尽，语言通俗易懂，书中配有大量的插图和课后练习，可以使读者迅速、准确、深入地掌握 AutoCAD 的各种命令及技巧。本书所讲述的大量实例和绘图技巧，可使读者在实际绘图中达到事半功倍的目的。

本书是普通高等学校教材，适合学习和使用 AutoCAD 的本科生、大中专院校师生、科技工作者和工程技术人员阅读和参考。

图书在版编目（CIP）数据

AutoCAD 2015 实用教程/丁绪东主编. —北京：中国电力出版社，2014. 8（2019. 8 重印）

普通高等教育“十二五”规划教材

ISBN 978-7-5123-6308-3

Ⅰ. ①A… Ⅱ. ①丁… Ⅲ. ①AutoCAD 软件-高等学校-教材 Ⅳ. ①TP391. 72

中国版本图书馆 CIP 数据核字（2014）第 182298 号

中国电力出版社出版、发行

（北京市东城区北京站西街 19 号 100005 http://www.cepp.sgcc.com.cn）

三河市百盛印装有限公司印刷

各地新华书店经售

*

2014 年 8 月第一版 2019 年 8 月北京第四次印刷

787 毫米×1092 毫米 16 开本 25.75 印张 628 千字

定价 **49.00** 元

前　言

美国Autodesk公司开发的AutoCAD是目前国内外应用最广泛的计算机辅助绘图和设计的软件包。自1982年问世以来，该软件已经进行了二十多次升级，其功能逐渐强大，日趋完善。如今，AutoCAD已广泛应用于机械、建筑、电子、航天、造船、石油化工、冶金、农业气象、纺织和轻工等领域。在中国，AutoCAD已成为工程设计领域应用最广泛的计算机设计软件之一。

编者总结多年来从事AutoCAD教学和开发设计的经验，于2004年和2007年分别编写了高等教育“十五”规划教材《AutoCAD 2004实用教程》和高等教育“十一五”规划教材《AutoCAD 2007实用教程》两本书。自两本书出版以来，得到了广大读者的一致好评，国内很多高校都选用该书作为AutoCAD相关课程的参考教材。随着AutoCAD技术的发展，Autodesk公司于2014年5月发布了AutoCAD的最新版本AutoCAD 2015，原先的教材已经不能满足读者的要求。为此，编者在总结前一种教材编写经验的基础上，广泛吸取读者的意见以及同行专家的建议，编写了本教材。

本教材延续《AutoCAD 2007实用教程》的基本结构，全书共14章，主要讲述AutoCAD入门基础知识、绘图的辅助工具、基本二维图形的绘制、尺寸标注、块与动态块的创建与使用、布局的创建和图形的打印、三维实体模型的创建和使用、三维实体的编辑、三维曲面建模和编辑、三维网格的建模和编辑、三维模型的视觉样式和渲染、三维视图和三维坐标系等内容。与以前的版本相比，本教材新增了大量的应用实例，注重绘图方法与绘图技巧的讲解。本教材在讲述的过程中注重AutoCAD的学习方法，以及AutoCAD的绘图技巧，并配有大量的插图以方便读者阅读，非常适合大中专院校的学生，以及从事计算机辅助设计及相关工作的人员使用。本教材主要包含以下几方面的特点：

(1) 注重常用基本操作命令的讲解，特别适合AutoCAD的初学者。

(2) 突出了AutoCAD 2015新增功能的讲解。对AutoCAD 2015新增的功能及改进的命令都在相关章节进行了重点讲解。

(3) 在讲述绘图命令的同时，结合大量应用实例，重点讲述了AutoCAD基本的绘图方法与绘图技巧。既适合教师课堂讲授，又适合学生课后自学。

(4) 对AutoCAD大多数常用的绘图命令都做了详细的讲解。在讲解的过程中，不仅列举了激活命令的各种方法，而且统一了命令讲解的格式，非常方便读者的学习和查阅。因此，本教材也可作为从事AutoCAD应用开发工作的工程师和技术人员的参考用书。

(5) 每章的最后附有大量的练习和图例，通过练习，使读者更加深刻地理解本章AutoCAD的各种命令及使用技巧。

在本书的编写过程中，大量的教授、专家以及读者对本书的出版提出了许多宝贵的建议，在此，向他们致以最诚挚的感谢！

限于时间和水平，疏漏之处在所难免，敬请广大读者批评指正。

编　者

2014年7月

目 录

第一章　AutoCAD 2015 入门基础

教学目标

通过本章的学习，读者应了解 AutoCAD 的发展历史以及 AutoCAD 的主要功能，学会使用 AutoCAD 命令、系统变量以及帮助功能的基本方法，熟练掌握 AutoCAD 2015 的操作界面和基本操作命令，从而达到使读者对 AutoCAD 2015 有一个初步认识的目的。

教学重点

（1）AutoCAD 绘图界面。
（2）AutoCAD 基础知识。
（3）AutoCAD 命令与系统变量的使用。
（4）AutoCAD 帮助功能。

第一节　AutoCAD 的发展历史

AutoCAD（Auto Computer Aided Design，自动计算机辅助设计）是 Autodesk 公司首次于 1982 年开发的自动计算机辅助设计软件，用于二维绘图、详细绘制、设计文档和基本三维设计。经过三十多年，二十多次版本的升级，已经成为一个功能完善的计算机设计绘图软件。现已经成为国际上广为流行的绘图工具。AutoCAD 具有良好的用户界面，通过交互菜单或命令行方式便可以进行各种操作。其多文档设计环境，让非计算机专业人员也能很快地学会使用。它具有易于掌握、使用方便、体系结构开放等优点，目前已广泛应用于机械、建筑、电子、航天、造船、石油化工、土木工程、冶金、地质、气象、纺织、轻工、商业等领域。

AutoCAD 2015 是 Autodesk 公司于 2014 年推出的最新版本。它扩展了 AutoCAD 以前版本的优势和特点。新增了新选项卡，从创建页面中可以访问样例、最近打开的文件、产品更新通知，以及连接社区界面。在“了解”页面可以看到入门视频、提示和其他联机学习资源。全新的深色主题界面结合了传统的深色模型空间，可最大程度地降低绘图区域和周围工具之间的对比度。状态栏也得到了简化，可以从自定义菜单中选择要显示哪些工具。Autodesk 添加了新的方法可帮助用户查看所需要的工具，只要单击按钮图标或查找链接，就会显示动态显示的箭头，将用户引导至功能区域的工具。AutoCAD 2015 添加了平滑线显示来增强图形体验，可以在新的图形性能对话框中启用平滑线显示，如直线和圆等对象，以及类似栅格线的工程图附注都具有更平滑的显示。在创建和编辑对象时视觉反馈已得到改善。当选择任意对象时其颜色将发生变化，并保持亮显，以清楚地将其标识为选择集的一部分。AutoCAD 2015 添加了新的套索选择工具。单击图形的空白区域，并围绕要选择的对象进行拖动。光标被提升为带有反映常用操作状态的标记。AutoCAD 2015 还添加了常用编辑命令的预览，例如在修剪对象时，将对被删除的对象进行稍暗显示。而且光标标识指示该线段将被修剪。AutoCAD 2015 中显著增强了模型空间视口，在模型空间中创建了多个视口后，亮蓝色边界会标识活动视口，拖动到边界的边缘来删除另一个视口。通过拖动水平或垂直边界，可以调整任意视口的大小在拖动边界的同时按住 Ctrl 键，可拆分模型空间视口。还增强了动态观察工具，使用户可以更好地控制目标点。地理位置功能也得到了增强，可以设置位置工具在地图中设置地理位置，当使用联机地图数据时，地理位置对话框将引导用户完成指定地理位置的过程，地理位置功能区的新工具使用户能够捕获用于打印的区域或者新视口。

AutoCAD 2015 简体中文版为中国的用户提供了更高效、更直观的设计环境，使得设计人员使用更加得心应手。与 AutoCAD 先前的版本相比，它不仅在性能和功能方面有较大的增强，而且还与低版本完全兼容。下面将以表格的形式对 AutoCAD 的发展史做简单介绍(见表 1-1)。

表 1-1　　AutoCAD 的发展历程

发布日期	版本号	主要新增功能
1982 年 12 月	AutoCAD R1.0 版	只有简单的几个命令，如 Line（画线）、Circle（画圆）等，运行于很低级的 DOS 操作系统上
1984 年 11 月	AutoCAD R2.0 版	功能有所增强，但仅仅是一个用于二维绘图的软件
1987 年 6 月	AutoCAD R3.0 版	增加了三维绘图功能，并第一次增加了 AutoLisp 汇编语言，提供了二次开发平台，使用户可根据需要进行二次开发，扩展了 AutoCAD 的功能
1987 年 9 月	AutoCAD R9.0 版	增加了下拉菜单、屏幕菜单，增强了交互功能
1988 年 10 月	AutoCAD R10.0 版	对 9.0 版做了完善，并增强了三维绘图功能
1990 年 10 月	AutoCAD R11.0 版	第一个 DOS 操作系统以外的版本
1992 年 7 月	AutoCAD R12.0 版	在用户界面上做了更多的改进，如下拉菜单、对话框等，更增强了三维建模和渲染功能
1994 年 11 月	AutoCAD R13.0 版	对上一版本的部分命令做了增删
1997 年 6 月	AutoCAD R14.0 版	第一次摒弃了 DOS、UNIX 等操作系统中的版本，同时第一次有了针对中国市场的 AutoCAD R14.0 中文版，可以不用借助第三方软件直接加注汉字
1999 年 3 月	AutoCAD 2000 版	新增了 AutoCAD 设计中心（ADC）、多文档设计环境（MDE）、新的对象捕捉功能、快速标注（QDIM）以及局部打开和局部加载等功能
2001 年 6 月	AutoCAD 2002 版	主要在运行速度和网络操作方面做了进一步加强
2003 年 3 月	AutoCAD 2004 版	在速度、数据共享和软件管理方面有显著的改进和提高
2004 年 3 月	AutoCAD 2005 版	主要在图纸管理器、绘图工具以及打印和发布工具等方面做了很大改善
2005 年 3 月	AutoCAD 2006 版	增加的动态块和动态输入功能，并增强了一些命令的基本功能
2006 年 3 月	AutoCAD 2007 版	在三维图形的创建和用户界面方面有了较大的改进，同时增强了导航功能
2007 年 12 月	AutoCAD 2008 版	提供了创建、展示、记录和共享构想所需的所有功能
2008 年 5 月	AutoCAD 2009 版	软件整合了制图和可视化，加快了任务的执行，能够满足个人用户的需求和偏好，能够更快地执行常见的 AutoCAD 任务，更容易找到那些不常见的命令

续表

发布日期	版本号	主要新增功能
2009 年 3 月	AutoCAD 2010 版	新增了自由形式的设计工具，参数化绘图，并加强了 PDF 格式的支持
2010 年 5 月	AutoCAD 2011 版	增强了 2D 编辑工具，提供了更为强大的三维自由现状设计
2011 年 4 月	AutoCAD 2012 版	新增了更多强而有力的 3D 建模工具；其他的强化功能还加快了启动和命令速度、提升产品的整体性能，并展现了优良的图形和视觉体验
2012 年 4 月	AutoCAD 2013 版	增强了图形处理等方面的功能；增加了参数化绘图功能
2013 年 3 月	AutoCAD 2014 版	增强了命令行功能，可以提供更智能、更高效的访问命令和系统变量；在支持地理位置方面同样有较大的增强；增强了绘图、注释、外部参照、图层管理器等功能
2014 年 5 月	AutoCAD 2015 版	新增的全新深色主题界面可最大程度地降低绘图区域和周围工具之间的对比；还新增了平滑线显示、常用编辑命令的预览等功能，以及套索选择工具；显著增强了模型空间视口、动态观察工具以及地理位置功能

第二节　AutoCAD 主要功能概述

AutoCAD 是一个辅助设计软件，满足通用设计和绘图的要求，提供了各种接口，可以和其他设计软件共享设计成果，并能十分方便地进行图形文件管理。AutoCAD 提供了如下主要功能：

（1）平面绘图：能以多种方式创建直线、圆、椭圆、多边形、样条曲线等基本图形对象。

（2）编辑图形：AutoCAD 具有强大的编辑功能，可以移动、复制、旋转、阵列、拉伸、延长、修剪、缩放对象等。

（3）绘图辅助工具：AutoCAD 提供了正交、对象捕捉、极轴追踪、捕捉追踪等绘图辅助工具，保证精确绘图。正交功能使用户可以很方便地绘制水平、竖直直线，对象捕捉可帮助拾取几何对象上的特殊点，而追踪功能使画斜线及沿不同方向定位点变得更加容易。

（4）图层管理功能：图形对象都位于某一图层上，可设定图层颜色、线型、线宽等特性。使用图层管理器管理不同专业和类型的图线，可以根据颜色、线型、线宽分类管理图线，并可以方便地控制图形的显示或打印。

（5）视图显示控制：具备缩放、平移等动态观察功能，并具有透视、投影、轴测、着色等多种图形显示方式。

（6）图块的创建与插入：提供图块及属性等功能，大大提高绘图效率。

（7）标注尺寸：可以创建多种类型尺寸，标注外观可以自行设定。

（8）书写文字：能轻易地在图形的任何位置、沿任何方向书写文字，可设定文字字体、倾斜角度及宽度缩放比例等属性。

（9）表格的创建与编辑：可以通过空的表格或表格样式创建空的表格对象；还可以将表格链接至 Microsoft Excel 电子表格中的数据。

（10）图纸管理：提供图纸集功能，可方便地管理设计图纸，进行批量打印等。

（11）三维绘图与编辑：创建三维几何模型，并可以对其进行修改或提取几何和物理特性。提供在三维空间中的各种绘图和编辑功能，具备三维实体和三维曲面造型的功能，便于用户对设计有直观地了解和认识。

(12) 网络功能：可将图形在网络上发布，或是通过网络访问 AutoCAD 资源。

(13) 数据交换：AutoCAD 提供了多种图形图像数据交换格式及相应命令。

(14) 二次开发：针对不同专业的用户需求，AutoCAD 提供强大的二次开发工具，让用户能定制和开发适用于本专业设计特点的功能。在这方面提供了如下功能：具备强大的用户定制功能，用户可以方便地将界面、快捷键、工具选项板、简化命令等改造得更易于使用；具有良好的二次开发性，AutoCAD 提供多种方式以使用户按照自己的思路去解决问题；AutoCAD 开放的平台使用户可以用 AutoLISP、LISP、ARX、VBA、AutoCAD.NET 等语言开发适合特定行业使用的 CAD 产品。

第三节 AutoCAD 2015 的系统配置及安装

一、系统需求

AutoCAD 2015 系统需求如下：

(1) 操作系统：Windows 8/8.1 的标准版、企业版或专业版；Windows 7 企业版、旗舰版、专业版或家庭高级版的操作系统。

(2) 处理器：

1) 对于 32 位 AutoCAD 2015：支持 SSE2 技术的英特尔 Pentium（奔腾）4 或 3.0GHz 或更高的 AMD 速龙双核处理器。

2) 对于 64 位 AutoCAD 2015：

支持 SSE2 技术的 AMD Athlon 64 处理器。

支持 SSE2 技术的 AMD Opteron 处理器。

支持英特尔 EM64T 和 SSE2 技术的英特尔至强处理器。

支持英特尔 EM64T 和 SSE2 技术的奔腾 4 处理器。

(3) 内存：2GB RAM（推荐使用 8GB）。

(4) 硬盘：6GB 的可用磁盘空间用于安装。

(5) 视频：1024×768 显示分辨率真彩色（推荐 1600×1050）。

(6) 浏览器：Microsoft Internet Explorer® 9.0 或更高版本的 Web（网页）浏览器。

(7) 介质：下载或 DVD 安装。

二、安装过程

1. 执行安装程序

将 AutoCAD 2015 安装光盘放入光盘驱动器（简称光驱）后，将自动运行安装程序；用户也可在 Windows 系统的“资源管理器”中查找光盘中的 setup.exe 文件并运行该文件。安装程序将先后显示如图 1-1（a）和（b）所示的 AutoCAD 2015 的安装界面。

单击图 1-1（b）所示的安装界面中“安装”按钮，将弹出“许可协议”对话框，如图 1-2 所示。

2. 签署许可协议

用户应认真阅读该协议，如果接受该协议，则选取“我接受”选项，单击“下一步”按钮继续安装系统。否则选取“我拒绝”选项，退出安装程序。

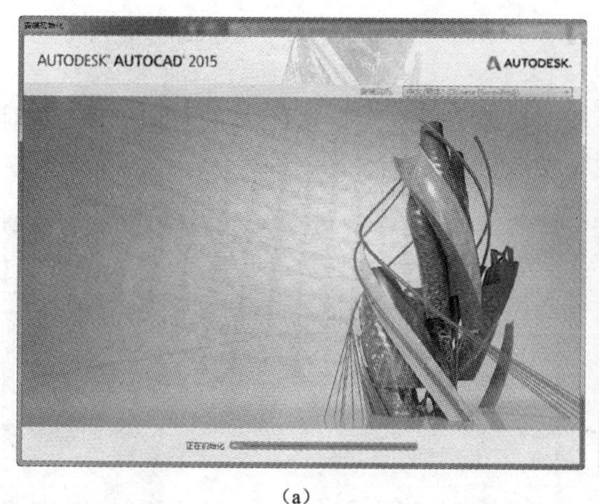

(a)

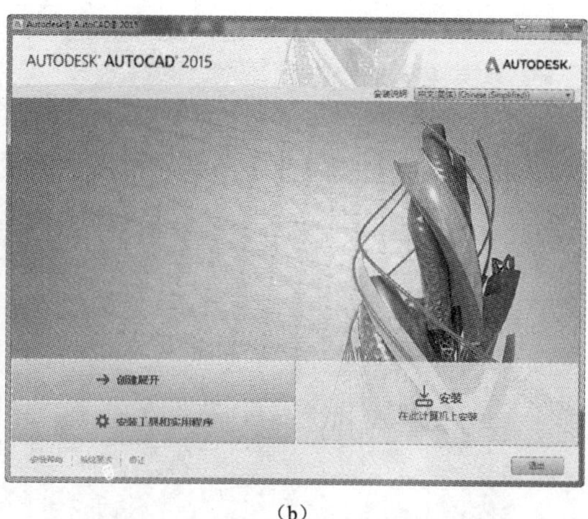

(b)

图 1-1　AutoCAD 2015 的安装界面

3. 输入产品信息

如果用户接受许可协议，可单击图 1-2 中的“下一步”按钮，系统将弹出“产品信息”对话框，如图 1-3 所示。安装向导将提示用户选择许可类型，并输入产品序列号和产品密钥（用户可在产品外包装中找到它们）。

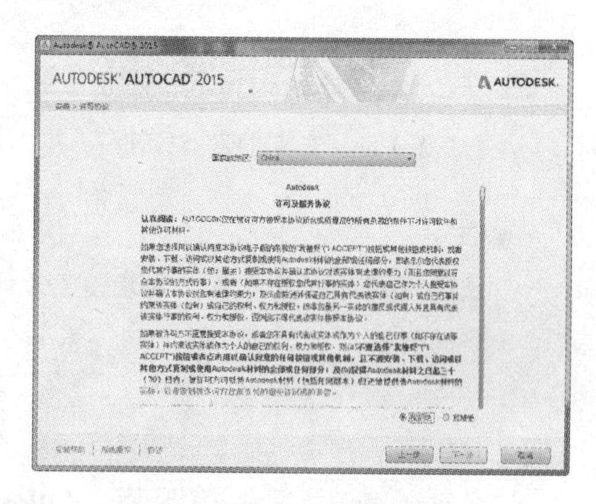

图 1-2　“许可协议”对话框

4. 配置安装

单击图 1-3 中“下一步”按钮打开“配置安装”对话框，如图 1-4 所示。安装向导将提示用户选择安装的程序，以及指定用于安装 AutoCAD 的目录。用户可单击“浏览”按钮来重新指定 AutoCAD 的安装路径。

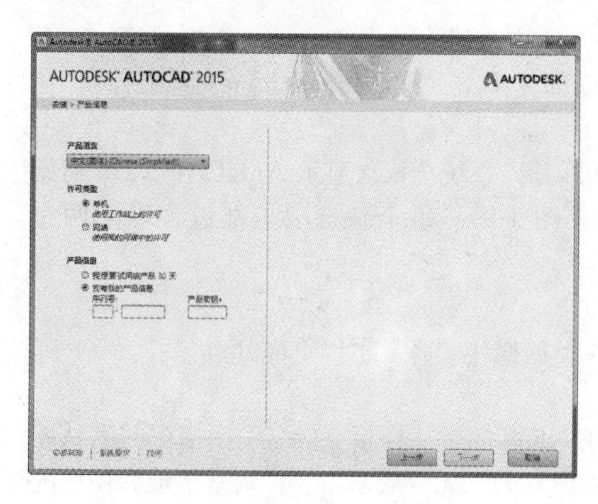

图 1-3　“产品信息”对话框

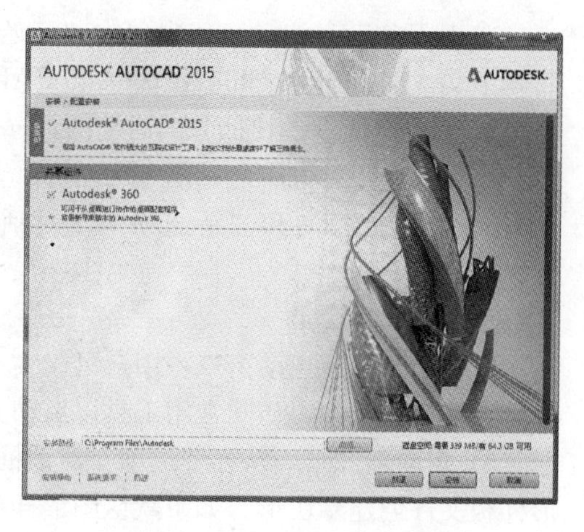

图 1-4　“配置安装”对话框

5. 系统安装

单击图 1-4 中“安装”按钮，安装向导显示“安装进度”对话框，如图 1-5 所示，并开始将 AutoCAD 文件复制到用户的计算机中。

6. 结束安装

安装向导复制完 AutoCAD 文件后，将显示“安装完成”对话框，如图 1-6 所示。该对话框列出了成功安装的选定产品，单击“完成”按钮结束安装。

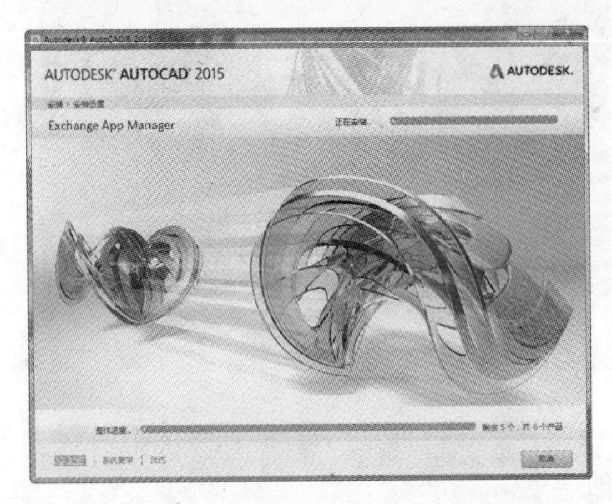

图 1-5 “安装进度”对话框

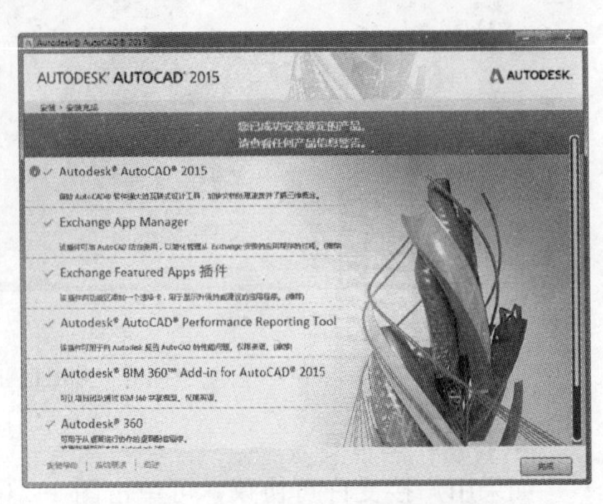

图 1-6 “安装完成”对话框

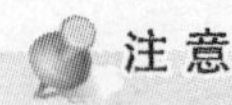

注意

需要重新启动计算机，安装设置才能生效。

第四节 AutoCAD 2015 的基本操作

一、AutoCAD 2015 的启动

从开始菜单启动，依次单击“开始”→“所有程序”→Autodesk→AutoCAD 2015-简体中文（Simplified Chinese）→AutoCAD 2015-简体中文（Simplified Chinese）。

双击桌面上的快捷方式启动图标（见图 1-7）。

使用以上两种方法之一便可启动 AutoCAD 2015，系统会依次显示 AutoCAD 2015 初始化界面（见图 1-8）和“新选项卡”对话框（见图 1-9）。每个新选项卡都包含以下两个页面：

1. “创建”页面

它是一个快速启动窗口，用户可以决定要执行的操作。将显示以下部分：

（1）快速入门。访问常用工具以启动文件。

1）启动新图形。从在“选项”对话框的“QNEW 的默认样板文件名”中指定的默认图形样板文件创建新图形。如果默认图形样板文件设置为“无”或未指定，则基于最后使用的样板创建新图形。

2）样板。列出所有可用的样板。

3）打开文件。显示“选择文件”对话框。

图 1-7　AutoCAD 2015 的快捷方式

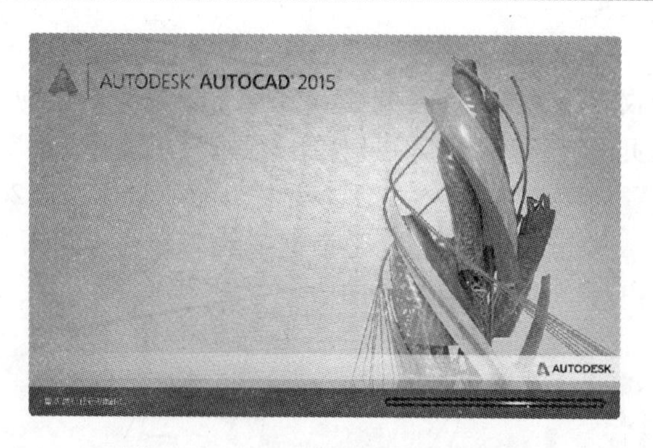

图 1-8　AutoCAD 2015 初始化界面

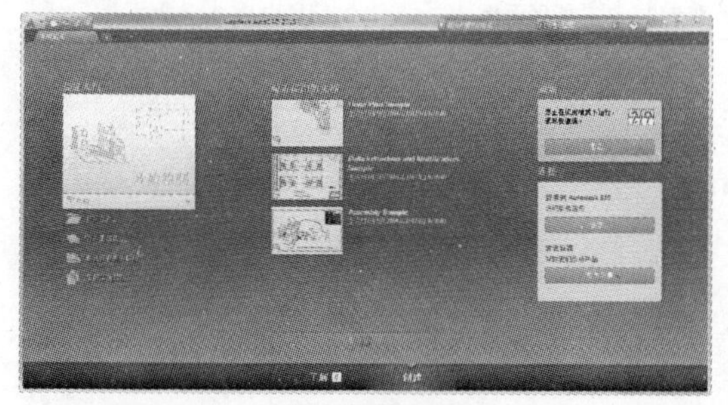

(a)“创建”页面

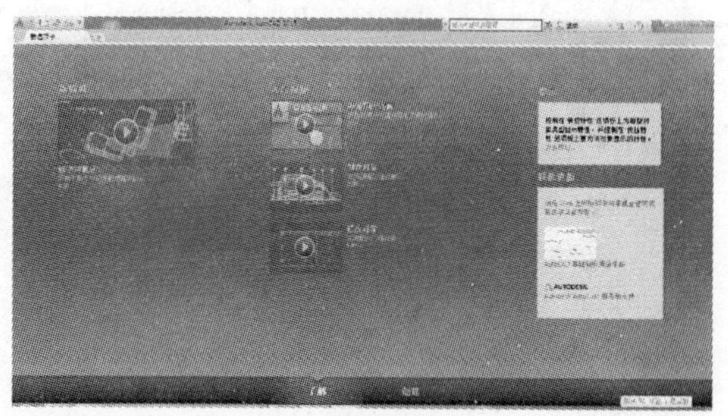

(b)“了解”页面

图 1-9　“新选项卡”对话框

4）打开图纸集。将显示“打开图纸集”对话框。

5）联机获取更多样板。当样板可用时，下载更多样板。

6）研究样例图形。访问安装的样例文件。

（2）最近使用的文档。查看最近使用的文件。通过单击图钉按钮可以使文件保持在列表中。固定的文档将显示在该列表的顶部，直至关闭图钉按钮为止。用户可以在“图像”、“图像和文字”或“仅文字”之间进行选择，以作为显示选项。

（3）通知。显示与产品更新、硬件加速、试用期相关的所有通知，以及脱机帮助文件信息。当有两个或多个新通知时，在页面的底部会显示通知标记。

（4）连接。登录到 Autodesk 360，然后访问联机服务。

（5）反馈。访问联机表单以提供反馈和用户希望看到的任何改进。

2. “了解”页面

“了解”页面提供了对学习资源（例如视频、提示和其他相关联机内容或服务）的访问。每当有新内容更新时，在页面的底部会显示通知标记。

注 意

如果没有 Internet 连接，“了解”页面将不显示。

在“新选项卡”对话框里，可以从样板打开一个新图形，打开最近使用的图像，也可以接收产品通知，登录到 Autodesk 360 账号，或向 Autodesk 公司发送反馈信息。若了解或创建页面有任何更新，可以单击屏幕下方的“了解”选项卡，打开“新选项卡”对话框的“了解”页面，如图 1-9（b）所示来了解 AutoCAD 2015 的更新信息。

单击“新选项卡”对话框中的“开始绘制”，系统进入窗口绘图界面，如图 1-10 所示，用户可以从这里开始绘图。

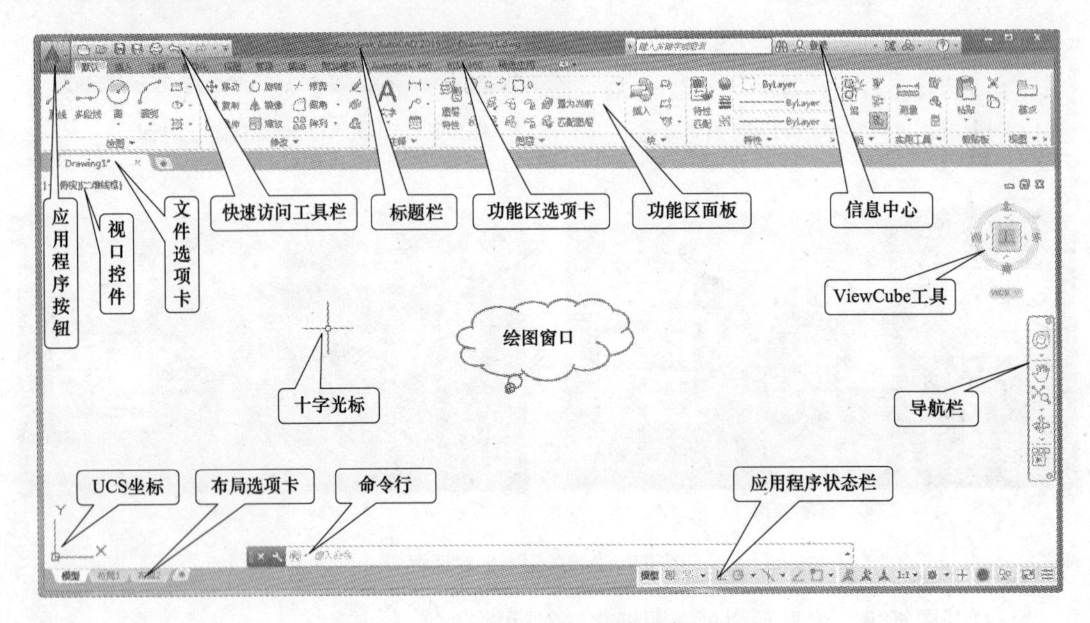

图 1-10 AutoCAD 2015 的绘图窗口界面

二、AutoCAD 2015 的界面

AutoCAD 2015 为用户提供了“草图与注释”、“三维基础”和“三维建模”三种工作空间模式。在此仅介绍“草图与注释”工作空间模式下绘图界面的组成，默认的 AutoCAD 2015“草图与注释”绘图界面主要由应用程序按钮、快速访问工具栏、标题栏、功能区、绘图窗口、布局选项卡、命令行、应用程序状态栏、导航栏、信息中心、ViewCube 工具等元素组成。

1. 应用程序按钮

应用程序按钮位于应用程序窗口的左上角，单击“应用程序按钮”可以打开应用程序下拉菜单，如图 1-11 所示。使用该菜单可以新建、打开、保存、打印或发布图形文件，也可以搜索命令或打开最近使用的文档。

2. 快速访问工具栏

快速访问工具栏位于应用程序窗口顶部左侧，如图 1-12 所示。它提供了对定义的命令集的直接访问。用户可以单击工具栏中的“自定义”按钮打开自定义快速访问工具栏下拉菜单（如图 1-13 所示）来添加、删除和重新定位命令和控件。默认状态下，快速访问工具栏包括新建、打开、保存、另存为、打印、放弃、重做命令。

3. 标题栏

标题栏位于应用程序窗口的最上面，用于显示当前正在运行的程序名及文件名等信息，

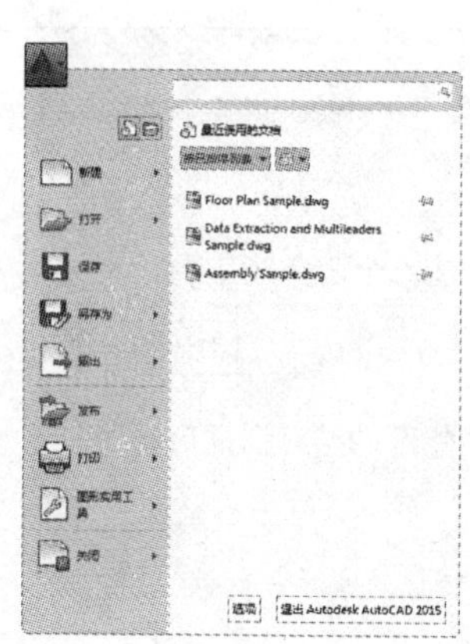

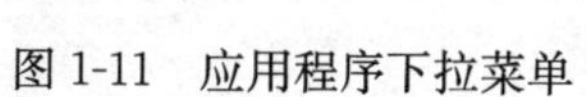
图 1-11　应用程序下拉菜单

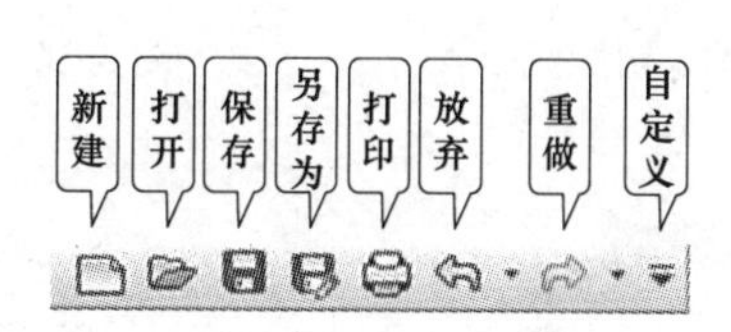

图 1-12　快速访问工具栏

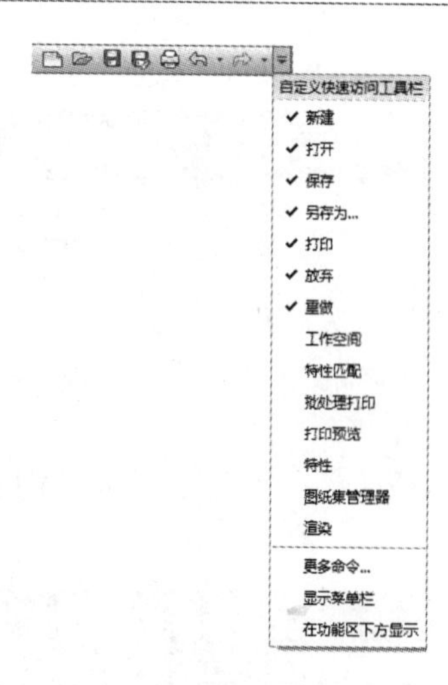

图 1-13　自定义快速访问工具栏下拉菜单

如果是默认的图形文件，其名称为 Drawing*N*. dwg（*N* 是数字）。

4. 菜单栏

默认状态下，AutoCAD 2015 的菜单栏是不显示的。用户可以通过单击“快速访问工具栏”的“自定义”按钮打开“自定义”下拉菜单，然后单击“显示菜单栏”来显示菜单栏，如图 1-13 所示。同样，也可以采用相同的步骤来隐藏菜单栏。AutoCAD 下拉菜单使用说明如下：

（1）命令后跟有“▸”，表示该命令下还有子命令。

（2）命令后跟有快捷键，表示直接按快捷键可以激活该命令。

（3）命令后跟有组合键，说明直接按组合键可以激活该命令。

（4）命令后跟有“...”，表示激活该命令会打开一个对话框。

（5）命令呈现灰色，表示该命令在当前状态下不可使用。

5. 功能区

功能区是显示基于任务的工具和控件的选项板。在创建或打开图形时，默认情况下，AutoCAD 2015 在图形窗口的顶部将显示水平的功能区，如图 1-14 所示。功能区由许多面板组成，这些面板被组织到依任务进行标记的选项卡中。切换功能区选项卡上不同的标签，AutoCAD 显示不同的面板。功能区面板包含的很多工具和控件与工具栏和对话框中的相同。功能区可以水平显示、垂直显示，也可以将功能区设置显示为浮动选项板。

（1）对话框启动器。有些功能区面板会显示与该面板相关的对话框。对话框启动器由面板右下角的箭头图标表示，如图 1-15 所示。单击对话框启动器可以显示相关对话框。

（2）功能区快捷菜单。若要指定要显示的功能区选项卡和面板，请在功能区上单击鼠标右键，然后在快捷菜单中单击或清除选项卡或面板的名称，如图 1-16 所示。

（3）浮动面板。如果用户从功能区选项卡中拉出了面板，然后将其放入了绘图区域或另一个监控器中，则该面板将在放置的位置浮动，如图 1-17 所示。浮动面板将一直处于打开状态，直到被放回功能区（即使在切换了功能区选项卡的情况下也是如此）。

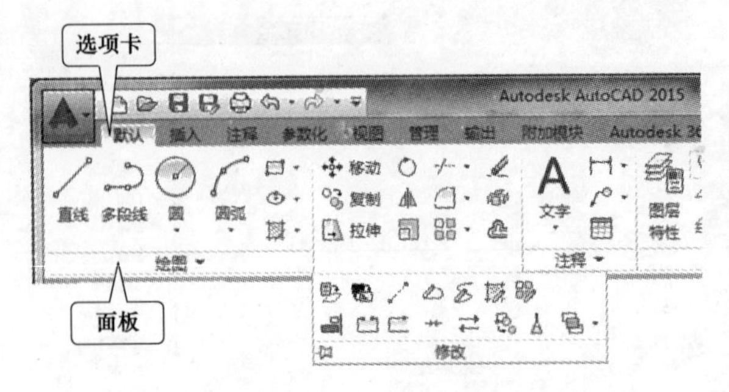

图 1-14 AutoCAD 2015 功能区

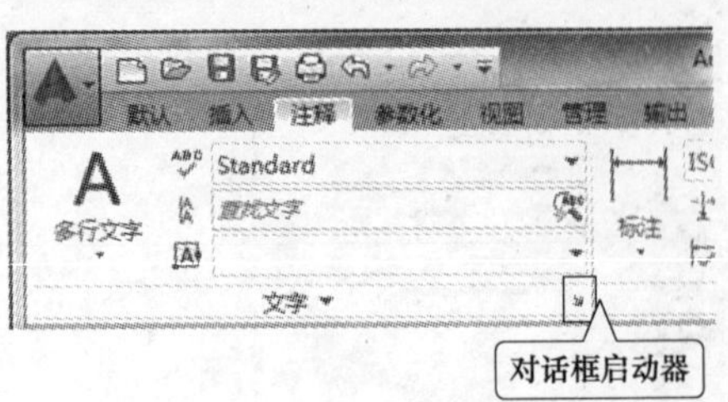

图 1-15 功能区的“对话框启动器”

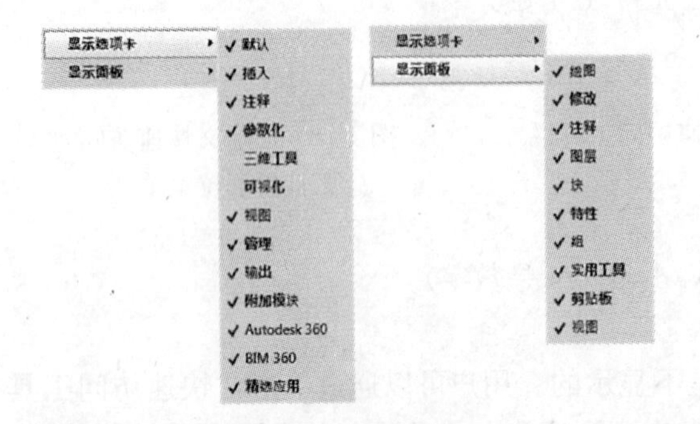

图 1-16 功能区快捷菜单

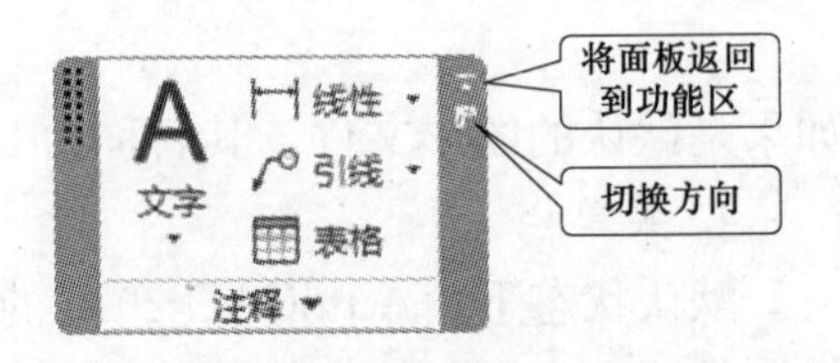

图 1-17 浮动面板示例

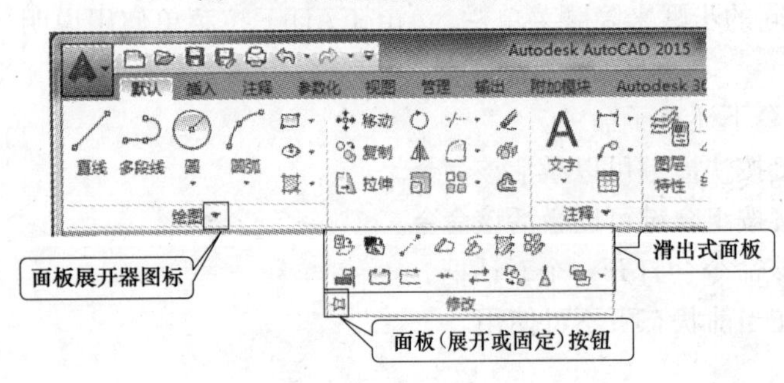

图 1-18 滑出式面板

（4）滑出式面板。面板标题右边若有向下的箭头 （面板展开器图标），表示可以展开该面板以显示其他工具和控件。在已打开面板的标题栏上单击即可显示滑出式面板，如图 1-18 所示。默认情况下，当用户单击其他面板时，滑出式面板将自动关闭。若要使面板处于展开状态，请单击滑出式面板左下角的图钉 （面板展开或固定按钮）。

（5）功能区上下文选项卡。在选择特定类型的对象或执行某些命令时，将显示专用功能区上下文选项卡，而非工具栏或对话框。结束命令后，会关闭上下文选项卡。图 1-19 为单击单元表格后，打开的“表格单元”上下文选项卡。

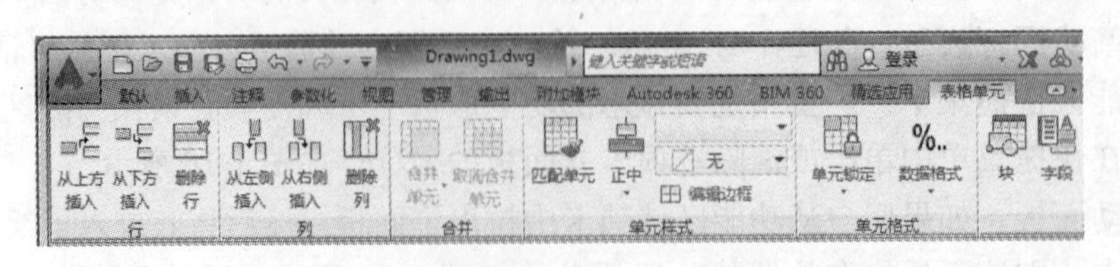

图 1-19 “表格单元”上下文选项卡

（6）单选按钮。根据垂直或水平功能区上的可用空间，多个单选按钮可以收拢为单个按钮。单选按钮可用作切换按钮，即允许用户循环显示列表中的所有项目，也可用作组合下拉按钮（即单选按钮的上半部分是切换按钮，下半部分是一个箭头图标），单击该箭头图标将以下拉方式显示列表中的所有项目，如图 1-20 所示。

（7）滑块。当可以使用不同强度执行选项时，通过滑块可控制从低到高或从高到低的设置。图 1-21 为透明度滑块示例。

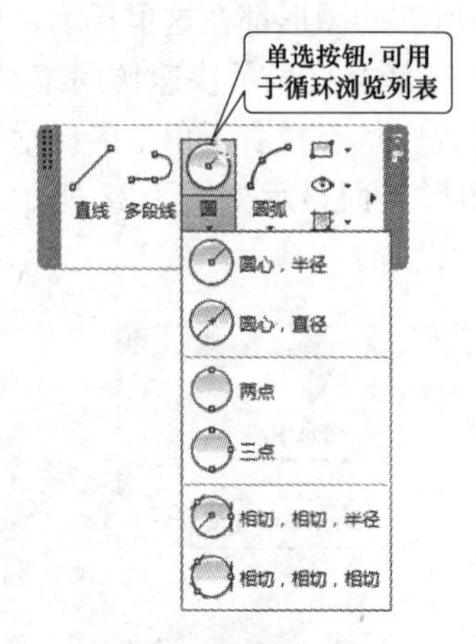

图 1-20　单选按钮示例

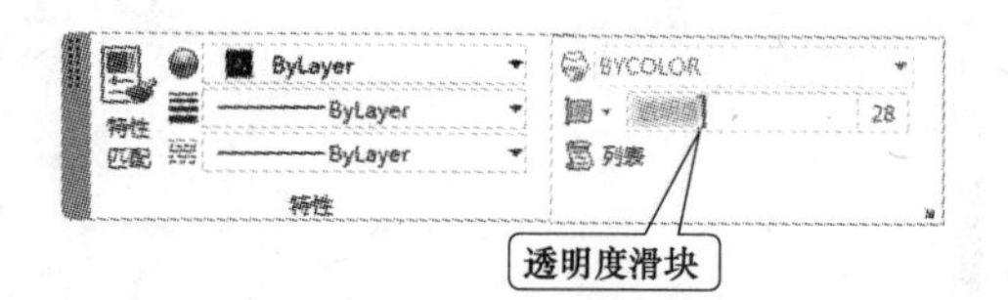

图 1-21　透明度滑块示例

（8）显示或隐藏功能区的方法：

工具栏：依次单击“工具”菜单→“选项板”→功能区可以显示或隐藏功能区。

命令：使用 RIBBON 命令来打开功能区窗口，而使用 RIBBONCLOSE 命令来关闭功能区窗口。

注 意

功能区将显示与上次使用的工作空间关联的功能区面板。要显示与特定工作空间关联的功能区面板，请单击“工具”菜单“工作空间”。

6. 绘图窗口

软件窗口中最大的区域为绘图窗口。它是图形观察器，类似于照相机的取景器，从中可以直观地看到设计的效果。绘图窗口是绘图、编辑对象的工作区域，绘图区域可以随意扩展，在屏幕上显示的可能是图形的一部分或全部区域，用户可以通过缩放、平移等命令来控制图形的显示。

在绘图区域移动鼠标会看到一个十字光标在移动，这就是图形光标。绘制图形时图形光标显示为十字形“+”，拾取编辑对象时图形光标显示为拾取框“□”。

绘图窗口左下角是 AutoCAD 的直角坐标系显示标志，用于指示图形设计的平面。窗口底部有一个模型标签和一个以上的布局标签，在 AutoCAD 中有两个工作空间，模型代表模型空间，布局代表图纸空间，单击标签可在这两个空间中切换。

绘图窗口左上角是 AutoCAD 的视口控件，用于控制视口的数量、选择命名或预设视图或者选择视觉样式。

绘图窗口的右上角是 ViewCube 工具，用于旋转图形的视图，以从不同的视角查看图形。

绘图窗口的右边是导航栏，它提供了视图的平移、缩放和动态观察工具，以及 ShowMotion 的访问。用户可以使用导航栏右下方的菜单按钮自定义导航栏。

绘图窗口是用户在设计和绘图时最为关注的区域，因为所有的图形都在这里显示，所以要尽可能保证绘图窗口大一些。利用全屏显示命令，可以使屏幕上只显示快速访问工具栏、应用程序状态栏和命令窗口，从而扩大绘图窗口。单击应用程序状态栏右下角全屏显示按钮或使用快捷键 Ctrl+0，激活全屏显示命令，AutoCAD 图形界面显示如图 1-22 所示。再次单击全屏显示按钮或使用快捷键 Ctrl+0，恢复原来的界面设置。

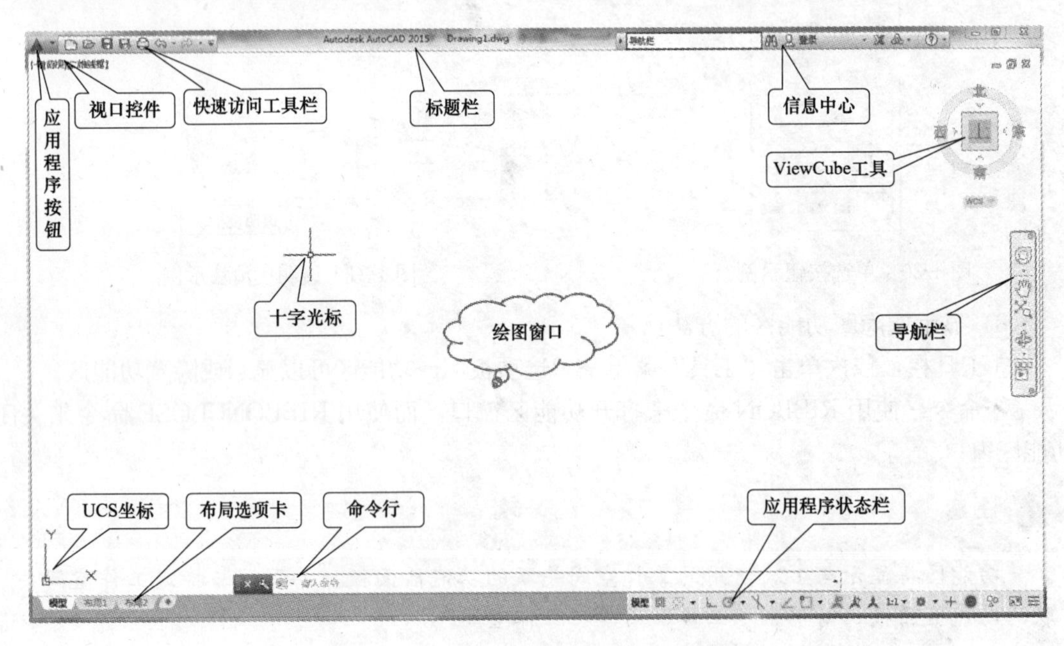

图 1-22 AutoCAD 2015 全屏显示的图形界面

用户可以调整应用程序和图形窗口中使用的颜色方案和显示方案，并控制常规功能的行为（例如，夹点编辑行为）。用户可以使用多种方法修改工作区域和工作空间工具的外观。最常用的设置位于以下位置：

（1）“选项”对话框：更改设置，这些设置可控制颜色方案、背景色、十字光标、夹点、默认文件路径、工具提示显示、命令行字体和许多其他应用程序元素（Options）。

（2）自定义用户界面编辑器：控制在功能区、工具栏和菜单（CUI）中的工具和命令元素。

（3）“UCS 图标”对话框：可以控制 UCS 图标在模型空间和图纸空间中的外观（UCSICON）。

（4）全屏显示：切换在扩大图形区域的大小（Ctrl+0）时，菜单栏、状态栏和命令窗口的显示。

（5）视图转换设置：可以控制在平移、缩放或切换视图时，视图转换为平滑转换还是瞬时转换（VTOptions）。

（6）工作空间：指定包含最常用工具的工作空间（Workspace）。

7. 命令行

在图形窗口下面是一个输入命令和反馈命令参数提示的区域，称为命令窗口，如图 1-23 所示。AutoCAD 里所有的命令都可以在命令行实现。命令行除了可以激活命令外，还是 AutoCAD 软件中最重要的人机交互的地方。也就是说，输入命令后，命令窗口要提示用户一步一步进行选项的设定和参数的输入，而且在命令行中还可以修改系统变量，所有的操作过程都会记录在命令行中。

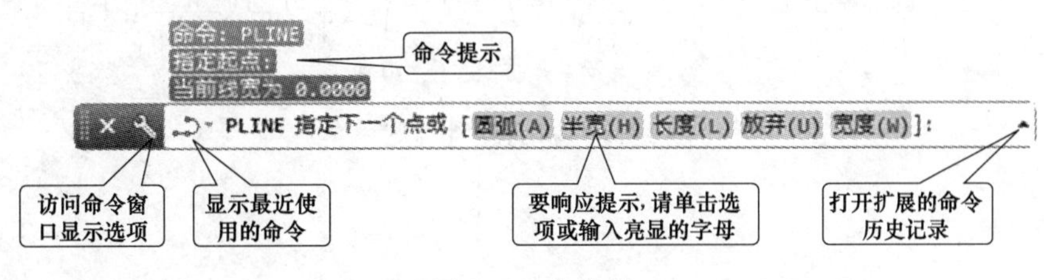

图 1-23　命令行

注意

当命令执行后，命令窗口总是给出下一步要如何做的提示，因而，这个窗口也被称为“命令提示窗口”。

在今后的学习或者应用中，当使用一个并不熟悉的命令时，一定要注意看命令窗口的提示，根据提示逐步执行命令操作，就可以得出正确的结果。初学者往往容易犯这样一个错误，激活命令后，就用鼠标在绘图区域盲目单击，然后抱怨得不出想要的结果，殊不知并非每个命令激活后的第一件事都是获取坐标，或许是需要输入参数，这时在绘图区域盲目单击，AutoCAD 是不会有任何响应的。

如果想查看命令行中已经运行过的命令，可以按功能键 F2 进行切换，AutoCAD 将弹出命令的运行记录。

按住鼠标左键拖动命令行左侧的标题处，可以将其放置在图形界面的任意位置。用鼠标单击命令行的“自定义”按钮，弹出如图 1-24 所示的菜单。该菜单中显示出可以对命令行窗口进行的各种操作。在输入命令时，自动完成命令输入首字符、中间字符串搜索、同义词建议、自动更正错误命令等。

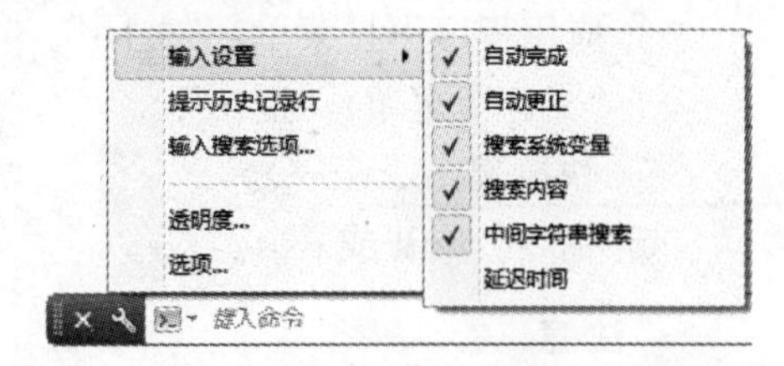

图 1-24　命令行自定义菜单

8. 应用程序状态栏

命令行下面有一个反映操作状态的应用程序状态栏，如图 1-25 所示。状态栏显示光标位置、绘图工具以及会影响绘图环境的工具。状态栏提供对某些最常用的绘图工具的快速访问。用户可以切换设置（例如，夹点、捕捉、极轴追踪和对象捕捉）。用户也可以通过单击某些工具的下拉箭头来访问它们的其他设置。

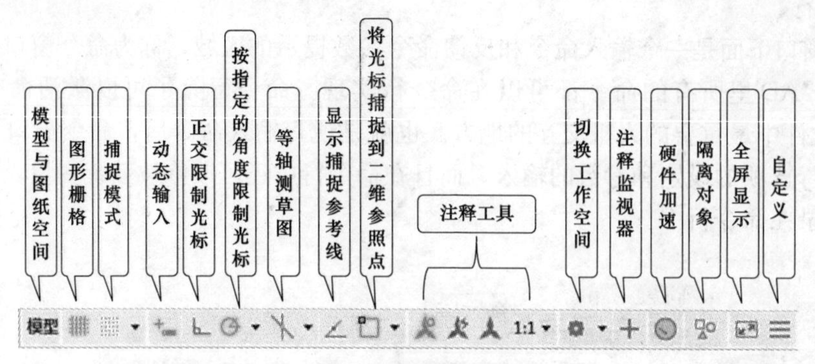

图 1-25　应用程序状态栏

注 意

默认情况下，不会显示所有工具，用户可以通过状态栏上最右侧的按钮，选择用户要从“自定义”菜单显示的工具。状态栏上显示的工具可能会发生变化，具体取决于当前的工作空间以及当前显示的是“模型”选项卡还是布局选项卡。用户还可以使用键盘上的功能键（F1～F12），切换其中的某些设置。

9. 信息中心

信息中心是用于若干 Autodesk 产品的一项功能。它由标题栏右侧的一组工具组成，使用户可以访问许多与产品相关的信息源。这些工具可能有所不同，具体取决于 Autodesk 产品和配置。例如，在某些产品中，信息中心工具栏还可能包含适用于 Autodesk 360 服务的登录按钮或指向 Autodesk Exchange 的链接。

三、AutoCAD 2015 的退出

用下列方法可以退出 AutoCAD 2015 系统：

- 直接单击 AutoCAD 2015 的主窗口右上角的按钮。
- 应用程序下拉菜单：“关闭”。
- “文件”菜单：“退出”。
- 快捷键：Ctrl＋Q。
- 命令：quit 或 exit。

注 意

如果打开的图形文件在退出前被改动后没有保存过，系统将弹出警告对话框，如图 1-26 所示。若要保存改动则单击 是(Y) ；若要放弃改动则单击 否(N) ；若要取消退出操作则单击 取消 。

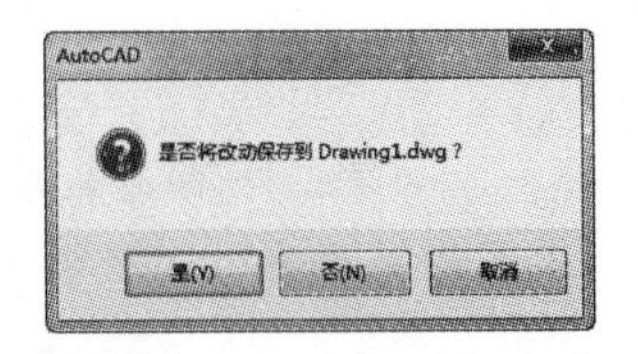

图 1-26　警告对话框

四、新建图形文件

快速访问工具栏："新建"图标。

应用程序下拉菜单："新建"。

"文件"菜单："新建"。

快捷键：Ctrl+N。

命令：new。

用上面的方法之一便可打开"选择样板"对话框，如图 1-27 所示。从样板区选择一个合适的样板后，单击 打开(O) 按钮，系统将自动进入 AutoCAD 工作窗口。此时，用户便可以在绘图窗口中绘制图形了。

五、打开图形文件

快速访问工具栏："打开"图标。

应用程序下拉菜单："打开"。

"文件"菜单："打开"。

快捷键：Ctrl+O。

命令：open。

用上面的方法之一便可打开"选择文件"对话框，如图 1-28 所示。从文件存放区单击要打开的文件后，单击 打开(O) 按钮，系统将打开此文件。

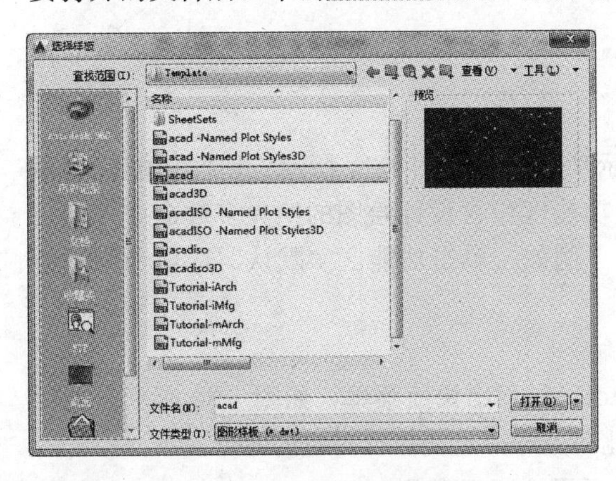

图 1-27　"选择样板"对话框

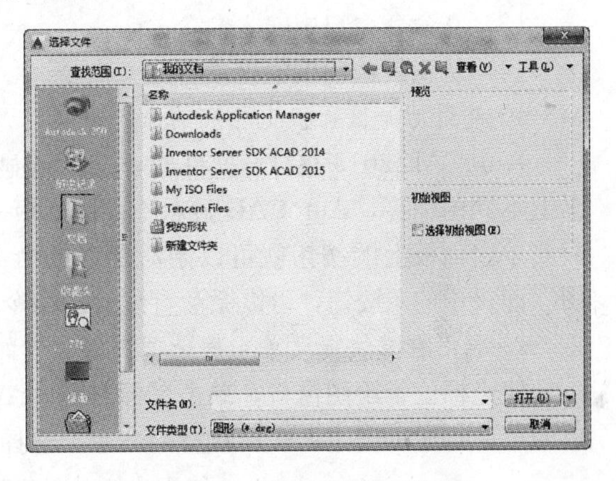

图 1-28　"选择文件"对话框

六、保存图形文件

快速访问工具栏："打开"图标。

应用程序下拉菜单："保存"。

"文件"菜单："保存"。

快捷键：Ctrl+S。

命令：save。

用上面的方法之一便可打开"图形另存为"对话框，如图 1-29 所示。在文件名编辑框内输入要保存的文件名后，单击 保存(S) 按钮，系统将把文件保存起来。

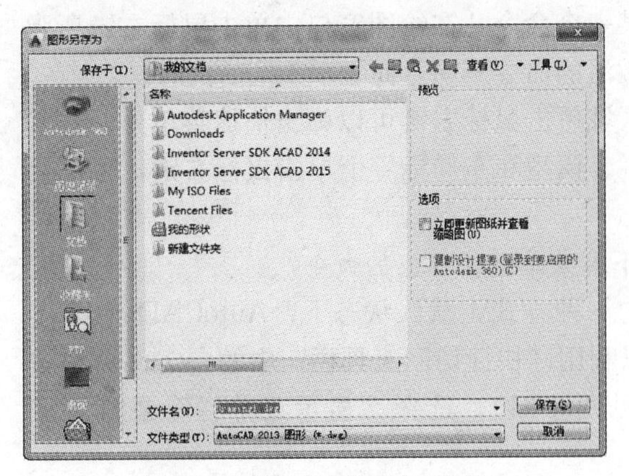

图 1-29　"图形另存为"对话框

注意

如果文件不是新建的文件，输入保存命令后，系统将以原文件名保存，不再打开“图形另存为”对话框。

第五节 AutoCAD 命令与系统变量的使用

命令是 AutoCAD 绘制与编辑图形的核心。在 AutoCAD 中，所有的操作都是通过使用命令来实现的，利用命令来告诉 AutoCAD 要进行什么操作，AutoCAD 将对命令做出响应，并在命令行中显示执行状态或给出执行命令需要进一步选择的选项。AutoCAD 的多数命令都有多个命令激活的方式，用户可以选择某一种方式来激活命令。

一、AutoCAD 2015 命令的激活方式

AutoCAD 2015 提供了多种命令的激活方式：

（1）在功能区、工具栏或菜单中进行选择。

（2）在动态输入工具提示中输入命令。

（3）在命令窗口中输入命令。

（4）从工具选项板中拖动自定义命令。

1. 使用功能区面板上相应的命令按钮

AutoCAD 2015 在打开文件时，会默认显示功能区，如图 1-14 所示。切换功能区选项卡上不同的标签，AutoCAD 显示不同的面板。功能区包含设计绘图的绝大多数命令，用户只要单击面板上的按钮就可以激活相应的命令。例如：单击功能区“默认”选项卡→“绘图”面板中的／按钮，可以激活直线绘图命令。

2. 利用右键快捷菜单中的选项选择相应的命令

使光标位于绘图窗口，单击鼠标右键，AutoCAD 弹出快捷菜单，如图 1-30 所示。在菜单的第一行显示出上一次所执行的命令，选择此命令即可重复执行对应的命令。

图 1-30 快捷菜单

使用右键快捷菜单还需注意以下几点：

（1）如果已激活某一个命令，在绘图窗口中单击鼠标右键所弹出的快捷菜单，会因激活的命令不同，而显示不同的内容。

（2）除了在绘图区域单击鼠标右键可以弹出快捷菜单外，在状态栏、命令行、工具栏、模型和布局标签上单击鼠标右键，也都会激活相应的快捷菜单。

3. 利用菜单栏的下拉菜单选择相应的命令

菜单是调用命令的一种方式。默认状态下，AutoCAD 2015 不显示菜单栏。用户可以利用“快捷访问工具栏”中的自定义命令按钮，打开下拉菜单（见图 1-31），选择“显示菜单栏”来打开菜单栏。

菜单栏以级联的层次结构来组织各菜单项，并以下拉的形式逐

级显示。AutoCAD 2015 的绘图菜单包含 AutoCAD 的大部分绘图命令。选择该菜单中的命令或子命令，可绘制出相应的各种图形。例如：要用两点方式来绘制一个圆，可以依次单击“绘图”→“圆”→“两点”来激活绘圆命令，如图 1-32 所示。

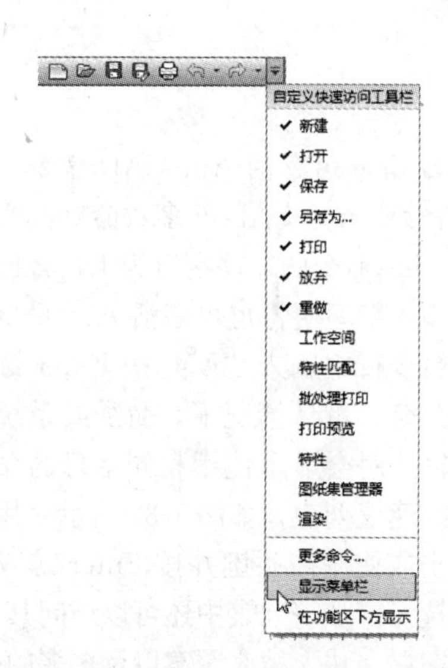

图 1-31　“快捷访问工具栏”的自定义菜单

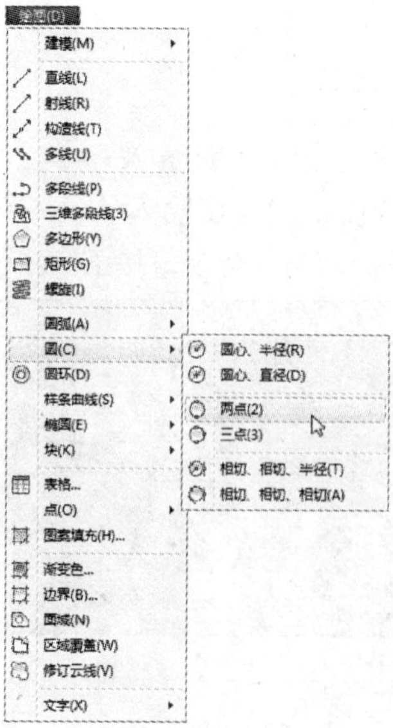

图 1-32　“绘图”菜单

4. 使用工具栏上的相应的命令按钮

工具栏是调用命令的另一种方式，通过工具栏可以直观、快捷地访问一些常用的命令，它包含许多由图标表示的命令按钮。在 AutoCAD 中，系统共提供了 50 多个已命名的工具栏。AutoCAD 2015 默认情况下，工具栏是处于关闭状态。用户可以从“工具”菜单的“工具栏”子菜单中选择需要的工具栏来打开工具栏，如图 1-33 所示。例如：若要打开“绘图”工具栏，可以依次单击“工具”→“工具栏”→AutoCAD→“绘图”来打开“绘图”工具栏，如图 1-34 所示。单击“绘图”工具栏的各个图标按钮，可以激活相应的绘图命令。

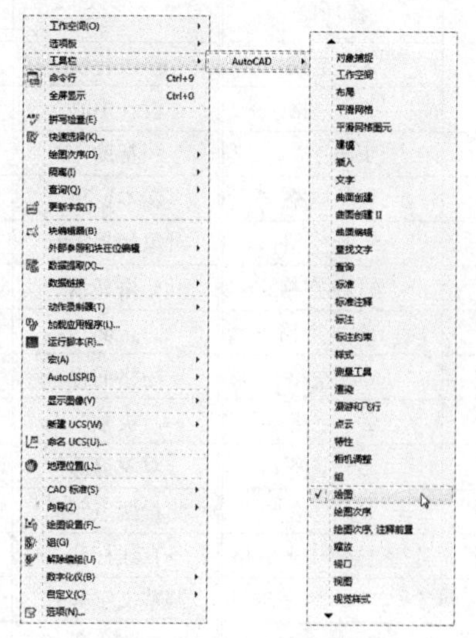

图 1-33　打开工具栏的菜单

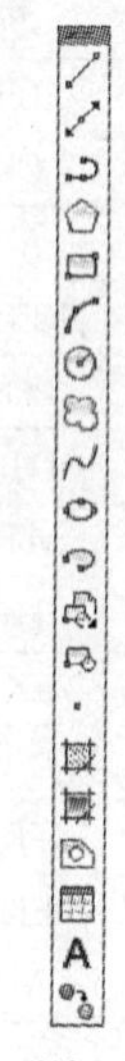

图 1-34　“绘图”工具栏

注意

在打开的工具栏上单击鼠标右键，弹出一个快捷菜单，在其中可以选择需要显示或关闭的工具栏。

5. 在命令行中直接键入命令

在命令窗口中直接输入AutoCAD命令，按Enter键便可激活AutoCAD命令。例如在命令行中输入Line命令，按Enter键就可激活直线命令。AutoCAD的多数命令都有缩写字符，如Line命令的缩写字符为L，直接在命令窗口中输入缩写字符也可激活AutoCAD命令，例如在命令行中输入"L"，按Enter键就会激活直线命令。默认情况下，命令或系统变量的名称在输入时会显示使用相同字母的命令和系统变量的建议列表，如图1-35所示。用户可以通过单击或使用箭头键并按Enter键或空格键来进行选择。从该列表中还可以访问其他内容，例如：图层、块、填充图案以及更多的内容。

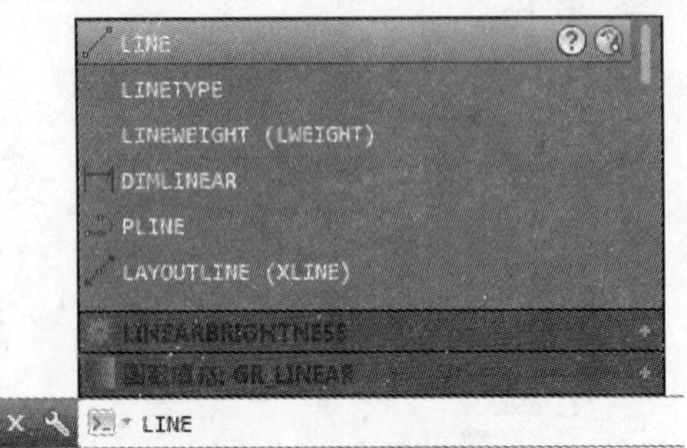

图1-35 LINE命令

6. 使用快捷键激活命令

AutoCAD快捷命令是为了提高AutoCAD绘图速度定义的快捷方式，它用一个或几个简单的字母来代替常用的命令，使用户不用去记忆众多的长长的命令，也不必为了执行一个命令，在菜单和工具栏上反复查找单击。所有定义好的快捷命令都保存在AutoCAD安装目录下SUPPORT子目录中的ACAD. PGP文件中，用户可以通过修改该文件的内容来定义自己常用的快捷命令。表1-2列出了AutoCAD常用的快捷键命令。

表1-2 AutoCAD常用的快捷键命令

命 令	快捷键	命 令	快捷键	命 令	快捷键
直线	L+空格	炸开	X+空格	修改特性	Ctrl+1
圆	C+空格	定义块	B+空格	设计中心	Ctrl+2
圆弧	A+空格	插入	I+空格	帮助	F1
矩形	REC+空格	定义写块	W+空格	文本窗口	F2
点	PO+空格	缩放比例	SC+空格	对象捕捉工具	F3
单行文本	DT+空格	对齐	AL+空格	栅格显示	F7
多行文本	MT+空格	阵列	AR+空格	正交	F8
填充	H+空格	恢复上一操作	U+空格	栅格捕捉	F9
延伸	EX+空格	局部观察	Z+空格	极轴	F10
倒圆角	F+空格	实时缩放	Z+空格	对象追踪	F11
修剪	TR+空格	平移	P+空格	测量两点距离	DI+空格
修改文本	ED+空格	返回上一视图	Z+空格+P+空格	直线标注	DLI+空格
移动	M+空格	全局显示	Z+空格+A+空格	调整文字样式	ST+空格
旋转	RO+空格	打印	Ctrl+P	重新生成	R+E+空格

续表

命　令	快捷键	命　令	快捷键	命　令	快捷键
偏移	O+空格	复制	Ctrl+C	设置捕捉模式	OS+空格
镜像	MI+空格	粘贴	Ctrl+V	重复上一操作	Enter 键
复制	CO+空格	剪切	Ctrl+X	刷新	RE+空格
删除	E+空格	新建文件	Ctrl+N	取消命令	ESC
拉伸	S+空格	保存文件	Ctrl+S	计算面积	AA+空格

7. 工具选项板

默认状态下，AutoCAD 2015 不显示工具选项板，用户可以从“工具”菜单的“选项板”子菜单中选择“工具选项板”，如图 1-36 所示，或按快捷键 Ctrl＋3 打开“工具选项板”，如图 1-37 所示。在“工具选项板”中，单击“命令工具”选项卡中的命令图标可以激活 AutoCAD 命令。

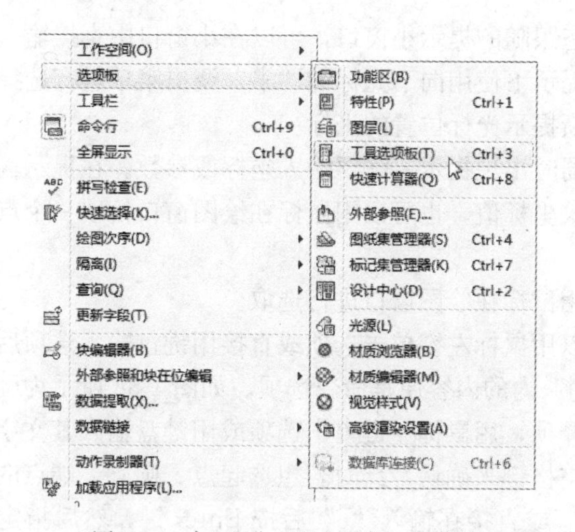

图 1-36　打开“工具选项卡”的菜单

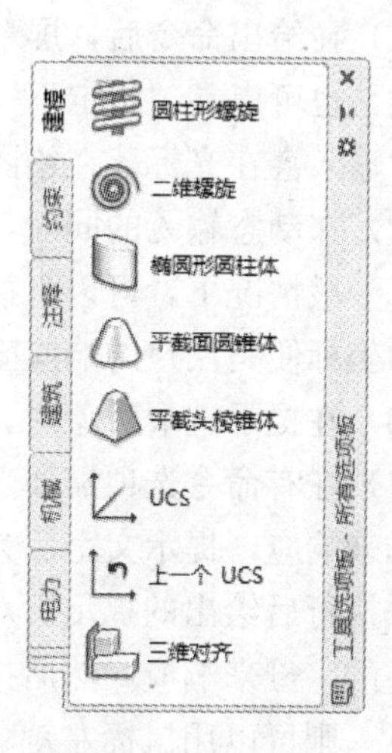

图 1-37　工具选项卡

二、透明命令的使用

透明命令是 AutoCAD 的一个重要概念，意思是：当用户在执行一个命令的过程中又去执行另外一个命令，而当前命令并没有中断。常使用的透明命令多为修改图形设置的命令、绘图辅助工具命令，例如 SNAP、GRID、ZOOM 等。视图控制命令是典型的透明命令。例如，在绘制的一张很大的图形中，要在两点之间画一条连线，需要执行 LINE 命令，然后分别利用 ZOOM 命令找到起点和终点。在 ZOOM 命令执行过程中，LINE 命令并没有中断。

所有的设置命令几乎都是透明的，这样用户就可以在命令操作过程中对某些选项进行修改。如果在一个命令执行的过程中，在命令行中输入透明命令，必须在透明命令前加“'”（西文字符的单引号）。在命令行中，透明命令的提示前有一个双折号（≫）。完成透明命令后，将继续执行原命令。

透明命令的输入方法。

工具栏：在其他命令执行的过程中，单击工具栏中的透明工具图标。

命令：在其他命令执行的过程中，输入“'”＋透明命令。

注 意

所有的绘图和修改命令都不是透明命令，在一个命令操作过程中，发出绘图或修改命令时，将首先取消原命令。

三、AutoCAD 命令的响应

在激活命令后都需要给出坐标或参数，比如需要输入坐标值、选取对象、选择命令选项等，要求用户做出回应来完成命令，这时可以通过键盘、鼠标或者右键快捷菜单来响应。

AutoCAD 的动态输入工具使得响应命令变得更加直接。在绘制图形时，动态输入可以不断给出几何关系及命令参数的提示，以便用户在设计中获得更多的设计信息，使得界面变得更加友好。

（1）在给出命令后，屏幕上出现动态跟随的提示小窗口，可以在小窗口中直接输入数值或参数，也可以在“指定下一点或”的提示下使用向下光标键“↓”调出菜单进行选择。动态指针输入会在光标落在绘图区域时不断提示光标位置的坐标。

（2）在动态输入的同时，在命令行同时出现提示，需要输入坐标或参数。在提示输入坐标时，一般情况下，可以直接用键盘输入坐标值，也可以用鼠标在绘图窗口拾取一个点，这个点的坐标便是用户的响应坐标值。

（3）在提示选取对象时，可以直接用鼠标在绘图窗口进行选取。

（4）在有命令选项需要选取时，可以用鼠标左键单击选项或直接用键盘输入选项后的亮显字母来响应，提示文字后方括号“[ ]”内的内容便是命令选项。如图 1-38 所示为画圆弧的命令执行后给出的提示。对所需的选择项，用鼠标左键单击选项或用键盘输入其文字后面括号中的字母来响应，然后按回车键或空格键来确认，此时若想选起点、圆心、端点的方式画圆弧，则可以用鼠标左键单击“圆心”或直接在输入“c”后按 Enter 键，然后指定圆心和端点即可。

另外一种方式是使用向下光标键响应。例如：当输入圆弧命令并指定起点后，按“↓”键弹出快捷菜单，如图 1-39 所示，同样是利用起点、圆心、端点的方式画圆弧，此时只需从快捷菜单中选择“圆心”，然后指定圆心和端点即可。

图 1-38 圆弧命令提示　　图 1-39 圆弧命令的光标向下菜单

四、AutoCAD 命令终止的方法

AutoCAD 可以采用以下方法来终止当前正在执行的命令：

（1）正常终止：命令正常执行完后将自动终止。

（2）强制终止：在命令执行过程中按 Esc 键。

（3）自动终止：从菜单或工具条上调用另一个非透明命令时，将自动终止当前正在执行的大部分命令。

注意

一般命令执行过程中，如调用的是透明命令，将不会终止当前命令的执行。

五、系统变量的使用

系统变量是一个历史的产物，在 AutoCAD 早期的版本中，在对话框技术没有出现之前，使用系统变量设置系统，也就是说，对话框中的每一个选项都对应着一个系统变量，包括复选框、单选按钮、列表框、文本框等，因此系统变量的值可以是整型数、实型数，也可以是字符串。

今天在 AutoCAD 的操作中，主要是使用对话框。对话框提供了一种方便、直观的人机交互对话的关系，用户不可能去记住二三百个系统变量，但系统变量有其自身的重要作用，例如在编程和二次开发中，程序中不可能使用对话框，对参数的设置只能使用系统变量，再如从图中输出某些参数，保存某些计算结果，都要用到系统变量，但这并不是用户所关心的。对于没有出现在对话框中的某些重要的系统变量，用户一定要牢牢记住，如 ATTDIA、MIRRTEXT 等。

可以通过 AutoCAD 的系统变量控制 AutoCAD 的某些功能和工作环境。AutoCAD 的每一个系统变量有其对应的数据类型，例如整数、实数、字符串和开关类型等［开关类型变量有 On（开）或 Off（关）两个值，这两个值也可以分别用 1、0 表示］。用户可以根据需要浏览、更改系统变量的值（如果允许更改的话）。

浏览、更改系统变量值的方法通常是：在命令窗口中，在“命令”提示符后输入系统变量的名称后按 Enter 键或 Space 键，AutoCAD 显示出系统变量的当前值，此时用户可根据需要输入新值（如果允许设置新值的话）。例如，输入“gridmode”来更改栅格设置。若要更改 gridmode 的状态，输入“1”打开或输入“0”关闭；若要保留系统变量的当前值，请按 Enter 键。

也可以使用以下命令来查看和设置系统变量：

“工具”菜单：“查询”→“设置变量”。

命令：setvar。

第六节　AutoCAD 2015 的帮助功能

AutoCAD 2015 提供了强大的帮助功能，用户在绘图或开发过程中可以随时通过该功能得到相应的帮助。帮助功能的启动方法：

“信息中心”工具栏：⑦·按钮。

“帮助”菜单：“帮助”。

快捷键：F1。

命令：help。

利用以上几种方法之一可以打开 AutoCAD 2015“帮助”窗口，如图 1-40 所示。用户可以通过此窗口得到相关的帮助信息，或浏览 AutoCAD 2015 的全部命令与系统变量等。

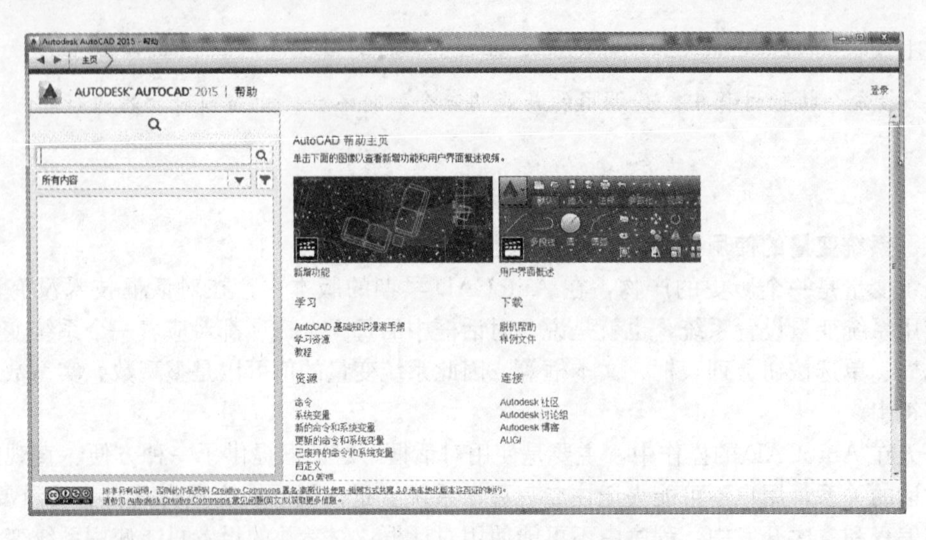

图 1-40 AutoCAD 2015“帮助”窗口

AutoCAD 2015 添加了新的方法可帮助用户查看所需要的工具，只要单击按钮图标或查找链接，就会显示动态显示的箭头，将用户引导至功能区域的工具，如图 1-41 所示。

AutoCAD 2015 提供了基于 Internet 的帮助。默认情况下，产品帮助需联机使用且不随产品一起安装。如果用户有时或总是无法访问 Internet 且需要本地脱机帮助，则可以在应用程序窗口的右上角，单击“帮助”下拉列表，然后单击“下载脱机帮助”下载该帮助。脱机帮助是一个安装程序，与用户用来安装软件的安装程序相似，按照安装说明进行安装即可。

在使用脱机帮助和联机帮助之间进行切换非常容易。在绘图区域上单击鼠标右键，然后从关联菜单中选择“选项”；或者在命令行中输入“options”命令，便可打开“选项”对话框，如图 1-42 所示。在“选项”对话框的“系统”选项卡中，在“帮助”下单击或清除此复选框即可关闭联机帮助。

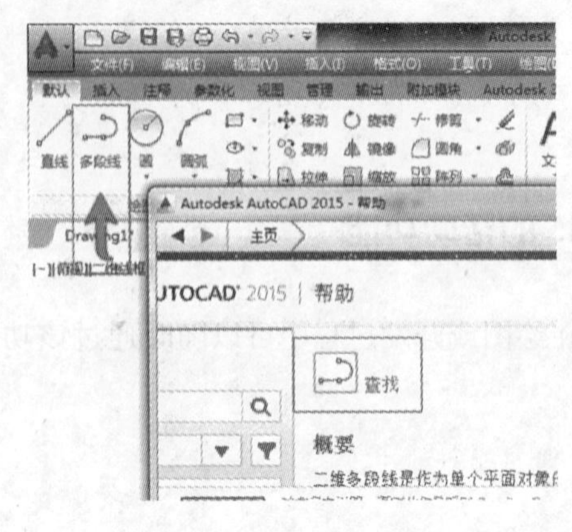

图 1-41 帮助示例

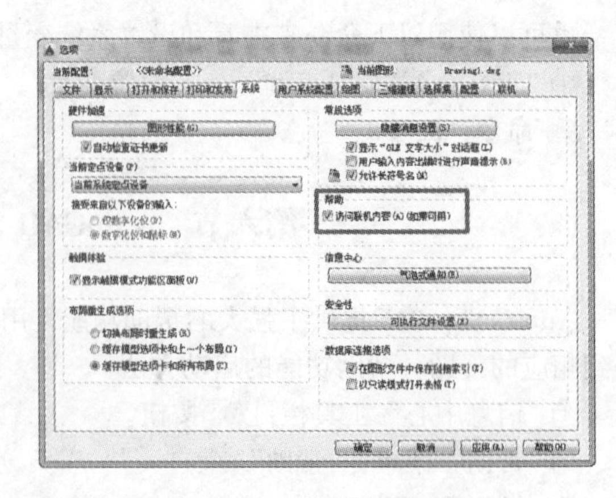

图 1-42 “选项”对话框

注意

如果用户下载并安装了脱机帮助，则在不能访问 Internet 的情况下，会默认自动显示脱机帮助。

本章小结

本章介绍了与 AutoCAD 2015 相关的一些基本概念和基本操作，其中包括如何安装、启动和关闭 AutoCAD 2015；AutoCAD 2015 工作界面的组成及其功能；AutoCAD 命令激活、终止及其响应的基本方法；图形文件管理，包括新建图形文件、打开已有图形文件、保存图形。最后，介绍了 AutoCAD 2015 的帮助功能。本章介绍的概念和操作非常重要，其中的某些功能在绘图过程中要经常使用（如图形文件管理、AutoCAD 命令的激活以及设置系统变量等），希望读者能够很好地掌握。

习题一

1. 启动 AutoCAD 2015，熟悉 AutoCAD 2015 的工作界面，新建一个图形文件并保存在自己的文件夹中。

2. 举例说明 AutoCAD 2015 保存图形文件的方法有哪些？

3. 列出 AutoCAD 2015 命令激活和终止的常用方法。

第二章　基本绘图基础和设置

教学目标

本章主要介绍绘图前的准备工作，通过本章的学习，读者应了解和使用 AutoCAD 的坐标系和坐标以及 AutoCAD 图形数据的输入方法，学会绘图环境的设置与管理，并能熟练掌握图层的创建与管理。

教学重点

（1）AutoCAD 的坐标系和坐标。
（2）AutoCAD 图形数据的输入方法。
（3）绘图环境的设置与管理。
（4）图层的创建与管理。

第一节　二维坐标系和坐标

一、世界坐标系 WCS 和用户坐标系 UCS

用户的主要目的是利用 AutoCAD 来绘制图形，因此，首先要了解图形对象所处的环境。如同我们在现实生活中所看到的一样，AutoCAD 提供了一个三维的空间，通常我们的建模工作都是在这样一个空间中进行的。AutoCAD 系统为这个三维空间提供了一个绝对的坐标系，并称为世界坐标系（world coordinate system，WCS），这个坐标系存在于任何一个图形之中，并且不可更改。通常，AutoCAD 构造新图形时将自动使用 WCS。虽然 WCS 不可更改，但可以从任意角度、任意方向来观察或旋转。

WCS 包括 X 轴、Y 轴（如果在空间，还有一个 Z 轴）。位移从设定原点计算，沿 X 轴向右及 Y 轴向上的位移被规定为正向。图纸上任何一点都可以用从原点的位移来表示。按照常规，点的表示为：先规定点在 X 方向的位移，然后是点在 Y 方向的位移，中间用逗号隔开。例如：原点的坐标为（0，0）。

如果用户并未利用 UCSICON 命令设置及改变坐标系，则在坐标系图符的坐标轴交汇处显示一个"□"标志，表示当前采用的是世界坐标系。

相对于世界坐标系 WCS，用户可根据需要创建无限多的坐标系，这些坐标系称为用户坐标系（user coordinate system，UCS）。在 UCS 坐标系中，原点以及 X、Y、Z 轴方向都可以移动及旋转，甚至可以依赖于图形中某个特定的对象。尽管在用户坐标系中三个轴之间仍然互相垂直，但是在方向及位置上都有更大的灵活性。UCS 图标和 WCS 图标基本一样，只是没有了"□"标记，用户可以据此了解自己当前处于哪个坐标系中。

用户使用 UCS 命令来对 UCS 进行定义、保存、恢复和移动等一系列操作。

注意

默认情况下，“坐标”面板在“草图与注释”工作空间中处于隐藏状态。要显示“坐标”面板，请单击“视图”选项卡，然后单击鼠标右键并选择“显示面板”，然后单击“坐标”。在三维工作空间中，“坐标”面板位于“常用”选项卡上。

二、笛卡儿坐标系

笛卡儿坐标系又称为直角坐标系，由一个原点［坐标为（0，0）］和两个通过原点的、相互垂直的坐标轴构成（见图 2-1）。其中，水平方向的坐标轴为 X 轴，以向右为其正方向；垂直方向的坐标轴为 Y 轴，以向上为其正方向。平面上任何一点 P 都可以由 X 轴和 Y 轴的坐标所定义，即用一对坐标值（x，y）来定义一个点。

例如，某点的直角坐标为（3，4）。

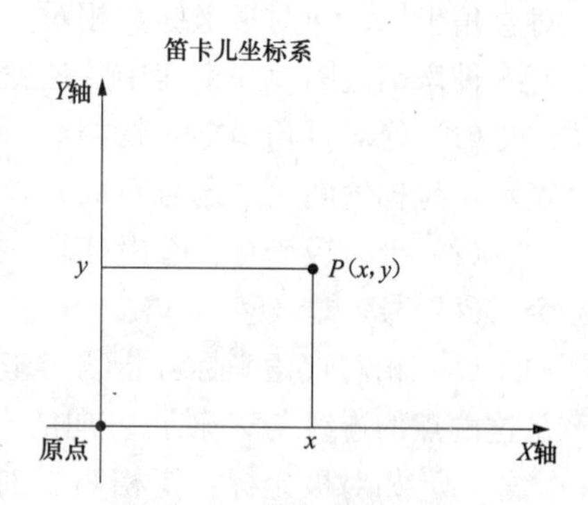

图 2-1　笛卡儿坐标系

三、极坐标系

极坐标系是由一个极点和一个极轴构成的（见图 2-2），极轴的方向为水平向右。平面上任何一点 P 都可以由该点到极点的连线长度 L（>0）和连线与极轴的交角 α（极角，逆时针方向为正）所定义，即用一对坐标值（$L<\alpha$）来定义一个点，其中“<”表示角度。

例如，某点的极坐标为（5<30）。

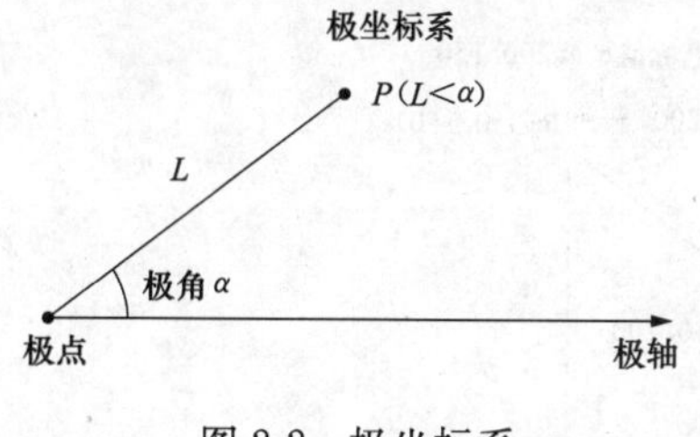

图 2-2　极坐标系

四、相对坐标

在某些情况下，用户需要直接通过点与点之间的相对位移来绘制图形，而不想指定每个点的绝对坐标。为此，AutoCAD 还提供了使用相对坐标的办法。相对坐标就是某点与相对点的相对位移值，在 AutoCAD 中相对坐标用“@”标识。使用相对坐标时可以使用笛卡儿坐标，也可以使用极坐标，可根据具体情况而定。

例如，某一直线的起点坐标为（5，5）、终点坐标为（10，5），则终点相对于起点的相对坐标为（@5，0），用相对极坐标表示应为（@5<0）。

五、坐标值的显示

AutoCAD 2015 的应用程序状态栏的最左边可以实时地显示当前光标所处位置的坐标值。默认情况下，坐标不显示在状态栏上。单击状态栏上的“自定义”，然后选择“坐标”来显示它。

AutoCAD 2015 有三种类型的坐标显示：静态显示、动态显示以及距离和角度显示。

（1）静态显示：仅当指定点时才更新。

（2）动态显示：随着光标移动而更新。

（3）距离和角度显示：随着光标移动而更新相对距离（距离<角度）。此选项只有在绘制需要输入多个点的直线或其他对象时才可用。

更改状态栏中坐标显示有以下方法：

（1）在提示输入点时，单击位于状态栏左端的坐标显示。

（2）重复按 Ctrl+i 组合键。

（3）将 COORDS 系统变量设定为 0 是静态显示，设定为 1 是动态显示，设定为 2 是距离和角度显示。

六、坐标系统小结

在绘制图形时，AutoCAD 是通过坐标系来确定图元在空间中的位置，坐标主要分为绝对直角坐标、绝对极坐标、相对直角坐标和相对极坐标四种。用户可以采用四种方式中的任何一种来确定图元在空间中的位置。

（1）绝对直角坐标：指相对于坐标系原点的直角坐标值，用坐标系 X 轴和 Y 轴的值来表示，坐标值间用“逗号”隔开，即（x，y）。

（2）绝对极坐标：指相对前一点的直角坐标值，其表达方式是在绝对坐标表达式前加一个“@”号，即（@x，y）。

（3）相对直角坐标：指相对坐标系原点的极坐标值，用该点距坐标系原点的距离 L 以及这两点的连线与 X 轴正方向的夹角 α 来表示，中间用“<”号隔开，即（$L<\alpha$）。

（4）相对极坐标：指相对于前一点的极坐标值，表达方式为在极坐标表达式前加一个“@”号即（@$L<\alpha$）。

例：用 line 命令绘制线段 OA 和 AB。先用绝对坐标的两种方法输入A（150，200）点，分别见图 2-3（a）和（c），再用相对坐标的两种方法输入 B（350，350）点，分别见图 2-3（b）和（d）。

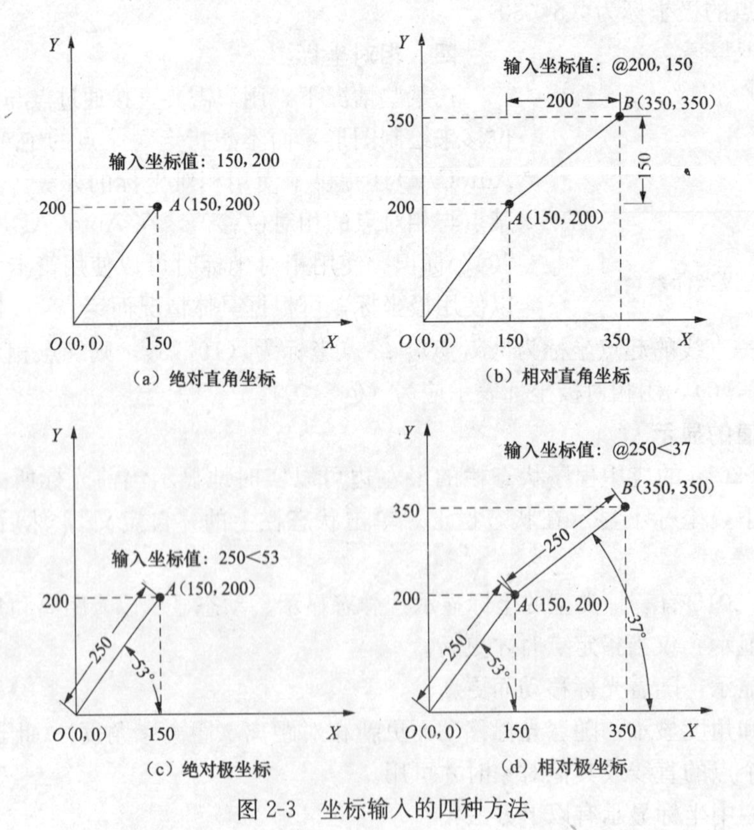

图 2-3　坐标输入的四种方法

注 意

本章仅介绍二维坐标系与坐标，三维坐标系与坐标的详细介绍请参见第十二章。

第二节　AutoCAD 图形数据的输入方式

当启动一个 AutoCAD 命令后，往往还需要提供执行此命令所需要的信息。这些信息包括点坐标、数值、角度、位移等。点是 AutoCAD 中最基本的元素之一。它既可以用键盘输入，也可以借助鼠标等以绘图光标的形式输入。无论用何种方式输入点，本质都是输入点的坐标值。通常在输入点的坐标值后，绘图窗口所对应的点就会显示一个小的十字标记以利于观察，但该十字标记不是具体的元素，可用 REDRAW 命令来清除。

常用的 AutoCAD 图形数据的输入方式有以下几种。

1. 移动鼠标定点

绘图时，用户可通过移动绘图光标来输入点即光标定点。当移动鼠标时，AutoCAD 图形窗口上的绘图光标也随之移动。在光标移动到所需要的位置后，按鼠标左键则此点便被输入。大多数用户使用鼠标作为其定点设备，鼠标各键的功能（见图 2-4）如下。

（1）左键：可以选择对象、指定位置或执行命令。

（2）滚轮：按住鼠标滚轮，光标变成“✋”的形状，此时移动鼠标可以实现图纸的平移；上下滚动鼠标的滚轮，可以实现图纸的实时放缩；单击滚轮两次，缩放至模型的范围。

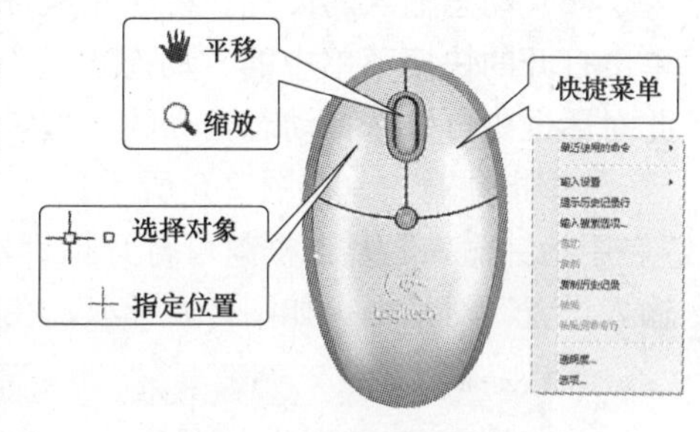

图 2-4　鼠标各键的功能

（3）右键：可以弹出快捷菜单（其内容取决于光标的位置或系统状态）或确认（相当于按 Enter 键）。

提 示

当用户查找某个选项时，可尝试单击鼠标右键。根据定位光标的位置，不同的菜单将显示相关的命令和选项。

2. 输入坐标定点

用键盘在命令执行过程中输入点的坐标值确定点。用户可以采用绝对直角坐标、绝对极坐标、相对直角坐标和相对极坐标四种坐标中任一种输入坐标，详见本章第一节。

3. 直接给定距离定点

当执行某一个命令需要指定两隔或多个点时，除了用绝对坐标或相对坐标指定点外，还可用输入距离的形式来确定下一个点。在指定了一点后，可以移动光标来给下一点的方向，然后输入与前一点的距离便可以确定下一点。这实际上就是相对极坐标的另一种输入方式。

它只需要输入距离，角度由光标的位置确定。

4. 捕捉、追踪选点定点

利用 AutoCAD 提供的高级功能捕捉图形的几何特征点定点。

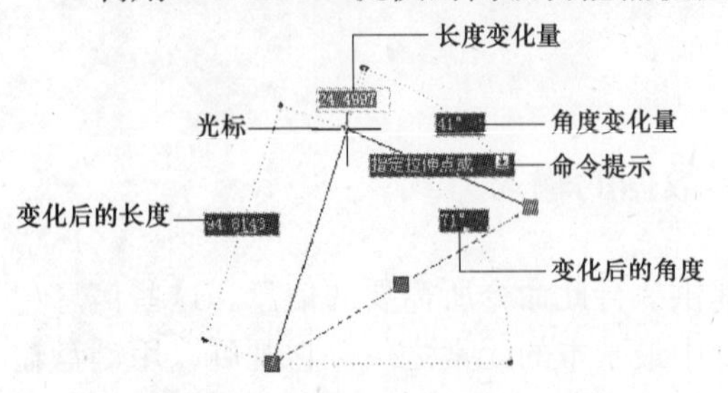

图 2-5　动态输入的光标工具栏及提示信息

5. 动态输入工具定点

使用动态输入功能可以在工具栏提示中输入坐标值，而不必在命令行中进行输入。光标旁边显示的工具栏提示信息随着光标的移动而动态更新。当某个命令处于活动状态时，可以在工具栏提示中直接输入值，如图 2-5 所示。

(1) 动态输入打开和关闭的方法。

1) 在应用程序状态栏上，按下“动态输入”控制按钮为打开动态输入，弹起此按钮，则关闭动态输入。

2) 使用命令行中的 DYNMODE 变量来打开和关闭动态输入。其值为 0，则关闭所有动态输入功能（包括动态提示）；其值为 1，则打开指针输入；其值为 2，则打开标注输入；其值为 3，则同时打开指针和标注输入。

(2) 动态输入的设置。在应用程序状态栏的“动态输入”控制按钮上单击鼠标右键，单击打开的快捷菜单中的“动态设置”，便打开了“草图设置”对话框，如图 2-6 所示。在此对话框中可以选择动态输入的类型，并可对每种类型的输入格式进行详细设置。

1) 指针输入。在图 2-6 所示的“草图设置”对话框的“动态输入”选项卡中，选中“启用指针输入”复选框就可打开指针输入。同时单击其下的“设置”按钮可以打开“指针输入设置”对话框，如图 2-7 所示，在此对话框中可对指针输入的格式进行设置。

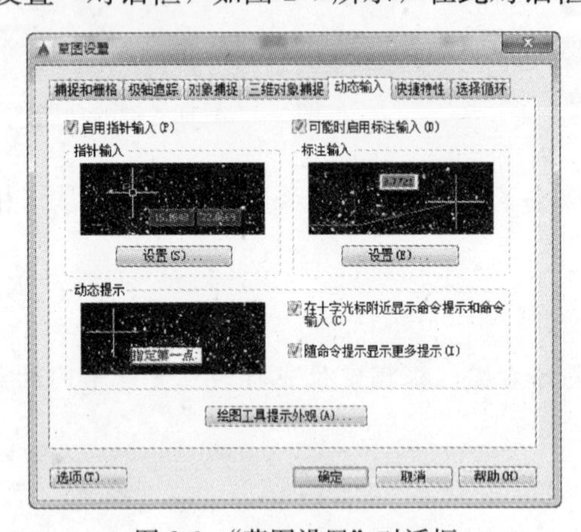

图 2-6　“草图设置”对话框

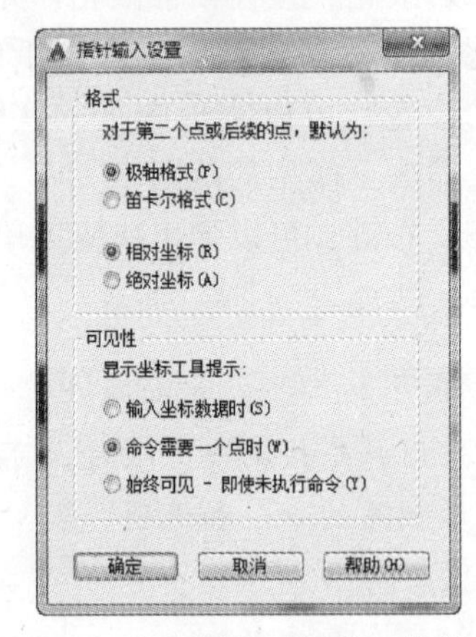

图 2-7　“指针输入设置”对话框

打开指针输入后，当光标在绘图区域中移动时，光标附件将显示坐标值。要输入点的坐标值，可在提示工具栏内直接输入坐标值，按 Tab 键可将焦点切换到下一个工具栏提示，然后可输入下一个坐标值，如图 2-8 所示。

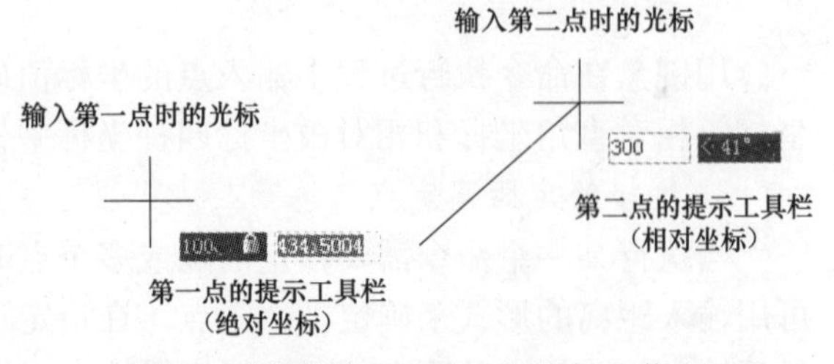

图 2-8　“指针输入”时光标的提示信息

注 意

AutoCAD默认状态下，在指定点时，第一个坐标是绝对坐标，第二个或下一个点的格式是相对极坐标。如果需要输入绝对值，请在值前加上前缀“#”。

2）标注输入。在图2-6所示的“草图设置”对话框的“动态输入”选项卡中，选中“可能时启用标注输入”复选框就可打开标注输入。同时单击其下的“设置”按钮可以打开“标注输入设置”对话框，如图2-9所示，在此对话框中可对标注输入的格式进行设置。

启用“标注输入”后，坐标输入字段将与正在创建或编辑的几何图形上的标注绑定，工具栏提示中的值随着光标的移动而改变，如图2-10所示。要输入点的坐标值，请按Tab键将焦点移动到要修改的工具栏提示，然后输入距离或绝对角度。

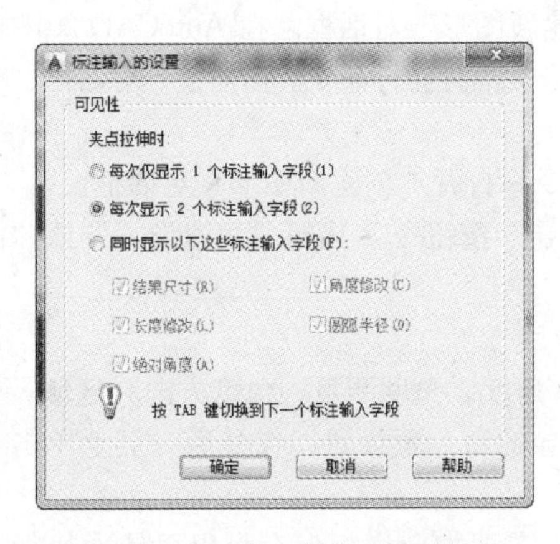

图2-9　“标注输入的设置”对话框

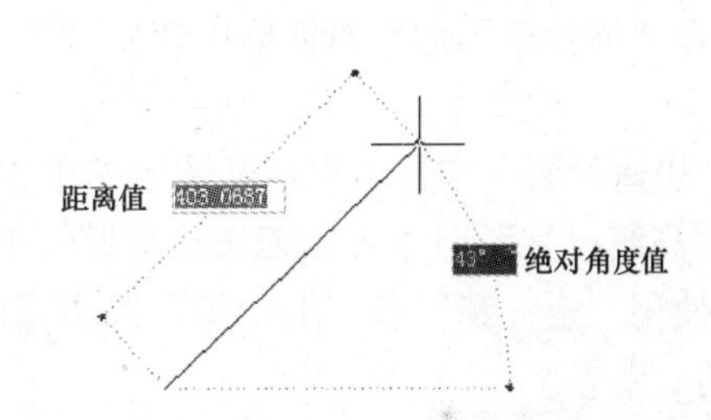

图2-10　“标注输入”时光标的提示信息

3）动态提示。在图2-6所示的“草图设置”对话框的“动态输入”选项卡中，选中“动态提示”选项组中的“在十字光标附近显示命令提示和命令输入”复选框，就可打开动态提示。

打开“动态提示”后，光标附近会显示命令行里的命令提示及光标的坐标值，如图2-11所示。如果提示包含多个选项，请按向下的箭头键↓可以查看这些选项，然后单击就可选择某一选项。

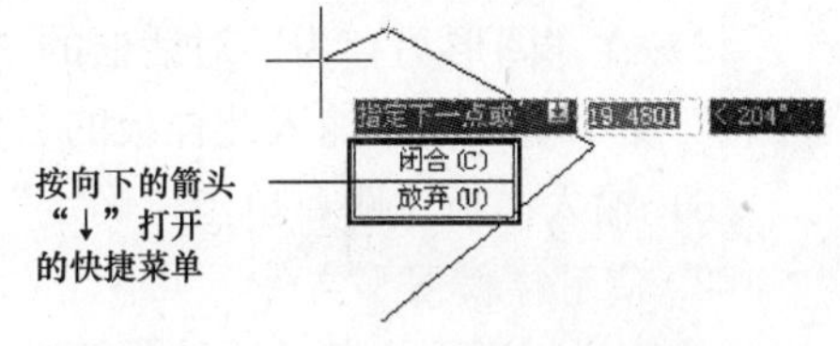

图2-11　光标的动态提示信息

第三节　绘图环境的设置

当使用AutoCAD创建一个图形文件时，通常需要先进行图形环境的设置，如绘图单位、角度、区域等。

一、样板的创建及使用

样板图形存储图形的所有设置，还可能包含预定义的图层、标注样式和视图。如果需要创建使用相同惯例和默认设置的多个图形，可以通过创建或自定义样板文件而不必每次启动时都指定惯例和默认设置。样板图形通过文件扩展名 .dwt 区别于其他图形文件。默认情况下，图形样板文件存储在 Template 文件夹中，以便访问。

1. 创建图形样板文件

(1) 从现有的图形创建图形样板文件。

1) 依次单击“文件”菜单→“打开”选项命令。

2) 在“选择文件”对话框中，选择要用作样板的文件，单击“确定”按钮。

3) 如果要删除现有文件内容，利用删除命令删除不需要的图形。

4) 依次单击“文件”菜单→“另存为”选项命令。

5) 在“图形另存为”对话框的“文件类型”下，选择“图形样板”的文件类型，在“文件名”文本输入框中输入此样板的名称，单击“保存”按钮。

6) 输入样板说明，单击“确定”按钮就完成了样板图形的创建。

(2) 使用向导创建图形样板文件。在创建图形样板之前先把系统变量 STARTUP 和 FILEDIA 均设置为 1，以便在新建图形文件时打开“创建新图形”对话框。在 AutoCAD 2015 的默认状态下，系统变量 STARTUP 的值为 3，新建图形文件时会打开“选择样板”对话框。

使用向导创建图形样板的步骤：

1) 依次单击“文件”菜单→“新建”选项命令，打开“创建新图形”对话框。

2) 在“创建新图形”对话框中单击“使用向导”按钮，选择“快速设置”或“高级设置”。

a. “快速设置”向导可以定义图形的单位和区域。

b. “高级设置”向导可以定义新图形的单位、角度、角度测量、角度方向和区域。

3) 使用“下一步”和“上一步”按钮完成向导的每一页设置，在最后一页上单击“完成”按钮。

以上几步也是利用样板向导新建图形的步骤。若要把此样板保存可以再依次执行以下几步：

4) 依次单击“文件”菜单→“另存为”选项命令。

5) 在“图形另存为”对话框的“文件类型”下，选择“图形样板”文件类型，在“文件名”文本输入框中输入此样板的名称，单击“保存”按钮。

6) 输入样板说明，单击“确定”按钮，就完成了样板图形的创建。

2. 使用样板图形文件

使用样板图形文件的方法很简单，只要在新建文件时打开的“选择样板”对话框中选取要打开的样板图形文件，如图 2-12 所示，单击“打开”即可；若开启了“创建新图形”对话框，可在“创建新图形”对话框中点取“使用样板”按钮，再选择样板图形文件打开即可，如图 2-13 所示。

打开图形样板之后，可以用 UNITS 命令来更改单位、角度、角度测量和角度方向，用 LIMITS 命令来更改区域。

二、绘图设置的更改

对于一个已有的图形文件，用户可根据需要来改变其图形设置。

1. 单位和角度格式的更改

“格式”菜单：“单位”。

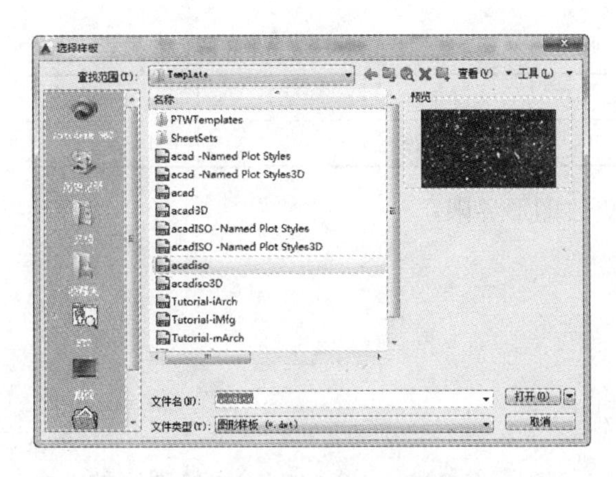

图 2-12　“选择样板”对话框

图 2-13　“创建新图形”对话框

命令：units（或别名 un）。

系统将弹出“图形单位”对话框，如图 2-14 所示。

用户可在“长度”栏中选择单位类型及其精度；在“角度”栏中选择角度类型及其精度，以及角度的正方向。在 AutoCAD 2015 中，默认的正角度方向是逆时针方向。若选中复选框“顺时针”，则系统以顺时针方向计算正的角度值。

“插入时的放缩单位”栏用来控制使用工具选项板插入当前图形块的测量单位。如果块或图形创建时使用的单位与该选项指定的单位不同，则在插入这些块或图形时，将对其按比例缩放。插入比例是源块或图形使用的单位与目标图形使用的单位之比。如果插入块时不按指定单位缩放，请选择“无单位”。

图 2-14　“图形单位”对话框

注 意

“插入时的放缩单位”设置为“无单位”时，源块或目标图形将使用“选项”对话框的“用户系统配置”选项卡中的“源内容单位”和“目标图形单位”设置。

“输出样例”栏是用来显示当前单位和角度设置下的例子。

用户可以单击“方向”按钮弹出“方向控制”对话框，进一步确定角度的起始方向，如图 2-15 所示。

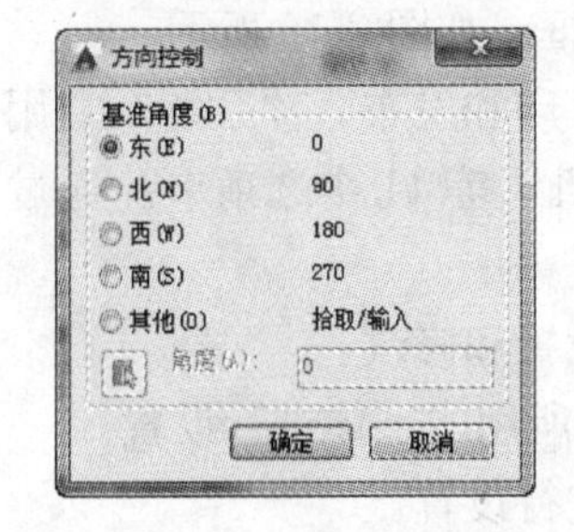

图 2-15　“方向控制”对话框

2. 图形界限（区域）的更改

用 AutoCAD 绘图时，图形绘制范围一般应满足国家标准对图幅的要求。表 2-1 给出了国家标准（GB/T 14689—2008《技术制图图纸幅面和格式》）规定的图幅尺寸。

表 2-1 图 幅 尺 寸 mm

图幅代号	A0	A1	A2	A3	A4	A5
$B \times L$	841×1189	594×841	420×594	297×420	210×297	148×210

假设绘制图幅为 A3 的图形，可以这样来更改图形界限。

“格式”菜单：“图形界限”。

命令：limits。

AutoCAD 提示如下：

命令：limits

重新设置模型空间界限：

指定左下角点或 [开 (ON)/关 (OFF)] 〈0.0000，0.0000〉：0，0（输入绘图区域的左下角点）

指定右上角点〈420.0000，297.0000〉：420，297（输入绘图区域的右上角点）

Limits 命令中的“开/关”选择用于控制界限检查的开关状态：

1）ON（开）：打开界限检查。此时 AutoCAD 将检测输入点，并拒绝输入图形界限外部的点。

2）OFF（关）：关闭界限检查，AutoCAD 将不再对输入点进行检测。

注意

如果要让栅格显示在图形界限以内，需要把系统变量 griddisplay 的值设置为 0。AutoCAD 2015 默认状态下，其值为 3，显示 UCS 的整个 *XY* 平面。

三、系统设置

如果用户要对绘图环境进行详细的设置，可以利用 AutoCAD 提供的“选项”对话框对整个系统进行详细的配置。

功能区“视图”选项卡：“界面”面板→按钮。

“工具”：“选项”。

快捷菜单：在命令窗口中单击鼠标右键，或者（在未运行任何命令也未选择任何对象的情况下）在绘图区域中单击鼠标右键，然后选择“选项”。

命令行：options。

使用以上激活命令方法之一，AutoCAD 弹出“选项”对话框，如图 2-16 所示。

在该对话框中，包含“文件”、“显示”、“打开和保存”、“打印和发布”、“系统”、“用户系统配置”、“绘图”、“三维建模”、“选择集”、“配置”和“联机”等 11 个选项卡。通过这些选项卡，用户可以按照自己的需要对系统进行配置。

1）“文件”选项卡：可对系统所需的文件路径进行相应的设置和修改。

2）“显示”选项卡：可以对 AutoCAD 窗口的颜色、尺寸和所用的字体进行设置。

3）“打开和保存”选项卡：可对打开文件和保存文件操作进行设置。

4）“打印和发布”选项卡：可以控制与打印和发布相关的选项。

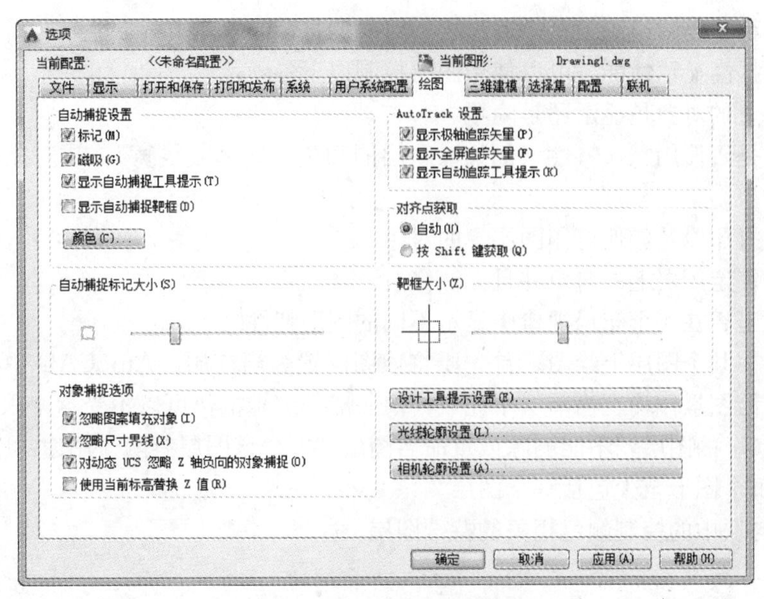

图 2-16 “选项”对话框

5）“系统”选项卡：可以对整个系统的操作环境进行设置。

6）“用户系统配置”：可以对系统环境进行个性化配置。例如用户可以自己定义坐标数据输入的优先级和对象排序方式去定标准窗口方式等。

7）“绘图”选项卡：可以对进行 AutoCAD 设计时需要的工具进行设置。包括自动捕捉设置、自动跟踪设置、对齐点获取、靶框大小、自动捕捉标记大小设置等。

8）“三维建模”选项卡：设置在三维中使用实体和曲面的选项。

9）“选择集”选项卡：可以对对象选择特性进行设置。

10）“配置”选项卡：可以对系统文件进行置为当前、添加、重命名、删除、输出、输入、重置等一系列操作。

11）“联机”选项卡：设置用于使用 Autodesk 360 联机工作的选项，并提供对存储在云账户中的设计文档的访问。

第四节　图层的创建与管理

图层是 AutoCAD 中的一个重要概念，对于绘制复杂图形有着非常重要的实际作用。图层相当于图纸绘图中使用的重叠图纸，是图形中使用的主要组织工具。通过创建图层，可以将类型相似的对象指定给同一图层以使其相关联。例如，可以将构造线、文字、标注和标题栏置于不同的图层上。这种把图形几何对象、文字、标注等按图层归类处理的方法，不仅能使图形的各种信息清晰、有序，便于观察，而且也会给图形的编辑、修改和输出带来很大的方便。

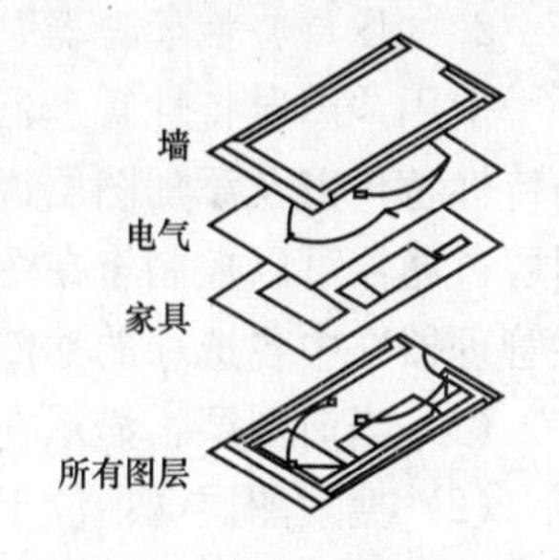

图 2-17　图纸的图层示例

图 2-17 所示的图纸就分为墙、电气、家具等几个图层，每个图层都有独立的线形、线宽以及颜色等图层信息，通过这些图层可以很方便地绘制和组织墙、电气、家具等图形。

图层是一种重要的组织工具，通过控制对象的显示或打印方式，它可以降低图形的视觉复杂程度，并提高显示性能。可以使用图层控制以下各项：

（1）图层上的对象是显示还是隐藏。

（2）对象是否使用默认特性（例如该图层的颜色、线型或线宽），或对象特性是否单独指定给每个对象。

（3）是否打印以及如何打印图层上的对象。

（4）是否锁定图层上的对象并且无法修改。

（5）对象是否在各个布局视口中显示不同的图层特性。

若用户要在某个图层上绘图，首先要将该图层置为当前层，AutoCAD 中有且只有一个当前层，所有绘图操作均在当前层中完成，但一般的编辑操作可以不受这个限制。每个图形都包括名为“0”的图层，不能删除或重命名图层“0”。该图层有两个用途：

1）确保每个图形至少包括一个图层。

2）提供与块中的控制颜色相关的特殊图层。

注意

建议用户创建几个新图层来组织图形，而不是在图层 0 上创建整个图形。这些图层可以保存在图形样板（.dwt）文件中，以使它们在新图形中自动可用。

一、使用“图层特性管理器”管理图层

AutoCAD 提供了图层特性管理器，利用该工具用户可以很方便地创建图层以及设置其基本属性，包括添加、删除和重命名图层，修改其特性或添加说明等。

1. 打开“图层特性管理器”的方法

要使用图层，首先要打开“图层特性管理器”，可以用以下几种方式来打开图层特性管理器。

功能区“默认”选项卡：“图层”面板→“图层特性”按钮。

“图层”工具栏：“图层特性管理器”按钮。

“格式”菜单：“图层”。

命令：layer（或'layer，用于透明使用，或别名 la）。

AutoCAD 弹出“图层特性管理器”对话框如图 2-18 所示。在这个对话框中，用户可以根据自己的需要对图层进行设置。

2. “图层特性管理器”功能介绍

使用“图层特性管理器”可以添加、删除和重命名图层，更改其特性，设置布局视口中的特性替代以及添加图层说明。图层特性管理器包括“过滤器”面板和“图层列表”面板。图层过滤器可以控制将在图层列表中显示的图层，也可以用于同时更改多个图层。“图层特性管理器”中各选项的功能如下：

（1）当前图层：显示在图层特性管理器的左上角，显示当前图层的名称。

（2）搜索图层：位于图层特性管理器的右上角，在搜索框中输入字符时，按名称过滤图层列表。

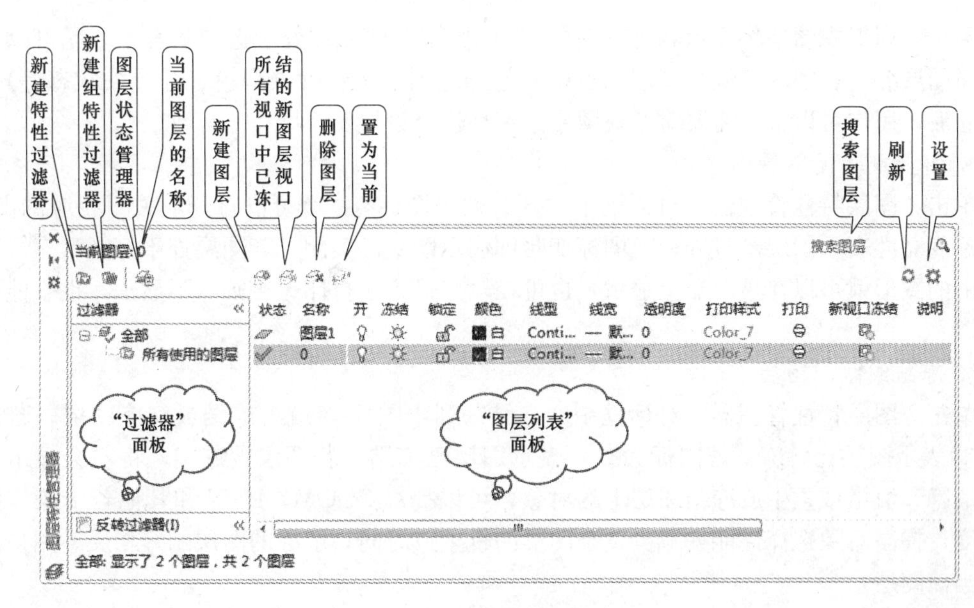

图 2-18　图层特性管理器

(3) 新特性过滤器：显示“图层过滤器特性”对话框，从中可以根据图层设置和特性创建图层过滤器。

(4) 新建组过滤器：创建图层过滤器，其中包含用户选择并拖动到该过滤器的图层。

(5) 图层状态管理器：显示图层状态管理器，从中可以将图层的当前特性设置保存到图层状态中，以后再恢复这些设置。

(6) 新建图层：使用默认名称创建新图层，可以立即更改该名称。新图层将继承图层列表中当前选定图层的特性。新图层将在最新选择的图层下进行创建。

(7) 所有视口中已冻结的新图层视口：创建新图层，然后在所有现有布局视口中将其冻结。可以在“模型”选项卡或布局选项卡上访问此按钮。

(8) 删除图层：删除选定图层。

(9) 置为当前：将选定图层设定为当前图层。将在当前图层上自动创建新对象(CLAYER 系统变量)。

(10) 状态行：位于图层特性管理器的底部，显示当前过滤器的名称、列表视图中显示的图层数和图形中的图层数。

(11) 反转过滤器：显示所有不满足选定图层过滤器中条件的图层。

(12) 刷新：刷新图层列表的顺序和图层状态信息。

(13) 设置：显示“图层设置”对话框，从中可以设置各种显示选项。

3. 创建新图层

开始绘制新图形时，AutoCAD 将自动创建一个名为 0 的特殊图层。默认情况下，图层 0 将被指定使用 7 号颜色（白色或黑色，由背景色决定，背景色设置为白色，图层颜色就是黑色）、Continuous 线型、“默认”线宽及打印样式，用户不能删除或重命名该图层 0。在绘图过程中，如果用户要使用更多的图层来组织图形，就需要先创建新图层。

单击“图层特性管理器”对话框中的“新建”按钮，就可以创建一个新的图层。新建图层时，列表视图中将显示名为“图层 1”的图层，该名称处于选定状态，因此可以立即输入新图层名。新图层将继承图层列表中当前选定图层的特性（颜色、开或关状态等）。图层建立后，用户可以根据需要对新建图层的特性进行设置。

4. 打开或关闭图层

单击“图层特性管理器”对话框中“开”列中图标，就可以打开或关闭相应的图层。若图标变亮即表示图层已打开；若图标变暗即表示图层已关闭。若图层处于打开状态，则该图层上的图形就可以在显示器上显示，也可在输出设备上打印；否则，不显示，也不能打印输出。

5. 冻结或解冻图层

单击“图层特性管理器”对话框中“冻结”列中图标就可冻结或解冻图层。若图标为，表示图层已解冻；若图标为，表示图层已冻结。若图层被冻结，将不会显示、打印、消隐、渲染或重生成冻结图层上的对象，可以提高 ZOOM、PAN 和其他若干操作的运行速度，提高对象选择性能并减少复杂图形的重生成时间；解冻的图层刚好相反。用户不能冻结当前图层。

6. 锁定或解锁图层

单击“图层特性管理器”对话框中“锁定”列中图标就可锁定或解锁图层。若图标为，表示图层已解锁；若图标为，表示图层已锁定。锁定状态下该图层上的图形可以显示，可以使用查询命令和对象捕捉功能，但是不能被编辑。当前层锁定时，仍可绘图。

7. 设置图层颜色

颜色在图形中具有非常重要的作用，可用来表示不同的组件、功能和区域。图层的颜色实际上是图层中图形对象的颜色。每个图层都拥有自己的颜色，对不同的图层可以设置相同的颜色，也可以设置不同的颜色，绘制复杂图形时就可以很容易区分图形的各部分。

新建图层后，要改变图层的颜色，单击“图层特性管理器”对话框中“颜色”列对应的各小方图标的颜色即为该图层的颜色，打开“选择颜色”对话框，如图 2-19 所示，就可以任意设置所需要的颜色。

8. 设置图层的线型

单击“图层特性管理器”对话框中的“线型”列的图层线型名称，打开“选择线型”对话框，如图 2-20 所示，用户就可以任意选择所需的线型。默认情况下，在“选择线型”对

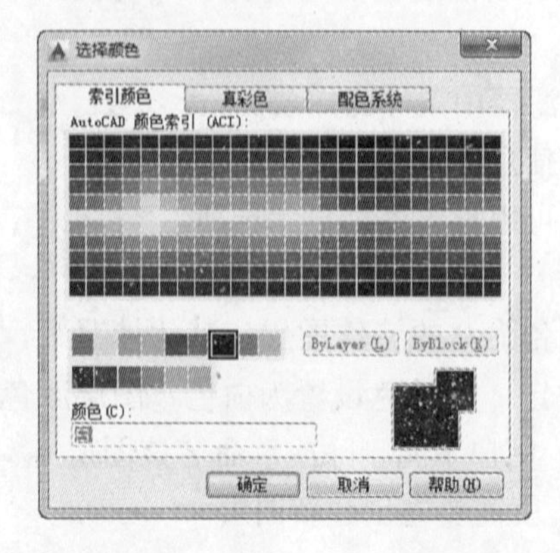

图 2-19 “选择颜色”对话框

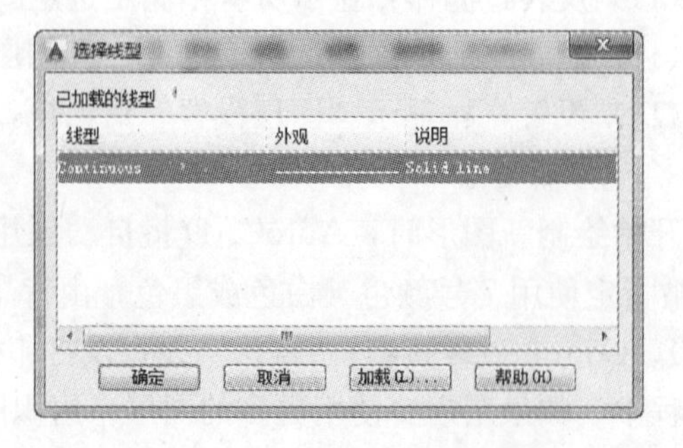

图 2-20 “选择线型”对话框

话框的“已加载的线型”列表框中只有 Continuous 一种线型，如果要使用其他线型，必须将其添加到“已加载的线型”列表框中。可以单击“加载”按钮，在“加载或重载线型”对话框中加载需要的线型，如图 2-21 所示。

9. 设置图层线宽

线宽设置就是改变线条的宽度。单击“图层特性管理器”对话框中“线宽”列的图层线宽“——默认”，打开“线宽”对话框，从中选择任一种线宽就可修改该层的线宽。也可以依次单击“格式”→“线宽”，打开“线宽设置”对话框，如图 2-22 所示，通过调整线宽比例，使图形中的线宽显示得更宽或更窄。要显示线宽，可以通过选取“线宽设置”对话框中的“显示线宽”选项来打开显示，也可以通过状态栏的“线宽”按钮来打开显示。

图 2-21 “加载或重载线型”对话框

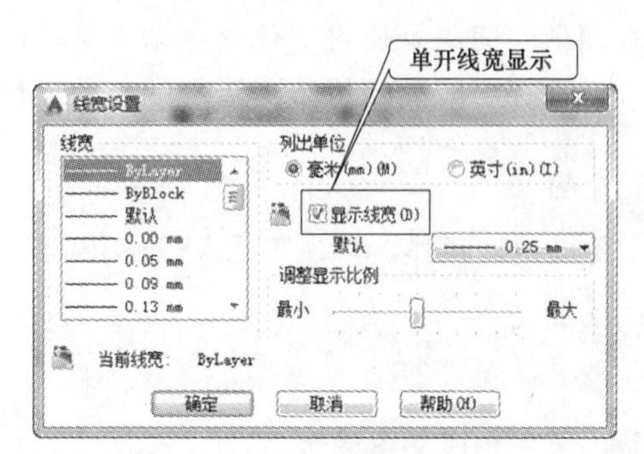

图 2-22 “线宽设置”对话框

10. 删除图层

从列表视图中选中要删除的图层，单击“图层特性管理器”上的“删除”按钮，就会删除所选定的图层。只能删除未被参照的图层。参照的图层包括图层 0 和 DEFPOINTS、包含对象（包括块定义中的对象）的图层、当前图层以及依赖外部参照的图层。局部打开图形中的图层也视为已参照并且不能删除。

注意

如果绘制的是共享工程中的图形或是基于一组图层标准的图形，删除图层时要小心。

11. 设置当前图层

先在列表视图中选择要置为当前的图层，然后单击“当前”按钮，或者双击列表视图中要置为当前的图层名字。

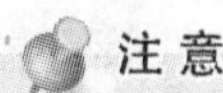

注意

AutoCAD 只能在当前图层中绘制图形。

12. 隔离图层

保持可见且未锁定的图层称为隔离。利用图层的隔离功能可以隐藏或锁定除选定对象所在图层外的所有图层。显示选定的图层同时关闭其他所有图层的步骤：

(1) 单击“默认”选项卡的“图层”面板上的“隔离”按钮。

(2) 按照命令提示输入未隔离图层的设置：

命令：_layiso

当前设置：隐藏图层，Viewports=Off

选择要隔离的图层上的对象或［设置(S)］：S（输入S，对未隔离图层进行设置）

输入未隔离图层的设置［关闭(O)/锁定和淡入(L)］〈关闭(O)〉：O（输入0，未隔离图层设置为关闭）

在图纸空间视口使用［视口冻结(V)/关(O)］〈关(O)〉：O

(3) 选择要隔离的每个图层上的对象，然后按Enter键。其他所有图层都将关闭。

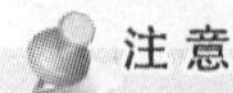

注意

要撤销该操作，请使用LAYUNISO命令。将保留更改的所有其他图层设置。

13. 保存和恢复图层状态

图层设置包括图层状态和图层特性。图层状态包括图层是否打开、冻结、锁定、打印和在新视口中自动冻结。图层特性包括颜色、线型、线宽和打印样式。可以选择要保存的图层状态和图层特性。例如，可以选择只保存图形中图层的“冻结/解冻”设置，忽略所有其他设置。恢复图层状态时，除了每个图层的冻结或解冻设置以外，其他设置仍保持当前设置。在AutoCAD 2015中，可以使用“图层状态管理器”对话框来管理所有图层的状态。

(1) 保存的方法。在列表视图中选中要保存图层状态的图层，单击鼠标右键，在弹出的快捷菜单中选中“保存图层状态”，在弹出的“要保存的新图层状态”对话框中输入新图层状态名和说明，单击“确定”按钮即可。

(2) 恢复的方法。在列表视图中选中要恢复图层状态的图层，单击鼠标右键，在弹出的快捷菜单中选中“恢复图层状态”，在弹出的“图层状态管理器”对话框的“图层状态”列表中选择要恢复的图层状态，单击“恢复”按钮即可。

14. 使用“图层过滤器特性”对话框过滤图层

在AutoCAD中，图层过滤功能大大简化了在图层方面的操作。图形中包含大量图层时，在“图层特性管理器”对话框中单击“新特性过滤器”按钮，可以使用打开的“图层过滤器特性”对话框来命名图层过滤器，如图2-23所示。

15. 使用“新组过滤器”过滤图层

在AutoCAD 2015中，还可以通过“新组过滤器”过滤图层。可在“图层特性管理器”对话框中单击“新组过滤器”按钮，并在对话框左侧过滤器树列表中添加一个“组过滤器1”（也可以根据需要命名组过滤器）。在过滤器树中单击“所有使用的图层”节点或其他过滤器，显示对应的图层信息，然后将需要分组过滤的图层拖动到创建的“组过滤器1”上即可。

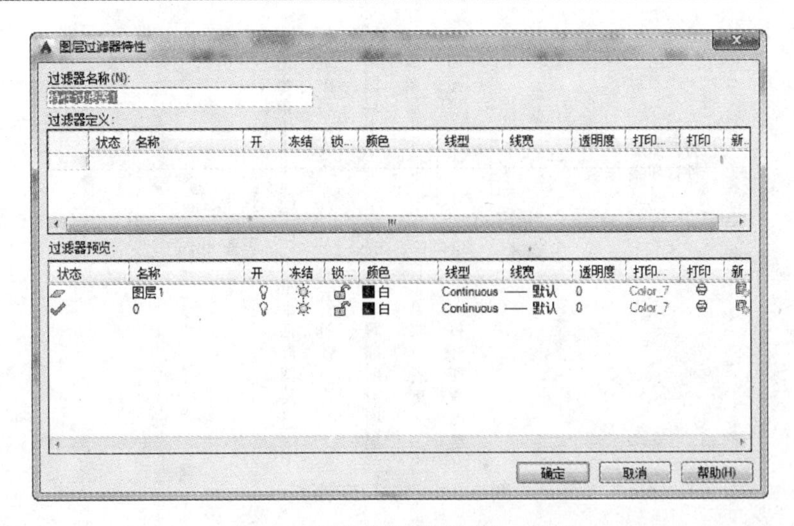

图 2-23　“图层过滤器特性”对话框

16. 改变对象所在的图层

在实际绘图中，如果绘制完某一图形元素后，发现该元素并没有绘制在预先设置的图层上，可选中该图形元素，并在“图层”面板或“对象特性”工具栏或“图层”工具栏的图层控制下拉列表框中选择预设层名，即可把该图形的图层改为预设的图层，如图 2-24 所示。

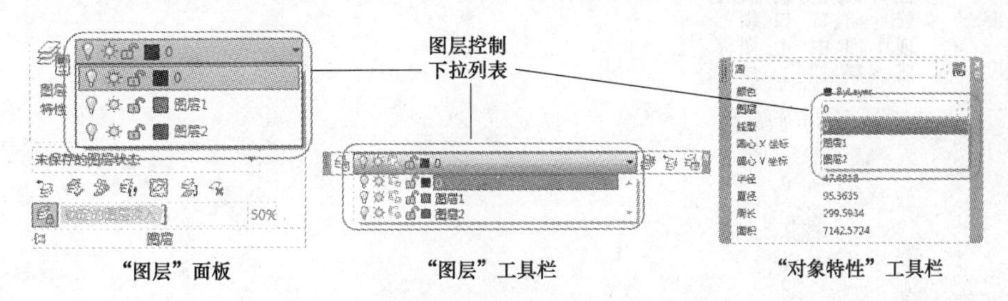

图 2-24　图层控制下拉列表

17. 使用图层工具管理图层

利用图层管理工具用户可以更加方便地管理图层。选择“格式”→“图层工具”命令中的子命令，就可以通过图层工具来管理图层，如图 2-25 所示。

18. 使用“图层”面板或“图层”工具栏管理图层

在 AutoCAD 2015 的实际绘图时，为了便于操作，主要通过功能区“默认”选项卡的“图层”面板上各功能按键来实现对图层的操作，如图 2-26 所示。

也可以利用“图层”工具栏来实现图层的切换，这时只需选择要将其设置为当前层的图层名称即可，如图 2-27 所示。

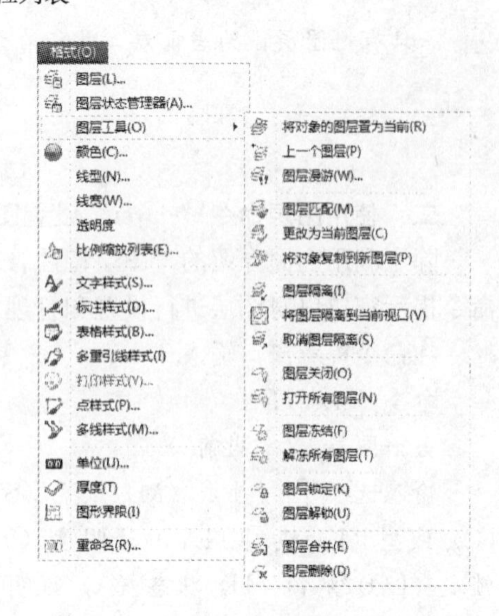

图 2-25　“图层工具”的子命令菜单

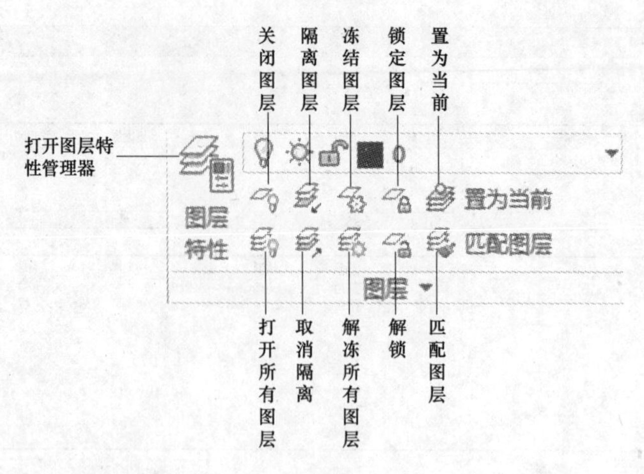

图 2-26 “图层”面板

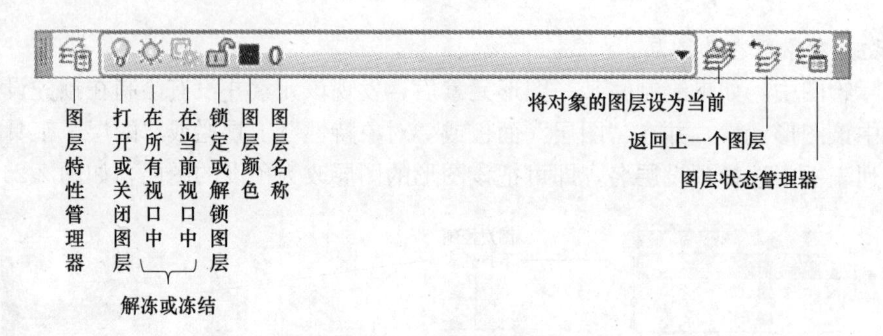

图 2-27 “图层”工具栏

注 意

只有把图层设为当前层，才能在该层上绘制创建对象。

二、使用图层命令“-layer”设置图层

除了利用上面介绍的“图层特性管理器”来管理图层外，还可以采用“-layer”命令在命令提示窗口里对图层进行设置和管理。

在命令提示窗口输入“-layer”命令，LAYER将显示如下命令行提示：

命令：-LAYER

当前图层：〈“当前”〉

输入选项［?/生成（M）/设置（S）/新建（N）/重命名（R）/开（ON）/关（OFF）/颜色（C）/线型（L）/线宽（LW）/透明度（TR）/材质（MAT）/打印（P）/冻结（F）/解冻（T）/锁定（LO）/解锁（U）/状态（A）/说明（D）/协调（E）］：

如果该图层存在但已关闭，则将其打开。

下面对每一个选项做说明：

(1) ? —列出图层：显示当前已定义的图层列表，并显示其名称、状态、颜色编号、线型、线宽以及它们是否为外部依赖图层。

输入要列出的图层名〈 * 〉：(输入名称列表或按 Enter 键列出所有图层)

(2) 生成：创建图层并将其设置为当前图层。将在当前图层上绘制新的对象。

输入新图层的名称（成为当前图层）〈当前〉：(输入名称或按 Enter 键)

如果不存在具有输入名称的图层，则将创建具有该名称的图层，且将该新图层置为打开状态，并默认具有以下特性：颜色编号 7、Continuous 线型和 Default 线宽；如果该图层存在但已关闭，则将其打开。

(3) 设置：指定新的当前图层，但如果该图层不存在，将不会创建它。如果该图层存在但已关闭，则将其打开并将其设置为当前图层。不能将冻结的图层设置为当前图层。

输入要设置为当前图层的图层名或〈选择对象〉：(输入名称或按 Enter 键，然后选择对象)

(4) 新建：创建新图层。可以通过输入以逗号分隔的名称来创建两个或多个图层。

输入新图层的名称列表：(输入名称按 Enter 键)

(5) 重命名：重命名现有图层。

输入旧图层名：(输入旧图层名称按 Enter 键)

输入新图层名：(输入新图层名称按 Enter 键)

(6) 开：将选定图层设置为可见并可打印。

输入要打开的图层名列表：(输入名称按 Enter 键)

(7) 关：将选定图层设置为不可见并禁止打印。

输入要关闭的图层名列表或〈选择对象〉：（输入名称列表或按 Enter 键，然后选择对象)

(8) 颜色：更改与图层关联的颜色。

新颜色［真彩色（T)/配色系统（CO)］：1（输入颜色名或 1～255 的颜色编号)

输入图层名列表，这些图层使用颜色 1（红)〈0〉：(输入要更改颜色的图层名)

(9) 线型：更改与图层关联的线型。

输入已加载的线型名或［?］〈Continuous〉：(输入当前已加载的线型名或按 Enter 键)

输入使用线型 Continuous 的图层名列表〈0〉：(输入要更改线型的图层名)

如果在"输入已加载的线型名"提示下输入"?"，将显示以下提示：

输入要列出的线型名〈 * 〉：（输入通配符格式，或按 Enter 键列出图形中的所有线型名)

(10) 线宽：更改与图层关联的线宽。

输入线宽（0.0～2.11mm)：(输入线宽值)

如果输入的线宽有效，则当前线宽将被设为新值。如果输入的线宽无效，则当前线宽将被设为最接近的固定线宽值。如果要使用固定线宽值列表中找不到的自定义线宽来打印对象，可以用打印样式表编辑器来自定义打印线宽。

输入使用当前线宽的图层名列表，〈当前〉：(输入名称列表或按 Enter 键)

将为相应图层指定线宽。

（11）透明度：更改与图层关联的透明度级别。输入 0～90 的值。

输入透明度值（0～90）：0（指定透明度值）

输入透明度为 0%的图层名称列表〈0〉：（输入要应用此透明度级别的图层名，或按 Enter 键仅应用于当前图层）

（12）材质：将材质附着到图层。在材质可以指定给图层之前，图形中的材质必须可用。

输入材质名称或［?］〈全局〉：（输入图形中当前可用的材质名称、输入? 或按 Enter 键）

如果在“输入已加载的线型名”提示下输入“?”，将显示以下提示：

输入要列出的材质名称〈*〉：（按 Enter 键列出图形中的所有材质）

将为在图层上创建的对象指定材质。

（13）打印：控制是否打印可见图层。如果图层设置为打印，但当前被冻结或关闭，则不会打印该图层。

输入打印系统配置［打印（P）/不打印（N）］〈打印〉：（输入选项或按 Enter 键）

输入此打印系统配置的图层名〈当前〉：（输入名称列表或按 Enter 键）

将为相应图层指定打印设置。

（14）冻结：冻结图层，将其设置为不可见，禁止重生成和打印。

输入要冻结的图层名列表或〈选择对象〉：（输入名称列表或按 Enter 键，然后选择对象）

（15）解冻：将被冻结的图层解冻，将其设置为可见，允许重生成和打印。

输入要解冻的图层名列表：（输入名称按 Enter 键）

（16）锁定：锁定图层，防止编辑这些图层上的对象。

输入要锁定的图层名列表或〈选择对象〉：（输入名称列表或按 Enter 键，然后选择对象）

（17）解锁：将选定的锁定图层解锁，允许编辑这些图层上的对象。

输入要解锁的图层名列表或〈选择对象〉：（输入名称列表或按 Enter 键，然后选择对象）

（18）状态：保存和恢复图形中图层的状态和特性设置。

输入选项［? /保存（S）/恢复（R）/编辑（E）/名称（N）/删除（D）/输入（I）/输出（EX）］：（输入相应选项按 Enter 键，并进行设置）

1）说明：设定现有图层的说明特性值。向带有现有说明的图层输入说明时将显示警告提示。

输入图层说明：（输入图层说明的内容）

输入要应用说明的图层名称列表或〈选择对象〉：〈*〉：（指定要加图层说明的图层）

2）协调：设定未协调图层的未协调特性。

输入要进行协调的图层名称列表或〈选择对象〉或［?］：（输入要进行协调的图层或输入? 显示所有未协调图层的列表）

三、使用图层时的注意事项

（1）可以在一幅图中使用任意数量的图层。

（2）每一图层均应有不同的名称，新建一幅图时，AutoCAD 自动生成名为“0”的层，层名不能被修改，其余图层由用户根据需要创建。

（3）一个图层只能设置一种线型、一种颜色及一个状态。

（4）只能在当前图层上绘制图形。

（5）各图层具有相同的坐标系、绘图界限、缩放系数，可以对位于不同图层上的实体进行操作。

（6）可以对各图层进行打开、关闭、冻结、解冻、加锁、解锁等操作，以决定各图层上对象的可见性及可操作性。

本章小结

本章主要介绍了利用 AutoCAD 开始绘图前的一些准备工作，其中包括二维坐标系的简介以及利用二维坐标（绝对直角坐标、绝对极坐标、相对直角坐标和相对极坐标）定点的方法；AutoCAD 图形数据的输入方式，重点讲述了利用动态输入法输入图形数据的方法；样板的创建及使用的方法，以及单位、图纸界限等绘图设置的使用和修改方法；图层的创建与管理，包括使用“图层特性管理器”和“-LAYER”命令两种管理图层的方法。本章介绍的内容是绘图的一些基础知识和绘图前的一些基本设置，对快速有效的绘制图形非常有帮助，希望读者能够很好地掌握。

习题二

1. 根据图 2-28，列出各点的相对坐标。

A. 84.5，92.4　　*D*. ________　　*G*. ________

B. ________　　*E*. ________　　*H*. ________

C. ________　　*F*. ________　　A. ________

2. 根据图 2-28，列出各点的绝对坐标。

A. 84.5，92.4　　*D*. ________　　*G*. ________

B. ________　　*E*. ________　　*H*. ________

C. ________　　*F*. ________　　A. ________

3. 根据图 2-28，列出各点的极坐标。在数据不充分而无法确定极坐标时，使用相对坐标。

A. 84.5，92.4　　*D*. ________　　*G*. ________

B. ________　　*E*. ________　　*H*. ________

C. ________　　*F*. ________　　A. ________

4. 从下面列出的坐标中指出错误的坐标值。

a. 3，4　　f. −3，<27　　k. 27′6

b. −3，−4　　g. @1′−0″，<27.5　　l. 25′，13′6

c. 3，4　　h. @27′6<n3615′e　　m. 14′<W30N

d. @3，<45　　i. @36′<27.5　　n. 20′4，S27d36，15E

e. @−3，−5　　j. N27d3″27″e，15′　　o. @3′6，7′4

5. 在 210mm×297mm 范围内，用绝对坐标输入法画出图 2-29 中的各图。

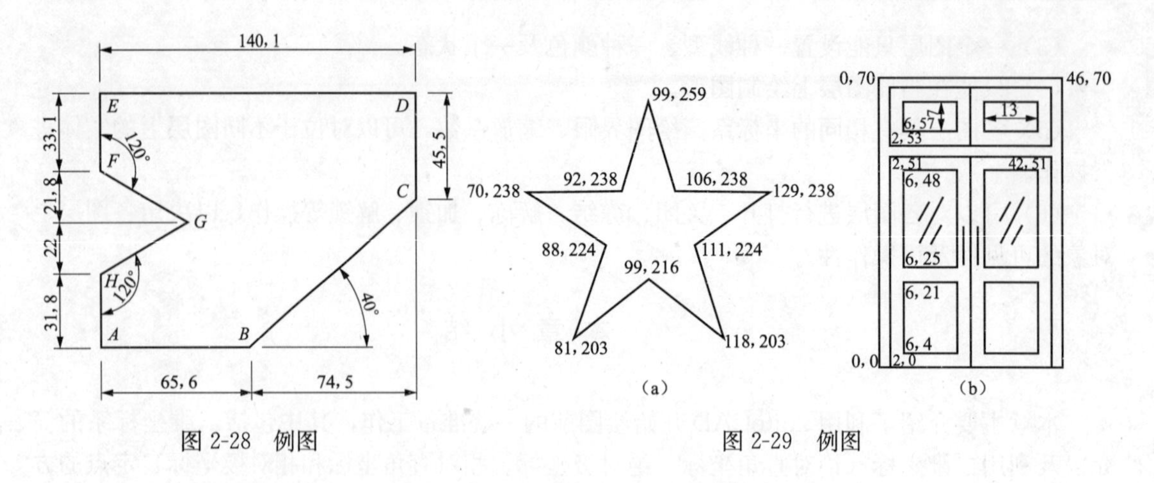

图 2-28 例图　　　　图 2-29 例图

6. 用相对坐标输入法，按字母顺序画出图 2-30 中的各图。

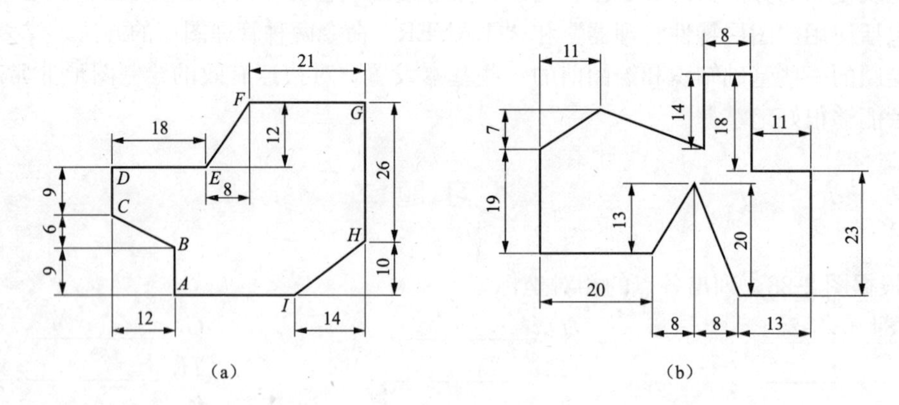

图 2-30 例图

7. 用极坐标输入法，画出图 2-31 中各图。

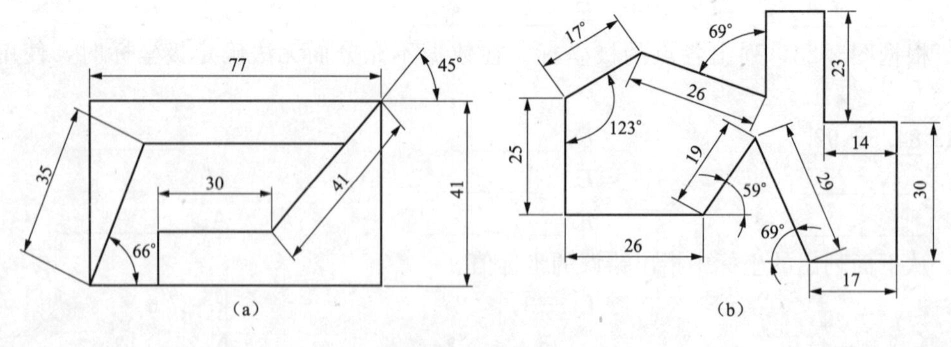

图 2-31 例图

8. 综合绝对坐标输入法、定向输入法、相对坐标输入法、极坐标输入法四种输入法画出图 2-32 中各图。

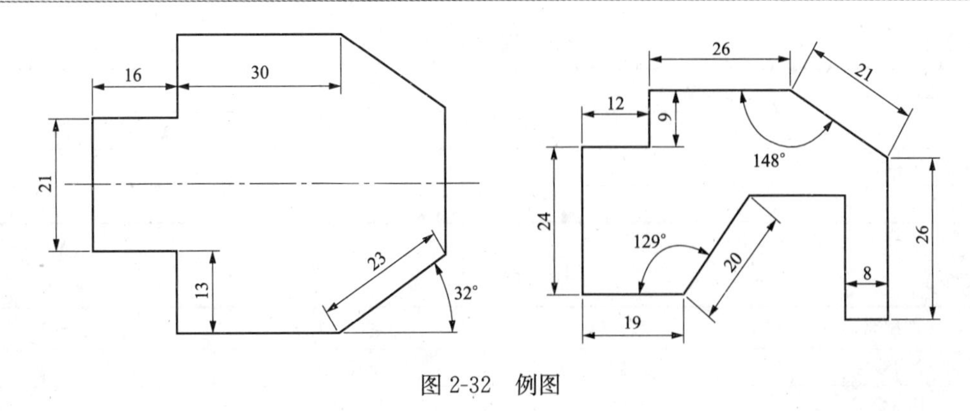

图 2-32　例图

9. 按 1∶1 比例画出图 2-33 中带有纸边界线（用细实线画 0.25mm）、图框线（用粗实线画 0.1mm）以及标题栏（0.35mm，标题栏外框用粗实线 0.7mm）的 A2 图幅（横装留装订边），图幅尺寸见表 2-2。按表 2-3 要求创建图层，并把绘制的图形另存为图形样板文件“模版 .dwt”。

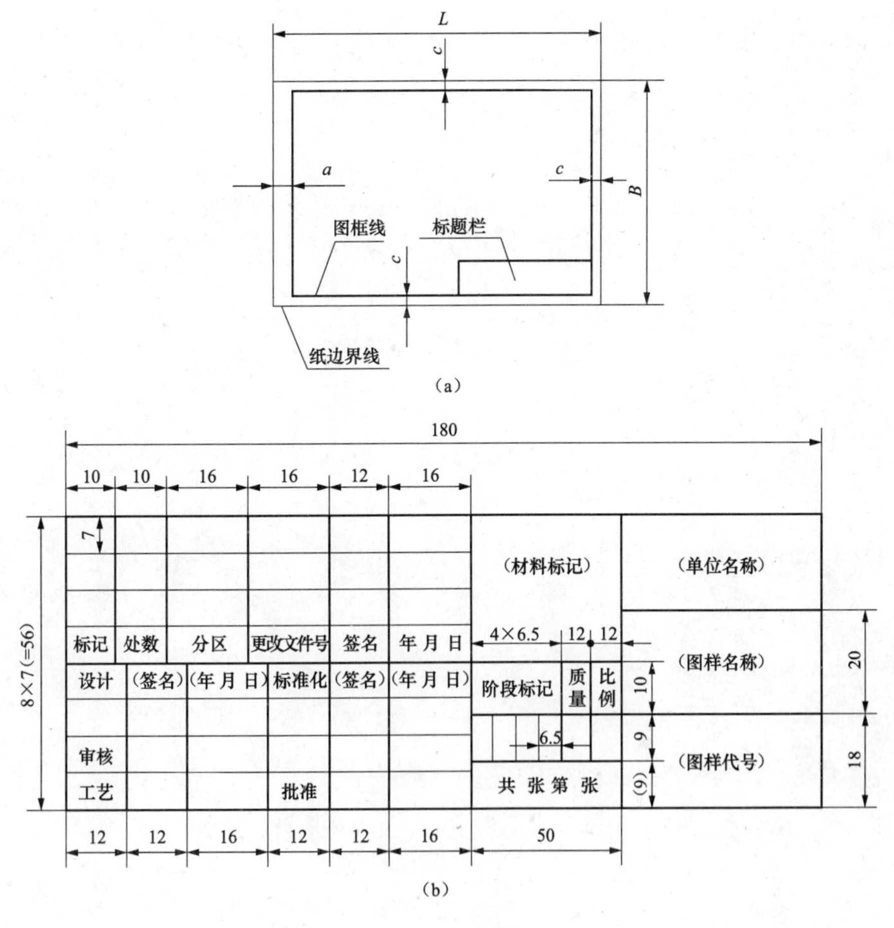

图 2-33　例图

表 2-2 **图 幅 尺 寸** mm

幅面代号	A0	A1	A2	A3	A4
$B\times L$	841×1189	594×841	420×594	297×420	210×297
a	25				
c	10			5	

表 2-3 **图 层 信 息**

图层名	颜 色	线 型	线宽（mm）
轮廓线层	白色	Continuous	0.35
中心线层	红色	Center2	0.25
虚线层	蓝色	Dashed2	0.25
剖面线层	品红	Continuous	0.25
尺寸标注层	绿色	Continuous	0.25
文字层	黄色	Continuous	0.25
图框层	紫色	Continuous	0.35
块层	青色	Continuous	0.25

第三章　基本二维图形绘制

教学目标

本章主要介绍绘制二维图形的基本方法，通过本章的学习，读者应能熟练绘制常用的二维几何图形，其中包括点、直线、圆、圆弧、多边形、多段线、样条曲线等。

教学重点

(1) 绘制点的方法及设置点样式。

(2) 绘制直线、矩形、圆与圆弧的方法。

(3) 图形填充的方法。

第一节　点的绘制

在 AutoCAD2015 中，点对象有单点、多点、定数等分和定距等四种。作为节点或参照几何图形的点对象对于对象捕捉和相对偏移非常有用，可以使用“节点”对象捕捉的方式捕捉到一个已绘制的点对象。

一、绘制单点

“绘图”菜单：“点” → “单点”选项命令。

命令：point。

AutoCAD 提示：

命令：point

当前点模式：PDMODE=0　PDSIZE=0.0000

指定点：(用鼠标拾取一点或直接输入点的坐标)

二、绘制多点

功能区“默认”选项卡→“绘图”面板：⊡。

“绘图”菜单：“点” → “多点”选项命令。

“绘图”工具栏：⊡。

命令：_point。

AutoCAD 提示：

命令：_point

当前点模式：PDMODE=0　PDSIZE=0.0000

指定点：(用鼠标拾取一点或直接输入点的坐标)

指定点：(指定下点)

……(用户可用 Esc 键结束多点绘制)

三、绘制定数等分点

功能区“默认”选项卡→“绘图”面板：。

“绘图”菜单：“点”→“定数等分”选项命令。

命令：divide。

AutoCAD 提示：

选择要定数等分的对象：

输入线段数目或［块（B)］：

在此提示下用户选择对象并输入等分数，AutoCAD 将会在指定的对象上绘制出等分点。如果执行“块”选项，表示将在等分点处插入块，AutoCAD 将依次提示：

输入要插入的块名：（输入块名）

是否对齐块和对象？［是（Y)/否（N)］〈Y〉：

输入线段数目：（输入等分数目，按 Enter 键结束）

用户依次响应后，AutoCAD 将块等分插入。

四、绘制定距等分点

功能区“默认”选项卡→“绘图”面板：。

“绘图”菜单：“点”→“定距等分”选项命令。

命令：measure。

AutoCAD 提示：

选择要定距等分的对象：（选择对象）

指定线段长度或［块（B)］：

如果用户选择对象并直接输入长度值，AutoCAD 将按该长度在各个位置绘点。如果执行“块”选项，表示要在分点处插入块，AutoCAD 将依次提示：

输入要插入的块名：（输入块名）

是否对齐块和对象？［是（Y)/否（N)］〈Y〉：

输入线段数目：（输入等分数目，按 Enter 键结束）

用户依次响应后，AutoCAD 将块等分插入。

五、修改点的样式

AutoCAD 提供了多种点的样式。修改点的样式可以使它们具有更好的可见性，并且可以更容易地与栅格点区分开。可以采用两种方法来改变点的样式：

1. 使用系统变量修改点的样式

可以通过改变系统变量 PDMODE 和 PDSIZE 值来修改点对象的样式。PDMODE 值控制点的外观形状，图 3-1 显示了 PDMODE 值与点的形状的对应关系。PDSIZE 值控制点图形的大小（PDMODE 系统变量为 0 和 1 时除外）。修改 PDMODE 和 PDSIZE 后，AutoCAD 下次重生成图形时将改变现有点的外观。

2. 使用 PTYPE 命令修改点的样式

“格式”菜单：“点样式”选项命令。

命令：ptype。

AutoCAD 会弹出如图 3-2 所示的“点样式”对话框，用户可以用鼠标选中需要的点的样式，在“点大小”编辑框中设置点的尺寸，按“确定”按钮即可。

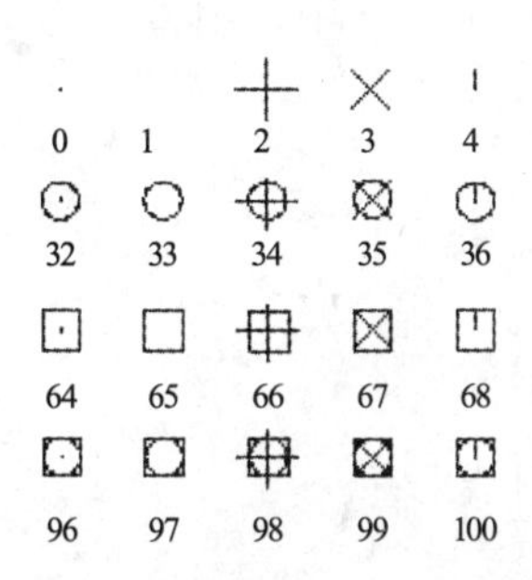

图 3-1 PDMODE 值与点的形状的对应关系

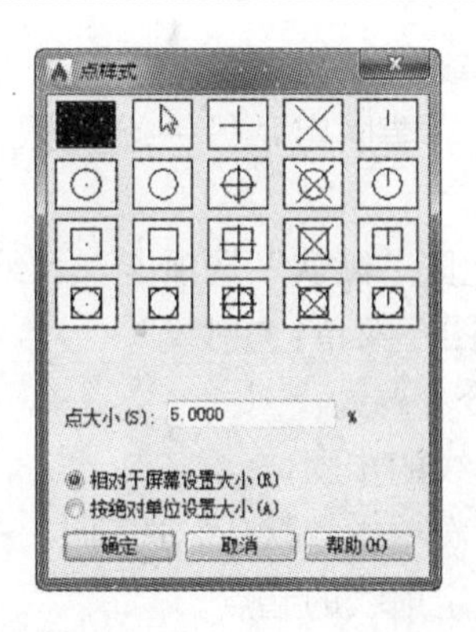

图 3-2 “点样式”对话框

第二节 “线” 的 绘 制

一、直线

创建一系列连续的直线段，每条线段都是可以单独进行编辑的直线对象。

功能区“默认”选项卡→“绘图”面板：。

“绘图”菜单：“直线”。

“绘图”工具栏：。

命令：line（别名：l)。

AutoCAD 提示：

指定第一点：(指定点或按 Enter 键从上一条绘制的直线或圆弧继续绘制)

指定下一点或［放弃（U)］：(输入下一点或输入“u”)

指定下一点或［放弃（U)］：(输入下一点或输入“u”)

指定下一点或［闭合（C)/放弃（U)］：(输入下一点或输入 c 或输入 u)

1）闭合：以第一条线段的起始点作为最后一条线段的端点，形成一个闭合的线段环。在绘制了一系列线段（两条或两条以上）之后，可以使用“闭合”选项。

2）放弃：删除直线序列中最近绘制的线段。多次输入“u”后按绘制次序的逆序逐个删除线段。

直线绘制完成后，可以用 Esc 或者 Enter 键来终止命令。直线的绘制主要是确定直线端点的位置，可以用以下方法来精确地定义每条直线端点的位置：

(1）使用绝对坐标或相对坐标输入端点的坐标值。

(2）指定相对于现有对象的对象捕捉。例如：可以将圆心指定为直线的端点。

(3）打开栅格捕捉并捕捉到一个位置。

注意

其他方法也可以精确创建直线。最快捷的方法是从现有的直线进行偏移，然后修剪或延伸到所需的长度。

二、射线

射线为一端固定，另一端无限延伸的直线，在 AutoCAD 中，射线主要用于绘制辅助线。

功能区“默认”选项卡→“绘图”面板：。

“绘图”菜单：“射线”。

命令：ray。

创建射线的步骤：

(1) 依次单击“默认”选项卡→“绘图”面板→“射线”。

(2) 指定射线的起点。

(3) 指定射线要经过的点。

(4) 根据需要继续指定点创建其他射线。所有后续射线都经过第一个指定点。

(5) 按 Enter 键结束命令。

用户可以通过指定多个通过点来绘制多条射线，最后可以通过按 Esc 或者 Enter 键终止命令。

三、构造线

构造线为两端可以无限延伸的直线，没有起点和终点，可以放置在三维空间的任何地方，主要用于绘制辅助线。

功能区“默认”选项卡→“绘图”面板：。

“绘图”菜单：“构造线”。

“绘图”工具栏：。

命令：xline。

AutoCAD 提示：

指定点或［水平（H）/垂直（V）/角度（A）/二等分（B）/偏移（O）］：(指定点或输入选项)

1）指定点：使用两个通过点指定无限长线的位置。

2）水平：创建一条或多条通过指定点的水平构造线。

3）垂直：创建通过指定点的垂直构造线。

4）角度：按指定的角度创建构造线。输入“A”，AutoCAD 继续提示：

输入构造线的角度（0）或［参照（R）］：(指定角度或输入“r”)

a. 构造线角度：指定放置直线的角度。输入角度，AutoCAD 继续提示：

指定通过点：(指定构造线通过的点)

将使用指定角度创建通过指定点的构造线。

b. 参照：指定与选定参照线之间的夹角。此角度从参照线开始按逆时针方向测量。输入“R”，AutoCAD 继续提示：

选择直线对象：(选择直线、多段线、射线或构造线)

输入构造线的角度〈0〉：(输入角度值或按 Enter 键)

指定通过点：(指定构造线通过的点，或按 Enter 键结束命令)

将使用指定角度创建通过指定点的构造线。

5）二等分：创建一条构造线，它经过选定的角顶点，并且将选定的两条线之间的夹角平分。

6）偏移：创建平行于另一个对象的构造线。输入“O”，AutoCAD继续提示：

指定偏移距离或［通过（T）］〈当前〉：（指定偏移距离，输入“t”，或按Enter键）

a. 偏移距离：指定构造线偏离选定对象的距离。输入距离，AutoCAD继续提示：

选择直线对象：（选择直线、多段线、射线或构造线，或按Enter键结束命令）

指定向哪侧偏移：（指定点，然后按Enter键退出命令）

b. 通过：创建从一条直线偏移并通过指定点的构造线。输入“T”，AutoCAD继续提示：

选择直线对象：（选择直线、多段线、射线或构造线，或按Enter键结束命令）

指定通过点：（指定构造线通过的点，然后按Enter键退出命令）

通过指定两点创建构造线的步骤：

（1）依次单击“默认”选项卡→“绘图”面板→“构造线”。

（2）指定一个点以定义构造线的根。

（3）指定第二个点，即构造线要经过的点。

（4）根据需要继续指定构造线。

（5）所有后续参照线都经过第一个指定点。

（6）按Enter键结束命令。

第三节　“形”的绘制

一、矩形

功能区“默认”选项卡→“绘图”面板：。

“绘图”菜单：“矩形”。

“绘图”工具栏：。

命令：rectang。

AutoCAD提示：

指定第一个角点或［倒角（C）/标高（E）/圆角（F）/厚度（T）/宽度（W）］：（输入选项或指定点）

1）第一个角点：指定矩形的一个角点，AutoCAD提示：

指定另一个角点或［面积（A）/尺寸（D）/旋转（R）］：（指定点或输入选项）

a. 另一个角点：使用指定的点作为对角点创建矩形。

b. 面积：使用面积与长度或宽度创建矩形。如果“倒角”或“圆角”选项被激活，则区域将包括倒角或圆角在矩形角点上产生的效果。输入“A”，AutoCAD继续提示：

输入以当前单位计算的矩形面积〈100〉：（输入一个正值）

计算矩形标注时依据［长度（L）/宽度（W）］〈长度〉：（输入L或W）

输入矩形长度〈10〉：（输入一个非零值）

或

输入矩形宽度〈10〉：（输入一个非零值）

指定另一个角点或［面积（A）/尺寸（D）/旋转（R）］：（移动光标以显示矩形可能位于的四个位置之一并在期望的位置单击）

c. 尺寸：使用长和宽创建矩形。输入“D”，AutoCAD继续提示：

指定矩形的长度〈0.0000〉：（输入一个非零值）

指定矩形的宽度〈0.0000〉：（输入一个非零值）

指定另一个角点或［面积（A)/尺寸（D)/旋转（R)]：（移动光标以显示矩形可能位于的四个位置之一并在期望的位置单击）

d. 旋转：按指定的旋转角度创建矩形。输入“R”，AutoCAD继续提示：

指定旋转角度或［拾取点（P)]〈0〉：（通过输入值、指定点或输入“p”并指定两个点来指定角度）

指定另一个角点或［面积（A)/尺寸（D)/旋转（R)]：（移动光标以显示矩形可能位于的四个位置之一并在期望的位置单击）

2）倒角：设置矩形的倒角距离。输入“C”，AutoCAD继续提示：

指定矩形的第一个倒角距离〈当前值〉：（指定距离或按Enter键）

指定矩形的第二个倒角距离〈当前值〉：（指定距离或按Enter键）

以后执行RECTANG命令时此值将成为当前倒角距离。

3）标高：指定矩形的标高。输入“E”，AutoCAD继续提示：

指定矩形的标高〈当前值〉：（指定距离或按Enter键）

以后执行RECTANG命令时将使用此值作为当前标高。

4）圆角：指定矩形的圆角半径。输入“F”，AutoCAD继续提示：

指定矩形的圆角半径〈当前值〉：（指定距离或按Enter键）

以后执行RECTANG命令时将使用此值作为当前圆角半径。

5）厚度：指定矩形的厚度，一般用于三维绘图。输入“T”，AutoCAD继续提示：

指定矩形的厚度〈当前值〉：（指定距离或按Enter键）

以后执行RECTANG命令时将使用此值作为当前厚度。

6）宽度：为要绘制的矩形指定多段线的宽度。输入“W”，AutoCAD继续提示：

指定矩形的线宽〈当前值〉：（指定距离或按Enter键）

以后执行RECTANG命令时将使用此值作为当前多段线的宽度。

图3-3显示了用上述方法绘制的部分矩形的示意图。

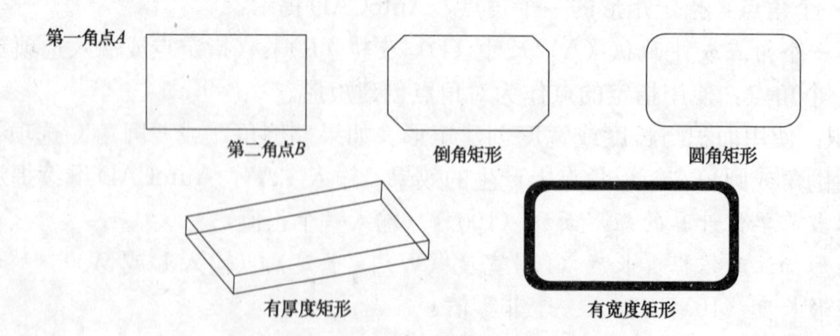

图3-3 用矩形命令绘制的部分矩形的示意图

二、正多边形

此正多边形命令可用于绘制边数等于或大于3的正多边形。

功能区“默认”选项卡→“绘图”面板：。

“绘图”菜单：“多边形”。

“绘图”工具栏：。

命令：polygon。

绘制多边形的步骤：

(1) 依次单击“默认”选项卡→“绘图”面板→“多边形” 。

(2) 在命令提示下，输入边数。

(3) 根据需要绘制方式：

1) 内接多边形方式（如图 3-4a 所示）

a. 指定多边形的中心。

b. 输入“i”以指定与圆外切的多边形。

c. 输入半径长度。

2) 外切多边形方式［见图 3-4（b)］

a. 指定多边形的中心。

b. 输入“c”以指定与指定点所在圆内接的多边形。

c. 输入半径长度。

3) 边长方式

a. 输入“e”（边）。

b. 指定一条多边形线段的起点。

c. 指定多边形线段的端点。

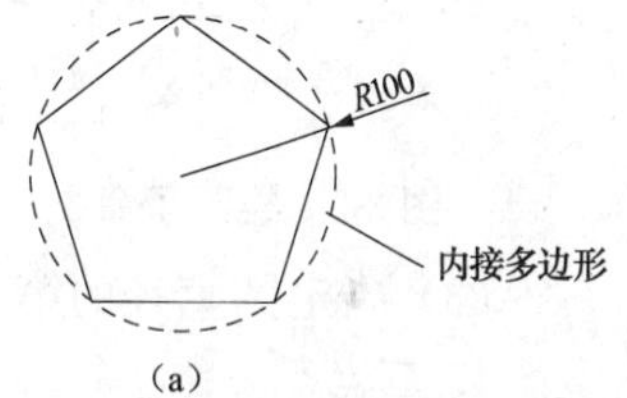

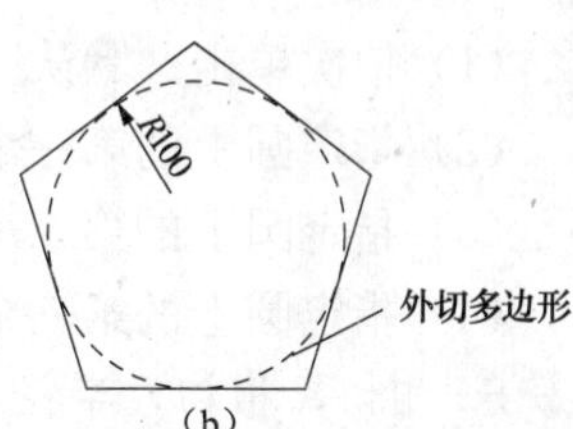

图 3-4　多边形的绘制示例

注意

内接于圆和外切于圆中的圆是假想中的圆，该圆并不画出。

第四节　圆的绘制

一、圆

要创建圆，可以指定圆心、半径、直径、圆周上的点和其他对象上的点的不同组合。可以使用多种方法创建圆。默认方法是指定圆心和半径。AutoCAD 提供了六种绘制圆的方法，用户可以选择不同的方式进行绘制，下面将逐一进行介绍。

功能区“默认”选项卡→“绘图”面板：各命令按钮，如图 3-5 所示。

“绘图”菜单：“圆”→绘圆的子命令。

“绘图”工具栏：。

命令：circle。

1. 圆心，半径

(1) 依次单击“默认”选项卡→“绘图”面板→“圆”下拉菜单：“圆心，半径” 。

(2) 指定圆心。

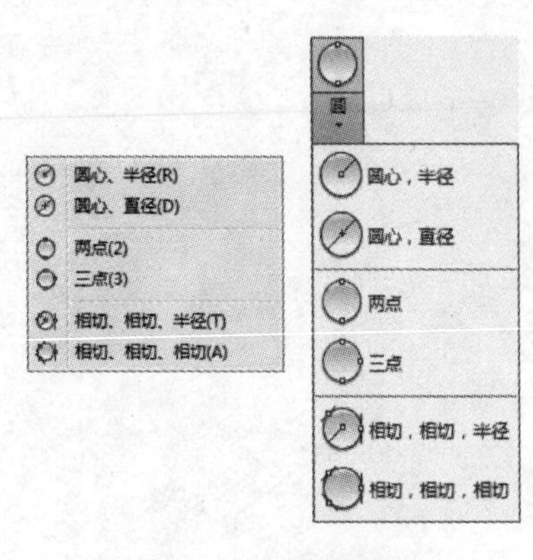

图 3-5　绘圆子命令

(3) 指定半径。

2. 圆心，直径

(1) 依次单击“默认”选项卡→“绘图”面板→“圆”下拉菜单：“圆心，直径”。

(2) 指定圆心。

(3) 指定直径。

3. 两点

(1) 依次单击“默认”选项卡→“绘图”面板→“圆”下拉菜单：“两点”。

(2) 指定圆直径的第一个端点。

(3) 指定圆直径的第二个端点。

4. 三点

(1) 依次单击“默认”选项卡→“绘图”面板→“圆”下拉菜单：“三点”。

(2) 指定圆上的第一个点。

(3) 指定圆上的第二个点。

(4) 指定圆上的第三个点。

5. 相切，相切，半径

(1) 依次单击“默认”选项卡→“绘图”面板→“圆”下拉菜单：“相切，相切，半径”。(此命令将启动“切点”对象捕捉模式。)

(2) 选择与要绘制的圆相切的第一个对象。

(3) 选择与要绘制的圆相切的第二个对象。

(4) 指定圆的半径。

6. 相切，相切，相切

(1) 依次单击“默认”选项卡→“绘图”面板→“圆”下拉菜单：“相切，相切，相切”。(此命令将启动“切点”对象捕捉模式)

(2) 选择与要绘制的圆相切的第一个对象。

(3) 选择与要绘制的圆相切的第二个对象。

(4) 选择与要绘制的圆相切的第三个对象。

注 意

内切点是一个对象与另一个对象接触而不相交的点。

二、圆弧

通过指定圆心、端点、起点、半径、角度、弦长和方向值的各种组合，可以创建圆弧。默认情况下，以逆时针方向绘制圆弧。按住 Ctrl 键的同时拖动，以顺时针方向绘制圆弧。

功能区“默认”选项卡→“绘图”面板：圆弧子命令，如图 3-6 所示。

“绘图”菜单：“圆弧”→绘制圆弧的子命令。

“绘图”工具栏：。

命令：arc。

在 AutoCAD 中有 11 种绘制圆弧的方法：

(1) 三点绘制圆弧，AutoCAD 提示：

指定圆弧的起点或［圆心（C)］：(指定圆弧的起始点)

指定圆弧的第二个点或［圆心（C)/端点（E)］：(指定圆弧的第二点)

指定圆弧的端点：(指定圆弧的终止点)

(2) 起点、圆心、端点绘制圆弧，AutoCAD 提示：

指定圆弧的起点或［圆心（C)］：(指定圆弧的起始点)

指定圆弧的第二个点或［圆心（C)/端点（E)］：_c 指定圆弧的圆心：(指定圆弧的圆心)

指定圆弧的端点（按住 Ctrl 键以切换方向）或［角度（A)/弦长（L)］：(指定圆弧的终止点)

(3) 起点、圆心、角度绘制圆弧，AutoCAD 提示：

指定圆弧的起点或［圆心（C)］：(指定圆弧的起始点)

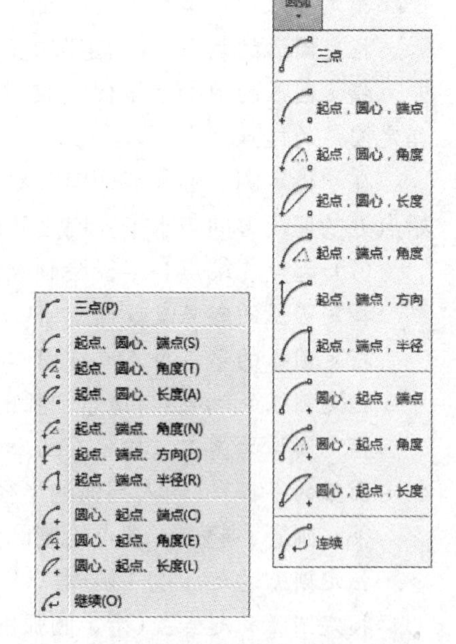

图 3-6 圆弧子命令

指定圆弧的第二个点或［圆心（C)/端点（E)］：_c 指定圆弧的圆心：(指定圆弧的圆心)

指定圆弧的端点（按住 Ctrl 键以切换方向）或［角度（A)/弦长（L)］：_a 指定包含角：(指定圆弧的包含角，即圆心角)

在“指定包含角”的提示下，所输入角度的正负值将影响到圆弧的绘制。系统默认逆时针为正。

(4) 起点、圆心、长度绘制圆弧，AutoCAD 提示：

指定圆弧的起点或［圆心（C)］：(指定圆弧的起始点)

指定圆弧的第二个点或［圆心（C)/端点（E)］：_c 指定圆弧的圆心：(指定圆弧的圆心)

指定圆弧的端点（按住 Ctrl 键以切换方向）或［角度（A)/弦长（L)］：_l 指定弦长：(输入圆弧的弦长)

用户所输入的弦长不得超过起点到圆心距离的两倍。在“指定弦长”的提示下，如果所输入的值为负值，则该值的绝对值作为对应的整圆的空缺部分圆弧的弦长。

(5) 起点、端点、角度绘制圆弧，AutoCAD 提示：

指定圆弧的起点或［圆心（C)］：(指定圆弧的起始点)

指定圆弧的第二个点或［圆心（C)/端点（E)］：_e

指定圆弧的端点：(指定圆弧的终止点)

指定圆弧的圆心（按住 Ctrl 键以切换方向）或［角度（A)/方向（D)/半径（R)］：_a 指定包含角：(输入圆弧的包含角，即圆弧对应的圆心角)

在“指定包含角”的提示下，所输入角度的正负值将影响到圆弧的绘制。

(6) 起点、端点、方向绘制圆弧，AutoCAD 提示：

指定圆弧的起点或［圆心（C）］：（指定圆弧的起始点）

指定圆弧的第二个点或［圆心（C）/端点（E）］：_e

指定圆弧的端点：（指定圆弧的终止点）

指定圆弧的圆心（按住 Ctrl 键以切换方向）或［角度（A）/方向（D）/半径（R）］：_d 指定圆弧的起点切向：

在“指定圆弧的起点切向”提示下，用户可以通过拖动鼠标的方式动态地确定圆弧在起始点处的切线方向与水平方向之间的夹角。

（7）起点、端点、半径绘制圆弧，AutoCAD 提示：

指定圆弧的起点或［圆心（C）］：（指定圆弧的起始点）

指定圆弧的第二个点或［圆心（C）/端点（E）］：_e

指定圆弧的端点：（指定圆弧的终止点）

指定圆弧的圆心（按住 Ctrl 键以切换方向）或［角度（A）/方向（D）/半径（R）］：_r 指定圆弧的半径：（输入圆弧的半径）

（8）圆心、起点、端点绘制圆弧，AutoCAD 提示：

指定圆弧的起点或［圆心（C）］：_c 指定圆弧的圆心：（指定圆弧的圆心）

指定圆弧的起点：（指定圆弧的起始点）

指定圆弧的端点（按住 Ctrl 键以切换方向）或［角度（A）/弦长（L）］：（指定圆弧的终止点）

（9）圆心、起点、角度绘制圆弧，AutoCAD 提示：

指定圆弧的起点或［圆心（C）］：_c 指定圆弧的圆心：（指定圆弧的圆心）

指定圆弧的起点：（指定圆弧的起始点）

指定圆弧的端点（按住 Ctrl 键以切换方向）或［角度（A）/弦长（L）］：_a

指定包含角：（输入圆弧的包含角，即圆弧对应的圆心角）

在“指定包含角”的提示下，所输入角度的正负值将影响到圆弧的绘制。

（10）圆心、起点、长度绘制圆弧，AutoCAD 提示：

指定圆弧的起点或［圆心（C）］：_c 指定圆弧的圆心：（指定圆弧的圆心）

指定圆弧的起点：（指定圆弧的起始点）

指定圆弧的端点（按住 Ctrl 键以切换方向）或［角度（A）/弦长（L）］：_l

指定弦长（按住 Ctrl 键以切换方向）：（输入圆弧的弦长）

用户所输入的弦长不得超过起点到圆心距离的两倍。在“指定弦长”的提示下，如果所输入的值为负值，则该值的绝对值作为对应的整圆的空缺部分圆弧的弦长。

（11）连续绘制圆弧。在 AutoCAD 提示：“指定圆弧的起点或［圆心（C）］：”下直接按 Enter 键，AutoCAD 2015 将以最后一次绘制的线段或者绘制圆弧过程中确定的最后一点作为新圆弧的起始点，以最后所绘线段方向或者所绘制圆弧终止点处的切线方向作为新圆弧起始点处的切线方向，同时 AutoCAD 提示：

指定圆弧的端点（按住 Ctrl 键以切换方向）：（指定圆弧的终止点）

三、圆环

该命令用于创建实心圆或较宽的环。圆环是填充环或实体填充圆，即带有宽度的实际闭合多段线。要创建圆环，请指定它的内外直径和圆心。通过指定不同的中心点，可以继续创建具有相同直径的多个副本。要创建实体填充圆，请将内径值指定为 0。

功能区“默认”选项卡→“绘图”面板：◎。

“绘图”菜单：“圆环”。

命令：donut。

在 AutoCAD 提示中，由于输入的参数不同因此可以绘制不同的对象。AutoCAD 提示：

指定圆环的内径〈当前〉：(指定距离或按 Enter 键)

如果指定内径为零，则圆环成为填充圆。AutoCAD 继续提示：

指定圆环的外径〈当前〉：(指定距离或按 Enter 键)

指定圆环的中心点或〈退出〉：(指定点或按 Enter 键结束命令)

圆环或圆填充与否，可以通过命令 FILL 来控制。可直接在命令行中输入，AutoCAD 提示如下：

命令：fill

输入模式［开（ON)/关（OFF)］〈开〉：

其中“开”表示填充，“关”则表示不填充。

四、椭圆

创建椭圆或椭圆弧。当绘制椭圆时，其造型由定义其长度和宽度的两个轴决定：主（长）轴和次（短）轴。椭圆上的前两个点确定第一条轴的位置和长度，第三个点确定椭圆的圆心与第二条轴的端点之间的距离。

功能区“默认”选项卡→“绘图”面板：绘制椭圆的各子命令按钮，如图 3-7 所示。

“绘图”菜单：“椭圆”→绘制椭圆的子命令。

“绘图”工具栏：⊙。

命令：ellipse。

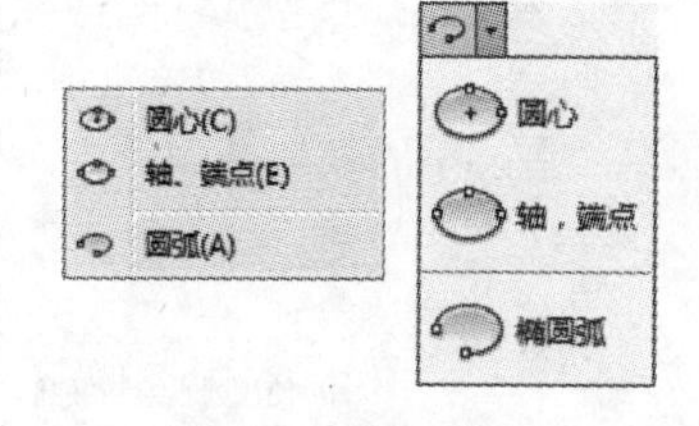

图 3-7　椭圆子命令

1. 圆心

使用中心点、第一个轴的端点和第二个轴的长度来创建椭圆。可以通过单击所需距离处的某个位置或输入长度值来指定距离，如图 3-8（a）所示。AutoCAD 提示：

命令：_ellipse

指定椭圆的轴端点或［圆弧（A)/中心点（C)］：_c

指定椭圆的中心点：(指定椭圆的中心点 1)

指定轴的端点：(指定第一条轴的第一个端点 2)

指定另一条半轴长度或［旋转（R)］：（指定距离以定义第二条轴的半长 3，或输入“R”，通过绕第一条轴旋转定义椭圆的长轴短轴比例。输入值越大，椭圆的离心率就越大，输入“0”将定义圆。该值只能是 0°～89.4°的数值。）

2. 轴、端点

根据两个端点定义椭圆的第一条轴。第一条轴既可定义椭圆的长轴也可定义短轴。使用从第一条轴的中点到第二条轴的端点的距离定义第二条轴半轴长度。也可通过绕第一条轴旋转圆来创建椭圆，如图 3-8（b）所示。AutoCAD 提示：

命令：_ellipse

指定椭圆的轴端点或［圆弧（A）/中心点（C）］：（指定第一条轴的第一个端点 1）

指定轴的另一个端点：（指定第一条轴的第二个端点 2）

指定另一条半轴长度或［旋转（R）］：（从中点拖离定点设备，然后单击以指定第二条轴半轴长度的距离 3，或输入“R”）

3. 圆弧

创建一段椭圆弧。椭圆弧上的前两个点确定第一条轴的位置和长度。第一条轴可以根据其大小定义长轴或短轴。第三个点确定椭圆弧的圆心与第二条轴的端点之间的距离。第四个点和第五个点确定起点和端点角度，如图 3-8（c）所示。AutoCAD 提示：

命令：_ ellipse

指定椭圆的轴端点或［圆弧（A）/中心点（C）］：_a

指定椭圆弧的轴端点或［中心点（C）］：（指定第一条轴的端点 1）。

指定轴的另一个端点：（指定第一条轴的端点 2）

指定另一条半轴长度或［旋转（R）］：（指定距离以定义第二条轴的半长 3，或输入“R”）

指定起点角度或［参数（P）］：（指定起点角度 4）

指定端点角度或［参数（P）/夹角（I）］：（指定端点角度 5）

椭圆弧从起点到端点按逆时针方向绘制。

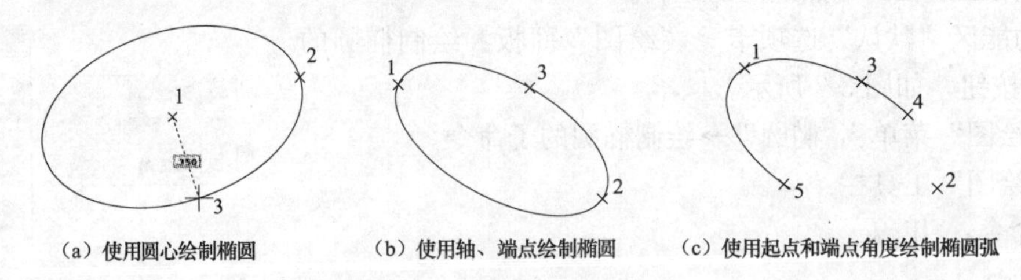

（a）使用圆心绘制椭圆　（b）使用轴、端点绘制椭圆　（c）使用起点和端点角度绘制椭圆弧

图 3-8　椭圆的绘制示例

第五节　多线的绘制

一、多线

多线是一组间距和数目可以调整的平行线，多用于绘制建筑上的墙体、电子线路等平行线对象。下面将介绍多线的绘制以及多线样式的设置。

1. 绘制多线

“绘图”菜单：“多线”。

命令：mline。

绘制多线的步骤：

（1）在命令提示下，输入“MLINE”。

（2）在命令提示下，输入“st”，选择一种样式。要列出可用样式，请输入样式名称或输入“?”。

（3）要对正多线，请输入“j”并选择上对正、无对正或下对正。

a. 上对正：在光标下方绘制多线，在指定点处将会出现具有最大正偏移值的直线。

b. 无对正：将光标作为原点绘制多线，多线的中心将随着光标点移动。

c. 下对正：在光标上方绘制多线，在指定点处将会出现具有最大负偏移值的直线。

（4）要更改多线的比例，请输入“s”并输入新的比例。

（5）开始绘制多线。指定起点，指定第二个点，指定其他点。

（6）按 Enter 键，结束多线的绘制。

2. 多线样式

多线样式控制元素的数目和每个元素的特性。多线样式命令 MLSTYLE 可以创建、修改、保存和加载多线样式，还可以控制背景色和每条多线的端点封口。

“格式”菜单：“多线样式”。

命令：mlstyle。

创建多线样式的步骤如下。

（1）在命令提示下，输入“MLSTYLE”，打开“多线样式”对话框，如图 3-9 所示。

（2）在“多线样式”对话框中，单击“新建”按钮，打开“创建新的多线样式”对话框，如图 3-10 所示。

图 3-9 “多线样式”对话框

图 3-10 “创建新的多线样式”对话框

（3）在“创建新的多线样式”对话框中，输入多线样式的名称并选择开始绘制的多线样式。单击“继续”按钮，打开“新建多线样式”对话框，如图 3-11 所示。

（4）在“新建多线样式”对话框中，可以新建多线样式的封口、填充、图元特性等内容，单击“确定”按钮就完成新建多线样式的创建。说明是可选的，最多可以输入 255 个字符，包括空格。

（5）在“多线样式”对话框中，单击“保存”将多线样式保存到文件（默认文件为 acad. mln）。可以将多个多线样式保存到同一个文件中。如果要创建多个多线样式，请在创建新样式之前保存当前样式，否则，将丢失对当前样式所做的更改。

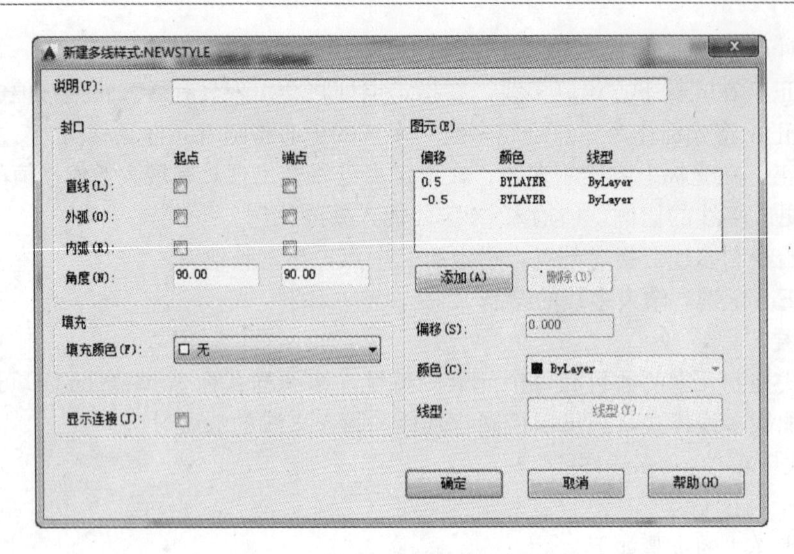

图 3-11 “新建多线样式”对话框

注 意

在 AutoCAD 中，当前只能使用一种多线样式，而且如果某种样式已经使用，则该样式不能重新设置。

二、多段线

多段线是作为单个对象创建的相互连接的序列线段，可以创建直线段、弧线段或两者的组合线段。多段线提供单个直线所不具备的编辑功能。例如，可以调整多段线的宽度和曲率。绘制多段线后，可以编辑它，也可以将其转换为独立的直线段和圆弧段。用户可以：

(1) 创建圆弧多段线。

(2) 将样条曲线拟合多段线转换为真正的样条曲线。

(3) 使用闭合多段线创建多边形。

(4) 创建宽多段线，可在其中设置单个线段的宽度，使它们从一种宽度逐渐过渡到另一种宽度。

(5) 从重叠对象的边界创建多段线。

创建多段线之后，可以使用 PEDIT 命令对其进行编辑，或者使用 EXPLODE 命令将其转换成单独的直线段和弧线段。

功能区“默认”选项卡→“绘图”面板：。

“绘图”菜单：“多段线”。

“绘图”工具栏：。

命令：pline。

创建多段线的步骤

(1) 依次单击“默认”选项卡→“绘图”面板→“多段线”。

(2) 指定多段线的起点 AutoCAD 提示：

指定下一个点或［圆弧（A）/半宽（H）/长度（L）/放弃（U）/宽度（W）］：（指定点或输入选项）

(3) 根据需要绘制的图形输入选项。

1) 若绘制直线，则可以直接指定第一条多段线线段的端点，如图 3-12 中线段 *AB* 所示，且可以根据需要继续指定下一线段的端点。

2) 若绘制含有宽度的多段线，则输入“w”（宽度）。

a. 输入多段线线段的起点宽度。

b. 使用以下方法之一指定多段线线段的端点宽度：

a) 要创建等宽的直线段，请按 Enter 键，如图 3-12 中线段 *BC* 所示。

b) 要创建锥状直线段，请输入一个不同的宽度。然后指定多段线线段的下一个端点，如图 3-12 中线段 *CD* 所示。

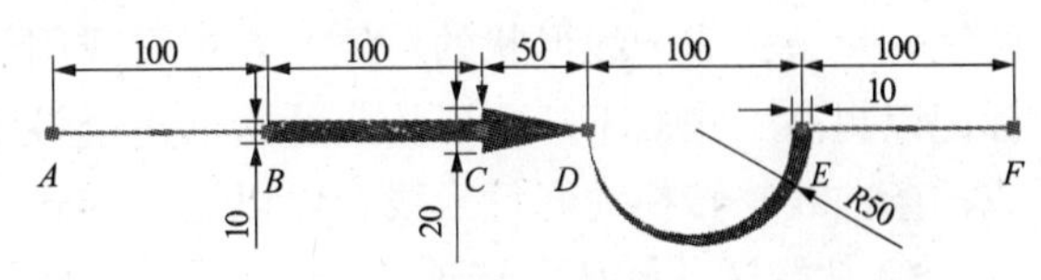

图 3-12　多段线示例

3) 若要绘制含有圆弧的多段线，则输入“a”（圆弧），切换到“圆弧”模式，绘制圆弧，如图 3-12 中圆弧 *DE* 所示。也可输入“L”（直线），返回到“直线”模式，继续绘制直线，如图 3-12 中直线 *EF* 所示。

(4) 根据需要继续指定线段的端点。

(5) 按 Enter 键结束，或者输入“c”使多段线闭合。

三、样条曲线

样条曲线是经过或靠近一组拟合点或由控制框的顶点定义的平滑曲线。AutoCAD 使用 NURBS（非均匀有理 B 样条曲线）数学方法，存储和定义了这一类曲线。样条曲线可以采用拟合点或控制点这两种方式进行绘制。图 3-13 的样条曲线将沿着控制多边形显示控制顶点，而图 3-14 的样条曲线显示拟合点。

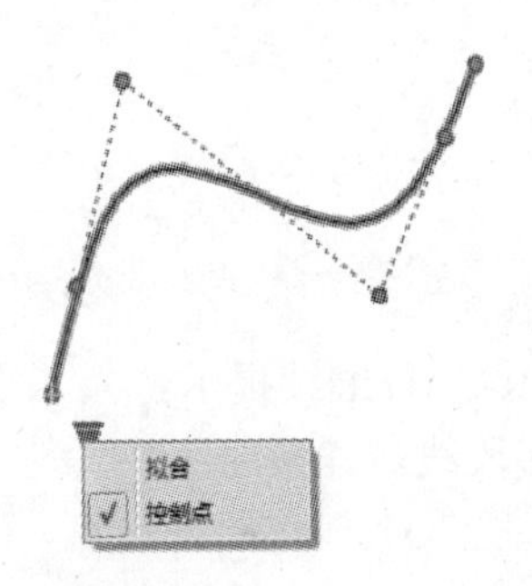

图 3-13　采用控制点方式创建样条曲线

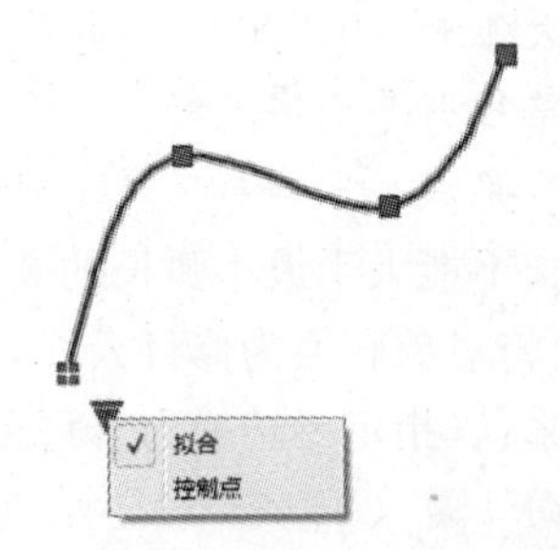

图 3-14　采用拟合点方式创建样条曲线

在选定的样条曲线上使用三角形夹点可在显示控制顶点和显示拟合点之间进行切换。用户也可以使用圆形、方形夹点以修改选定的样条曲线。

功能区“默认”选项卡→“绘图”面板：或。

“绘图”菜单：“样条曲线”→“拟合点”或“控制点”。

"绘图"工具栏：。

命令：spline。

使用样条曲线的步骤

(1) 依次单击"默认"选项卡→"绘图"面板→"样条曲线拟合"，或依次单击"默认"选项卡→"绘图"面板→"样条曲线控制点"。

(2) 指定样条曲线的起点。

(3) 指定样条曲线的下一个点。根据需要继续指定点。

(4) 按 Enter 键结束，或者输入"c"（闭合）使样条曲线闭合。

四、修订云线

此命令用来创建由连续圆弧组成的多段线以构成云线。修订云线是由连续圆弧组成的多段线，用来构成云线形状的对象。在查看或用红线圈阅图形时，可以使用修订云线功能亮显标记以提高工作效率。可以从头开始创建修订云线，也可以将对象（例如圆、椭圆、多段线或样条曲线）转换为修订云线。可以选择样式来使云线看起来像是用画笔绘制的。

功能区"默认"选项卡→"绘图"面板。

"绘图"菜单："修订云线"。

"绘图"工具栏：。

命令：revcloud。

使用修订云线的步骤如下。

(1) 依次单击"默认"选项卡→"绘图"面板→"修订云线"。AutoCAD 提示：

最小弧长：15　最大弧长：15　样式：普通

指定起点或［弧长（A）/对象（O）/样式（S）］〈对象〉：（拖动鼠标以绘制云线，输入选项，或按 Enter 键）

(2) 根据需要输入选项：

1) 若要修改弧长，则输入"A"，AutoCAD 继续提示：

指定最小弧长〈0.5000〉：（指定最小弧长的值）

指定最大弧长〈0.5000〉：（指定最大弧长的值）

沿云线路径引导十字光标...

修订云线完成

最大弧长不能大于最小弧长的 3 倍。

2) 若要将对象转换为修订云线，则输入"O"，AutoCAD 继续提示：

选择对象：（指定要转换为修订云线的圆、椭圆、多段线或样条曲线）

反转方向［是（Y）/否（N）］：（选择是否反转）

修订云线完成

3) 若要使用画笔样式创建修订云线，则输入"S"，AutoCAD 继续提示：

选择圆弧样式［普通（N）/手绘（C）］〈手绘〉：（按 Enter 键，选择手绘）

(3) 沿着云线路径移动十字光标。要更改圆弧的大小，可以沿着路径单击拾取点。

(4) 要反转圆弧的方向，请在命令提示下输入"yes"，然后按 Enter 键。

(5) 按 Enter 键停止绘制修订云线，或者按 Esc 键结束命令。要闭合修订云线，请返回到其起点。

第六节 图 案 填 充

图案填充就是用某些图案来填充图形中的一个区域，以表达该区域的特征。图案填充的应用非常广泛，例如，在机械工程图中，可以用图案填充表达一个剖切的区域，也可以使用不同的图案填充来表达不同的零部件或者材料。

功能区“默认”选项卡→“绘图”面板：。

“绘图”菜单：“图案填充”。

“绘图”工具栏：。

命令：hatch。

AutoCAD 2015 提供了两种方式实现图案填充。如果功能区处于活动状态，将显示“图案填充创建”上下文选项卡，如图 3-15 所示。如果功能区处于关闭状态，将显示“图案填充和渐变色”对话框，如图 3-16 所示。如果用户希望使用“图案填充和渐变色”对话框，可以将 HPDLGMODE 系统变量设置为 1。

图 3-15 “图案填充创建”选项卡

图案填充或填充对象或区域的步骤：

(1) 依次单击“默认”选项卡→“绘图”面板→“图案填充”。

(2) 在“特性”面板→“图案填充类型”列表中，选择要使用的图案填充的类型。

(3) 在“图案”面板上，单击一种填充图案或填充。

(4) 在“边界”面板上，指定如何选择图案边界。

1) 拾取点：插入图案填充或布满以一个或多个对象为边界的封闭区域。使用此方法，可在边界内单击以指定区域，如图 3-17 所示。

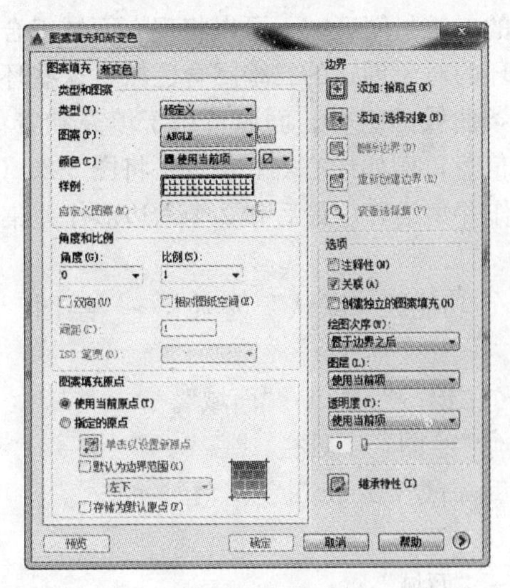

图 3-16 “图案填充和渐变色”对话框

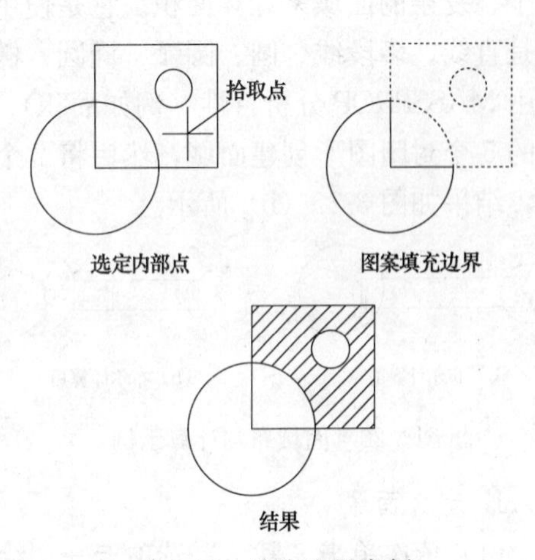

图 3-17 选取边界实例

2）选择边界对象：在闭合对象（例如，圆）内插入图案填充或边界，如图 3-18 所示。为了在文字周围创建不填充的空间，请将文字包括在选择集中，如图 3-19 所示。

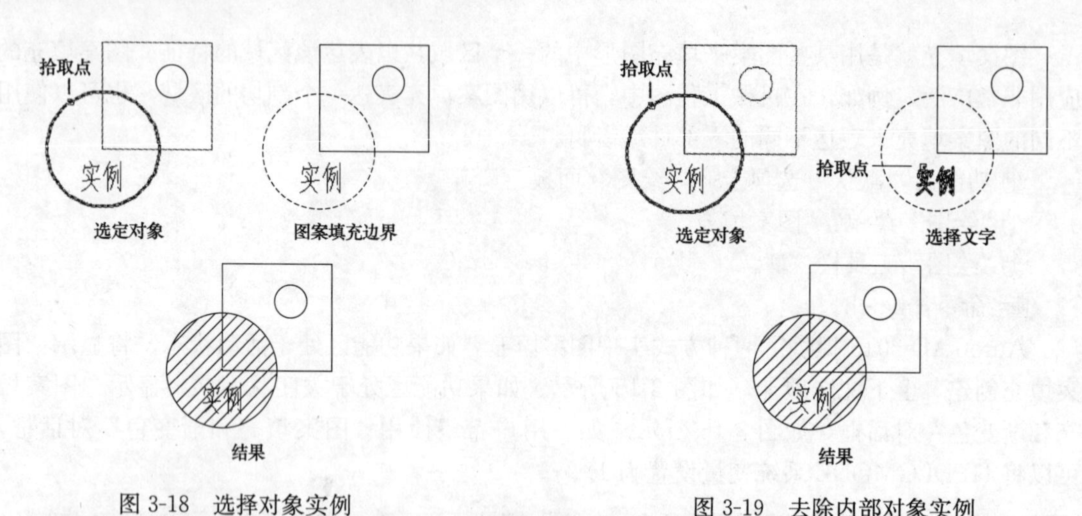

图 3-18　选择对象实例　　图 3-19　去除内部对象实例

AutoCAD 将保留用户上次使用的选择方法，直到用户更改为止。

(5) 单击要进行图案填充的区域或对象。

(6) 在功能区中，根据需要进行任何调整：

1）在“特性”面板中，可以更改图案填充类型和颜色，或者修改图案填充的透明度级别、角度或比例。

2）在展开的“选项”面板中，可以更改绘图顺序以指定图案填充及其边界是显示在其他对象的前面还是后面。

(7) 按 Enter 键应用图案填充并退出命令。

第七节　面　　域

面域是具有物理特性（例如形心或质量中心）的二维封闭区域，可以将现有面域组合成单个、复杂的面域来计算面积。它是使用形成闭合环的对象创建的二维闭合区域，这些环可以是直线、多段线、圆、圆弧、椭圆、椭圆弧和样条曲线的组合。面域可用于填充和着色、使用 MASSPROP 分析特性（例如面积）、提取设计信息，例如形心等。例如：将图 3-20（a）中的 5 个封闭图形创建面域，然后将 2 个圆和矩形作并集运算，最后和 2 个六边形作差集计算，结果如图 3-20（b）所示。

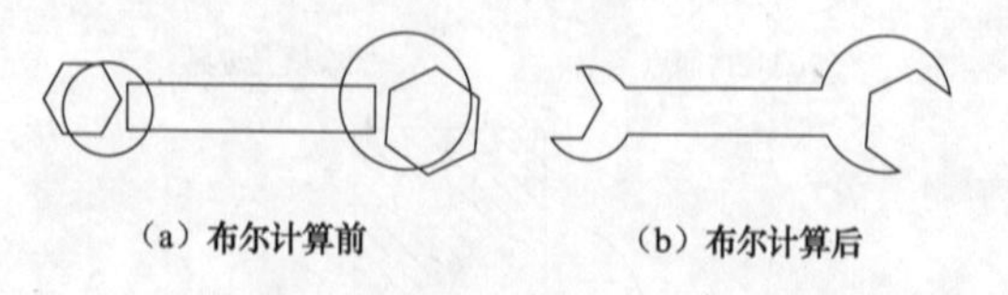

图 3-20　面域布尔计算示例

功能区“默认”选项卡→“绘图”面板。

“绘图”菜单：“面域”。

“绘图”工具栏：。

命令：region。

1. 定义面域

(1) 依次单击“默认”选项卡→“绘图”面板→“面域”。

（2）选择对象以创建面域。这些对象必须各自形成闭合区域，例如圆或闭合多段线。

（3）按 Enter 键。命令提示下的消息指出检测到了多少个环以及创建了多少个面域。

2. 定义带边界的面域

（1）依次单击“默认”选项卡→“绘图”面板→“边界”。

（2）在“边界创建”对话框的“对象类型”列表中，选择“面域”。

（3）单击“拾取点”。

（4）在图形中每个要定义为面域的闭合区域内指定一点并按 Enter 键。此点称为内部点。

3. 使用并集合并面域

（1）依次单击“常用”选项卡→“实体编辑”面板→“并集”。

（2）为并集选择一个面域。

（3）选择另一个面域。可以按任何顺序选择要合并的面域。

（4）继续选择面域，或者按 Enter 键结束命令。该命令将选定的面域转换为新的组合面域。

4. 通过减去面积合并面域

（1）依次单击“常用”选项卡→“实体编辑”面板→“差集”。

（2）选择要从中减去面域的一个或多个面域并按 Enter 键。

（3）选择要减去的面域并按 Enter 键。已从第一个面域的面积中减去了所选的第二个面域的面积。

5. 查找要合并面域的相交处

（1）依次单击“常用”选项卡→“实体编辑”面板→“交集”。

（2）选择一个相交面域。

（3）选择另一个相交面域。可以按任何顺序选择面域来查找它们的交点。

（4）继续选择面域，或者按 Enter 键结束命令。该命令将选定的面域转换为按选定面域的交集定义的新面域。

第八节　应　用　举　例

应用本章所学的命令绘制图 3-21 所示的图形。

（1）新建“实体”和“标注”两个图层（操作方法见第二章）

（2）把“实体”层设为当前层，开始绘制实体

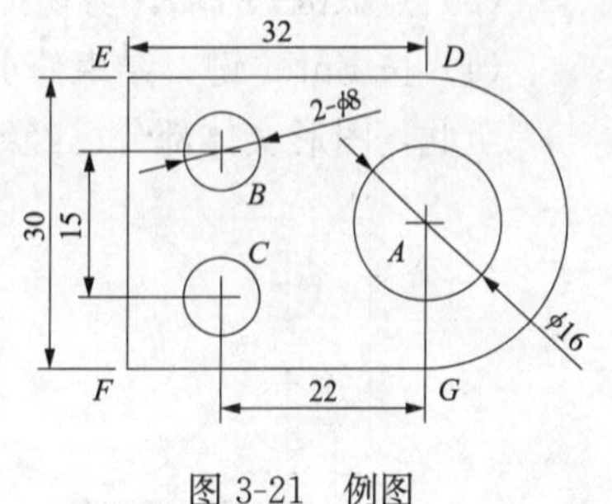

图 3-21　例图

1. 绘制 A、B、C 三圆心

（1）依次单击“格式”菜单→“点样式”打开“点样式”对话框，把点样式设置为“+”。

（2）依次单击功能区“默认”选项卡→“绘图”面板→“多点”。

（3）在绘图区域任意指定一点作为圆心 A。

（4）按着 Ctrl 键单击鼠标右键，在弹出的捕捉方式快捷菜单中选择“自”捕捉方式，

选择 A 点为基点，输入“@－22，7.5”为偏移，绘制圆心 B。

(5) 按着 Ctrl 键单击鼠标右键，在弹出的捕捉方式快捷菜单中选择“自”捕捉方式，选择 A 点为基点，输入“@－22，－7.5”为偏移，绘制圆心 C。

2. 绘制圆

(1) 依次单击功能区“默认”选项卡→“绘图”面板→“圆心、半径”。

(2) 利用“节点”捕捉方式，捕捉 A 点为圆心。

(3) 输入半径 8，绘制圆 A。

重复 Circle 命令，捕捉 A 点为圆心，绘制半径为 15 的同心圆。

重复 Circle 命令，捕捉 B 点为圆心，绘制半径为 4 的圆。

重复 Circle 命令，捕捉 C 点为圆心，绘制半径为 4 的圆。

3. 绘制直线段

(1) 依次单击功能区“默认”选项卡→“绘图”面板→“直线”。

(2) 利用“象限点”捕捉方式，捕捉象限点 D 作为直线的第一点。

(3) 在“指定下一点或［放弃（U）］”的提示下，输入“@－32，0”指定第二点，绘制直线 ED。

(4) 利用对象捕捉追踪捕捉 F 点：把光标移到象限点 G 上悬停几秒，等出现“象限点”提示时，移开鼠标，此时 G 点会出现一个黄色的小加号“＋”，表示对象捕捉成功，并且会出现一条水平对齐路径，如图 3-22 中的虚线所示，然后沿水平对齐路径移动光标，会自动追踪到点 F，如图 3-22 所示，单击鼠标左键，绘制直线 EF。

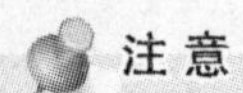
注 意

只有对象捕捉追踪（F11）处于开启状态，才能使用此功能。

(5) 利用“象限点”捕捉方式，捕捉象限点 G，完成直线的绘制。

4. 修剪多余的图形

(1) 依次单击功能区“默认”选项卡→“修改”面板→“修剪”。

(2) 选取 ED 和 FG 两条直线为剪切边。

(3) 点取圆弧 DG，剪切掉圆弧 DG。

(4) 按 Enter 键，结束修剪命令。

至此，图形实体部分已经绘制完成，如图 3-23 所示。

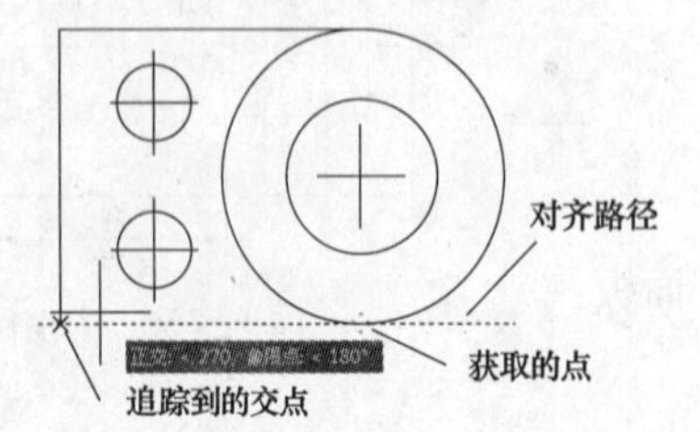

图 3-22 “对象捕捉追踪”示例

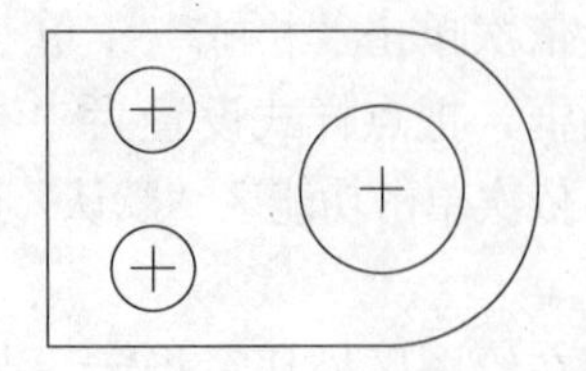
图 3-23 实体图形

5. 把标注层设为当前层，对实体进行标注（略）

本章小结

本章主要介绍 AutoCAD 基本绘图命令，其中包括单点、多点等“点”的绘制；直线、射线、构造线等“线”的绘制；矩形、正多边形等“形”的绘制；圆、圆弧、圆环、椭圆等“圆”的绘制；多线、多段线、样条曲线、修订云线等“多线”的绘制；以及图案填充和面域的使用方法。本章的最后结合具体的实例详细地讲述了一些常用绘图命令的使用方法及其使用技巧。本章介绍的内容是绘制图形的基础，希望读者能够很好地掌握。

习题三

1. 列出 3 种选择命令的不同方法，并且解释如何使用这些方法。

2. 画两条 20mm 长的垂直线段形成一个直角，再画一个直径为 30mm 的圆与两线相切；画三条互不相连且互不垂直平行的线，再画一个圆与这三条线相切，把图保存为 D-3-1。

3. 什么命令决定圆环是实心填充还是线段填充？

4. 一个椭圆可由哪 4 个要素构成？

5. 在 Arc 命令中，下列字母分别代表什么意义？

St　Ce　D　Len　E　R　Ang

6. 画下列圆环，把图保存为 D-3-2。

内径为 25mm，外径为 75mm，FILL 设置为 ON

内径为 0，外径为 37.5mm，FILL 设置为 OFF

内径为 0，外径为 50mm，FILL 设置为 ON

7. 画一个端点相对中心点的增量为@20，20 且夹角为 45°的圆弧，把图保存为 D-3-3。

8. 画下列多边形，将图保存为 D-3-4。

直径为 20cm，　内接圆的三边形
直径为 20mm，　外切圆的三边形
半径为 5mm，　内接圆的四边形
半径为 5mm，　外切圆的四边形
半径为 7.5mm，　内接圆的六边形
半径为 7.5mm，　外切圆的六边形
半径为 12.5mm，　内接圆的八边形
半径为 12.5mm，　外切圆的八边形

9. 绘制图 3-24 所示的各图形。

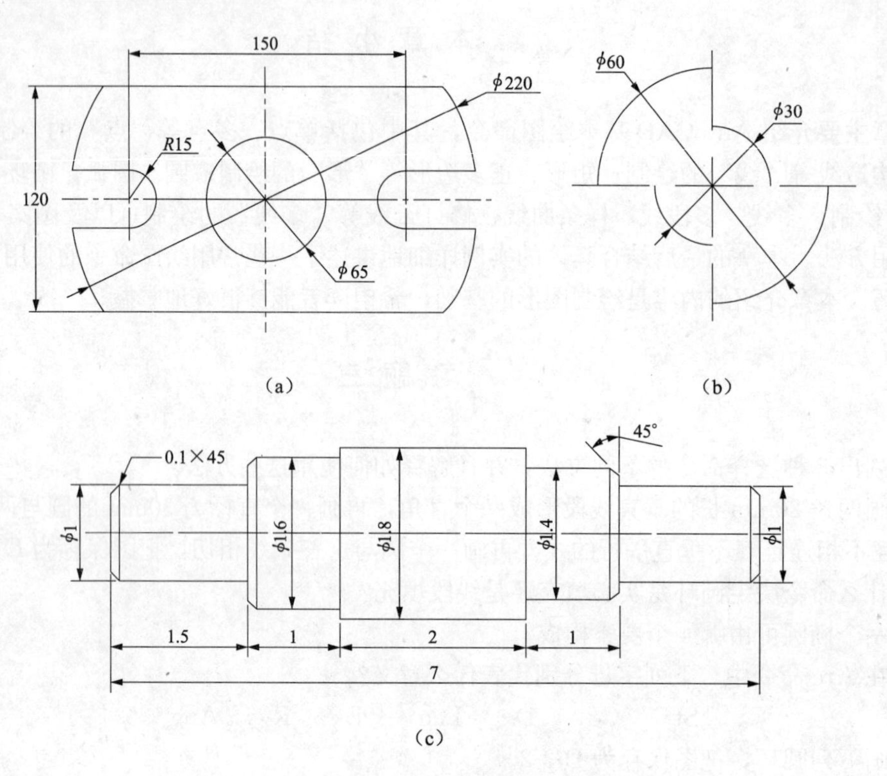

图 3-24 零件图

10. 绘制图 3-25 所示的各图形。

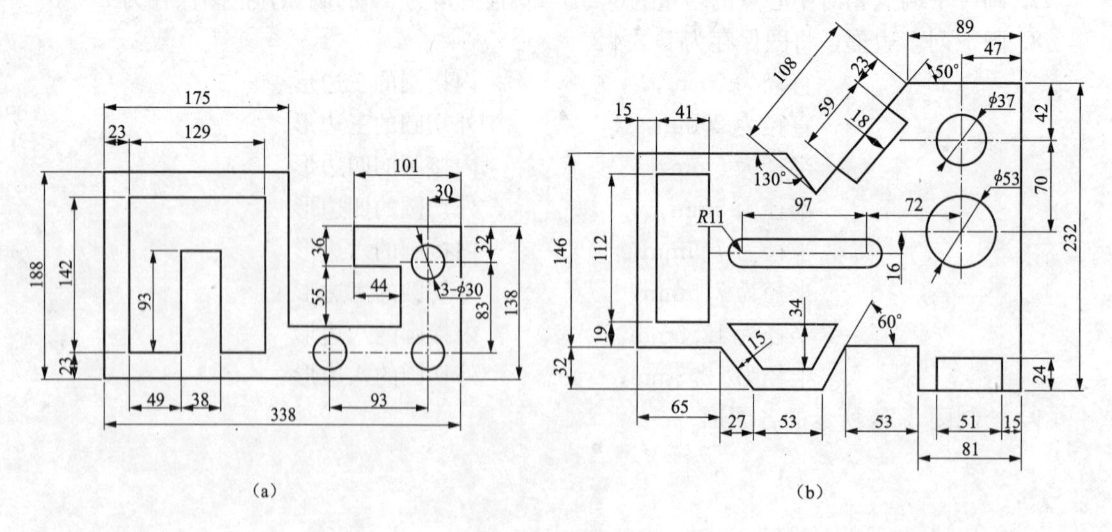

图 3-25 零件图

11. 绘制图 3-26 所示的各图形。

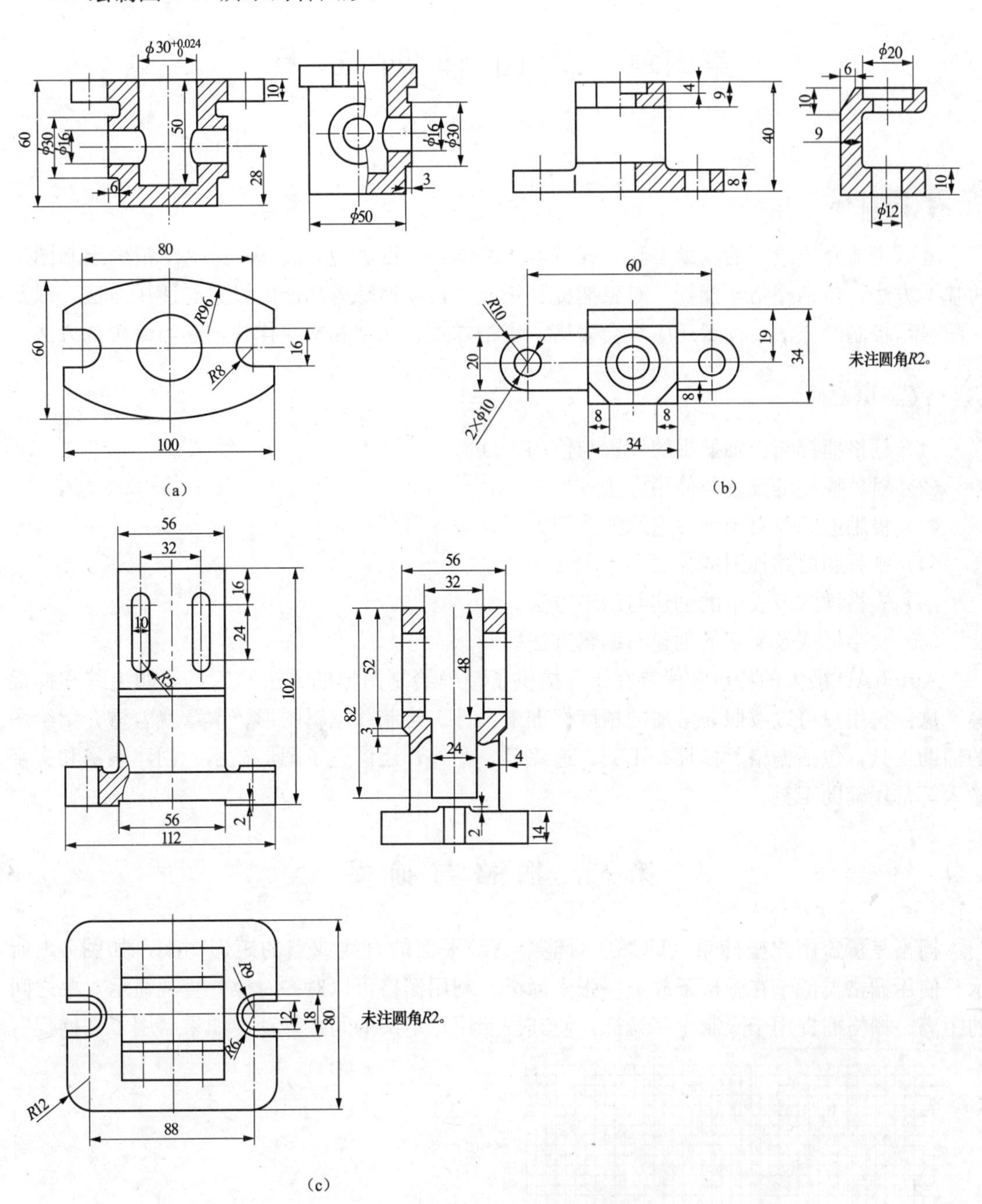

图 3-26　零件图

第四章　绘 图 辅 助 工 具

教学目标

本章主要介绍绘图的辅助工具，通过本章的学习，读者应掌握AutoCAD精确绘制图形的基本方法，包括栅格与捕捉、对象捕捉、正交、自动追踪等功能的设置与使用方法，以及视图显示控制的方法。读者还应学会表格、表格样式、文字和文字样式创建与编辑的方法。

教学重点

（1）栅格捕捉与极轴捕捉的设置与使用方法。

（2）对象捕捉的设置与使用方法。

（3）极轴追踪与对象捕捉追踪的使用方法。

（4）平移和放缩视图的方法。

（5）表格样式及表格的创建与编辑方法。

（6）文字样式及文字的创建与编辑方法。

AutoCAD最大的特点和优势在于它提供了精确绘制图形的方法和工具，如追踪和捕捉等，这使得用户可以按照非常高的精度标准来设计、绘制并编辑图形。本章就着重介绍绘图的辅助工具，包括栅格、捕捉、正交、追踪等，此外，还讲述了图形显示、创建表格和文字输入等常用辅助工具。

第一节　栅 格 与 捕 捉

栅格是覆盖用户坐标系（UCS）的整个*XY*平面的直线或点的矩形图案，如图4-1所示。使用栅格类似于在图形下放置一张坐标纸。利用栅格可以对齐对象并直观显示对象之间的距离。栅格捕捉用于限制十字光标，使其按照用户定义的间距移动。如果启用了"捕捉"，

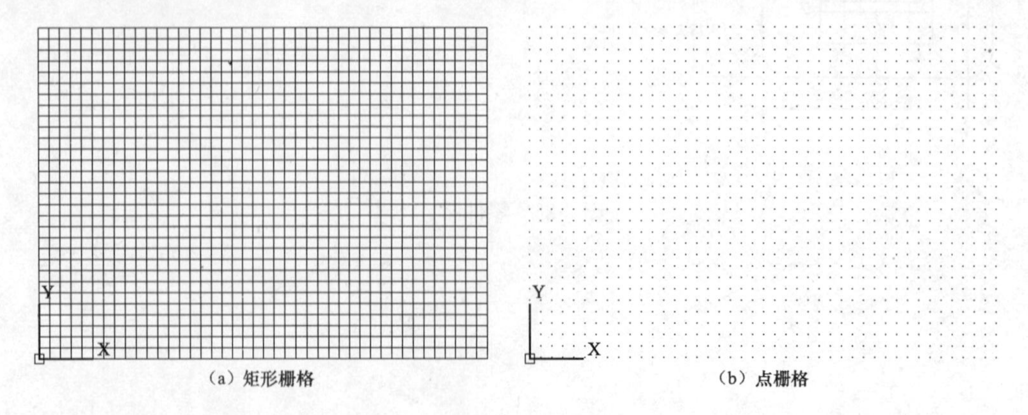

（a）矩形栅格　　（b）点栅格

图4-1　栅格

在创建或修改对象时，光标似乎附着或“捕捉”到不可见的矩形栅格，有助于使用箭头键或定点设备来精确地定位点。显示并启用捕捉矩形栅格，不仅可以提高绘图的速度和效率，还可以控制对象的间距、角度和对齐。

注 意

①栅格和捕捉是各自独立的设置，但经常同时打开；②栅格不可打印；③栅格捕捉和捕捉可以互换使用。引用栅格捕捉对于区分对象捕捉（一种不同的功能）很有用。

一、打开和关闭“捕捉”和“栅格”的方法

用户可以通过下面几种方式来打开和关闭捕捉和栅格功能。

(1) 状态工具栏的功能按钮：利用 AutoCAD 2015 应用程序状态栏上的“捕捉模式”按钮和“显示图形栅格”按钮来控制“捕捉”和“栅格”的开关状态，如图 4-2 所示。

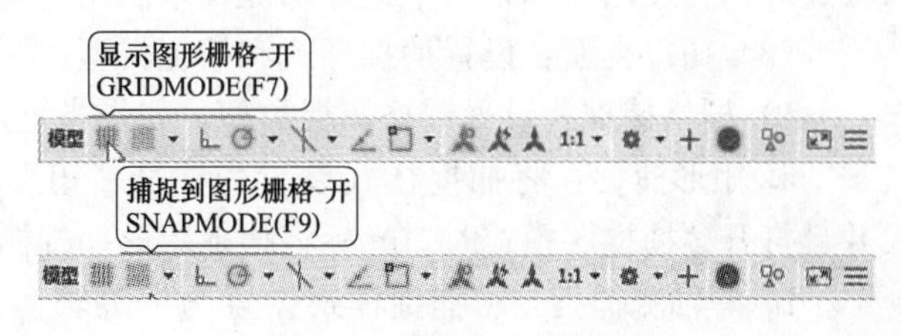

图 4-2　绘图辅助工具按钮

(2) 快捷键：用 F7 功能键控制栅格功能的开关，用 F9 功能键控制捕捉功能的开关。

(3)“草图设置”对话框：利用“草图设置”对话框的“捕捉和栅格”选项卡来设置“捕捉”和“栅格”的开关状态，如图 4-3 所示。“草图设置”对话框的打开方法如下。

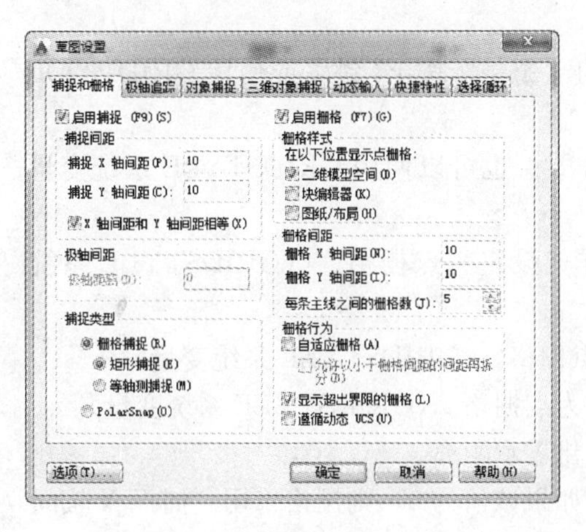

图 4-3　“草图设置”对话框

“工具”菜单：“绘图设置”。

快捷菜单：

1）在状态栏上的“捕捉模式”或“极轴追踪”或“对象捕捉”按钮上单击鼠标右键打开快捷菜单，并单击“设置”。

2）按住 Ctrl 或 Shift 键并同时在绘图区域中单击鼠标右键打开“对象捕捉”快捷菜单，然后选择“对象捕捉设置”。

“对象捕捉”工具栏：按钮。

命令：dsettings（或′dsettings，用于透明使用）。

(4) 命令：使用 snap（或′snap，用于透明使用）和 grid（或′grid，用于透明使用）命令来设置“捕捉”和“栅格”的开关状态。

二、使用“草图设置”对话框设置对象捕捉和栅格

使用上面所讲的方法打开“草图设置”对话框，单击“捕捉和栅格”选项卡，如图 4-3 所示，就可以对捕捉和栅格进行设置了。

1. 启用捕捉

打开或关闭捕捉模式。也可以通过单击状态栏上的“捕捉”按钮，按 F9 键，或使用 SNAPMODE 系统变量来打开或关闭捕捉模式。

（1）捕捉间距：控制捕捉位置处的不可见矩形栅格，以限制光标仅在指定的 *X* 和 *Y* 间隔内移动。

1）捕捉 *X* 轴间距：指定 *X* 方向的捕捉间距。间距值必须为正实数。

2）捕捉 *Y* 轴间距：指定 *Y* 方向的捕捉间距。间距值必须为正实数。

3）*X* 和 *Y* 间距相等：为捕捉间距和栅格间距强制使用同一 *X* 和 *Y* 间距值。捕捉间距可以与栅格间距不同。

（2）极轴间距：控制 PolarSnap（极轴捕捉）增量距离。

极轴距离：选定“捕捉类型”下的“极轴捕捉”时，设置捕捉增量距离。如果该值为 0，则极轴捕捉距离采用“捕捉 *X* 轴间距”的值。“极轴距离”设置与极坐标追踪或对象捕捉追踪结合使用。如果两个追踪功能都未启用，则“极轴距离”设置无效。

（3）捕捉类型：设置捕捉样式和捕捉类型。

1）栅格捕捉：设置栅格捕捉类型。如果指定点，光标将沿垂直或水平栅格点进行捕捉。

a. 矩形捕捉：将捕捉样式设置为标准“矩形”捕捉模式。当捕捉类型设置为“栅格”并且打开“捕捉”模式时，光标将捕捉矩形捕捉栅格。

b. 等轴测捕捉：将捕捉样式设置为“等轴测”捕捉模式。当捕捉类型设置为“栅格”并且打开“捕捉”模式时，光标将捕捉等轴测捕捉栅格。

2）PolarSnap：将捕捉类型设置为“极轴捕捉”。如果打开了“捕捉”模式并在极轴追踪打开的情况下指定点，光标将沿在“极轴追踪”选项卡上相对于极轴追踪起点设置的极轴对齐角度进行捕捉。

2. 启用栅格

打开或关闭栅格。也可以通过单击状态栏上的“栅格”按 F7 键，或使用 GRIDMODE 系统变量来打开或关闭栅格模式。

（1）打栅格样式。在二维上下文中设定栅格样式。也可以使用 GRIDSTYLE 系统变量设定栅格样式。

1）二维模型空间。将二维模型空间的栅格样式设定为点栅格。（GRIDSTYLE 系统变量）

2）块编辑器：将块编辑器的栅格样式设定为点栅格。（GRIDSTYLE 系统变量）

3）图纸/布局：将图纸和布局的栅格样式设定为点栅格。（GRIDSTYLE 系统变量）

（2）栅格间距：控制栅格的显示，有助于形象化显示距离。

1）栅格 *X* 间距：指定 *X* 方向上的栅格间距。如果该值为 0，则栅格采用“捕捉 *X* 轴间距”的值。

2）栅格 *Y* 间距：指定 *Y* 方向上的栅格间距。如果该值为 0，则栅格采用“捕捉 *Y* 轴间距”的值。

3）每条主线的栅格数：指定主栅格线相对于次栅格线的频率。VSCURRENT 设置为除二维线框之外的任何视觉样式时，将显示栅格线而不是栅格点。

注 意

LIMITS 命令和 GRIDDISPLAY 系统变量控制栅格的界限。

（3）栅格行为：控制栅格线的外观。

1）自适应栅格：缩小时，限制栅格密度（GRIDDISPLAY 系统变量）。放大时，生成更多间距更小的栅格线，主栅格线的频率确定这些栅格线的频率。（GRIDDISPLAY 和 GRIDMAJOR 系统变量）

2）显示超出界线的栅格：显示超出 LIMITS 命令指定区域的栅格。（GRIDDISPLAY 系统变量）

3）跟随动态 UCS：更改栅格平面以跟随动态 UCS 的 *XY* 平面。（GRIDDISPLAY 系统变量）

注 意

系统变量 GRIDSTYLE 设置为 0（零）时，显示栅格线而不显示栅格点。

三、使用 snap 命令设置捕捉

使用 snap 命令可以规定光标移动的间距。如果在命令提示下输入“snap”，SNAP 将显示命令行选项：

命令：SNAP

指定捕捉间距或［打开（ON）/关闭（OFF）/纵横向间距（A）/传统（L）/样式（S）/类型（T）］〈当前〉：（指定距离、输入选项或按 Enter 键）

（1）指定捕捉间距：用指定的值激活捕捉模式。

（2）开（ON）：使用捕捉栅格的当前设置激活捕捉模式。

（3）关（OFF）：关闭捕捉模式但保留当前设置。

（4）纵横向间距（A）：在 *X* 和 *Y* 方向指定不同的间距。如果当前捕捉模式为“等轴测”，则不能使用此选项。输入“A”，AutoCAD 继续提示：

指定水平间距〈当前〉：（指定距离或按 Enter 键）

指定垂直间距〈当前〉：（指定距离或按 Enter 键）

（5）传统（L）：指定“是”，光标将始终捕捉到捕捉栅格；指定“否”，光标仅在操作正在进行时捕捉到捕捉栅格。

保持始终捕捉到栅格的传统行为吗？［是（Y）/否（N）］〈是〉：

（6）样式（S）：指定“捕捉”栅格的样式为标准或等轴测。输入“S”，AutoCAD 继续提示：

输入捕捉栅格类型［标准（S）/等轴测（I）］〈当前〉：（输入“s”、输入“i”或按 Enter 键）

1）标准（S）：设置与当前 UCS 的 *XY* 平面平行的矩形捕捉栅格。*X* 间距与 *Y* 间距可能不同。输入“S”，AutoCAD 继续提示：

指定捕捉间距或［纵横向间距（A）］〈当前〉：（指定距离、输入“a”或按 Enter 键）

a. 间距：指定所有捕捉栅格间距。

b. 纵横向间距（A）：分别指定水平和垂直间距。输入“A”，AutoCAD 继续提示：

指定水平间距〈当前〉：（指定距离或按 Enter 键）

指定垂直间距〈当前〉：（指定距离或按 Enter 键）

2）等轴测（I）：设置捕捉位置最初在 30°和 150°角处的等轴测捕捉栅格。等轴测捕捉不能有不同的“纵横向间距”值，直线栅格不跟随等轴测捕捉栅格。输入“I”，AutoCAD 继续提示：

指定垂直间距〈当前〉：（指定距离或按 Enter 键）

（7）类型（T）：指定捕捉类型是极轴捕捉或矩形捕捉。

输入捕捉类型［极轴（P）/栅格（G）］〈当前〉：

a. 极轴（P）：将捕捉设置为 POLARANG 系统变量中设置的极轴追踪角度。

b. 栅格（G）：将捕捉设置为“栅格”。指定点后，光标将沿垂直或水平栅格点进行捕捉。

四、使用 grid 命令设置栅格

使用 grid 命令可以在当前视口中打开或关闭栅格，并能设置栅格间的距离。如果在命令提示下输入“grid”，GRID 将显示命令行选项：

指定栅格间距（X）或［开（ON）/关（OFF）/捕捉（S）/主（M）/自适应（D）/界限（L）/跟随（F）/纵横向间距（A）］〈当前〉：

（1）栅格间距（X）：设置栅格间距的值。在值后面输入“x”可将栅格间距设置为按捕捉间距增加的指定值。

（2）开（ON）：打开使用当前间距的栅格。

（3）关（OFF）：关闭栅格。

（4）捕捉（S）：将栅格间距设置为由 SNAP 命令指定的捕捉间距。

（5）主（M）：指定主栅格线与次栅格线比较的频率。将以除二维线框之外的任意视觉样式显示栅格线而非栅格点。

（6）自适应（D）：控制放大或缩小时栅格线的密度。

打开自适应行为［是（Y）/否（N）］〈是〉：（输入 Y 或 N）

限制缩小时栅格线或栅格点的密度。AutoCAD 继续提示：

允许以小于栅格间距的间距再拆分［是（Y）/否（N）］〈是〉：（输入 Y 或 N）

如果打开，则放大时将生成其他间距更小的栅格线或栅格点。这些栅格线的频率由主栅格线的频率确定。

（7）界限（L）：显示超出 LIMITS 命令指定区域的栅格。

（8）跟随（F）：更改栅格平面以跟随动态 UCS 的 XY 平面。

（9）纵横向间距（A）：沿 X 和 Y 方向更改栅格间距，可具有不同的值。

指定水平间距（X）〈当前〉：（输入值或按 Enter 键）

指定垂直间距（Y）〈当前〉：（输入值或按 Enter 键）

在输入值之后输入“x”将栅格间距定义为捕捉间距的倍数，而不是以绘图单位定义栅格间距。当前捕捉样式为“等轴测”时，“宽高比”选项不可用。

五、栅格捕捉的启用和捕捉间距的设置

栅格捕捉用于限制十字光标，使其按照用户定义的间距移动。如果启用了“捕捉”，在创建或修改对象时，光标似乎附着或“捕捉”到不可见的矩形栅格。启用栅格捕捉并设置捕捉间距的步骤：

(1) 依次单击“工具”菜单→“草图设置”。

(2) 在“草图设置”对话框的“捕捉和栅格”选项卡上，单击“启用捕捉”。

(3) 在“捕捉类型”下，确认已选择的“栅格捕捉”和“矩形捕捉”。

(4) 在“捕捉 X 轴间距”框中，以单位形式输入水平捕捉间距值。

(5) 要使用相同的垂直捕捉间距，请按 Enter 键。否则，请在“捕捉 Y 轴间距”框中输入新距离。

注意

可以使用其他几个控件来启用和禁用栅格捕捉，包括 F9 键和状态栏中的“捕捉模式”按钮。通过在创建或修改对象时按住 F9 键可以临时禁用捕捉。

六、更改栅格显示样式和区域的方法

使用“草图设置”对话框中的“捕捉和栅格”选项卡的若干选项，可以更改栅格的显示样式。例如，在默认情况下，栅格将显示为直线的矩形图案，但是，当视觉样式设定为“二维线框”时，可以将其更改为传统的点栅格样式。

使用“草图设置”对话框的“捕捉和栅格”选项卡的若干选项，还可以控制栅格所覆盖的区域。用户可以将栅格的范围限制为矩形区域而不是 UCS 的整个 XY 平面。如果需要集中使用部分绘图区域，此选项将非常有用。设置栅格的显示界限的步骤：

1) 依次单击“格式”菜单“图形界限”。

2) 输入位于栅格界限左下角的点的坐标。

3) 输入位于栅格界限右上角的点的坐标。

4) 在命令提示下，输入“griddisplay”，然后输入值“0（零）”。

注意

要将栅格显示恢复为 UCS 的整个 XY 平面，需将 griddisplay 的值设置为 3。

用户也可以使用系统变量 GRIDDISPLAY 来控制栅格的显示行为和显示界限。例如：用户要将栅格限制在 LIMITS 命令指定的区域内，可以把系统变量 GRIDDISPLAY 的值设为 0。系统变量 GRIDDISPLAY 的设置值及其意义：

(1) 0：将栅格限制在 LIMITS 命令指定的区域内。

（2）1：不会将栅格限制在 LIMITS 命令指定的区域内。

（3）2：打开自适应栅格显示，从而可以在缩小时限制栅格密度。

（4）4：如果栅格设定为自适应显示，放大时将以与主栅格线间隔相同的比例生成其他更加紧密的栅格线。

（5）8：更改栅格平面以跟随动态 UCS 的 *XY* 平面。

注 意

除非指定设置 2，否则将忽略设置 4。

用户也可以使用系统变量 GRIDSTYLE 控制“二维模型空间”、“块编辑器”、“三维平行投影”、“三维透视投影”、“图纸”和“布局”选项卡显示的栅格样式。例如：要让二维模型空间显示点栅格，可以把系统变量 GRIDSTYLE 的值设为 1。系统变量 GRIDSTYLE 的设置值及其意义：

（1）0：二维模型空间、块编辑器、三维平行投影、三维透视投影以及图纸和布局显示线栅格。

（2）1：二维模型空间显示点栅格。

（3）2：块编辑器显示点栅格。

（4）4：图纸和布局显示点栅格。

七、栅格和捕捉角度的旋转

如果需要沿特定的对齐或角度绘图，可以通过旋转用户坐标系（UCS）来更改栅格和捕捉角度。此旋转将十字光标在屏幕上重新对齐，以与新的角度匹配。在图 4-4 的样例中，将 UCS 旋转 30°以与固定支架的角度一致。

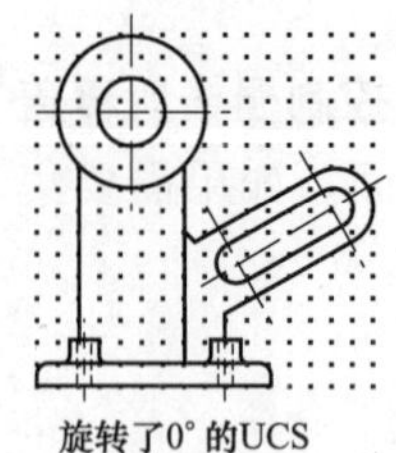

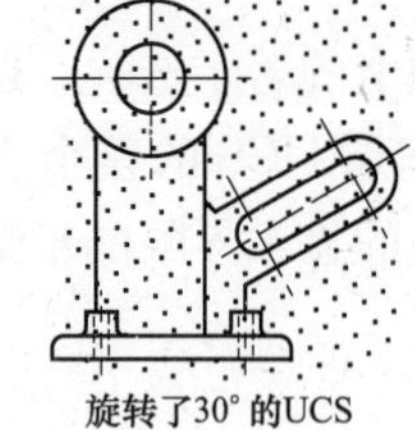

图 4-4　样例

旋转栅格和捕捉角度的步骤如下。

（1）依次单击“视图”选项卡→“坐标”面板→“Z”。

（2）输入“Z”选项并指定旋转角度。

命令：_ucs

当前 UCS 名称：*世界*

指定 UCS 的原点或 [面（F）/命名（NA）/对象（OB）/上一个（P）/视图（V）/世界（W）/X/Y/Z/Z 轴（ZA）] 〈世界〉：_z

指定绕 Z 轴的旋转角度〈90〉：

注 意

栅格和捕捉角度与 UCS 一起旋转。栅格和捕捉点始终与 UCS 原点对齐。如果需要移动栅格和栅格捕捉原点，请移动 UCS。

八、极轴捕捉的启用和捕捉间距的设置

使用极轴捕捉前必须先打开极轴追踪，打开极轴追踪可以使光标按指定角度进行移动。在极轴追踪打开的状态下，使用极轴捕捉（PolarSnap）可以使光标沿极轴角度按指定增量进行移动。光标移动的增量值在“草图设置”对话框的“捕捉与栅格”选项卡的“极轴间距”选项中设置，如图 4-3 所示。设定了极轴距离后，光标会自动捕捉到极轴上极轴距离整数倍的点，例如：极轴距离设为 10，那么光标会捕捉到极轴上距离为 0、10、20、30、40 等 10 的整数倍的点。样例图 4-5 中，极轴增量角为 45°，极轴距离为 10，当光标跨过 0°或 45°角时，将显示对齐路径和工具提示。而当光标在对齐路径上移动时，会自动捕捉到距离为 0、10、20、30、40 等点（图中捕捉到 45°极轴上距离为 20 的点）。当光标从该角度移开时，对齐路径和工具提示消失。

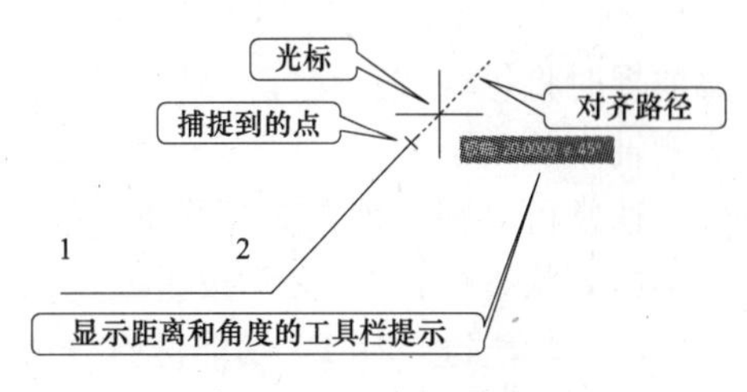

图 4-5　极轴捕捉样例

注意

必须在“极轴追踪”和“捕捉”模式（设定为 PolarSnap）同时打开的情况下，才能将点输入限制为极轴距离。

启动极轴捕捉与设定极轴捕捉距离的步骤：

（1）依次单击“工具”菜单→“草图设置”。

（2）在“草图设置”对话框的“捕捉和栅格”选项卡上，勾选“启用捕捉”复选框。

（3）在“捕捉类型”中，选择 PolarSnap 单选按钮。

（4）在“极轴间距”下，输入极轴距离。

（5）在“极轴追踪”选项卡上，勾选“启用极轴追踪”复选框。

（6）从“增量角”列表中选择角度。也可以通过选择“附加角”然后选择“新建”来指定附加角。

注意

PolarSnap 和栅格捕捉也不能同时打开。

第二节　正　交　绘　图

使用“正交”模式可以将光标限制在水平或垂直方向（相对于 UCS）上移动，以便于精确地创建和修改对象。AutoCAD 将平行于 UCS 的 X 轴的方向定义为水平方向，将平行于 Y 轴的方向定义为垂直方向。例如：图 4-6（a）中的直线是在正交模式关闭的状态下绘

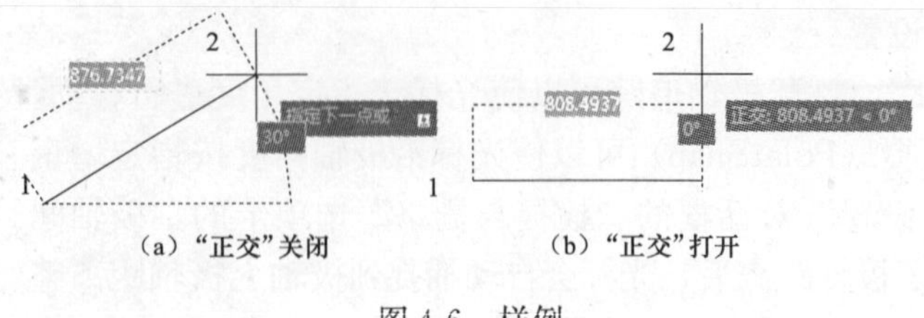

（a）“正交”关闭　　（b）“正交”打开

图 4-6　样例

制的，图 4-6（b）中的直线是在正交模式打开的状态下绘制的。点 1 是指定的第一个点，点 2 是指定第二个点时光标所在的位置。在绘图和编辑过程中，可以随时打开或关闭“正交”，但当输入坐标或指定对象捕捉时将忽略“正交”。当捕捉模式为等轴模式时，它还可以使所绘制的直线平行于 3 个等测轴中的一个。

通常可以用下列方式打开正交绘图功能：

（1）状态栏：“正交”按钮。

（2）功能键：用 F8 功能键打开或关闭正交功能。

（3）命令：ortho，AutoCAD 将出现提示：

输入模式［开（ON）/关（OFF）］〈关〉：（输入 ON 或 OFF）

（4）临时替代键：Shift 键，当按下 Shift 键时可以临时打开或关闭“正交”，放开 Shift 键后，“正交”模式又恢复到原先的状态。

注 意

“正交”模式和极轴追踪不能同时打开，打开“正交”将关闭极轴追踪。

第三节　对　象　捕　捉

用户在使用 AutoCAD 2015 进行绘图时，通常会指定一些特殊的点，而这些点是已有对象上的特征点，例如圆心、端点、两个对象的交点等。为了能准确地找到这些点，AutoCAD 2015 提供了对象捕捉功能来解决这个问题。不论何时当提示要输入点时，都可以指定对象的捕捉方式。默认情况下，当光标移到对象的捕捉位置时，将显示标记和工具栏提示。此功能称为 AutoSnap（自动捕捉），提供了视觉提示，指示哪些对象捕捉正在使用。利用对象捕捉功能，用户可以迅速、准确地找到这些特殊点，从而能够精确地绘制所需的图形。

在 AutoCAD 中，对象捕捉模式又可以分为指定对象捕捉模式和运行捕捉模式。

一、指定对象捕捉模式

“指定对象捕捉模式”是指在 AutoCAD 提示要输入点时临时打开对象捕捉的模式。若要临时打开对象捕捉，可以采用“指定对象捕捉模式”，方法如下：

（1）按住 Shift 键或 Ctrl 键并单击鼠标右键以显示“对象捕捉”快捷菜单。

（2）单击鼠标右键，然后从“捕捉替代”子菜单选择对象捕捉。

（3）单击“对象捕捉”工具栏上的对象捕捉按钮。

（4）在输入点的命令行提示下输入对象捕捉的名称（如 MID、CEN、QUA 等）。

（5）在状态栏上，单击“对象捕捉”按钮旁边的向下键或在“对象捕捉”按钮上单击鼠标右键。

注意

①在提示输入点时指定对象捕捉后，对象捕捉只对指定的下一点有效；②如果要让对象捕捉忽略图案填充对象，请将 OSOPTIONS 系统变量设定为 1；③仅当提示输入点时，对象捕捉才生效。如果尝试在命令提示下使用对象捕捉，将显示错误消息。

1. 利用“对象捕捉”工具栏设置捕捉点

依次单击“工具”菜单→“工具栏”→AutoCAD→“对象捕捉”，或在任一工具栏上单击鼠标右键，单击弹出快捷菜单中的“对象捕捉”，打开“对象捕捉”工具栏，如图 4-7 所示。利用该工具栏中捕捉按钮可以在输入点时临时设定捕捉方式。由于各对象捕捉工具的功能与“草图设置”对话框中设置的“对象捕捉”相同，在此仅介绍不同的部分，其他部分见后面的叙述。

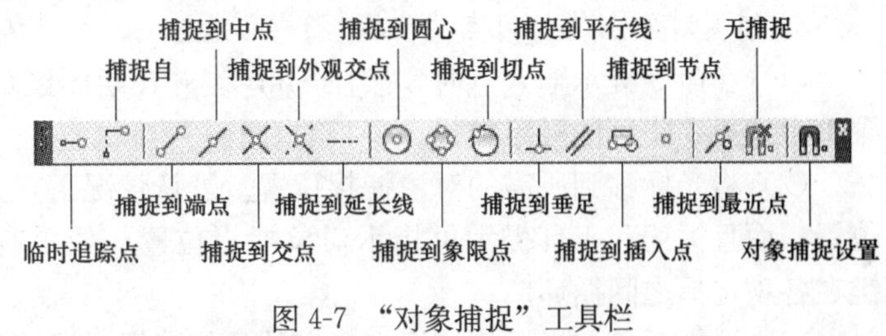

图 4-7　“对象捕捉”工具栏

(1) 临时追踪点：创建对象捕捉所使用的临时点。

在命令提示输入点时，单击“对象捕捉”工具栏的按钮或在命令行输入“tt”或按住 Shift 键单击鼠标右键在弹出的快捷菜单中选取“临时追踪点”，此时命令行提示：

指定临时对象追踪点：

然后指定一个临时追踪点。该点上将出现一个小的加号（+）。当光标分别移动到临时追踪点的正右边（0°方向）、正上方（90°方向）、正左边（180°方向）、正下边（270°方向）时，将相对于这个临时点显示自动追踪对齐路径，如图 4-8 中虚线所示。要将这点删除，请将光标移回到加号（+）上面。

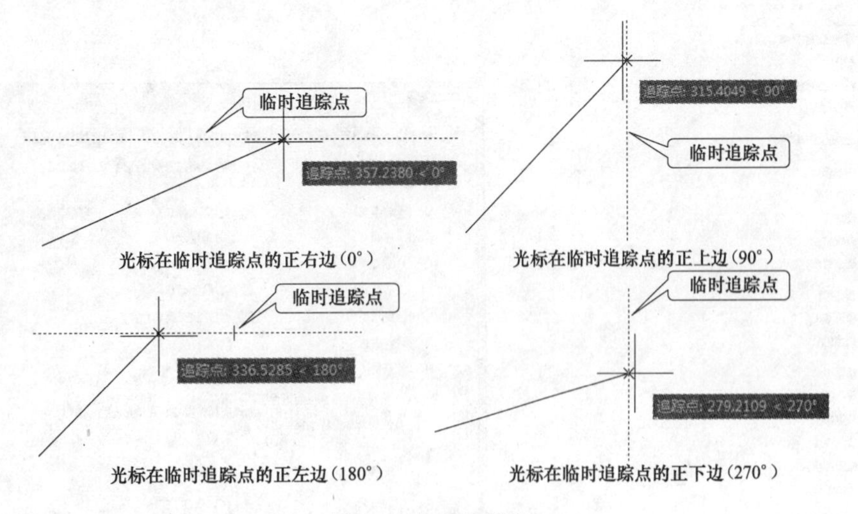

图 4-8　临时追踪点

(2) 捕捉自：在命令中获取某个点相对于参照点的偏移。

在命令提示输入点时，单击“对象捕捉”工具栏的按钮或在命令行输入“from”或按住 SHIFT 键单击鼠标右键在弹出的快捷菜单选取“自”，此时命令行提示：

_ from 基点：(输入偏移的参照点)

〈偏移〉：(输入自基点的偏移位置作为相对坐标，或使用直接距离输入)

(3) 无捕捉：禁止对当前选择执行对象捕捉。

(4) 对象捕捉设置：设置执行自动对象捕捉模式。

2. 对象捕捉快捷菜单

当要求用户指定点时，可以按下 Shift 键或者 Ctrl 键，然后单击鼠标右键，AutoCAD 2015 将会弹出如图 4-9 所示的快捷菜单。用户可以从中选择需要的选项，再把光标移到捕捉对象上的特征点附近，就可看到绘图区域中出现自动捕捉标记，即可完成相应的对象捕捉。

3. 捕捉对象上的几何点的步骤

(1) 在命令提示输入点时，按住 Shift 键并在绘图区域内单击鼠标右键，从弹出的快捷菜单中选择要使用的对象捕捉。

(2) 将光标移到所需的对象捕捉位置。默认情况下，光标将自动锁定到指定的对象捕捉位置，而且标记和工具提示可指示对象捕捉位置。如果有多个对象捕捉可用，可以按 Tab 键在各项选择之间循环。

(3) 选择对象。光标将捕捉到指定的几何特征，该特征最靠近从中选定对象的位置。

二、运行捕捉模式

“运行捕捉模式”是指设置的对象捕捉模式始终处于运行状态，直到关闭为止，也就是自动捕捉。打开该模式，当用户把光标放在一个对象上时，系统会自动捕捉到该对象上所有符合条件的特征点，并显示出相应的标记，如果光标多停留一会儿，系统还会显示该捕捉点的提示。这样大大方便了用户的使用，并且提高了点捕捉的效率。如果需要重复使用一个或多个对象捕捉，可以使用该捕捉模式，方法如下：

(1) 在“草图设置”对话框的“对象捕捉”选项卡中，设置一个或多个对象捕捉方式，如图 4-10 所示。打开“草图设置”对话框方法如前所述。

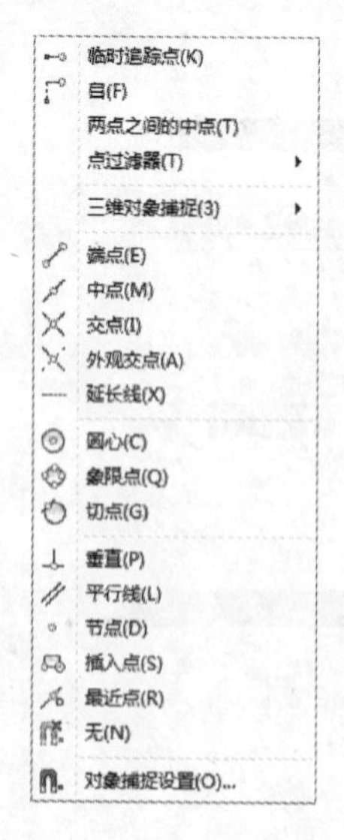

图 4-9　对象捕捉快捷菜单

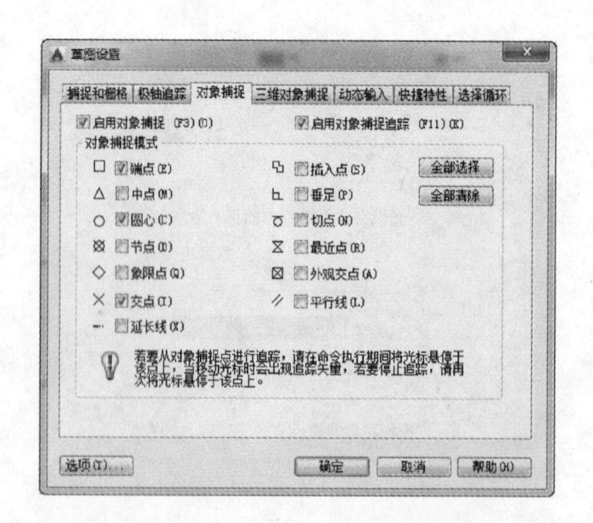

图 4-10　“草图设置”对话框的“对象捕捉”选项卡

（2）使用“osnap”命令设置一个或多个对象捕捉方式。

如果启用了多种运行捕捉模式，则在一个指定的位置可能有多个对象捕捉符合条件，此时可在指定点之前，按 Tab 键选择需要的捕捉模式。

要打开或关闭运行捕捉模式时，可单击状态栏上的“对象捕捉”按钮或按 F3 键。设置指定对象捕捉模式后，系统将暂时关闭运行捕捉模式。

1. 利用“草图设置”对话框设置捕捉方式

“草图设置”对话框中的“对象捕捉”选项卡可以用来控制自动对象捕捉的设置，通过选中各复选框，可设置是否启用对象捕捉来实现对各特征点的自动捕捉，也可设置是否启用对象捕捉追踪。其各选项的意义如下：

（1）启用对象捕捉：打开或关闭执行对象捕捉。当对象捕捉打开时，在“对象捕捉模式”下选定的对象捕捉处于活动状态。

（2）启用对象捕捉追踪：打开或关闭对象捕捉追踪。使用对象捕捉追踪，在命令中指定点时，光标可以沿基于其他对象捕捉点的对齐路径进行追踪。要使用对象捕捉追踪，必须打开一个或多个对象捕捉。

（3）对象捕捉模式：列出可以在执行对象捕捉时打开的对象捕捉模式。

1）端点：捕捉到圆弧、椭圆弧、直线、多线、多段线线段、样条曲线、面域或射线最近的端点，或捕捉宽线、实体或三维面域的最近角点，如图 4-11（a）所示。

2）中点：捕捉到圆弧、圆、椭圆或椭圆弧的中点，如图 4-11（b）所示。

3）中心点：捕捉到圆弧、圆、椭圆或椭圆弧的圆心，如图 4-11（c）所示。

4）节点：捕捉到点对象、标注定义点或标注文字原点，如图 4-11（d）所示。

5）象限点：捕捉到圆弧、圆、椭圆或椭圆弧的象限点，如图 4-11（e）所示。

6）交点：捕捉到圆弧、圆、椭圆、椭圆弧、直线、多线、多段线、射线、面域、样条曲线或参照线的交点，如图 4-11（f）所示。“延伸交点”不能用作执行对象捕捉模式，“交点”和“延伸交点”不能和三维实体的边或角点一起使用。

不能同时使用“交点”和“外观交点”两种对象捕捉方式。

7）延伸：当光标经过对象的端点时，显示临时延长线或圆弧，以便用户在延长线或圆弧上指定点。

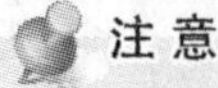

在透视视图中进行操作时，不能沿圆弧或椭圆弧的尺寸界线进行追踪。

8）插入点：捕捉到属性、块、形或文字的插入点。

9）垂足：捕捉圆弧、圆、椭圆、椭圆弧、直线、多线、多段线、射线、面域、实体、样条曲线或参照线的垂足，如图 4-11（g）所示。

10）切点：捕捉到圆弧、圆、椭圆、椭圆弧或样条曲线的切点，如图 4-11（h）所示。

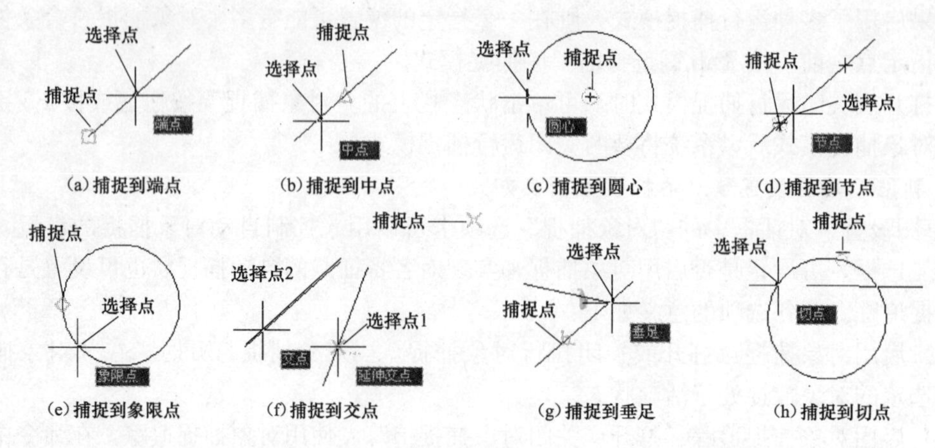

图 4-11　部分对象捕捉示例

11）最近点：捕捉到圆弧、圆、椭圆、椭圆弧、直线、多线、点、多段线、射线、样条曲线或参照线的最近点。

12）外观交点：捕捉到不在同一平面但是可能看起来在当前视图中相交的两个对象的视觉交点。

注意

不能同时使用“交点”和“外观交点”两种对象捕捉方式，可能会得到不同的结果。

13）平行：将直线段、多段线线段、射线或构造线限制为与其他线性对象平行。指定线性对象的第一点后，请指定平行对象捕捉。与在其他对象捕捉模式中不同，用户可以将光标和悬停移至其他线性对象，直到获得角度。然后，将光标移回正在创建的对象。如果对象的路径与上一个线性对象平行，则会显示对齐路径，用户可将其用于创建平行对象。

2. 利用“-osnap”命令设置对象捕捉

如果在命令提示下输入“-osnap”，OSNAP 将显示命令行选项。

当前对象捕捉模式：当前模式

输入对象捕捉模式列表：(输入对象捕捉模式的名称，用逗号分隔，或者输入 NONE 或 OFF)

(1) 对象捕捉模式：输入名称的前三个字符来指定一个或多个对象捕捉模式。如果输入多个名称，名称之间以逗号分隔。捕捉模式的列表见表 4-1。

表 4-1　　捕捉模式列表

END（端点）	MID（中点）	INT（交点）	EXT（延伸）	APP（外观交点）
CEN（圆心）	NOD（节点）	QUA（象限点）	INS（插入点）	PER（垂足）
TAN（切点）	NEA（最近点）	PAR（平行）		

(2) NONE 或 OFF：清除设置的对象捕捉方式并关闭对象捕捉。

第四节　自　动　追　踪

自动追踪是AutoCAD中一个非常有用的辅助绘图工具，它可以帮助用户按照一定的角度增量或者通过与其他对象的特殊关系来确定点的位置。

一、极轴追踪

使用极轴追踪可以使光标按指定角度进行移动，用于捕捉所设角度及其增量角度线上的任意点。用户可以使用极轴追踪沿着90°、60°、45°、30°、22.5°、18°、15°、10°和5°的极轴角度增量进行追踪，也可以指定其他角度。设定了追踪的增量角，极轴将追踪增量角的倍数的角度，例如：增量角设为45°，则极轴追踪的角度分别为0°、45°、90°、135°、180°、225°、270°、315°，图4-12中样例（a）、（b）、（c）分别显示了追踪到的0°、45°和90°三个极轴。设定了附加角，极轴将仅追踪设定值的角度，例如：附加角设为30°，则极轴追踪的角度仅为30°，如图4-12中样例（b）所示。设置好追踪角度后，在执行命令过程中需要定点时，当鼠标在屏幕上移动到起点和端点的连线刚好是所设定的追踪角度时，将出现一条无穷长射线，表示极轴追踪成功。

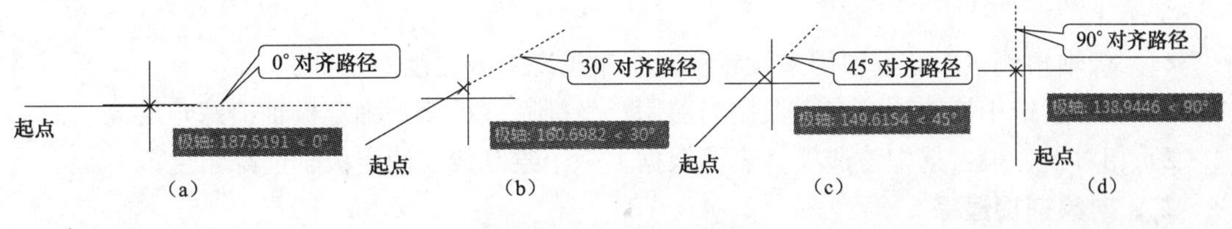

图4-12　极轴追踪样例

用户可以按照自己的需要利用“草图设置”对话框的“极轴追踪”选项卡对极轴追踪进行相应的设置，如图4-13所示。

1. 打开（或关闭）极轴追踪的方法

（1）选中（或取消）“草图设置”对话框的“极轴追踪”选项卡中“启用极轴追踪”前的复选框。

（2）单击应用程序状态栏的“极轴追踪”功能键。

（3）使用快捷键F10。

2. “草图设置”对话框中“极轴追踪”选项卡的选项说明

（1）启用极轴追踪：此复选框用来打开或关闭极轴追踪。也可以按F10键打开或关闭极轴追踪。

（2）极轴角设置：设定极轴追踪的对齐角度。

1）增量角：设定用来显示极轴追踪对齐路径的极轴角增量。可以输入任何角度，也可以

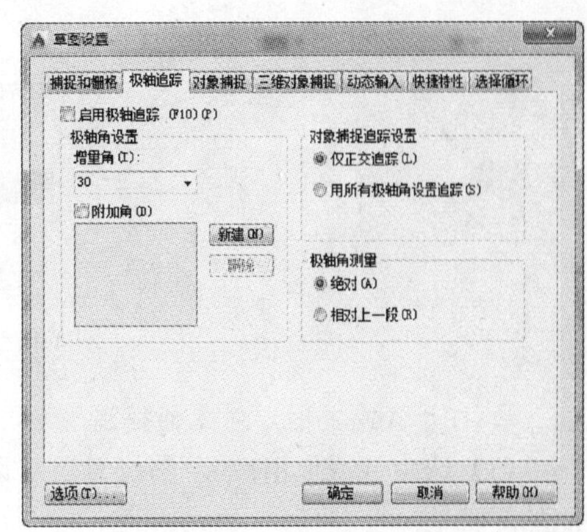

图4-13　“草图设置”对话框的“极轴追踪”选项卡

从列表中选择 90°、45°、30°、22.5°、18°、15°、10°或 5°这些常用角度。

2）附加角：对极轴追踪使用列表中的任何一种附加角度。附加角度是绝对的，而非增量的。

3）新建：添加附加极轴追踪对齐角度。最多可以添加 10 个。

4）删除：删除选定的附加角度。

（3）对象捕捉追踪设置：此选项用来设置对象捕捉追踪选项。在使用对象追踪功能之前，必须先打开对象捕捉功能。

1）仅正交追踪：当对象捕捉追踪打开时，仅显示已获得的对象捕捉点的正交（水平/垂直）对象捕捉追踪路径。

2）用所有极轴角设置追踪：将极轴追踪设置应用于对象捕捉追踪。使用对象捕捉追踪时，光标将从获取的对象捕捉点起沿极轴对齐角度进行追踪。

注意

单击状态栏中的“极轴追踪”按钮和“对象捕捉追踪”按钮也可以打开或关闭极轴追踪和对象捕捉追踪。

（4）极轴角测量：此选项用来设置测量极轴追踪对齐角度的基准。

1）绝对：选中该选项，表示根据当前用户坐标系（UCS）确定极轴追踪角度。

2）相对上一段：选中该选项，表示根据上一个绘制线段确定极轴追踪角度。

二、对象捕捉追踪

使用对象捕捉追踪，可以沿着基于对象捕捉点的对齐路径进行追踪。已获取的点将显示一个小加号（+），一次最多可以获取 7 个追踪点。获取点之后，当在绘图路径上移动光标时，将显示相对于获取点的水平、垂直或极轴对齐路径。例如，可以基于对象端点、中点或者对象的交点，沿着某个路径选择一点。在图 4-14 中，启用了“端点”对象捕捉。单击直线的起点 1 开始绘制直线，将光标移动到另一条直线的端点 2 处停顿几秒来获取该点［获取后，该点显示为一个小加号（+）］，然后沿水平对齐路径移动光标，定位要绘制的直线的端点 3。

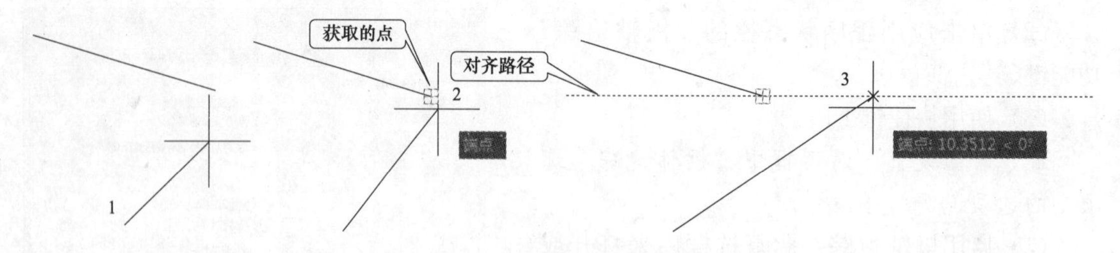

图 4-14　对象捕捉追踪实例

1. 打开（或关闭）对象捕捉追踪的方法

（1）选中（或取消）“草图设置”对话框的“对象捕捉”选项卡中“启用对象捕捉追踪”前的复选框。

（2）单击应用程序状态栏的“极轴追踪”功能键。

（3）使用快捷键 F11。

2. 对象捕捉追踪设置的更改

利用“草图设置”对话框→“极轴追踪”选项卡中的“对象捕捉追踪设置”选项来对追踪方式进行设置。默认情况下，选择“仅正交追踪”选项，对象捕捉追踪设定为正交。对齐路径将显示在始于已获取的对象点的 0°、90°、180°和 270°方向上。当选择“用所有极轴角设置追踪”选项时，对象捕捉追踪角度将与极轴追踪的设置相同。使用对象捕捉追踪时，光标将从获取的对象捕捉点起沿极轴对齐角度进行追踪。对于对象捕捉追踪，将自动获取对象点。

可以选择仅在按 Shift 键时才获取点。

3. 使用对象捕捉追踪的提示

使用自动追踪（极轴追踪和对象捕捉追踪）时，将会发现一些技巧，使指定设计任务变得更容易。可以试试以下几种技巧。

（1）和对象捕捉追踪一起使用“垂足”、“端点”和“中点”对象捕捉，以绘制到垂直于对象端点或中点的点。

（2）与临时追踪点一起使用对象捕捉追踪。在提示输入点时，输入“TT”，然后指定一个临时追踪点。该点上将出现一个小的加号（+）。移动光标时，将相对于这个临时点显示自动追踪对齐路径。要将这点删除，请将光标移回到加号（+）上面。

（3）获取对象捕捉点之后，使用直接距离沿对齐路径（始于已获取的对象捕捉点）在精确距离处指定点。提示指定点时，请选择对象捕捉，移动光标以显示对齐路径，然后在提示下输入距离。

（4）使用“选项”对话框的“草图”选项卡上设定的“自动”和“按 Shift 键获取”选项管理点的获取方式。点的获取方式默认设定为“自动”。当光标距要获取的点非常近时，按 Shift 键将临时不获取点。

三、自动追踪设置的更改

利用“选项”对话框→“绘图”选项卡→“自动追踪设置”选项和“对齐点获取”选项分别可以更改“自动追踪”显示对齐路径的方式和对象捕捉追踪获取对象点的方式，如图 4-15 所示。默认情况下，对齐路径拉伸到绘图窗口的结束处。可以改变它们的显示方式以缩短长度，或使之没有长度。改变自动追踪设置的步骤如下。

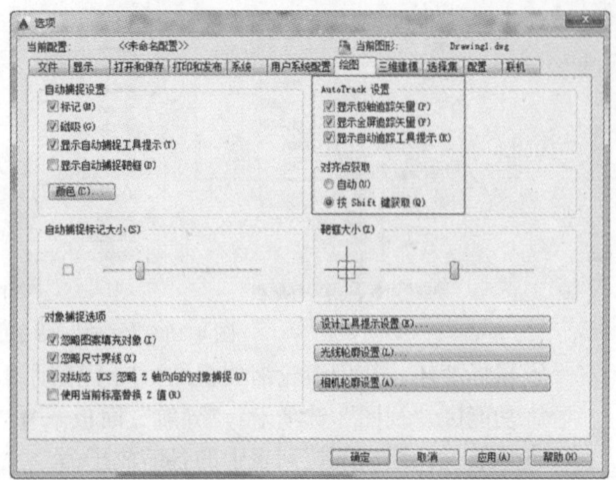

图 4-15 “选项”对话框的“绘图”选项卡

（1）依次单击“工具”菜单→“选项”。

（2）在“选项”对话框中的“绘图”选项卡的“自动追踪设置”下，选择或清除以下对齐路径的显示选项：

1）显示极轴追踪矢量。控制对象捕捉追踪的对齐路径显示。清除该选项将不显示极轴追踪路径。

2）显示全屏追踪矢量：控制对象捕捉追踪的对齐路径显示。清除此选项将仅显示对象捕捉点到光标之间的对齐路径。

3）显示自动追踪工具提示：控制自动追踪工具提示的显示。工具提示显示对象捕捉的类型（针对对象捕捉追踪）、对齐角度以及与前一点的距离。

（3）在“对齐点获取”下，选择一种对象捕捉追踪用以获取对象点的方法：

1）自动：自动获取对象点。如果选择此选项，按 Shift 键将不获取对象点。

2）用 Shift 键获取：光标在对象捕捉点上时，只有按 Shift 键时才获取对象点。

第五节 图形的显示控制

对于一个较为复杂的图形来说，在观察整幅图形时往往无法对其局部细节进行查看和操作，而当在屏幕上显示一个细部时又看不到其他部分，为解决这类问题，AutoCAD 提供了缩放（ZOOM）、平移（PAN）、视图（VIEW）、鸟瞰视图（AERIAL VIEW）等一系列图形显示控制命令和透明命令，可以用来任意地放大、缩小或移动屏幕上的图形显示，或者同时从不同的角度、不同的部位来显示图形。AutoCAD 还提供了重画（REDRAW）和重新生成（REGEN）命令来刷新屏幕、重新生成图形。

一、缩放视图（ZOOM）

利用 ZOOM 命令改变视图的比例，类似于使用相机进行缩放。ZOOM 不改变图形中对象的绝对大小，只改变视图的比例。ZOOM 命令可以通过以下几种方式激活（见图 4-16）：

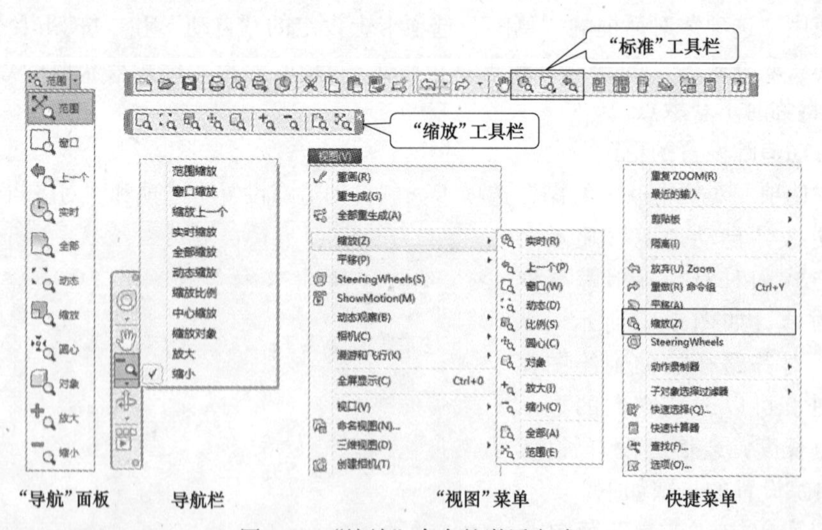

图 4-16 “缩放”命令的激活方式

- 鼠标滚轮：使用滚轮缩放视图，向上滚动滚轮放大视图，向下滚动滚轮缩小视图。
- 功能区“视图”选项卡：“导航”面板→范围缩放子命令按钮。
- 导航栏：缩放下拉列表中的各缩放子命令。
- “标准”工具栏：实时缩放按钮、窗口缩放按钮、缩放上一个按钮。

“放缩”工具栏：各放缩子命令按钮。

“视图”菜单：“缩放”→缩放子命令。

快捷菜单：没有选定对象时，在绘图区域单击鼠标右键并选择“缩放”选项进行实时缩放。

命令：zoom（或'zoom，用于透明使用）。

利用以上几种方式均可激活相应的各种缩放命令，虽然各缩放命令的激活方式不同，但其功能和操作基本相同。

1. 实时缩放

单击该命令后，鼠标指针变成，像一个放大镜，在窗口的中点按住鼠标左键并垂直向窗口顶部移动时，鼠标指针变成带“+”号的放大镜，视图随着鼠标向上拖动而逐渐变大；反之，在窗口的中点按住拾取键并垂直向窗口底部移动时，鼠标指针变成带“—”号的放大镜，视图随着鼠标向下拖动而逐渐变小。松开鼠标左键时缩放终止。可以在松开鼠标左键后将光标移动到图形的另一个位置，然后再按住鼠标左键便可从该位置继续缩放显示。若要退出缩放，请按 Enter 键或 Esc 键。

2. 上一个

单击该命令后，窗口恢复为使用ZOOM工具前的上一个视图。最多可恢复此前的10个视图。

3. 窗口缩放

缩放显示矩形窗口指定的区域。使用光标，可以定义矩形区域以填充整个窗口。单击该命令，命令行提示及操作如下：

命令：'_zoom

指定窗口的角点，输入比例因子（nX 或 nXP），或者

[全部（A）/中心（C）/动态（D）/范围（E）/上一个（P）/比例（S）/窗口（W）/对象（O）]〈实时〉：_w 指定第一个角点：（在窗口中拾取一点）

指定对角点：（移动鼠标指针，形成一个矩形窗口，窗选所要放大的对象，此时用鼠标左键拾取该点，则矩形窗口范围内的图形放大至整个绘图窗口。）

4. 动态缩放

使用矩形视图框进行平移和缩放。视图框表示视图，可以更改其大小，或在图形中移动。移动视图框或调整其大小，将其中的视图平移或缩放，以充满整个视口。单击该命令，窗口恢复全图显示，其中蓝色虚线框表示全图范围；绿色虚线框表示发出该命令前的视图位置和大小，鼠标指针变成一个定位框的样子（一个带“×”的矩形方框），该框和窗口中的绿色虚线框一样大，移动鼠标改变定位框的位置，单击鼠标左键，定位框中心的“×”消失，变成右边带箭头的矩形框，拖动鼠标可改变选择窗口的大小，以确定选择区域大小。移动鼠标改变定位框的大小，再单击鼠标，右边带箭头的矩形框又变成定位框。对定位框的大小和位置都满意后按 Enter 键，此时定位框内的图形将放大到整个窗口。

5. 比例缩放

使用比例因子缩放视图以更改其比例。单击该命令，命令行提示及操作如下：

命令：'_zoom

指定窗口的角点，输入比例因子（nX 或 nXP），或者

[全部（A）/中心（C）/动态（D）/范围（E）/上一个（P）/比例（S）/窗口（W）/对象

(O)]〈实时〉: _ s

输入比例因子 (nX 或 nXP):

输入的值后面跟着 X，则根据当前视图指定比例。

输入值并后跟着 XP，则指定相对于图纸空间单位的比例。

例如，输入“.5X”使屏幕上的每个对象显示为原大小的二分之一。输入“.5XP”则以图纸空间单位的二分之一显示模型空间。创建每个视口以不同的比例显示对象的布局。

6. 放大一倍

单击该命令，以窗口中心为基准放大一倍。

7. 缩小一倍

单击该命令，以窗口中心为基准缩小一倍。

8. 缩放对象

单击该命令，缩放一个或多个选定的对象并使其以便尽可能大地显示在视图的中心。可以在启动 ZOOM 命令前后选择对象。

9. 中心缩放

缩放以显示由中心点和比例值/高度所定义的视图。高度值较小时增加放大比例。高度值较大时减小放大比例。单击该命令，命令行提示及操作如下：

命令:' _ zoom

指定窗口的角点，输入比例因子 (nX 或 nXP)，或者

[全部 (A)/中心 (C)/动态 (D)/范围 (E)/上一个 (P)/比例 (S)/窗口 (W)/对象 (O)]〈实时〉: _ c

指定中心点:(在要放大的区域中心拾取一点)

输入比例或高度〈1.8000〉:(如果输入“*n*X”，则放大或缩小 *n* 倍，如果输入“*n*”，则以 *n* 为高度，以拾取点为中心缩放视图)

指定第二点:(如果在窗口拾取一点，则要求拾取第二点。系统以中心点为中心，两点直线长度为窗口高度缩放视图)

10. 全部缩放

单击该命令，将显示用户定义的栅格界限或图形范围，具体取决于哪一个视图较大。

(1) 如果所绘图形没有超出图形界限，则图形界限的范围显示在整个窗口。

(2) 如果所绘图形超出图形界限，则图形和图形界限一起显示在整个窗口。

11. 范围缩放

单击该命令，所绘图形将显示在整个窗口，与图形界限的大小无关，此视图包含已关闭图层上的对象，但不包含冻结图层上的对象。

注意

在使用 VPOINT 或 DVIEW 命令时，或正在使用另一个 ZOOM、PAN 或 VIEW 命令时，不能透明使用 ZOOM 命令。

二、平移视图（PAN）

使用平移视图命令 PAN，可以重新定位图形，以便看清图形的其他部分。此时不会改变图形中对象的位置或比例，而只是更改视图。PAN 命令可以通过以下几种方式激活：

鼠标滚轮：按住滚轮并拖动鼠标可平移视图。

功能区“视图”选项卡：“导航”面板→平移按钮。

导航栏：按钮。

“标准”工具栏：按钮。

“视图”：“平移”→平移子命令。

快捷菜单：不选定任何对象，在绘图区域单击鼠标右键然后在快捷菜单中选择“平移”。

命令：pan（或′pan，用于透明使用）。

1. 实时平移

执行该命令后，光标形状变为手形，按住鼠标左键可以锁定光标于相对视口坐标系的当前位置，移动鼠标，图形显示随光标向同一方向移动，释放鼠标左键，平移将停止。若要停止平移，可以按 Enter 键或 Esc 键或单击鼠标右键退出。

2. 定点平移

利用定点平移命令可以通过指定基点和位移值来平移视图。执行该命令时，十字光标中间的正方形将消失，然后在绘图区域中单击鼠标左键可指定平移基点，即变更点的位置，再次单击鼠标左键可指定第二点的位置，即刚才选定的变更点移动后的位置，此时系统将会计算出从第一点到第二点的位移。另外，执行视图菜单上平移子菜单中的“左”命令，可使视图向左侧移动一定的距离，而执行其他的 3 个子命令，可使视图向相应的方向移动固定的距离。

通过指定点平移视图的步骤：

1）依次单击“视图”菜单→“平移”→“点”。

2）指定基点。这是要平移的点。

3）指定第二点（要平移到的目标点）。这是第一个选定点的新位置。

3. “平移”和“缩放”快捷菜单

“平移”和“缩放”快捷菜单可以使用户在导航工具和取消当前导航工具之间进行切换。要访问“平移”快捷菜单，请在 PAN 处于活动状态时在绘图区域中单击鼠标右键，如图 4-17 所示。

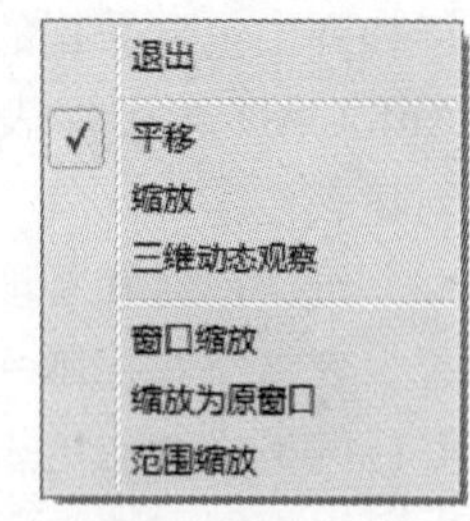

图 4-17 “平移”快捷菜单

（1）退出：退出缩放或平移操作。

（2）缩放：切换到 ZOOM 命令的实时缩放。

（3）三维动态观察器：切换到 3DORBIT 命令。

（4）窗口缩放：缩放显示矩形窗口指定的区域。

（5）缩放为原窗口：在通过右击快捷菜单进行一系列操作后，回到刚开始时的原始视图，而不是恢复前一视图。

（6）范围缩放：缩放显示图形范围。

三、重画与重生成

1. 重画（REDRAW）

重画命令用于刷新屏幕显示。在编辑图形时有时屏幕上会显示一些临时标记或者显示不正确，比如删除同一位置的两条直线中的一条，但有时看起来好像是两条直线都被删除了。在这种情况下可以使用重画命令来刷新屏幕显示，以显示正确的图形。

重画命令有两种，一种只用来刷新当前视口的显示，其调用方法为

命令：(或别名 r)。

另一种可以刷新所有视口，其调用方法为

“视图”菜单：“重画”。

命令：redrawall（或别名 ra）。

2. 重生成（REGEN）

如果用重画命令刷新屏幕后仍不能正确显示图形，可调用重生成命令。重生成命令不仅刷新显示，而且更新图形数据库中所有图形对象的屏幕坐标，因此使用该命令通常可以准确地显示图形数据。但是，当图形比较复杂时，使用重生成命令所用时间要比重画命令长得多。

与重画命令一样，重生成命令也有两种，一种是从重新生成图形并刷新当前视口，其调用方式为

“视图”菜单：“重生成”。

命令：regen（或别名 re）。

另一种是重新生成图形并刷新所有视口，其调用方式为

“视图”菜单：“全部重生成”。

命令：regenall（或别名 rea）。

说 明

“redraw”和“redrawall”命令均可透明地使用。

第六节　表格的创建与使用

表格是由单元构成的矩形矩阵，这些单元中包含注释（主要是文字，但也有块），是在行和列中包含数据的对象。在工程上大量使用到表格，标题栏和明细表都属于表格的应用。AutoCAD 2015 中表格的外观由表格样式控制。想要使用表格，首先创建表格样式，然后再创建表格。

一、创建和管理表格样式

表格样式控制一个表格的外观，可以控制网格线的显示，定义和指定标题、列标题和数据行的格式，指定表格单元中的文字样式等。用户可以使用默认的表格样式 STANDARD，也可以根据需要自定义表格样式。

创建新的表格样式时，可以指定一个起始表格。起始表格是图形中用作设置新表格样式格式的样例的表格。一旦选定表格，用户即可指定要从此表格复制到表格样式的结构和内容。

插入新表格时，可以创建单元样式并将其应用于表格样式。表格样式可以在每个类型的行中指定不同的单元样式，可以为文字和网格线显示不同的对正方式和外观。插入表格时指

定这些单元样式。例如，STANDARD 表格样式包含的单元样式由文字居中的合并单元组成。可以将此名为“标题”的单元样式指定为表格的第一行单元。执行此步骤将在新表格的顶部创建标题行。

可以由上而下或由下而上读取表格。列数和行数几乎是无限制的。

表格单元样式的边框特性控制网格线的显示，这些网格线将表格分隔成单元。标题行、列标题行和数据行的边框具有不同的线宽设置和颜色，可以显示也可以不显示。选择边框选项时，会同时更新“表格样式”对话框右下角的单元样式预览图像。

表格单元中的文字外观由当前单元样式中指定的文字样式控制。可以使用图形中的任何文字样式或创建新样式，也可以使用设计中心复制其他图形中的表格样式。

可以定义表格样式中任意单元样式的数据和格式。也可以覆盖特殊单元的数据和格式。例如，可以将所有列标题行的格式设定为显示全大写文字，然后选择单个表格单元将其设定为显示全小写文字。显示在行中的数据类型以及该数据类型的格式由用户在“表格单元格式”对话框中选择的格式选项控制。

1. 激活命令的方式

功能区“默认”选项板：“注释”面板→“表格样式”按钮。

功能区“注释”选项板：“表格”面板→“表格样式”按钮。

“格式”菜单：“表格样式”。

“样式”工具栏：按钮。

命令：tablestyle。

2. 创建方法

使用上述方法之一可以打开“表格样式”对话框，如图 4-18 所示。利用该对话框可以设置当前表格样式，以及创建、修改和删除表格样式。单击“新建”按钮 新建(N)... ，打开“创建新的表格样式”对话框，在此对话框中输入要创建的表格样式的名称，单击“继续”按钮 继续 ，打开“新建表格样式”对话框，如图 4-19 所示，利用此对话框就可以对新建的表格样式进行定义了。

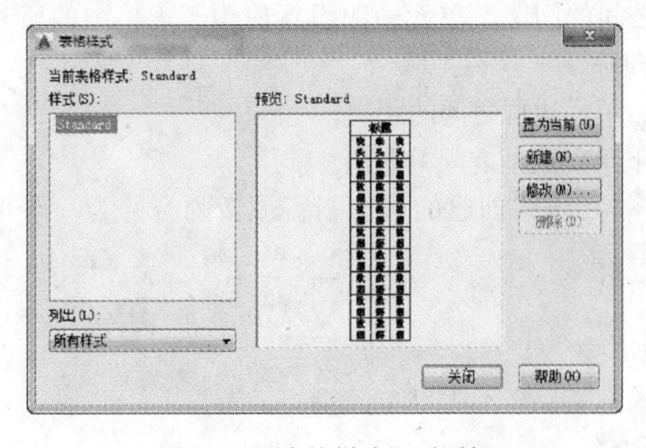

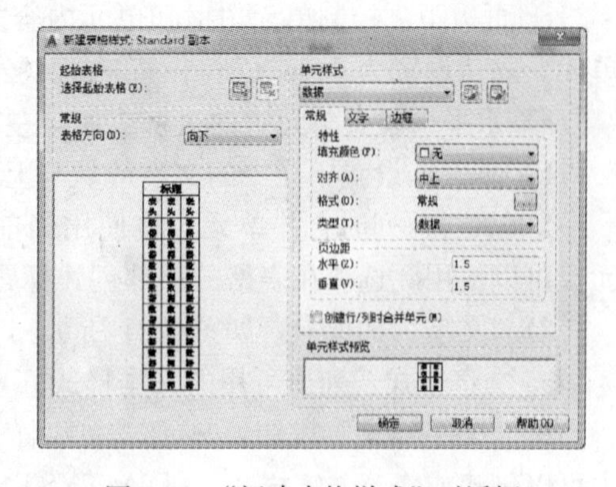

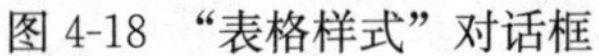

图 4-18　“表格样式”对话框　　图 4-19　“新建表格样式”对话框

(1) 起始表格：起始表格是图形中用作设置新表格样式格式的样例表格。

1) 使用按钮，用户可以在图形中指定一个表格用作样例来设置此表格样式的格式。

选择表格后，可以指定要从该表格复制到表格样式的结构和内容。

2）使用按钮，可以将表格从当前指定的表格样式中删除。

（2）常规。表格方向：定义新的表格样式或修改现有表格样式。设置表格方向。“向下”将创建由上而下读取的表格。“向上”将创建由下而上读取的表格。

1）向下：标题行和列标题行位于表格的顶部。单击“插入行”并单击“下”时，将在当前行的下面插入新行。

2）向上：标题行和列标题行位于表格的底部。单击“插入行”并单击“上”时，将在当前行的上面插入新行。

预览：显示当前表格样式设置效果的样例。

（3）单元样式：定义新的单元样式或修改现有单元样式。可以创建任意数量的单元样式。

1）“单元样式”菜单：显示表格中的单元样式。

2）“创建单元样式”按钮：启动“创建新单元样式”对话框。

3）“管理单元样式”按钮：启动“管理单元样式”对话框。

（4）“单元样式”选项卡：设置数据单元、单元文字和单元边框的外观。

1）“常规”选项卡，如图 4-20 所示。

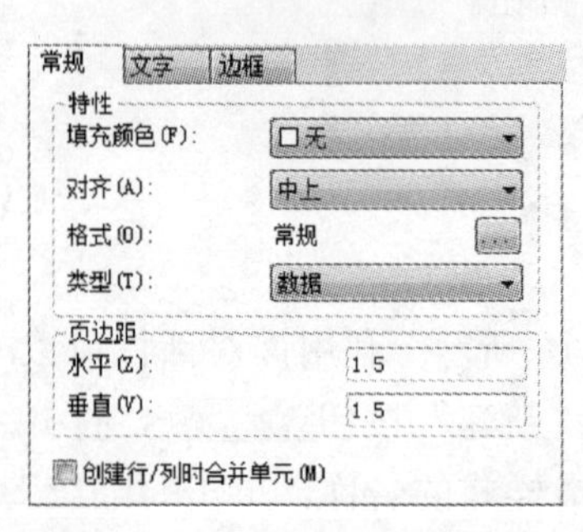

图 4-20 “常规”选项卡

a. 填充颜色：指定单元的背景色。默认值为“无”。可以选择“选择颜色”以显示“选择颜色”对话框。

b. 对齐：设置表格单元中文字的对正和对齐方式。文字相对于单元的顶部边框和底部边框进行居中对齐、上对齐或下对齐。文字相对于单元的左边框和右边框进行居中对正、左对正或右对正。

c. 格式：为表格中的“数据”、“列标题”或“标题”行设置数据类型和格式。单击该按钮将显示“表格单元格式”对话框，从中可以进一步定义格式选项。

d. 类型：将单元样式指定为标签或数据。

e. 页边距：控制单元边框和单元内容之间的间距。单元边距设置应用于表格中的所有单元。默认设置为 0.06（英制）和 1.5（公制）。

a）水平：设置单元中的文字或块与左右单元边框之间的距离。

b）垂直：设置单元中的文字或块与上下单元边框之间的距离。

f. 创建行/列时合并单元：将使用当前单元样式创建的所有新行或新列合并为一个单元。可以使用此选项在表格的顶部创建标题行。

2）“文字”选项卡，如图 4-21 所示。

a. 文字样式：列出可用的文本样式。

b. “文字样式”按钮：显示“文字样式”对话框，从中可以创建或修改文字样式。（DIMTXSTY 系统变量）

c. 文字高度：设定文字高度。数据和列标题单元的默认文字高度为 0.1800。表标题的默认文字高度为 0.25。

d. 文字颜色：指定文字颜色。选择列表底部的“选择

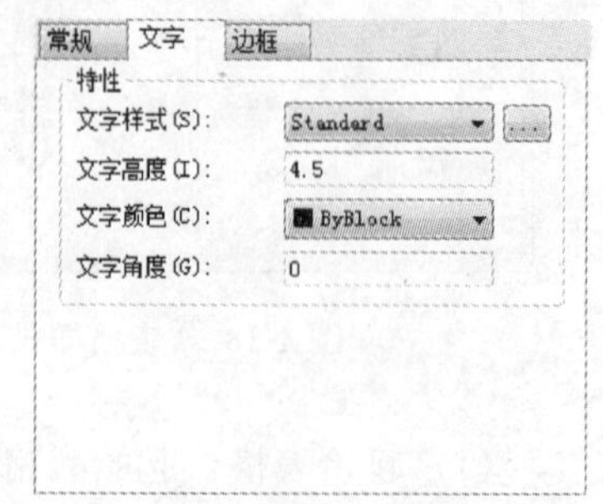

图 4-21 “文字”选项卡

颜色”可显示“选择颜色”对话框。

e. 文字角度：设置文字角度。默认的文字角度为0°。可以输入−359°～+359°的任意角度。

3）“边框”选项卡，如图4-22所示。

a. 线宽：通过单击边界按钮，设置将要应用于指定边界的线宽。如果使用粗线宽，可能必须增加单元边距。

b. 线型：设定要应用于用户所指定边框的线型。选择“其他”可加载自定义线型。

c. 颜色：通过单击“边界”按钮，设置将要应用于指定边界的颜色。选择“选择颜色”可显示“选择颜色”对话框。

d. 双线：将表格边界显示为双线。

e. 间距：确定双线边界的间距。默认间距为0.1800。

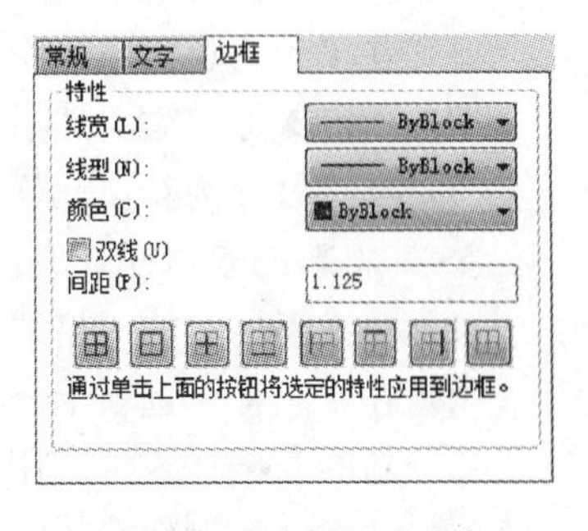

图4-22 “边框”选项卡

f. 边框按钮：控制单元边框的外观。边框特性包括栅格线的线宽和颜色。

a）所有边界：将边框特性设置应用于所有边框。

b）外部边界：将边框特性设置应用于外边框。

c）内部边界：将边框特性设置应用于内边框。

d）底部边界：将边框特性设置应用于底部边框。

e）左边界：将边框特性设置应用于左边框。

f）上边界：将边框特性设置应用于上边框。

g）右边界：将边框特性设置应用于右边框。

h）无边界：隐藏边框。

（5）单元样式预览：显示当前表格样式设置效果的样例。

3. 管理表格样式

在AutoCAD 2015中，还可以使用“表格样式”对话框来管理图形中的表格样式。在该对话框的“当前表格样式”后面，显示当前使用的表格样式（默认为Standard）；在“样式”列表中显示了当前图形所包含的表格样式；在“预览”窗口中显示了选中表格的样式；在“列出”下拉列表中，可以选择“样式”列表是显示图形中的所有样式，还是正在使用的样式。此外，在“表格样式”对话框中，还可以单击“置为当前”按钮，将选中的表格样式设置为当前；单击“修改”按钮，在打开的“修改表格样式”对话框中修改选中的表格样式；单击“删除”按钮，删除选中的表格样式。

（1）从现有表格创建表格样式的步骤。

1）单击网格线以选中该表格。

2）单击鼠标右键，在弹出的快捷菜单中依次单击“表格样式”→“另存为新表格样式”选项命令。

3）在“另存为新表格样式”对话框中，输入新表格样式的名称，单击“确定”按钮。

（2）定义或修改单元样式的步骤。

1）依次单击“默认”选项卡→“注释”面板→“表格样式”。

2）选择包含要修改的单元样式的表格样式，或单击“新建”按钮创建一个新表格样式。

3）在“表格样式”对话框的“单元样式”下拉列表中，选择要修改的单元样式，或通过单击该下拉列表右侧的按钮创建一个新单元样式。

4）单击“确定”按钮。

（3）从现有单元创建单元样式的步骤。

1）在单元内单击以从中创建单元样式。

2）单击鼠标右键，然后依次单击“单元样式”→“另存为新单元样式”选项命令。

3）在“另存为新单元样式”对话框中，输入新单元样式的名称，单击“确定”按钮。

（4）将新的表格样式应用到表格的步骤。

1）单击表格上的网格线来选择该表。

2）在“注释”选项卡→“表格”面板→“表格样式”下拉列表中，选择一种表格样式。

3）新的表格样式将应用于表格中。

4）按 Esc 键删除选择。

或

1）单击表格上的网格线来选择该表格。

2）单击鼠标右键，然后在弹出的快捷菜单中选择“表格样式”。

3）在弹出的“表格样式”上，从列表中选择表格样式。

4）新的表格样式将应用于表格中。

5）按 Esc 键删除选择。

注意

预览表格样式具有标题行，但新的表格样式没有，则标题文字将放置在表格的第一个单元中，而第一行的其他单元为空。

二、创建表格

AutoCAD 2015 可以在图形中创建空白表格对象。创建表格对象时，首先创建一个空表格，然后在表格的单元中添加内容。

功能区“默认”选项板：“注释”面板→按钮。

功能区“注释”选项板：“表格”面板→按钮。

“绘图”工具栏：按钮。

“绘图”菜单：“表格”。

命令：table。

使用上述方法之一打开“插入表格”对话框，如图 4-23 所示，利用该对话框就可以在图形中插入空表格。

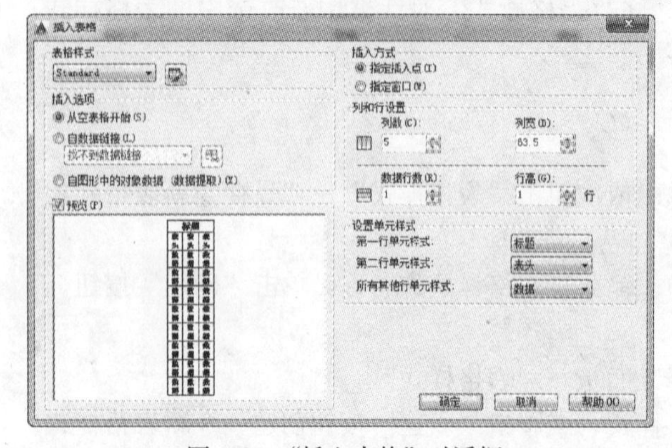

图 4-23 “插入表格”对话框

“插入表格”对话框中各选项的含义如下。

1. 表格样式

在要从中创建表格的当前图形中选

择表格样式。通过单击下拉列表旁边的按钮，用户可以创建新的表格样式。

2. 插入选项

指定插入表格的方式。

(1) 从空表格开始。创建可以手动填充数据的空表格。

(2) 从数据链接开始。从外部电子表格中的数据创建表格。

(3) 从数据提取开始。启动“数据提取”向导。

3. 预览

控制是否显示预览。如果从空表格开始，则预览将显示表格样式的样例。如果创建表格链接，则预览将显示结果表格。处理大型表格时，清除此选项以提高性能。

4. 插入方式

指定表格位置。

(1) 指定插入点。指定表格左上角的位置。可以使用定点设备，也可以在命令提示下输入坐标值。如果表格样式将表格的方向设定为由下而上读取，则插入点位于表格的左下角。

(2) 指定窗口。指定表格的大小和位置。可以使用定点设备，也可以在命令提示下输入坐标值。选定此选项时，行数、列数、列宽和行高取决于窗口的大小以及列和行设置。

5. 列和行设置

设置列和行的数目和大小。

(1) 列：指定列数。选定“指定窗口”选项并指定列宽时，“自动”选项将被选定，且列数由表格的宽度控制。如果已指定包含起始表格的表格样式，则可以选择要添加到此起始表格的其他列的数量。

(2) 列宽：指定列的宽度。选定“指定窗口”选项并指定列数时，则选定了“自动”选项，且列宽由表格的宽度控制。最小列宽为一个字符。

(3) 数据行数：指定行数。选定“指定窗口”选项并指定行高时，则选定了“自动”选项，且行数由表格的高度控制。带有标题行和表格头行的表格样式最少应有三行。最小行高为一个文字行。如果已指定包含起始表格的表格样式，则可以选择要添加到此起始表格的其他数据行的数量。

(4) 行高：按照行数指定行高。文字行高基于文字高度和单元边距，这两项均在表格样式中设置。选定“指定窗口”选项并指定行数时，则选定了“自动”选项，且行高由表格的高度控制。行高可以用下面的公式来计算：

行高＝字高×字符行数＋单元垂直边距×2＋字符行间距×(字符行数－1)

其中：字高和单元垂直边距由表格样式来设置；字符行间距为“字高/1.5”；若字符只有一行时，字符行间距×(字符行数－1)＝(字高/1.5)×0.5。

6. 设置单元样式

对于那些不包含起始表格的表格样式，请指定新表格中行的单元格式。

(1) 第一行单元样式：指定表格中第一行的单元样式。默认情况下，使用标题单元样式。

(2) 第二行单元样式：指定表格中第二行的单元样式。默认情况下，使用表头单元样式。

(3) 所有其他行单元样式：指定表格中所有其他行的单元样式。默认情况下，使用数据单元样式。

在“插入表格”对话框中选择好表格样式、插入方式以及行和列的设置，单击“确定”按钮，AutoCAD 提示就会要求确定插入点，在绘图窗口拾取一点（插入方式为窗口方式需要拾取两点），表格就插入到绘图窗口中，此时可以接着填写表格内容，也可单击鼠标左键结束表格填写。

三、表格的编辑

创建表格后，可以修改其行和列的大小、更改其外观、合并和取消合并单元以及创建表格打断。用户可以单击该表格上的任意网格线以选中该表格，然后使用“特性”选项板或夹点来修改该表格。

1. 使用夹点修改表格的步骤

（1）单击表格的任意一条边以选中整个表格（表格选中后，表格的所有角点以及每一列的顶点都会出现夹点，如图 4-24 所示）。

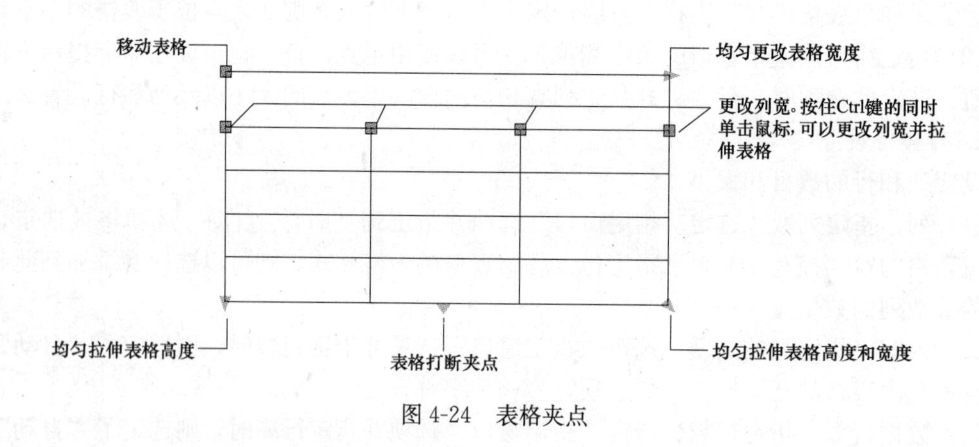

图 4-24 表格夹点

（2）使用以下夹点之一对表格进行编辑：

1）左上夹点：移动表格。

2）右上夹点：修改表宽并按比例修改所有列。

3）左下夹点：修改表高并按比例修改所有行。

4）右下夹点：修改表高和表宽并按比例修改行和列。

5）中下夹点：设置表格打断点，单击并拖动可以设置打断高度。

6）列夹点（在列标题行的顶部）：将列的宽度修改到夹点的左侧，并加宽或缩小表格以适应此修改。

7）Ctrl+列夹点：加宽或缩小相邻列而不改变表宽。

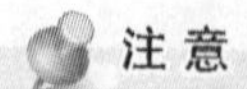 注 意

最小列宽是单个字符的宽度。空白表格的最小行高是文字的高度加上单元边距。

（3）按 Esc 键可以删除选择。

2. 表格高度和宽度的编辑

更改表格的高度或宽度时，只有与所选夹点相邻的行或列将会更改。表格的高度或宽度保持不变，如图 4-25（a）所示。要根据正在编辑的行或列的大小按比例更改表格的大小，请在使用列夹点时按住 Ctrl 键，如图 4-25（b）所示。

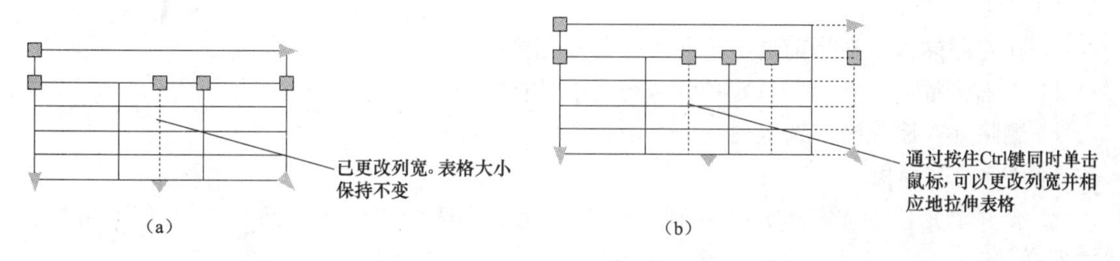

图 4-25 表格列宽的修改

3. 修改表格单元

在单元内单击就可选中该单元，这时单元边框的中央将显示夹点，如图 4-26 所示，拖动单元上的夹点可以使单元及其列或行更宽或更小。也可以通过“特性”选项板中的“单元宽度”和“单元高度”来修改表格单元的宽度和高度。

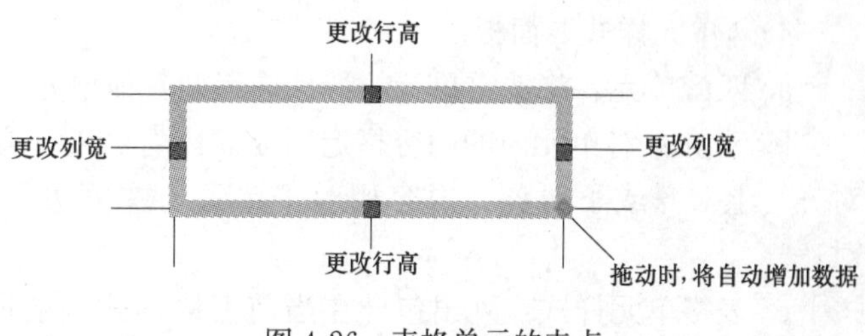

图 4-26 表格单元的夹点

注意

选择一个单元后，双击以编辑该单元文字。也可以在单元亮显时开始输入文字来替换其当前内容。

要选择多个单元，请单击并在多个单元上拖动。也可以按住 Shift 键并在另一个单元内单击，同时选中这两个单元以及它们之间的所有单元。

选中单元后，可以单击鼠标右键，然后使用快捷菜单上的选项来插入/删除列和行、合并相邻单元或进行其他修改。若要结束单元格的修改，可以按 Esc 键删除选择。

(1)“表格单元”功能区上下文选项卡（只有在选定表格单元时才显示）。如果在功能区处于活动状态时在表格单元内单击，则将显示“表格单元”功能区上下文选项卡，如图 4-27 所示。该上下文选项卡的各面板选项列表如下：

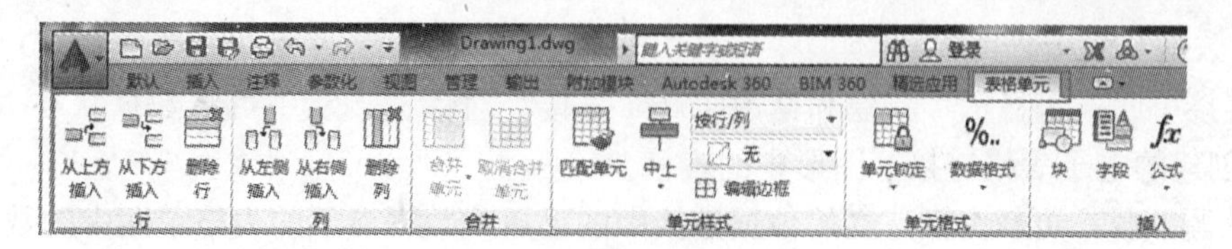

图 4-27 “表格单元”选项卡

1）“行”面板。

a. 在上方插入：在当前选定单元或行的上方插入行。

b. 在下方插入：在当前选定单元或行的下方插入行。

c. 删除行：删除当前选定行。

2）“列”面板。

a. 在左侧插入：在当前选定单元或行的左侧插入列。

b. 在右侧插入：在当前选定单元或行的右侧插入列。

c. 删除列：删除当前选定列。

3）“合并”面板。

a. 合并单元：将选定单元合并到一个大单元中。选择“合并全部”、“按行合并”或“按列合并”。

b. 取消合并单元：对之前合并的单元取消合并。

4）“单元样式”面板。

a. 匹配单元：将选定单元的特性应用到其他单元。

b. 对齐：对单元内的内容指定对齐。内容相对于单元的顶部边框和底部边框进行居中对齐、上对齐或下对齐。内容相对于单元的左侧边框和右侧边框居中对齐、左对齐或右对齐。

c. 表格单元样式：列出包含在当前表格样式中的所有单元样式。单元样式标题、表头和数据通常包含在任意表格样式中且无法删除或重命名。

d. 表格单元的背景颜色：指定填充颜色。选择“无”或选择一种背景色，或者单击“选择颜色”以显示“选择颜色”对话框。

e. 单元边框：显示“单元边框特性”对话框。设置选定的表格单元的边界特性。

5）“单元格式”面板。

a. 单元锁定：锁定单元内容和/或格式（无法进行编辑）或对其解锁。

b. 数据格式：显示数据类型列表（“角度”、“日期”、“十进制数”等），从而可以设置表格行的格式。

6）“插入”面板。

a. 块：将显示“插入”对话框，从中可将块插入当前选定的表格单元中。

b. 字段：将显示“字段”对话框，从中可将字段插入当前选定的表格单元中。

c. 公式：将公式插入当前选定的表格单元中。公式必须以等号（=）开始。用于求和、求平均值和计数的公式将忽略空单元以及未解析为数值的单元。如果在算术表达式中的任何单元为空，或者包含非数字数据，则其他公式将显示错误（#）。

d. 管理单元内容：显示选定单元的内容。可以更改单元内容的次序以及单元内容的显示方向。

7）“数据”面板

a. 链接单元：将显示“新建和修改 Excel 链接”对话框，从中可将数据从在 Microsoft Excel 中创建的电子表格链接至图形中的表格。

b. 从源下载：更新由已建立的数据链接中的已更改数据参照的表格单元中的数据。

（2）“表格”工具栏（只有在选定表格单元时才显示）。如果功能区未处于活动状态，则将显示“表格”工具栏，如图 4-28 所示。使用此工具栏，可以执行以下操作：

1）插入和删除行和列。

2）合并和取消合并单元。

3）匹配单元样式。

4）改变单元边框的外观。

5）编辑数据格式和对齐。

6）锁定和解锁编辑单元。

7）插入块、字段和公式。

8）创建和编辑单元样式。

9）将表格链接至外部数据。

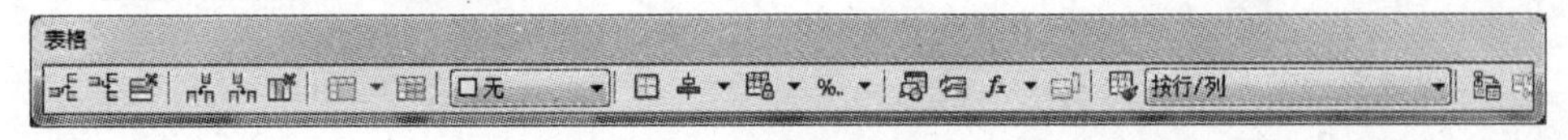

图 4-28 “表格”工具栏

（3）“表格单元”快捷菜单。选择单元后，也可以单击鼠标右键，打开“表格单元”快捷菜单，如图 4-29 所示，然后使用快捷菜单上的选项来插入或删除列和行、合并相邻单元或进行其他更改。

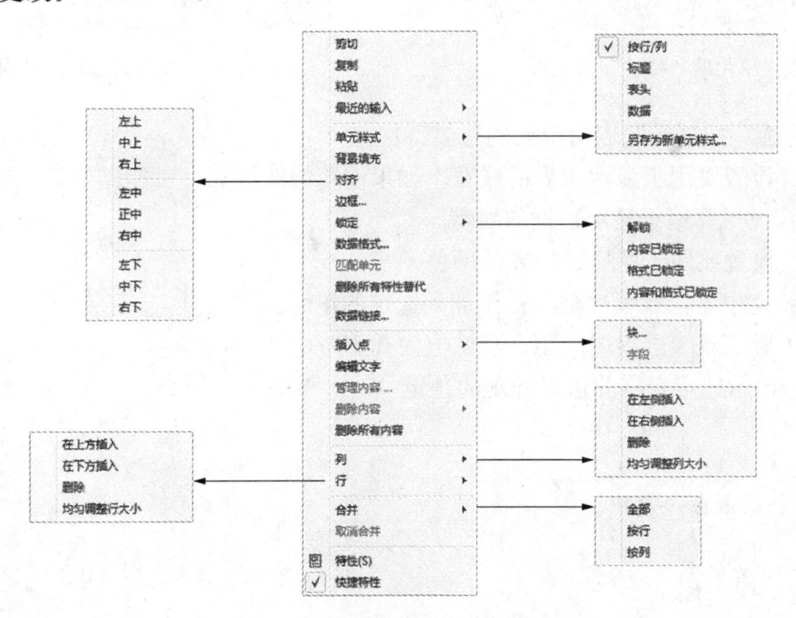

图 4-29 “表格单元”快捷菜单

选择单元后，可以使用 Ctrl＋Y 组合键重复上一个操作。

注 意

使用 Ctrl＋Y 组合键重复上一操作将仅重复通过快捷菜单、“表格”功能区上下文选项卡或“表格”工具栏执行的操作。

(4) 设置表格单元边框的特性。当已选定表格单元且“特性”选项板处于打开状态时，如图 4-30 所示，单击“边界线宽”或“边框颜色”的值单元，然后单击其后的“□”按钮，打开“单元边框特性”对话框，如图 4-31 所示来设置表格单元边框的特性。该对话框各选项如下：

图 4-30 表格单元的“特性”选项板

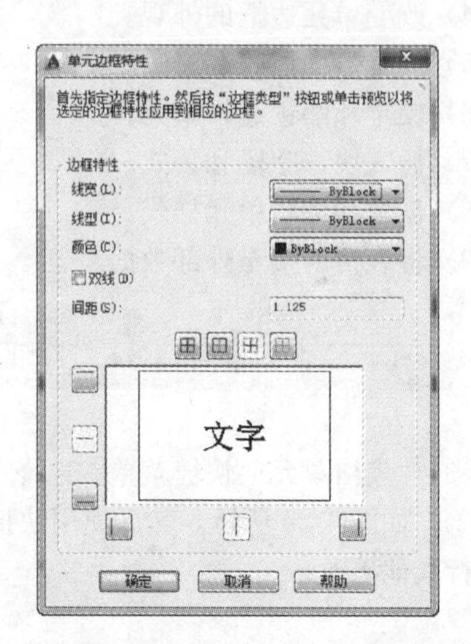

图 4-31 “单元边框特性”对话框

a. 边框特性：控制所选表格单元的边界特性。

a) 线宽：设置要用于显示边界的线宽。如果使用粗线线宽，可能需要更改单元边距。

b) 线型：设置要用于显示边框的线型。

c) 颜色：设置要用于所显示边界的颜色。

d) 双线：选中后，双线边框将被添加到选定的单元。

e) 间距：确定双线边界的间距。默认值为 0.1800。

b. 预览：显示选定表格的边界外观的预览。

注 意

线型不会显示在预览中。

a) 所有边界：将边界特性设置应用到所选表格单元的所有边界。

b) 外边框：将边界特性设置应用到所选表格单元的外部边界。

c) 内边框：将边界特性设置应用到所选表格单元的内部边界。

d) 无边框：不将边界特性设置应用到所选表格单元的任何边界。

e) 上边界：将边框特性设置应用到选定表格单元的上边框。

f) 内部水平边框：将边框特性设置应用到选定表格单元的内部水平边框。

g) 底部边界：将边框特性设置应用到选定表格单元的底部边框。

h) 左边界：将边框特性设置应用到选定表格单元的左边框。

i）内部垂直边框：将边框特性设置应用到选定表格单元的内部垂直边框。

j）右边界：将边框特性设置应用到选定表格单元的右边框。

（5）更改单元边框外观的步骤。

1）在要更改的表格单元内单击。

2）按住 Shift 键并在另一个单元内单击。这两个单元之间的所有单元都将被选中。

3）单击鼠标右键，然后选择“边框”。

4）在“单元边框特性”对话框中，选择线宽、线型和颜色。要指定双线边框，请选择“双线”。

5）使用 BYBLOCK 可以设置边框特性以匹配表格样式中的设置。

6）单击某个边框类型按钮指定要修改单元的哪些边框，或在预览图像中选择边框。

7）单击“确定”按钮。

8）按 Esc 键删除选择。

（6）更改表格单元特性的步骤。

1）在要更改的表格单元内单击。

2）按住 Shift 键并在另一个单元内单击。这两个单元之间的所有单元都将被选中。

3）使用以下方法之一：

a. 要更改一个或多个特性，请在“特性”选项板中单击要更改的值并输入一个新值。例如：要修改表格单元的行高，可以单击“特性”选项板中的“单元高度”，输入新的单元高度值即可。

b. 要恢复默认特性，请单击鼠标右键，然后选择“删除特性替代”。

4. 将表格打断成多个部分

用户可以将具有大量行数的表格水平打断为主表格部分和次要表格部分。选择该表格，然后使用“特性”选项板的“表格打断”部分来启用表格打断，如图 4-32 所示。生成的次要表格可以位于主表格的右侧、左侧或下方。也可以指定表格部分的最大高度和间距。通过将“手动定位”设置为“是”，可以使用次要表格的夹点将其拖动到其他位置。也可使用其他多个特性。

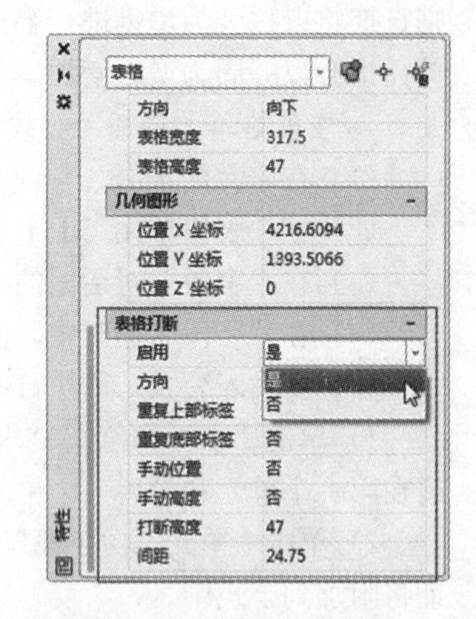

图 4-32　“特性”选项板

四、向表格中添加文字和块

表格单元中的数据可以是文字或块。创建表格后，会亮显第一个单元，且显示“文字格式”工具栏，此时可以开始输入文字。当输入多行文字时，单元的行高会加大以适应输入文字的行数。要把光标移动到下一个单元，可以按 Tab 键，或使用箭头键向左、向右、向上和向下移动。在表格单元中插入块时，块可以自动适应单元的大小，也可以调整单元以适应块的大小。

五、在表格单元中使用公式

表格单元可以包含使用其他表格单元中的值进行计算的公式。选定表格单元后，可以从表格单元上下文功能区及快捷菜单中插入公式。也可以打开在位文字编辑器，然后在表格单元中手动输入公式。

1. 插入公式

在公式中，可以通过单元的列字母和行号引用单元。例如，表格中左上角的单元为 A1。合并的单元使用左上角单元的编号。单元的范围由第一个单元和最后一个单元定义，并在它们之间加一个冒号。例如，范围 A5：C10 包括第 5 行到第 10 行 A、B 和 C 列中的单元。

公式必须以等号（=）开始。用于求和、求平均值和计数的公式将忽略空单元以及未解析为数值的单元。如果在算术表达式中的任何单元为空，或者包含非数字数据，则其他公式将显示错误（#）。

使用“单元”选项可选择同一图形中其他表格中的单元。选择单元后，将打开在位文字编辑器，以便输入公式的其余部分。

2. 复制公式

在表格中将一个公式复制到其他单元时，范围会随之更改，以反映新的位置。例如，如果 A10 中的公式对 A1～A9 求和，则将其复制到 B10 时，单元的范围将发生更改，从而该公式将对 B1～B9 求和。

如果在复制和粘贴公式时不希望更改单元地址，请在地址的列或行处添加一个美元符号（$）。例如，如果输入 $A10，则列会保持不变，但行会更改。如果输入“$A$10”，则列和行都保持不变。

3. 自动插入数据

可以使用“自动填充”夹点，在表格内的相邻单元中自动增加数据。例如，通过输入第一个必要日期并拖动“自动填充”夹点，包含日期列的表格将自动输入日期。

如果选定并拖动一个单元，将以 1 为增量自动填充数字。同样，如果仅选择一个单元，则日期将以一天为增量进行解析。如果用以一周为增量的日期手动填充两个单元，则剩余的单元也会以一周为增量增加。

4. 在表格单元中插入公式字段的步骤

(1) 在单元内单击。

(2) 在“表格单元”上下文功能区上，单击“字段”。

(3) 在“字段”对话框的“字段类别”列表中选择“对象”。

(4) 在“字段名称”中，选择“公式”。

(5) 要输入公式，请执行以下操作之一：

1) 单击“求平均值”、“求和”或“计数”。“字段”对话框将暂时关闭。要指定范围，请在第一个单元和最后一个单元内单击。结果将附加到公式中。

2) 单击“单元”。“字段”对话框将暂时关闭。选择图形中某个表格中的单元。单元地址将附加到公式中。

(6)（可选）选择一种格式和一种小数分隔符。

(7) 单击“确定”按钮。

(8) 要保存更改并退出编辑器，请输入“q”(退出)。

此单元将显示计算结果。

5. 在表格单元中手动输入公式的步骤

(1) 在单元内单击。

(2) 从“表格单元”上下文功能区中选择“公式”，然后选择“表达式”。

（3）按以下示例所示，输入公式（函数或算术表达式）：

1）=sum（a1：a25，b1）。对A列前25行和B列第一行中的值求和。

2）=average（a100：d100）。计算第100行中前4列中值的平均数。

3）=count（a1：m500）。显示A～M列的第1～100行中单元的总数。

4）=（a6+d6）/e1。将A6和D6中的值相加，然后用E1中的值除去此总数。

使用冒号定义单元范围，使用逗号定义单个单元。公式必须由等号开始，其中可以包含以下任何符号：加号（+）、减号（−）、乘号（*）、除号（/）、指数运算符（^）和括号（）。

（4）要保存更改并退出编辑器，请在编辑器外的图形中单击。

此单元将显示计算结果。

6. 将公式添加到表格单元的步骤

（1）在单元内单击。

（2）在“表格单元”上下文功能区上，单击以下选项之一：

1）“插入公式”“求和”。

2）“插入公式”“均值”。

3）“插入公式”“计数”。

4）“插入公式”“单元”。

（3）按照提示进行操作。

（4）如果需要，编辑此公式。

（5）要保存更改并退出编辑器，请在编辑器外的图形中单击。

第七节　文字工具与字段

文字对象是AutoCAD图形中很重要的图形元素，是机械制图和工程制图中不可缺少的组成部分。在一个完整的图样中，通常都包含一些文字注释来标注图样中的一些非图形信息。例如，机械工程图形中的技术要求、装配说明，以及工程制图中的材料说明、施工要求等。

创建文字的方法有多种：简短的输入项可以使用单行文字；带有内部格式的较长的输入项可以使用多行文字，或者创建带有引线的多行文字。虽然所有输入的文字都使用默认的字体和格式设置为当前文字样式，但也可以使用其他的方法自定义文字外观。

一、创建文字样式

在AutoCAD中，所有文字都具有与之相关联的文字样式。文字的大多数特征由文字样式控制。文字样式设置默认字体和其他选项，如行距、对正和颜色。输入文字时，程序使用当前的文字样式，该样式设置字体、字号、倾斜角度、方向和其他文字特征。如果要使用其他文字样式来创建文字，可以将其他文字样式置于当前。默认设置为STANDARD文字样式。

功能区“默认”选项板：“注释”面板→“文字样式”按钮。

功能区“注释”选项板：“文字”面板→“文字样式”按钮。

“文字”工具栏：按钮。

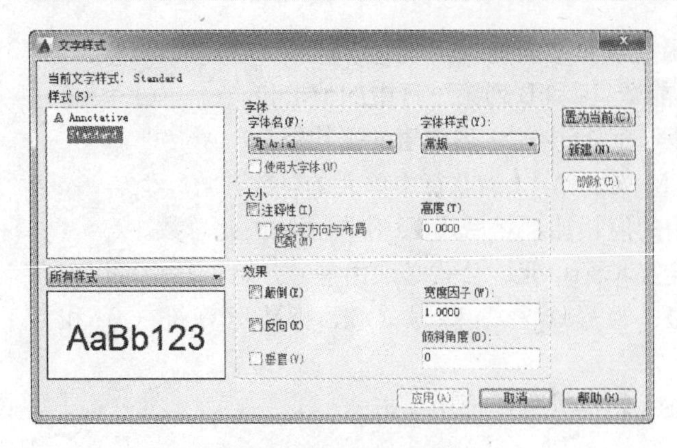

图 4-33 “文字样式”对话框

“格式”菜单：“文字样式”。

命令：style（或'style，用于透明使用）。

使用上述方法之一可以打开“文字样式”对话框，如图 4-33 所示。利用该对话框可以创建、修改或设置命名文字样式。

（1）当前文字样式：列出当前文字样式。

（2）样式：显示图形中的样式列表。样式名前的图标指示样式为注释性。

（3）样式列表过滤器：下拉列表指定所有样式还是仅使用中的样式显示在样式列表中。

（4）预览：显示随着字体的更改和效果的修改而动态更改的样例文字。

（5）字体：更改样式的字体。

注 意

如果更改现有文字样式的方向或字体文件，当图形重生成时所有具有该样式的文字对象都将使用新值。

1）字体名：列出 Fonts 文件夹中所有注册的 TrueType 字体和所有编译的形（SHX）字体的字体族名。从列表中选择名称后，该程序将读取指定字体的文件。除非文件已经由另一个文字样式使用，否则将自动加载该文件的字符定义。可以定义使用同样字体的多个样式。关于详细信息，请参见“指定文字字体”。

2）字体样式：指定字体格式，比如斜体、粗体或者常规字体。选定“使用大字体”后，该选项变为“大字体”，用于选择大字体文件。

3）使用大字体：指定亚洲语言的大字体文件。只有 SHX 文件可以创建“大字体”。

（6）大小：更改文字的大小。

1）注释性：指定文字为注释性。单击信息图标以了解关于注释性对象的详细信息。

2）使文字方向与布局匹配：指定图纸空间视口中的文字方向与布局方向匹配。如果未选择“注释性”选项，则该选项不可用。

3）高度或图纸文字高度：根据输入的值设置文字高度。输入大于 0.0 的高度将自动为此样式设置文字高度。如果输入“0.0”，则文字高度将默认为上次使用的文字高度，或使用存储在图形样板文件中的值。如果将固定高度指定为文字样式的一部分，则在创建单行文字时将不提示输入“高度”。如果文字样式中的高度设定为 0，每次创建单行文字时都会提示用户输入高度。要在创建文字时指定其高度，请将高度设定为 0。

（7）效果：修改字体的特性，例如高度、宽度因子、倾斜角以及是否颠倒显示、反向或垂直对齐。

1）颠倒：颠倒显示字符。

2）反向：反向显示字符。

3）垂直：显示垂直对齐的字符。只有在选定字体支持双向时“垂直”才可用。TrueType 字体的垂直定位不可用。

4）宽度因子：设置字符间距。输入小于 1.0 的值将压缩文字。输入大于 1.0 的值则扩大文字。

5）倾斜角度：设置文字的倾斜角。输入一个－85～85 的值将使文字倾斜。

(8) 置为当前：将在“样式”下选定的样式设定为当前。

(9) 新建：显示“新建文字样式”对话框并自动提供默认名称。样式名最长可达 255 个字符。名称中可包含字母、数字和特殊字符，如美元符号（$）、下划线（_）和连字符（-）。

(10) 删除：删除未使用的文字样式。

(11) 应用：将对话框中所做的样式更改应用到当前样式和图形中具有当前样式的文字。

二、创建单行文字

使用单行文字可以创建一行或多行文字，通过按 Enter 键结束每一行文字。每行文字都是独立的对象，可以重新定位、调整格式或进行其他修改。创建单行文字时，要指定文字样式并设置对齐方式。文字样式设定文字对象的默认特征。对齐决定字符的哪一部分与插入点对齐。可以在单行文字中插入字段。字段是设置为显示可能会更改的数据的文字。字段更新时，将显示最新的字段值。用于单行文字的文字样式与用于多行文字的文字样式相同。创建文字时，通过在“输入样式名”提示下输入样式名来指定现有样式。如果需要将格式应用到独立的词语和字符，则使用多行文字而不是单行文字。也可以通过压缩在指定的点之间调整单行文字。也就是在指定的空间中拉伸或压缩文字以满足需要。

创建文字时，可以使它们对齐。用户可以根据图 4-34 所示的对齐选项之一对齐文字。默认设置为用户上次在图形中使用的对正方式。

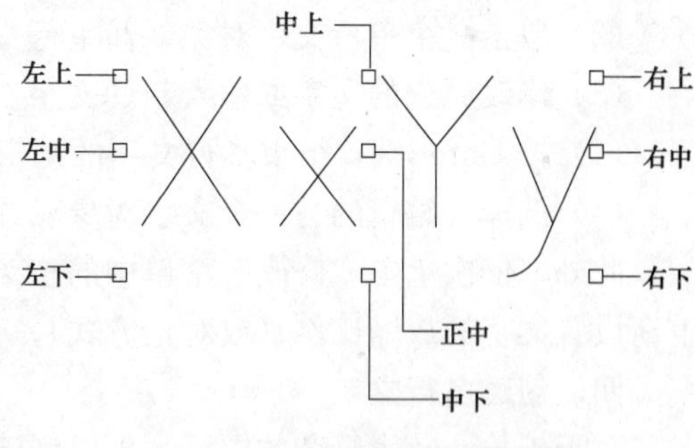

图 4-34 文字的对齐部位

1. 激活“单行文字”的方法

功能区“默认”选项板：“注释”面板→“单行文字”A按钮。

功能区“注释”选项板：“文字”面板→“单行文字”A按钮。

“绘图”菜单：“文字”→“单行文字”。

“文字”工具栏：A。

命令：text。

2. 创建单行文字的步骤

(1) 依次单击“默认”选项卡→“注释”面板→“单行文字”A。

(2) 指定第一个字符的插入点。如果按 Enter 键，程序将紧接着最后创建的文字对象（如果存在）定位新的文字。

(3) 指定文字高度。此提示只有文字高度在当前文字样式中设定为 0 时才显示。一条拖引线从文字插入点附着到光标上。单击以将文字的高度设定为拖引线的长度。

(4) 指定文字旋转角度。可以输入角度值或使用定点设备。

(5) 输入文字。在每一行结尾按 Enter 键，按照需要输入更多的文字。

注 意

将以适当的大小在水平方向显示文字，以使用户可以轻松地阅读和编辑文字；否则，文字将难以阅读（如果文字很小、很大或被旋转）。如果在此命令中指定了另一个点，光标将移到该点上，可以继续键入。每次按 Enter 键或指定点时，都会创建新的文字对象。

(6) 在空行处按 Enter 键将结束命令。

三、编辑单行文字

利用单行文字编辑命令 TEXTEDIT 可以修改文字的内容。若要修改内容、文字样式、位置、方向、大小、对正和其他特性，则需要使用“特性”选项板。另外，利用文字对象的夹点，可以移动、缩放和旋转文字对象。

1. 激活“单行文字”编辑的方法

“文字”工具栏：A/。

“修改”菜单：“对象”→“文字”→“编辑”。

定点设备：双击文字对象。

快捷菜单：选择文字对象，在绘图区域中单击鼠标右键，然后单击“编辑”。

命令：textedit。

2. 编辑单行文字的步骤

(1) 利用上面所述的方法之一激活单行文字编辑命令。

(2) 单击一个单行文字对象，使单行文字对象处于编辑状态。

(3) 修改原先的文字或输入新的文字。

(4) 按 Enter 键，结束本行文字的编辑。

(5) 选择要编辑的另一个文字对象，或者再按 Enter 键结束编辑命令。

此外，依次单击“修改”菜单中的“对象”→“文字”→“比例”（或“对正”），可以重新设置文字的放缩比例（或对正方式）。

四、创建多行文字

对于较长、较为复杂的内容，可以创建多行或段落文字。创建多行文字可以将若干文字段落创建为单个多行文字对象。使用内置编辑器可以格式化文字外观、列和边界。

1. 激活“多行文字”命令的方法

功能区“默认”选项板：“注释”面板→“多行文字”A按钮。

功能区“注释”选项板：“文字”面板→“多行文字”A按钮。

“绘图”工具栏：A。

“绘图”菜单：“文字”→“多行文字”。

命令：mtext。

2. 创建多行文字的步骤

(1) 依次单击“默认”选项卡→“注释”面板→“多行文字” A 。

AutoCAD 提示：

当前文字样式：当前文字高度：当前注释性：当前

指定第一个角点：

指定对角点或 [高度 (H)/对正 (J)/行距 (L)/旋转 (R)/样式 (S)/宽度 (W)/栏 (C)]：

(2) 指定边框的对角点以定义多行文字对象的宽度。

注意

如果功能区处于活动状态，指定对角点之后，AutoCAD 将显示“文字编辑器”功能区上下文选项卡，如图 4-35 所示。如果功能区未处于活动状态，AutoCAD 将显示“在位文字编辑器”，如图 4-36 所示。

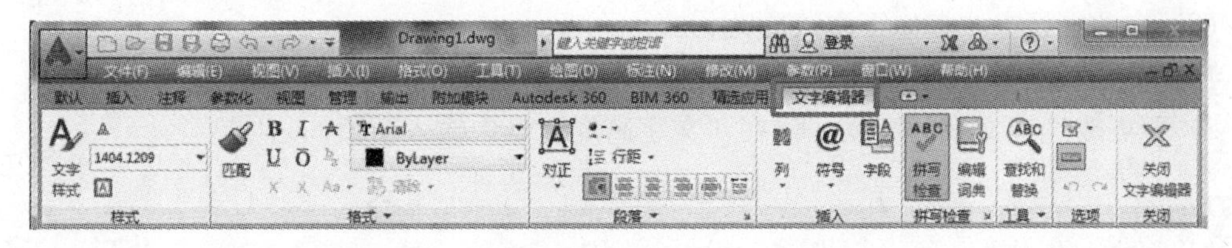

图 4-35 “文字编辑器”功能区上下文选项卡

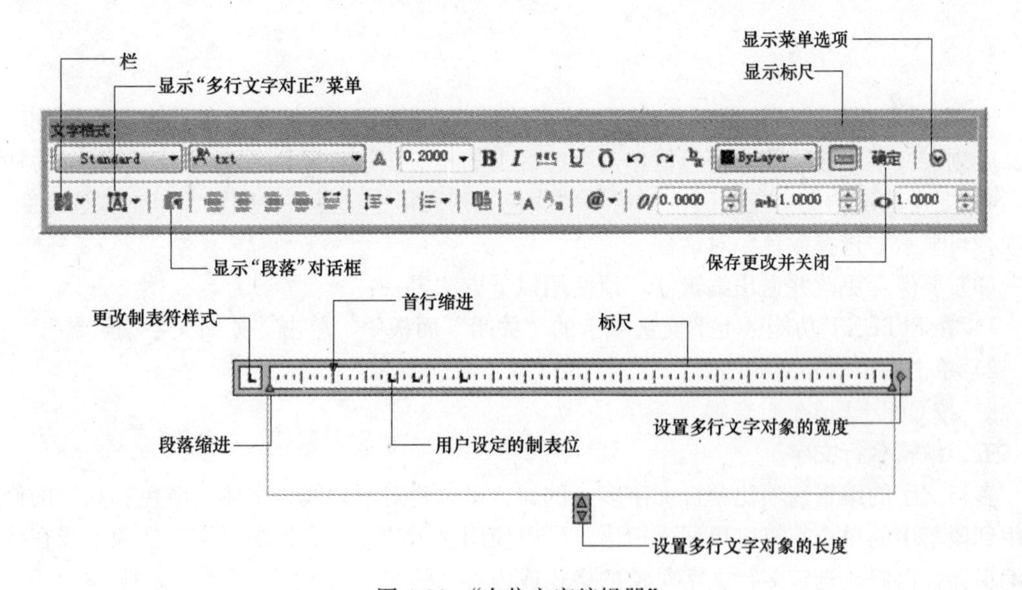

图 4-36 “在位文字编辑器”

(3) 要对每个段落的首行缩进，拖动标尺上的第一行缩进滑块。要对每个段落的其他行缩进，拖动段落滑块。

(4) 要设定制表符，在标尺上单击所需的制表位位置。

(5) 如果要使用文字样式而非默认样式，请在功能区上依次单击“注释”选项卡、“文字”面板。从下拉列表中选择所需的文字样式。

(6) 输入文字。

注意

将以适当的大小在水平方向显示文字，以使用户可以轻松地阅读和编辑文字；否则，文字将难以阅读（如果文字很小、很大或被旋转）。

(7) 要替代当前文字样式，可以按以下方式选择文字：

1) 要选择一个或多个字母，可以在字符上单击并拖动鼠标。

2) 要选择词语，请双击该词语。

3) 要选择段落，请三击该段落。

(8) 在功能区上，按以下方式更改格式：

1) 要更改选定文字的字体，请从列表格中选择一种字体。

2) 要更改选定文字的高度，请在“文字高度”框中输入新值。

注意

如果在创建过程中未修改多行文字的默认高度，则多行文字高度值将重置为0。

3) 要使用粗体或斜体设定 TrueType 字体的文字格式，或者为任意字体创建下划线文字、上划线文字或删除线文字，请单击功能区上的相应按钮。SHX 字体不支持粗体或斜体。

4) 要向选定的文字应用颜色，请从“颜色”列表格中选择一种颜色。单击“选择颜色”选项，可显示“选择颜色”对话框。

(9) 要保存更改并退出编辑器，请使用以下方法之一：

1) 在 MTEXT 功能区上下文选项卡的“关闭”面板中，单击“关闭文字编辑器”。

2) 单击编辑器外部的图形。

3) 按 Ctrl＋Enter 组合键。

五、编辑多行文字

多行文字的编辑选项比单行文字多，例如，可以将对下划线、字体、颜色和高度的修改应用到段落中的单个字符、单词或短语。可以使用显示功能区中的多行文字选项卡或在位文字编辑器，以修改选定多行文字对象的格式或内容。

激活“多行文字”编辑的命令格式与激活“单行文字”编辑的命令格式完全相同，不过激活了“多行文字”编辑会打开“在位文字编辑器”和“文字编辑器”功能区上下文选项卡。

注意

如果功能区未处于活动状态，AutoCAD 将显示“在位文字编辑器”和“文字格式”工具栏，如图 4-36 所示。

修改多行文字的步骤：

仅以采用功能区“文字编辑器”上下文选项卡来编辑多行文字的方法为例来介绍，其他方法类同，不再赘述。

（1）利用激活“单行文字”编辑命令的方法之一激活“多行文字”的编辑命令。

（2）选择一个多行文字对象，打开“文字编辑器”。

（3）修改多行文字的内容，或用面板工具修改文字的格式。

（4）单击“文字编辑器”上下文选项卡中的“关闭”按钮，或在绘图区域内用鼠标左键单击“文字编辑器”以外一点，退出文字的编辑。

本 章 小 结

本章主要介绍了利用 AutoCAD 精确绘制图形的一些辅助工具，其中包括利用栅格捕捉和极轴捕捉来精确捕捉坐标系中的设定点；利用对象捕捉工具来精确捕捉图形对象的某些特征点；利用极轴追踪和对象捕捉追踪来按照一定的角度增量或者通过与其他对象特殊的关系来确定点的位置；利用平移、放缩等图形显示工具来放大、缩小或移动屏幕上的图形显示；利用“正交”模式来限制光标在水平或垂直方向（相对于 UCS）上移动，以便于精确地创建和修改对象。同时，还介绍了表格、表格样式、文字和文字样式的创建与编辑方法。本章介绍的内容是精确绘制图形的一些常用辅助工具，对快速有效的绘制图形非常有帮助，希望读者能够很好地掌握。

习 题 四

1. 简述状态栏中各按钮的功能。

2. 列出执行如下命令的快捷键：打开/关闭栅格、正交模式、捕捉模式、保存、选取样式、显示坐标。

3. 分别列出打开/关闭栅格和捕捉的 3 种方法。

4. 列出打开“草图设置”对话框的方法。

5. 使用什么命令可设置一个不可见的栅格，以此来辅助布局设计？

6. 捕捉和栅格之间的主要区别是什么？

7. 改变靶框尺寸的命令是什么？

8. 列出三种将线连接到圆的捕捉方式。

9. 列出三种关闭对象捕捉的方法。

10. 列出绘图时用于激活各类捕捉方式的字母。

11. 如何弹出对象捕捉对话框？

12. 解释 Regen 与 Redraw 的区别。

13. 创建一张新图，将图形界限设置为 96mm、144mm，网格间距为 2.4mm，捕捉间距为 0.6mm。设置绘图测量单位为建筑制，精度为 16，设置角度测量单位为度/分/秒，精度为 2 位小数，设置图形显示分辨率位 150。将图形分为如下 7 个视图：全视图、左上视图、中上视图、右上视图、右下视图、中下视图和左下视图。将全图设为前视图，保存为 D-4-1。

14. 说明 Zoom All 和 Zoom Extents 的区别，并列出执行 Zoom 命令的 6 种方法。

第五章　通用编辑命令

教学目标

本章主要介绍一些常用的图形编辑命令的使用方法。通过本章的学习，读者应了解 AutoCAD 中对象选择的基本方法，学会使用夹点和常用的编辑命令来编辑二维图形对象，掌握一些特殊对象的编辑方法和对象属性的编辑方法。

教学重点

（1）选择对象的方法。

（2）使用夹点编辑二维图形对象。

（3）常用编辑命令。

（4）特殊对象的编辑。

（5）属性的编辑。

在 AutoCAD 中，单纯地使用绘图命令或绘图工具只能创建出一些基本图形对象，要绘制较为复杂的图形，就必须借助于图形编辑命令。AutoCAD 提供了以下编辑图形对象的方法：

（1）命令行。在命令行输入编辑命令，然后选择要修改的对象。或者，先选择对象，然后输入命令。

（2）快捷菜单。选择一个对象并在其上单击鼠标右键，以显示包含相关编辑选项的快捷菜单。

（3）双击。双击对象以显示特性选项板，或者在某些情况下，将显示一个与该类对象相关的对话框或编辑器。

（4）夹点。使用夹点来重塑、移动、旋转和操纵对象：

1）夹点模式：选择一个对象夹点以使用默认夹点模式（拉伸）或按 Enter 键或空格键来循环浏览其他夹点模式（移动、旋转、缩放和镜像）。

2）多功能夹点：对于许多对象，也可以悬停在夹点上以访问具有特定于对象（有时为特定于夹点）的编辑选项的菜单。

第一节　选择对象的方法

在绘制图形过程中，往往需要对已经绘制的图形进行编辑操作，这时首先需要选择进行编辑的对象。AutoCAD 为用户提供了多种选择对象的方法，在实际的工程设计与绘图中，图形往往是非常复杂的，因此用户应该根据不同的情况选择合适的方法。

单个对象可以用拾取框直接进行选取，多个对象可用窗口、窗交、不规则窗口、不规则窗交、栏选、全选、套索等方法进行选择。

当用户的光标移动到对象上时，该对象会亮显，如图 5-1（a）所示，这样可以使用户看到要选的是哪个对象。还有一个好处就是可以在不选定对象时判断一组图形是单独的对象

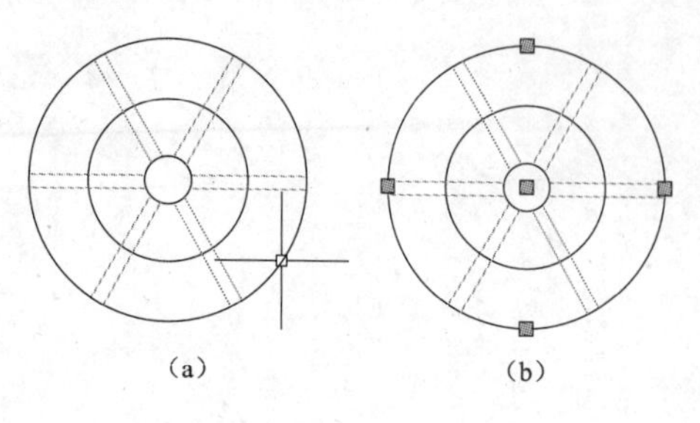

图 5-1 对象选择示例

（如多段线）或分开的对象（如线段）。

用户可以在输入编辑命令之前选择对象，然后再激活编辑命令，此时选中的对象会亮显，并且出现默认的蓝色小方框，即夹点，如图 5-1（b）所示。

用户也可以在调用某个编辑命令之后，在“选择对象”的命令提示下选择对象，此时选中的对象也会亮显，但是不出现夹点。

下面向大家介绍几种 AutoCAD 常用的选择对象的方法。

一、系统默认的选择对象方法

AutoCAD 2015 默认情况下可以通过单击对象，或者通过使用窗口或窗交方法来选择对象。

1. 用拾取框直接选择对象

用户可以通过拖动鼠标拾取框，使其移动到要选择的对象上，然后单击鼠标左键，此时该对象将亮显，表示已被选中。连续单击不同的对象，可以选择多个对象。

如果要选择的是单个对象或者对象较少，这种方式比较适用，当对象较多时，就显得有些繁琐，不方便。

2. 用矩形框选择对象

用户可以用矩形框的方式同时选择多个对象。矩形框选择对象的方式有两种：“窗口”方式和“窗交”方式。

（1）“窗口”方式：要使用该方式选择对象，首先将光标移动到对象的左边，单击指定的第一个角点，然后将光标从左向右拖动出一个实线矩形框，再单击指定的第二个角点，完成对象的选择，如图 5-2 所示。只有完全位于实线矩形框内的对象才能被选中，而与实线框相交或位于实线框之外的对象都不会被选中。

（2）“窗交”方式：要使用该方式选择对象，首先将光标移动图形对象的右边，单击指定的第一个角点，然后将光标从右向左拖出一个虚线的矩形框，再单击指定第二个角点，完成对象的选择，如图 5-3 所示。所有位于虚线框内或与虚线框相交的对象都被选中，只有完全位于虚线框外的对象才不被选中。

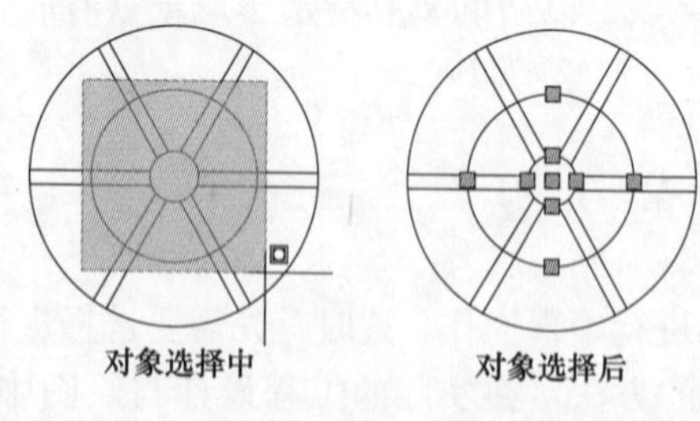

图 5-2 “窗口”方式选择对象示例

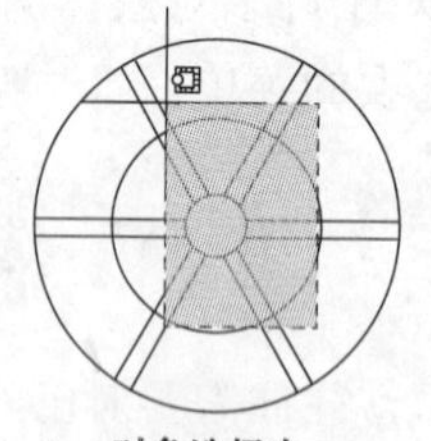

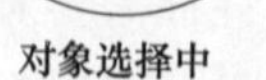

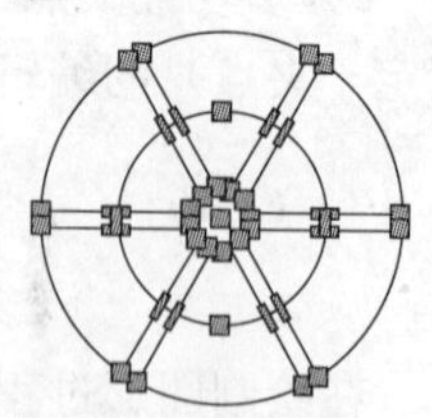

图 5-3 “窗交”方式选择对象示例

3. 用套索方式选择对象

用户也可以用套索方式同时选择多个对象。套索选择对象的方式有三种：“窗口”套索方式、“窗交”套索方式和“栏选”套索方式。

（1）“窗口”套索方式：按住鼠标左键并“顺”时针拖动鼠标，光标经过的地方会出现一条实的曲线轨迹，这条实曲线轨迹与起点和终点的连线形成一个“浅蓝色”的选择区域，如图 5-4 所示，释放鼠标左键结束对象选择。只有完全被这个选择区域所包围的对象才能被选中，而与这个选择区域边界相交或位于选择区域之外的对象都不会被选中。

（2）“窗交”套索方式：按住鼠标左键并逆时针拖动鼠标，光标经过的地方会出现一条虚的曲线轨迹，这条虚曲线轨迹与起点和终点的连线形成一个“浅绿色”的选择区域，如图 5-5 所示，释放鼠标左键结束对象选择。所有被这个选择区域完全包围或与选择区域边界相交的对象都能被选中，而只有完全位于这个选择区域之外的对象才不会被选中。

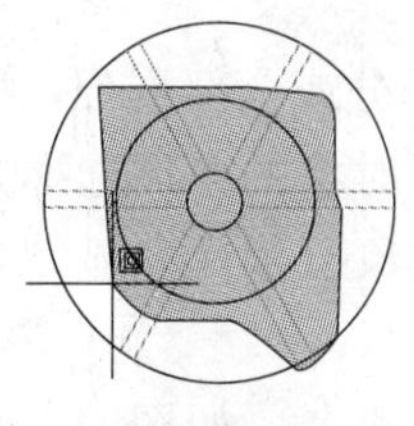
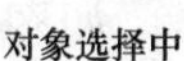

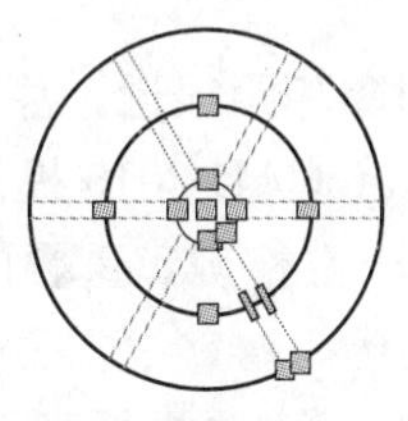

图 5-4　“窗口”套索方式选择对象示例

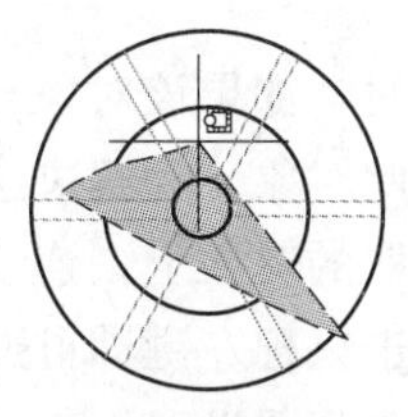

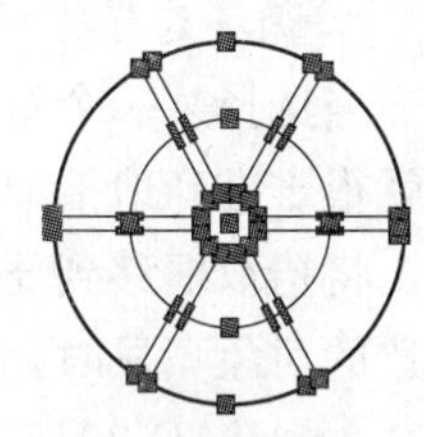

图 5-5　“窗交”套索方式选择对象示例

（3）“栏选”套索方式：使用该方式选择对象时，按住鼠标左键并拖动鼠标，光标经过的地方会出现一条虚的曲线轨迹，释放鼠标左键结束对象选择。所有与这条曲线轨迹相交的对象都会被选中，而与曲线轨迹不相交的对象不会被选中。

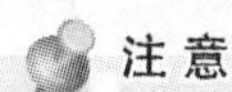
注 意

使用套索选择时，可以按空格键在“窗口”、“窗交”和“栏选”对象选择模式之间进行切换。

二、其他选择对象的方法

在“选择对象”命令提示下输入“SELECT”和“?”，可以查看选择选项的列表。

1. 全选方式

在“选择对象”提示下输入“ALL”命令并按 Enter 键，AutoCAD 会自动选择模型空间或当前布局中除冻结图层或锁定图层上的对象之外的所有对象。

2. 窗口方式

在“选择对象”提示下输入“W”并按 Enter 键，然后通过鼠标或键盘确定拾取窗口的两个对角点，则所有完全位于矩形拾取框内部的对象都被选中。

3. 窗交方式

在“选择对象”提示下输入“C”并按 Enter 键，然后通过鼠标或键盘确定拾取窗口的两个对角点，则不仅选中位于矩形拾取框内部的所有对象，还选中和窗口边界相交的对象。

4. 不规则窗口方式

在“选择对象”提示下输入“WP”并按 Enter 键，然后根据提示依次制定不规则窗口各个顶点的位置。该选择方式与窗口方式功能相似，只选中位于窗口内部的对象。但是拾取窗口可以是任意多边形。这种方式尤其适用于图形和对象复杂的情形。

5. 不规则窗交方式

在“选择对象”提示下输入“CP”并按 Enter 键，然后根据提示依次制定不规则窗口各个顶点的位置。该选择方式与不规则窗口方式功能相似，拾取的对象包括位于窗口内部的对象和与窗口相交的对象。但是拾取窗口可以是任意多边形。

6. 栏选方式

在“选择对象”提示下输入“F”并按 Enter 键，然后根据提示依次制定各栏选点的位置。该选择方式利用一系列线段来选择对象，拾取的对象是与栏选线段相交的对象。

7. 循环选择方式

当选择某一个对象时，如果该对象与其他一些对象相距很近，甚至部分或全部重合，那么就很难准确地拾取到此对象。为解决这个问题，AutoCAD 2015 提供了对象的循环选择方法：将拾取框移到要拾取的对象上，连续按 Shift 键＋空格键，重叠的对象会依次亮显，当要选的对象亮显时，单击鼠标左键即可选择该对象。

AutoCAD 2015 在“草图设置”对话框中还增加了“选择循环”选项卡，如图 5-6 所示，若选中“允许选择循环”选项，则当拾取框拾取到重叠对象时，系统会弹出“选择集”列表框，如图 5-7 所示，该列表框中列出了所有重叠的对象，从中可以选择要选择的对象。若“显示选择循环列表框”选项没有选中，则当拾取框拾取到重叠对象时，系统不会弹出“选择集”列表框，但是可以用鼠标重复拾取重叠对象，此时重叠的对象会被循环选中。

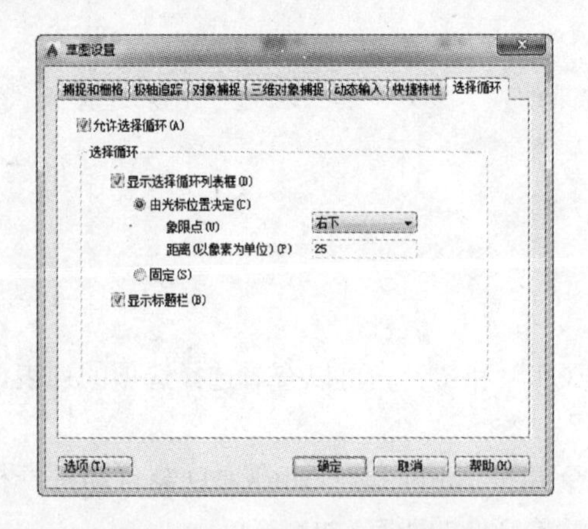

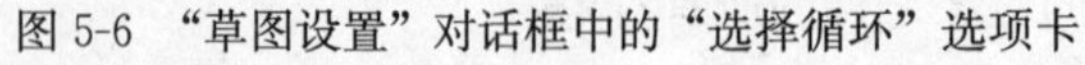
图 5-6 “草图设置”对话框中的“选择循环”选项卡

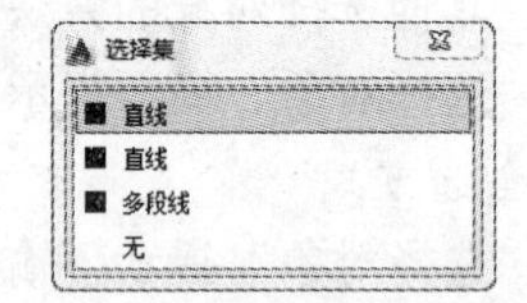

图 5-7 “选择集”列表框

注意

要取消选择对象，请按住 Shift 键并单击各个对象、按住 Shift 键并在多个选定对象间拖动，或按 Esc 键取消选择全部选定对象。

第二节　使用夹点编辑二维图形对象

在 AutoCAD 中，夹点是一种集成的编辑模式，提供了一种方便快捷的编辑操作途径。

AutoCAD 2015 强化了夹点功能，增加了多功能夹点，支持直接操作，加速并简化了编辑工作。用户可以使用不同类型的夹点和夹点模式以及其他方式重新塑造、移动或操纵对象。经改进和优化后，功能强大的多功能夹点广泛应用于直线、多段线、圆弧、椭圆弧和样条曲线，以及标注对象和多重引线等对象。另外还可以应用于三维面、边和顶点。

对于很多对象，将光标悬停在夹点上可以访问具有特定于对象（或特定于夹点）的编辑选项菜单。例如在绘图区绘制一个矩形，将光标悬停在矩形上边中间的夹点处，会在光标附近显示相应的编辑菜单。选取要执行命令的选项，即可进行该项命令的操作，效果如图 5-8 所示。

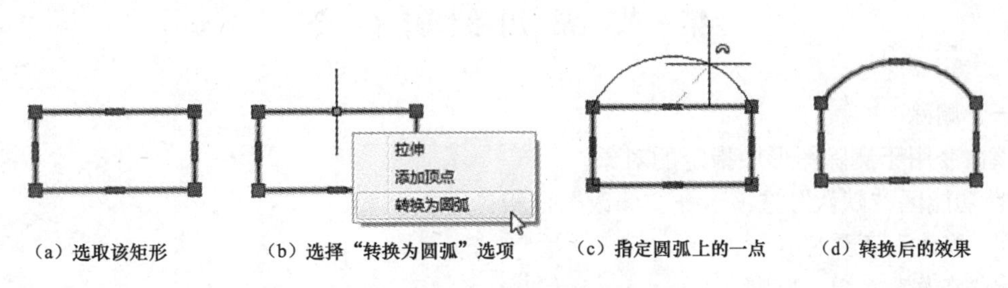

（a）选取该矩形　（b）选择“转换为圆弧”选项　（c）指定圆弧上的一点　（d）转换后的效果

图 5-8　利用夹点编辑矩形示例

针对不同类型的对象，其夹点编辑菜单有所不同，且当光标悬停在同类对象的不同夹点处，其显示的编辑菜单也不尽相同。另外，当选择对象上的多个夹点来拉伸对象时，选定夹点间的对象的形状将保持原样；当选择文字、块参照、直线中点、圆心和点对象上的夹点时，将移动这些对象而不是拉伸这些对象；如果选择象限点来拉伸圆和椭圆，然后在输入新半径命令的提示下指定距离，此距离是指从圆心而不是从选定的夹点测量的距离。

使用夹点编辑对象可以按以下步骤进行：

1. 选择要编辑的对象

单击要编辑的对象便可选中对象，此时选中的对象会亮显，并且出现默认的蓝色夹点。

2. 选择基准夹点

要使用夹点模式，必须先选择作为操作基点的夹点（基准夹点）。默认情况下，当光标移到夹点上时，夹点会变浅红色。若该夹点是多功能夹点，系统会弹出编辑菜单，此时可以从菜单中选择相应的编辑命令进行操作。若该夹点不是多功能夹点，单击该夹点便会选中夹点，被选中的基准夹点会变红，然后可以选择一种夹点模式进行编辑操作。要选择多个夹点，可以按住 Shift 键，然后选择适当的夹点。

3. 选择夹点的操作模式

选中基准夹点后，可以通过以下方法选择夹点模式：

按 Enter 键或空格键循环选择拉伸、移动、旋转、缩放或镜像夹点模式。

若该夹点为多功能夹点，按 Ctrl 键可以循环浏览可用的选项。

单击鼠标右键打开如图 5-9 所示的快捷菜单来选择该菜单包含的可用夹点模式和其他选项。

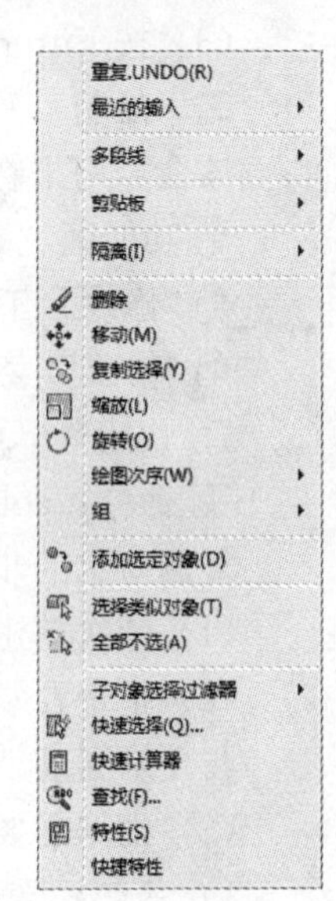

图 5-9　快捷菜单

4. 移动定点设备并单击，对图形对象进行编辑。

注意

对于某些对象夹点（例如，文字、块、直线中点、圆心、椭圆中心、点对象和块参照上的夹点），拉伸将移动对象而不是拉伸它。

第三节 常用编辑命令

一、删除

该命令用于删除图形中指定的对象。

功能区“默认”选项卡→“修改”面板：。

“修改”工具栏：。

“修改”菜单：“删除”。

快捷菜单：选择要删除的对象，在绘图区域中单击鼠标右键，然后单击“删除”选项。

命令：erase。

删除对象的步骤：

(1) 依次单击“默认”选项卡→“修改”面板→“删除”。

(2) 在“选择对象”下，使用一种选择方法选择要删除的对象或输入选项：

1) 输入L（上一个），删除绘制的上一个对象。

2) 输入p（上一个），删除上一个选择集。

3) 输入all，从图形中删除所有对象。

4) 输入?，查看所有选择方法列表。

(3) 按Enter键结束命令。

二、复制

该命令用来在指定方向上按指定距离复制对象。

功能区“默认”选项卡→“修改”面板：。

“修改”工具栏：。

“修改”菜单：“复制”。

快捷菜单：选择要复制的对象，在绘图区域中单击鼠标右键，单击“复制”选项。

命令：copy。

复制对象的步骤：

(1) 依次单击“默认”选项卡→“修改”面板→“复制”。

(2) 指定要复制的对象。AutoCAD提示：

指定基点或［位移(D)/模式(O)］〈位移〉：(指定基点或输入选项)

(3) 根据需要执行以下操作之一：

1) 基点：该选项生成单一复制对象。指定一点后，AutoCAD继续提示：

指定位移的第二个点或［阵列(A)］〈使用第一个点作为位移〉：(指定点或输入选项)

如果指定两个点，AutoCAD 使用第一个点作为基点并相对于该基点放置单个复制对象。如果在“指定第二个点”提示下按 Enter 键，则第一个点将被认为是相对于 X，Y，Z 位移。例如，如果指定基点为（2，3）并在下一个提示下按 Enter 键，对象将被复制到距其当前位置在 X 方向上 2 个单位、在 Y 方向上 3 个单位的位置。如果输入“a”，则指定在线性阵列中排列的副本数量，AutoCAD 继续提示：

输入要进行阵列的项目数：（输入数量）

指定第二个点或［布满（F）］：（指定点或输入选项）

如果指定了第二个点，则这个点为线性阵列的第二个副本复制的位置；如果输入“f”，则接下来需要指定第二个点，线性阵列会布满第一个点和第二个点之间的空间。

2）位移：使用 COPY 命令生成多个复制对象。输入“D”，AutoCAD 继续提示：

指定位移〈0.0000，0.0000，0.0000〉：（输入表示向量的坐标）

输入的坐标值指定复制对象的放置离原位置有多远以及向哪个方向放置。

3）模式：控制命令是否自动重复。输入“O”，AutoCAD 继续提示：

输入复制模式选项［单个（S）/多个（M）］〈多个〉：（输入选项）

如果输入“S”，系统会创建选定对象的单个副本，并结束命令。如果输入“M”，系统会创建选定对象的多个副本。

三、镜像

该命令以镜像对称的方式复制已有对象。

功能区“默认”选项卡→“修改”面板。

“修改”工具栏：。

“修改”菜单：“镜像”。

命令：mirror。

AutoCAD 提示：

选择对象：（使用对象选择方式并按 Enter 键结束命令）

指定镜像线的第一点：（指定点（1））

指定镜像线的第二点：（指定点（2））

是否删除源对象？［是（Y）/否（N）］〈否〉：（输入“y”或“n”或按 Enter 键）

“是”表示将被镜像的图像放置到图形中并删除原始对象。“否”表示将被镜像的图像放置到图形中并保留原始对象。

镜像复制示例如图 5-10 所示，保留原对象。

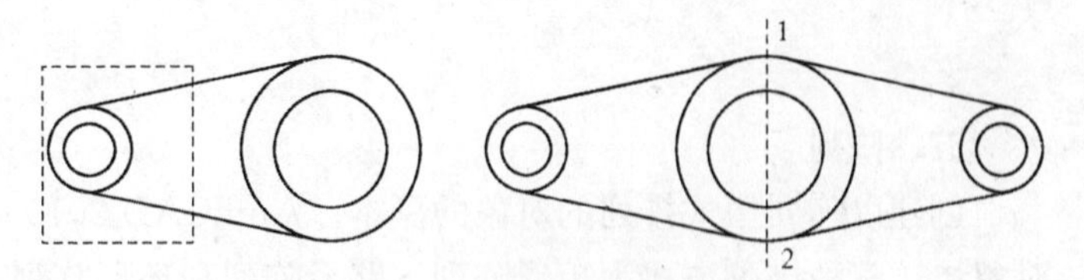

图 5-10 镜像复制示例

注意

默认情况下，镜像文字对象时，不更改文字的方向。如果确实要反转文字，请将 MIRRTEXT 系统变量设置为 1。

四、偏移

该命令用来在距现有对象指定的距离处或通过指定点创建其形状与原始对象平行的新对象。可以使用 OFFSET 命令偏移以下对象类型：直线、圆弧、圆、椭圆和椭圆弧（形成椭圆形样条曲线）、二维多段线、构造线（参照线）和射线、样条曲线。

功能区“默认”选项卡→“修改”面板：。

“修改”工具栏：。

“修改”菜单：“偏移”。

命令：offset。

偏移对象的步骤：

（1）依次单击“默认”选项卡→“修改”面板→“偏移”。AutoCAD 提示：

当前设置：删除源＝当前值图层＝当前值 OFFSETGAPTYPE＝当前值

指定偏移距离或［通过（T）/删除（E）/图层（L）］〈当前〉：（指定距离、输入选项或按 Enter 键）

（2）执行以下操作之一：

1）按指定的距离偏移对象：

a. 指定偏移距离。可以输入值或使用定点设备。

b. 选择要偏移的对象。

c. 指定某个点以指示在原始对象的内部还是外部偏移对象。

2）使偏移对象通过一点：

a. 输入“t”（通过点）。

b. 选择要偏移的对象。

c. 指定偏移对象要通过的点。

（3）根据需要创建多个偏移对象。要结束命令，按 Enter 键。

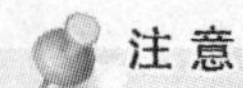
注意

偏移命令是一个单对象编辑命令，在使用过程中，只能以直接拾取方式选择对象。

五、阵列

创建以阵列模式排列的对象的副本。AutoCAD 2015 中提供了三种阵列方式来重复复制对象，这三种排列方式为矩形阵列、路径阵列和环形阵列，下面来分别进行介绍。

1. 矩形阵列

在矩形阵列中，项目分布到任意行、列和层的组合。通过拖动阵列夹点，可以增加或减小阵列中行和列的数量和间距。可以围绕 *XY* 平面中的基点旋转阵列。在创建时，行和列的轴相互垂直；对于关联阵列，可以在以后编辑轴的角度。

功能区“默认”选项卡→“修改”面板：。

“修改”工具栏：。

“修改”菜单：“阵列”→“矩形阵列”。

命令：arrayrect。

创建矩形阵列的步骤如下：

(1) 依次单击“默认”选项卡→“修改”面板→“矩形阵列”。

(2) 选择要排列的对象，并按 Enter 键。将显示默认的矩形阵列。

(3) 执行以下操作之一编辑矩阵：

1) 使用夹点：在阵列预览中，可以通过拖动选定路径阵列上的夹点来更改阵列配置，增加行间距、列间距、行数或列数，如图 5-11 所示。某些夹点具有多个操作。当夹点处于选定状态（并变为红色），可以按 Ctrl 键来循环浏览这些选项。

2) 使用“矩阵阵列”上下文功能区：“阵列”上下文选项卡中提供了完整范围的设置，可用于调整间距、项目数和阵列层级，如图 5-12 所示。

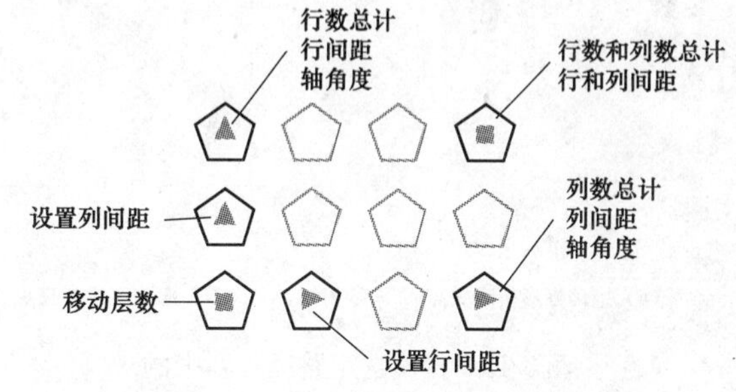

图 5-11 “矩形阵列”的夹点操作

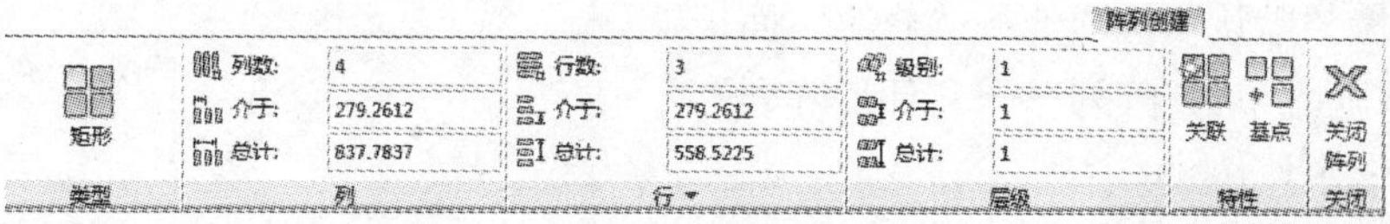

图 5-12 “矩形阵列”上下文选项卡

(4) 依次单击“矩阵创建”选项卡→“关闭”面板→“关闭阵列”，或直接按 Enter 键，完成阵列的创建。

2. 路径阵列

在路径阵列中，项目将均匀地沿路径或部分路径分布。路径可以是直线、多段线、三维多段线、样条曲线、螺旋、圆弧、圆或椭圆。使用路径阵列的最简单的方法是先创建它们，然后使用上下文功能区选项卡上的工具或“特性”选项板来进行调整。

功能区“默认”选项卡→“修改”面板：。

“修改”菜单：“阵列”→“路径阵列”。

命令：arraypath。

创建路径阵列的步骤：

(1) 依次单击“默认”选项卡→“修改”面板→“路径阵列”。

(2) 选择要排列的对象，并按 Enter 键。

(3) 选择某个对象（例如直线、多段线、三维多段线、样条曲线、螺旋、圆弧、圆或椭圆）作为阵列的路径。

(4) 指定沿路径分布对象的方法：

1) 要沿整个路径长度均匀地分布项目，请依次单击上下文功能区选项卡上的“特性”面板→“定数等分”。

2) 要以特定间隔分布对象，依次单击“特性”面板→“定距等分”。

（5）执行以下操作之一编辑矩阵：

1）“路径阵列”上下文菜单提供完整范围的设置，可用于调整间距、项目数和阵列层级。

2）使用选定路径阵列中的夹点来更改阵列配置。

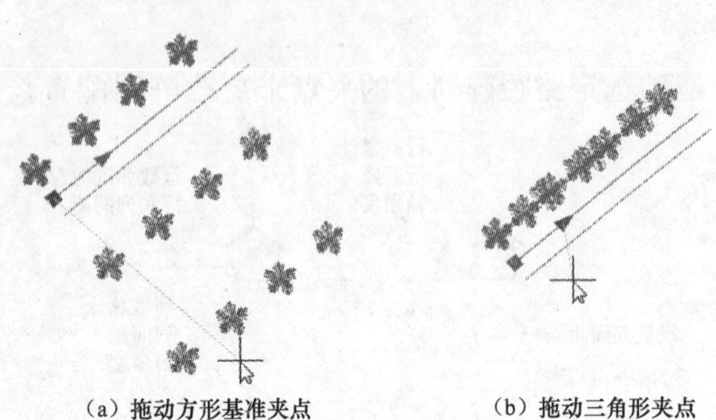

（a）拖动方形基准夹点　　（b）拖动三角形夹点

图 5-13　使用选定路径阵列中的夹点编辑路径阵列示例

a. 当将光标悬停在方形基准夹点上，选项菜单可提供选择。例如，用户可以选择“行数”，然后进行拖动以将更多行添加到阵列中，如图 5-13（a）所示。

b. 如果拖动三角形夹点，可以更改沿路径进行排列的项目数，如图 5-13（b）所示。

（6）按 Enter 键完成阵列。

3. 环形阵列

在环形阵列中，项目将均匀地围绕中心点或旋转轴分布。

功能区“默认”选项卡→“修改”面板：。

“修改”菜单：“阵列”→“环形阵列”。

命令：arraypolar。

创建环形阵列的步骤：

（1）依次单击“常用”选项卡→“修改”面板→“环形阵列”。

（2）选择要排列的对象。

（3）指定中心点。将显示预览阵列。

（4）输入“i”（项目），然后输入要排列的对象的数量。

（5）输入“a”（角度），并输入要填充的角度。还可以拖动箭头夹点来调整填充角度。

（6）执行以下操作之一编辑矩阵：

1）“环形阵列”上下文菜单提供完整范围的设置，用于对间距、项目数和阵列中的层级进行调整。

2）在选定的环形阵列上使用夹点来更改阵列配置。

a. 当您将光标悬停在方形基准夹点上时，选项菜单可提供选择。例如，用户可以选择拉伸半径，然后拖动以增大或缩小阵列项目和中心点之间的间距，如图 5-14（a）所示。

b. 如果拖动三角形夹点，可以更改填充角度，如图 5-14（b）所示。

（7）按 Enter 键完成阵列。

六、移动

该命令用来在指定的方向上按照指定距离移动对象。

功能区“默认”选项卡→“修改”面板：。

“修改”工具栏：。

“修改”菜单：“移动”。

快捷菜单：选择要复制的对象，在绘图区域中单击鼠标右键，单击“移动”选项。

命令：move。

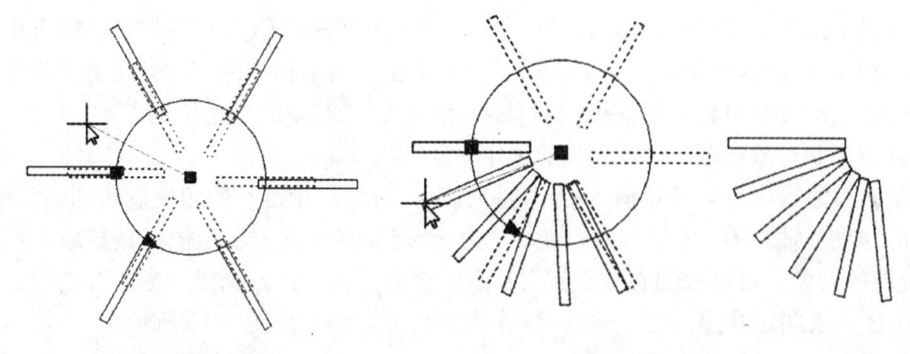

图 5-14　使用选定路径阵列中的夹点编辑环形阵列示例

使用移动对象的步骤：

（1）依次单击“默认”选项卡→“修改”面板→“移动”。

（2）选择要移动的对象，按 Enter 键结束对象选择。AutoCAD 提示：

指定基点或［位移（D）］〈位移〉：（指定基点或输入 d）

1）使用位移移动对象。

a. 以笛卡尔坐标值、极坐标值、柱坐标值或球坐标值的形式输入位移。无需包含@符号，因为相对坐标是假设的。

b. 在输入第二个点提示下，按 Enter 键。

坐标值将用作相对位移，而不是基点位置。选定的对象将移到由输入的相对坐标值确定的新位置。

2）使用两点移动对象。

a. 指定移动基点。

b. 指定第二个点。

选定的对象将移到由第一点和第二点间的方向和距离确定的新位置。这两点定义了一个位移矢量，指示选定对象移动的距离和方向。如果在“指定位移的第二点”提示下按 Enter 键，第一点将作为相对的 X、Y、Z 位移。

七、旋转

该命令用来将对象绕指定的基点旋转指定的角度。

功能区“默认”选项卡→“修改”面板：。

“修改”工具栏：。

“修改”菜单：“旋转”。

快捷菜单：选择要旋转的对象，在绘图区域中单击鼠标右键，单击“旋转”选项。

命令：rotate。

旋转对象的步骤：

（1）依次单击“常用”选项卡→“修改”面板→“旋转”。

（2）选择要旋转的对象。

（3）指定旋转基点。AutoCAD 提示：

指定旋转角度或［复制（C）/参照（R）］：（输入角度或指定点，或者输入 c 或 r）

（4）执行以下操作之一：

1）按指定角度旋转对象：输入旋转角度。输入旋转角度值为 0°～360°。输入正角度值可逆时针或顺时针旋转对象，具体取决于“图形单位”对话框中的基本角度方向设置。

2）通过拖动旋转对象：绕基点拖动对象并指定旋转对象的终止位置点。

3）旋转复制对象：输入“c”，创建选定对象的副本。

4）旋转对象到绝对角度：输入“r”，将选定的对象从指定参照角度旋转到绝对角度。

例如：要旋转图 5-15 中的部件，使 AB 边旋转到 90°。首先在绘图区域拾取 1 点和 2 点选择要旋转的对象，再拾取圆心 3 点作为基点，然后输入“r”，选择“参照”选项：通过拾取 A 点和 B 点来指定参照角度；输入 90°作为新角度，结果如图 5-15 所示。

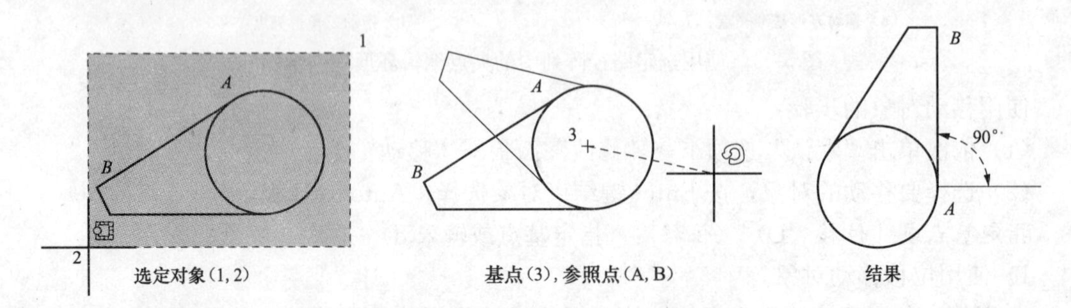

图 5-15　旋转对象到绝对角度示例

八、缩放

用于在 X、Y 和 Z 方向按比例放大或缩小对象。

功能区“默认”选项卡→“修改”面板：。

“修改”工具栏：。

“修改”菜单：“缩放”。

快捷菜单：选择要缩放的对象，然后在绘图区域中单击鼠标右键，单击“缩放”选项。

命令：scale。

AutoCAD 提示：

选择对象：（使用对象选择方法并在完成时按 Enter 键）

指定基点：（指定基点）

指定比例因子或［复制（C）/参照（R）］：（指定比例、输入“c”或输入“r”）

1）指定比例因子：按指定的比例放大选定对象的尺寸。大于 1 的比例因子使对象放大。介于 0 和 1 之间的比例因子使对象缩小。

2）复制：创建要缩放的选定对象的副本。

3）参照：按参照长度和指定的新长度缩放所选对象。

输入“R”，AutoCAD 继续提示：

指定参照长度〈1〉：（指定缩放选定对象的起始长度）

指定新的长度或［点（P）］：（指定将选定对象缩放到的最终长度，或输入“p”使用两点来定义长度）。

九、拉伸

该命令用于移动或拉伸对象。若对象部分在交叉窗口以内，则交叉窗口内的部分将被拉伸；若对象是单独选定的或完全包含在交叉窗口中，则对象将被移动（而不是拉伸）。AutoCAD可拉伸与选择窗口相交的圆弧、椭圆弧、直线、多段线线段、二维实体、射线、宽线和样条曲线。

功能区“默认”选项卡→“修改”面板：。

“修改”工具栏：。

“修改”菜单：“拉伸”。

命令：stretch。

拉伸对象的步骤：

(1) 依次单击“默认”选项卡→“修改”面板→“拉伸”。

(2) 使用窗选方式来选择对象。窗选必须至少包含一个顶点或端点。

(3) 执行以下操作之一：

1) 以相对笛卡尔坐标、极坐标、柱坐标或球坐标的形式输入位移。无需包含@符号，因为相对坐标是假设的。在输入第二个位移点提示下按Enter键。

2) 指定拉伸基点，然后指定第二点，以确定距离和方向。

拉伸至少有一个顶点或端点包含在窗选内的任何对象。将移动（而不会拉伸）完全包含在窗选内的或单独选定的任何对象。

十、拉长

该命令用来修改对象的长度和圆弧的包含角。使用LENGTHEN命令，可以修改圆弧的包含角和直线、圆弧、开放的多段线、椭圆弧、开放的样条曲线等对象的长度。

功能区“默认”选项卡→“修改”面板：。

“修改”菜单：“拉长”。

命令：lengthen。

拉长对象的步骤如下：

(1) 依次单击“默认”选项卡→“修改”面板→“拉长”。AutoCAD提示：

选择要测量的对象或［增量(DE)/百分比(P)/总计(T)/动态(DY)］〈总计(T)〉：(选择一个对象或输入选项)

(2) 输入“dy”，选择动态拖动模式。

(3) 选择要拉长的对象。

(4) 拖动端点接近选择点，指定一个新端点。

(5) 按Enter结束命令。

十一、修剪

该命令用来按其他对象定义的剪切边修剪对象。可以修剪的对象包括圆弧、圆、椭圆弧、直线、开放的二维和三维多段线、射线、样条曲线和构造线。有效的剪切边对象包括二维和三维多段线、圆弧、圆、椭圆、布局视口、直线、射线、面域、样条曲线、文字和构造线。

功能区“默认”选项卡→“修改”面板：。

“修改”工具栏：。

“修改”菜单：“修剪”。

命令：trim。

修剪对象的步骤如下。

(1) 依次单击“默认”选项卡→“修改”面板→“修剪”。

(2) 选择作为剪切边的对象。要选择显示的所有对象作为可能剪切边，请在未选择任何对象的情况下按 Enter 键。

(3) 选择要修剪的对象。可以选择多个修剪对象。在选择对象的同时按 Shift 键可将对象延伸到最近的边界，而不修剪它。

(4) 按 Enter 键结束命令。

十二、延伸

该命令用来将某一对象延伸到另一对象。选择边界对象时注意，有效的边界对象包括二维多段线、三维多段线、圆弧、块、圆、椭圆、布局视口、直线、射线、面域、样条曲线、文字和构造线。

功能区“默认”选项卡→“修改”面板：。

“修改”工具栏：。

“修改”菜单：“延伸”。

命令：extend。

延伸对象的步骤如下。

(1) 依次单击“默认”选项卡→“修改”面板→“延伸”。

(2) 选择作为边界边的对象。要选择显示的所有对象作为可能边界边，请在未选择任何对象的情况下按 Enter 键。

(3) 选择要延伸的对象。重复选择对象，可以延伸多个对象。在选择对象时按 Shift 键可将它修剪到最近的边界，而不是将它延伸。

(4) 按 Enter 键结束命令。

十三、打断

该命令用来在两点之间打断选定对象。

功能区“默认”选项卡→“修改”面板：。

“修改”工具栏：。

“修改”菜单：“打断”。

命令：break。

打断对象的步骤如下。

(1) 依次单击“默认”选项卡→“修改”面板→“打断”。

(2) 选择要打断的对象。默认情况下，在其上选择对象的点为第一个打断点。要选择其他断点对，请输入“f”(第一个)，然后指定第一个断点。

(3) 指定第二个打断点。要打断对象而不创建间隙，请输入“@0，0”以指定上一点。

AutoCAD 删除对象在两个指定点之间的部分。AutoCAD 按逆时针方向删除圆上第一个打断点到第二个打断点之间的部分，从而将圆转换成圆弧。图 5-16 显示了两种不同的断点选取方法与打断弧的对应关系。

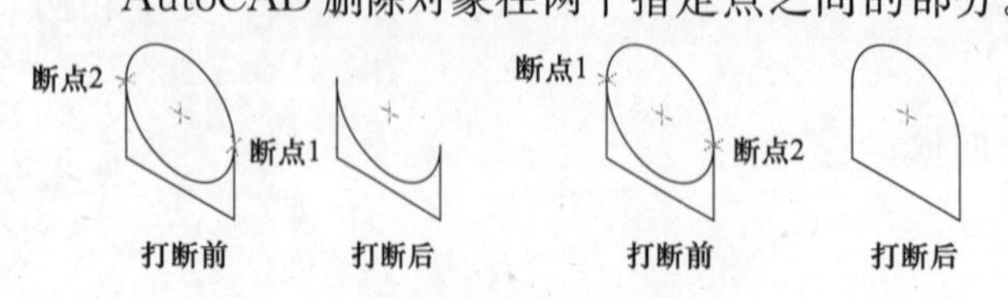

图 5-16　两种打断弧的方法

如果第二个点不在对象上，则

AutoCAD将选择对象上与之最接近的点；因此，要删除直线、圆弧或多段线的一端，请在要删除的一端以外指定第二个打断点。

要将对象一分为二并且不删除某个部分，输入的第一个点和第二个点应相同。通过输入@0，0指定第二个点即可实现此操作。利用AutoCAD 2015“修改”工具栏中的“打断于点”命令，可方便地实现此操作。

十四、合并

该命令用来将对象合并以形成一个完整的对象。使用JOIN可以将直线、圆弧、椭圆弧、多段线、三维多段线、样条曲线和螺旋通过其端点合并为单个对象。

功能区“默认”选项卡→“修改”面板：。

“修改”工具栏：。

“修改”菜单：“合并”。

命令：join。

合并对象的步骤如下。

(1) 依次单击“默认”选项卡→“修改”面板→“合并”。

(2) 选择源对象或选择多个对象以合并在一起。

(3) 有效对象包括直线、圆弧、椭圆弧、多段线、三维多段线和样条曲线。

注意

也可以使用PEDIT命令的“合并”选项来将一系列直线、圆弧和多段线合并为单个多段线。

将多段线、样条曲线、直线和圆弧合并为一条多段线的步骤如下。

(1) 依次单击“默认”选项卡→“修改”面板→“编辑多段线”。

(2) 选择要编辑的多段线、样条曲线、直线或圆弧。如果选择了一条样条曲线、直线或圆弧，请按Enter键将选定的对象转换为多段线。

(3) 输入“j (合并)”。

(4) 选择首尾相连的一条或多条多段线、样条曲线、直线或圆弧。

(5) 按Enter键结束命令。

十五、倒角

该命令用来给对象添加倒角。倒角可以使两个对象以平角或倒角相接。可以倒角直线、多段线、射线、构造线、三维实体。

功能区“默认”选项卡→“修改”面板：。

“修改”工具栏：。

“修改”菜单：“倒角”。

命令：chamfer。

创建倒角的步骤如下。

(1) 依次单击“默认”选项卡→“修改”面板→“倒角”。AutoCAD提示：

(“修剪”模式) 当前倒角距离1=当前，距离2=当前选择第一条直线或[放弃(U)/多段线(P)/距离(D)/角度(A)/修剪(T)/方式(E)/多个(M)]:(使用对象选择方式或输入选项)

(2)执行以下操作之一:

1)输入“p”,为多段线创建倒角。

选择二维多段线:(选择多段线)

使用当前的倒角方法和默认的距离对多段线进行倒角。AutoCAD 将对多段线每个顶点处的相交直线段倒角。倒角成为多段线的新线段。如果多段线包含的线段过短以至于无法容纳倒角距离,则不对这些线段倒角。

2)输入“d”,设定倒角距离,利用指定的距离进行倒角,如图 5-17 所示。

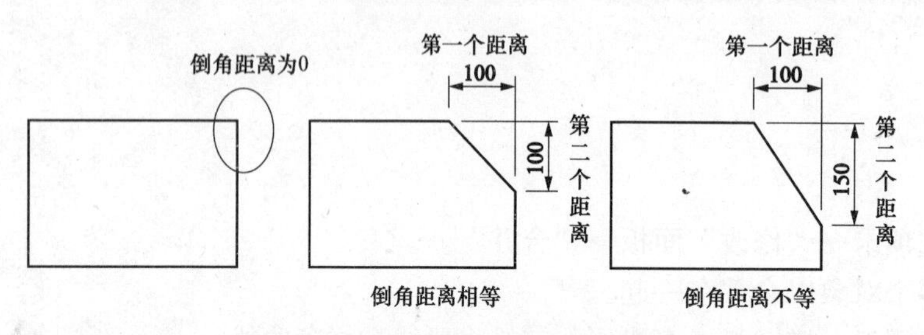

图 5-17 使用指定距离进行倒角

指定第一个倒角距离〈当前〉:(输入第一个倒角距离)

指定第二个倒角距离〈当前〉:(输入第二个倒角距离)

选择第一条直线或[放弃(U)/多段线(P)/距离(D)/角度(A)/修剪(T)/方式(E)/多个(M)]:(指定第一个倒角边)

选择第二条直线,或按住 Shift 键选择直线以应用角点或[距离(D)/角度(A)/方法(M)]:(指定第二个倒角边)

3)输入“a”,通过指定长度和角度进行倒角,如图 5-18 所示。

指定第一条直线的倒角长度〈100.0000〉:100(输入倒角第一条直线的距离)

指定第一条直线的倒角角度〈30〉:60(输入倒角角度)

选择第一条直线或[放弃(U)/多段线(P)/距离(D)/角度(A)/修剪(T)/方式(E)/多个(M)]:(选择第一条直线)

选择第二条直线,或按住 Shift 键选择直线以应用角点或[距离(D)/角度(A)/方法(M)]:(选择第二直线)

4)输入“m”,为多组对象倒角

a. 请选择第一条直线,或者输入选项并根据提示完成该选项,然后选择第一条直线。

b. 选择第二条直线。

c. 选择下一个倒角的第一条直线,或者按 Enter 键或 Esc 键结束命令。

5)输入“t”(修剪控制)或“n”(不修剪),控制倒角修剪或不修剪,如图 5-19 所示。

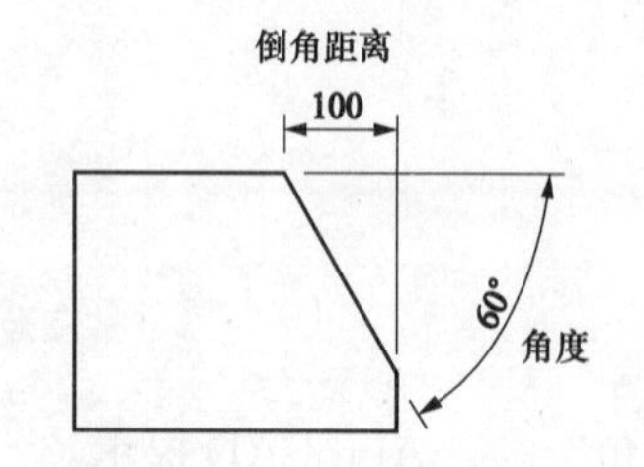

图 5-18 使用距离和角度进行倒角

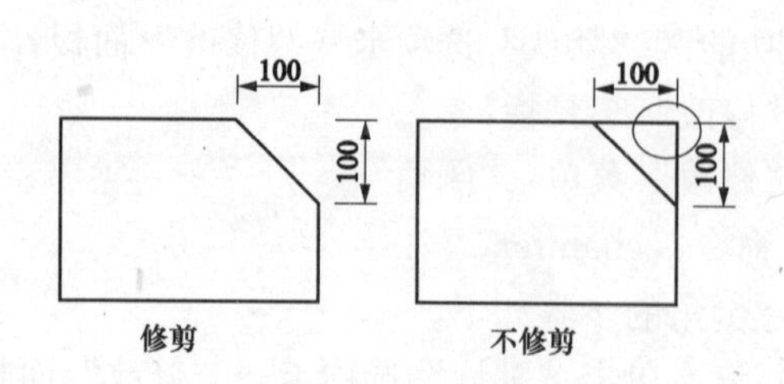

图 5-19 倒角剪切模式

输入修剪模式选项［修剪（T)/不修剪（N)］〈当前〉：(选择剪切或不剪切)

十六、圆角

该命令用来给对象加圆角。圆角使用与对象相切并且具有指定半径的圆弧连接两个对象。AutoCAD 可以为圆弧、圆、椭圆和椭圆弧、直线、多段线、射线、样条曲线、构造线、三维实体创建圆角。

功能区“默认”选项卡→“修改”面板：。

“修改”工具栏：。

“修改”菜单：“圆角”。

命令：fillet。

创建圆角的步骤如下。

(1) 依次单击“默认”选项卡→“修改”面板→“圆角”。AutoCAD 提示：

当前设置：模式＝当前，半径＝当前

选择第一个对象或［放弃（U)/多段线（P)/半径（R)/修剪（T)/多个（M)］：(使用对象选择方法或输入选项)

(2) 执行以下操作之一：

1) 输入“P”，对多段线进行圆角。在二维多段线中两条线段相交的每个顶点处插入圆角弧。

选择二维多段线：

如果一条弧线段隔开两条相交的直线段，那么 AutoCAD 删除该弧线段而替代为一个圆角弧，如图 5-20 所示。

2) 输入“R”，定义圆角弧的半径。

指定圆角半径〈当前〉：(输入圆角半径或按 Enter 键)

此次输入的值成为以后圆角命令的当前半径值。修改此值并不影响现有的圆角弧。

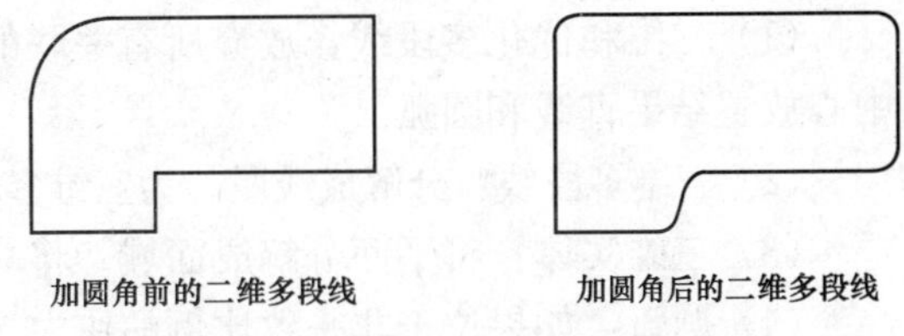

图 5-20　加圆角前后的二维多段线

3) 输入“T”，控制 FILLET 是否将选定的边修剪到圆角弧的端点。

输入修剪模式选项［修剪（T)/不修剪（N)］〈当前〉：(输入选项或按 Enter 键)

“修剪”表示修剪选定的边到圆角弧端点。“不修剪”表示不修剪选定边。

4) 输入“M”，给多个对象集加圆角。AutoCAD 将重复显示主提示和“选择第二个对象”提示，直到用户按 Enter 键结束命令。

如果在主提示下输入除“第一个对象”之外的其他选项，则显示该选项的提示，然后再次显示主提示。单击“放弃”时，所有用“多个”选项创建的圆角将被删除。

十七、光顺曲线

该命令在两条选定直线或曲线之间的间隙中创建样条曲线。生成的样条曲线的形状取决于指定的连续性。选定对象的长度保持不变。

“修改”工具栏：。

“修改”菜单：“光顺曲线”。

命令：blend。

AutoCAD 提示：

连续性＝相切

选择第一个对象或［连续性（CON）］：（使用对象选择方法或输入选项）

1）第一个对象：选择样条曲线起点附近的直线或开放曲线。有效对象包括直线、圆弧、椭圆弧、螺旋、开放的多段线和开放的样条曲线。

2）连续性（CON）：这个选项决定了生成样条曲线的形状。输入“CON”AutoCAD 继续提示：

输入连续性［相切（T）/平滑（S）］〈相切〉：（输入选项或按 Enter 键）

a. 相切（T）：创建一条 3 阶样条曲线，在选定对象的端点处具有相切连续性。

b. 平滑（S）：创建一条 5 阶样条曲线，在选定对象的端点处具有曲率连续性。

十八、分解

该命令用来将合成对象分解为其部件对象。

功能区“默认”选项卡→“修改”面板：。

“修改”工具栏：。

“修改”菜单：“分解”。

命令：explode。

AutoCAD 提示：

选择对象：（使用对象选择方法并在完成时按 Enter 键）

任何分解对象的颜色、线型和线宽都可能会改变。其他结果取决于所分解的合成对象的类型。下面将分别介绍常用对象分解时的情况。

（1）二维和优化多段线：放弃所有关联的宽度或切线信息。对于宽多段线，将沿多段线中心放置结果直线和圆弧。

（2）三维多段线：分解成线段。为三维多段线指定的线型将应用到每一个得到的线段。

（3）三维实体：将平面分解成面域。将非平面的面分解成曲面。

（4）圆弧：如果位于非一致比例的块内，则分解为椭圆弧。

（5）圆：如果位于非一致比例的块内，则分解为椭圆。

（6）多线：分解成直线和圆弧。

（7）面域：分解成直线、圆弧或样条曲线。

（8）块：一次删除一个编组级。如果一个块包含一个多段线或嵌套块，那么对该块的分解就首先显露出该多段线或嵌套块，然后再分别分解该块中的各个对象。分解一个包含属性的块将删除属性值并重显示属性定义。

（9）体：分解成一个单一表面的体（非平面表面）、面域或曲线。

（10）引线：根据引线的不同，可分解成直线、样条曲线、实体（箭头）、块插入（箭头、注释块）、多行文字或公差对象。

（11）多行文字：分解成文字对象。

（12）多面网格：单顶点网格分解成点对象，双顶点网格分解成直线，三顶点网格分解成三维面。

十九、对齐

该命令用来将对象与其他对象对齐。

功能区“默认”选项卡→“修改”面板：。

命令：align。

在二维中对齐两个对象的步骤如下。

（1）依次单击“默认”选项卡→“修改”面板→“对齐”。

（2）选择要对齐的对象。

（3）指定一个源点，然后指定相应的目标点。要旋转对象，请指定第二个源点，然后指定第二个目标点。

（4）按 Enter 键结束命令。

当选择两对点时，就可以移动、旋转和缩放选定对象，以便与其他对象对齐。如图 5-21 所示，第一对源点和目标点定义对齐的基点（1，2），第二对点定义旋转的角度(3，4)。

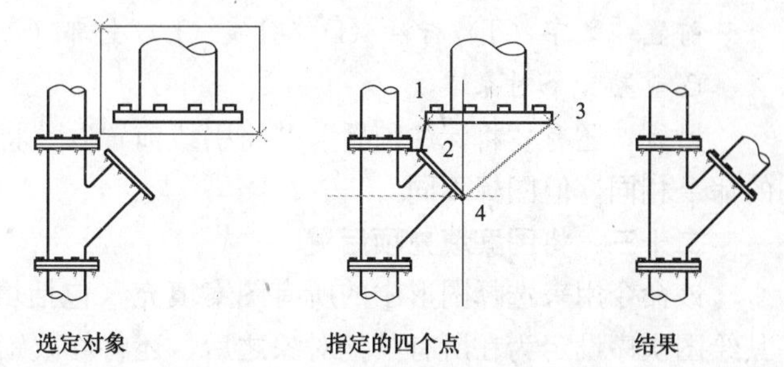

图 5-21 指定两对点时的对齐效果

在输入了第二对点后，系统会给出缩放对象的提示：

是否基于对齐点缩放对象？[是（Y）/否（N）]〈否〉：

如果选择“是”，系统将以第一目标点和第二目标点（2，4）之间的距离作为缩放对象的参考长度。只有使用两对点对齐对象时才能使用缩放。

二十、反转

该命令用来反转选定直线、多段线、样条曲线和螺旋的顶点，对于具有包含文字的线型或具有不同起点宽度和端点宽度的宽多段线，此操作非常有用。

功能区“默认”选项卡→“修改”面板：。

命令：reverse。

AutoCAD 提示：

选择对象：（选择对象，按 Enter 键）

输入“↵”后，选定对象的顶点被反转。如图 5-22 所示，当在 LIN 文件中以相对旋转的方式指定带文字的线型时，线型中的文字可能会颠倒显示。反转对象的顶点会更改文字的方向。

—— MH —— MH —— ⟹ ---- HW ---- HW ----

图 5-22 反转线型时的效果

二十一、前置

该命令用来更改图像和其他对象的绘制顺序。与这个命令相同的还有“后置”、“置于对象之上”、“置于对象之下”，但图标不同。

功能区“默认”选项卡→“修改”面板：。

命令：draworder。

AutoCAD 提示：

选择对象：（选择对象，按 Enter 键）

输入“↵”后，选定对象就移动到图形中对象顺序的顶部。“后置”命令的操作与“前置”一致。“置于对象之上”强制使选定对象移动到参照对象之前，还需要选择参照对象。

二十二、将文字前置

该命令用来将文字置于图形中的其他所有对象之前。

功能区“默认”选项卡→“修改”面板：。

命令：texttofront。

AutoCAD 提示：

前置［文字（T）/标注（D）/引线（L）/全部（A）］〈全部〉：

已前置 x 个对象

另外，还有“将标注前置”、“将引线前置”、“将所有注释前置”。它们与“将文字前置”的命令相同，但图标不同。

二十三、将图案填充项后置

该命令用来选择图形中的所有图案填充（包括填充图案、实体填充和渐变填充），并将其绘图次序设定为在所有其他对象之后，还将修改锁定图层上的填充对象。

功能区“默认”选项卡→“修改”面板：。

命令：hatchtoback。

第四节 特殊对象的编辑

在 AutoCAD 中有一些特殊的图形对象，如多线、多段线、样条曲线等，对于这些图形的编辑，有专门的编辑命令，下面将分别介绍这些编辑命令。

一、编辑多线

这是一个专用编辑命令，只适用于多线对象。

“修改”菜单：“对象”→“多线”。

命令：mledit。

AutoCAD 弹出如图 5-23 所示的“多线编辑工具”对话框。

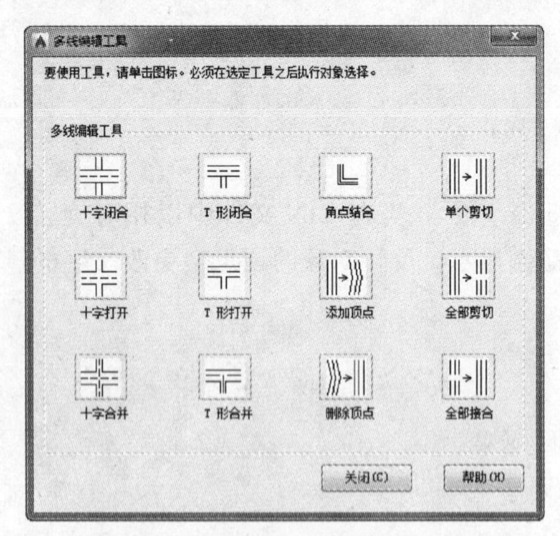

图 5-23 “多线编辑工具”对话框

该对话框用来创建和修改多线样式，以四列显示样例图像。第一列控制交叉的多线，第二列控制 T 形相交的多线，第三列控制角点结合和顶点，第四列控制多线中的打断。

选择样例图像后，可根据 AutoCAD 提示选择多线对象进行编辑。

二、编辑多段线

该命令用来合并二维多段线、将线条和圆弧转换为二维多段线以及将多段线转换为近似B样条曲线的曲线（拟合多段线）。这是一个专用对象编辑命令，不但可以编辑单个多段线对象，还可以编辑多个多段线对象。

功能区“默认”选项卡→“修改”面板：。

“修改 II”工具栏：。

“修改”菜单：“对象”→“多段线”。

快捷菜单：选择要编辑的多段线，在绘图区域单击鼠标右键，然后选择“编辑多段线”。

命令：pedit。

使用 PEDIT 修改多段线的步骤如下：

（1）依次单击“默认”选项卡→“修改”面板→“编辑多段线”。

（2）选择要修改的多段线。

（3）如果选定的对象为样条曲线、直线或圆弧，则将显示以下提示：

选定的对象不是多段线。

是否将其转换为多段线？〈是〉：（输入“y”或“n”，或者按 Enter 键）

如果输入“y”，则对象被转换为可编辑的单段二维多段线。

将选定的样条曲线转换为多段线之前，将显示以下提示：

指定精度〈10〉：（输入新的精度值或按 Enter 键）

PLINECONVERTMODE 系统变量可决定是使用线性线段还是使用圆弧段绘制多段线。如果 PEDITACCEPT 系统变量设置为 1，将不显示该提示，选定对象将自动转换为多段线。

（4）通过输入一个或多个以下选项编辑多段线：

1）输入“c”（闭合）创建闭合的多段线。

2）输入“j”（合并）合并连续的直线、样条曲线、圆弧或多段线。

3）输入“w”（宽度）指定整个多段线的新的统一宽度。

4）输入“e”（编辑顶点）编辑顶点。

5）输入“f”（拟合）创建圆弧拟合多段线，即由连接每对顶点的圆弧组成的平滑曲线，如图 5-24 所示。

6）输入“s”（样条曲线）创建样条曲线的近似线，如图 5-25 所示。

（a）原多段线　（b）拟合后的多段线

图 5-24　拟合前后的多段线

（a）原多段线　（b）样条曲线化后的多段线

图 5-25　样条曲线前后的多段线

7）输入“d”（非曲线化）删除由拟合或样条曲线插入的其他顶点并拉直所有多段线线段。

8）输入“L”（线型生成）生成经过多段线顶点的连续图案的线型。

9）输入“r”（反转）反转多段线顶点的顺序。

10）输入“u”（放弃）返回 PEDIT 的起始处。

（5）按 Enter 键退出 PEDIT 命令。

三、编辑样条曲线

该命令用来编辑样条曲线或样条曲线拟合多段线。

功能区“默认”选项卡→“修改”面板：。

“修改Ⅱ”工具栏：。

“修改”菜单：“对象”→“样条曲线”。

快捷菜单：选择要编辑的样条曲线，在绘图区域中单击鼠标右键，然后选择“编辑样条曲线”。

命令：splinedit。

使用 SPLINEDIT 修改编辑样条曲线的步骤如下：

(1) 依次单击“默认”选项卡→“修改”面板→“编辑样条曲线”。

(2) 选择要修改的样条曲线。

(3) 通过输入一个或多个以下选项编辑样条曲线：

1) 输入“C”(闭合)：通过定义与第一个点重合的最后一个点，闭合开放的样条曲线。(样条曲线开放时才有此选项)

2) 输入“O”(打开)：通过删除最初创建样条曲线时指定的第一个和最后一个点之间的最终曲线段可打开闭合的样条曲线。(样条曲线闭合时才有此选项)

3) 输入“J”(合并)：将选定的样条曲线与其他样条曲线、直线、多段线和圆弧在重合端点处合并，以形成一个较大的样条曲线。

4) 输入“F”(拟合数据)：编辑样条曲线所通过的某些控制点。

5) 输入“E”(编辑顶点)：重新定位样条曲线的控制顶点并且清理拟合点。

6) 输入“P”(转换为多段线)：将样条曲线转换为多段线。

7) 输入“E”(反转)：反转样条曲线的方向。

8) 输入“U”(放弃)：取消上一编辑操作。

(4) 输入“X”(退出)：结束命令。

第五节 属 性 编 辑

用户在绘制图形时，经常需要改变对象的一个或多个属性，甚至对象本身。对象的属性包括一般属性和几何属性等。一般属性是指对象的颜色、线型、图层、线宽等，而几何属性则定义了对象的尺寸和位置。

一、在“特性”窗口中修改这些属性

“特性”窗口显示当前选择集中对象的所有属性和属性值。选择多个对象时，显示它们的共有属性。

功能区“默认”选项卡→“特性”面板的右下角箭头。

“工具”菜单：“选项板”→“特性”。

“修改”菜单：“特性”。

“标准”工具栏：。

快捷菜单：选择要查看或修改其特性的对象，在绘图区域中单击鼠标右键，然后单击“特性”选项。

定点设备：双击大多数对象。

快捷键：Ctrl+1。

命令：properties。

AutoCAD 弹出如图 5-26 所示的“特性”窗口。

此窗口主要用来显示、修改当前视口特性和当前对象的基本特性。下面介绍按钮和选项的用法。

(1) 当用户没有选择对象。此窗口显示整个图纸的特性和当前设置，正上方的编辑框中显示“无选择”。

(2)“快速选择”按钮。单击“特性”窗口中的“快速选择”按钮，AutoCAD 弹出如图 5-27 所示的“快速选择”对话框，用户可以通过该对话框快速创建供编辑用的选择集。

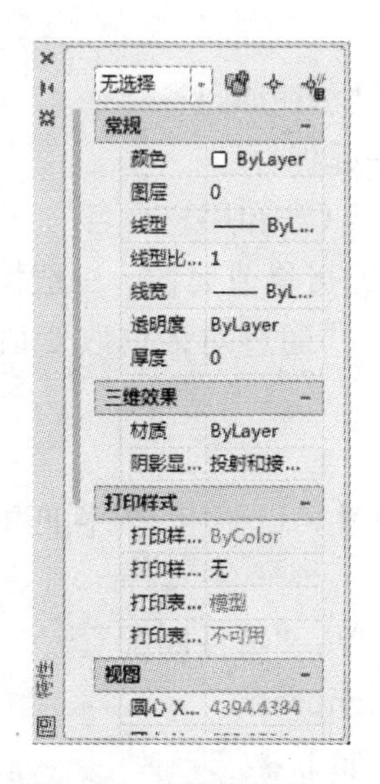

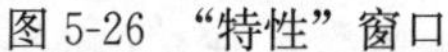
图 5-26 “特性”窗口

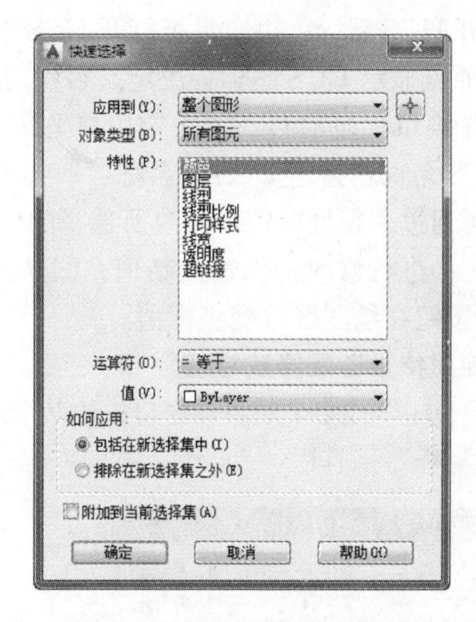

图 5-27 “快速选择”对话框

(3)“选择对象”按钮。单击“特性”窗口的“选择对象”窗口，光标切换到绘图窗口，并变为选择对象的小方框，用户可以使用选择对象方法选择对象。

(4)“切换 PICKAND 系统变量值”按钮。此按钮用于修改 PICKAND 系统变量的值，即切换到“特性”窗口中，是否可以选择多个对象进行编辑。

在上面的按钮和编辑框下方，“特性”窗口中按分类对各特性进行排列。

(5) 基本。

a. 颜色：指定对象的颜色。在颜色列表中选择“选择颜色”将显示“选择颜色”对话框。可用的颜色包括 255 种 AutoCAD 颜色，有索引（ACI）颜色、真彩色和配色系统颜色。

b. 图层：指定对象的当前图层。该列表显示当前图形中的所有图层。

c. 线型：指定对象的当前线型。该列表显示当前图形中的所有线型。

d. 线型比例：指定对象的线型比例因子。

e. 线宽：指定对象的线宽。该列表显示当前图形中的所有可用线宽。

f. 厚度：指定当前厚度。

g. 超级链接：显示或设置超级链接。此选项可在“快速选择”对话框中进行操作。

(6) 打印样式。

a. 打印样式：列出 BYCOLOR、NORMAL、BYLAYER、BYBLOCK，以及包含在当前打印样式表中的任何打印样式。

b. 打印样式表：指定当前的打印样式表。

c. 打印表附着到：确定当前打印样式表所附着到的空间名。

d. 打印表类型：显示可用的打印样式表类型。

(7) 视图。

a. 中心点 X、Y、Z 坐标：指定当前视口中心点的 X、Y、Z 坐标（只读），随选择对象的不同而改变。

b. 高度、宽度：指定当前视口的高度、宽度（只读）。

(8) 其他。

a. 打开 UCS 图标：决定是否打开 UCS 图标。

b. 在原点显示 UCS 图标：决定是否将用户坐标系图标显示在原点。

c. 每个视口都显示 UCS：决定用户坐标系是否与视口一起保存。

d. UCS 名称：指定 UCS 的名称：一共可列出 6 个正交 UCS 和用户命名的 UCS。

用户可通过“特性”窗口修改所选择的一个或多个对象的可修改属性。一般情况下可用下述方法之一进行修改：①输入新值；②从列表中选择值；③通过对话框改变值；④利用“拾取点”按钮在绘图区改变坐标值。

二、使用特性匹配修改特性

如果想让一个或多个对象和窗口中的某个对象有相同的特性，可使用“特性匹配”命令。

(1)“标准”工具栏：。

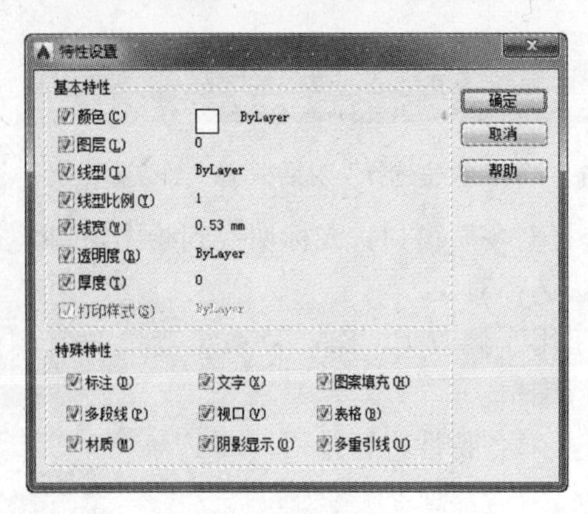

图 5-28　“特性设置”对话框

(2)“修改”菜单：“特性匹配”。

(3) 命令：matchprop。

AutoCAD 提示如下：

选择源对象：(选择一个对象)

选择目标对象或［设置(S)］：

(1) 选择目标对象：鼠标指针变成一个拾取框加刷子的形状，选择一个或多个对象，按 Enter 键结束选择。

(2) 设置：输入“S”按 Enter 键，系统弹出“特性设置”对话框，如图 5-28 所示，用户可以从对话框中选择要匹配的特性。

第六节　应　用　实　例

绘制如图 5-29 所示的扳手。

本例主要练习点、直线、正多边形、圆等绘图命令，以及修剪、圆角等编辑命令。

一、设置绘图环境

(1) 设置绘图区域。

1) 依次单击“格式”菜单→“图形界限”，把绘图区域设置为 297，210（A4 图纸的大小）。

2) 双击鼠标滚轮，使绘图窗口显示定义的绘图区域。

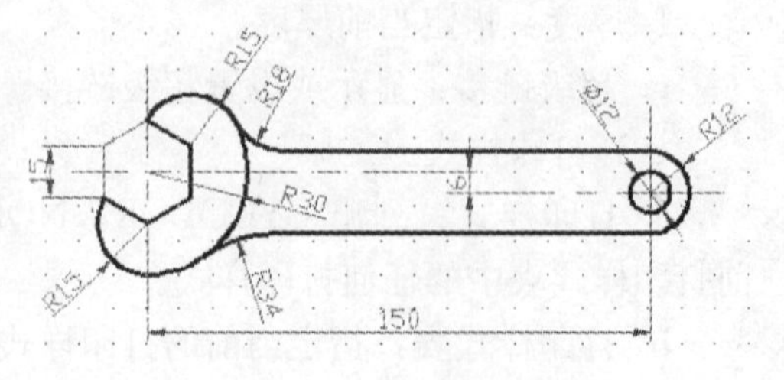

图 5-29　扳手

(2) 建立新图层并定义每层的线型、线宽、颜色等图形特性。依次单击功能区“默认”选项卡→“图层”面板→“图层特性”按钮，打开“图层特性管理器”对话框，新建图层以及各图层的颜色、线型、线宽等图形特性，如图 5-30 所示。

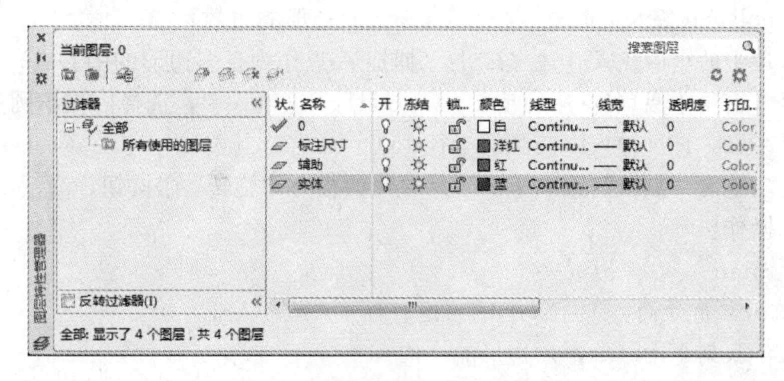

图 5-30 “图层特性管理器”对话框

(3) 设置辅助绘图工具。单击应用程序状态栏上的按钮，打开对象捕捉，打开端点、圆心、节点和象限点捕捉模式。单击应用程序状态栏上的按钮，打开正交绘图模式。

二、绘制扳手实体

把“实体”层设为当前层。打开“图层特性管理器”对话框，用鼠标单击“实体”层，然后单击“”按钮，把该层设为当前层。

1. 绘制 A、B 两圆心。

依次单击“格式”菜单→“点样式”，打开“点样式”对话框，把点的样式设置为“+”，如图 5-31 所示。

依次单击功能区“默认”选项卡→“绘图”面板→“多点”按钮，激活绘制多点命令，在绘图区单击任一点作为圆心点 A，然后按住 Ctrl 键单击鼠标右键，在弹出的“对象捕捉”快捷菜单中选择“自 (F)”捕捉方式，如图 5-32 所示，捕捉圆心点 A 作为基点，输入偏移@150，−6，绘制完圆心点 B。

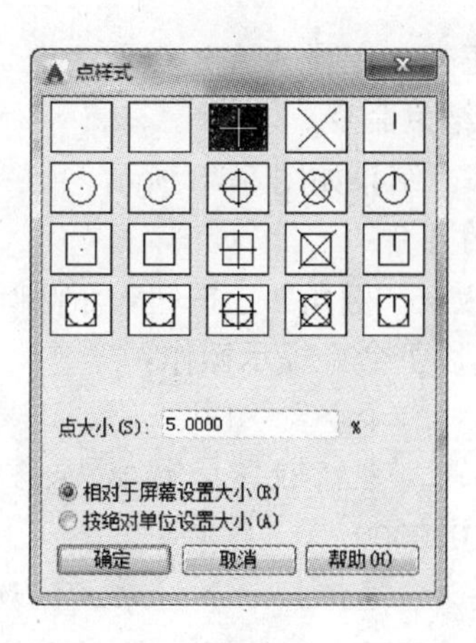

图 5-31 “点样式”对话框

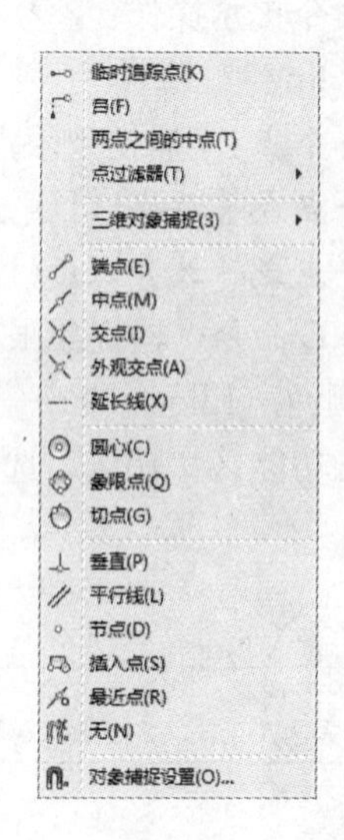

图 5-32 “对象捕捉”快捷菜单

2. 以 A 点为中心，绘制正六边形。

依次单击功能区“默认”选项卡→“绘图”面板→“多边形”按钮，激活多边形绘图命令，按以下命令提示操作：

命令：_polygon 输入侧面数〈4〉：6（输入六边形的边数）

指定正多边形的中心点或［边（E）］：（捕捉 A 点作为正多边形的中心点）

输入选项［内接于圆（I）/外切于圆（C）］〈I〉：I（输入 I，选择内接于圆的方式）

指定圆的半径：15（输入内接圆的半径 15）

依次单击功能区“默认”选项卡→“修改”面板→“旋转”按钮，激活旋转命令，按以下命令提示操作：

命令：_rotate

UCS 当前的正角方向： ANGDIR＝逆时针 ANGBASE＝0

选择对象：找到 1 个（单击六边形的一边）

选择对象：（按 Enter 键结束对象选择）

指定基点：（捕捉 A 点作为基点）

指定旋转角度，或［复制（C）/参照（R）］〈0〉：30（输入旋转角度 30）

3. 分别以 A 点和 B 点为圆心绘制圆

依次单击功能区“默认”选项卡→“绘图”面板→“圆心，半径”按钮，激活绘制圆的命令，按以下命令提示操作：

命令：_circle

指定圆的圆心或［三点（3P）/两点（2P）/切点、切点、半径（T）］：（捕捉 A 点作为圆心）

指定圆的半径或［直径（D）］：30（输入圆的半径 30）

重复以上绘圆命令，捕捉 B 点作为圆心，分别以 6 和 12 为半径绘制同心圆。

重复以上绘圆命令，分别捕捉 C 点和 D 点作为圆心，以 15 为半径绘制两圆。

4. 绘制直线 FE 和 HG

依次单击功能区“默认”选项卡→“绘图”面板→“直线”按钮，激活绘制直线的命令，按以下命令提示操作：

命令：_line

指定第一个点：（捕捉象限点 E）

指定下一点或［放弃（U）］：〈正交开〉（打开正交，在圆 A 左边点取一点）

指定下一点或［放弃（U）］：（按 ENTER 键，结束命令）

重复 LINE 命令，捕捉象限点 G，绘制直线 HG，结果如图 5-33 所示。

5. 利用圆角（fillet）命令绘制 F 点和 H 点处的圆角

依次单击功能区“默认”选项卡→“修改”面板→“圆角”按钮，激活圆角命令，按以下命令提示操作：

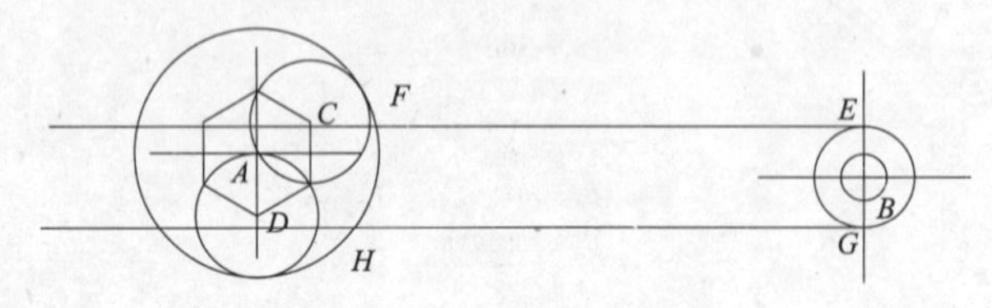

图 5-33 扳手示例

命令：_fillet

当前设置：模式＝修剪，半径＝0.0000

选择第一个对象或［放弃（U）/多段线（P）/半径（R）/修剪（T）/多个

(M)]：R（输入R，修改圆角半径）

指定圆角半径〈0.0000〉：18（输入18作为圆角半径）

选择第一个对象或［放弃（U）/多段线（P）/半径（R）/修剪（T）/多个（M）］：（拾取圆A上一点）

选择第二个对象，或按住Shift键选择对象以应用角点或［半径（R）］：（拾取直线FE上一点）

重复FILLET命令，将圆角半径设为34，绘制H点的圆角。

这样，F点和H点处的圆角就绘制完了，如图5-34所示。

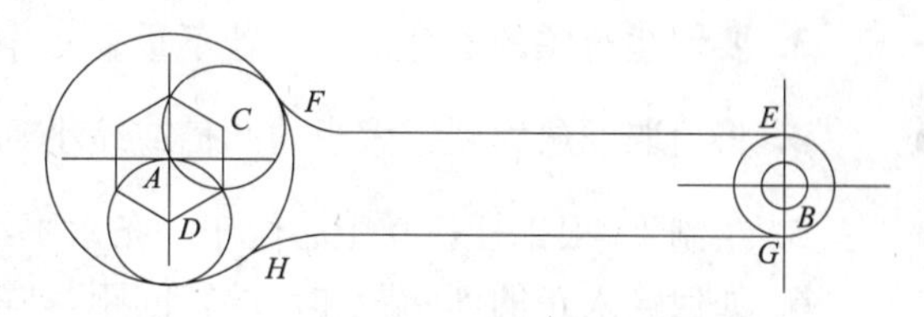

图5-34 扳手示例

6. 利用修剪（trim）命令修剪图形的多余部分

依次单击功能区"默认"选项卡→"修改"面板→"修剪"按钮，激活修剪命令，按以下命令提示操作：

命令：_trim

当前设置：投影=UCS，边=无

选择剪切边...

选择对象或〈全部选择〉：找到1个（点取直线FE，作为第一条剪切边）

选择对象：找到1个，总计2个（点取直线HG，作为第二条剪切边）

选择对象：（按Enter键，结束剪切边的选择）

选择要修剪的对象，或按住Shift键选择要延伸的对象，或

［栏选（F）/窗交（C）/投影（P）/边（E）/删除（R）/放弃（U）］：（点取EG圆弧上的一点，修剪掉该段圆弧）

选择要修剪的对象，或按住Shift键选择要延伸的对象，或［栏选（F）/窗交（C）/投影（P）/边（E）/删除（R）/放弃（U）］：（按Enter键，结束修剪命令）

重复TRIM命令，修剪图形中的其他多余部分，完成扳手实体的绘制，结果如图5-35所示。

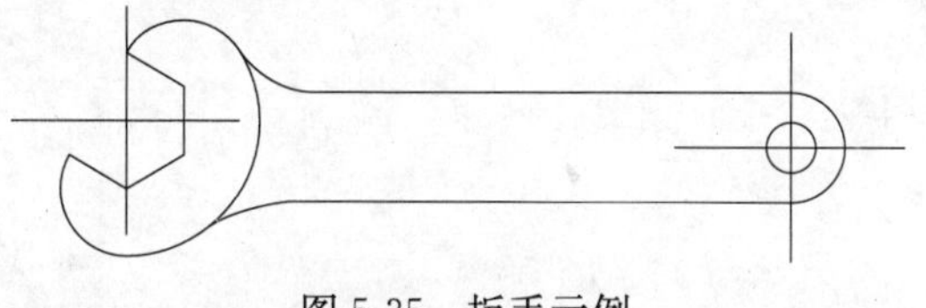

图5-35 扳手示例

三、利用标注命令标注图形尺寸（略）

本章小结

本章主要介绍AutoCAD编辑图形的基本方法。首先介绍了AutoCAD中选择对象的方法，以及使用夹点编辑图形对象的方法；然后详细地介绍了删除、复制、移动、阵列、镜像、偏移、旋转、放缩、拉伸、修剪、打断、倒角等编辑命令的使用方法，以及多线、多段线、样条曲线等特殊对象和图形属性的编辑方法，其中重点讲述了AutoCAD 2015增强或新添加命令的使用方法；最后以具体实例讲述了一些常用编辑命令的使用方法及其使用技巧。本章介绍的内容是绘制复杂图形的基础，希望读者能够很好地掌握。

习 题 五

1. 列举对象选择的方法。

2. 当选择多个编辑对象时，发现意外的选择了不需要修改的对象，如何在不结束编辑命令的情况下继续进行操作？

3. 要创建对象的多个拷贝，若不重复 Copy 命令，应使用哪一选项？

4. 将拾取框放大到原大小的两倍或缩小到原来的$\frac{1}{2}$对选择操作有何影响？

5. 绘制 12 根钢柱，其中心位于一条水平线上，间距 22mm，阵列命令序列是什么？

6. 如何输入正的列间距和负的行间距，阵列对象与原始对象的位置关系如何？

7. 绘制图 5-36 所示的各图形。

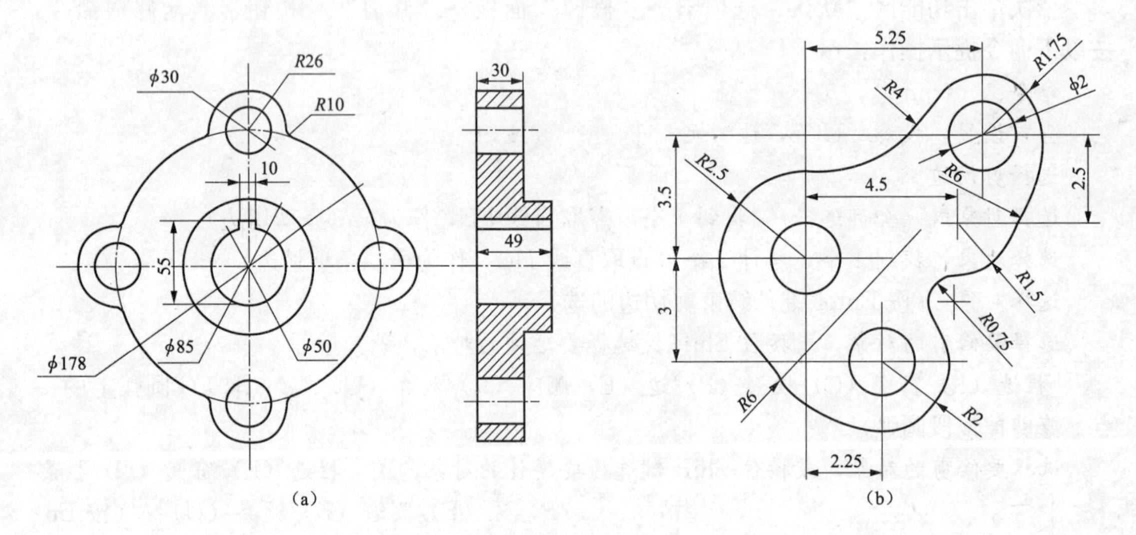

图 5-36　实例图

8. 绘制图 5-37 所示的各图形。

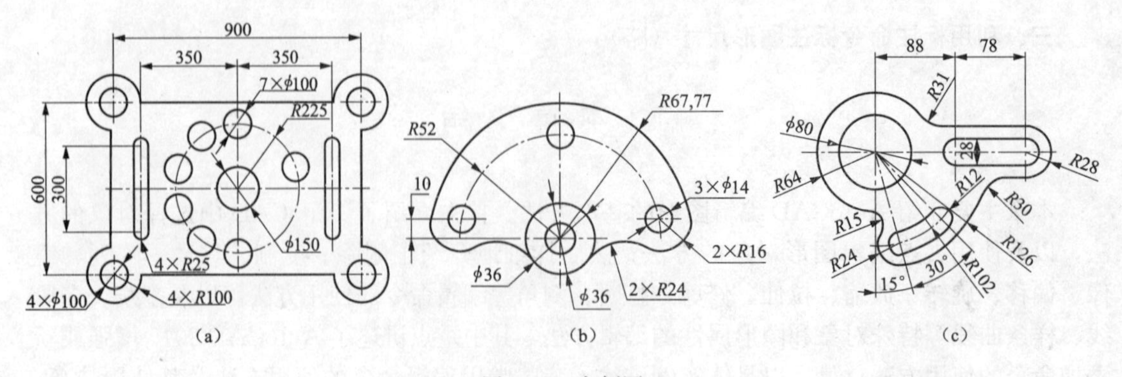

图 5-37　实例图

9. 绘制图 5-38 所示的各图形。

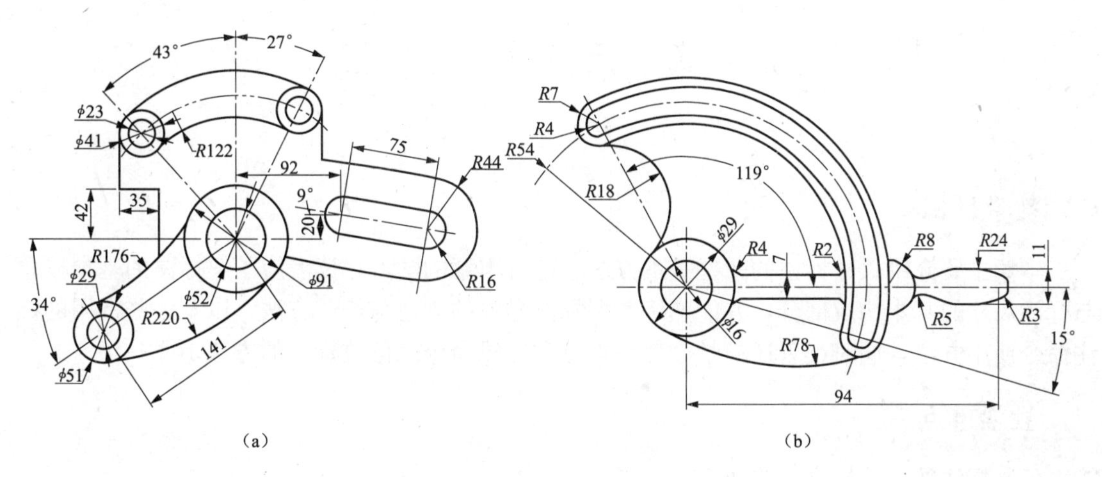

图 5-38 实例图

10. 绘制图 5-39 所示的各图形。

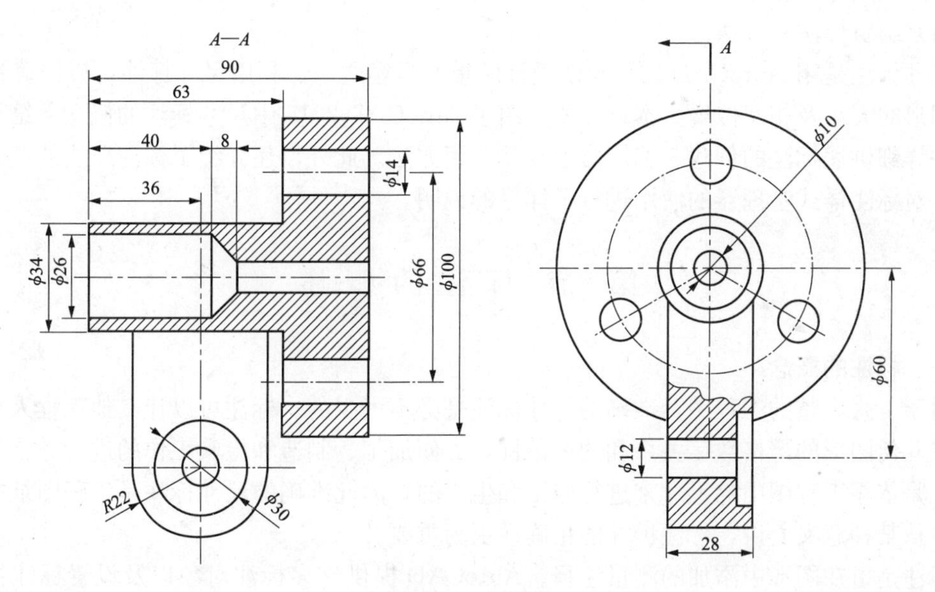

图 5-39 实例图

第六章　尺　寸　标　注

教学目标

本章主要介绍尺寸标注的一些基本方法。通过本章的学习，读者应了解标注的基本概念与标注尺寸的基本构成部分，并能熟练掌握标注样式的创建与修改方法，以及一些常用的标注命令使用方法，同时读者还应学会使用夹点和编辑命令来修改标注的方法。

教学重点

（1）标注的基本概念与构成。

（2）标注样式的创建与使用方法。

（3）常用标注命令的使用方法。

（4）编辑标注的方法。

尺寸标注是用AutoCAD进行绘图设计的重要内容之一，利用尺寸标注可以准确地反映所绘图形的大小及相互位置。本章主要介绍了AutoCAD 2015中尺寸标注的概念、结构和作用，并详细讲述标注的创建、编辑命令及其使用方法。此外，还介绍了标注样式的概念和作用，并对标注样式管理器的使用进行了详尽的说明。

第一节　标 注 的 概 述

一、标注的概念

对于一张完整的工程图，准确的尺寸标注是必不可少的。标注可以让其他工程人员清楚地知道几何图形的严格数字关系和约束条件，方便加工、制造和检验工作的进行。施工人员和工人是依靠工程图中的尺寸来进行施工和生产的，因此准确的尺寸标注是工程图纸的关键所在，从某种意义上讲，标注尺寸的正确性更为重要。

标注是指在图形中添加的测量注释。AutoCAD提供许多标注对象以及设置标注格式的方法，可以在各个方向上为各类对象创建标注，也可以创建标注样式，以快速地设置标注格式，并确保图形中的标注符合行业或项目标准。

标注显示了对象的测量值、对象之间的距离或角度，或者特征距指定原点的距离，用户可以为各种对象沿各个方向创建标注。AutoCAD 2015提供的基本的标注类型：线性、径向（半径和直径）、角度、坐标、弧长。线性标注可以是水平、垂直、对齐、旋转、基线或连续（链式）。图6-1中列出了几种简单的示例，可以标注诸如直线、圆弧和多段线线段之类的对象，或者在点位置之间标注。

AutoCAD中的每一个标注都采用当前标注样式，用于控制如箭头样式，文字位置和尺寸公差等的特性。使用标注样式，可以对不同类型标注的基本标注样式稍作修改。使用标注样式替代，可以为特定标注修改这些特性，也可以使用"快速标注"（QDIM）一次标注多个

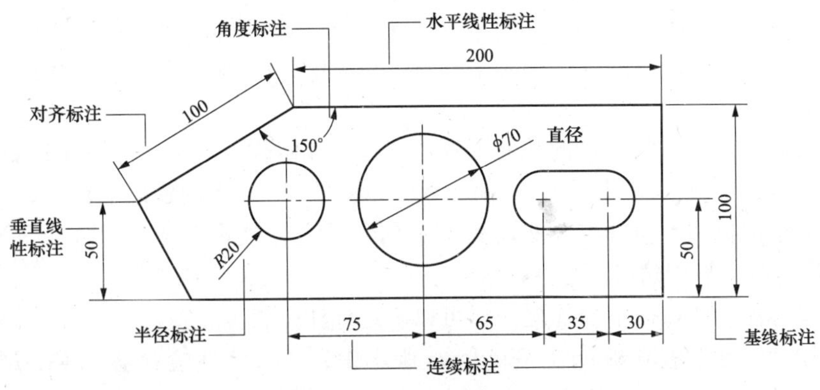

图 6-1 几种常用的标注示例

对象或者编辑现有标注。但是，使用这种方式创建的标注是无关联的。

在“标注样式管理器”中提供了 70 多个面向标注的设置，用户可以控制标注外观的几乎每个方面。例如，用户可以在尺寸界线和所标注的对象之间设置精确的间距。所有这些设置可以保存为一个或多个标注样式。如果将标注样式保存在图形样板（DWT）文件中，它们将在每次启动新图形时可用。

二、标注尺寸的构成

标注具有以下独特的元素：标注文字、尺寸线、箭头和尺寸界线，如图 6-2 所示。下面是标注的组成部分及其说明。

（1）标注文字：是用于指示测量值的字符串。文字还可以包含前缀、后缀和公差。

（2）尺寸线：用于指示标注的方向和范围。对于角度标注，尺寸线是一段圆弧。

（3）箭头：也称为终止符号，显示在尺寸线的两端。可以为箭头或标记指定不同的尺寸和形状。

（4）尺寸界线：也称为投影线或证示线，从部件延伸到尺寸线。

（5）中心标记：是标记圆或圆弧中心的小十字，如图 6-3 所示。

（6）中心线：是标记圆或圆弧中心的虚线，如图 6-3 所示。

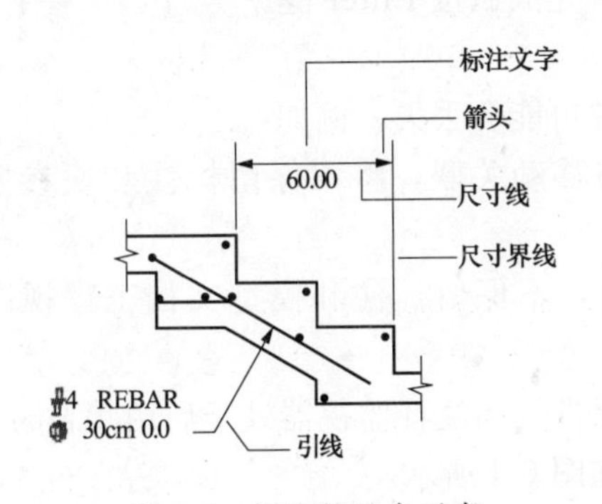

图 6-2 标注的基本元素

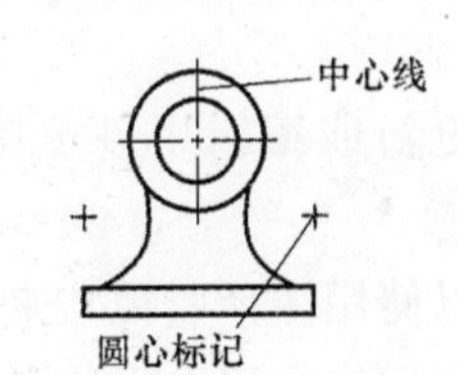

图 6-3 中心线和圆心标记示例

三、关联标注

标注可以是关联的、无关联的或分解的。关联标注根据所测量的几何对象的变化而进行调整。标注关联性定义几何对象和为其提供距离和角度的标注间的关系。几何对象和标注之间有三种关联性。

（1）关联标注：当与其关联的几何对象被修改时，关联标注将自动调整其位置、方向和测量值。布局中的标注可以与模型空间中的对象相关联。DIMASSOC 系统变量设置为 2 时，将创建以下标注。

（2）非关联标注：与其测量的几何图形一起选定和修改。非关联标注在其测量的几何对象被修改时不发生更改。DIMASSOC 系统变量设置为 1 时，将创建以下标注。

（3）已分解的标注：包含单个对象而不是单个标注对象的集合。DIMASSOC 系统变量设置为 0（零）时，将创建以下标注。

通过选择标注和执行以下操作之一，可以确定标注是否关联：

（1）使用“特性”选项板（在 Windows 版本中）或“特性检验器”（在 Mac 版本中）显示标注的特性。

（2）使用 LIST 命令显示标注的特性。

（3）在 Windows 版本中，使用“快速选择”功能来过滤关联或非关联标注的选择。

如果只是标注的一头与几何对象关联，该标注也被认为是部分关联的。可以使用 DIMREASSOCIATE 命令来重新关联非关联标注。

1. 关联或重新关联标注的步骤

（1）依次单击“注释”选项卡→“标注”面板→“重新关联”按钮。

（2）选择一个或多个要关联或重新关联的标注。

（3）执行以下操作之一：

1）指定尺寸界线原点的新位置。

2）输入“s”并选择要与标注关联的几何对象。

3）按 Enter 键跳至下一个尺寸界线原点。

4）按 Esc 键结束命令并保存为该点建立的所有关联。

（4）必要时重复上一步操作。

2. 解除标注关联的步骤

（1）在命令提示下，输入“DIMDISASSOCIATE”。

（2）选择一个或多个要解除关联的标注，完成后按 Enter 键。

四、注释监视器

出于多种原因，标注和对象之间的关联性可能会丢失。例如：

（1）如果已重定义块而使该边的标注与移动关联，将不保留标注和块参照之间的关联性。

（2）在更新或编辑事件删除标注的边时，不保留标注和模型文档工程视图之间的关联性。

用户可以使用注释监视器来跟踪引线关联性。当注释监视器处于启用状态时，将通过在标注上显示标记来标记失去关联性的标注，如图 6-4 所示。

单击标记将显示一个菜单，其中包含各种选项，它们特定于相应的已解除关联的标注。失去关联性的标注上的菜单可用来访问 DIMREASSOCIATE 和 ERASE 命令。

1. 打开注释监视器的步骤

在状态栏上，单击“注释监视器”按钮。“注释监视器”状态栏按钮更改为，并且注释监视器图标被添加到状态栏中。

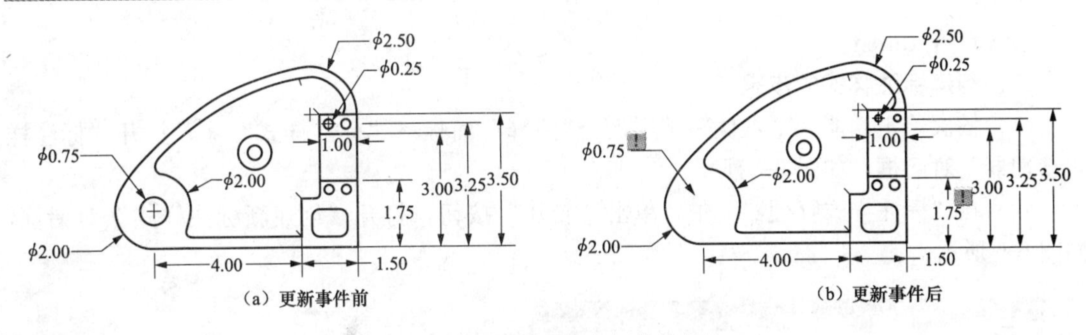

图 6-4　标注和对象之间的关联性

2. 关闭注释监视器的步骤

在状态栏上，单击“注释监视器”按钮。注释监视器按钮更改为。

3. 使注释监视器仅为模型文档事件打开的步骤

(1) 在命令行中，输入“ANNOMONITOR”。

(2) 在命令行中，输入“－2”。

一旦发生模型文档编辑或更新事件，注释监视器会自动启用（ANNOMONITOR＝2）。

第二节　标　注　样　式

标注样式是标注设置的命名集合，可用来控制标注的外观，如箭头样式、文字位置和尺寸公差等。用户可以创建标注样式，以快速指定标注的格式，并确保标注符合行业或工程标准。由于不同国家或不同行业对尺寸标注的标准不尽相同，因此需要使用标注样式来定义不同的尺寸标注标准。标注样式中定义了标注的尺寸线与界限、箭头、文字、对齐方法、标注比例等各种参数的设置。标注样式可以有多个具有不同设置的二级样式。例如，在标注样式中，可以为半径标注创建一种二级样式，为角度标注创建另一种二级样式。AutoCAD 为所创建的标注类型采用合适的二级样式。如果标注类型的设置之间无差别，则采用一级标注样式设置。

创建标注时，标注将使用当前标注样式中的设置。如果要修改标注样式中的设置，则图形中的所有标注将自动使用更新后的样式。标注样式管理器允许修改以下设置：

(1) 尺寸界线、尺寸线、箭头、中心标记或中心线及其之间的偏移。

(2) 标注部件位置间的相互关系以及标注文字的方向。

(3) 标注文字的内容和外观。

图形中的所有标注样式都会在“标注样式”下拉列表中列出。

一、激活标注样式命令的方法

功能区“默认”选项板：“注释”面板→“标准样式”按钮。

功能区“注释”选项板：“标注”面板→“标准样式”按钮。

“格式”菜单：“标注样式”。

“标注”菜单：“标注样式”。

“标注”工具栏：按钮。

“样式”工具栏：按钮。

⌨ 命令：dimstyle。

二、创建标注样式的步骤

（1）依次单击功能区“默认”选项板：“注释”面板→“标准样式”，打开“标注样式管理器”对话框，如图 6-5 所示。

（2）在“标注样式管理器”中，单击“新建”按钮，打开“创建新标注样式”对话框，如图 6-6 所示。

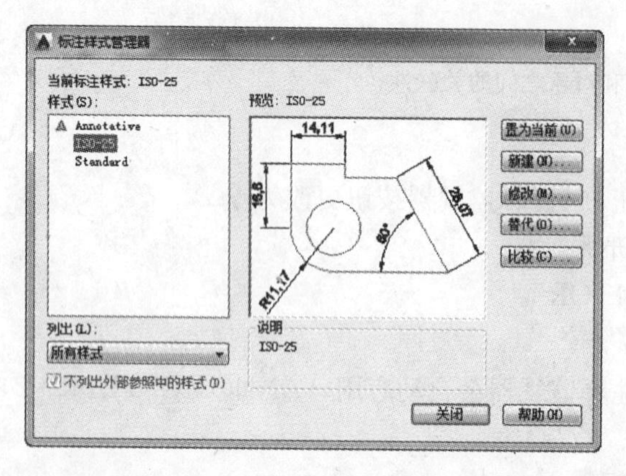

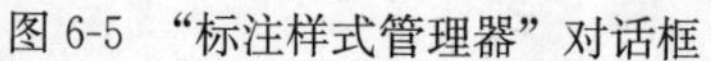
图 6-5 “标注样式管理器”对话框

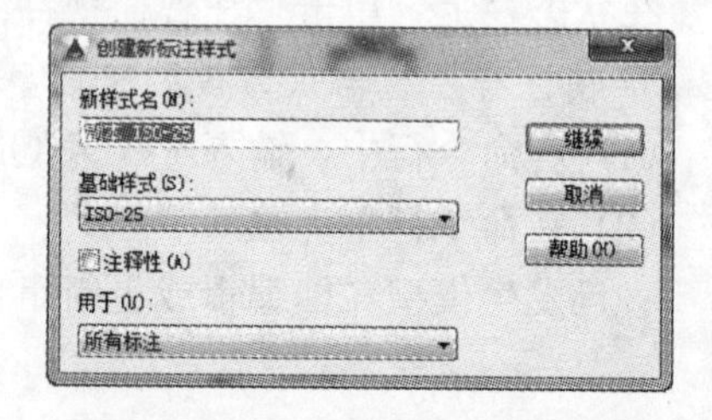

图 6-6 “创建新标注样式”对话框

（3）在“创建新标注样式”对话框中，输入新标注样式的名称，然后单击“继续”按钮，打开“新建标注样式”对话框，如图 6-7 所示。

（4）在“新建标注样式”对话框中，单击每个选项卡，并对新标注样式中进行更改。

1）直线：设置尺寸线和尺寸界线的格式和特性。选项卡中各选项含义的示意如图 6-7 所示。

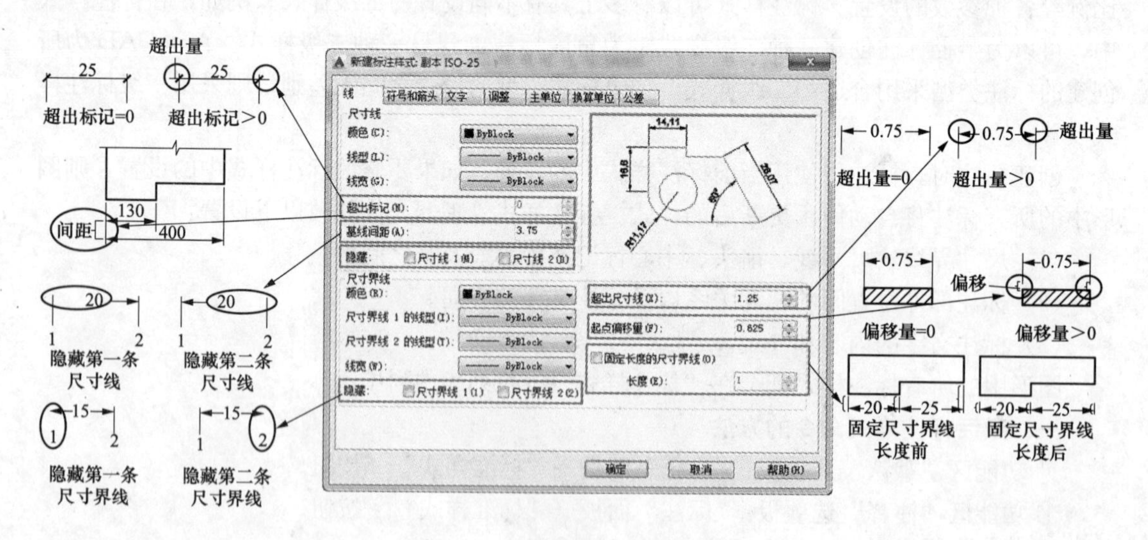

图 6-7 “新建标注样式”对话框

2）符号和箭头：设置箭头、圆心标记、弧长符号和折弯半径标注的格式和位置。选项卡中各选项含义的示意如图 6-8 所示。

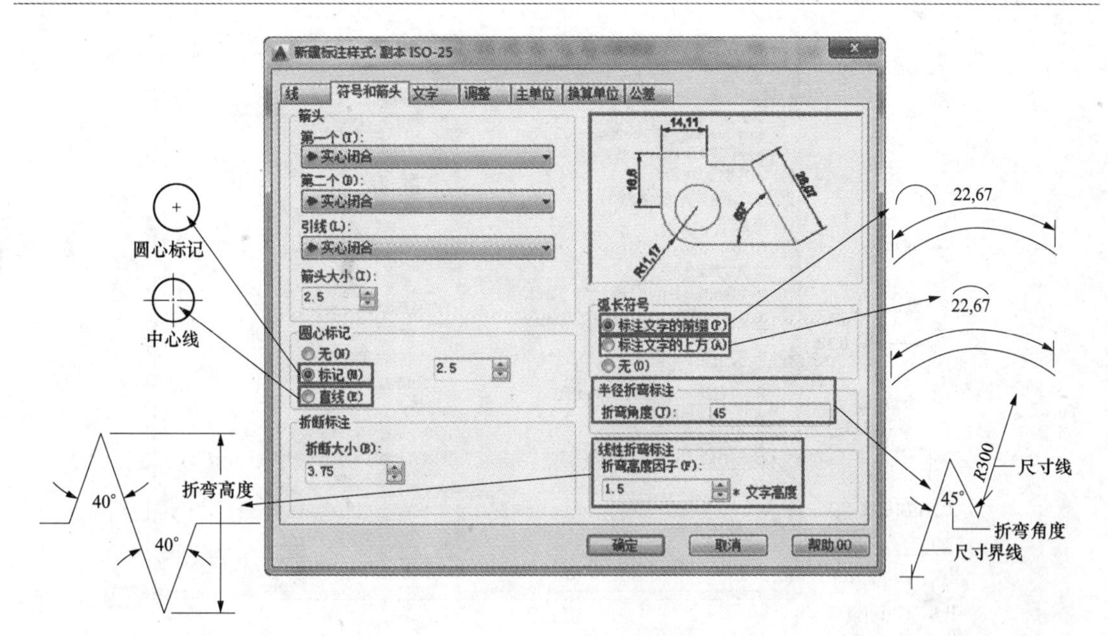

图 6-8 “符号和箭头”选项卡

3）文字：设置标注文字的格式、放置和对齐方式。选项卡中各选项含义的示意如图 6-9 所示。

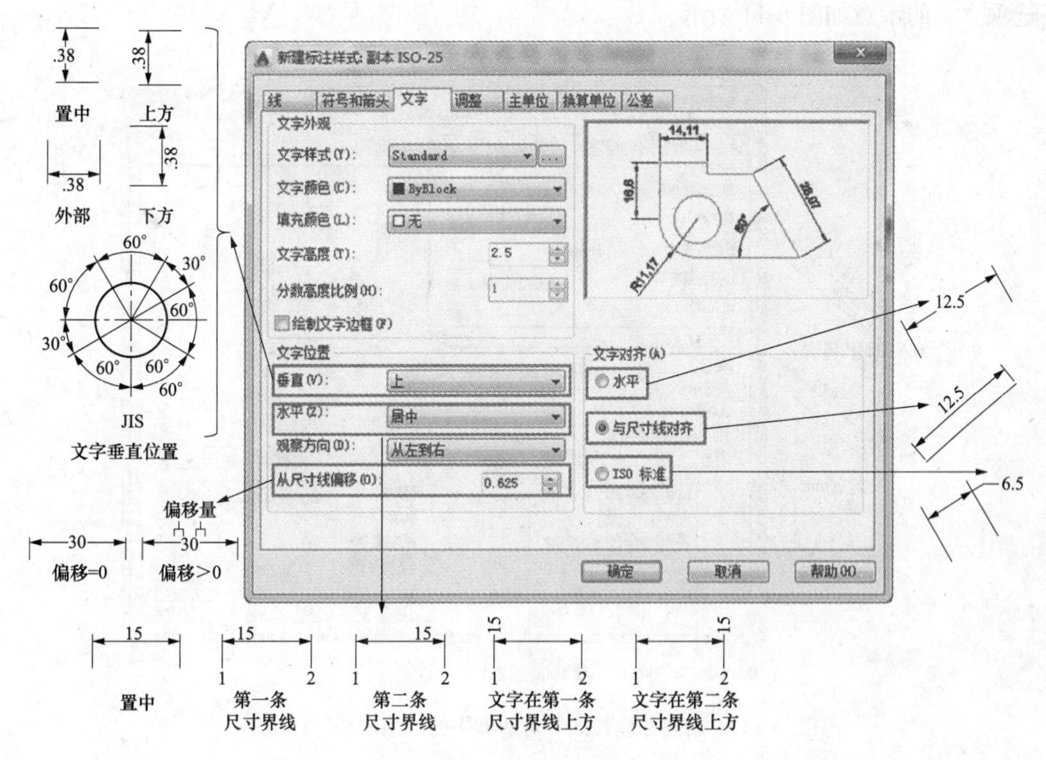

图 6-9 “文字”选项卡

4）调整：控制标注文字、箭头、引线和尺寸线的放置。选项卡中各选项含义的示意如图 6-10 所示。

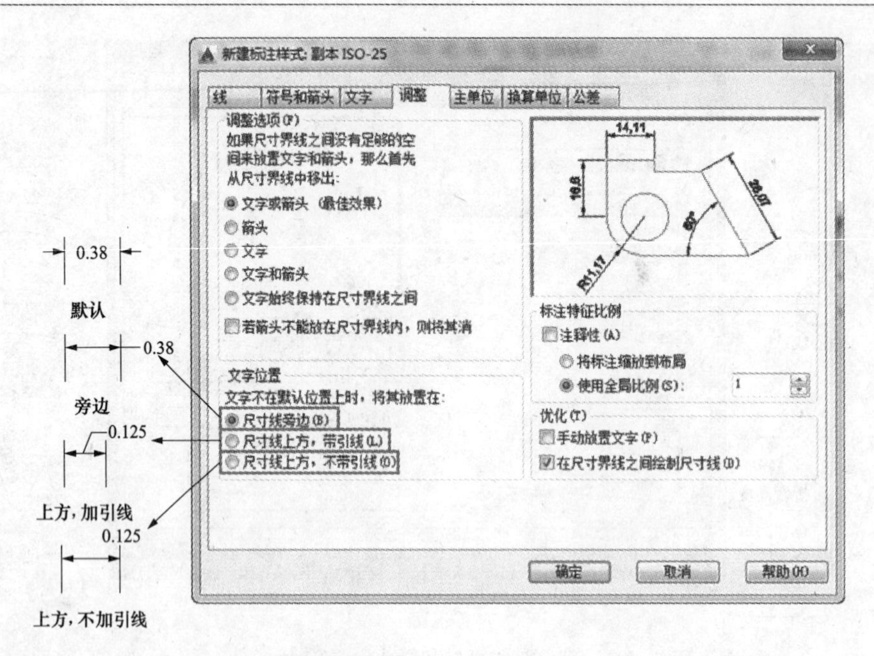

图 6-10 “新建标注样式”对话框中的“调整”选项卡

5）主单位：设置主标注单位的格式和精度，并设置标注文字的前缀和后缀。选项卡中各选项含义的示意如图 6-11 所示。

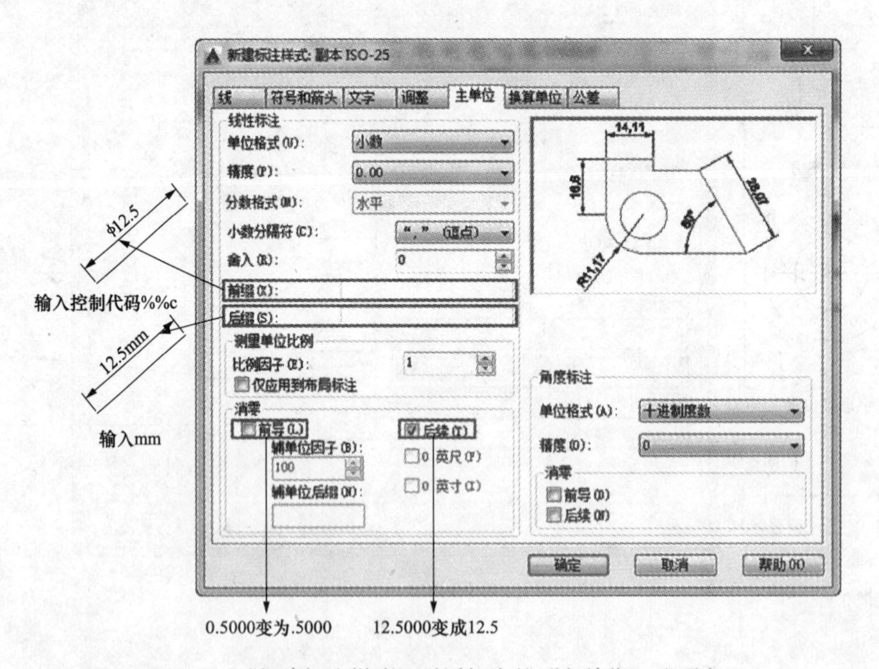

图 6-11 “新建标注样式”对话框中的“主单位”选项卡

6）换算单位：指定标注测量值中换算单位的显示并设置其格式和精度，如图 6-12 所示。

7）公差：控制标注文字中公差的显示与格式。选项卡中各选项含义的示意如图 6-13 所示。

（5）修改完后，单击“确定”按钮返回“标注样式管理器”。

（6）要使用新建标注样式，应在样式列表区选中该样式后单击“置为当前”。

（7）单击“关闭”按钮退出“标注样式管理器”。

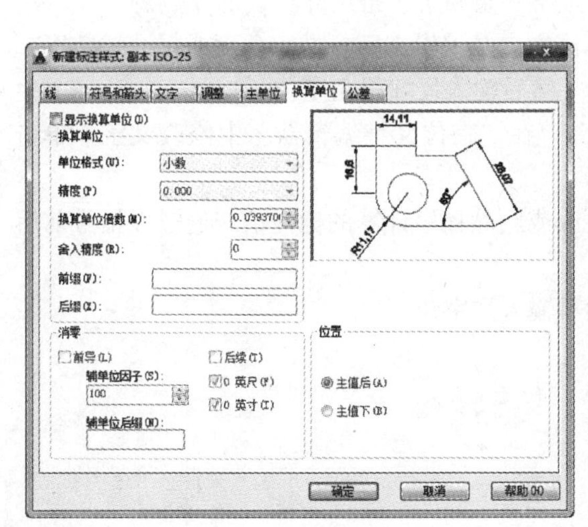

图 6-12 “新建标注样式”对话框中的“换算单位”选项卡

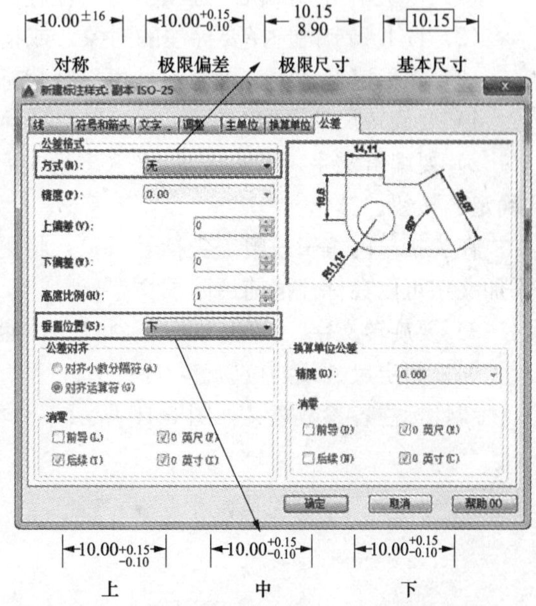

图 6-13 “新建标注样式”对话框中的“公差”选项卡

三、标注样式的修改和替代

在“标注样式管理器”中选择“修改”或“替代”将显示“修改标注样式”对话框或“替代标注样式”对话框。虽然是修改或替代现有标注样式而不是创建新标注样式，但这些对话框的内容和“新建标注样式”对话框的内容是相同的。

第三节 创 建 标 注

设置好标注样式以后，标注尺寸就很简单了，不同的尺寸使用不同的尺寸标注命令来完成。本节将逐一讲解各标注命令操作步骤及命令提示。

一、线性标注

该命令可用于创建线性标注。

功能区“默认”选项卡：“注释”面板→“线性”。

功能区“注释”选项卡：“标注”面板→“线性”。

“标注”工具栏：。

“标注”菜单：“线性”。

命令：dimlinear。

用户可以仅使用指定的位置或对象的水平或垂直部分来创建标注。程序将根据指定的尺寸界线原点或选择对象的位置自动应用水平或垂直标注；但是，用户也可以通过将标注指定为水平或垂直来创建标注从而替代以上方式。如图 6-14 所示，在默认情况下标注为水平，除非指定垂直标注。

创建水平或垂直标注的步骤如下。

（1）依次单击“默认”选项卡→“注释”面板→“线性”。

（2）按 Enter 键选择要标注的对象，或指定第一条和第二条尺寸界线的原点。

（3）在指定尺寸线位置之前，可以替代标注方向并编辑文字、文字角度或尺寸线角度：

1）要旋转尺寸界线，请输入“r”（旋转），然后输入尺寸线角度。

2）要编辑文字，请输入“m”（多行文字），在“在位文字编辑器”中修改文字，单击“确定”按钮。

在尖括号内编辑或覆盖尖括号（〈〉）将更改或删除程序计算的标注值。通过在括号前后添加文字可以在标注值前后附加文字。

3）要旋转文字，请输入“a”（角度），然后输入文字角度。

（4）指定尺寸线的位置。

线性标注各参数意义如图 6-15 所示。

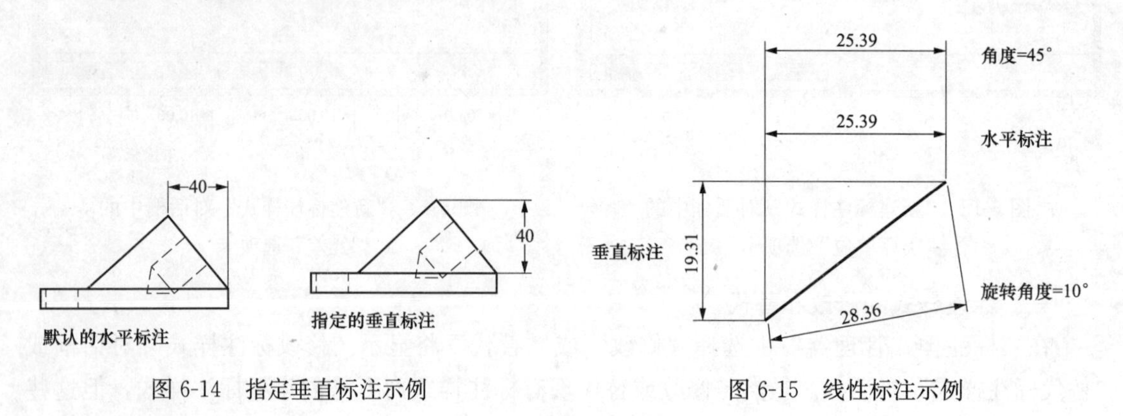

图 6-14 指定垂直标注示例　　图 6-15 线性标注示例

二、对齐标注

该命令可用于创建标注两点间的对齐线性标注尺寸，尺寸线将平行于两尺寸界线原点之间的直线。

功能区“默认”选项卡：“注释”面板→“对齐”。

功能区“注释”选项卡：“标注”面板→“对齐”。

“标注”工具栏：。

“标注”菜单：“对齐”。

命令：dimaligned。

用户可以创建与指定位置或对象平行的标注。在对齐标注中，尺寸线平行于尺寸界线原点连成的直线。图 6-16 显示了对齐标注的两个样例。单击（1）点选定对象，单击（2）点指定对齐标注的位置，AutoCAD 将自动生成尺寸界线。

创建对齐标注的步骤：

（1）依次单击“常用”选项卡→“注释”面板→“对齐”。

（2）按 Enter 键选择要标注的对象，或指定第一条和第二条尺寸界线的原点。

（3）指定尺寸线位置之前，可以编辑文字或更改文字角度：在尖括号内编辑或覆盖尖括号（〈〉）将更改或删除程序计算的标注值。通过在括号前后添加文字可以在标注值前后附加文字。

1）要使用多行文字编辑文字，请输入“m”（多行文字），在“在位文字编辑器”中修改文字，单击“确定”按钮。

2）要使用单行文字编辑文字，请输入“t”（文字），在命令提示下修改文字，然后按 Enter 键。

3）要旋转文字，请输入“a”（角度），然后输入文字角度。

（4）指定尺寸线的位置。

三、弧长度标注

弧长标注用于测量圆弧或多段线圆弧上的距离。弧长标注的尺寸界线可以正交或径向。为区别它们是线性标注还是角度标注，默认情况下，在标注文字的上方或前面将显示圆弧符号（也称为“帽子”或“盖子”），如图 6-17 所示。用户可以使用“标注样式管理器”的“符号和箭头”选项卡来指定圆弧符合的位置。

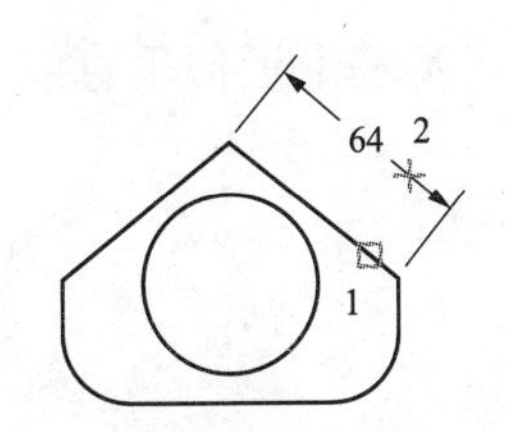

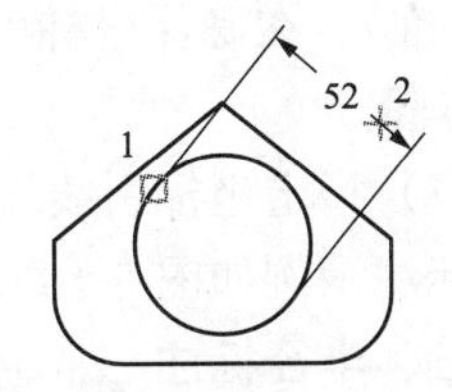

图 6-16 对齐标注示例

圆弧符号

0.90 0.97

88° 94°

尺寸界限正交 尺寸界限径向

图 6-17 圆弧标注示例

功能区“默认”选项卡：“注释”面板→“弧长”。

功能区“注释”选项卡：“标注”面板→“弧长”。

“标注”工具栏：。

“标注”菜单：“弧长”。

命令：dimarc。

弧长标注的典型用法包括测量围绕凸轮的距离或表示电缆的长度。为区别它们是线性标注还是角度标注，默认情况下，弧长标注将显示一个圆弧符号。圆弧符号（也称为“帽子”或“盖子”）显示在标注文字的上方或前方。圆弧符号的放置可以在标注样式中指定。弧长标注的尺寸界线可以是正交或半径，具体取决于包含的角度，仅当圆弧的包含角度小于 90° 时才显示正交尺寸界线，如图 6-17 所示。

创建弧长标注的步骤：

（1）依次单击“默认”选项卡→“注释”面板→“弧长”。

（2）选择圆弧或多段线圆弧段。

（3）指定尺寸线的位置。

四、坐标标注

该命令可用于创建坐标标注，坐标标注为原点（称为基准）到标注特征点（例如部件上的一个孔）的垂直距离。这种标注保持特征点与基准点的精确偏移量，从而避免增大误差。坐标标注由 X 或 Y 值和引线组成。X 基准坐标标注沿 X 轴测量特征点与基准点的距离。Y

基准坐标标注沿 Y 轴测量距离。坐标值是由当前 UCS 的位置和方向确定的。在创建坐标标注之前，通常要设定 UCS 原点以与基准相符。创建坐标标注后，可以使用夹点编辑轻松地重新定位标注引线和文字。标注文字始终与坐标引线对齐。

功能区“默认”选项卡：“注释”面板→“坐标”。

功能区“注释”选项卡：“标注”面板→“坐标”。

“标注”工具栏：。

“标注”菜单：“坐标”。

命令：dimordinate。

创建坐标标注的步骤如下。

(1) 依次单击“视图”选项卡→“坐标”面板→“原点”。

(2) 在“指定新原点”提示下，指定原点。指定的原点用于定义指定给坐标标注的值。通常在模型上定义原点。

(3) 依次单击“默认”选项卡→“注释”面板→“坐标”。

(4) 如果需要直线坐标引线，请打开正交模式。

(5) 在“选择功能位置”提示下，指定点位置。

(6) 输入“x”(X 基准) 或“y”(Y 基准)。在确保坐标引线端点与 X 基准近似垂直或与 Y 基准近似水平的情况下，可以跳过此步骤。

(7) 指定坐标引线端点。

标注示例如图 6-18 所示。

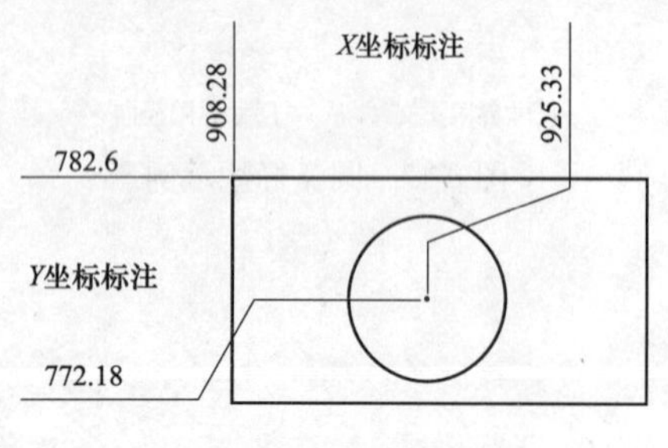

图 6-18　坐标标注示例

五、半径标注

该命令可用于创建圆和圆弧的半径标注，半径标注由一条指向圆或圆弧的带箭头的半径尺寸线组成。半径标注使用可选的中心线或中心标记测量圆弧和圆的半径。

功能区“默认”选项卡：“注释”面板→“半径”。

功能区“注释”选项卡：“标注”面板→“半径”。

“标注”工具栏：。

“标注”菜单：“半径”。

命令：dimradius。

创建半径标注的步骤如下。

(1) 依次单击“默认”选项卡→“注释”面板→“半径”。

(2) 选择圆弧、圆或多段线圆弧段。

(3) 根据需要输入选项：

1) 要编辑标注文字内容，请输入“t”(文字) 或“m”(多行文字)。在尖括号内编辑或覆盖尖括号 (〈〉) 将更改或删除标注值。通过在括号前后添加文字可以在标注值前后附加文字。

2) 要编辑标注文字角度，请输入“a”(角度)。

(4) 指定引线的位置。

六、折弯标注

该命令可用于创建折弯半径标注，折弯半径标注也称为缩放半径标注。当圆弧或圆的中心位于布局外并且无法显示在其实际位置时，可以使用该命令在更方便的位置指定标注的原点，如图 6-19 所示。在“标注样式”对话框中的“半径标注折弯”下，用户可以控制折弯的默认角度。

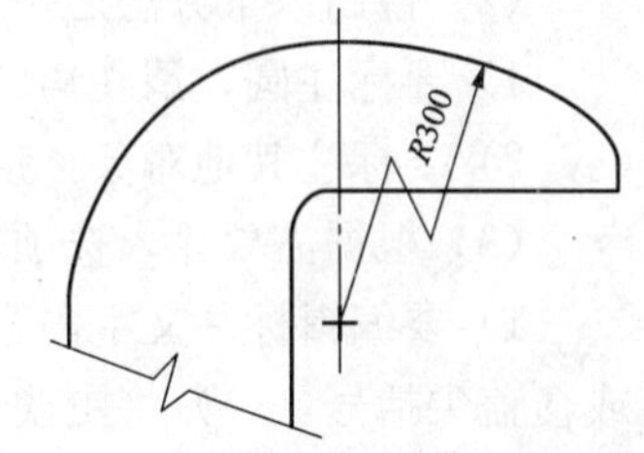

图 6-19 折弯标注示例

功能区“默认”选项卡：“注释”面板→“折弯”。

功能区“注释”选项卡：“标注”面板→“折弯”。

“标注”工具栏：。

“标注”菜单：“折弯”。

命令：dimjogged。

创建折弯半径标注的步骤如下。

(1) 依次单击“默认”选项卡→“注释”面板→“折弯”。

(2) 选择圆弧、圆或多段线圆弧段。

(3) 指定标注原点的位置（中心位置替代）。

(4) 指定尺寸线角度和标注文字位置的点。

(5) 指定标注折弯位置的另一个点。

七、直径标注

该命令可用于创建圆和圆弧的直径标注。直径标注测量选定圆或圆弧的直径，并显示前面带有直径符号的标注文字。可以使用夹点轻松地重新定位生成的直径标注。

功能区“默认”选项卡：“注释”面板→“直径”。

功能区“注释”选项卡：“标注”面板→“直径”。

“标注”工具栏：。

“标注”菜单：“直径”。

命令：dimdiameter。

创建直径标注的步骤如下。

(1) 依次单击“默认”选项卡“注释”面板“直径”。

(2) 选择要标注的圆或圆弧。

(3) 根据需要输入选项：

1) 要编辑标注文字内容，请输入“t”（文字）或“m”（多行文字）。在尖括号内编辑或覆盖尖括号（〈〉）将更改或删除标注值。通过在括号前后添加文字可以在标注值前后附加文字。

2) 要改变标注文字的角度，请输入“a”（角度）。

(4) 指定引线的位置。

八、角度标注

该命令可用于创建角度标注。角度标注可以测量选定的几何对象或 3 个点之间的角度。

功能区“默认”选项卡：“注释”面板→“角度”。

功能区“注释”选项卡：“标注”面板→“角度”。

“标注”工具栏：。

“标注”菜单：“角度”。

命令：dimangular。

创建角度标注的步骤如下。

（1）依次单击“默认”选项卡→“注释”面板→“角度”。

（2）使用以下方法之一：

1）要标注圆，请在角的第一端点选择圆，然后指定角的第二端点。

2）要标注其他对象，请选择第一条直线，然后选择第二条直线。

（3）根据需要输入选项：

1）要编辑标注文字内容，请输入“t”（文字）或“m”（多行文字）。在尖括号内编辑或覆盖尖括号（〈〉）将更改或删除计算的标注值。通过在括号前后添加文字可以在标注值前后附加文字。

2）要编辑标注文字角度，请输入“a”（角度）。

3）要将标注限制到象限点，请输入“q”（象限点），并指定要测量的象限点。

（4）指定尺寸线圆弧的位置。

九、基线标注

该命令可用于从上一个标注或选定标注的基线处创建线性标注、角度标注或坐标标注，如图 6-20 所示。可以通过标注样式管理器、“直线”选项卡和“基线间距”（DIMDLI 系统变量）设定基线标注之间的默认间距。默认情况下，基线标注的标注样式是从上一个标注或选定标注继承的。用户可以使用 DIMCONTINUEMODE 更改默认设置，以使用当前标注样式。

功能区“注释”选项卡：“标注”面板→“基线”。

“标注”工具栏：。

“标注”菜单：“基线”。

命令：dimbaseline。

选择线性标注或角度标注后，可将光标悬停在尺寸线的端点夹点上，此时 AutoCAD 会自动弹出“夹点菜单”，如图 6-21 所示，用户可以从“夹点菜单”中选择“基线标注”和“连续标注”命令。

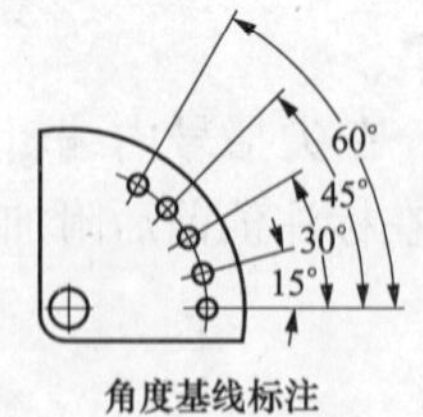

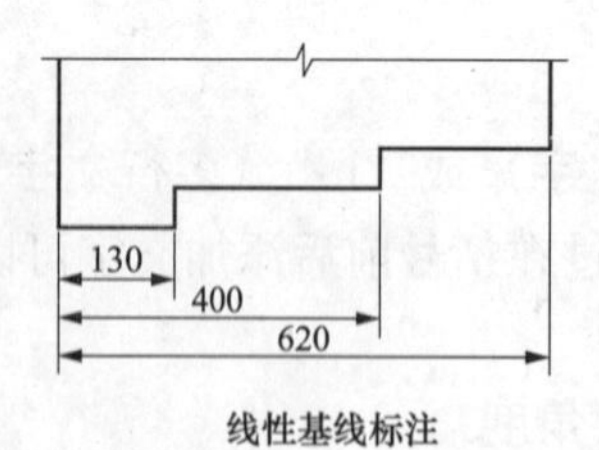

图 6-20　基线标注示例

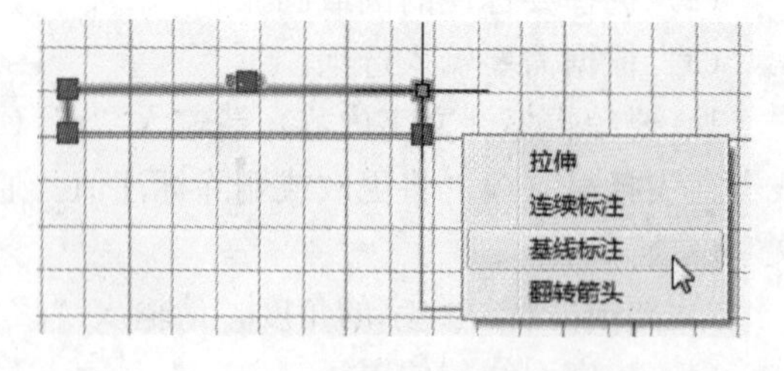

图 6-21　夹点菜单示例

创建基线标注的步骤如下。

（1）依次单击“注释”选项卡→“标注”面板→“基线”。默认情况下，上一个创建的线性或角度标注的原点用作新基线标注的第一尺寸界线。提示用户指定第二条尺寸线。

（2）使用对象捕捉选择第二条尺寸界线的原点，或按 Enter 键选择任一标注作为基准标注。第二条尺寸线将以指定的距离自动放置，该距离由位于“标注样式管理器”的“直线”

选项卡上的“基线间距”选项指定。

（3）使用对象捕捉指定下一个尺寸界线原点。

（4）根据需要可继续选择尺寸界线原点。

（5）按两次 Enter 键结束命令。

十、连续标注

该命令可用于从上一个标注或选定标注的第二条尺寸界线处创建线性标注、角度标注或坐标标注。连续标注从创建的上一个线性约束、角度约束或坐标标注继续创建其他标注，或者从选定的尺寸界线继续创建其他标注。默认情况下，连续标注的标注样式从上一个标注或选定标注继承。用户可以使用 DIMCONTINUEMODE 更改默认设置，以使用当前标注样式。

功能区“注释”选项卡：“标注”面板→“连续”。

“标注”工具栏：。

“标注”菜单：“连续”。

命令：dimcontinue。

创建连续标注的步骤如下。

（1）依次单击“注释”选项卡→“标注”面板→“连续”。上一次创建的线性标注或角度标注的第二条尺寸界线的原点被用作连续标注的第一个尺寸界线的原点。

（2）使用对象捕捉指定其他尺寸界线原点。

（3）按两次 Enter 键结束命令。

十一、快速标注

该命令可用于快速创建或编辑一系列标注。创建系列基线或连续标注，或者为一系列圆或圆弧创建标注时，此命令特别有用。

功能区“注释”选项卡：“标注”面板→“快速”。

“标注”工具栏：。

“标注”菜单：“快速标注”。

命令：qdim。

AutoCAD 提示：

命令：qdim

选择要标注的几何图形：（选择要标注的对象或要编辑的标注并按 ENTER 键）

指定尺寸线位置或 [连续 (C)/并列 (S)/基线 (B)/坐标 (O)/半径 (R)/直径 (D)/基准点 (P)/编辑 (E)/设置 (T)] 〈当前〉：（指定尺寸线的位置，或输入选项或按 ENTER 键）

1）连续：创建一系列连续标注，其中线性标注线端对端地沿同一条直线排列。

2）并列：创建一系列并列标注，其中线性尺寸线以恒定的增量相互偏移。

3）基线：创建一系列基线标注，其中线性标注共享一条公用尺寸界线。

4）坐标：创建一系列坐标标注，其中元素将以单个尺寸界线以及 X 或 Y 值进行注释。相对于基准点进行测量。

5）半径：创建一系列半径标注，其中将显示选定圆弧和圆的半径值。

6）直径：创建一系列直径标注，其中将显示选定圆弧和圆的直径值。

7）基准点：为基线和坐标标注设置新的基准点。AutoCAD 提示如下：

选择新的基准点：(指定新的基准点)

8）编辑：在生成标注之前，删除出于各种考虑而选定的点位置。输入“E”，AutoCAD 继续提示：

指定要删除的标注点或［添加（A)/退出（X)］〈退出〉：(指定点、输入“a”或按 Enter 键返回到上一个提示)

9）设置：为指定尺寸界线原点（交点或端点）设置对象捕捉优先级。AutoCAD 提示如下：

关联标注优先级［端点（E)/交点（I)］：(指定关联标注的优先级)

十二、公差标注

该命令可用于创建包含在特征控制框中的形位公差。形位公差定义图形中形状或轮廓、方向、位置和跳动相对精确几何图形的最大允许误差。它们指定实现正确功能所要求的精确度，并与 AutoCAD 中所绘制的对象匹配。

功能区“注释”选项卡：“标注”面板→“公差”。

“标注”工具栏：。

“标注”菜单：“公差”。

命令：tolerance。

用上面的方法之一执行公差标注命令，将打开形位公差对话框，如图 6-22 所示。

对话框主要项的功能如下：

(1)“符号”选项组：确定形位公差的符号。单击其中的某一黑色方框，将弹出如图 6-23 所示的“符号”窗口。

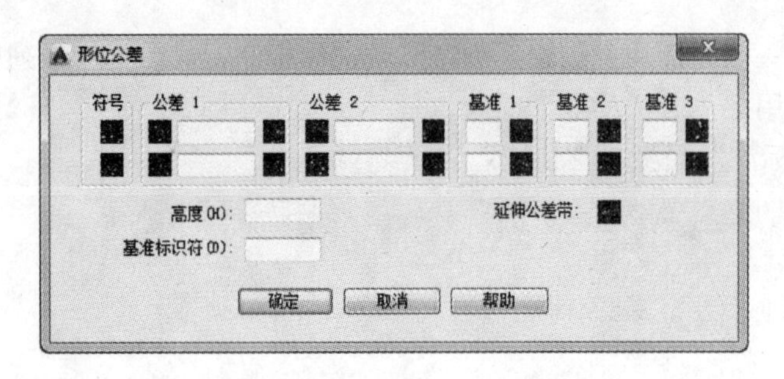

图 6-22 “形位公差”对话框

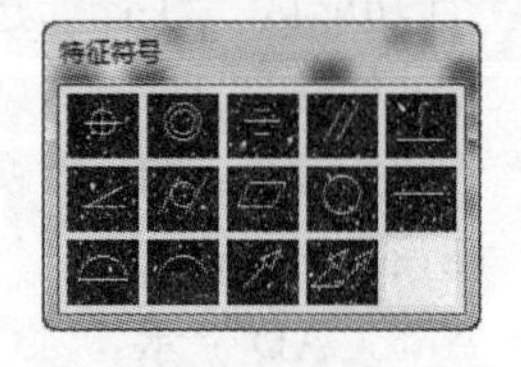

图 6-23 “符号”窗口

用户可从该对话框确定所需要的符号。单击某一符号，AutoCAD 返回到“形位公差”对话框，并在相应位置显示出该符号。

(2)“公差”选项组：在特征控制框中创建公差值。公差值指明了几何特征相对于精确形状的允许偏差量。可在公差值前插入直径符号，在其后插入包容条件符号。

1）第一个框：单击该框在公差值前插入一个直径符号（∅）。

2）第二个框：创建公差值。在框中输入值。

图 6-24 “包容条件”窗口

3）第三个框：单击该框打开“附加符号”对话框（见图 6-24)，从中选择修改符号。这些符号可以作为几何特征和大小可改变的特征公差值的修饰符。

(3)“基准”选项框：在特征控制框中创建第一级基准参照。

基准参照由值和修饰符号组成。基准是理论上精确的几何参照，用于建立特征的公差带。

1）第一个框：创建基准参照值。

2）第二个框：单击打开“附加符号”对话框，从中选择修饰符号。这些符号可以作为基准参照的修饰符。在“形位公差”对话框中，将符号插入到基准参照的“附加符号”框中。

（4）“高度”编辑框：创建特征控制框中的投影公差零值。投影公差带控制固定垂直部分延伸区的高度变化，并以位置公差控制公差精度。

（5）“投影公差带”选项框：单击该黑框，则在投影公差带值的后面插入投影公差带符号Ⓟ。

（6）“基准标识符”编辑框：创建由参照字母组成的基准标识符。基准是理论上精确的几何参照，用于建立其他特征的位置和公差带。点、直线、平面、圆柱或者其他几何图形都能作为基准。

通过“形位公差”对话框确定要标注的内容后，单击[确定]按钮，AutoCAD将转换到绘图窗口，并提示：

输入公差位置：（在绘图窗口拾取标注公差的位置即可。）

公差标注示例如图6-25所示。

十三、圆心标记标注

该命令可用于创建圆和圆弧的圆心标记或中心线。用户可以通过标注样式管理器、“符号和箭头”选项卡和“圆心标记”（DIMCEN系统变量）设定圆心标记组件的默认大小。也可以选择圆心标记或中心线，并在设置标注样式时指定它们的大小。还可以使用DIMCEN系统变量修改圆心标记的设置。

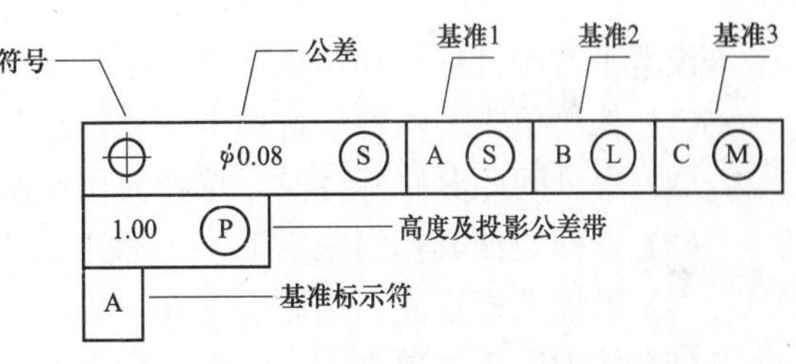

图6-25　公差标注示例

功能区“注释”选项卡：“标注”面板→“圆心标记”。

“标注”工具栏：。

“标注”菜单：“圆心标记”。

命令：dimcenter。

AutoCAD提示：

命令：dimcenter

选择圆弧或圆：（使用对象选择方法，选择圆弧或圆。）

十四、标注间距

该命令可用于调整线性标注或角度标注之间的间距。平行尺寸线之间的间距将设为相等，也可以通过使用间距值“0”使一系列线性标注或角度标注的尺寸线齐平。间距仅适用于平行的线性标注或共用一个顶点的角度标注。

功能区“注释”选项卡：“标注”面板→“调整间距”。

“标注”工具栏：。

“标注”菜单：“标注间距”。

命令：dimspace。

Dimspace命令可以自动调整图形中现有的平行线性标注和角度标注，以使其间距相等或在尺寸线处相互对齐。使用 Dimspace 命令可以将重叠或间距不等的线性标注和角度标注隔开。选择的标注必须是线性标注或角度标注并属于同一类型（旋转或对齐标注）、相互平行或同心并且在彼此的尺寸界线上，也可以通过使用间距值“0”对齐线性标注和角度标注。

图 6-26 显示了间距不等的平行线性标注以及使用 Dimspace 命令之后等间距的平行线性标注。

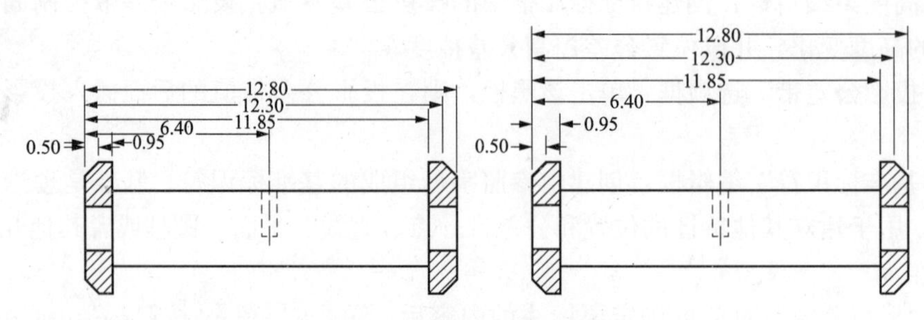

图 6-26 调整标注间距示例

设置平行线性标注和角度标注间距的步骤如下。

(1) 依次单击“注释”选项卡→“标注”面板→“调整间距”。

(2) 等分间距分布标注时，选择要用作基准标注的标注。

(3) 选择要使其等间距的下一个标注。

(4) 继续选择标注，然后按 Enter 键。

(5) 输入以下选项之一：

1) a（自动）：自动调整标注的间距，调整后的间距距离是标注文字高度的两倍。

2) 输入间距值：以指定距离间隔标注。

3) 0：对齐标注。

(6) 按 Enter 键结束命令。

十五、打断标注

该命令可用于在标注和尺寸界线与其他对象的相交处打断或恢复标注和尺寸界线。可以将折断标注添加到线性标注、角度标注和坐标标注等。

功能区“注释”选项卡：“标注”面板→“打断”。

“标注”工具栏：。

“标注”菜单：“标注打断”。

命令：dimbreak。

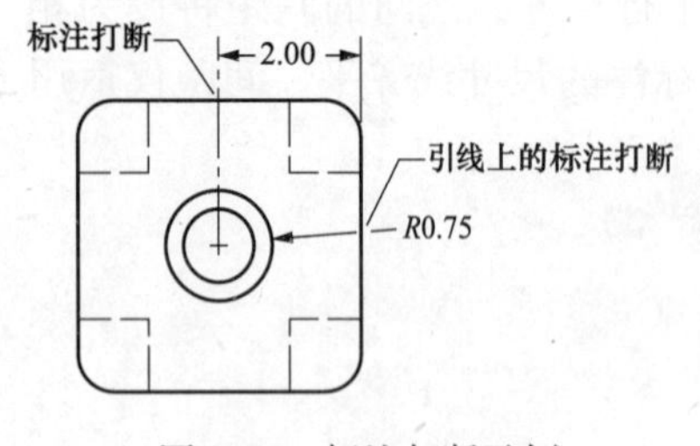

图 6-27 标注打断示例

使用折断标注可以使尺寸线、尺寸界线或引线不显示，似乎它们是设计的一部分，如图 6-27 所示。可以自动或手动将折断标注添加到标注或多重引线。根据与标注或多重引线相交的对象数量选择放置折断标注的方法。也可以使用 dimbreak 的“删除”选项从标注或多重引线删除折断标注。当删除它们时，将从选定标注或多重引线删除所有折断标注，但始终可以逐一将其重新添加。

可以将折断标注添加到以下标注和引线对象：

（1）线性标注，包括对齐的和旋转的。

（2）角度标注，包括2点和3点。

（3）半径标注，包括半径、直径和折弯。

（4）弧长标注。

（5）坐标标注。

（6）使用直线引线的多重引线。

以下标注和引线对象不支持折断标注：

1）使用样条曲线引线的多重引线。

2）使用 leader 或 qleader 命令创建的引线。

创建折断标注的步骤如下。

（1）依次单击“注释”选项卡→“标注”面板→“打断”。

（2）选择标注或多重引线。

（3）输入以下选项之一：

1）a（自动）：自动创建标注打断。

2）m（手动）：手动创建标注打断。

3）r（删除）：从标注或多重引线中删除所有折断。

4）选择一个与标注或多重引线相交的对象：为相交对象创建单个折断标注。

（4）按 Enter 键结束命令。

十六、折弯标注

该命令可用于在线性标注或对齐标注中添加或删除折弯线。标注中的折弯线表示所标注对象中的折断。标注值表示实际距离，而不是图形中测量的距离。

功能区“注释”选项卡：“标注”面板→“折弯线性”。

“标注”工具栏：。

“标注”菜单：“折弯线性”。

命令：dimjogline。

折弯线用于表示不显示线性标注中实际测量值的标注值。通常，标注的实际测量值小于显示的值。折弯由两条平行线和一条与平行线成52°的交叉线组成，如图6-28所示。折弯的高度由为标注样式（dimtxt）定义的文字高度乘以折弯高度因子的值决定，它可以在“标注样式管理器”的“符号和箭头”选项卡中设置。

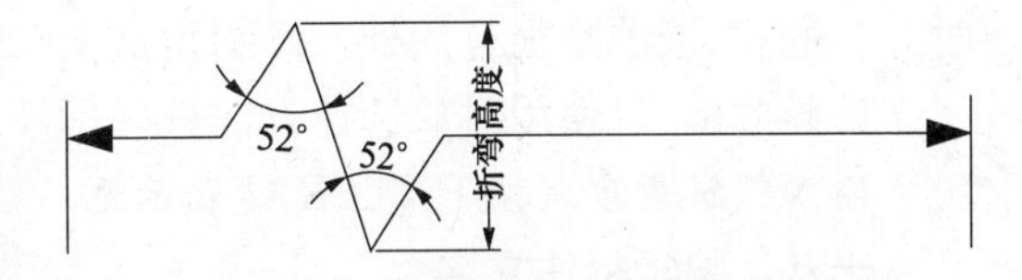

图6-28 线性标注中的折弯示例

将折弯添加到线性标注后，可以使用夹点定位折弯。要重新定位折弯，请选择标注然后选择夹点。沿着尺寸线将夹点移至另一点。

使用夹点在线性标注上重新定位折弯的步骤如下。

（1）在所有命令均处于不活动状态时，选择具有要重新定位的折弯的线性标注。

（2）选择折弯中间的夹点。亮显选定的夹点，并激活默认夹点模式“拉伸”。

（3）沿尺寸线拖动十字光标，然后单击可以重新定位折弯。如果要沿尺寸线放置折弯而不更改尺寸线的位置，请打开正交模式。

将折弯添加到线性标注的步骤如下。

（1）依次单击功能区“注释”选项卡→“标注”面板→“折弯线性”。

（2）选择线性标注。

（3）在尺寸线上指定一点用于折弯。

删除线性标注上的折弯的步骤如下。

（1）依次单击功能区“注释”选项卡→“标注”面板→“折弯线性”。

（2）输入“r”（删除），然后按 Enter 键。

（3）选择线性标注。

十七、编辑标注

该命令可用于编辑标注文字和尺寸界线。可以旋转、修改或恢复标注文字、更改尺寸界线的倾斜角。移动文字和尺寸线的等效命令为 dimtedit。

功能区“注释”选项卡：“标注”面板→“倾斜”。

“标注”菜单：“倾斜”。

“标注”工具栏：。

命令：dimedit。

AutoCAD 提示：

命令：_dimedit

输入标注编辑类型［默认（H）/新建（N）/旋转（R）/倾斜（O）］〈默认〉：（输入选项或按 Enter 键）

1）默认（H）：将旋转标注文字移回默认位置。选定的标注文字移回到由标注样式指定的默认位置和旋转角。

2）新建（N）：使用在位文字编辑器更改标注文字。

3）旋转（R）：旋转标注文字。

指定标注文字的角度：（输入标注文字要旋转的角度。）

选择对象：（在绘图窗口拾取要编辑的标注。）

4）倾斜（O）：调整线性标注尺寸界线的倾斜角度。当尺寸界线与图形的其他要素冲突时，“倾斜”选项将很有用处。倾斜角从 UCS 的 X 轴进行测量，如图 6-29 所示。

选择对象：（使用对象选择方法选择标注对象）

输入倾斜角度（按 ENTER 键表示无）：（输入角度或按 Enter 键）

十八、编辑标注文字

该命令可用于移动和旋转标注文字并重新定位尺寸线。使用此命令更改或恢复标注文字的位置、对正方式和角度。用户也可以使用它更改尺寸线的位置。等效命令 dimedit 编辑标注文字和更改尺寸界线角度。在许多情况下，选择和编辑标注文字夹点可以是一个便捷的替代方式。

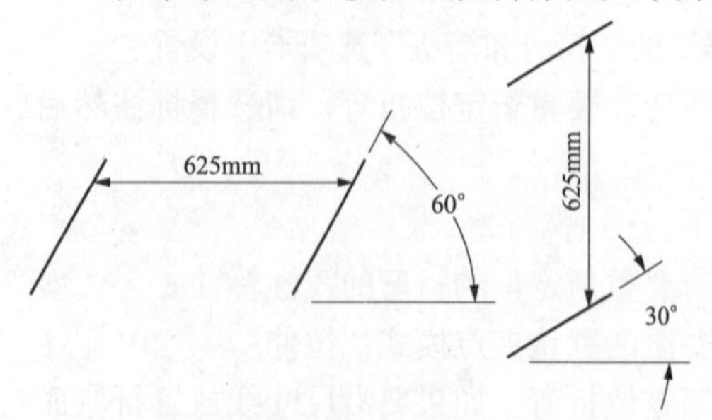

图 6-29 倾斜角度示例

1. 使用编辑标注文字命令编辑标注文字

功能区“注释”选项卡：“标注”面板→“文字对齐”子命令。

“标注”工具栏：。

"标注"菜单："对齐文字"子命令。

命令：dimtedit。

AutoCAD 提示：

命令：_ dimtedit

选择标注：(选择标注对象)

为标注文字指定新位置或［左对齐（L)/右对齐（R)/居中（C)/默认（H)/角度（A)］：(指定点或输入选项)

1）指定标注文字的新位置：标注和尺寸界线将自动调整。尺寸样式决定标注文字显示在尺寸线的上方、下方还是中间。

2）左对齐：沿尺寸线左对正标注文字，如图 6-30（a）所示。本选项只适用于线性、直径和半径标注。

3）右对齐：沿尺寸线右对正标注文字，如图 6-30（b）所示。本选项只适用于线性、直径和半径标注。

4）居中：将标注文字放在尺寸线的中间，如图 6-30（c）所示。此选项只适用于线性、半径和直径标注。

5）默认：将标注文字移回默认位置，如图 6-30（d）所示。

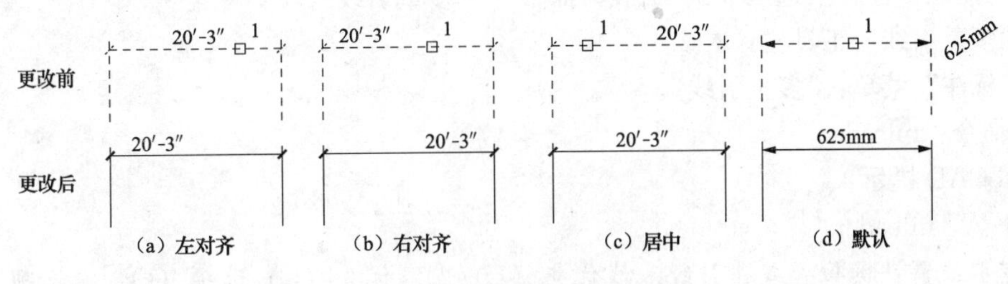

图 6-30　文字对齐方式示例

6）角度（A)：修改标注文字的角度。文字的圆心并没有改变。如果移动了文字或重生成了标注，由文字角度设置的方向将保持不变。输入零度角将使标注文字以默认方向放置。文字角度从 UCS 的 X 轴进行测量，如图 6-31 所示。输入"A"，AutoCAD 继续提示：

输入标注文字的角度：(输入文字的角度。)

2. 使用标注文字夹点编辑标注文字

将光标悬停在标注文字夹点上，可以打开如图 6-32 所示的快捷菜单。利用该菜单可以快速访问下列功能：

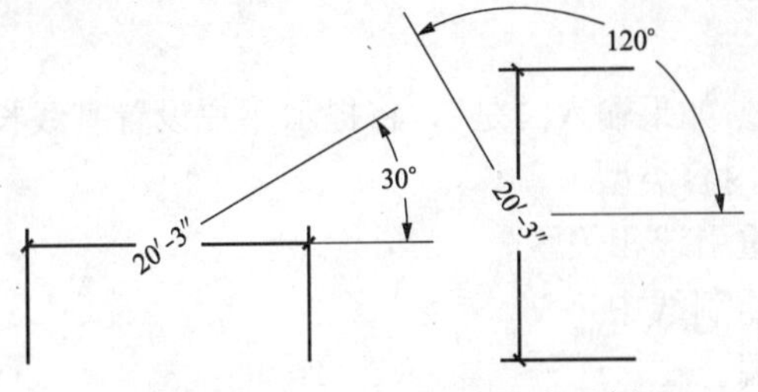

图 6-31　修改标注文字角度示例

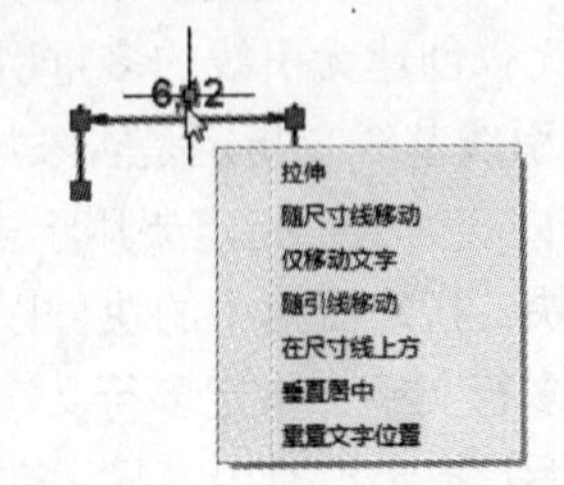

图 6-32　标注文字夹点快捷菜单

（1）拉伸：（这是默认的夹点行为）

1）如果将文字放置在尺寸线上，拉伸将移动尺寸线，使其远离或靠近正在标注的对象。使用命令行提示指定不同的基点或复制尺寸线。

2）如果从尺寸线上移开文字，带或不带引线，拉伸将移动文字而不移动尺寸线。

（2）与尺寸线一起移动：将文字放置在尺寸线上，然后将尺寸线远离或靠近被标注对象（没有其他提示）。

（3）仅移动文字：定位标注文字而不移动尺寸线。

（4）与引线一起移动：将带有引线的标注文字定位到尺寸线。

（5）尺寸线上方：在尺寸标注线的上方定位标注文字（用于垂直标注的尺寸线的左侧）。

（6）垂直居中：定位标注文字，以使尺寸线穿过垂直居中的文字。

（7）重置文字位置：基于活动的标注样式，将标注文字移回其默认（或“常用”）的位置。

十九、多重引线

该命令可用于创建多重引线对象。多重引线对象通常包含箭头、水平基线、引线或曲线和多行文字对象或块。多重引线可创建为箭头优先、引线基线优先或内容优先。如果已使用多重引线样式，则可以从该指定样式创建多重引线。

功能区“默认”选项卡：“注释”面板→“引线”。

功能区“注释”选项卡：“引线”面板→“多重引线”。

“多重引线”工具栏：。

“标注”菜单：“多重引线”。

命令：mleader。

AutoCAD 提示：

命令：_ mleader

指定引线箭头的位置或［引线基线优先（L）/内容优先（C）/选项（O）］〈选项〉：（指定多重引线对象箭头的位置或输入其他选项。）

（1）指定引线基线的位置：指定多重引线对象的基线的位置。

（2）内容优先：指定与多重引线对象相关联的文字或块的位置。

点选择：将与多重引线对象相关联的文字标签的位置设定为文本框。完成文字输入后，按 Esc 键或在文本框外单击。

（3）选项：指定用于放置多重引线对象的选项。

1）引线类型：指定如何处理引线。

a. 直线：创建直线多重引线。

b. 样条曲线：创建样条曲线多重引线。

c. 无：创建无引线的多重引线。

2）引线基线：指定是否添加水平基线。如果输入“是”，将提示用户设置基线长度。

3）内容类型：指定要用于多重引线的内容类型。

a. 块：指定图形中的块，以与新的多重引线相关联。

b. 多行文字：指定多行文字包含在多重引线中。

c. 无：指定没有内容显示在引线的末端。

4）最大节点数：指定新引线的最大点数或线段数。

5）第一个角度：约束新引线中第一个点的角度。

6）第二个角度：约束新引线中的第二个角度。

7）退出选项：退出 mleader 命令的“选项”分支。

1. 多重引线样式

多重引线样式可以控制引线的外观。用户可以使用默认多重引线样式 standard，也可以创建自己的多重引线样式。多重引线样式可以指定基线、引线、箭头和内容的格式。例如，standard 多重引线样式使用带有实心闭合箭头和多行文字内容的直线引线。多重引线样式定义后，在调用 mleader 命令时，可以将其设置为当前多重引线样式。

定义多重引线样式的步骤如下。

（1）采用下列方法之一激活“多重引线样式”命令，打开“多重引线样式管理器”对话框，如图 6-33 所示。

功能区“默认”选项卡：“注释”面板→“多重引线样式”。

功能区“注释”选项卡：“引线”面板→“多重引线样式”。

“多重引线”工具栏：。

“格式”菜单：“多重引线样式”。

命令：mleaderstyle。

（2）在多重引线样式管理器中，单击“新建”按钮，打开“创建新多重引线样式”对话框，如图 6-34 所示。

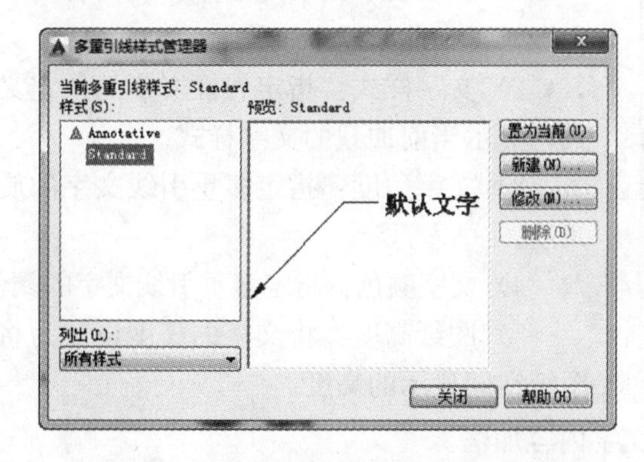

图 6-33　“多重引线样式管理器”对话框

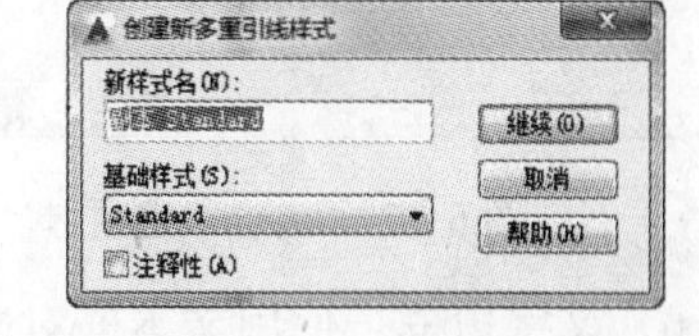

图 6-34　“创建新多重引线样式”对话框

（3）在“创建新多重引线样式”对话框中，指定新多重引线样式的名称，单击“继续”按钮，打开“修改多重引线样式”对话框，如图 6-35 所示。

（4）在“修改多重引线样式”对话框的“引线格式”选项卡中，选择或清除以下选项。

1）类型：确定基线的类型。可以选择直线基线、样条曲线基线或无基线。

2）颜色：确定基线的颜色。

3）线型：确定基线的线型。

4）线宽：确定基线的线宽。

（5）指定多重引线箭头的符号和尺寸。

（6）在“引线结构”选项卡上，如图 6-36 所示，选择或清除以下选项。

1）最大引线点数：指定多重引线基线的点的最大数目。

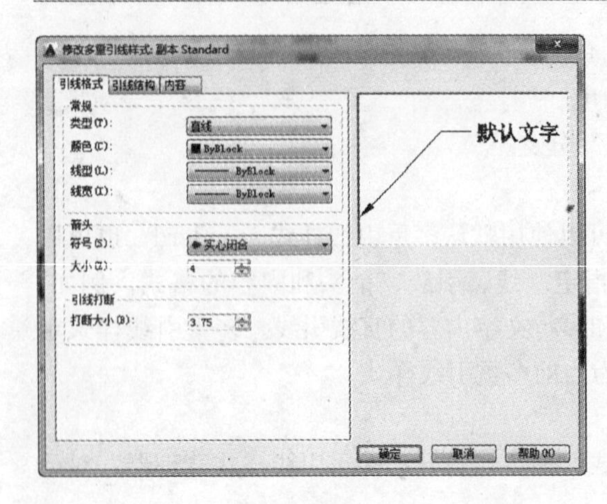

图 6-35 “修改多重引线样式”对话框

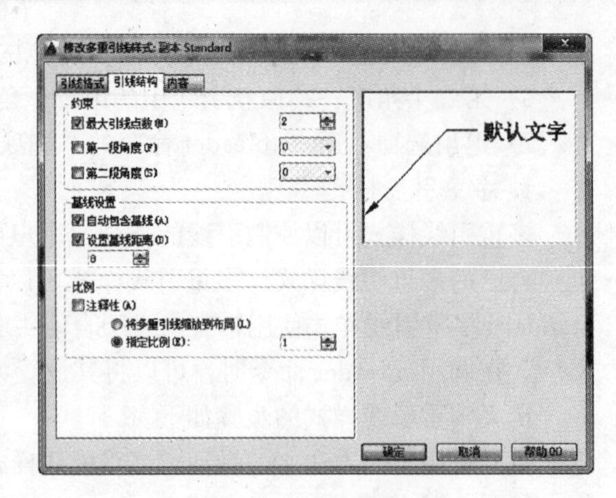

图 6-36 “引线结构”选项卡

2）第一段角度和第二段角度：指定基线中第一个点和第二个点的角度。

3）基线：保持水平。将水平基线附着到多重引线内容。

4）设置基线距离：确定多重引线基线的固定距离。

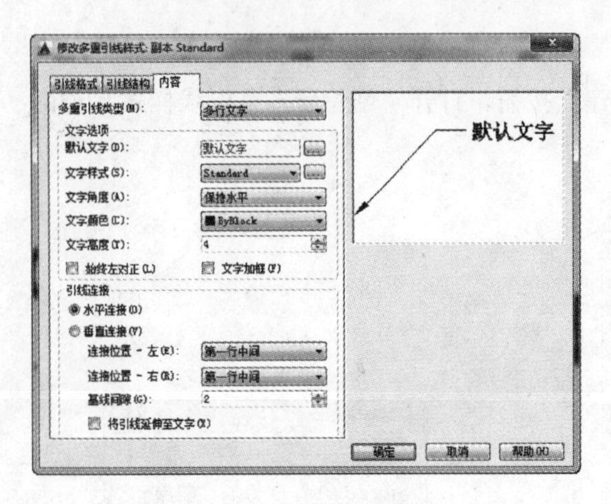

图 6-37 “内容”选项卡

（7）在“内容”选项卡上，如图 6-37 所示，为多重引线指定文字或块。如果多重引线对象包含文字内容，则选择或清除以下选项。

1）默认文字：设定多重引线内容的默认文字，可在此处插入字段。

2）文字样式：指定属性文字的预定义样式，显示当前加载的文字样式。

3）文字角度：指定多重引线文字的旋转角度。

4）文字颜色：指定多重引线文字的颜色。

5）图纸高度：将文字的高度设定为将在图纸空间显示的高度。

6）文字边框：使用文本框对多重引线文字内容加框。

7）附着：控制基线到多重引线文字的附着。

8）基线间距：指定基线和多重引线文字之间的距离。

如果指定了块内容，请选择或清除以下选项。

1）源块：指定用于多重引线内容的块。

2）附着：指定将块附着到多重引线对象的方式。可以通过指定块的范围、插入点或圆心附着块。

3）颜色：指定多重引线块内容的颜色。默认情况下，选择 ByBlock。

（8）单击“确定”按钮，完成多重引线的创建。

2. 引线对象的创建

引线对象是一条直线或样条曲线，其中一端带有箭头，另一端带有多行文字对象或块，如图 6-38 所示。在某些情况下，有一条短水平线（又称为基线）将文字或块和特征控制框连接到引线上。基线和引线与多行文字对象或块关联，因此当重定位基线时，内容和引线将随其移动。

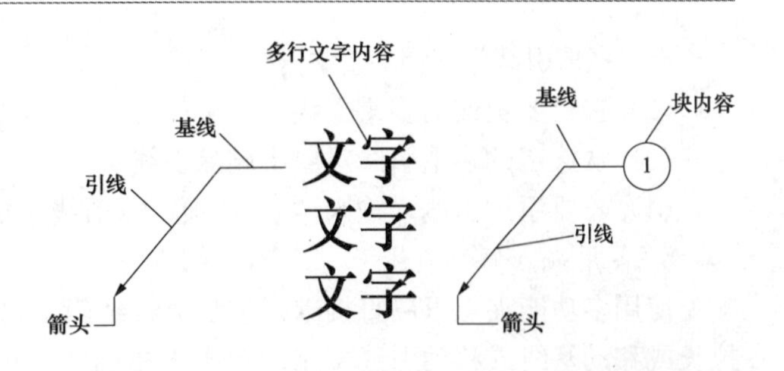

图 6-38　引线对象示例

使用直线创建引线的步骤如下。

(1) 依次单击“默认”选项卡→“注释”面板→“引线”。

(2) 在命令提示下，输入“o”以选择选项。

(3) 输入“l”可指定引线。

(4) 输入“s”以指定直线引线。

(5) 在图形中，单击引线头的起点。

(6) 单击引线的端点。

(7) 输入多行文字内容。

(8) 在“文字格式”工具栏上，单击“确定”按钮。

3. 添加引线命令

该命令可以将引线添加至多重引线对象。

(1) 采用下列方法之一激活添加引线命令：

功能区“默认”选项卡：“注释”面板→“添加引线”。

功能区“注释”选项卡：“引线”面板→“添加引线”。

“多重引线”工具栏：。

(2) 选择要更改的多重引线。

(3) 指定新引线的箭头应在的位置。

(4) 将引线添加至选定的多重引线对象。根据光标的位置，新引线将添加到选定多重引线的左侧或右侧，如图 6-39 所示。

(5) 若要删除引线，输入“r”选项，从选定的多重引线对象中删除引线，如图 6-40 所示。

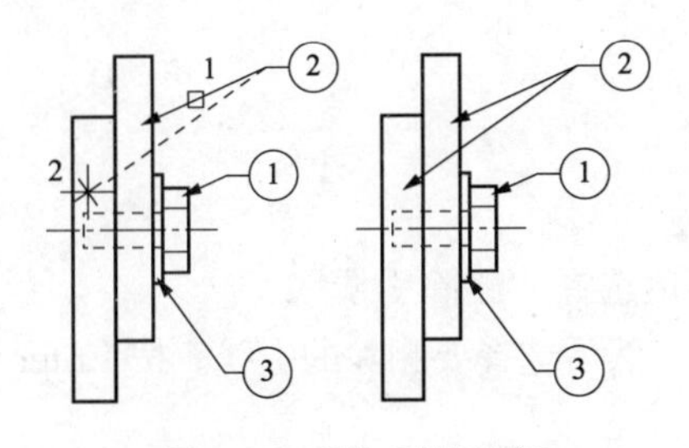

图 6-39　添加引线示例

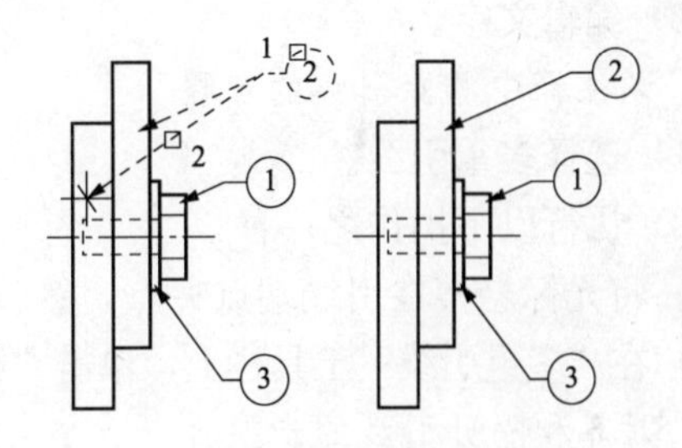

图 6-40　删除引线示例

4. 删除引线命令

该命令可以从多重引线对象中删除引线。

(1) 采用下列方法之一激活删除引线命令：

功能区“默认”选项卡：“注释”面板→“删除引线”。

功能区“注释”选项卡：“引线”面板→“删除引线”。

“多重引线”工具栏：。

（2）选择要更改的多重引线。

（3）从选定的多重引线对象中删除引线。

（4）若要添加引线，输入“a”选项，将引线添加至选定的多重引线对象。

5. 使用夹点修改引线

使用多功能夹点可以直接进行许多引线编辑。可以添加和删除引线、添加和删除顶点、拉长或移动基线或移动引线文字。单击多重引线，可以显示多重引线的夹点，如图6-41所示。将光标悬停在夹点上以访问所需的选项。

（1）光标悬停在基线夹点上，从弹出的快捷菜单中可以选择如下项。

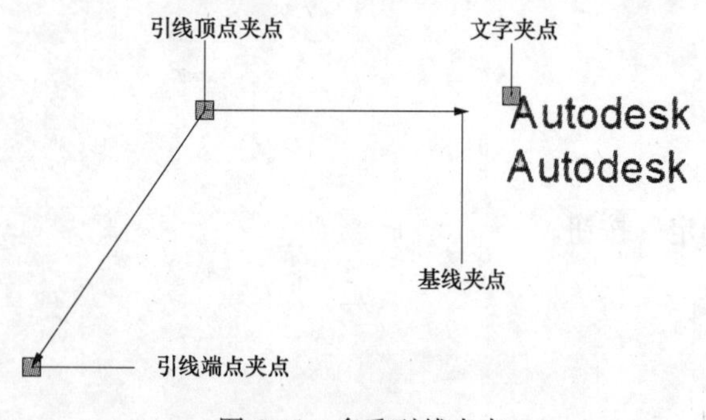

图6-41 多重引线夹点

1）拉伸：以移动引线基线。

2）拉长基线：以延伸基线。

3）添加引线：以添加一条或多条引线。

（2）光标悬停在引线端点夹点上，从弹出的快捷菜单中可以选择如下项。

1）拉伸：以移动引线端点。

2）添加顶点：以将顶点添加到引线。

3）删除引线：以删除选定的引线。

（3）光标悬停在引线顶点夹点上，从弹出的快捷菜单中可以选择如下项。

1）拉伸：以移动顶点。

2）添加顶点：以在引线上添加顶点。

3）删除顶点：以删除顶点。

6. 编辑引线文字的步骤

（1）双击要编辑的文字。如果功能区处于活动状态，将显示“多行文字”功能区上下文选项卡。如果功能区未处于活动状态，则将对单行文字和多行文字显示在位文字编辑器。对于单行文字，“文字格式”工具栏不可用。

（2）编辑文字。

7. 从注释中删除引线的步骤

（1）选择多重引线。

（2）执行以下操作之一：

1）将光标悬停在引线端点夹点，然后从夹点菜单选择“删除引线”。

2）在“多重引线”工具栏上，单击“删除引线”，然后选择要删除的引线。按Enter键。

8. 对齐和隔开引线的步骤

（1）依次单击“注释”选项卡→“多重引线”面板→“对齐”。

（2）选择要对齐的多重引线，按Enter键。

（3）在图形中指定起点以开始对齐。用户选择的点在基线引线头的位置。

（4）如果要更改多重引线对象的间距，则输入“s”，然后指定以下间距方法之一。

1）分布：将内容在两个选定的点之间均匀隔开。

2）使用当前设置：使用多重引线之间的当前间距。

3）使平行：放置内容以使选定的多重引线中最后的每条直线段均平行。

（5）在图形中，单击一点以结束对齐。

第四节　应　用　实　例

实例：按图 6-42 的尺寸对图形进行尺寸标注。

一、绘制图形（略）

二、尺寸标注

首先把尺寸标注层置为当前层，然后开始尺寸标注。

1. 直线标注

（1）依次单击“默认”选项卡→“注释”面板→“线性”。

（2）利用端点捕捉方式分别拾取 A 点和 E 点，确定线性标注的第一条和第二条尺寸界线的原点。

（3）指定尺寸线的位置。

使用同样的方法标注其他直线，如图 6-43 所示。

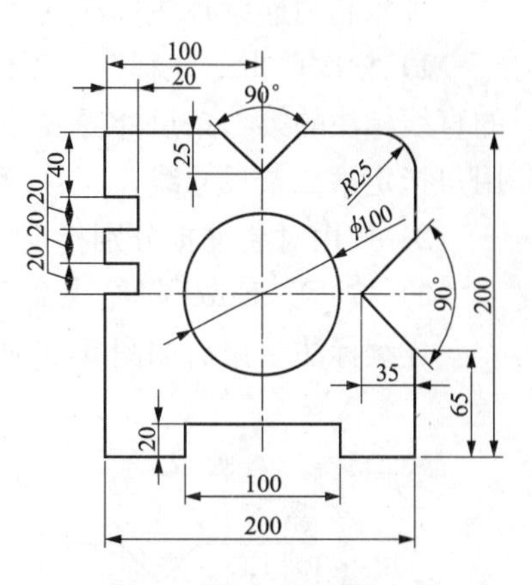

图 6-42　尺寸标注实例

AutoCAD 提供了翻转标注箭头的功能，此处利用该功能把图中直线 IJ 和 FG 的标注箭头翻转过来，方法如下：

拾取要翻转箭头的标注。

单击鼠标右键打开快捷菜单，选取“翻转箭头”，标注的一个箭头就翻转过来。

重复上一步操作翻转标注的另一个箭头。

两条直线箭头翻转后的结果如图 6-44 所示。

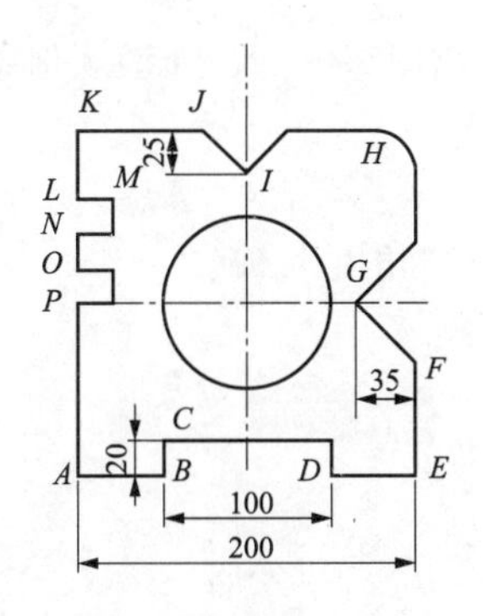

图 6-43　尺寸标注实例（一）

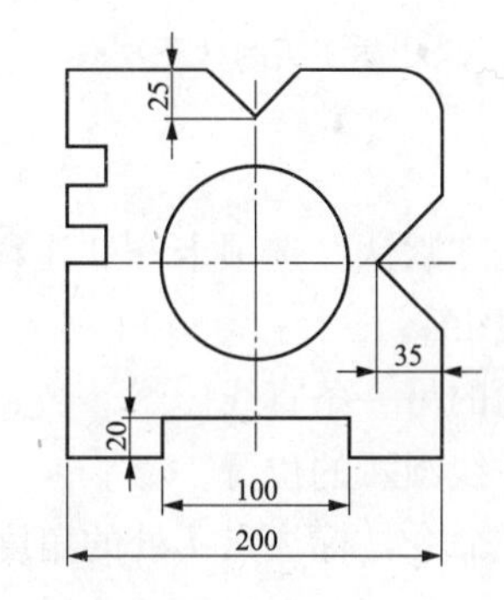

图 6-44　尺寸标注实例（二）

2. 基线标注

（1）用直线标注命令绘制一个标注基线 EF，方法同上。

（2）利用基线标注绘制标注 EH：

1）依次单击“注释”选项卡→“标注”面板→“基线”。AutoCAD 默认把刚创建的直线标注第一条尺寸界线原点（E 点）用作新基线标注的第一尺寸界线的原点，并提示用户指定第二条尺寸线。

2）使用对象捕捉选择第二条尺寸界线的原点（H 点）。

3）按两次 Enter 键结束命令。

利用同样的方法绘制基线标注 KM 和 KJ，结果如图 6-45 所示。

3. 连续标注

（1）用直线标注命令绘制一个标注基线 KL，方法同上。

（2）利用连续标注标注其他尺寸：

1）依次单击“注释”选项卡→“标注”面板→“连续”。AutoCAD 默认把刚创建的直线标注的第二条尺寸界线的原点（L 点）用作连续标注的第一尺寸界线的原点，并提示用户指定第二条尺寸线。

2）使用对象捕捉分别指定 N、O、P 各点。

3）按两次 Enter 键结束命令。

连续标注结束后如图 6-46 所示。

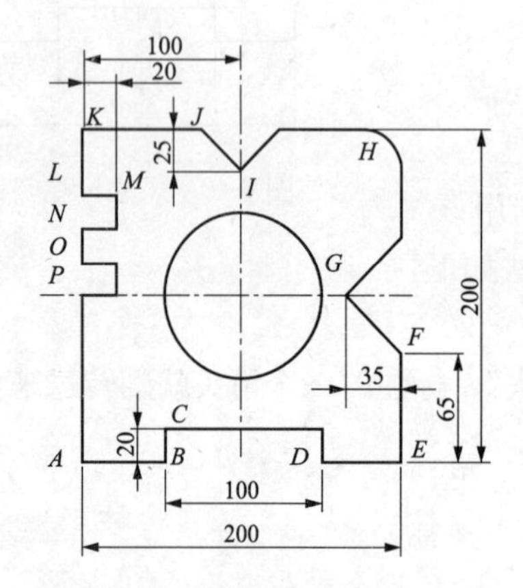

图 6-45 尺寸标注实例（三）

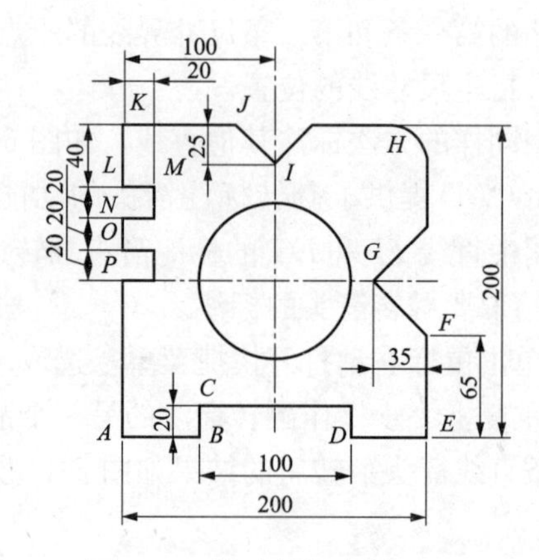

图 6-46 尺寸标注实例（四）

4. 角度标注

（1）依次单击“默认”选项卡→“注释”面板→“角度”。

（2）拾取直线 FG。

（3）拾取该角的另一条直线。

（4）指定尺寸线圆弧的位置。

重复角度标注命令，标注点 I 处的角度。

5. 半径标注

（1）依次单击“默认”选项卡→“注释”面板→“半径”。

（2）拾取 H 处的圆弧。

（3）拾取一点，指定尺寸线的位置。

6. 直径标注

（1）依次单击“默认”选项卡→“注释”面板→“直径”。

（2）拾取圆上一点。

（3）拾取一点，指定尺寸线的位置。

至此，标注完成，如图 6-44 所示。

本 章 小 结

本章主要介绍了 AutoCAD 标注图形尺寸的基本方法。首先对标注的基本概念、标注尺寸的基本构成和标注的关联做了简单介绍；然后详细地讲解了标注样式的创建方法以及使用的基本方法，重点讲述了 AutoCAD 中基本标注命令的使用方法和编辑尺寸标注的基本方法；最后以一个实例来讲述了各种标注命令的使用方法。尺寸标注是 AutoCAD 绘图的必不可少的一部分，希望读者能够很好地掌握。

习 题 六

1. 对第五章习题中绘制的图形进行尺寸标注。

2. 绘制下列图形并进行尺寸标注。

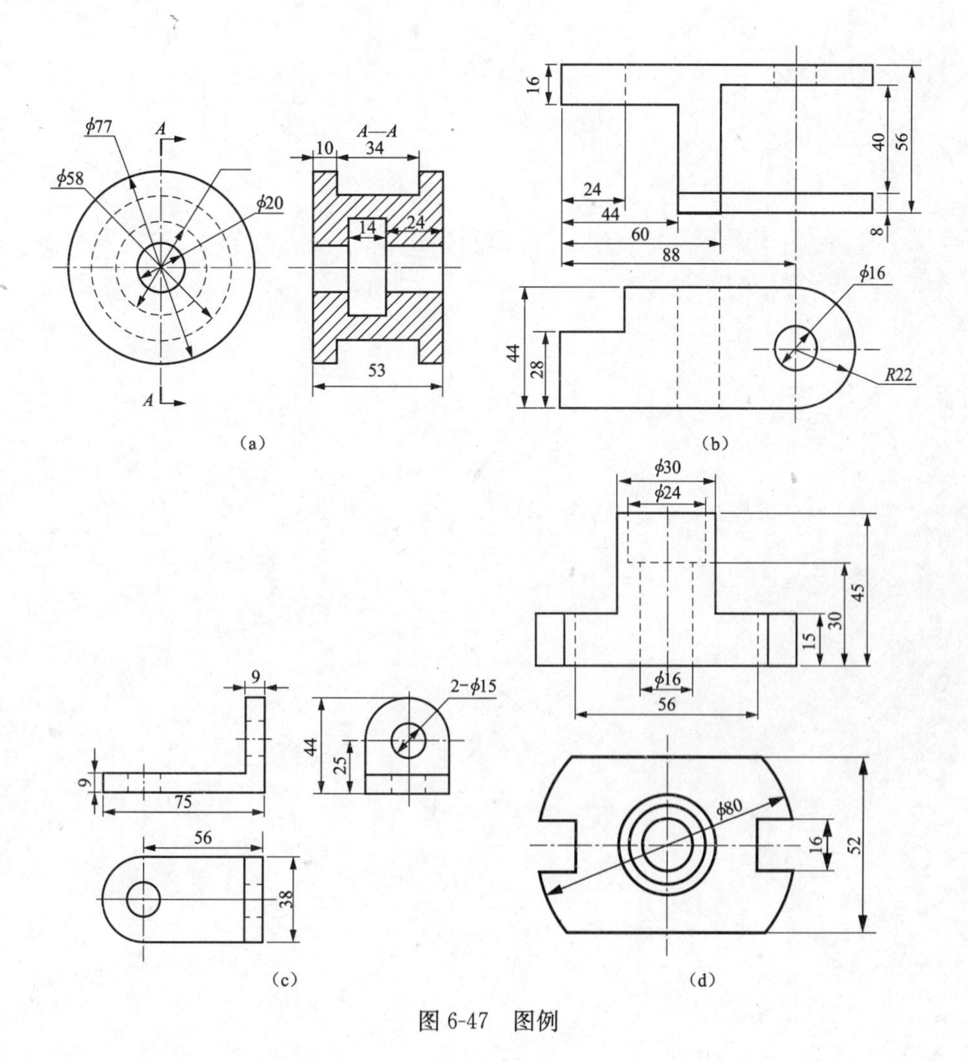

图 6-47　图例

3. 绘制下列图形并进行尺寸标注。

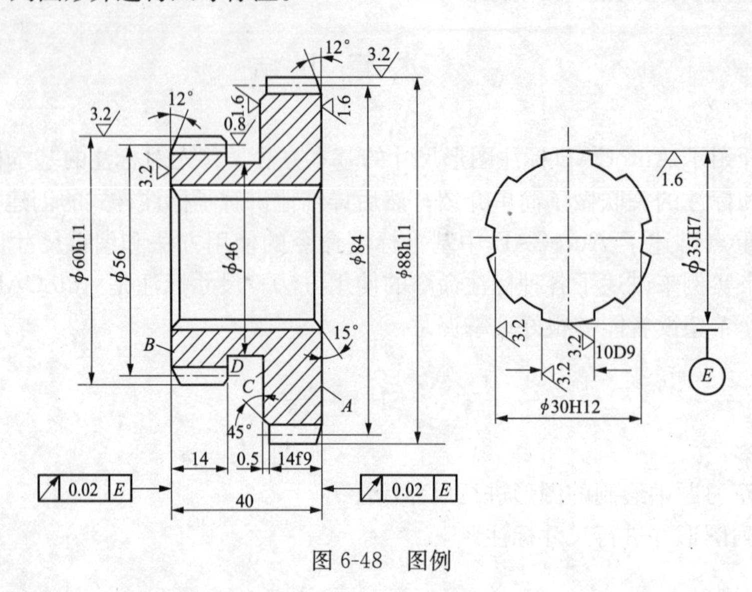

图 6-48　图例

第七章 块与动态块的创建与使用

教学目标

在 AutoCAD 中，可以将一些常用的图形制成图块，在不同的图形文件中反复调用而不用重复绘制，给大批量的绘图工作带来方便。本章主要介绍 AutoCAD 2015 中图块的定义、存储、插入及建立块的属性等相关操作，并详细讲述动态块的创建及使用方法，目的在于使读者能将这些图块的操作灵活地运用于实际的绘图中，使绘图工作更加简便、快捷。

教学重点

（1）块的创建与插入。

（2）属性块的创建方法。

（3）动态块的创建与使用方法。

第一节 块 的 概 述

块表示被结合起来以创建单一对象的一个或多个对象，用户可以在图形中插入块，或对块进行比例放缩、旋转等操作。但是，由于块被看作一个整体，用户无法直接修改块中的对象。如果要修改块中的对象，必须先将块分解为组成块的独立对象，然后再进行修改。修改结束后，再把这些对象定义成块。AutoCAD 将会自动根据修改后的定义，更新该块的所有引用文件。这是因为插入块并不是简单地将信息从块定义复制到绘图区域；相反，它同时也就插入了块参照，并建立了块参照与块定义间的链接。因此，如果修改块定义，所有的块参照也自动更新。此外，要减小图形的大小，可以使用 PURGE 命令来清理未使用的块定义。

在 AutoCAD 2015 中，利用块编辑器还可以对块添加线性、旋转、翻转、对齐、可见、查寻等动态特性。如果在图形中插入带有动态行为的块参照，就可以通过自定义夹点或自定义特性（这取决于块的定义方式）来操作该块参照中的几何图形，也就为几何图形增添了灵活性和智能性。

第二节 块 的 定 义

块在本质上是一种块定义，它包含块名、块几何图形、用于插入块时对齐块的基点位置和所有关联的属性数据。用户可以在"块定义"对话框中或通过使用"块编辑器"定义几何图形中的块。在图形中定义了块后，就可以根据作图需要将这组对象插入到图中任意指定位置，而且还可以按不同的比例和旋转角度插入。在 AutoCAD 中，使用块可以提高绘图速度、节省存储空间、便于修改图形。

一、创建块

可以通过关联对象并为它们命名或通过创建用作块的图形来创建块。

功能区“默认”选项卡：“块”面板→“创建”。

功能区“插入”选项卡：“块定义”面板→“创建”。

“绘图”工具栏：。

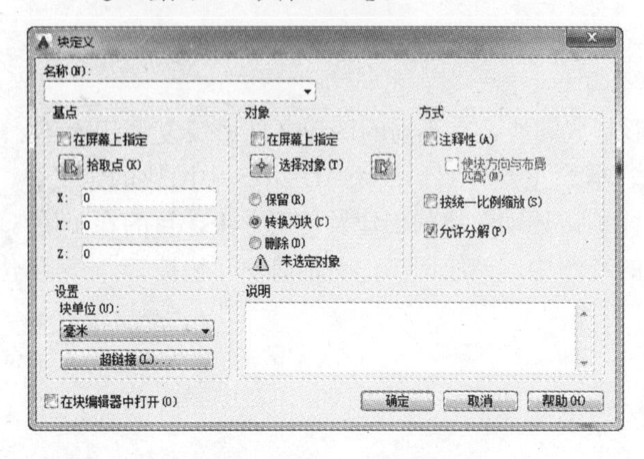

图 7-1 “块定义”对话框

“绘图”菜单：“块”→“创建”。

命令：block。

为当前图形定义块的步骤：

（1）创建要在块定义中使用的对象。

（2）依次单击“插入”选项卡→“块定义”面板→“创建块”，打开“块定义”对话框，如图 7-1 所示。

（3）在“块定义”对话框中的“名称”框中输入块名。

（4）在“块定义”对话框的“基点”下，使用以下方法之一指定块插入点：

1）单击“拾取点”，返回绘图区域使用定点设备指定一个点作为基点。

2）输入基点的 X，Y，Z 坐标值。

（5）在“块定义”对话框的“对象”下，单击“选择对象”，返回绘图窗口用定点设备选择要包括在块定义中的对象。按 Enter 键完成对象选择，返回到该对话框。

（6）在“对象”下，选择下列选项之一。

1）保留：创建块以后，将选定对象保留在图形中作为区别对象。

2）转换为块：创建块以后，将选定对象转换成图形中的块实例。

3）删除：创建块以后，从图形中删除选定的对象。

（7）在“说明”框中输入块定义的说明。此说明显示在设计中心（ADCENTER）中。

（8）单击“确定”按钮，完成块的创建。

在当前图形中定义块，可以将其随时插入。

二、创建写块

块（Block）命令创建的块，只是存在于当前图形文件的数据库中，是当前文件中的内容。只有在当前图形文件中才能用 Insert 命令插入，而写块（Wblock）命令是将块或某个图形创建为一个磁盘文件，它以文件名的形式保存在磁盘中。

功能区“插入”选项卡：“块定义”面板→“写块”。

命令：wblock（或 w）。

从选定的对象创建新图形文件的步骤如下。

（1）打开现有图形或创建新图形。

（2）依次单击“插入”选项卡→“块定义”面板→“写块”，或在命令提示下，输入“wblock”，打开“写块”对话框，如图 7-2 所示。

（3）在“写块”对话框的“源”一栏中选择“对象”选项，从当前图形中指定对象作为“写块”的对象来源。若选择“块”选项，可把现有的块另存为文件。若选择“整个图形”

选项，可把整个当前图形另存为文件。

(4) 单击“选择对象”，返回绘图窗口用定点设备选择要包括在块定义中的对象。按 Enter 键完成对象选择，返回到该对话框。

(5) 在“对象”下，选择下列选项之一：

1) 保留：创建块以后，将选定对象保留在图形中作为区别对象。

2) 转换为块：创建块以后，将选定对象转换成图形中的块实例。

3) 从图形中删除：创建块以后，从图形中删除选定的对象。

图 7-2 “写块”对话框

(6) 在“基点”下，使用以下方法之一指定新图形的图形原点 (0, 0, 0)：

1) 单击“拾取点”，返回绘图区域使用定点设备指定一个点。

2) 输入原点的 X，Y，Z 坐标值。

(7) 在“目标”下，输入新图形的文件名称和路径，或单击“...”按钮显示标准的文件选择对话框。

(8) 单击“确定”按钮，完成“写块”的创建。

注 意

写块的插入与块的插入相同，用块插入命令 (Insert)。

三、创建块的基点

如果要将当前图形插入到其他图形或从其他图形外部参照当前图形，并且需要使用除 (0, 0, 0) 以外的其他基点，请使用 BASE 命令。向其他图形插入当前图形或将当前图形作为其他图形的外部参照时，AutoCAD 将使用此基点作为插入基点。

功能区“默认”选项卡：“块”面板→“设置基点”。

功能区“插入”选项卡：“块定义”面板→“设置基点”。

“绘图或”菜单：“块”→“基点”。

命令：base (或'base 以透明使用)。

AutoCAD 提示：

命令：base

输入基点 〈0.0000, 0.0000, 0.0000〉：(指定点或输入新的基点坐标，按 Enter 键)

四、创建块的属性

块属性是附属于块的非图形信息，是块的组成部分，可包含在块定义中的文字对象。在定义一个块时，属性必须预先定义而后选定。通常属性用于在块的插入过程中进行自动注释。属性中可能包含的数据包括零件编号、价格、注释和物主的名称等。创建块属性可以定义属性模式、属性标记、属性提示、属性值、插入点以及属性的文字选项。

1. 激活命令的方法

功能区“默认”选项卡：“块”面板→“定义属性”。

功能区“插入”选项卡：“块定义”面板→“定义属性”。

“绘图”菜单：“块”→“定义属性”。

命令：attdef。

2. 块属性的定义

用上面的方法之一执行该命令，则系统将打开如图 7-3 所示的“属性定义”对话框。各项意义如下所述。

图 7-3 “属性定义”对话框

（1）模式：在图形中插入块时，设定与块关联的属性值选项。默认值存储在 AFLAGS 系统变量中。更改 AFLAGS 设置将影响新属性定义的默认模式，但不会影响现有属性定义。

1）不可见：指定插入块时不显示或打印属性值。ATTDISP 命令将替代“不可见”模式。

2）固定：在插入块时指定属性的固定属性值。此设置用于永远不会更改的信息。

3）验证：插入块时提示验证属性值是否正确。

4）预设：插入块时，将属性设置为其默认值而无需显示提示。仅在提示将属性值设置为在“命令”提示下显示（ATTDIA 设置为 0）时，应用“预设”选项。

5）锁定位置：锁定块参照中属性的位置。解锁后，属性可以相对于使用夹点编辑的块的其他部分移动，并且可以调整多行文字属性的大小。

6）多行：指定属性值可以包含多行文字，并且允许指定属性的边界宽度。

（2）属性：设定属性数据。

1）标记：指定用来标识属性的名称。使用任何字符组合（空格除外）输入属性标记。小写字母会自动转换为大写字母。

2）提示：指定在插入包含该属性定义的块时显示的提示。如果不输入提示，属性标记将用作提示。如果在“模式”区域选择“常数”模式，“属性提示”选项将不可用。

3）默认：指定默认属性值。

4）“插入字段”按钮：显示“字段”对话框，可以在其中插入一个字段作为属性的全部或部分的值。

5）“多行编辑器”按钮：选定“多行”模式后，将显示具有“文字格式”工具栏和标尺的在位文字编辑器。ATTIPE 系统变量控制显示的“文字格式”工具栏为缩略版还是完整版。

（3）插入点：指定属性位置。输入坐标值，或选择“在屏幕上指定”，并使用定点设备来指定属性相对于其他对象的位置。

1）在屏幕上指定：关闭对话框后将显示“起点”提示。使用定点设备来指定属性相对于其他对象的位置。

2）X、Y、Z：分别指定属性插入点的 X、Y、Z 坐标。

（4）文字设置：设定属性文字的对正、样式、高度和旋转。

1）对正：指定属性文字的对正。

2）文字样式：指定属性文字的预定义样式。显示当前加载的文字样式。

3）注释性：指定属性为注释性。如果块是注释性的，则属性将与块的方向相匹配。

4）文字高度：指定属性文字的高度。输入值，或选择“高度”用定点设备指定高度。此高度为从原点到指定位置的测量值。如果选择有固定高度（任何非 0.0 值）的文字样式，或者在“对正”列表中选择了“对齐”，则“高度”选项不可用。

5）旋转：指定属性文字的旋转角度。输入值，或选择“旋转”用定点设备指定旋转角度。此旋转角度为从原点到指定位置的测量值。如果在“对正”列表中选择了“对齐”或“调整”，则“旋转”选项不可用。

6）边界宽度：换行至下一行前，指定多行文字属性中一行文字的最大长度。值 0.000 表示对文字行的长度没有限制。此选项不适用于单行属性。

（5）在上一个属性定义下对齐：将属性标记直接置于之前定义的属性的下面。如果之前没有创建属性定义，则此选项不可用。

注 意

请务必确保属性标记具有唯一的名称。增强属性编辑器将任何重复的标记显示为红色。提取数据时或将重复的标记用于动态块时，它们会引发问题。

3. 修改属性定义

“修改”菜单：“对象”→“文字”→“编辑”。

双击块属性。

命令：DDEDIT。

使用以上方法之一可以打开“编辑属性定义”对话框，如图 7-4 所示。使用“标记”、“提示”和“默认”文本框可以编辑块中定义的标记、提示及默认值属性。

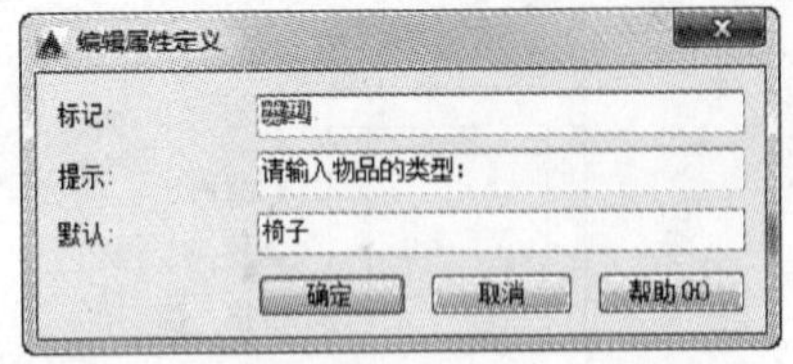

图 7-4　“编辑属性定义”对话框

4. 将属性附着于块

属性是将数据附着到块上的标签或标记。创建了存储属性特征的属性定义后，可以将其附着到块中。方法是在定义或重新定义块时，将它们包含在选择集中。要同时使用几个属性，请先定义这些属性，然后将它们包括在同一个块中。

5. 编辑块属性

功能区“默认”选项卡：“块”面板→“单个”。

功能区“插入”选项卡：“块”面板→“编辑属性”→“单个”。

“修改”菜单：“对象”→“属性”→“单个”。

“修改Ⅱ”工具栏：。

双击插入的块。

⌨ 命令：eattedit。

使用以上方法之一都可以编辑块对象的属性。在绘图窗口中选择需要编辑的块对象后，系统将打开“增强属性编辑器”对话框，如图 7-5 所示。

6. 块属性管理器

🖱 功能区“默认”选项卡：“块”面板→“属性，块属性管理器”。

🖱 功能区“插入”选项卡：“块定义”面板→“管理属性”。

🖱“修改”菜单：“对象”→“属性”→“块属性管理器”。

🖱“修改Ⅱ”工具栏：。

⌨ 命令：Battman。

使用以上方法之一可打开“块属性管理器”对话框，如图 7-6 所示，可在其中管理块中的属性。

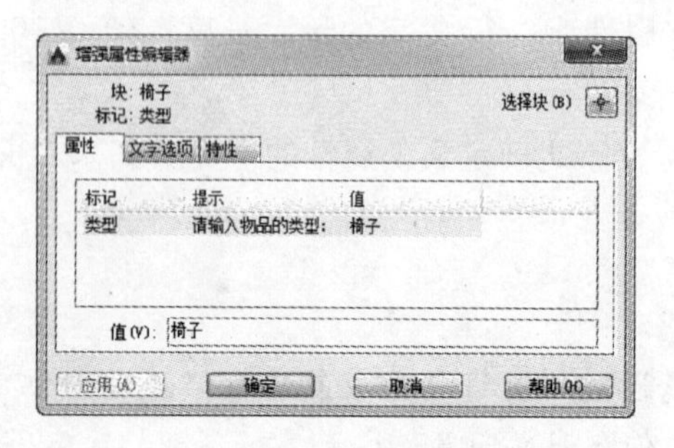

图 7-5 “增强属性编辑器”对话框

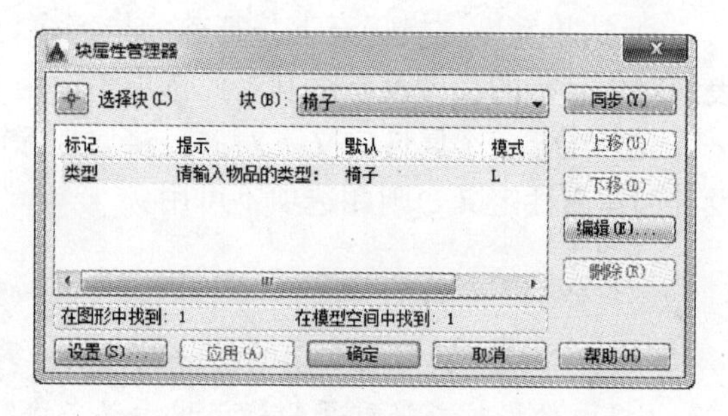

图 7-6 “块属性管理器”对话框

7. 创建与使用属性块的应用实例

图 7-7（a）显示了具有四种属性（类型、制造商、型号和价格）的 chair 块。由于标记被设置为变量，可以为每个插入的块参照添加有关每个实例的特定信息。图 7-7（b）和（c）为属性块定义后插入的两个块。下面以此为例介绍创建属性块的步骤。

（1）绘制椅子的图形（略）。

（2）创建“类型”、“制造商”、“型号”和“价格”四个属性，并放置在图 7-7（a）所示的位置。

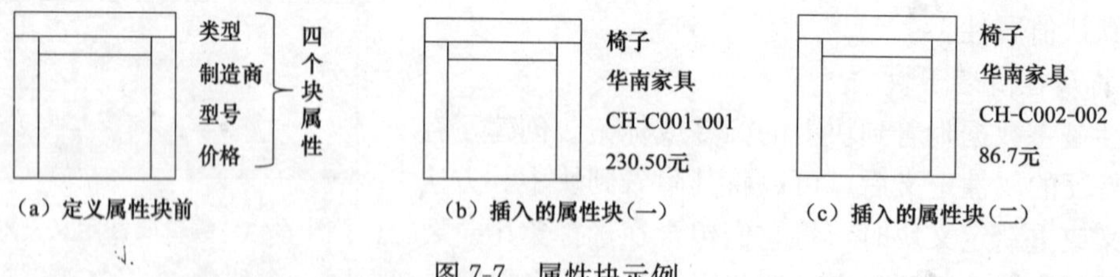

（a）定义属性块前　（b）插入的属性块（一）　（c）插入的属性块（二）

图 7-7 属性块示例

1）依次单击“默认”选项卡→“块”面板→“定义属性”。

2）在“属性定义”对话框中，设定各属性模式并输入标记信息、位置和文字选项。例如：本例中“类型”属性的设定值分别为①标记：类型；②提示：请输入物品的类型；③默认：椅子。

3）单击“确定”按钮。

(3) 创建 chair 块。

1) 依次单击“默认”选项卡→“块”面板→“创建块”。

2) 在“块定义”对话框中，设定基点位置，选择要创建为块的对象。(注意：此例中，一定要选中前面创建的四个属性)

3) 单击“确定”按钮。

(4) 插入 chair 块。

1) 依次单击“默认”选项卡→“块”面板→“插入块”。

2) 在块列表中选择 chair 块，指定插入点后会弹出如图 7-8 所示的“编辑属性”对话框。

3) 编辑块 chair 的各个属性，单击“确定”按钮。

4) 重复上面的步骤，插入第二个块。

通常，属性提示顺序与创建块时选择属性的顺序相同。但是，如果使用“窗交选择”或“窗口选择”选择属性，则提示顺序与创建属性的顺序相反。可以使用块属性管理器来更改插入块参照时提示输入属性信息的次序。在块编辑器中打开块定义时，还可以使用“属性次序”对话框（battorder 命令）来更改插入块参照时提示输入属性信息的次序。

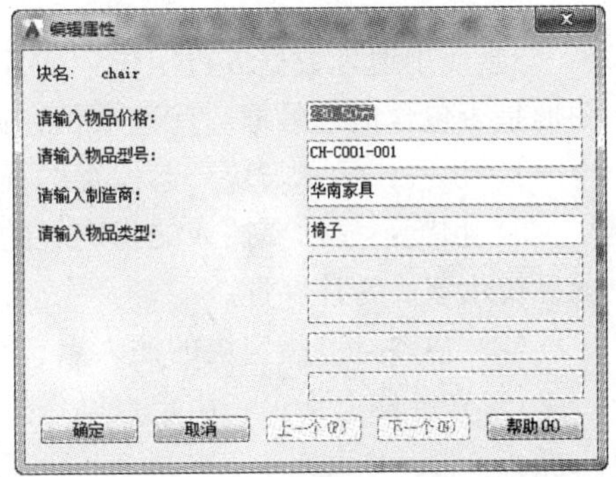

图 7-8 “编辑属性”对话框

注 意

在动态块中，由于属性的位置包括在动作的选择集中，因此必须将其锁定。

第三节　块　的　插　入

用户可以在图形中插入块或其他图形，并且在插入块的同时还可以改变所插入块或图形的比例与旋转角度。

一、使用 INSERT 命令插入块

激活命令的方法

功能区“默认”选项卡：“块”面板→“插入块”。

功能区“插入”选项卡：“块”面板→“插入块”。

“绘图”工具栏：。

“插入”菜单：“块”。

命令：insert。

如果在命令提示下输入“-insert”，INSERT 将显示命令行提示。

输入块名或［?］〈上一个〉：(输入名称，输入?，输入～，或按 Enter 键)

单位：〈为插入块指定的插入单位〉 转换：〈转换比例〉

指定插入点或［基点 (B)/比例 (S)/X (X)/Y (Y)/Z (Z)/旋转 (R)］：(在绘图窗口

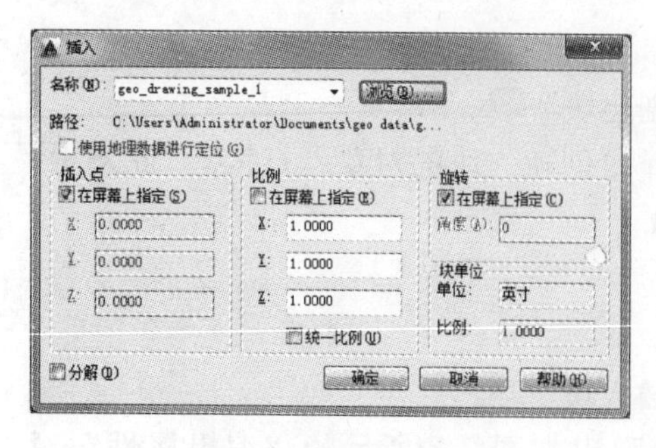

图 7-9 “插入”对话框

拾取一点，则块被插入到屏幕上。也可选择一个选项，修改放缩比例和转动角度。）

用上面的方法之一执行插入块命令，将打开“插入”对话框，如图 7-9 所示。

（1）名称：指定要插入块的名称，或指定要作为块插入文件的名称。

1）浏览：打开“选择图形文件”对话框（标准文件选择对话框），从中可选择要插入的块或图形文件。

2）路径：指定块的路径。

3）使用地理数据进行定位：插入将地理数据用作参照的图形。指定当前图形和附着的图形是否包含地理数据。此选项仅在这两个图形均包含地理数据时才可用。

4）说明：显示与块一起保存的描述。

5）预览：显示要插入的指定块的预览。预览右下角的闪电图标指示该块为动态块。图标指示该块为注释性。

（2）插入点：指定块的插入点。

1）在屏幕上指定：用定点设备指定块的插入点。（选择该项，可以返回绘图窗口指定插入点。）

2）X、Y、Z 编辑框：可以为块的插入点手动输入 X、Y 和 Z 的坐标值（在编辑框分别输入坐标值指定块的插入点。）

（3）比例：指定插入块的缩放比例。如果指定负的 X、Y 和 Z 缩放比例因子，则插入块的镜像图像。

1）在屏幕上指定：用定点设备指定块的比例。（选择该项，可以返回绘图窗口指定放缩比例。）

2）输入比例系数：可以为块手动输入比例因子（在 X、Y、Z 编辑框分别输入坐标轴上的放缩比例。）

3）统一比例：为 X、Y 和 Z 坐标指定单一的比例值（选择该项，则为 X、Y 和 Z 坐标指定单一的比例值。）

（4）旋转：在当前 UCS 中指定插入块的旋转角度。

1）在屏幕上指定：用定点设备指定块的旋转角度。

2）角度：设定插入块的旋转角度。

（5）块单位：显示有关块单位的信息。

1）单位：指定插入块的 insunits 值。

2）比例：显示单位比例因子，它是根据块和图形单位的 insunits 值计算出来的。

（6）分解：分解块并插入该块的各个部分。选定“分解”时，只可以指定统一比例因子。在图层 0 上绘制的块的部件对象仍保留在图层 0 上。颜色为 bylayer 的对象为白色。线型为 byblock 的对象具有 continuous 线型。

全部设置均完成后，单击 确定 按钮，就会按要求把块插入到指定点。

二、使用多块命令 minsert 插入块

多块插入（minsert）命令与阵列（array）命令基本相同，可以同时插入多个块。但它们的本质不同，阵列命令产生的每个目标都是图形文件中的独立对象，而用多块插入命令产生的多个块则是一个整体，用户不能单独对每个块进行编辑。

在命令行输入 minsert 命令，则系统提示如下：

命令：minsert

输入块名或［?］〈矩形〉：(输入块的名称，输入“?”列出图形中当前定义的块，或输入“~”显示“选择图形文件”对话框。)

指定插入点或［基点（B)/比例（S)/X/Y/Z/旋转（R)］：

输入 X 比例因子，指定对角点，或［角点（C)/XYZ（XYZ)］〈1〉：(在绘图窗口拾取一点作为插入点，或选择一个修改选项。)

输入 Y 比例因子或〈使用 X 比例因子〉：(输入 X 比例因子值，或输入选项或按 Enter 键取默认值。)

指定旋转角度〈0〉：(输入旋转角度。)

输入行数（---）〈1〉：2（输入块的行数。)

输入列数（|||）〈1〉：3（输入块的列数。)

输入行间距指定单位单元（---）：400（输入块的行间距)。

指定列间距（|||）：400（输入块的列间距。)

三、插入块的方法

块可以是绘制在几个图层上的不同颜色、线型和线宽特性的对象的组合。尽管块总是在当前图层上，但块参照保存了有关包含在该块中的对象的原图层、颜色和线型特性的信息。在其上创建图形对象和特定的特性设置的图层会影响插入块中的对象是保留其原特性还是继承当前图层、颜色、线型或线宽设置的特性。插入块时，可以创建块参照并指定其位置、缩放比例和旋转度。有多种插入方法可供使用：

1. 插入在当前图形中定义的块

(1) 依次单击“默认”选项卡→“块”面板→“插入”。

(2) 从下拉列表中选择一个块。

(3) 或在“插入”对话框的“名称”框中，从块定义列表中选择名称。

(4) 如果需要使用定点设备指定插入点、比例和旋转角度，则选择“在屏幕上指定”。否则，请在“插入点”、“缩放比例”和“旋转”框中分别输入值。

(5) 如果要将块中的对象作为单独的对象而不是单个块插入，则选择“分解”。

2. 通过拖放以块的形式插入图形文件

(1) 从 Windows 资源管理器或任一文件夹中，将图形文件图标拖至绘图区域。释放按钮后，将提示指定插入点。

(2) 指定插入点、缩放比例和旋转值。

3. 使用设计中心插入块

(1) 如果尚未打开设计中心，则依次单击“视图”选项卡→“选项板”面板→“设计中心”，打开设计中心。

(2) 在设计中心工具栏上单击“树状图切换”。

(3) 在树状图中，导航到包含要插入的块定义的图形。

(4) 展开图形下的列表，然后单击“块”以显示图形中块定义的图像。

（5）执行以下操作之一来插入块：

1）将块图像拖动到当前图形中。如果以后要快速插入块并将它们移动或旋转到精确的位置，请使用此选项。

2）双击要插入的块的图像。如果在插入块时要指定其确切的位置、旋转角度和比例，请使用此方法。

4. 插入块时更改块参照特性

（1）依次单击“视图”选项卡→“选项板”面板→“特性”。

（2）依次单击“默认”选项卡→“块”面板→“插入”。

（3）在“插入”对话框的“名称”框中，从块定义列表中选择名称。

（4）选择“在屏幕上指定”以使用定点设备指定下列一项或多项：

1）插入点。

2）缩放。

3）旋转。

（5）单击“确定”按钮确认操作。

（6）在“特性”选项板中，更改块（或动态块）参照的特性。

第四节 动态块的创建

一、动态块概述

动态块包含规则或参数，用于说明当块参照插入图形时如何更改块参照的外观。用户可以使用动态块插入可更改形状、大小或配置的一个块，而不是插入许多静态块定义中的一个。例如，如果块是动态的并且定义了可调整的大小，就可以通过拖动自定义夹点或通过在“特性”选项板中指定不同的大小来更改块的大小。

要使块成为动态块，除几何图形外，必须至少定义一个参数以及一个与该参数关联的动作。“参数”用于定义自定义特性，并为块中的几何图形指定了位置、距离和角度。而“动作”用于定义修改块时动态块参照的几何图形如何移动和改变。向动态块定义中添加动作后，必须将这些动作与参数相关联，并指定动作将影响的几何图形选择集。

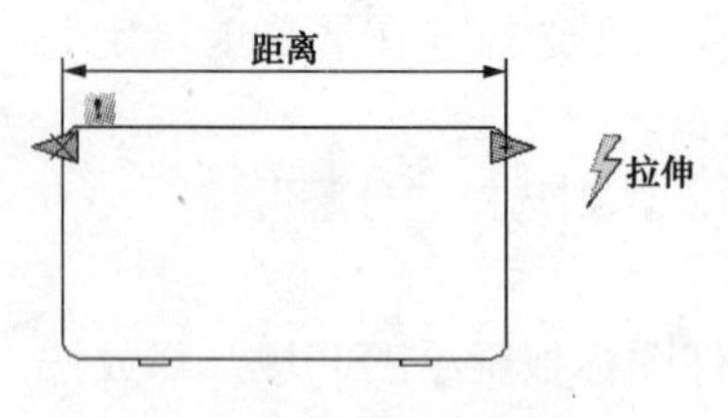

图 7-10 带有动态参数和动作书桌块示例

可以通过使用“块编辑器”向块中添加参数和动作向新的或现有的块定义中添加动态行为。图 7-10 所示的示例中，块编辑器内显示了一个书桌块，该块包含一个标有“距离”的线性参数（其显示方式与标注类似）和一个拉伸动作，该动作显示有闪电图标和“拉伸”标签。

注意

参数和动作仅显示在块编辑器中。将动态块参照插入到图形中时，将不会显示动态块定义中包含的参数和动作。

参数添加到动态块定义中后，夹点将添加到该参数的关键点。关键点是用于操作块参照的参数部分。例如，线性参数在其基点和端点具有关键点。用户可以从任一关键点操作参数距离。添加到动态块中的参数类型决定了添加的夹点类型。每种参数类型仅支持特定类型的动作。表 7-1 显示了参数、夹点和动作之间的关系。

表 7-1　　参数、夹点和动作之间的关系

参数类型	夹点	类型	可与参数关联的动作	说　明
点	■	标准	移动、拉伸	在图形中定义一个 X 和 Y 位置。在块编辑器中，外观类似于坐标标注
线性	►	线性	移动、缩放、拉伸、阵列	可显示出两个固定点之间的距离。约束夹点沿预置角度的移动。在块编辑器中，外观类似于对齐标注
极轴	■	标准	移动、缩放、拉伸、极轴拉伸、阵列	可显示出两个固定点之间的距离并显示角度值。可以使用夹点和“特性”选项板来共同更改距离值和角度值。在块编辑器中，外观类似于对齐标注
XY	■	标准	移动、缩放、拉伸、阵列	可显示出距参数基点的 X 距离和 Y 距离。在块编辑器中，显示为一对标注（水平标注和垂直标注）
旋转	●	旋转	旋转	可定义角度。在块编辑器中，显示为一个圆
翻转	◄	翻转	翻转	翻转对象。在块编辑器中，显示为一条投影线。可以围绕这条投影线翻转对象。将显示一个值，该值显示出了块参照是否已被翻转
对齐	▲	对齐	无（此动作隐含在参数中）	可定义 X 和 Y 位置以及一个角度。对齐参数总是应用于整个块，并且无需与任何动作相关联。对齐参数允许块参照自动围绕一个点旋转，以便与图形中的另一对象对齐。对齐参数会影响块参照的旋转特性。在块编辑器中，外观类似于对齐线
可见性	▼	查寻	无（此动作是隐含的，并且受可见性状态的控制）	可控制对象在块中的可见性。可见性参数总是应用于整个块，并且无需与任何动作相关联。在图形中单击夹点可以显示块参照中所有可见性状态的列表。在块编辑器中，显示为带有关联夹点的文字
查寻	▼	查寻	查寻	定义一个可以指定或设置为计算用户定义的列表或表中值的自定义特性。该参数可以与单个查寻夹点相关联。在块参照中单击该夹点可以显示可用值的列表。在块编辑器中，显示为带有关联夹点的文字
基点	■	标准	无	在动态块参照中相对于该块中的几何图形定义一个基点。无法与任何动作相关联，但可以归属于某个动作的选择集。在块编辑器中，显示为带有十字光标的圆

二、块编辑器

在动态块定义中大部分工作都是在块编辑器中完成的，“块编辑器”是专门用于创建块定义并添加动态行为的编写区域，它提供了为块增添动态行为的全部工具。利用该编辑器可以向当前图形中存在的块定义中添加动态行为或编辑其中的动态行为；也可以使用块编辑器创建新的块定义。块编辑器有“参数”、“动作”、“参数集”和“约束”四个块编写选项板，使用这些选项板可以向动态块定义添加参数、调整参数、为参数添加动作、为参数选定对象和保存参数。

1. 激活“块编辑器”的方法

功能区“默认”选项卡：“块”面板→“块编辑器”。

功能区“插入”选项卡：“块定义”面板→“块编辑器”。

“标准”工具栏：。

“工具”菜单：“块编辑器”。

把光标移动到插入的图块上，双击鼠标左键。

快捷菜单：选择一个块参照，在绘图区域中单击鼠标右键，选择“块编辑器”选项。

命令：bedit。

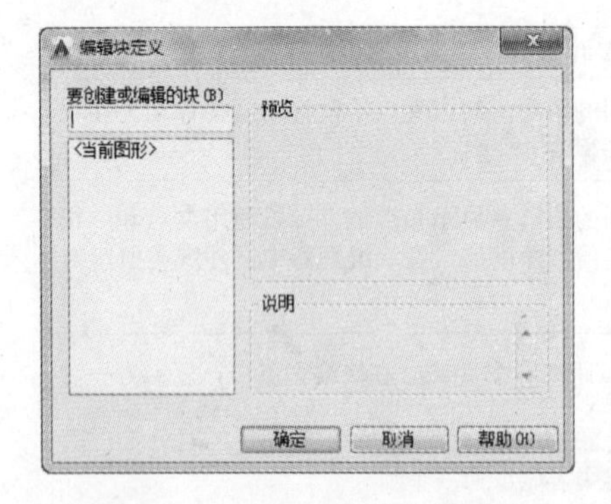

图 7-11 “编辑块定义”对话框

2. “块编辑器”简介

使用上述方法之一可以打开“编辑块定义”对话框，如图 7-11 所示。利用该对话框可以从图形中保存的块定义列表中选择要在块编辑器中编辑的块定义，也可以输入要在块编辑器中创建的新块定义的名称。

单击“确定”后，将关闭“编辑块定义”对话框，并显示“块编辑器”。如果从“编辑块定义”对话框的列表中选择了某个块定义，该块定义将显示在块编辑器中且可以编辑；如果输入新块定义的名称，将显示块编辑器，现在即可向该块定义中添加对象。

注意

如果功能区处于激活状态，将显示块编辑器功能区上下文选项卡，如图 7-12 所示。否则，将显示块编辑器工具栏，如图 7-13 所示。

图 7-12 “块编辑器”选项卡

图 7-13 “块编辑器”工具栏

“块编辑器”包含一个特殊的编写区域，在该区域中，可以像在绘图区域中一样绘制和编辑几何图形。利用块编辑器可以定义对象以及块定义的行为，也可以在块编辑器中添加参数和动作，以定义自定义特性和动态行为。

块编辑器还提供了一个“块编辑器”选项卡（或“块编辑器”工具栏）和多个块编写选项板，块编写选项板中包含用于创建动态块的工具。“块编写选项板”窗口包含“参数”、“动作”、“参数集”、“约束”四个选项卡，如图 7-14 所示。

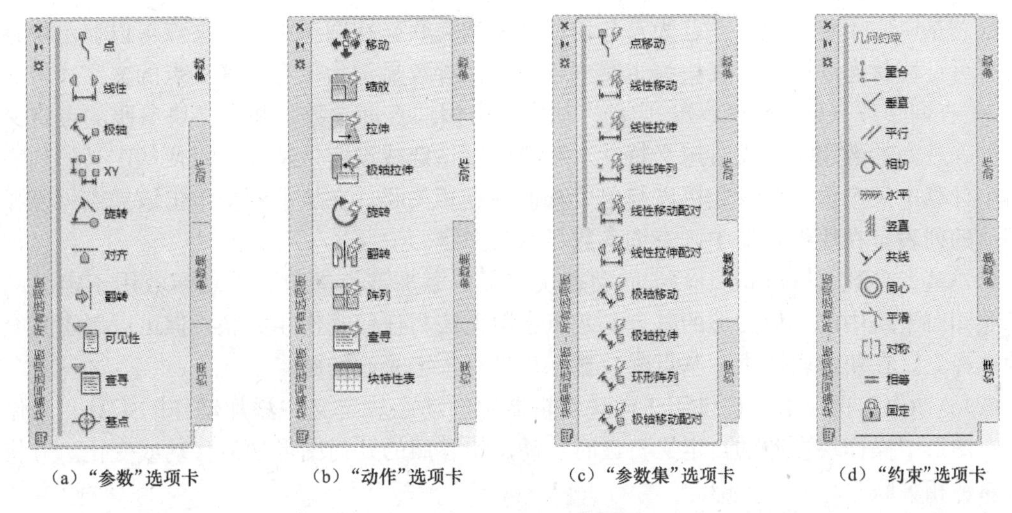

（a）“参数”选项卡　（b）“动作”选项卡　（c）“参数集”选项卡　（d）“约束”选项卡

图 7-14　“块编写”选项板

（1）“参数”选项卡：提供用于向块编辑器中的动态块定义中添加参数的工具。参数用于指定几何图形在块参照中的位置、距离和角度。将参数添加到动态块定义中时，该参数将定义块的一个或多个自定义特性。

1）点参数（bparameter）：向动态块定义中添加点参数，并定义块参照的自定义 *X* 和 *Y* 特性。点参数定义图形中的 *X* 和 *Y* 位置。在块编辑器中，点参数类似于一个坐标标注。

2）线性参数（bparameter）：向动态块定义中添加线性参数，并定义块参照的自定义距离特性。线性参数显示两个目标点之间的距离。线性参数限制沿预设角度进行的夹点移动。在块编辑器中，线性参数类似于对齐标注。

3）极轴参数（bparameter）：向动态块定义中添加极轴参数，并定义块参照的自定义距离和角度特性。极轴参数显示两个目标点之间的距离和角度值。可以使用夹点和“特性”选项板来共同更改距离值和角度值。在块编辑器中，极轴参数类似于对齐标注。

4）*XY* 参数（bparameter）：向动态块定义中添加 *XY* 参数，并定义块参照的自定义水平距离和垂直距离特性。*XY* 参数显示距参数基点的 *X* 距离和 *Y* 距离。在块编辑器中，*XY* 参数显示为一对标注（水平标注和垂直标注）。这一对标注共享一个公共基点。

5）旋转参数（bparameter）：向动态块定义中添加旋转参数，并定义块参照的自定义角度特性。旋转参数用于定义角度。在块编辑器中，旋转参数显示为一个圆。

6）对齐参数（bparameter）：向动态块定义中添加对齐参数。对齐参数定义 *X*、*Y* 位置和角度。对齐参数总是应用于整个块，并且无需与任何动作相关联。对齐参数允许块参照自动围绕一个点旋转，以便与图形中的其他对象对齐。对齐参数影响块参照的角度特性。在块编辑器中，对齐参数类似于对齐线。

7）翻转参数（bparameter）：向动态块定义中添加翻转参数，并定义块参照的自定义翻转特性。翻转参数用于翻转对象。在块编辑器中，翻转参数显示为投影线。可以围绕这条投影线翻转对象。翻转参数将显示一个值，该值显示块参照是否已被翻转。

8）可见性参数（bparameter）：向动态块定义中添加可见性参数，并定义块参照的自定义可见性特性。通过可见性参数，用户可以创建可见性状态并控制块中对象的可见性。可见性参数总是应用于整个块，并且无需与任何动作相关联。在图形中单击夹点可以显示块参照中所有可见性状态的列表。在块编辑器中，可见性参数显示为带有关联夹点的文字。

9）查询参数（bparameter）：向动态块定义中添加查询参数，并定义块参照的自定义查询特性。查询参数用于定义自定义特性，用户可以指定或设定该特性，以便从定义的列表或表格中计算出某个值。该参数可以与单个查询夹点相关联。在块参照中单击该夹点可以显示可用值的列表。在块编辑器中，查询参数显示为文字。

10）基点参数（bparameter）：向动态块定义中添加基点参数。基点参数用于定义动态块参照相对于块中的几何图形的基点。基点参数无法与任何动作相关联，但可以属于某个动作的选择集。在块编辑器中，基点参数显示为带有十字光标的圆。

（2）"动作"选项卡：提供用于向块编辑器中的动态块定义中添加动作的工具。动作定义了在图形中操作块参照的自定义特性时，动态块参照的几何图形如何移动或变化，应将动作与参数相关联。

1）移动动作（bactiontool）：在用户将移动动作与点参数、线性参数、极轴参数或 *XY* 参数相关联时，将该动作添加到动态块定义中。移动动作类似于 MOVE 命令。在动态块参照中，移动动作将使对象移动指定的距离和角度。

2）缩放动作（bactiontool）：在用户将比例缩放动作与线性参数、极轴参数或 *XY* 参数相关联时，将该动作添加到动态块定义中。缩放动作类似于 SCALE 命令。在动态块参照中，当通过移动夹点或使用"特性"选项板编辑关联的参数时，比例缩放动作将使其选择集发生缩放。

3）拉伸动作（bactiontool）：在用户将拉伸动作与点参数、线性参数、极轴参数或 *XY* 参数相关联时，将该动作添加到动态块定义中。拉伸动作将使对象在指定的位置移动和拉伸指定的距离。

4）极轴拉伸动作（bactiontool）：在用户将极轴拉伸动作与极轴参数相关联时，将该动作添加到动态块定义中。当通过夹点或"特性"选项板更改关联的极轴参数上的关键点时，极轴拉伸动作将使对象旋转、移动和拉伸指定的角度和距离。

5）旋转动作（bactiontool）：在用户将旋转动作与旋转参数相关联时，将该动作添加到动态块定义中。旋转动作类似于 rotate 命令。在动态块参照中，当通过夹点或"特性"选项板编辑相关联的参数时，旋转动作将使其相关联的对象进行旋转。

6）翻转动作（bactiontool）：在用户将翻转动作与翻转参数相关联时，将该动作添加到动态块定义中。使用翻转动作可以围绕指定的轴（称为投影线）翻转动态块参照。

7）阵列动作（bactiontool）：在用户将阵列动作与线性参数、极轴参数或 *XY* 参数相关联时，将该动作添加到动态块定义中。通过夹点或"特性"选项板编辑关联的参数时，阵列动作将复制关联的对象并按矩形的方式进行阵列。

8）查询动作（bactiontool）：向动态块定义中添加查询动作。向动态块定义中添加查询动作并将其与查询参数相关联后，将创建查询表。可以使用查询表将自定义特性和值指定给动态块。

（3）"参数集"选项卡：提供用于在块编辑器中向动态块定义添加一个参数和至少一个动作的工具。将参数集添加到动态块中时，动作将自动与参数相关联。将参数集添加到动态块中后，双击黄色警告图标（或使用 bactionset 命令），然后按照命令提示将该动作与几何图形选择集相关联。

1）点移动：系统会自动添加与该点参数相关联的移动动作。

2）线性移动：系统会自动添加与该线性参数的端点相关联的移动动作。

3）线性拉伸：系统会自动添加与该线性参数相关联的拉伸动作。

4）线性阵列：系统会自动添加与该线性参数相关联的阵列动作。

5）线性移动配对：系统会自动添加两个移动动作，一个与基点相关联，另一个与线性参数的端点相关联。

6）线性拉伸配对：系统会自动添加两个拉伸动作，一个与基点相关联，另一个与线性参数的端点相关联。

7）极轴移动：系统会自动添加与该极轴参数相关联的移动动作。

8）极轴拉伸：系统会自动添加与该极轴参数相关联的拉伸动作。

9）环形阵列：系统会自动添加与该极轴参数相关联的阵列动作。

10）极轴移动配对：系统会自动添加两个移动动作，一个与基点相关联，另一个与极轴参数的端点相关联。

11）极轴拉伸配对：系统会自动添加两个拉伸动作，一个与基点相关联，另一个与极轴参数的端点相关联。

12）*XY* 移动：系统会自动添加与 *XY* 参数的端点相关联的移动动作。

13）*XY* 移动配对：系统会自动添加两个移动动作，一个与基点相关联，另一个与 *XY* 参数的端点相关联。

14）*XY* 移动方格集：系统会自动添加四个移动动作，分别与 *XY* 参数上的四个关键点相关联。

15）*XY* 拉伸方格集：系统会自动添加四个拉伸动作，分别与 *XY* 参数上的四个关键点相关联。

16）*XY* 阵列方格集：系统会自动添加与该 *XY* 参数相关联的阵列动作。

17）旋转集：系统会自动添加与该旋转参数相关联的旋转动作。

18）翻转集：系统会自动添加与该翻转参数相关联的翻转动作。

19）可见性集：向动态块定义中添加可见性参数并允许定义可见性状态。无需添加与可见性参数相关联的动作。

20）查询集：系统会自动添加与该查询参数相关联的查询动作。

（4）“约束”选项卡：提供用于将几何约束和约束参数应用于对象的工具。将几何约束应用于一对对象时，选择对象的顺序以及选择每个对象的点可能影响对象相对于彼此的放置方式。

1）几何约束。

a. 重合约束（gccoincident）：约束两个点使其重合，或者约束一个点使其位于对象或对象延长部分的任意位置。

b. 垂直约束（gcperpendicular）：约束两条直线或多段线线段，使其夹角始终保持为 90°。

c. 平行约束（gcparallel）：约束两条直线，使其具有相同的角度。

d. 相切约束（gctangent）：约束两条曲线，使其彼此相切或其延长线彼此相切。

e. 水平约束（gchorizontal）：约束一条直线或一对点，使其与当前 UCS 的 X 轴平行。

f. 竖直约束（gcvertical）：约束一条直线或一对点，使其与当前 UCS 的 Y 轴平行。

g. 共线约束（gccollinear）：约束两条直线，使其位于同一无限长的线上。

h. 同心约束（gcconcentric）：约束选定的圆、圆弧或椭圆，使其具有相同的圆心点。

i. 平滑约束（gcsmooth）：约束一条样条曲线，使其与其他样条曲线、直线、圆弧或多段线彼此相连并保持 G2 连续性。

j. 对称约束（gcsymmetric）：约束对象上的两条曲线或两个点，使其以选定直线为对称轴彼此对称。

k. 相等约束（gcequal）：约束两条直线或多段线线段使其具有相同的长度，或约束圆弧和圆使其具有相同的半径值。

m. 固定约束（gcfix）：约束一个点或一条曲线，使其固定在相对于世界坐标系的特定位置和方向上。

2）约束参数。

a. 对齐约束（bcparameter）：约束直线的长度或两条直线之间、对象上的点和直线之间或不同对象上两点间的距离。

b. 水平约束（bcparameter）：约束直线的或不同对象上两点间的 X 距离。有效对象包括直线段和多段线线段。

c. 竖直约束（bcparameter）：约束直线的或不同对象上两点间的 Y 距离。有效对象包括直线段和多段线线段。

d. 角度约束（bcparameter）：约束两条直线或多段线线段之间的角度。这与角度标注类似。

e. 半径约束（bcparameter）：约束圆、圆弧或多段线圆弧的半径。

f. 直径约束（bcparameter）：约束圆、圆弧或多段线圆弧的直径。

三、动态块中的参数

用户可以在“块编辑器”中向动态块定义中添加参数。在块编辑器中，参数的外观与标注类似，图 7-15 为各参数在“块编辑器”的示意图。参数可定义块的自定义特性，也可指定几何图形在块参照中的位置、距离和角度。向动态块定义添加参数后，参数将为块定义一个或多个自定义特性。动态块定义中必须至少包含一个参数。向动态块定义添加参数后，将自动添加与该参数的关键点相关联的夹点。然后用户必须将某个动作与该参数相关联，才能使块成为动态块。

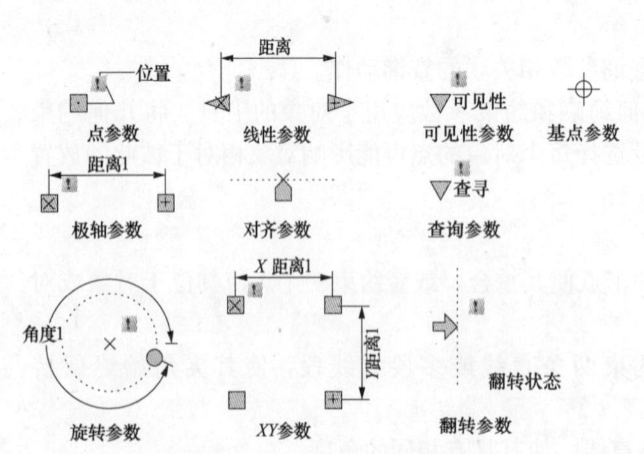

图 7-15 “块编辑器”中的参数示意图

可以采用以下方法向动态块定义中添加带有夹点的参数：

功能区“块编辑器”选项卡：“操作参数”面板→各参数命令。

“块编辑器”工具栏：。

“块编写”选项板：“参数”选

项卡中的各参数命令，如图 7-14（a）所示。

命令：bedit→bparameter（只能在“块编辑器”中使用 bparameter 命令）。

四、动态块中的动作

动态块中的动作用于定义在图形中操作动态块参照的自定义特性时，该块参照的几何图形将如何移动或修改。动态块通常至少包含一个动作。通常情况下，向动态块定义中添加动作后，必须将该动作与参数、参数上的关键点以及几何图形相关联。关键点是参数上的点，编辑参数时该点将会驱动与参数相关联的动作，与动作相关联的几何图形称为选择集。要在图形中修改块参照，可以通过移动夹点来拉伸书桌，如图 7-16 所示。

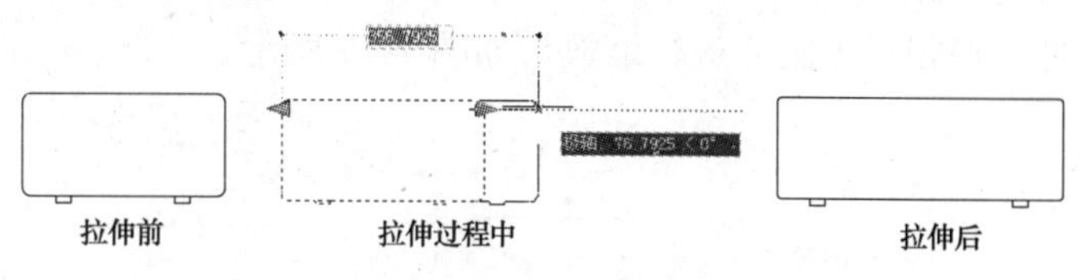

图 7-16　修改块参照示意图

可以在动态块中使用的动作类型，以及与每种动作类型相关联的参数见表 7-2。

可以采用以下方法向动态块定义中添加动作。

表 7-2　动作类型以及与之相关联的参数

动作类型	与动作相关联的参数
移动	点、线性、极轴、*XY*
缩放	线性、极轴、*XY*
拉伸	点、线性、极轴、*XY*
极轴拉伸	极轴
旋转	旋转
翻转	翻转
阵列	线性、极轴、*XY*
查询	查询

功能区“块编辑器”选项卡：“操作参数”面板→各动作子命令。

“块编辑器”工具栏：。

“块编写”选项板：“动作”选项卡中的各动作子命令，如图 7-14（b）所示。

命令：bedit→bactiontool。

命令：bedit→baction。

1. 动态块中的移动动作

在动态块参照中触发该动作时，对象的选择集将进行移动。移动动作可以与点参数、线性参数、极轴参数或 *XY* 参数相关联。移动动作可以使对象移动指定的距离和角度（MOVE 命令相似）。将移动动作与参数相关联后，可将该动作与几何图形选择集相关联。

例如，用户有表示椅子的动态块。该块包含点参数和与点参数相关联的移动动作。移动动作的选择集包含块（椅子）中的所有几何图形。如果使用与点参数（或“特性”选项板中的“位置 *X*”或“位置 *Y*”特性）相关联的夹点来操作动态块参照，则它将修改点参数的值。值的修改会导致椅子移动。如果通过拖动点参数夹点移动椅子块参照，如图 7-17 所示，此夹点的新位置将在“特性”选项板中显示出来。

图 7-17　动态块的移动

2. 动态块中的缩放动作

在动态块参照中触发该动作时，对象的选择集将相对于定义的基点进行缩放。比例缩放动作仅可以与线性、极轴或 *XY* 参数相关联。缩放动作和 SCALE 命令相似。通过移动夹点或使用“特性”选项板编辑关联参数时，缩放动作会使块的选择集进行缩放。在动态块定义中，与缩放动作相关联的是整个参数，而不是参数上的关键点。

缩放动作具有一个名为“基点类型”的特性。使用此功能，指定比例因子的基点类型是依赖还是独立。

如果基点类型为依赖，选择集中的对象将相对于缩放动作关联的参数的基点进行缩放。例如，缩放动作与 *XY* 参数相关联，且缩放动作的基点类型为依赖。*XY* 参数的基点位于矩形的左下角。自定义夹点用于缩放块时，将相对于矩形的左下角进行缩放，如图 7-18 所示。

如果基点类型为独立（在块编辑器中显示为 *X* 标记），则指定与缩放动作关联的参数相独立的基点。选择集中的对象将相对于用户指定的独立基点进行缩放。例如，缩放动作与 *XY* 参数相关联。缩放动作的基点类型为独立。独立基点位于圆心。自定义夹点用于缩放块时，将相对于圆心进行缩放，如图 7-19 所示。

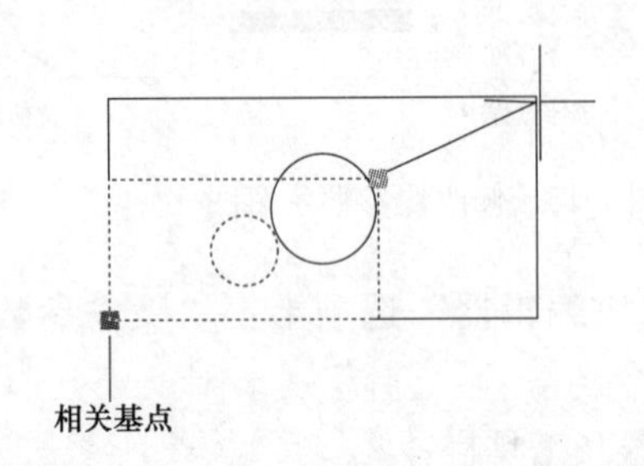

图 7-18 动态块中基点类型为依赖的缩放

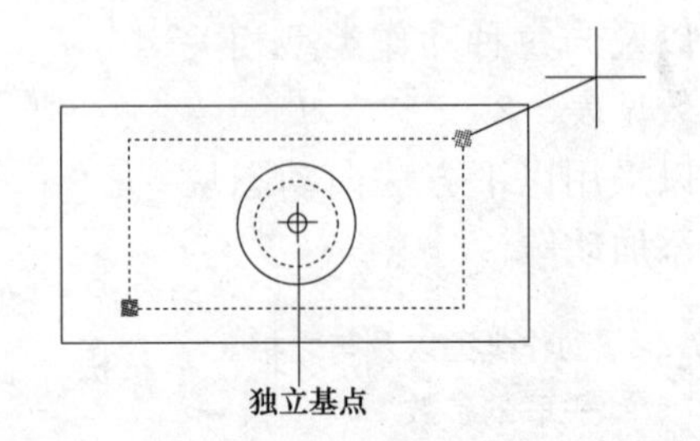

图 7-19 动态块中基点类型为独立的缩放

注意

默认状态下，AutoCAD 2015 的系统变量 bactionbarmode 为 1。只有当 bactionbarmode 设定为 0（零）时，才能在确定动作的位置时选择“基点类型”为依赖还是独立。

3. 动态块中的拉伸动作

在动态块参照中触发拉伸动作时，对象选择集将拉伸或移动。拉伸动作可以与点参数、线性参数、极轴参数或 *XY* 参数相关联。拉伸动作将使对象在指定的位置中移动和拉伸指定的距离。将拉伸动作与某个参数相关联后，可为该拉伸动作指定一个拉伸框。然后，可以为拉伸动作的选择集选择对象。拉伸框决定了框内部或与框相交的对象在块参照中的编辑方式。它与使用 STRETCH 命令指定交叉选择窗口类似。

a. 完全处于框内部的对象将被移动，与框相交的对象将被拉伸。

b. 位于框内或与框相交但不包含在选择集中的对象将不拉伸或移动。

c. 位于框外且包含在选择集中的对象将移动。

例如，拉伸框显示为虚线，选择集为粗显。顶部的圆被拉伸框包围但未包含在选择集中，因此将不移动。底部的圆完全位于拉伸框中且包含在选择集中，因此将移动。矩形与拉伸框相交且包含在选择集中，因此将拉伸，如图 7-20 所示。

4. 动态块中旋转动作

在动态块参照中触发该动作时，对象的选择集将进行旋转。旋转动作仅可以与旋转参数

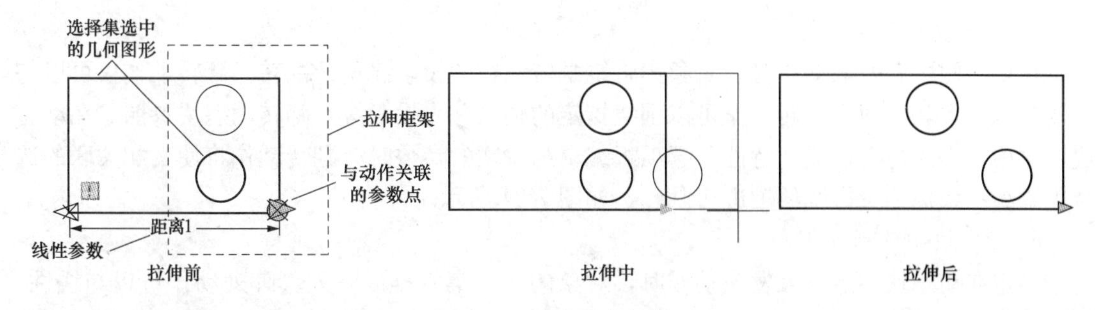

图 7-20　动态块的拉伸

相关联。旋转动作和 ROTATE 命令相似。当通过夹点或“特性”选项板编辑相关联的参数时，旋转动作将使其相关联的对象进行旋转。在动态块定义中，只能将旋转动作与旋转参数相关联。与旋转动作相关联的是整个参数，而不是参数上的关键点。将旋转动作与旋转参数相关联后，可将该动作与几何图形选择集相关联。例如，椅子块包含了一个旋转参数和一个关联旋转动作。旋转动作的基点类型为依赖。参数的基点位于椅子的中心。因此，椅子将围绕中心点进行旋转，如图 7-21 所示。如果将“基点类型”设置为“独立”，可以指定旋转动作的基点，而不是指定相关联的旋转参数的基点。这种独立基点在块编辑器中显示为 *X* 标记。可以通过拖动独立基点或编辑“特性”选项板“替代”区域中的“基准 *X*”和“基准 *Y*”值来更改该基点的位置。例如，椅子块包含了一个旋转参数和一个关联旋转动作。旋转动作的基点类型为独立。独立基点位于椅子的左下角。因此，椅子将围绕左下角进行旋转，如图 7-22 所示。

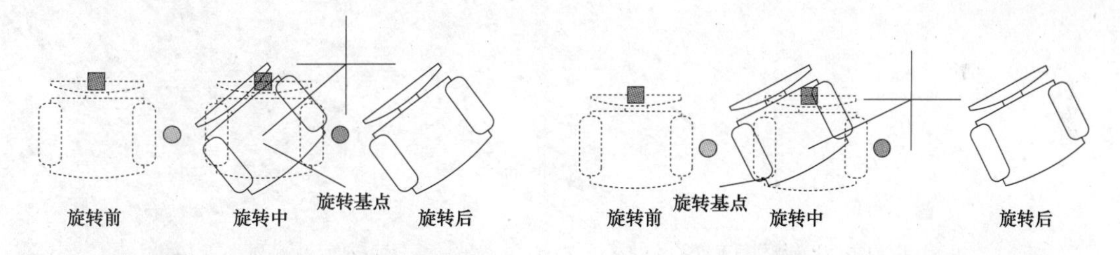

图 7-21　动态块中基点类型为依赖的旋转　　图 7-22　动态块中基点类型为独立的旋转

可以把多个动作与一个参数相关联。例如，动态块参照中的三个矩形均围绕位于各矩形左下角的独立基点进行旋转。要达到此效果，可以指定一个旋转参数，然后添加三个旋转动作，再把每个旋转动作都与该旋转参数相关联，最后将每个旋转动作与不同的对象相关联，并指定不同的独立基点，如图 7-23 所示。

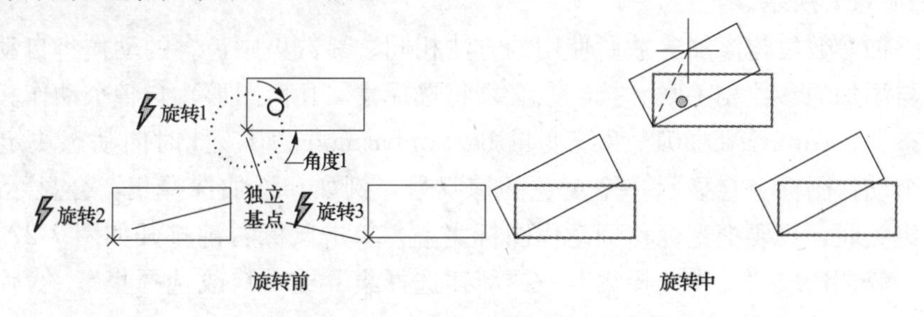

图 7-23　动态块中的各个图形均围绕位于各图形的独立基点进行旋转

5. 动态块中翻转动作

在块参照中触发该动作时，对象集将绕翻转参数的投影线进行翻转。翻转动作仅可以与翻转参数相关联。使用翻转动作可以围绕指定的轴（称为投影线）翻转动态块参照。在动态块参照中，当通过夹点或“特性”选项板编辑相关联的参数时，翻转动作将使其相关联的选择集围绕一条称为投影线的轴进行翻转，如图 7-24 所示。

6. 动态块中阵列动作

指定在动态块参照中触发该动作时，对象的选择集将排成阵列。阵列动作可以与线性、极轴或 XY 参数相关联。在动态块参照中，通过夹点或“特性”选项板编辑关联参数时，阵列动作会使其关联对象进行复制并按照矩形样式阵列，如图 7-25 所示。将阵列动作与参数相关联后，可将该动作与几何图形选择集相关联。

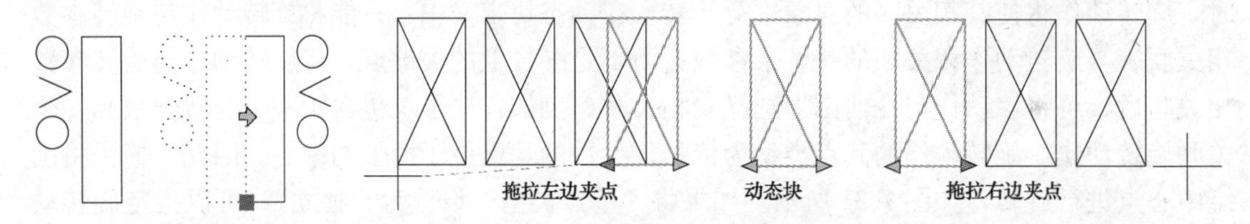

图 7-24 动态块中翻转　　图 7-25 动态块中阵列

动态块可以包含具有相同选择集的阵列动作和旋转动作。块参照进行阵列和旋转的次序会影响块的显示。如果先旋转后阵列块，则阵列对象的所有实例将分别围绕各自的基点进行旋转，图 7-26（a）所示；如果先阵列后旋转块，则阵列对象的所有实例将围绕一个基点进行旋转，如图 7-26（b）所示。

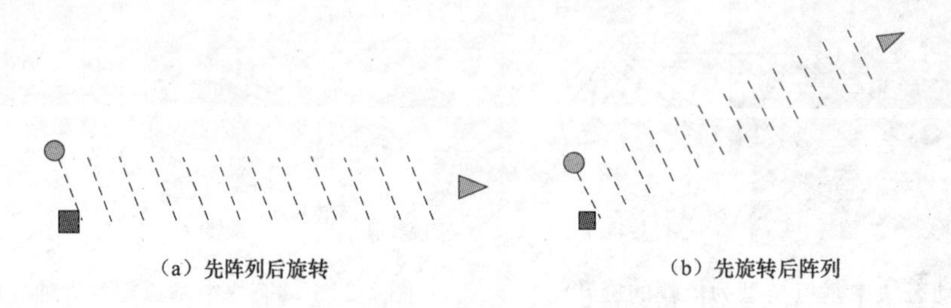

（a）先阵列后旋转　　（b）先旋转后阵列

图 7-26 动态块中阵列和旋转

五、动态块中的参数集

使用块编写选项板上的“参数集”选项卡可以向动态块定义添加一般成对的参数和动作，如图 7-14（c）所示。

向块中添加参数集与添加参数所使用的方法相同。参数集中包含的动作将自动添加到块定义中，并与添加的参数相关联。接着，必须将选择集（几何图形）与各个动作相关联。

默认状态下，AutoCAD 2015 系统变量 bactionbarmod 为 1。此时向动态块定义添加参数集时，每个动作图标上会显示一个黄色的惊叹号，例如：添加选择集，会显示。要使动作与选择集关联，只要把光标移到动作图标之上，单击鼠标右键打开如图 7-27（a）所示的快捷菜单，依次选取“动作选择集”→“新建选择集”或“修改选择集”，然后按照命令提示选择要与动作关联的几何图形即可。

若系统变量 bactionbarmode 为 0，首次向动态块定义添加参数集时，每个动作旁边都会显示一个黄色警告图标，如图 7-27（b）所示。这表示需要将选择集与各个动作相关联。可以双击该动作图标或动作名称，然后按照命令行上的提示将动作与选择集相关联。

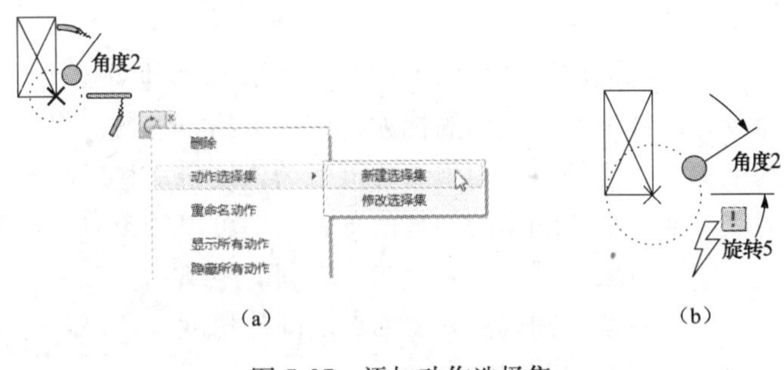

图 7-27　添加动作选择集

如果插入的是查询参数集，双击动作图标时将会显示“特性查询表”对话框。与查询动作相关联的是添加到此表中的数据，而不是选择集。

六、动态块中的约束

动态块中的约束可以控制块中几何图形的位置、斜度、相切、标注和关系。动态块中的约束包括几何约束和标注约束。

1. 几何约束

几何约束可用于限制块中关联的几何图形的移动或修改方式。例如，可以指定对象必须保持垂直、相切、同心还是与其他块几何图形重合。这种方式可以在保持设计要求的同时进行设计更改。可以使用与在块编辑器之外约束几何图形的相同方法，在块编辑器中向块添加几何约束。几何约束在功能区和块编写选项板上均可用。

用户指定二维对象或对象上的点之间的几何约束后，编辑受约束的几何图形时，将保留约束。因此，通过使用几何约束，用户可以使绘制的图形包含设计要求。例如，在图 7-28 中，为几何图形应用了以下约束。

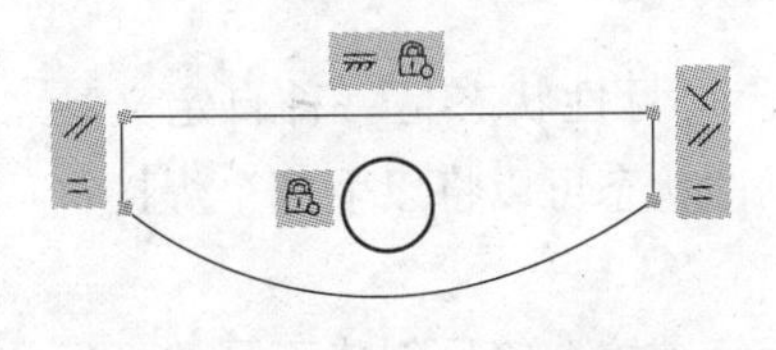

图 7-28　动态块中约束示例

（1）重合约束：每个端点都约束为与每个相邻对象的端点保持重合，这些约束显示为蓝色小方块。

（2）平行约束和相等约束：垂直线约束为保持相互平行且长度相等。

（3）垂直约束：右侧的垂直线被约束为与水平线保持垂直。

（4）水平约束：水平线被约束为保持水平。

（5）固定约束：圆和水平线的位置约束为保持固定距离，这些“固定”约束显示为锁定图标。

设计上的几何图形未完全约束。通过夹点，用户仍然可以更改圆弧的半径、圆的直径、水平线的长度以及垂直线的长度。要指定这些距离，需要应用标注约束。

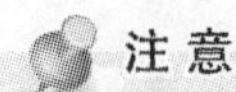

注 意

可以向多段线中的线段添加约束，就像这些线段为独立的对象一样。

2. 标注约束

标注约束控制几何图形相对于图形或其他对象的大小、角度或位置。使用 bcparameter 命令在块编辑器中应用的标注约束称为约束参数。虽然用户可以在块定义中使用标注约束和约束参数，但是只有约束参数可以为该块定义显示可编辑的自定义特性。约束参数包含可以为块参照显示或编辑的参数信息。它们可以约束以下内容：

（1）对象之间或对象上的点之间的距离。

（2）对象之间或对象上的点之间的角度。

（3）圆弧和圆的大小。

例如，图 7-29 包括线性约束、对齐约束、角度约束和直径约束。

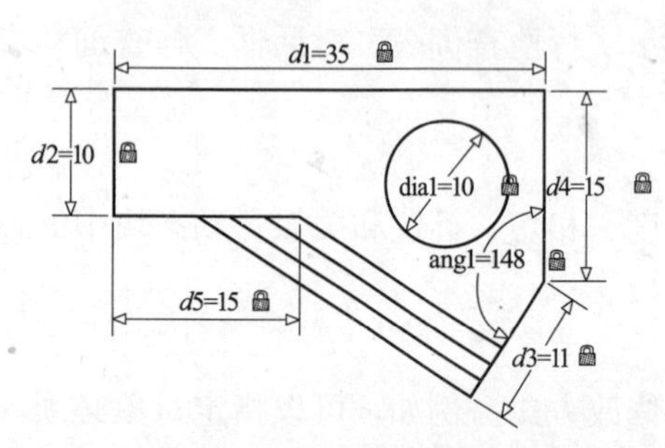

图 7-29　动态块中标注约束示例

如果更改标注约束的值，会计算对象上的所有约束，并自动更新受影响的对象。此外，可以向多段线中的线段添加约束，就像这些线段为独立的对象一样。

标注约束与标注对象在以下几方面有所不同：

（1）标注约束用于图形的设计阶段，而标注通常在文档阶段进行创建。

（2）标注约束驱动对象的大小或角度，而标注由对象驱动。

（3）默认情况下，标注约束并不是对象，仅以一种标注样式显示，在缩放操作过程中保持相同的大小，且不能输出到设备。

如果需要输出具有标注约束的图形或使用标注样式，可以将标注约束的形式从动态更改为注释性。

七、动态块中的可见性

通过使用可见性状态，可以创建具有不同图形表示的块。可见性状态是一种自定义特性，仅允许指定的几何图形显示在块参照中。例如，使用可见性状态可以将以下四个焊接符号合并到单个动态块中，如图 7-30 所示。

合并几何图形之后，可以添加可见性参数。然后，可以为每个接合符号创建不同的可见性状态并为这些状态命名（例如，WLD1、WLD2、WLD3 和 WLD4）。图 7-31 中，块编辑器中显示了 WLD1 可见性状态。暗显的几何图形对于 WLD1 可见性状态不可见。

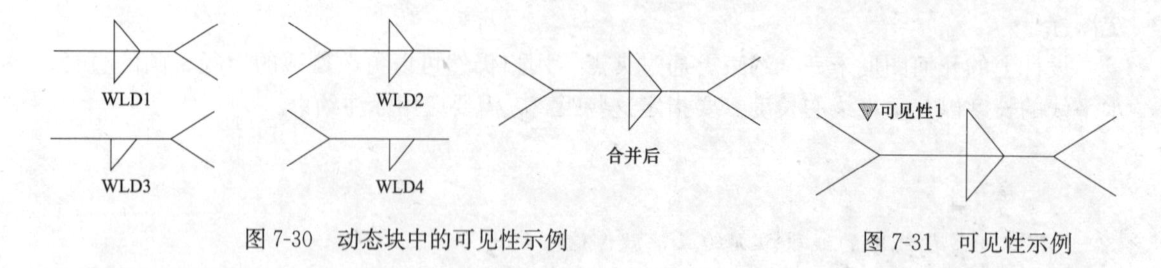

图 7-30　动态块中的可见性示例　　图 7-31　可见性示例

块编辑器上下文选项卡将显示当前可见性状态的名称。工具栏的这一区域还提供了几个用来设定可见性状态的工具。设定可见性状态时，可能希望或不希望看到在给定状态中不可见的几何图形。使用“可见性模式”按钮（BMODE）来确定是否显示几何图形。

在动态块中设置新的可见性状态的步骤如下。

（1）依次单击“插入”选项卡→“块定义”面板→“块编辑器”，打开块编辑器。

（2）在“编辑块定义”对话框中，选择要修改的块。

（3）依次单击“块编辑器”选项卡→“操作参数”面板→“可见性”，为块添加“可见性”参数。

（4）依次单击“块编辑器”选项卡→“可见性”面板→“可见性状态”，打开“可见性状态”对话框，如图 7-32 所示。

（5）在“可见性状态”对话框中，单击“新建”按钮，打开“新建可见性状态”对话框，如图 7-33 所示。

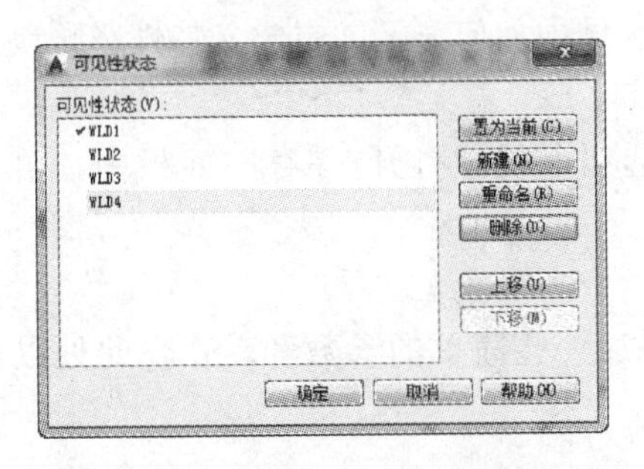

图 7-32　“可见性状态”对话框

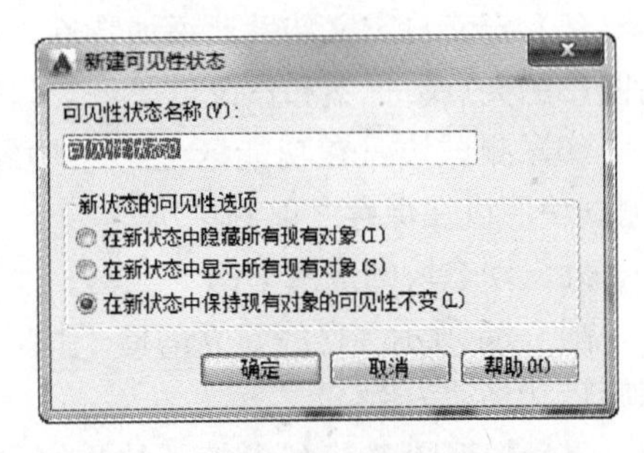

图 7-33　“新建可见性状态”对话框

（6）在“新建可见性状态”对话框中，输入新可见性状态的名称，并选择下列选项之一：

1）在新状态中隐藏所有现有对象。

2）在新状态中显示所有现有对象。

3）在新状态中保持现有对象的可见性不变。

（7）单击两次“确定”按钮，返回到“块编辑器”。

（8）修改对象的可见性：

1）依次单击“块编辑器”选项卡→“可见性”面板→“使不可见”，然后选择不可见的对象，可以使选择的对象在新建的可见性状态下不可见。

2）依次单击“块编辑器”选项卡→“可见性”面板→“使可见”，然后选择已经设为不可见的对象，可以使选择的不可见对象再次可见。

（9）依次单击功能区“块编辑器”选项卡→“关闭”面板→“关闭块编辑”，退出块的编辑。

可见性参数中包含查询夹点▼，此夹点始终显示在包含可见性状态的块参照中，如图 7-34（a）所示。在块参照中单击该夹点时，将显示块参照中所有可见性状态的下拉列表。从列表中选择一个状态后，在该状态中可见的几何图形将显示在图形中，如图 7-34（b）所示。

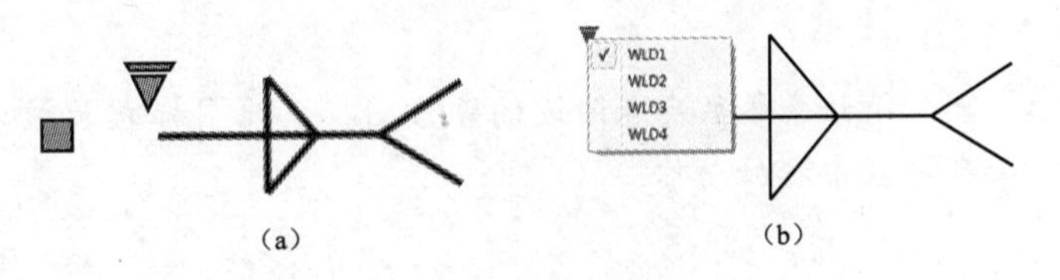

图 7-34　带有可见性参数的动态块示例

八、创建动态块的步骤

为了创建高质量的动态块，以便达到用户的预期效果，建议按照下列步骤进行操作。此过程有助于用户高效编写动态块。

（1）设计块内容：了解块应如何改变或移动，哪些部分会依赖其他部分。示例：块可以改变大小，大小改变后，会显示其他几何图形。

（2）绘制几何图形：在绘图区域或块编辑器内绘制块几何图形。

（3）添加参数：添加各个参数或参数集来定义几何图形，几何图形将受动作或操作的影响。记住将相互依赖的对象。

（4）添加动作：如果使用的是动作参数，则在必要时添加动作以定义当几何图形被操纵时将发生怎样的变化。

（5）定义自定义特性：添加特性，确定块在绘图区域中如何显示。自定义特性影响块几何图形的夹点、标签和预设值。

（6）测试块：在功能区上，在块编辑器上下文选项卡的“打开/保存”面板中，单击“测试块”以在保存之前测试块。

九、动态块的应用举例

图 7-35 所示为已经建立的椅子块，下面向椅子添加一些简单的参数和动作，此处以动态旋转和移动为例。

（1）根据图 7-35 绘制椅子的几何图形，并定义块。

（2）依次单击功能区“默认”选项卡→“块”面板→“块编辑器”打开“块编辑器”。

（3）在块中添加“点参数”和“旋转参数”。

1）依次单击“块编辑器”→“操作参数”面板→“点”激活“点参数”命令，单击椅子中心位置作为点参数的位置，然后选择合适的位置放置标签，如图 7-36 所示。点参数的默认标签是“位置 N”（N 表示点参数的个数）。

2）依次单击“块编辑器”→“操作参数”面板→“旋转”激活“旋转参数”命令，然后根据命令提示依次输入参数的基点、半径、旋转角度和标签位置，如图 7-36 所示。旋转参数的默认标签是“角度 N”（N 表示旋转参数的个数）。

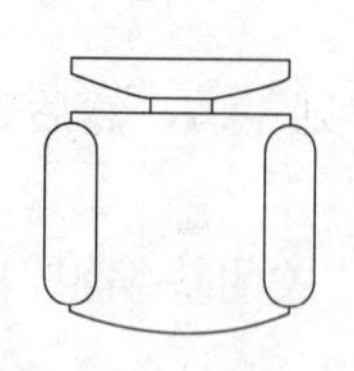

图 7-35　椅子块

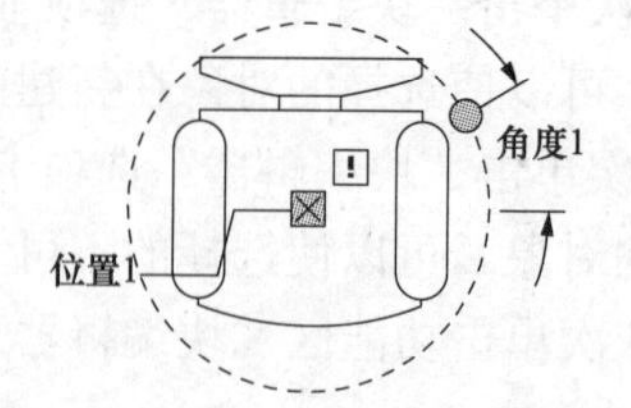

图 7-36　添加了“点参数”和“旋转参数”的椅子块

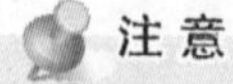

注 意

请注意参数夹点附近的警告图标，此图标表示该参数没有关联任何动作。下一步是在参数中添加动作。

（4）在块中添加“移动动作”和“旋转动作”。

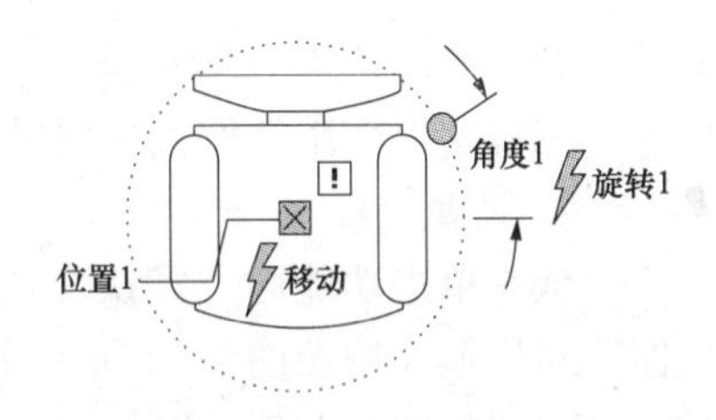

图 7-37　添加了“移动动作”和“旋转动作”的椅子块

1）依次单击“块编辑器”→“操作参数”面板→“移动”激活“移动动作”命令。然后根据命令提示，选择椅子上的点参数，指定动作的选择集（椅子）和动作的位置，如图 7-37 所示。动作将显示为闪电图标和文字。它在块定义中的位置不会影响块参照的功能。这样可以将移动动作与点参数关联起来。

2）依次单击“块编辑器”→“操作参数”面板→“旋转”激活“旋转动作”命令。然后根据命令提示，选择椅子上的旋转参数，指定动作的选择集（椅子）和动作的位置，如图 7-37 所示。这样可以使旋转动作与旋转参数关联起来。

（5）测试块：依次单击功能区“块编辑器”选项卡→“打开/保存”面板→“测试块”打开“测试块窗口-椅子”，在此窗口中可以测试定义动态块。单击窗口中的椅子块，自定义的夹点将变亮，单击移动夹点■再指定下一点的位置就可以动态移动椅子块，如图 7-38 所示；单击旋转夹点●然后再输入旋转角度就可以动态旋转椅子块，如图 7-39 所示。

（6）保存块：依次单击功能区“块编辑器”选项卡→“打开/保存”面板→“保存块”，保存已定义的块。

（7）退出块编辑器：依次单击功能区“块编辑器”选项卡→“关闭”面板→“关闭块编辑”，退出块的编辑。若在关闭块编辑器之前没有保存定义的块，系统会弹出“块-未保存更改”对话框，如图 7-40 所示，提醒用户是否保存更改。

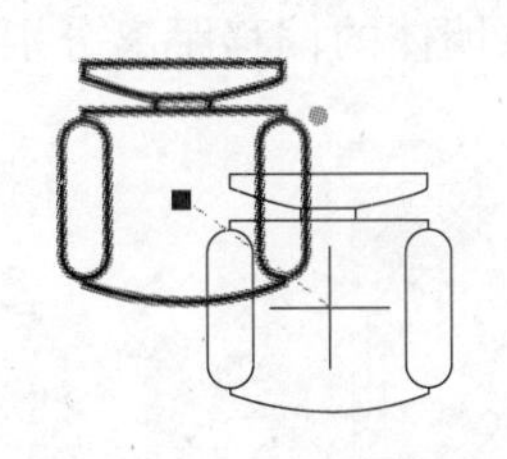
图 7-38　椅子块的移动

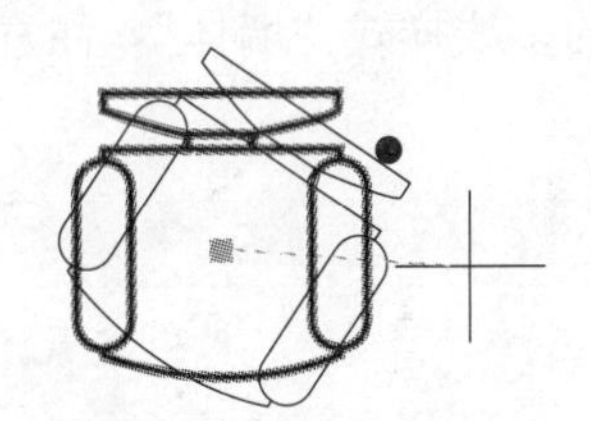
图 7-39　椅子块的旋转

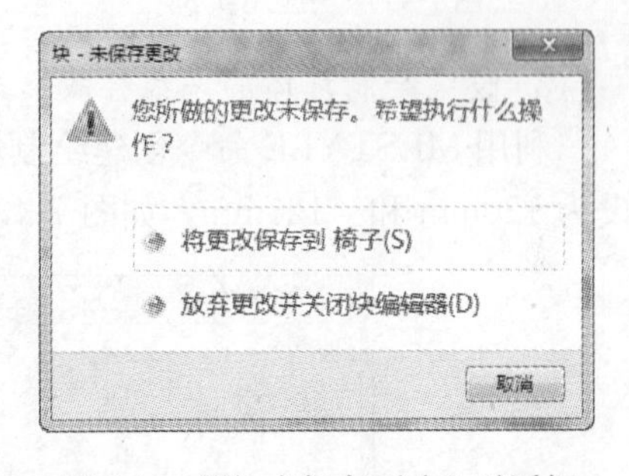

图 7-40　“块-未保存更改”对话框

第五节　应　用　实　例

绘制图 7-41 所示的建筑平面图，其中：轴线编号定义为属性块；门和窗定义为动态块。

一、绘制建筑平面图

1. 设置绘图环境

利用 LIMITS 命令把图形界限放大 100 倍，设置为 42 000×29 700。系统提示如下：

命令：LIMITS

重新设置模型空间界限：

指定左下角点或［开（ON）/关（OFF）］〈0.0000，0.0000〉：（输入 0，0 作为图形界限的左下角）

指定右上角点〈420.0000，297.0000〉：(输入 42 000，29 700 作为图形界限的右上角)

完成图形界限的设置，便可以按 1∶1 的比例开始绘图了。

2. 设置图层

依次单击功能区“默认”选项卡→“图层”面板→“图层特性”打开“图层特性管理器”对话框，按照图 7-42 所示建立标注、门窗、墙体和轴线等图层，注意修改每个图层的颜色、线型和线宽等设置。

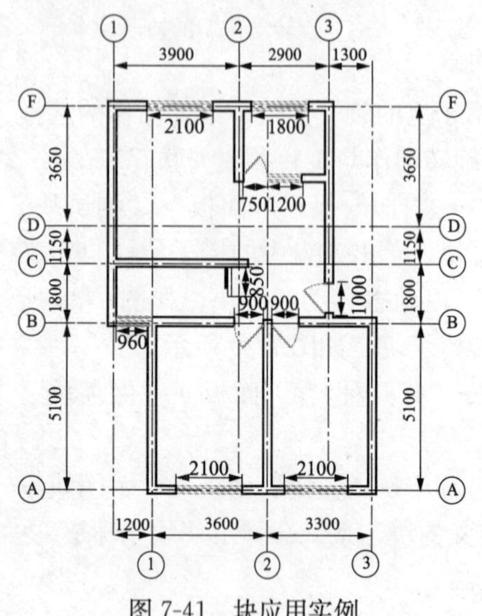

图 7-41　块应用实例

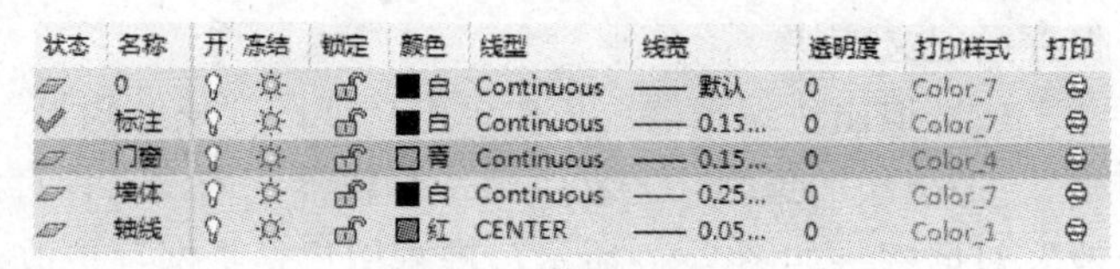

状态	名称	开	冻结	锁定	颜色	线型	线宽	透明度	打印样式	打印
	0				白	Continuous	—— 默认	0	Color_7	
	标注				白	Continuous	—— 0.15...	0	Color_7	
	门窗				青	Continuous	—— 0.15...	0	Color_4	
	墙体				白	Continuous	—— 0.25...	0	Color_7	
	轴线				红	CENTER	—— 0.05...	0	Color_1	

图 7-42　图层的设置

3. 设置绘制墙体的多线样式

利用 MLSTYLE 命令创建绘制墙体的多线样式“墙体”，注意两条墙体的偏移距离分别设为 120mm 和－120mm，如图 7-43 所示。

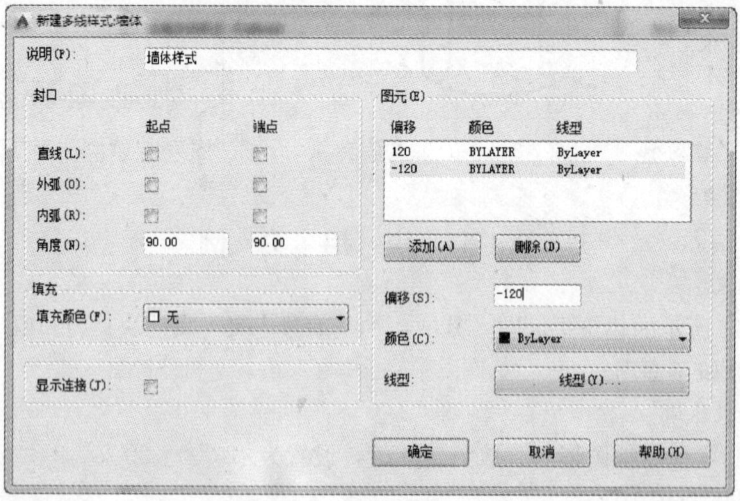

图 7-43　墙体样式的设置

4. 绘制轴线

把图层“轴线”设为当前层，按照图 7-44 所示绘制轴线。把图层“标注”设为当前层，对轴线进行标注。

5. 绘制与编辑墙体

把图层“墙体”设为当前层，依次单击菜单栏“绘图”→“多线”激活绘制多线命令，按照图 7-45 开始绘制墙体。墙体绘制完毕，依次单击菜单栏“修改”→“对象”→“多线”打开“多线编辑工具”对话框，选择相应的修改工具修改墙体，如图 7-46 所示。

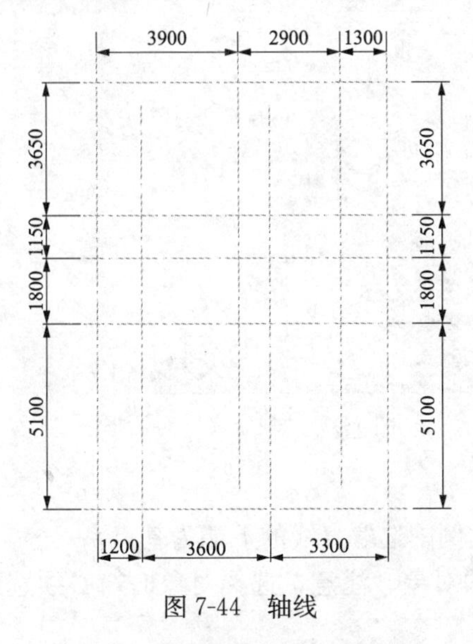

图 7-44　轴线

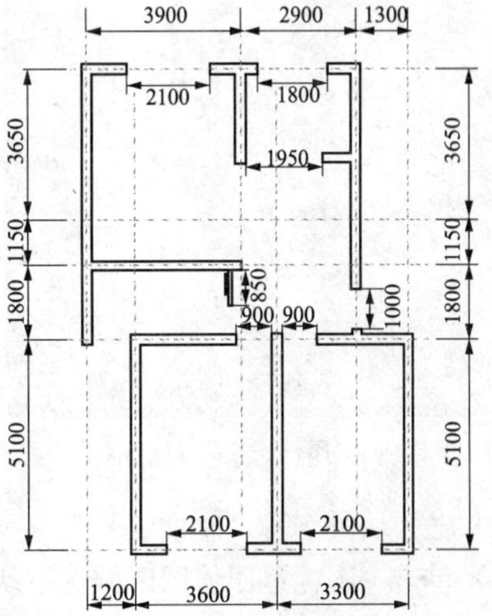

图 7-45　墙体

二、创建与使用属性块-轴线编号

(1) 绘制直径为 800mm 的圆和直线，如图 7-47 所示。

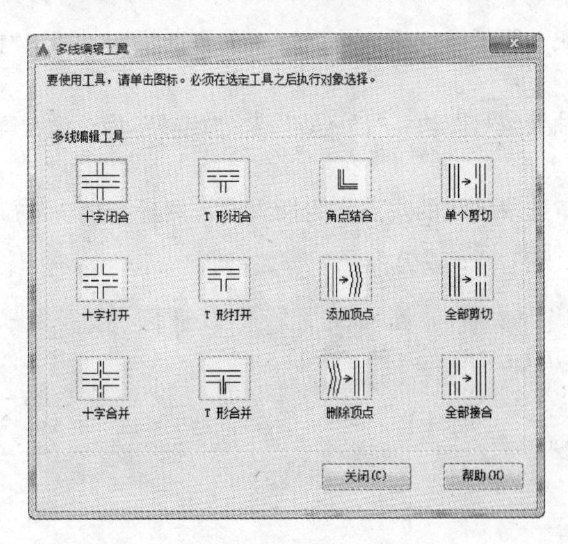

图 7-46　“多线编辑工具”对话框

图 7-47　轴线编号的几何图形

(2) 创建“轴线编号”属性。

1) 依次单击“默认”选项卡→“块”面板→“定义属性”，打开“属性定义”对话框，如图 7-48 所示。

2) 在“属性定义”对话框中输入图 7-48 虚线框内的内容。

3）单击“确定”按钮，然后在绘图区域中点取圆心作为属性块的插入点。

（3）定义“轴线编号”属性块。

1）依次单击“默认”选项卡→“块”面板→“创建”，打开“块定义”对话框，如图 7-49 所示。

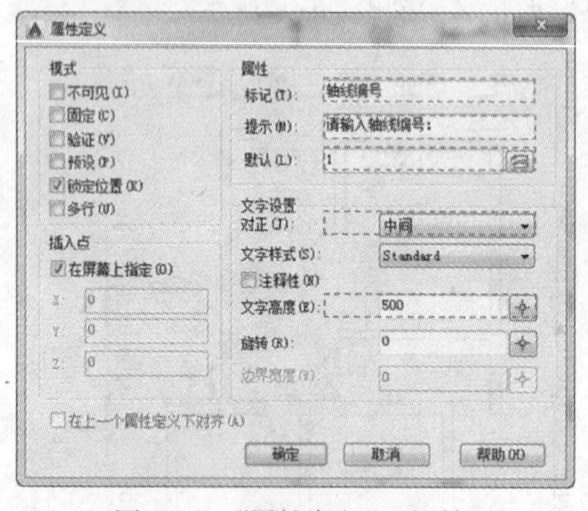

图 7-48 “属性定义”对话框

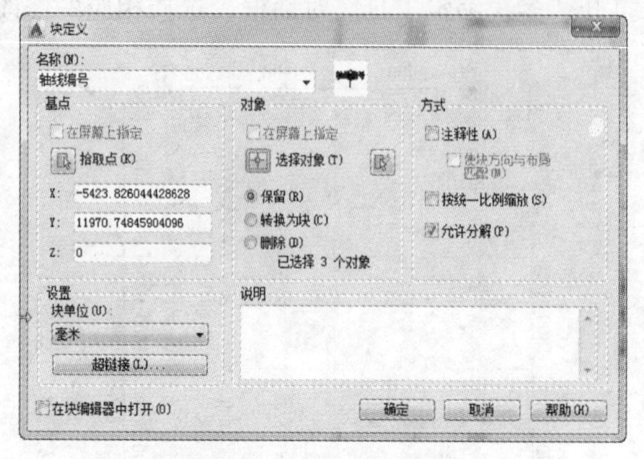

图 7-49 “块定义”对话框

2）输入块的名称“轴线编号”。

3）单击图标返回绘图区域选取块的基点（此例中选取直线的下端为基点）。

4）单击图标返回绘图区域选择要定义为块的对象。注意，选择对象时，必须选中前面定义的“轴线编号”属性。

5）单击“确定”按钮结束定义。

（4）插入“轴号编号”属性块。

1）依次单击“默认”选项卡→“块”面板→“插入块”→“更多选项”，打开“插入”对话框，如图 7-50 所示。

2）从“名称”下拉框中，选中“轴线编号”块；“插入点”和“旋转”均设为在屏幕上指定。

3）单击“确定”按钮，在绘图窗口选取轴线的端点作为插入点，然后指定块的旋转角度，系统会弹出“编辑属性”对话框，如图 7-51 所示。

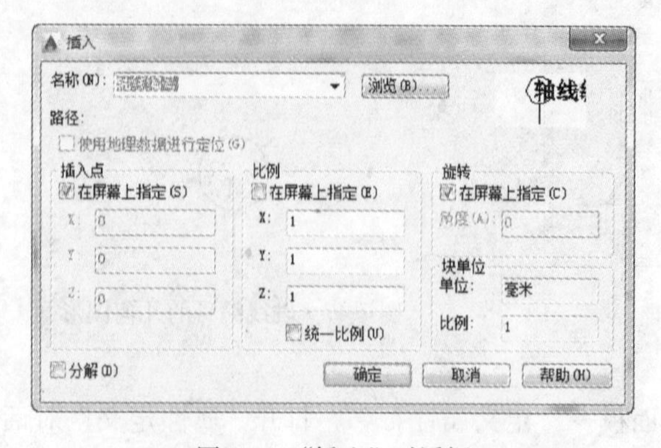

图 7-50 “插入”对话框

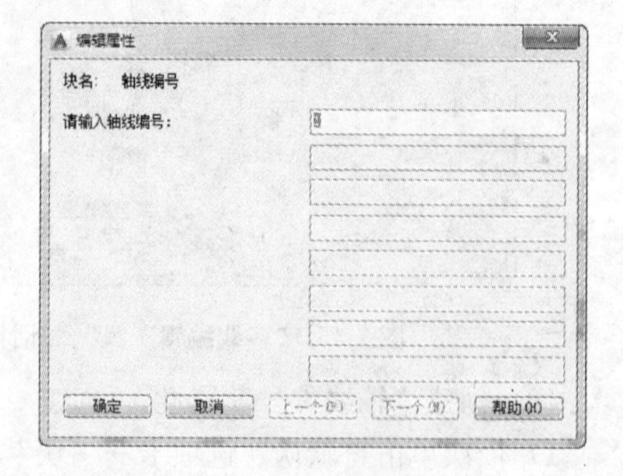

图 7-51 “编辑属性”对话框

4）在“编辑属性”对话框中输入轴线的编号，单击“确定”按钮完成一个轴线编号的插入。

5）重复步骤1～5，为每个轴线添加轴号，如图7-52所示。

（5）“轴线编号”属性块的编辑。利用以下方法可以编辑轴线编号的方向：

1）双击需要编辑轴线编号，打开“增强属性编辑器”对话框，如图7-53所示。

2）单击“文字选项”选项卡，把旋转角度设为0。

3）用同样的方法，依次修改左侧、右侧和下面的轴线编号。

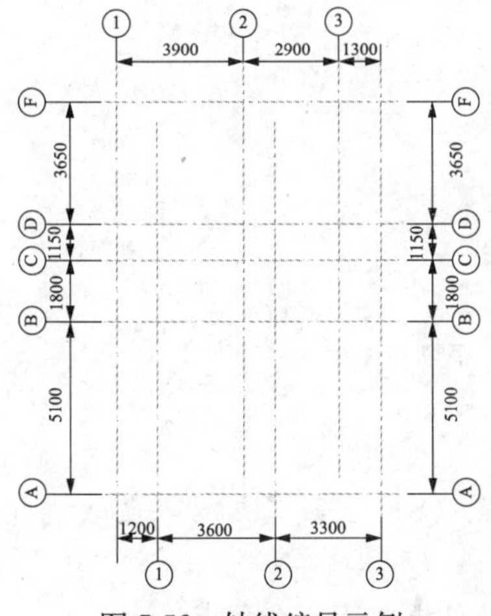

图7-52　轴线编号示例

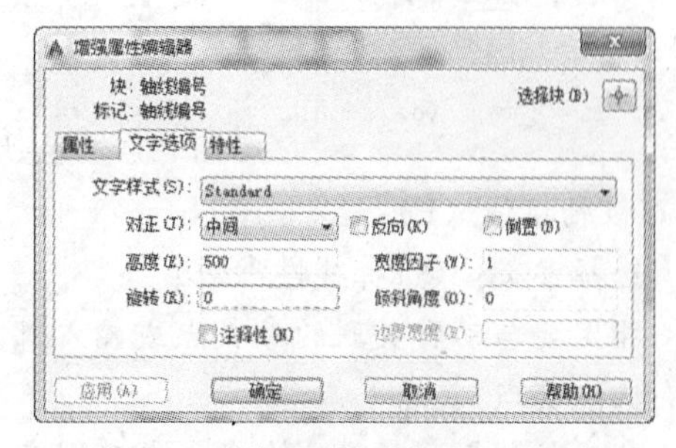

图7-53　“增强属性编辑器”对话框

三、创建与使用动态块——门、窗

（一）动态块“门”的创建与插入

1. 绘制门的几何图形［见图7-54（a）］。

2. 定义“门”块

（1）依次单击“默认”选项卡→“块”面板→“创建”，打开“块定义”对话框。

（2）输入块的名称“门”。

（3）单击图标返回绘图区域选取块的基点。

（4）单击图标返回绘图区域选择要定义为块的对象。

（5）单击“确定”按钮结束定义。

3. 打开“块编辑器”

依次单击“默认”选项卡→“块”面板→“块编辑器”，打开“编辑块定义”对话框，从中选择要编辑的“门”块，单击“确定”按钮进入块编辑器。

4. 在“块编辑器”中，为块添加参数

利用“块编辑器”选项卡→“参数操作”面板→“线性”、“翻转”和“可见性”，分别为块添加“线性”、“翻转”和“可见性”参数，如图7-54（b）所示。

5. 在“块编辑器”中，为参数添加动作

（1）为3个开度的门加拉伸动作，如图7-54（c）、（d）和（e）所示。依次单击“块编辑器”选项卡→“参数操作”面板→“拉伸”，系统提示如下（以打开角度为0的门的拉伸为例）：

命令：_bactiontool

输入动作类型［阵列（A）/查寻（L）/翻转（F）/移动（M）/旋转（R）/缩放（S）/拉伸

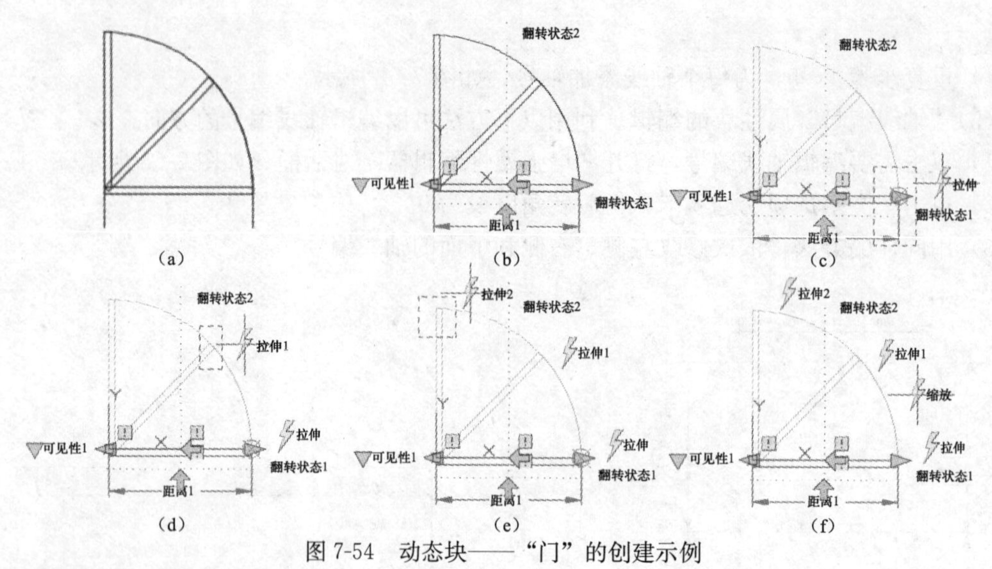

图 7-54 动态块——“门”的创建示例

(T)/极轴拉伸 (P)]: _ stretch

选择参数:(选择线性参数)

指定要与动作关联的参数点或输入 [起点 (T)/第二点 (S)] 〈第二点〉:(点取线性参数右边的夹点)

指定拉伸框架的第一个角点或 [圈交 (CP)]:(指定拉伸框的第一个角点)

指定对角点:(指定拉伸框的对角点)

指定要拉伸的对象

选择对象:找到 1 个 (选择要拉伸的对象)

选择对象:(按 Enter 键退出对象的选择)

指定动作位置或 [乘数 (M)/偏移 (O)]:“o”(输入“o”,设置偏移角度)

输入角度偏移 〈0〉: 0 (输入要偏移的角度)

指定动作位置或 [乘数 (M)/偏移 (O)]:(指定动作放置的位置)

打开角度为 90°和 45°的门的拉伸和打开角度为 0°的门的拉伸基本相同,不同之处主要有两点:

1) 选择的对象分别为打开角度为 90°或 45°的门,而非 0°的门。

2) 偏移的角度分别为 90°或 45°,而非 0°。

注 意

默认状态下,AutoCAD 2015 的系统变量 bactionbarmode 为 1。只有当 bactionbarmode 设定为 0 (零) 时,才能显示指定动作位置的提示。

(2) 为圆弧添加放缩动作 [见图 7-54 (f)]。依次单击“块编辑器”选项卡→“参数操作”面板→“缩放”,系统提示如下:

命令: _ bactiontool

输入动作类型 [阵列 (A)/查寻 (L)/翻转 (F)/移动 (M)/旋转 (R)/缩放 (S)/拉伸

(T)/极轴拉伸 (P)]：_ scale

选择参数：(选择线性参数)

指定动作的选择集

选择对象：找到 2 个，总计 2 个 (指定两段圆弧为选择集)

选择对象：(回车退出对象的选择)

指定动作位置或 [基点类型 (B)]：(指定动作放置的位置)

(3) 为门添加水平翻转和垂直翻转动作。依次单击“块编辑器”选项卡→“参数操作”面板→“翻转”，系统提示如下：

命令：_ bactiontool

输入动作类型 [阵列 (A)/查寻 (L)/翻转 (F)/移动 (M)/旋转 (R)/缩放 (S)/拉伸 (T)/极轴拉伸 (P)]：_ flip

选择参数：(选择垂直或水平翻转参数)

指定动作的选择集

窗口 (W) 套索-按空格键可循环浏览选项找到 19 个

选择对象：(选择所有的图形为选择集，按 Enter 键退出对象的选择)

指定动作位置：(指定动作放置的位置)

6. 在“块编辑器”中，为“可见性”参数添加可见性状态

依次单击“块编辑器”选项卡→“可见性”面板→“可见性状态”，打开“可见性状态”对话框，新建 3 个可见性状态，分别命名为“打开 90°角”、“打开 45°角”和“闭合”，如图 7-55 所示，然后为每个可见性状态指定可见的对象，可见对象分别为 90°门、45°门和 0°门。

7. 保存块与退出“块编辑器”

(1) 依次单击“块编辑器”选项卡→“保存/打开”面板→“保存块”，保存编辑的块。

(2) 依次单击“块编辑器”选项卡→“关闭”面板→“关闭块编辑器”，退出“块编辑器”。

8. 动态块“门”的插入

(1) 把图层“门窗”设为当前层。

(2) 单击功能区“默认”选项卡→“块”面板→“插入”→“更多选项”打开“插入”对话框，如图 7-56 所示。

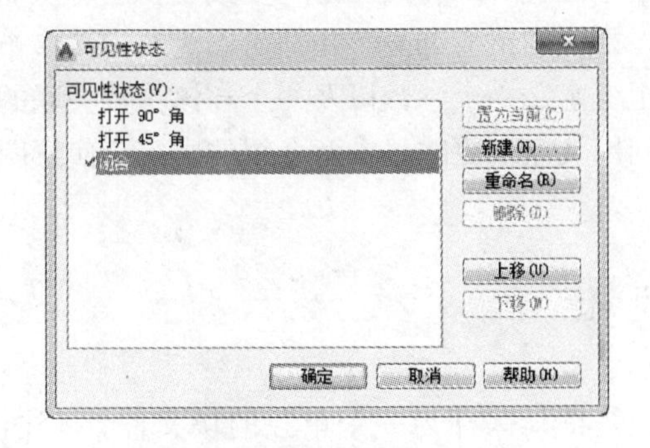

图 7-55 “可见性状态”对话框

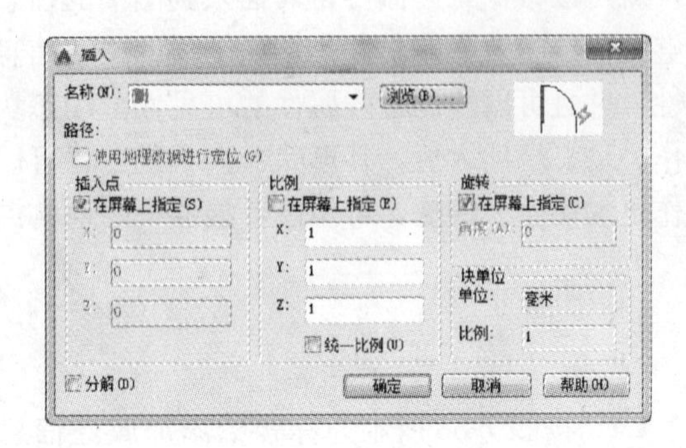

图 7-56 “插入”对话框

（3）在“插入”对话框中，从“名称”下拉框中选取“门”块；“插入点”和“旋转”均设为在屏幕上指定。

（4）单击“确定”按钮，在绘图窗口选取插入点，然后指定块的旋转角度，完成块的插入。

9. 动态块“门”的编辑

动态块插入后，可对块进行以下编辑来调整块的大小与外观。

（1）单击插入的“门”块，亮显各夹点，如图 7-57 所示。

（2）单击可见性夹点▼，打开快捷菜单，选择门的开度，如图 7-57（a）所示。

（3）单击拉伸夹点▶，拖动鼠标，调整门的尺寸，如图 7-57（b）所示。

（4）单击水平翻转夹点⇦，水平翻转门，如图 7-57（c）所示。

（5）单击垂直翻转夹点⇩，垂直翻转门，如图 7-57（d）所示。

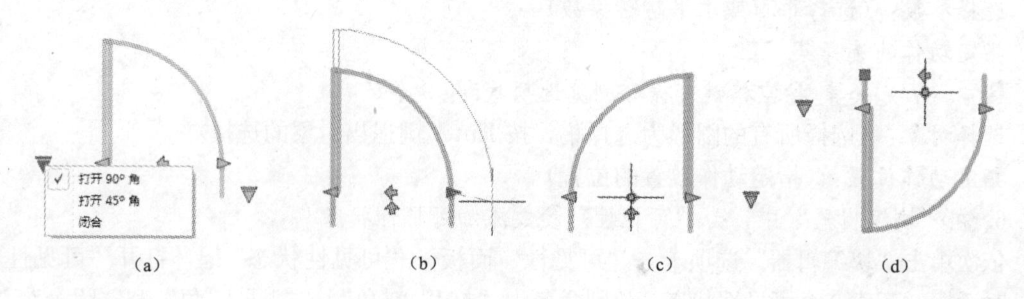

图 7-57 动态块“门”的编辑示例

（二）动态块“窗”的创建与插入

动态块“窗”仅需要一个线性参数和一个拉伸动作，其创建与插入的方法与“门”相同，在此不再赘述。

本 章 小 结

本章介绍了图块的基本概念及其创建与使用的基本方法，重点讲述了属性块和动态块的创建方法以及插入和编辑的方法，并以一个建筑平面图为实例详细讲述了属性块和动态块的使用方法。块是图形对象的集合，通常用于绘制复杂、重复的图形。一旦将一组对象定义成块，就可以根据绘图需要将其插入到图中的任意指定位置，即将绘图过程变成了拼图，从而能够提高绘图效率。属性是从属于块的文字信息，是块的组成部分。用户可以为块定义多个属性，并且可以控制这些属性的可见性。动态块至少定义一个参数以及一个与该参数关联的动作。动态块插入后，其形状、大小或配置可以利用夹点来更改。本章介绍的内容会使绘图工作更加简便、快捷，希望读者能够很好地掌握。

习 题 七

1. 请按图 7-58 所示为标题栏添加属性信息，并将其保存为一个单独的块文件。（注：带括号的部分有属性）

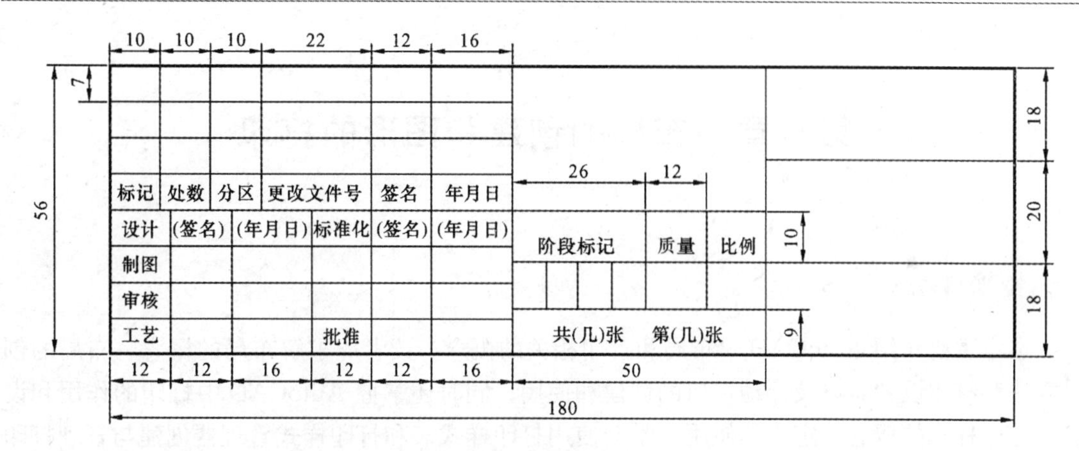

图 7-58　标题栏

2. 图 7-59（a）所示的为“国际限速标志——公制”的默认形式，请使用动态块的“增强属性编辑器”编辑成图 7-59（b）所示的“国际限速标志——公制”形式。

3. 绘制图 7-60 所示的电路图，其中：电阻和电源要定义为属性块。

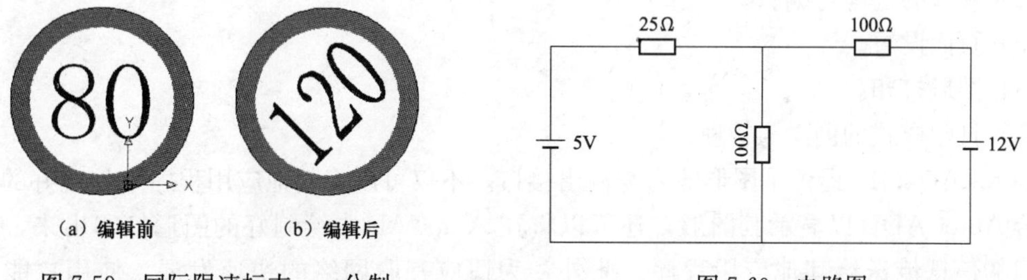

图 7-59　国际限速标志——公制　　图 7-60　电路图

4. 绘制图 7-61（a）所示的图形，并将其定义为动态块——“立柱”，如图 7-61（b）所示。要求：①添加“立柱宽度”线性参数，其中值集的距离增量设为 38，最短和最长距离分别设为 38 和 152；②为线性参数“立柱宽度”添加阵列动作，其中阵列间距为 38；③添加“立柱数”查寻参数，并为其添加“查寻计数”动作，其中特性查寻表如图 7-61（c）；④添加“立柱高度”线性参数，并为其添加拉伸动作。

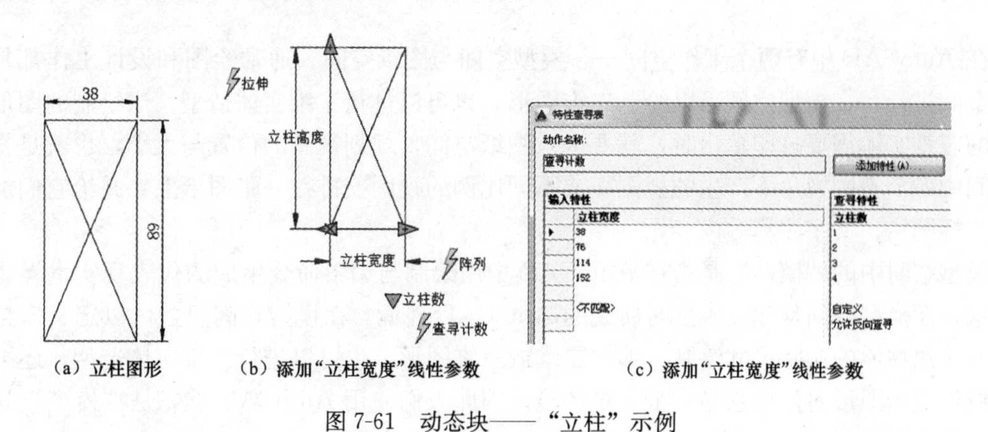

图 7-61　动态块——“立柱”示例

第八章 布局的创建和图形的打印

教学目标

本章主要介绍 AutoCAD 中布局和打印相关的概念。读者应了解布局的概念、布局的创建方法和打印设置，以及浮动视口的创建和使用；同时还掌握 AutoCAD 中打印的作用和设置，打印样式的概念、定义和使用，学会使用打印样式表和打印样式管理器创建与管理打印样式。

教学重点

（1）布局的创建与管理。

（2）视口的创建与编辑。

（3）页面设置。

（4）图形打印。

（5）打印样式的创建与管理。

AutoCAD 2015 提供了图形输入与输出接口。不仅可以将其他应用程序中处理好的数据传送给 AutoCAD，以显示其图形，还可以将在 AutoCAD 中绘制好的图形打印出来，或者把它们的信息传送给其他应用程序。此外，为适应互联网络的快速发展，使用户能够快速有效地共享设计信息，AutoCAD 2015 强化了其 Internet 功能，使其与互联网相关的操作更加方便、高效，可以创建 Web 格式的文件（DWF），以及发布 AutoCAD 图形文件到 Web 页。

第一节 模型空间与图纸空间简介

在 AutoCAD 中有两个工作空间——模型空间与图纸空间。通常绘图和设计工作都是在模型空间进行，在模型空间可以绘制二维图形，也可以进行三维实体造型。当绘制的图形或生成的三维实体需要打印输出时，就要进入图纸空间，规划视图的位置与大小，也就是将模型空间中各个不同视角下产生的视图，或不同比例的视图安排在一张图纸上，并给它们加上图框、标题栏、文字注释等内容。

模型空间中的"模型"是指在 AutoCAD 中用绘制与编辑命令生成的代表现实世界物体的对象，而模型空间是建立模型时所处的 AutoCAD 环境。在模型空间里，可以定义模型的范围，按照物体的实际尺寸绘制、编辑二维或三维图形，也可以进行三维实体造型，还可以全方位地显示图形对象，它是一个三维环境。因此人们使用 AutoCAD 首先是在模型空间工作。一般在模型空间的工作包括：

（1）进入模型空间：当启动 AutoCAD 后，默认处于模型空间，绘图窗口下面的"模型”卡是激活的；而图纸空间是关闭的。

(2) 设置工作环境：即设置尺寸记数格式和精度、绘图范围、层、线型、线宽以及作图辅助工具等。

(3) 建立、编辑模型：按物体的实际尺寸，绘制、编辑二维或三维实体。

(4) 建立多个视口：为了能全方位地展现模型对象，除了可以用显示控制类命令，还可以使用“模型空间多视口（VPORTS)”命令在绘图窗口设置多个视口，每个视口表示图形的一部分或模型对象的一种显示形式。

图纸空间的“图纸”与真实的图纸相对应，图纸空间是设置、管理视图的 AutoCAD 环境。在图纸空间可以把模型对象不同方位地显示视图，按合适的比例在“图纸”上表示出来，还可以定义图纸的大小、生成边框和标题栏。模型空间中的三维大小在图纸空间中是用二维平面上的投影来表示的，因此它是一个二维环境。人们在模型建立好后，即要进入图纸空间，规划视图的位置与大小，也就是将模型空间中不同视角下产生的视图或具有不同比例因子的视图在一张图纸上表现出来。一般图纸空间的工作包括：

(1) 进入图纸空间：单击状态行的“模型”按钮。

(2) 设置图纸大小。

(3) 生成图框和标题栏。

(4) 建立多个图纸空间视口：以使模型空间的视图通过图纸空间显示出来。

(5) 设定模型空间视口与图纸之间的比例关系。

(6) 视图的调整、定位和注释。

绘图窗口底部有一个“模型”选项卡和一个或多个布局选项卡，如图 8-1 所示。通常是在模型空间中设计图形，在图纸空间中进行打印准备。如果图形不需要打印多个视口，可以从“模型”选项卡中直接打印图形。如果要设置图形以便于打印，可以使用布局选项卡。每个布局选项卡都提供一个图纸空间，在这种绘图环境中，可以创建视口并指定如图纸尺寸、图形方向以及位置之类的页面设置，并与布局一起保存。为布局指定页面设置时，可以保存并命名页面设置。保存的页面设置可以应用到其他布局中，也可以根据现有的布局样板（DWT 或 DWG）文件创建新的布局。

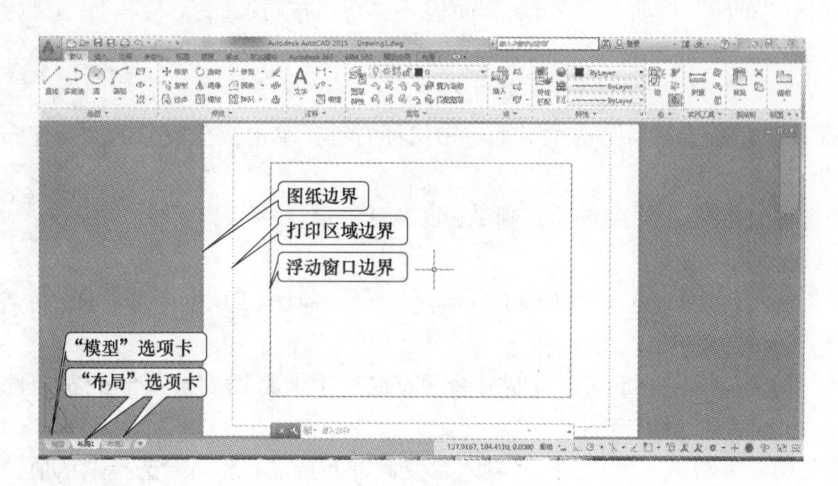

图 8-1　图纸空间

在实际工作中，可能在已建立好布局之后，还要回到模型空间中对模型对象做一些改动或者确定每个图纸空间视口中图形对图纸空间的比例；改动或设置好后，又要回到图纸空间，对视口作必要的标注和补充。为此，我们常需要在图纸空间与模型空间之间做相互切换。切换方法如下：

（1）直接拾取绘图窗口底部的相应标签。

（2）当"布局"标签激活时：用鼠标双击所需要的视口，即可通过此视口进入模型空间，这时坐标系图标由绘图窗口的左下角移到了当前视口的左下角；双击视口以外的任何地方，即回到图纸空间，坐标系图标又回到绘图窗口的左下角。

（3）当"布局"标签激活时，也可以通过状态栏上的"模型"/"图纸"按钮来切换。用这种方法切换的模型空间，仍然是相对于当前视口的。

第二节　布局的创建与管理

布局即相当于 AutoCAD 老版本中的图纸空间环境。一个布局就是一张图纸，并提供预置的打印设置。在布局中，可以创建和定位视口，并生成图框、标题栏等。用户可以创建多个视口来显示不同的视图；而且每个视图都可以有不同的缩放比例、冻结指定的图层。利用布局可以在图纸空间方便、快捷地布置视图，视图中的图形就是打印所见到的图形，真正实现了"所见即所得"。在一个图形文件中模型空间只有一个，而布局可以设置多个。这样我们可以用多张图纸多侧面的反映同一个实体或图形。在 AutoCAD 中有 4 种方式创建布局：

（1）使用"布局向导（LAYOUTWIZARD）"命令循序渐进地创建一个新布局。

（2）使用"来自样板的布局（LAYOUT）"命令插入基于现有布局样板的新布局。

（3）单击布局标签，从打开的"页面设置"对话框创建一个新布局。

（4）通过设计中心从已有的图形文件或样板文件中把已建好的布局拖入到当前图形文件中。

一、使用布局命令创建布局

功能区"布局"选项卡："布局"面板→"新建布局"。

"布局"工具栏：。

"插入"菜单："布局"→"新建布局"。

快捷菜单：在"布局"选项卡上单击鼠标右键，单击快捷菜单的"新建布局"。

命令：layout。

在命令行输入布局命令 Layout，则 AutoCAD 提示：

命令：layout

输入布局选项［复制（C）/删除（D）/新建（N）/样板（T）/重命名（R）/另存为（SA）/设置（S）/?］〈设置〉：

（1）复制：复制指定的布局，复制后新的布局选项卡将插到被复制的布局选项卡之后。输入"C"，AutoCAD 继续提示：

输入要复制的布局名〈布局 2〉：（输入要复制的布局名，输入↵选择默认值。）

输入复制后的布局名〈布局 2（2）〉：（输入复制后的布局名。）

注意

如果不提供名称，则新布局以被复制的布局的名称附带一个递增的数字（在括号中）作为默认布局名。

（2）删除：删除指定的布局。输入“D”，AutoCAD 继续提示：

输入要删除的布局名〈布局 2〉：（输入要删除的布局名。）

（3）新建：使用指定的名称和默认的打印设备来创建一个新的布局。输入“N”，AutoCAD 继续提示：

输入新布局名〈布局 3〉：（输入新建布局的名称。）

在单个图形中可以创建最多 255 个布局。布局名必须唯一，最多可以包含 255 个字符，不区分大小写。布局选项卡上只显示最前面的 31 个字符。

（4）样板：插入样板文件中的布局。选择该项后，系统将弹出“从文件中选择样板”对话框，用户可在 AutoCAD 系统主目录中的 Template 子目录中选择 AutoCAD 所提供的样板文件，也可以使用其他图形文件（包括 DWG 文件和 DXF 文件）。当用户选择了某一文件后，将弹出“插入布局”对话框，如图 8-2 所示。该对话框中显示了该文件中的全部布局，用户可选择其中一种或几种布局（包括所有几何图形）插入到当前图形文件中。

（5）重命名：给指定的布局重新命名。输入“R”，AutoCAD 继续提示：

输入要重命名的布局〈布局 1〉：（输入新的布局名）

（6）另存为：保存指定的布局。输入“SA”，AutoCAD 继续提示：

输入要保存到样板的布局〈布局 1〉：（输入要保存的布局名）

然后系统将弹出“创建图形文件”对话框，在该对话框中指定保存的图形文件名称和路径，如图 8-3 所示。

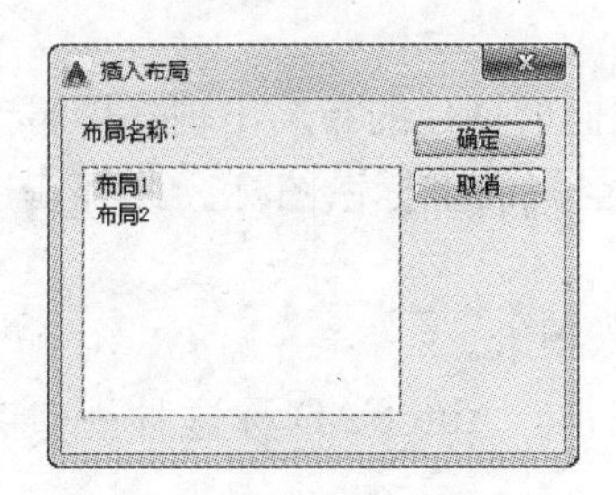

图 8-2　“插入布局”对话框

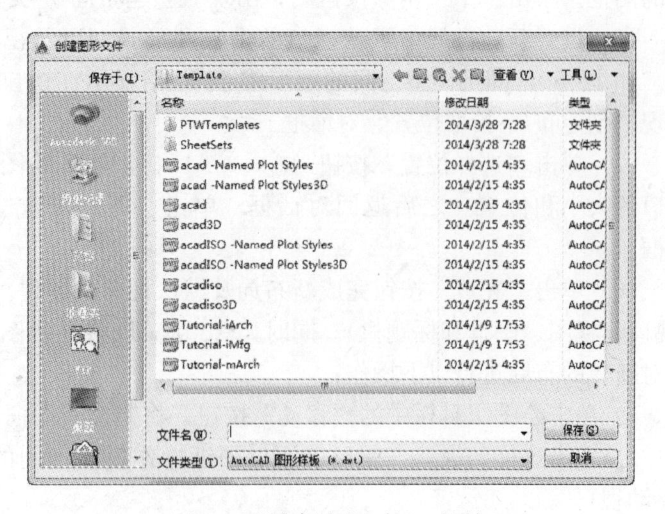

图 8-3　“创建图形文件”对话框

（7）设置：设置指定布局为当前布局。输入“S”，AutoCAD 继续提示：

输入要置为当前的布局〈布局 1〉：（输入要作为当前布局的布局名）

（8）“?”：列出图形中定义的所有布局。

二、使用布局向导创建布局

“插入”菜单：“布局”→“创建布局向导”。

“工具”菜单：“向导”→“创建布局”。

命令：layoutwizard。

使用以上命令之一将打开“创建布局”向导，如图 8-4 所示。利用该向导可以指定打印设备、确定相应的图纸尺寸和图形的打印方向、选择布局中使用的标题栏或确定视口设置。创建步骤如下：

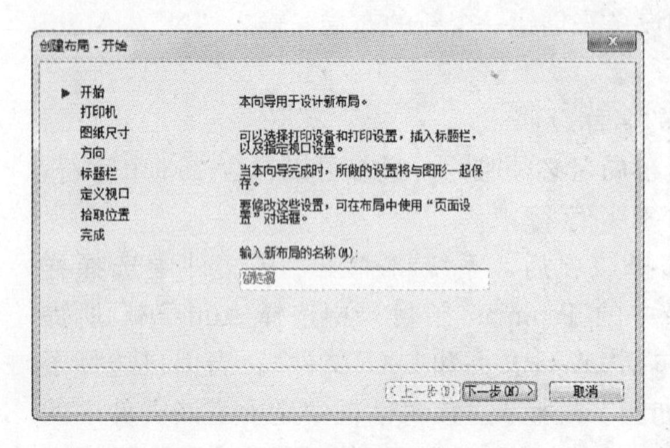

图 8-4 “创建布局”对话框

（1）在“输入新布局的名称”编辑框中输入新建布局的名称，然后单击“下一步”按钮。屏幕上出现“创建布局-打印机”对话框。

（2）为新布局选择一种配置好的打印设备，然后单击“下一步”按钮。屏幕上出现“创建布局-图纸尺寸”对话框。

（3）选择图形所用的单位，再选择打印图纸的尺寸。例如，选择以毫米为单位，A3 图纸。接下来，屏幕上出现“创建布局-方向”对话框。

（4）确定图形在图纸上的方向。例如按横向打印。单击“下一步”按钮确认，之后屏幕上又出现“创建布局-标题栏”对话框。

（5）选择图纸的边框、标题栏的大小和样式 GB _ A3。在“类型”框中，可以指定所选择的图框和标题栏文件是作为块插入，还是作为外部参照引用。注意：要选择与图纸型号对应的图框。单击“下一步”按钮后，出现“创建布局-定义视口”对话框。

（6）设置新建布局中默认视口的个数和形式，以及视口中的视图与模型空间的比例关系。如 1∶50，即把模型空间的图形缩小 50 倍显示在视口中。单击“下一步”按钮，继续出现“创建布局-拾取位置”对话框。

（7）单击“选择位置”按钮，AutoCAD 将切换到绘图窗口，通过指定两个对角点指定视口的大小和位置。之后返回对话框。单击“下一步”按钮，进入“创建布局-完成”对话框。

（8）单击“完成”按钮完成新布局及默认视口的创建。我们所创建的布局出现在屏幕上（视口、视图、图框和标题栏）。同时，AutoCAD 将显示图纸空间的坐标系图标。此外，用户对新建的布局进行以下操作：

1）单击绘图工具栏中的“移动”按钮，将错位的图框移入图纸。

2）双击这样的视口，就可以透过图纸操作模型空间的图形，AutoCAD 称这种视口为“浮动视口”。

3）为了在布局输出时只打印视图而不打印视口边框，则冻结视口边框所在的层，这时屏幕上视口边框就消失了。

三、管理布局

在“布局”标签上单击鼠标右键，系统会弹出如图 8-5 所示的快捷菜单，利用该菜单的命令可以删除、新建、重命名、移动或复制布局。

如果要修改页面布局，可从快捷菜单中选择“页面设置管理器”命令，通过修改布局的页面设置，将图形按不同比例打印到不同尺寸的图纸中。

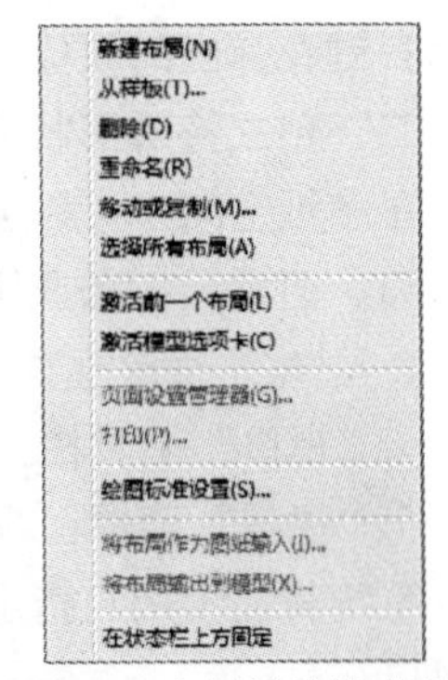

图 8-5　布局的快捷菜单

第三节　视口的创建与编辑

视口分平铺视口和浮动视口两种：在模型空间中创建的视口，称为平铺视口；在图纸空间中创建的视口，称为浮动视口。在构造布局时，可以将布局视口视为可查看模型空间的对象，并对其进行移动和调整尺寸。布局视口可以相互重叠或者分离。在图纸空间中无法编辑模型空间中的对象，如果要编辑模型，必须激活浮动视口，进入浮动模型空间。

一、创建视口

功能区“视图”选项卡：“模型视口”面板→“命名”。

“布局”工具栏：。

“视口”工具栏：。

“视图”菜单：“视口”→“新建视口”。

命令：vports。

使用以上命令之一将打开“视口”对话框，应用此对话框便可以创建新的视口配置，或命名和保存模型空间视口配置。对话框中可用的选项取决于用户是配置模型空间视口（见图 8-6）还是配置布局视口（见图 8-7）。

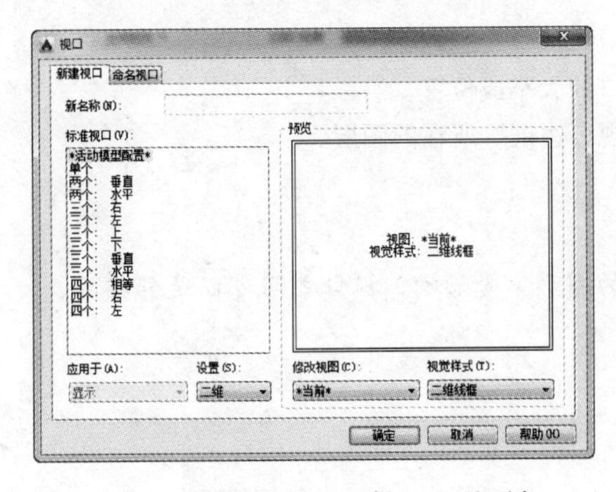

图 8-6　模型空间的“新建视口”选项卡

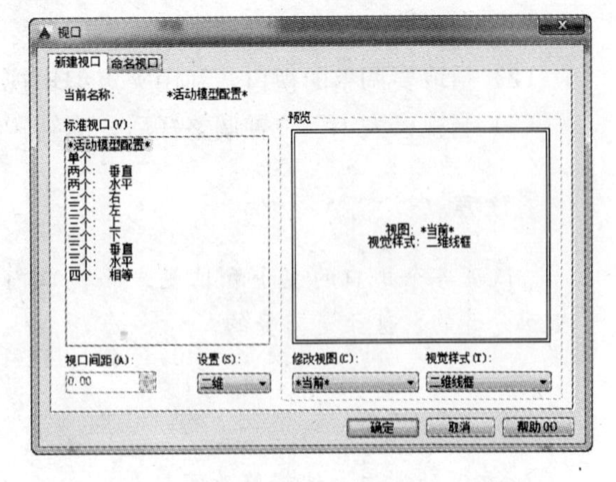

图 8-7　图纸空间的“新建视口”选项卡

在布局图中，若要删除浮动视口，可以先选择浮动视口边界，然后按 Delete 键或单击鼠标右键在弹出的快捷菜单中选择删除命令，即可删除浮动视口。

二、创立特殊形状的浮动视口

在图纸空间中可以创建多边形形状的浮动视口，也可以将图纸空间中绘制的封闭多段线、圆、面域、样条或椭圆等对象设置为视口边界。

1. 创建多边形视口

“视口”工具栏：。

“视图”菜单：“视口”→“多边形视口”。

系统将提示用户指定一系列的点来定义一个多边形的边界，并以此创建一个多边形的浮动视口。

2. 从对象创建视口

“视口”工具栏：。

“视图”菜单：“视口”→“对象”。

系统将提示用户指定一个在图纸空间绘制的对象，并将其转换为视口对象。

三、浮动视口的激活

在图纸空间中无法编辑模型空间中的对象，如果要编辑模型，必须激活浮动视口，进入浮动模型空间。激活浮动视口的方法有多种：

双击浮动视口区域中的任意位置。

单击状态栏上的“图纸”按钮。

命令：MSPACE。

四、视图的编辑和调整

布局中的浮动视口往往会重叠或交错，需要用户来调整视图的显示内容，并安排它们在图纸空间的位置。

在 AutoCAD 中，它把“视口”也作为图形对象来对待，因此它和其他图形对象一样，在图纸空间可以进行移动、拉伸、复制、删除等编辑操作。

调整视口大小和位置的操作步骤如下：

1. 调整图纸空间的视口

(1) 双击图纸空白处，回到图纸空间。

(2) 拾取要调整的视口，利用夹点编辑视口的大小或位置。

(3) 当视口大小、位置调整好后，冻结“视口边框”所在的图层。

注意

改变各个视口的大小和位置，而视口内的图形不受影响；视口之间可以是邻接的、相互分开的，甚至是重叠的。

2. 在浮动视口内编辑修改图形

双击其中某个视口，就由图纸空间切换到了模型空间。这时，可以在浮动视口内编辑、修改模型空间的图形，各浮动视口内的图形同时有所反映；激活“平移”可以调整显示部位。双击浮动视口外布局内的任何地方，又由模型空间切换回了图纸空间。

第四节　图　形　设　置

在图纸空间中使用图形设置命令（mvsetup）可以控制和设置视图。在命令行输入“mvsetup”命令时，所显示的提示取决于当前处于“模型”选项卡（模型空间）还是布局“选项卡”（图纸空间）。在“模型”选项卡上，可以使用 mvsetup 从命令行设置单位类型、图形比例因子和图纸尺寸。在布局“选项卡”上，可以向图形中插入多个预定义标题栏之一，并在标题栏中创建一个布局视口集。可以指定全局比例，作为标题栏在布局中以及图形在“模型”选项卡上的缩放比例之间的比率。“模型”选项卡对于在单个边框中打印图形的多个视口非常有用。要快速指定所有布局的页面设置并准备打印图形，也可以使用“页面设置”对话框。

1. 在模型空间使用 mvsetup 命令

在命令行输入 mvsetup 命令，AutoCAD 将提示：

是否启用图纸空间？[否（N)/是（Y)]〈是〉：(输入“n”或按 Enter 键)

(1) 按 Enter 键将启用图纸空间，以下命令提示与在图纸空间使用 mvsetup 命令相同。

(2) 输入“n”显示以下提示：

输入单位类型［科学（S)/小数（D)/工程（E)/建筑（A)/公制（M)]：(输入选项)

显示可用的单位列表并提示输入比例因子和图纸尺寸。

输入比例因子：(输入值)

输入图纸宽度：(输入值)

输入图纸高度：(输入值)

将绘制边框并结束命令。

2. 在图纸空间使用 mvsetup 命令

在命令行输入“mvsetup”命令，AutoCAD 将提示：

输入选项［对齐（A)/创建（C)/缩放视口（S)/选项（O)/标题栏（T)/放弃（U)]：(输入选项或按 Enter 键结束命令)

(1) 对齐：用于在视口中平移视图，使它与另一视口中的基点对齐；其他点向当前视口移动。输入“A”，AutoCAD 继续提示：

输入选项［角度（A)/水平（H)/垂直对齐（V)/旋转视图（R)/放弃（U)]：(输入选项)

1) 角度：在视口中沿指定的方向平移视图。

2) 水平：在视口中平移视图，直到它与另一视口中的基点水平对齐为止。

3) 垂直对齐：在视口中平移视图，直到它与另一视口中的基点垂直对齐为止。

4) 旋转视图：在视口中围绕基点旋转视图。

5) 放弃：撤销当前 mvsetup 任务中已执行的操作。

(2) 创建：可删除对象或创建视口。输入“C”，AutoCAD 继续提示：

输入选项［删除对象（D)/创建视口（C)/放弃（U)]〈创建视口〉：(输入选项或按 ENTER 键)

1) 删除对象：删除现有视口。

2）创建视口：显示创建视口的选项。

可用布局选项：...

0：　　无

1：　　单个

2：　　标准工程图

3：　　视口阵列

输入要加载的布局号或［重显示（R)]：（输入选项号（0-3)，或输入“r”重显示视口布局选项列表。）

3）放弃：撤销当前 MVSETUP 任务中已执行的操作。

（3）缩放视口：调整对象在视口中显示的缩放比例因子。缩放比例因子是边界在图纸空间中的比例和图形对象在视口中显示的比例之间的比率。输入“S”，AutoCAD 继续提示：

选择对象：（选择要缩放的视口。）

设置视口缩放比例因子。交互（I)/〈统一（U)〉：（输入“i”或按 Enter 键。）

设置图纸空间单位与模型空间单位的比例...

输入图纸空间单位的数目〈1.0〉：

输入模型空间单位的数目〈1.0〉：

（4）选项：该项用于设置要插入标题栏的图层、插入标题栏后是否重置图形界限、指定转换后的图纸单位以及指定标题栏是插入还是附着的外部参照等。输入“O”，AutoCAD 继续提示：

输入选项［图层（L)/图形界限（LI)/单位（U)/外部参照（X)］〈退出〉：（输入选项或按 ENTER 键返回到上一提示）

（5）标题栏：准备图纸空间，通过设置原点来调整图形方向，并创建图形边界和标题栏。输入“T”，AutoCAD 继续提示：

输入标题栏选项［删除对象（D)/原点（O)/放弃（U)/插入（I)］〈插入〉：（输入选项或按 Enter 键。）

（6）放弃：撤销当前 mvsetup 任务中已执行的操作。

第五节　页　面　设　置

页面设置就是随布局一起保存的打印设置。用户在创建布局时，需要指定打印机和设置（例如图纸尺寸和打印方向)。使用“页面设置”对话框，可以控制“布局”和“模型”选项卡中的设置，可以命名并保存页面设置，以便在其他布局中使用。如果在创建布局时没有指定“页面设置”对话框中的所有设置，也可以在打印之前设置页面；或者，在打印时替换页面设置。可以对当前打印任务临时使用新的页面设置，也可以保存新的页面设置。

功能区“输出”选项卡：“打印”面板→“页面设置管理器”。

应用程序按钮菜单：“打印”→“页面设置”。

“布局”工具栏：。

“文件”菜单：“页面设置管理器”。

快捷菜单：在“模型”选项卡或某个“布局”选项卡上单击鼠标右键，然后单击“页面设置管理器”。

命令：pagesetup。

使用以上激活命令的方法之一将打开“页面设置管理器”对话框，如图 8-8 所示。利用该对话框可以为当前布局或图纸指定页面设置，也可以创建命名页面设置、修改现有页面设置，或从其他图纸中输入页面设置。

单击“页面设置管理器”对话框中的 新建(N)... 按钮，将打开“新建页面设置”对话框，如图 8-9 所示。利用该对话框可以为新建页面设置指定名称，并指定要使用的基础页面设置。

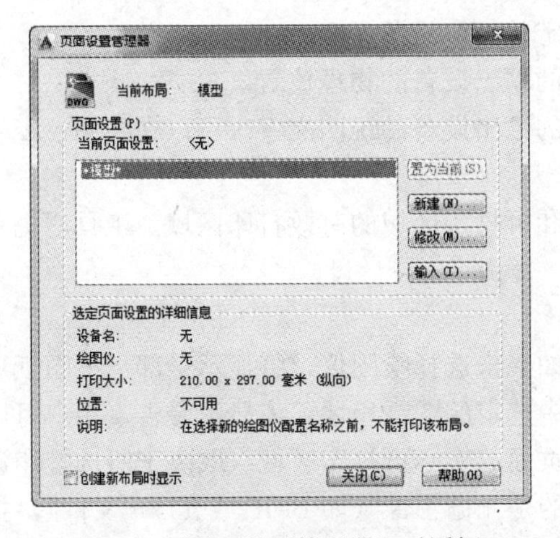

图 8-8 “页面设置管理器”对话框

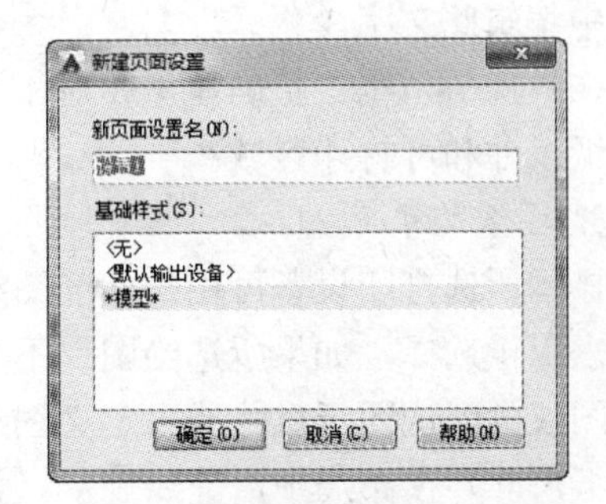

图 8-9 “新建页面设置”对话框

单击“确定”按钮，将显示“页面设置”对话框以及所选页面设置的设置，如图 8-10 所示。利用该对话框可以指定页面布局和打印设备设置。

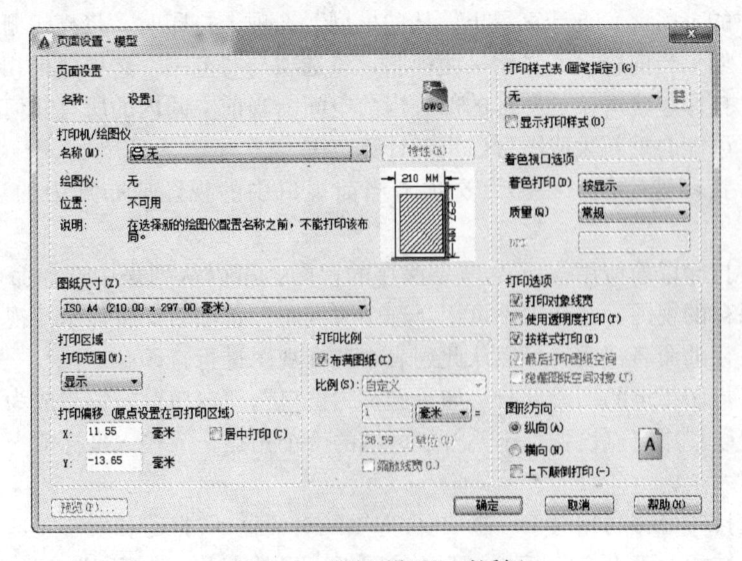

图 8-10 “页面设置”对话框

1. 页面设置

显示当前页面设置的名称。

2. 打印机/绘图仪

指定打印或发布布局或图纸时使用的已配置的打印设备。如果选定绘图仪不支持布局中选定的图纸尺寸，将显示警告，用户可以选择绘图仪的默认图纸尺寸或自定义图纸尺寸。

(1) 名称：列出可用的 PC3 文件或系统打印机，可以从中进行选择，以打印当前布局。设备名称前面的图标识别其为 PC3 文件还是系统打印机。

(2) 特性：显示绘图仪配置编辑器（PC3 编辑器），从中可以查看或修改当前绘图仪的配置、端口、设备和介质设置。如果使用绘图仪配置编辑器更改 PC3 文件，将显示"修改打印机配置文件"对话框。

(3) 绘图仪：显示当前所选页面设置中指定的打印设备。

(4) 位置：显示当前所选页面设置中指定的输出设备的物理位置。

(5) 说明：显示当前所选页面设置中指定的输出设备的说明文字。可以在绘图仪配置编辑器中编辑此文字。

(6) 局部预览：精确显示相对于图纸尺寸和可打印区域的有效打印区域。工具栏提示显示图纸尺寸和可打印区域。

3. 图纸尺寸

显示所选打印设备可用的标准图纸尺寸。如果未选择绘图仪，将显示全部标准图纸尺寸的列表以供选择。如果所选绘图仪不支持布局中选定的图纸尺寸，将显示警告，用户可以选择绘图仪的默认图纸尺寸或自定义图纸尺寸。页面的实际可打印区域（取决于所选打印设备和图纸尺寸）在布局中由虚线表示。如果打印的是光栅图像（如 BMP 或 TIFF 文件），打印区域大小的指定将以像素为单位而不是英寸或毫米。

4. 打印区域

指定要打印的图形区域。在"打印范围"下，可以选择要打印的图形区域。

(1) 布局/图形界限：打印布局时，将打印指定图纸尺寸的可打印区域内的所有内容，其原点从布局中的 (0，0) 点计算得出。从"模型"选项卡打印时，将打印栅格界限定义的整个绘图区域。如果当前视口不显示平面视图，该选项与"范围"选项效果相同。

(2) 范围：打印包含对象的图形的部分当前空间。当前空间内的所有几何图形都将被打印。打印之前，可能会重新生成图形以重新计算范围。

(3) 显示：打印选定的"模型"选项卡当前视口中的视图或布局中的当前图纸空间视图。

(4) 视图：打印以前使用 VIEW 命令保存的视图。可以从列表中选择命名视图。如果图形中没有已保存的视图，此选项不可用。选中"视图"选项后，将显示"视图"列表，列出当前图形中保存的命名视图。可以从此列表中选择视图进行打印。

(5) 窗口：打印指定的图形部分。如果选择"窗口"，"窗口"按钮将成为可用按钮。单击"窗口"按钮以使用定点设备指定要打印区域的两个角点，或输入坐标值。

5. 打印偏移

根据"指定打印偏移时相对于"选项（"选项"对话框，"打印和发布"选项卡）中的设置，指定打印区域相对于可打印区域左下角或图纸边界的偏移。"打印"对话框的"打印偏移”区域显示了包含在括号中的指定打印偏移选项。图纸的可打印区域由所选输出设备决定，在布局中以虚线表示。更改为其他输出设备时，可能会更改可打印区域。通过在“X偏移”和“Y偏移”框中输入正值或负值，可以偏移图纸上的几何图形。图纸中的绘图仪单位为英寸或毫米。

（1）居中打印：自动计算X偏移和Y偏移值，在图纸上居中打印。当“打印区域”设置为“布局”时，此选项不可用。

（2）X：相对于“打印偏移定义”选项中的设置指定X方向上的打印原点。

（3）Y：相对于“打印偏移定义”选项中的设置指定Y方向上的打印原点。

6. 打印比例

控制图形单位与打印单位之间的相对尺寸。打印布局时，默认缩放比例设置为1∶1。从“模型”选项卡打印时，默认设置为“布满图纸”。

（1）布满图纸：缩放打印图形以布满所选图纸尺寸，并在“比例”、“英寸＝”和“单位”框中显示自定义的缩放比例因子。

（2）比例：定义打印的精确比例。“自定义”可定义用户定义的比例。可以通过输入与图形单位数等价的英寸（或毫米）数来创建自定义比例。

（3）英寸＝/毫米＝/像素＝：指定与指定的单位数等价的英寸数、毫米数或像素数。

（4）英寸/毫米/像素：在“打印”对话框中指定要显示的单位是英寸还是毫米。默认设置为根据图纸尺寸，并会在每次选择新的图纸尺寸时更改。“像素”仅在选择了光栅输出时才可用。

（5）单位：指定与指定的英寸数、毫米数或像素数等价的单位数。

（6）缩放线宽：与打印比例成正比缩放线宽。线宽通常指定打印对象的线的宽度并按线宽尺寸打印，不考虑打印比例。

7. 打印样式表（笔指定）

设置、编辑打印样式表，或者创建新的打印样式表。

（1）名称（无标签）：显示指定给当前“模型”选项卡或布局选项卡的打印样式表，并提供当前可用的打印样式表的列表。如果选择“新建”，将显示“添加打印样式表”向导，可用来创建新的打印样式表。显示的向导取决于当前图形是处于颜色相关模式还是处于命名模式。

（2）编辑按钮：显示“打印样式表编辑器”，从中可以查看或修改当前指定的打印样式表中的打印样式。

（3）显示打印样式：控制是否在屏幕上显示指定给对象的打印样式的特性。

8. 着色视口选项

指定着色和渲染视口的打印方式，并确定它们的分辨率级别和每英寸点数（DPI）。

（1）着色打印：指定视图的打印方式。

（2）质量：指定着色和渲染视口的打印分辨率。

（3）DPI：指定渲染和着色视图的每英寸点数，最大可为当前打印设备的最大分辨率。只有在“质量”框中选择了“自定义”后，此选项才可用。

9. 打印选项

指定线宽、打印样式、着色打印和对象的打印次序等选项。

(1) 打印对象线宽：指定是否打印为对象和图层指定的线宽。如果选定“按样式打印”，则该选项不可用。

(2) 按样式打印：指定是否打印应用于对象和图层的打印样式。如果选择该选项，也将自动选择“打印对象线宽”。

(3) 最后打印图纸空间：首先打印模型空间几何图形。通常先打印图纸空间几何图形，然后再打印模型空间几何图形。

(4) 隐藏图纸空间对象：指定 HIDE 操作是否应用于图纸空间视口中的对象。此选项仅在布局选项卡中可用。此设置的效果反映在打印预览中，而不反映在布局中。

10. 图形方向

为支持纵向或横向的绘图仪指定图形在图纸上的打印方向。

(1) 纵向：放置并打印图形，使图纸的短边位于图形页面的顶部。

(2) 横向：放置并打印图形，使图纸的长边位于图形页面的顶部。

(3) 反向打印：上下颠倒地放置并打印图形。

(4) 图标：指示选定图纸的介质方向并用图纸上的字母表示页面上的图形方向。

11. 预览(P)...

按执行 preview 命令时在图纸上打印的方式显示图形。要退出打印预览并返回“页面设置”对话框，请按 Esc 键，然后按 Enter 键；或单击鼠标右键并单击快捷菜单上的“退出”。

设置打印选项的步骤如下。

(1) 单击要设定其打印选项的布局选项卡。

(2) 依次单击“输出”选项卡→“打印”面板→“页面设置管理器”。

(3) 在页面设置管理器的“页面设置”区域中，选择要修改的页面设置。

(4) 单击“修改”按钮。

(5) 在“页面设置”对话框的“打印选项”下，选择所需的设置。

(6) 单击“确定”按钮。

(7) 在页面设置管理器中，单击“关闭”按钮。

第六节 图 形 打 印

绘制完图形后，用户就可以在模型空间中或任一布局中调用打印命令来指定设备和介质设置，然后打印图形。

功能区“输出”选项卡：“打印”面板→“打印”。

应用程序按钮菜单：“打印”。

快速访问工具栏：。

“标准”工具栏：。

“文件”菜单：“打印”。

快捷菜单：在“模型”选项卡或布局选项卡上单击鼠标右键，然后单击“打印”。

命令：plot（或别名 print）。

使用以上激活命令的方法之一将打开“打印”对话框，如图 8-11 所示。

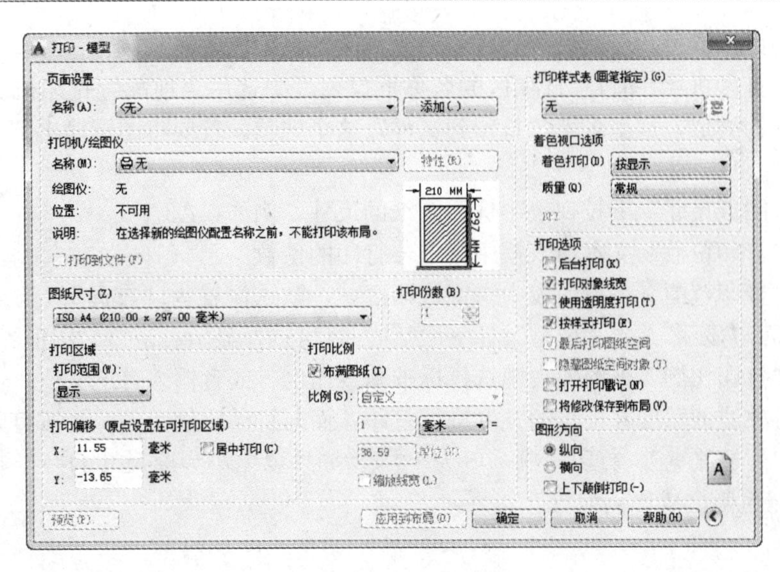

图 8-11 “打印”对话框

该对话框的内容与“页面设置”对话框类似，下面仅介绍不同的部分。

(1) 页面设置：列出图形中已命名或已保存的页面设置。可以将图形中保存的命名页面设置作为当前页面设置，也可以在“打印”对话框中单击“添加”按钮，基于当前设置创建一个新的命名页面设置。

(2) 打印机/绘图仪：指定打印布局时使用已配置的打印设备。

打印到文件：打印输出到文件而不是绘图仪或打印机。打印文件的默认位置是在“选项”对话框→“打印和发布”选项卡→“打印到文件操作的默认位置”中指定的。如果“打印到文件”选项已打开，单击“打印”对话框中的“确定”按钮将显示“打印到文件”对话框（标准文件浏览对话框）。

(3) 打印份数：指定要打印的份数。打印到文件时，此选项不可用。

(4) ：将当前“打印”对话框设置保存到当前布局。

(5) 其他选项⊙：控制是否显示“打印”对话框中其他选项。其他选项包括：打印样式表（笔指定）、着色视口选项、打印选项、图形方向。

注意

除了使用 plot 命令进行打印之外，用户也可在“页面设置”对话框中单击 打印 按钮直接进行打印。

AutoCAD 打印输出图纸的过程如下。

(1) 依次单击“输出”选项卡→“打印”面板→“打印”激活打印命令，打开“打印”对话框。

(2) 在“打印”对话框中看到用于打印的布局名；如果在“页面设置”对话框中定义过页面设置，则通过“页面设置名称”下拉列表中即可选用。否则单击 添加(.)... 按钮添加新的页面设置，可以通过“页面设置管理器”来修改此页面设置。

(3) 在“打印机/绘图仪”选项区的名称下拉列表中选用当前配置打印机。与“页面设置”对话框中的类似，这里多了“打印到文件”这个选项。若要将图形输出到文件，应选中“打印到文件”复选框。

(4) 在“图纸尺寸”下拉列表中选用图纸的尺寸，例如：A3。

(5) 在“打印份数”文本输入框中指定要打印的份数。

(6) 在“打印范围”下拉列表中指定打印区域，默认设置为“布局”（当“布局”标签激活时），或为“显示”（当“模型”标签激活时），可选择显示、窗口、图形界限或布局。

(7) 在“打印比例”下的列表中选择标准缩放比例，或者输入自定义值。通常，线宽用于指定打印对象线的宽度并按线的宽度进行打印，而与打印比例无关。要按打印比例缩放线宽，请选择“缩放线宽”。打印比例一般为1∶1。如果要缩小为原尺寸的一半，则打印比例为1∶2，线宽也随之成比例缩放。

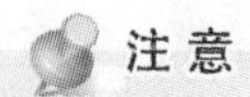

注 意

这里的“比例”是打印布局时的输出比例，与“布局向导”中的比例含义不同。通常选择1∶1，即按布局的实际尺寸打印输出。

(8) 在“打印偏移”区内输入 X 和 Y 偏移量，以确定打印区域相对于图纸左下角的偏移距离。选中“居中打印”，则AutoCAD可以自动计算偏移值将图形居中打印。

(9) 在“打印样式表”中选用已有的打印样式或新建打印样式。

(10) 在“打印选项”选项区，选择或清除“打印对象线宽”选项，以控制是否按线宽打印线宽；选中“按样式打印”，使用为布局或视口指定的打印样式进行打印；通常情况下，图纸空间布局的打印优先于模型空间的图形。若选中“最后打印图纸空间”，则先打印模型空间的图形。选中“隐藏图纸空间对象”，则“隐藏”操作应用于图纸空间视口中的对象，这一设置将反映在打印预览中，但不反映在布局中。

(11) 在“图形方向”选项区，选择图纸的方向：横向、纵向还是上下颠倒打印。

(12) 选择“完全预览”，即可按图纸中将要打印出来的样式显示图形。

(13) 选择“部分预览”，AutoCAD快速并精确地显示相对于图纸尺寸和可打印区域的有效打印区域。

(14) 单击“确定”按钮，即可从指定设备输出。

第七节 打 印 样 式

打印样式通过确定打印特性（例如线宽、颜色和填充样式）来控制对象或布局的打印方式。打印样式表是指定给“布局”选项卡或“模型”选项卡的打印样式的集合。打印样式管理器是一个窗口，其中显示了AutoCAD中可用的所有打印样式表。

打印样式类型有两种：颜色相关（CTB）打印样式表和命名（STB）打印样式表。一个图形只能使用一种打印样式表，用户可以在两种打印样式表之间进行转换，也可以在设置图形的打印样式表类型之后更改所设置的类型。

（1）颜色相关打印样式表（CTB）：用对象的颜色来确定打印特征（例如线宽）。例如，图形中所有红色的对象均以相同方式打印。可以在颜色相关打印样式表中编辑打印样式，但不能添加或删除打印样式。颜色相关打印样式表中有256种打印样式，每种样式对应一种颜色。

（2）命名打印样式表（STB）：包括用户定义的打印样式。使用命名打印样式表时，具有相同颜色的对象可能会以不同方式打印，这取决于指定给对象的打印样式。命名打印样式表的数量取决于用户的需要量，可以将命名打印样式像所有其他特性一样指定给对象或布局。

一、创建命名打印样式表

（1）依次单击“工具”菜单→“向导”→“添加打印样式表”，打开“添加打印样式表”对话框。阅读第一页，单击“下一步”按钮。

（2）在“开始”页中，可以选择使用配置文件（CFG）或绘图仪配置文件（PCP或PC2）来输入笔设置、将新的打印样式表基于现有打印样式表或从头开始创建。如果使用现有打印样式表，新的打印样式表的类型将与原来的打印样式表的类型相同。单击“下一步”按钮。

（3）在“选择打印样式表”对话框中，选择“颜色相关打印样式表”或“命名打印样式表”。

（4）如果从PCP、PC2或CFG文件中输入笔设置，或基于现有打印样式表创建新打印样式表，请在“浏览文件名”页面指定文件。如果使用CFG文件，则可能需要选择要输入的绘图仪配置，单击“下一步”按钮。

（5）在“文件名”对话框中输入新打印样式表的名称，单击“下一步”按钮。

（6）在“完成”对话框中，可以选择打印样式表编辑器来编辑新打印样式表。可以指定新打印样式表，以便在所有图形中使用。

（7）单击“完成”按钮，结束打印样式的创建。

二、创建颜色相关打印样式表

（1）依次单击“工具”菜单→“向导”→“添加颜色相关打印样式表”，打开“添加颜色相关打印样式表”对话框。

（2）在“开始”对话框内，选择如下创建方式之一：

1）创建新打印样式表：从头开始创建新的打印样式表。

2）使用CFG文件：使用acadr14.cfg文件中的笔指定信息创建新的打印样式表。

3）使用PCP或PC2文件：使用PCP或PC2文件中存储的笔指定信息创建新的打印样式表。然后，单击“下一步”按钮。

（3）在“浏览文件”对话框中，如果从PCP、PC2或CFG文件中输入笔设置，或基于现有打印样式表创建新打印样式表，请在“浏览文件名”页面指定文件。如果使用CFG文件，则可能需要选择要输入的绘图仪配置，单击“下一步”按钮。

（4）在“文件名”对话框中输入新打印样式表的名称，单击“下一步”按钮。

（5）在“完成”对话框中，可以选择打印样式表编辑器来编辑新打印样式表。可以指定新打印样式表，以便在所有图形中使用。

（6）单击“完成”按钮，结束打印样式的创建。

三、打印样式管理器

打印样式管理器可以帮助用户添加、删除、重命名、复制和编辑打印样式表。默认情况下，颜色相关（CTB）打印样式表和命名（STB）打印样式表存储在 plot styles 文件夹中。此文件夹也称为打印样式管理器。打印样式管理器列出了所有可用的打印样式表。

“文件”菜单：“打印样式管理器”。

操作系统：控制面板→“Autodesk 打印样式管理器”项。

命令行：stylesmanager。

启动打印样式管理器，实际上是在操作系统的资源管理器中访问 AutoCAD 系统主文件夹中的 plot styles 子文件夹，如图 8-12 所示。双击目录中的“添加打印样式表向导”可以创建新的打印样式。

图 8-12 打印样式管理器

四、编辑打印样式

AutoCAD 提供了打印样式表编辑器，用以对打印样式表中的打印样式进行编辑。用户可使用如下方式来启动该编辑器：

（1）在打印样式管理器中双击 CTB 文件或 STB 文件。

（2）在打印样式管理器中的 CTB 或 STB 文件上单击鼠标右键，并从快捷菜单中选择“打开”选项。

（3）在“添加打印样式表”向导中，从“完成”屏幕上选择“打印样式表编辑器”。

（4）在“页面设置”对话框中选择“打印设备”选项卡。在“打印样式表（笔指定）”下，选择“编辑”以编辑当前附着的打印样式表。

（5）在“当前打印样式”和“选择打印样式”对话框中，选择“编辑器”。

（6）在“选项”对话框中，选择“添加或编辑打印样式表”。

打印样式表编辑器列出了打印样式表中的所有打印样式及其设置。打印样式是打印过程中图形的替代样式，可以修改打印样式的颜色、淡显、线型、线宽和其他设置。打印样式按列从左到右显示，可以使用“表视图”选项卡或“格式视图”选项卡来调整打印样式设置。通常，如果打印样式数目较少，则“表视图”选项卡比较方便；如果打印样式的数目较大，则“格式视图”将更加方便。命名打印样式表中的第一个打印样式为 normal，它表示对象的默认特性（未应用打印样式）。不能修改或删除 normal 样式。

五、应用打印样式

每个 AutoCAD 的图形对象以及图层都具有打印样式特性，其打印样式的特性与所使用的打印样式的模式相关。如果工作在颜色相关打印样式模式下，打印样式由对象或图层的颜色确定，所以不能修改对象或图层的打印样式。如果工作在命名打印样式模式下，则可以随时修改对象或图层的打印样式。可用的打印样式有如下几种：

（1）“Normal（普通）”：使用对象的默认特性。

（2）“ByLayer（随层）”：使用对象所在图层的特性。

（3）“ByBlock（随块）”：使用对象所在块的特性。

（4）命名打印样式：使用在打印样式表中定义打印样式时指定的特性。

创建对象和图层时，AutoCAD 为其指定当前的打印样式。如果插入块，则块中的对象使用它们自己的打印样式。

在如图 8-13 所示的“选项”对话框中的“打印和发布”选项卡中，单击[打印样式表设置(S)...]按钮，打开“打印样式表设置”对话框，如图 8-14 所示，用户可以选择新建图形所使用的打印样式模式。其中，在命名模式下，还可进一步设置“0”层和新建对象的默认打印样式。同时单击[添加或编辑打印样式表(S)...]可以打开“打印样式管理器”来创建新的打印样式或编辑已有打印样式。

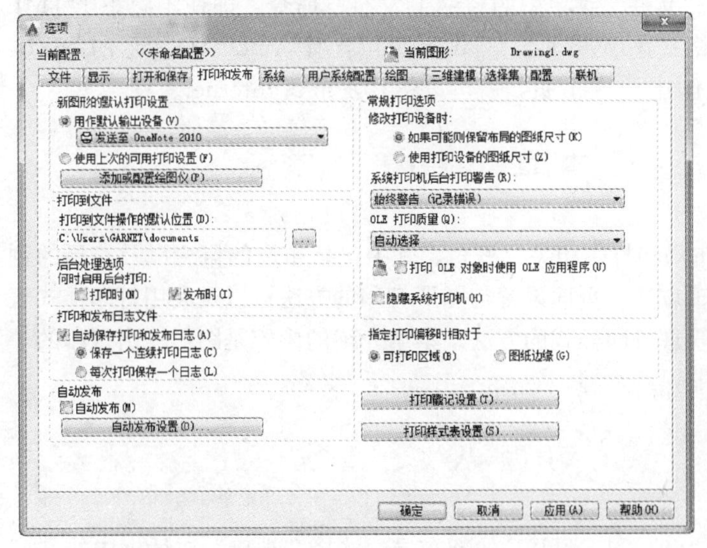

图 8-13　“选项”对话框的“打印和发布”选项卡

图 8-14　“打印样式表设置”对话框

第八节　发布 DWF 文件和 Web 页

现在，国际上通常采用 DWF（drawing web format，图形网络格式）图形文件格式。

DWF 文件可在任何装有网络浏览器和 Autodesk WHIP！插件的计算机中打开、查看和输出。DWF 文件支持图形文件的实时移动和缩放，并支持控制图层、命名视图和嵌入链接显示效果。DWF 文件是相量压缩格式的文件，可提高图形文件打开和传输的速度，缩短下载时间。以相量格式保存的 DWF 文件，完整地保留了打印输出属性和超链接信息，并且在进行局部放大时，基本能够保持图形的准确性。

1. 输出 DWF 文件

要输出 DWF 文件，必须先创建 DWF 文件，在这之前还应创建 ePlot 配置文件。使用配置文件 ePlot. pc3 可创建带有白色背景和纸张边界的 DWF 文件。

通过 AutoCAD 的 ePlot 功能，可将电子图形文件发布到互联网（Internet）上，所创建的文件以 Web 图形格式（DWF）保存。用户可在安装了 Internet 浏览器和 Autodesk WHIP！插件的任何计算机中打开、查看和打印 DWF 文件。DWF 文件支持实时平移和缩放，可控制图层、命名视图和嵌入超链接的显示。

在使用 ePlot 功能时，系统先按建议的名称创建一个虚拟电子出图。通过 ePlot 可指定多种设置，如指定画笔、旋转和图纸尺寸等，所有这些设置都会影响 DWF 文件的打印外观。

2. 在外部浏览器中浏览 DWF 文件

如果在计算机系统中安装了 4.0 或以上版本的 Autodesk WHIP！插件和浏览器，则可在 Internet Explorer 或 Netscape Communicator 浏览器中查看 DWF 文件。如果 DWF 文件包含图层和命名视图，还可在浏览器中控制其显示特征。

3. 将图形发布到 Web 页

在 AutoCAD 2015 中，选择“文件”菜单中的“网上发布”命令，即使不熟悉 HTML 代码，也可以方便、迅速地创建格式化 Web 页，该 Web 页包含有 AutoCAD 图形的 DWF、PNG 或 JPEG 等格式图像。一旦创建了 Web 页，就可以将其发布到 Internet。

本章小结

本章主要介绍 AutoCAD 中布局和打印相关的概念，其中包括布局的概念以及布局的创建与编辑方法；视口的创建与编辑方法；页面设置与图形打印的方法；以及利用打印样式表和打印样式管理器创建、使用与管理打印样式的方法。本章介绍的内容是图形输出打印的一些基本知识，希望读者能了解并能熟练掌握。

习题八

1. 打开建筑样板创建一个名为 COOLSTUFF 的新布局。选择“视口”对话框中的“三个视口”→“上”标准视口创建布局。将一张图插入到模型空间中。调整每个视口以使图纸的不同部分居于每个视口的中央。将图纸存为 D-8-1。

2. 打开建筑样板并利用创建一个名为 VIEWPORT TEST 的新布局。将打印机设置为默认系统打印机，如需要，选择一个恰当的图纸尺寸。将图纸打印方向设为竖排方式。指定一个视口，并指定视口的角点位置使其占据半个显示图面。将图纸存为 D-8-2。

3. 描述创建视口的命令及操作过程。

4. 图纸空间与模型空间有何不同？

5. 描述用“创建布局向导”创建布局的步骤。

6. 解释浮动视口与平铺视口的区别。

7. 在视口中以适当比例显示一个图形，但仍看不到图形全貌，如何解决这一问题？

8. 视口中显示了 3 个图形，但如果想隐藏其中一个图不让客户看到。如何隐藏这个图？

9. 描述如何创建一个形状不规则的视口。

第九章　三维实体模型的创建

教学目标

本章主要介绍 AutoCAD 三维实体造型的方法，通过本章的学习，读者应了解和使用 AutoCAD 三维实体造型的命令，完成三维实体造型的基本方法，以及学会如何选择和综合使用多个 AutoCAD 三维实体造型命令完成较复杂几何体的三维实体造型。

教学重点

（1）AutoCAD 创建三维模型的意义。

（2）AutoCAD 2015 的三维能力。

（3）使用 AutoCAD 2015 三维实体造型的命令完成三维实体造型基本方法。

（4）使用多个 AutoCAD 2015 三维实体造型命令，完成较复杂几何体的三维实体造型。

创建和修改三维模型是用 AutoCAD 进行绘图设计的重要内容之一。AutoCAD 2015 创建和编辑的三维模型包括三维实体模型、三维曲面模型和三维网格模型。本章介绍在 AutoCAD 2015 中创建三维实体模型的基本概念、基本命令的使用方法和一些使用技巧。读者只要准确、熟练和灵活地使用这些基本命令就能完成极为复杂的三维模型。

第一节　概　　述

在 AutoCAD 2015 中，使用三维模型包括三个方面：

➢ 创建三维模型：AutoCAD 2015 创建的三维模型包括三维实体、三维网格和三维曲面。这些造型方法有不同的特点和命令。三维实体、三维网格和封闭的三维曲面之间可以相互转换，从而高效、快捷地创建出复杂的三维模型。三维实体模型是具有质量、体积、重心和惯性矩等特性的封闭三维体。

➢ 编辑三维模型：三维模型创建后，需要经过编辑以达到期望的结构、方位、形状和尺寸。对于编辑三维实体、三维网格和三维曲面各自有许多命令以实现。创建实体模型后，可以通过多种方式（包括单击并拖动夹点、使用夹点工具以及通过"特性"选项板更改对象特性）修改实体和曲面来更改它们的方位、形状和尺寸等特性。

➢ 从三维模型创建截面和二维图形：可以通过使用平面和实体对象的交集来创建穿过三维实体的横截面，以创建面域。也可以使用剪切平面（称为截面对象），实时查看三维模型中的截面视图，然后可以将截面视图捕捉为展平表示。

一、创建三维模型的意义

首先，构造三维模型显而易见的理由是三维模型比二维图形更接近真实的对象。AutoCAD 2015 采用重大改进措施，使三维计算机模型与实物更接近实物。可以将三维模型转变为多个标有尺寸的二维图纸。这种从三维模型转变为二维图形较之传统绘图的优点：对于模型的任何修改将自动反映到相应的视图上。在二维绘图中会出现对某些视图进行修改而没有对其他视图作相应修改的错误，这在基于三维模型的图形中是不可能发生的。AutoCAD 模型也可以直接作为不需要用图纸的对象成型。实体模型一般优于表面模型和线框模型；通常，需要第三方的程序将 AutoCAD 模型转换为数控加工的格式。构造三维模型能够由三维模型可生成真实的渲染图。产品图是非常有价值的，而渲染图能更清楚地展现一个设计。渲染图有利于找出设计缺陷和验证设计以及用于产品介绍和文件中。

二、AutoCAD 2015 的三维能力

在 AutoCAD 2015 中，整个程序系统才是一个具有完整三维特性的造型系统：

（1）对于每个特定点和空间任何一个位置的图形对象，AutoCAD 2015 具有一个完全的三维坐标系统。

（2）为了有助于点的输入和在局部区域的操作，AutoCAD 2015 具有一个可移动的用户坐标系统。

（3）可以在空间的任何位置设置视点，以任意方向观察、编辑对象。

（4）可以将屏幕分成多个视口，以便同时从不同视点和方向观察三维空间。

（5）AutoCAD 对实体的表面进行了很好地分类，便于构造多种形状的表面模型。

（6）用 AutoCAD 2015 构造的三维模型能够作为大多数计算机辅助制造软件（CAM）的三维模型。在 CAM 软件中，对这些三维模型设定加工条件（刀具、加工顺序、切削用量等）就能够自动地编制出用于控制数控机床加工这些三维模型的程序；从而由数控机床加工合格的产品。整个过程是不需要图纸的。

（7）AutoCAD 2015 能够可以控制如何在“模型”选项卡与一个或多个命名布局选项卡之间进行切换。将三维模型和 Inventor 三维模型（装配图或零件图）转换为标准的多个视图的“布局”，标有尺寸的图纸；以供传统的制造业使用。

（8）AutoCAD 2015 的内置渲染器配有各种光源和表面材质，具有根据三维模型制作真实感着色图的能力。

（9）AutoCAD 2015 的内置“漫游”功能，使用内置“照相机”，能够将三维模型（在不同的“视觉样式”条件下，包含光线、阴影、材质和表面贴图），按照设定的路径拍摄成录像片，可以直接用于产品广告。（在第十四章将作较详细的介绍）

（10）AutoCAD 2015 能够通过输入（Import）和输出（Export）命令与多种 CAD、CAM、三维动画和虚拟现实软件之间进行三维模型数据的交换。

（11）在计算机中对现实世界中的客观景物（例如地面上的建筑物、人体等）进行三维重建一直都是计算机视觉的研究热点之一。三维激光扫描仪是其中的一类，它可以快速获得扫描对象表面每个采样点的三维坐标的集合，可以将客观景物的信息生成点云文件。AutoCAD 2015 能够将这些点云进行“编辑”，使点云文件成为与实物对应的三维模型。

（12）三维打印技术是 20 世纪 90 年代开始逐渐兴起的一项先进制造技术，目前已经得到较为广泛地运用。凭借这项技术，人们可用各种材质设计并制造出很多令人惊讶的物品。用 AutoCAD 2015 构造的三维模型在做适当修改后能够在三维打印机上打印出实物来。

三、三维实体造型

三维实体造型的命令很多，可以分为六大类。

1. 基本三维体

AutoCAD 2015 有 8 个命令来构成基本几何形状三维实体：多段体（，Polysolid）、长方体（，box）、楔体（，wedge）、圆柱体（，cylinder）、圆锥体（，cone）、球体（，sphere）、棱锥面（，pyramid）、圆环体（，救生圈状体，torus）和创建螺旋（，Helix）。这些实体形状常称为基本三维体，因为它们是用来构造复杂的实体模型的基本构件。它们可以组合和修改成各种各样的几何形状。

2. 基于母线生成的实体

除了生成图元实体的命令之外，AutoCAD 2015 有从轮廓线生成三维实体的命令（共有 5 个命令）。轮廓线对象是闭合的平面对象。拉伸（，extrude）命令沿指定的方向或路径将轮廓线拉成三维实体（见图 9-1）；按住并拖动（，presspull），可以使用按住 Ctrl+Shift+E 组合键；扫掠（，sweep）；旋转（，revolve）命令使轮廓线绕某一轴旋转而生成三维实体。这两个命令可以生成所有用基本实体命令生成的形状，还能生成用基本实体命令不能生成的形状；放样（，loft）。

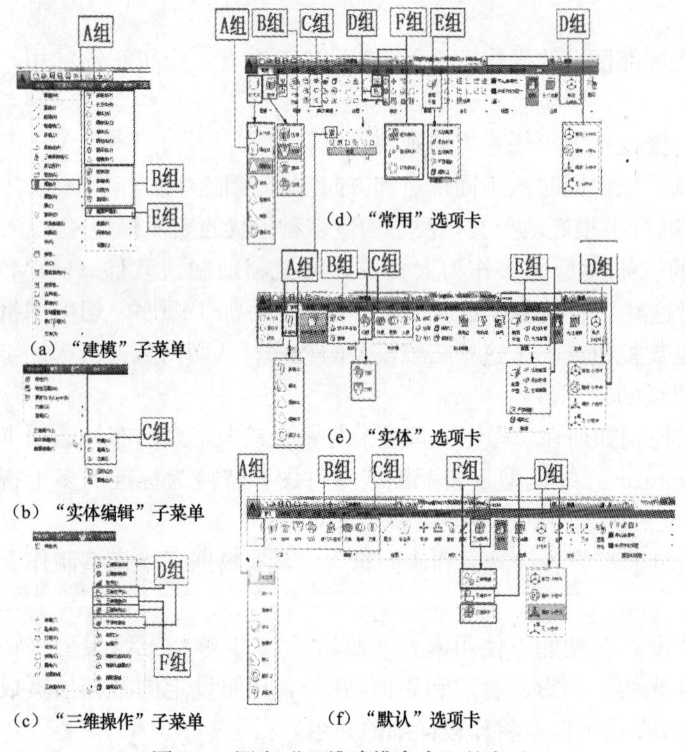

图 9-1 调出"三维建模命令"的方法

3. 布尔操作

AutoCAD 2015 有三条命令实现对实体和面域的布尔操作：并集（，Union）、差集（，Subtract）和交集（，Intersect）。三条命令都比较简单和容易理解，然而它们在实体造型中显示出强大的功能。并集（Union）将两个或多个实体组合成一体；差集（Subtract）从一个实体中减去另一个实体；交集（Intersect）从两个或多个实体的相交部分取得实体。在本章第四节中将做详细介绍。

4. 改变和调整三维模型方位的命令

AutoCAD 2015 有三条命令实现改变和调整三维模型方位的命令：三维移动（，3dmove）、三维旋转（，3drotate）、三维对齐（，3dalign）。

5. 三维模型创建截面和图形有关的命令

为在"布局"中更好地表达"三维模型"的细节服务的；它们是：①创建截面（，Sectionplane）命令；②活动截面（，Livesection）命令；③添加折弯（，Sectionplanejog）命令；④生成截面（，Sectionplanetoblock）命令；⑤平面摄影（，Flatshot）命令。

6. 三维模型的三维镜像和三维阵列

三维模型的三维镜像（，Mirror3d）和三维阵列包括矩形阵列（，Arrayrect）、环形阵列（▦，Arraypolar）和三维路径阵列（▦，Arraypath）命令。三维模型的三维镜像和三维阵列能够减少重复性的工作，提高工作效率。

四、AutoCAD 2015 的三维建模命令的调出

AutoCAD 2015 的三维建模命令可以通过在屏幕下方的命令提示行输入“命令”来调出，这是最原始和最基本的调出命令的方法。图 9-1 列出了 AutoCAD 2015 调出三维建模命令的方法。

在各种工作空间中：

(1)“绘图”菜单栏→“建模”子菜单，如图 9-1（a）所示。

(2)“修改”菜单栏→“实体编辑”子菜单，如图 9-1（b）所示。

(3)“修改”菜单栏→“三维操作”子菜单，如图 9-1（c）所示。

在“三维建模”工作空间中：

1)“常用”选项卡，如图 9-1（d）所示。

2)“实体”选项卡，如图 9-1（e）所示。

在“三维基础”工作空间中：

3)“默认”选项卡，如图 9-1（f）所示。

其中：A 组 是调出基本三维体的命令。

B 组 是调出基于母线生成的实体的命令。

C 组 是调出布尔操作的命令。

D 组 是调出改变和调整三维模型的方位的命令。

E 组 是调出三维模型创建截面和图形有关的命令。

F 组 是调出三维模型的三维镜像和三维阵列的命令。

第二节　基本三维模型的创建

AutoCAD 2015 有 8 个命令来构成基本几何形状图元实体：多段体（▦，Polysolid）、长方体（▦，box）、楔体（▦，wedge）、圆柱体（▦，cylinder）、圆锥体（▦，cone）、球体（▦，sphere）、棱锥面（▦，pyramid）、圆环体（▦，救生圈状体，torus），如图 9-2 所示。这些实体形状常称为三维图元实体模型，因为它们是用来构造复杂实体模型的基本构件。它们可以组合和修改成各种各样的几何形状。因此，首先介绍这 8 个命令的用法。AutoCAD 2015 有 2 个命令来构成基本几何形状三维曲线：螺旋（▦，Helix）和平面曲线（▦，Planesurf）。它们为后续三维模型的创建创造了条件。

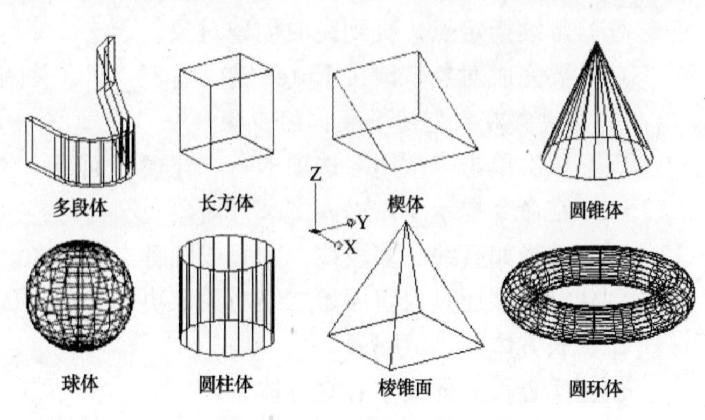

图 9-2　基本几何形状三维实体

图 9-3 三维实体—多段体

一、多段体（，Polysolid）

绘制多段体与绘制多段线的方法相同。默认情况下，多段体始终带有一个矩形轮廓，可以指定轮廓的高度和宽度。使用 Polysolid 命令在模型中可以创建墙，如图 9-3 所示。

绘制多段体时，可以使用“圆弧”选项将弧线段添加到多段体，也可以使用“闭合”选项闭合第一个和最后一个指定点之间的实体。

1. 调出创建三维实体多段体（，Polysolid）命令的方法

（1）在“三维基础”工作空间。

功能区：“默认”选项卡→“创建”面板→“多段体”按钮。

（2）在“三维建模”工作空间。

功能区：“常用”选项卡→“建模”面板→“多段体”按钮。

功能区：“实体”选项卡→“图元”面板→“多段体”按钮。

（3）在所有的工作空间：

菜单栏：“绘图”→“建模”→“多段体”。

命令行：Polysolid。

2. 创建多段体的步骤

（1）依次单击“常用”选项卡→“建模”面板→“多段体”。AutoCAD 提示：

指定起点或［对象（O）/高度（H）/宽度（W）/对正（J）］〈对象〉：

（2）在命令提示下，输入“h”（高度）并输入多段体对象的高度。

（3）输入“w”（宽度）并输入多段体对象的宽度。

（4）在绘图区域拾取一点，指定多段体对象的起点。AutoCAD 提示：

指定下一个点或［圆弧（A）/放弃（U）］：

（5）在绘图区域拾取另一点，指定多段体对象的下一个点。也可以在直线和曲线段之间进行切换：

1）要创建曲线段，请在命令提示下输入“a”（圆弧），然后指定下一个点。AutoCAD 提示：

指定圆弧的端点或［闭合（C）/方向（D）/直线（L）/第二个点（S）/放弃（U）］：

2）要创建直线段，请输入“L”（直线），然后指定下一个点。

（6）继续指定点，直到完成创建对象。

（7）要完成对象，请按 Enter 键或输入“c”（关闭）以将起点连接到端点。

3. 从现有对象创建多段体的步骤

（1）依次单击“常用”选项卡→“建模”面板→“多段体”。

（2）在命令提示下，输入“o”（对象）。

（3）选择如直线、多段线、圆弧或圆等二维对象。三维多段体将使用当前的高度和宽度设置创建。删除还是保留原始二维对象取决于 DELOBJ 系统变量的设置。

二、长方体（，box）

创建实心长方体或实心立方体。

1. 调出创建三维实体长方体（，box）命令的方法

（1）在“三维基础”工作空间。

“默认”选项卡→“创建”面板→“长方体”按钮。

（2）在“三维建模”工作空间。

“常用”选项卡→“建模”面板→“长方体”按钮。

“实体”选项卡→“图元”面板→“长方体”按钮。

（3）在不同的工作空间。

菜单栏：“绘图”→“建模”→“长方体”。

命令行：box。

2. 创建实心长方体（基于两个点和高度创建实心长方体）的步骤：

（1）依次单击“常用”选项卡→“建模”面板→“长方体”。AutoCAD 提示：

指定第一个角点或［中心（C）］：

（2）指定底面第一个角点的位置。

（3）指定底面对角点的位置。

（4）指定高度。

【例 9-1】 图 9-4 展示了创建三维实体长方体的过程，其中图 9-4（a）和图 9-4（b）为二维线框视觉样式；图 9-4（c）和图 9-4（d）为真实视觉样式；图 9-4（e）为长方体的长度、宽度和高度。

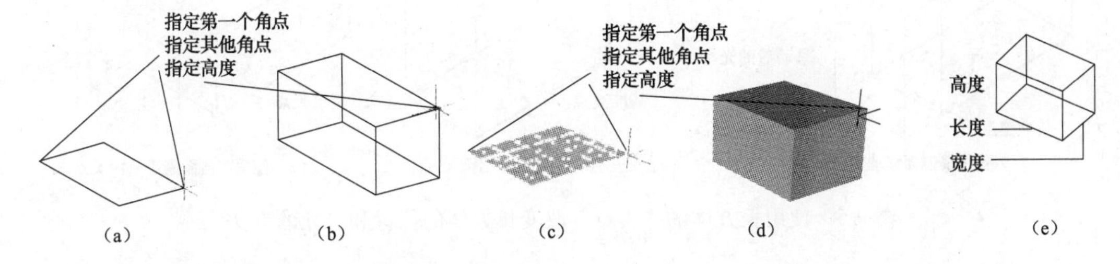

图 9-4　创建三维实体长方体的过程（二维线框视觉样式和真实视觉样式）

3. 创建实心立方体

（1）依次单击“常用”选项卡→“建模”面板→“长方体”。AutoCAD 提示：

指定第一个角点或［中心（C）］：

（2）指定第一个角点或输入“c”（中心点）以指定底面的中心点。AutoCAD 提示：

指定其他角点或［立方体（C）/长度（L）］：

（3）输入“c”（立方体），指定立方体的长度和旋转角度。AutoCAD 提示：

指定长度：

（4）指定长度值，设定立方体的宽度和高度。

4. 用夹点（grip）修改三维实体长方体

单击长方体，则被选中长方体亮显，并显示蓝色的夹点，如图 9-5（a）所示。长方体的夹点有：四个移动夹点组，四个单侧面移动夹点组，一个整体移动夹点（有夹点），两个上、下面移动夹点组。使用鼠标左键单击其中的一个夹点，则该夹点变成红色，成为基准夹点，同时能够被鼠标左键拖动，该三维实体长方体的对应面也随之改变位置，从而实现的该三维

实体长方体修改。

（1）使用“上下面移动夹点”拉伸长方体，图中红色的夹点是基准夹点，即长方体的这个角点移动前原位置，光标所在位置是移动后这个角点的位置，如图 9-5（b）所示。

（2）使用“单侧面移动夹点”拉伸长方体，如图 9-5（c）所示。

（3）使用底面中心的“移动夹点”移动拉伸长方体，如图 9-5（d）所示。

（4）使用一个“双侧面移动夹点”移动双侧面，如图 9-5（e）所示。

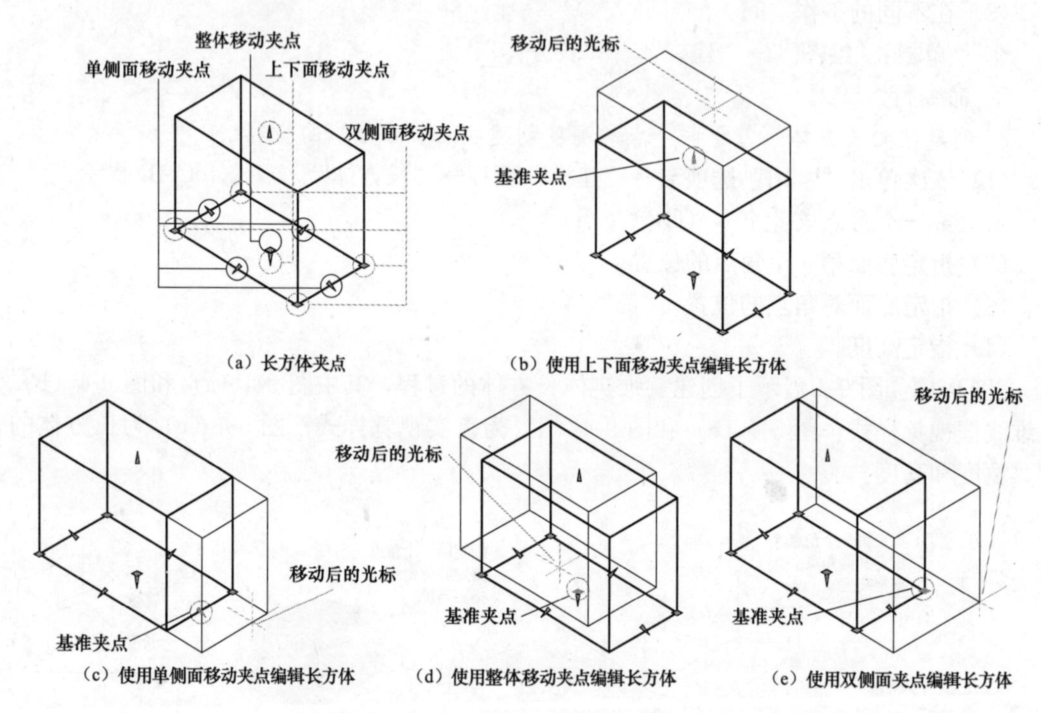

图 9-5 使用长方体的“夹点”改变长方体的位置和尺寸的方法

5. 使用“特性”选项板编辑长方体

使用鼠标左键双击三维实体长方体，弹出该长方体的“快捷特性”面板，利用该面板可以修改长方体的颜色、图层、长度、宽度和高度，如图 9-6 所示。使用鼠标左键单击“快捷特性”面板的选项（例如：长度），输入新值，便可修改该特性。

三、创建三维实体球体（ ，sphere）

该命令可以创建通过指定圆心和半径上的点来创建三维实体球体。绘制球体时可以通过改变 ISOLINES 变量来确定每个面上的线框密度，如图 9-7 所示。ISOLINE 指定对象上每

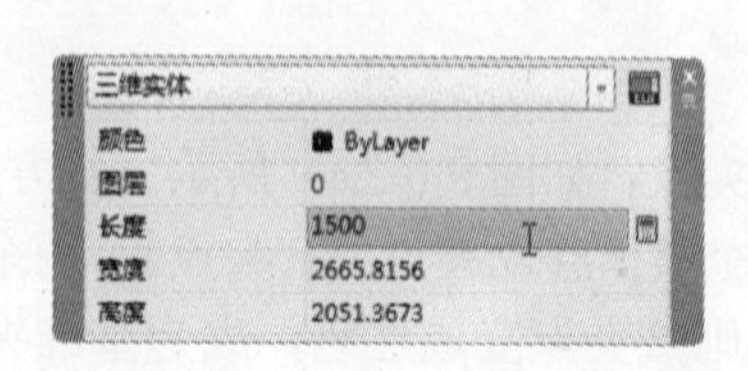

图 9-6 “快捷特性”面板

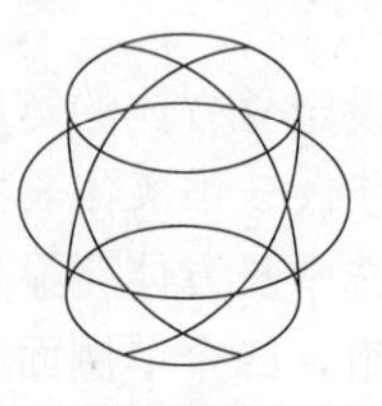

图 9-7 不同线框密度的三维实体球体

个曲面的轮廓素线数目，有效设置为从 0～2047 的整数。

1. 激活命令的方法

（1）在“三维基础”工作空间。

“默认”选项卡→“创建”面板→“球体”按钮。

（2）在“三维建模”工作空间：

“常用”选项卡→“建模”面板→“球体”按钮。

“实体”选项卡→“图元”面板→“球体”按钮。

（3）在所有的工作空间：

菜单栏：“绘图”→“建模”→“球体”。

命令行：sphere。

2. 创建实体圆球体的步骤

（1）依次单击“常用”选项卡→“建模”面板→“球体”。AutoCAD 提示：

指定中心点或［三点（3P）/两点（2P）/相切、相切、半径（T）］：

（2）执行以下操作之一。

1）创建由球心和半径或直径定义的实体球体。

a. 指定球体的球心。

b. 指定球体的半径或直径。

2）输入“3p”，创建由三个点定义的实体球体，AutoCAD 提示：

指定第一点：

指定第二点：

指定第三点：

3）输入“2p”，创建由两个点定义的实体球体，AutoCAD 提示：

指定直径的第一个端点：

指定直径的第二个端点：

4）输入“T”，创建由两个切点、半径定义的实体球体，AutoCAD 提示：

指定对象的第一个切点：（指定一个 *XY* 平面中对象作为第一个切点，可以选择圆、圆弧或直线。）

指定对象的第二个切点：（指定另一个 *XY* 平面中对象作为第二个切点，可以选择圆、圆弧或直线。）

指定圆的半径〈3000.0000〉：（输入球的半径）

【例 9-2】 创建三维实体球体，要求与“与 *XY* 平面中的两个圆相切”，然后用输入该球体的半径方法创建三维实体球体。

创建步骤：

（1）在绘图区 *XY* 平面中绘制两个圆，如图 9-8（a）所示。

（2）在“三维基础”工作空间中，依次单击功能区“默认”选项卡→“创建”面板→“球体”按钮，AutoCAD 提示：

circle 指定圆的圆心或［三点（3P）/两点（2P）/切点、切点、半径（T）］：输入“T”，按 Enter 键，选择“切点、切点、半径”的方法；

（3）在绘图区把光标移动到第一个圆上单击，捕捉第一个圆的切点，如图 9-8（b）所示。

(4) 在绘图区把光标移动到第二个圆上单击，捕捉第二个圆的切点，如图 9-8 (c) 所示。

(5) 输入球的半径（例如：400)，按 Enter 键，一个与 XY 平面中的已知两个圆相切，半径为 400 的三维实体球体创建完成，如图 9-8 (d) 所示。

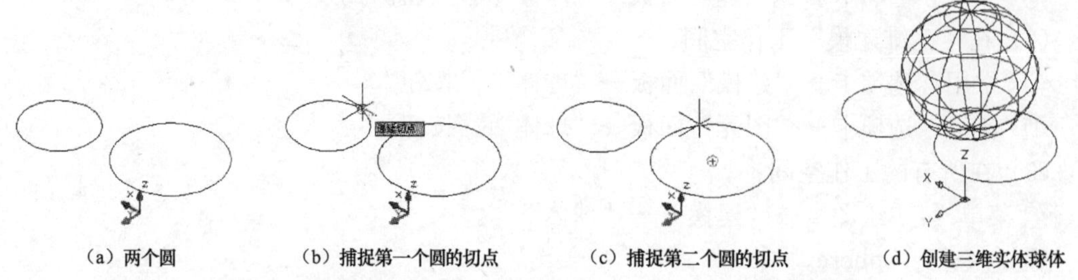

图 9-8　使用相切、相切、半径 (T) 创建三维实体球体的过程

3. 用夹点 (grip) 修改三维实体球体

使用夹点可以改变球体的位置、尺寸。用鼠标左键单击三维实体球体，该球体出现两组夹点；球体中心点移动夹点，球体半径调整夹点组（有 4 个夹点），如图 9-9 (a) 所示。使用鼠标左键单击其中的一个夹点，该夹点变成红色（称为基准夹点），拖动该夹点可以对球体进行编辑。

(1) 移动球体：拖动“球体中心点移动夹点”可以整体移动球体，如图 9-9 (b) 所示。

(2) 拉伸或压缩球体：拖动“球体半径调整夹点”可以拉伸或压缩球体的半径，如图 9-9 (c) 所示。

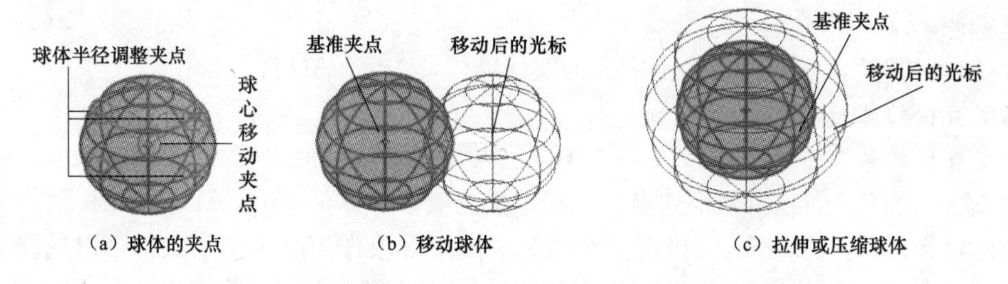

图 9-9　使用球体的“夹点”改变球体的位置和尺寸的方法

还可以使用“特性”选项板修改该球体。使用鼠标左键双击三维实体长方体，弹出该球体的使用“快捷特性”选项卡和“特性”选项卡的重新设定方法，其方法与长方体使用“特性”选项卡修改方法相同。

四、圆锥体（, CONE）

这个命令可以创建底面为圆形或椭圆的尖头圆锥体或圆台。

1. 激活命令的方法

(1) 在“三维基础”工作空间。

“默认”选项卡→“创建”面板→“圆锥体”按钮。

(2) 在“三维建模”工作空间。

“常用”选项卡→“建模”面板→“圆锥体”按钮。

“实体”选项卡→“图元”面板→“圆锥体”按钮。

(3) 在所有的工作空间：

菜单栏："绘图"→"建模"→"圆锥体"。

命令行：cone。

2. 创建实体圆锥体的步骤

(1) 依次单击"常用"选项卡→"建模"面板→"圆锥体"，AutoCAD 提示：

指定底面的中心点或［三点（3P）/两点（2P）/切点、切点、半径（T）/椭圆（E）］：

(2) 执行以下操作之一：

1) 指定底面的中心点，使用圆心、半径或直径来创建底面圆，创建以圆做底面的实体圆锥体，AutoCAD 提示：

指定底面半径或［直径（D）］〈43019.7189〉：(指定底面半径或直径)

指定高度或［两点（2P）/轴端点（A）/顶面半径（T）］〈691.5052〉：(指定圆锥体的高度，若输入"t"(顶面半径)，再根据提示依次指定平截面的半径、圆锥体的高度，可以创建实体圆台；若输入"a"(轴端点)，再根据提示指定圆锥体的端点和旋转，可以创建由轴端点指定高度和方向的实体圆锥体。)

2) 输入"3P"，使用三点来创建底面圆，再指定圆锥体的高度来创建以圆做底面的实体圆锥体。

3) 输入"2P"，使用两点来创建底面圆，再指定圆锥体的高度，来创建以圆做底面的实体圆锥体。

4) 输入"T"，使用切点、切点、半径的方法来创建底面圆，再指定圆锥体的高度来创建以圆做底面的实体圆锥体。

5) 输入"E"，以椭圆做底面创建实体圆锥体，AutoCAD 提示：

指定第一个轴的端点或［中心（C）］：(指定第一条轴的起点)

指定第一个轴的其他端点：(指定第一条轴的端点)

指定第二个轴的端点：(指定第二条轴的端点（长度和旋转）)

指定高度或［两点（2P）/轴端点（A）/顶面半径（T）］〈97708.2450〉：(指定圆锥体的高度)

使用圆锥体命令，通过选择不同的命令选项，可以直接创建正圆锥体、椭圆锥体、正圆台体、椭圆台体、正圆柱体、椭圆柱体多钟三维实体，如图 9-10 所示。

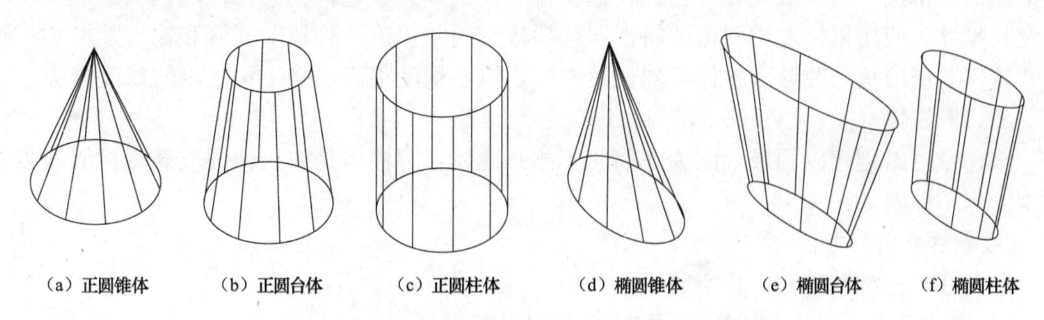

(a) 正圆锥体　(b) 正圆台体　(c) 正圆柱体　(d) 椭圆锥体　(e) 椭圆台体　(f) 椭圆柱体

图 9-10　圆锥体命令可以直接创建的六种三维实体

3. 用夹点（grip）修改三维实体圆锥体

使用鼠标左键单击三维实体圆锥体，该三维实体圆锥体出现五组夹点：圆锥体底圆面半径调整夹点（有 4 个夹点），圆锥体顶点移动夹点（有一个夹点），圆锥体整体移动夹点（有一个夹点）顶侧面移动夹点（有一个夹点），圆锥体底圆面移动夹点（有一个夹点），如图 9-11（a）所示。使用鼠标左键单击其中的一个夹点，该夹点变成红色（称为基准夹点），拖动该夹点可以实现对三维实体圆锥体的修改。

（1）修改圆锥体底面的半径：使用鼠标左键单击“圆锥体底圆面半径调整夹点”并拖动鼠标，可以改变圆锥体底面的半径，如图 9-11（b）所示。

（2）圆锥体变为圆台体：使用鼠标左键单击“顶侧移动夹点”并拖动鼠标，可以使圆锥体变为圆台体，如图 9-11（c）所示。

（3）移动圆锥体：使用鼠标左键单击“顶侧移动夹点”并拖动鼠标，可以移动圆锥体移动圆锥体，如图 9-11（d）所示。

（4）拉伸圆锥体的高度：使用鼠标左键单击“圆锥体顶点移动夹点”并拖动鼠标，可以拉伸圆锥体的高度，如图 9-11（e）所示。

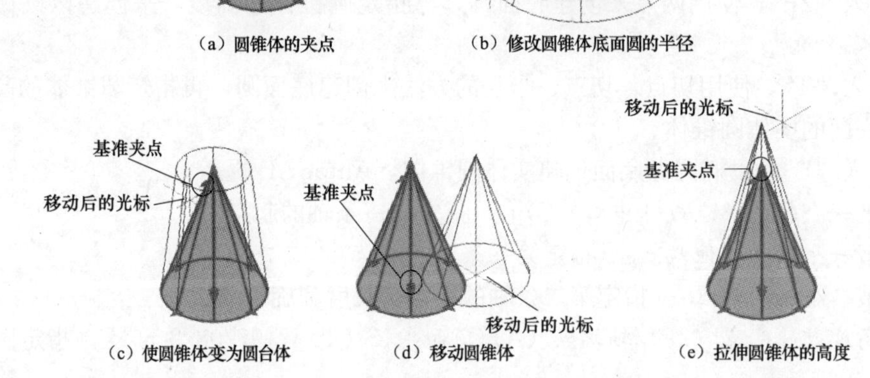

图 9-11　使用圆锥体的“夹点”改变圆锥体的位置、形状和尺寸的方法

还可以使用“特性”选项板修改该圆锥体。使用鼠标左键双击三维实体圆锥体，弹出该圆锥体的“特性”选项板；在“特性”选项板中，选择其颜色；在“特性”选项板中，可以改变其尺寸。使用鼠标左键双击“特性”选项板使用“快速计算器”计算和输入其尺寸。使用“特性”选项板修改该圆锥体虽然比较繁琐，但是精度很高，是一种基本的修改方法。

五、圆柱体（▢，Cylimder）

该命令可以创建以圆或椭圆为底面的实体圆柱体。圆柱体是与拉伸圆或椭圆相似的实体原型，但不倾斜。

1. 激活命令的方法

（1）在“三维基础”工作空间。

“默认”选项卡→“创建”面板→“圆柱体”▢。

（2）在“三维建模”工作空间：

“常用”选项卡→“建模”面板→“圆柱体”▢。

“实体”选项卡→“图元”面板→“圆柱体”▢。

（3）在不同的工作空间：

菜单栏：“绘图”→“建模”→“圆柱体”。

命令行：cylinder。

2. 创建实体圆柱体的步骤

创建实体圆柱体的步骤基本与创建圆锥体的步骤类似，在此仅介绍以圆底面创建实体圆柱体的方法：

（1）依次单击“常用”选项卡→“建模”面板→“圆柱体”，AutoCAD 提示：

指定底面的中心点或［三点（3P）/两点（2P）/切点、切点、半径（T）/椭圆（E）］：

（2）指定底面中心点。

（3）指定底面半径或直径。

（4）指定圆柱体的高度。

3. 修改三维实体圆柱体

用夹点（grip）修改来三维实体圆柱体的位置、形状和尺寸，如图 9-12 所示。还可以使用“特性”选项板进行修改。

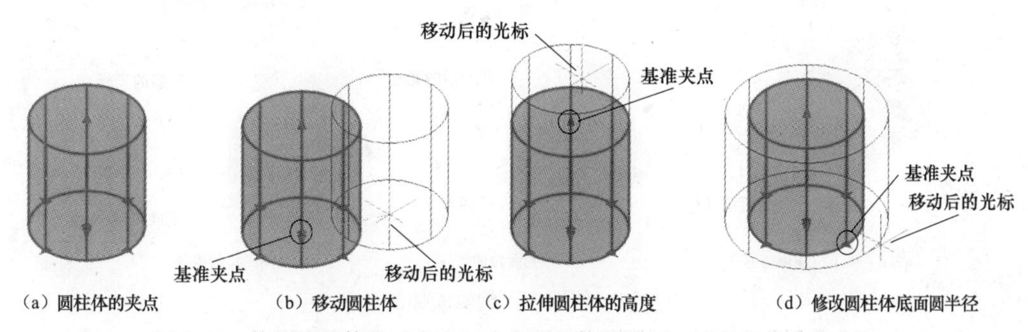

图 9-12　使用圆柱体的“夹点”改变圆柱体的位置、形状和尺寸的方法

六、楔体（，wedge）

创建面为矩形或正方形的实体楔体。

1. 激活命令的方法

（1）在“三维基础”工作空间。

“默认”选项卡→“创建”面板→“楔体”。

（2）在“三维建模”工作空间：

“常用”选项卡→“建模”面板→“楔体”。

“实体”选项卡→“图元”面板→“楔体”。

（3）在所有的工作空间。

菜单栏：“绘图”→“建模”→“楔体”。

命令行：wedge。

2. 创建实体楔体的步骤

基于两个点和高度创建实体楔体。

（1）依次单击“常用”选项卡→“建模”面板→“楔体”，AutoCAD 提示：

指定第一个角点或［中心（C）］：（指定底面第一个角点或中心点的位置。）

指定其他角点或［立方体（C）/长度（L）］：

(2) 执行以下操作之一：

1) 指定底面对角点的位置，基于两个点和高度创建实体楔体，AutoCAD 提示：

指定高度或［两点（2P）］〈89351.6185〉：（指定楔形高度）

2) 输入（立方体），创建长度、宽度和高度均相等的实体楔体，AutoCAD 提示：

指定长度〈51485.1244〉：（指定楔体的长度。长度值用于设定楔体的宽度和高度。）

3. 修改三维实体楔体

可以使用鼠标的左键直接单击该楔体，该楔体上出现五组夹点如图 9-13（a）所示。使用鼠标的左键直接单击该楔体的夹点，该夹点变成红色（称为基准夹点），拖动该夹点，可以实现该楔体尺寸和位置的修改，如图 9-13（b）～（f）所示。

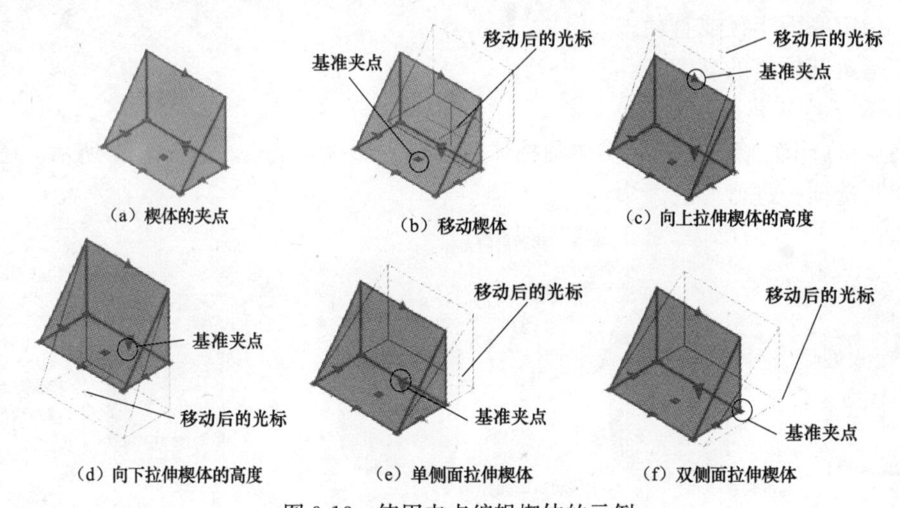

图 9-13 使用夹点编辑楔体的示例

也可以在按下 Ctrl 键的情况下，使用鼠标的左键直接单击该楔体的面、边或者角点，该楔体的面、边或者角点出现夹点，使用这些夹点能修改三维实体楔体的尺寸和形状。还可以使用“特性”选项板进行修改。

七、棱锥体（，Pyramid）

该命令可以创建最多具有 32 个侧面的实体棱锥体。可以创建倾斜至一个点的棱锥体，也可以创建从底面倾斜至平面的棱台。

1. 激活命令的方法

(1) 在“三维基础”工作空间。

“默认”选项卡→“创建”面板→“棱锥体”按钮。

(2) 在“三维建模”工作空间。

“常用”选项卡→“建模”面板→“棱锥体”按钮。

“实体”选项卡→“图元”面板→“棱锥体”按钮。

(3) 在所有的工作空间。

菜单栏：“绘图”→“建模”→“棱锥体”。

命令行：pyramid。

2. 创建实体棱锥体的步骤

(1) 依次单击“常用”选项卡→“建模”面板→“棱锥体”按钮，AutoCAD 提示：

指定底面的中心点或［边（E）/侧面（S）］：

（2）输入“s”（侧面），并输入要使用的侧面数。

（3）指定底面中心点，AutoCAD 提示：

指定底面半径或［内接（I）］〈34811.6106〉：

（4）指定底面半径或直径，AutoCAD 提示：

指定高度或［两点（2P）/轴端点（A）/顶面半径（T）］〈80352.1757〉：

（5）执行下列操作之一：

1）指定棱锥体的高度，创建实体棱锥体。

2）输入“T”，创建实体棱台，AutoCAD 提示：

指定顶面半径〈0.0000〉：（指定棱锥体顶部平面的半径）

指定高度或［两点（2P）/轴端点（A）］〈151344.3146〉：（指定棱锥体的高度）

3. 用夹点修改三维实体圆锥体

使用鼠标左键单击三维实体棱锥体，该三维实体棱锥体出现 6 组夹点：棱锥体底面单边移动夹点组（有 4 个夹点），棱锥体底面双边移动夹点组（有 4 个夹点），棱锥体顶点移动夹点（有一个夹点），棱锥体整体移动夹点（有一个夹点），棱锥体顶侧面移动夹点（有一个夹点），棱锥体底棱面移动夹点（有一个夹点），如图 9-14（a）所示。使用鼠标左键单击其中的一个夹点，该夹点被激活（由蓝色变成红色），拖动鼠标可以实现对该三维实体棱锥体的修改。

（1）移动“棱锥体整体移动夹点”，可以整体平移棱锥体，如图 9-14（b）所示。

（2）上移或下移“棱锥体顶点移动夹点”可以拉伸或压低棱锥体的高度，如图 9-14（c）所示。

（3）移动“顶侧移动夹点”使棱锥体变为棱台体，如图 9-14（d）所示。

（4）移动“棱锥体底面单边移动夹点”，可以压缩或拉长棱锥体底面边长，如图 9-14（e）所示。

（5）移动“棱锥体底面双边移动夹点”可以压缩或拉长棱锥体底面边长，如图 9-14（f）所示。

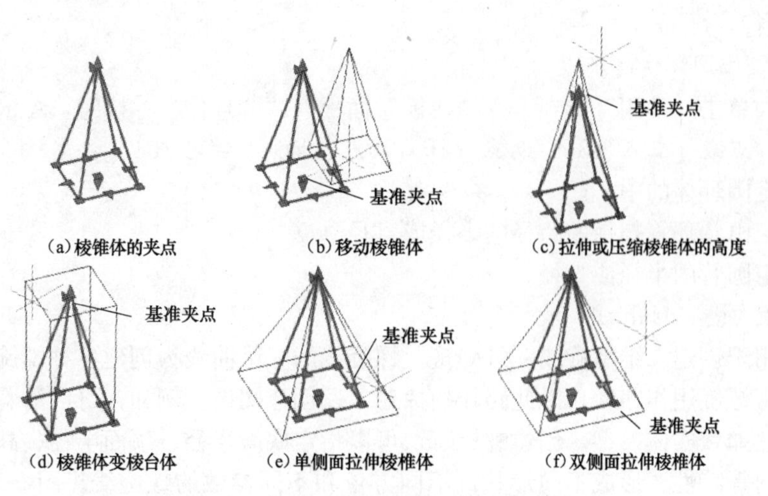

图 9-14　使用夹点修改三维实体棱锥体示例

八、圆环体（◎，torus）

该命令可以通过指定圆环体的圆心、半径或直径以及围绕圆环体的圆管的半径或直径创建圆环体。圆环体由两个半径值定义，一个是圆管的半径，另一个是从圆环体中心到圆管中心的距离，如图 9-15（a）所示。也可以创建自交圆环体。自交圆环体没有中心孔，圆管半径比圆环体半径大。如果两个半径都是正值，且圆管半径大于圆环体半径，结果就像一个两极凹陷的球体，如图 9-15（b）所示。如果圆环体半径为负值，圆管半径为正值且大于圆环体半径的绝对值，则结果就像一个两极尖锐突出的球体，如图 9-15（c）所示。

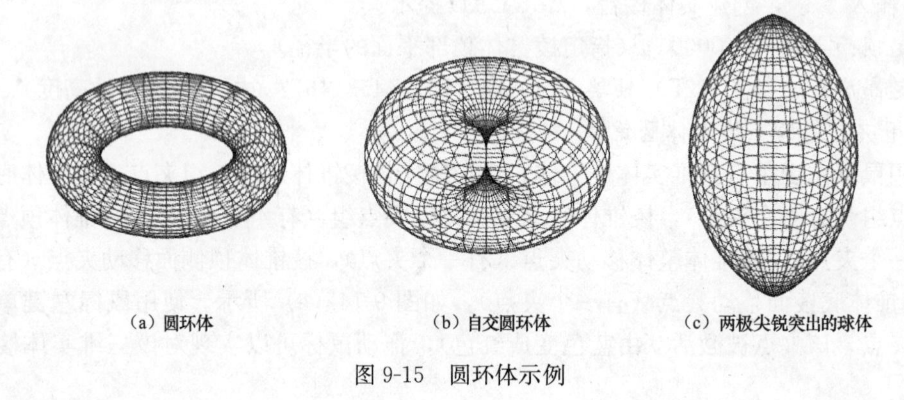
（a）圆环体　（b）自交圆环体　（c）两极尖锐突出的球体

图 9-15　圆环体示例

1. 激活命令的方法

（1）在“三维基础”工作空间。

“默认”选项卡→“创建”面板→“圆环体”◎按钮。

（2）在“三维建模”工作空间。

“常用”选项卡→“建模”面板→“圆环体”◎按钮。

“实体”选项卡→“图元”面板→“圆环体”◎按钮。

（3）在所有的工作空间。

菜单栏：“绘图”→“建模”→“圆环体”◎。

命令行：torus。

2. 创建实体圆环体的步骤

（1）依次单击“常用”选项卡→“建模”面板→“圆环体”◎按钮，AutoCAD 提示：

指定中心点或［三点（3P）/两点（2P）/切点、切点、半径（T）］：

（2）指定圆环体的中心。

（3）指定由圆环管扫掠的路径的半径或直径。

（4）指定圆管的半径或直径。

九、螺旋（Helix）

该命令用于创建二维螺旋或三维弹簧。螺旋线的三维曲线为创建各种螺旋体提供必要的路径。可以将螺旋用作路径，沿此路径扫掠对象以创建图像。例如，可以沿着螺旋路径来扫掠圆，以创建弹簧实体模型。创建螺旋时，可以指定底面半径、顶面半径、高度、圈数、圈高、扭曲方向等特性，形成不同形状，不同方位和不同参数的螺旋线。图 9-16 显示了不同形状的螺旋线，表 9-1 给出了不同形状螺旋线的参数。

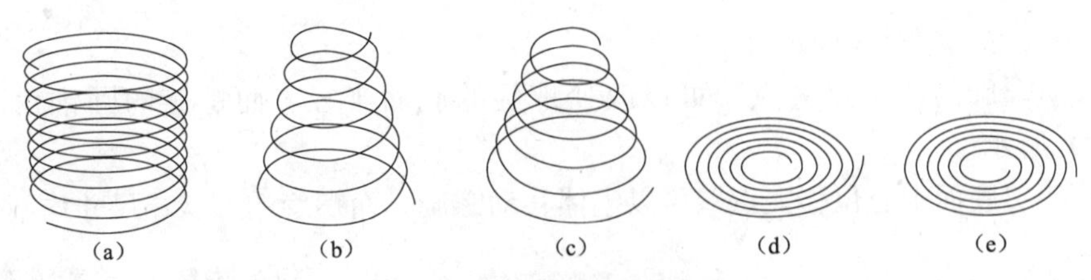

图 9-16　不同形状的螺旋线

表 9-1　　不同形状的螺旋线参数表

图　号	螺旋底面半径	螺旋顶面半径	螺旋高度	螺旋圈数	螺旋的扭曲值（旋向）
图 9-17（a）	100	100	150	6	逆时针（CCW）
图 9-17（b）	100	50	150	6	顺时针（CW）
图 9-17（c）	100	50	150	6	逆时针（CCW）
图 9-17（d）	100	40	0	8	逆时针（CCW）
图 9-17（e）	100	30	0	8	顺时针（CW）

1. 激活命令的方法

（1）在“三维建模”工作空间。

“常用”选项卡→“绘图”面板→“螺旋”按钮。

（2）在“草图与注释”工作空间。

“默认”选项卡→“绘图”面板→“螺旋”按钮。

（3）在所有的工作空间。

菜单栏：“绘图”→“螺旋”。

命令行：Helix。

2. 绘制螺旋的步骤

（1）依次单击“常用”选项卡→“绘图”面板→“螺旋”。

（2）指定螺旋底面的中心点。

（3）指定底面半径。

（4）指定顶面半径或按 Enter 键以指定与底面半径相同的值。

（5）指定螺旋高度。

注意

AutoCAD 2015 的螺旋默认值：圈数（T）=3，扭曲（W）=CCW（逆时针），底面半径 R=1，螺旋高度=1；根据需要，请在 AutoCAD 提示输入新数值。

3. 使用夹点来修改螺旋的形状和大小

螺旋线绘制完成后，使用鼠标左键单击该螺旋线，该螺旋线上会出现 5 个夹点，如图 9-17（a）所示，可以使用螺旋上的这些夹点更改以下内容：螺旋的起点，螺旋的底面半径，螺旋的顶面半径，螺旋的高度和螺旋的位置等。当激活夹点时，夹点由蓝色变为红色。

（1）移动螺旋的“终点夹点”可以改变螺旋的顶面半径，而螺旋的底面半径不变，如图 9-17（b）所示。

（2）移动螺旋的“顶面中心夹点”可以改变螺旋的高度，圈高也随之改变，而螺旋的其他参数均不变，如图 9-17（c）所示。

（3）移动螺旋的“起点夹点”可以改变螺旋的底面半径，而螺旋的圆锥角不变，如图 9-17（d）所示。

（4）移动“底面中心位移夹点”可以整体移动螺旋，而螺旋的形状、尺寸均不变。

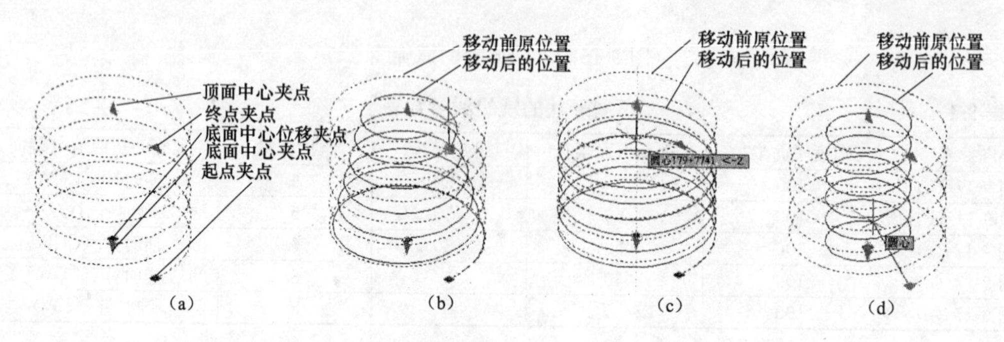

图 9-17　使用螺旋上的夹点来修改螺旋

第三节　基于母线生成的实体

AutoCAD 2015 有拉伸（，Extrude）、按住并拖动（，Presspull）、旋转（，Revolve）、扫掠（，Sweep）和放样（，Loft）五个命令能够创建三维实体。现在对这五个命令做如下介绍。

一、通过拉伸（，Extrude）将现有二维对象创建三维实体

通过将曲线拉伸到三维空间可创建三维实体或曲面。用 Extrude 可以通过拉伸（添加厚度）选定的对象来创建实体，可以沿指定路径拉伸对象或按指定高度值和倾斜角度拉伸对象。

1. 命令激活方式

（1）在“三维基础”工作空间。

“默认”选项卡→“创建”面板→“拉伸”按钮。

（2）在“三维建模”工作空间。

“常用”选项卡→“建模”面板→“拉伸”按钮。

“实体”选项卡→“实体”面板→“拉伸”按钮。

“曲面”选项卡→“创建”面板→“拉伸”按钮。

（3）在所有的工作空间。

菜单栏：“绘图”→“建模”→“拉伸”。

命令行：Extrude。

2. 通过拉伸创建三维实体的步骤

（1）依次单击“实体”选项卡→“实体”面板→“拉伸”按钮，AutoCAD 提示：

选择要拉伸的对象或［模式（MO）］：

（2）输入“MO”，设置模式，AutoCAD 提示：

闭合轮廓创建模式［实体（SO）/曲面（SU）］〈实体〉：

（3）输入“SO”，设置为实体模式。

（4）选择要拉伸的对象或边子对象，AutoCAD 提示：

指定拉伸的高度或［方向（D）/路径（P）/倾斜角（T）/表达式（E）］〈−518.6302〉：

（5）指定高度。

拉伸后删除还是保留原对象，取决于 DELOBJ 系统变量的设置。

3. 通过沿路径拉伸创建程序曲面的步骤

（1）依次单击“曲面”选项卡→“创建”面板→“拉伸”按钮，AutoCAD 提示：

选择要拉伸的对象或［模式（MO）］：

（2）选择要拉伸的对象或边子对象，AutoCAD 提示：

指定拉伸的高度或［方向（D）/路径（P）/倾斜角（T）/表达式（E）］〈−518.6302〉：

（3）在命令提示下，输入“p”（路径）。

（4）选择要用作路径的对象或边子对象。

【例 9-3】 使用拉伸（，Extrude）命令拉伸平面曲线成实体。

操作步骤如下。

（1）在 WCS（或在 UCS），“西南等轴测”视图，“二维线框”视觉样式下，也就在 WCS（或在 UCS）的 *XY* 平面内绘制“平面曲线”，如图 9-18（a）所示。为了便于观察模型，先将提高 ISOLINES 的值来设置三维实体曲面上的等高线数量。设置方法：

1）在命令行输入“ISOLINES”，按 Enter 键，AutoCAD 提示：

ISOLINES 的新值〈4〉：（输入“12”）

2）按 Enter 键，设置完成。

（2）依次单击“实体”选项卡→“实体”面板→“拉伸”按钮，AutoCAD 提示：

选择要拉伸的对象或［模式（MO）］：

（3）使用鼠标单击已经绘制“平面曲线”，按 Enter 键，完成对象的选择。AutoCAD 提示：

指定拉伸的高度或［方向（D）/路径（P）/倾斜角（T）/表达式（E）］〈691.9339〉：

（4）输入“T”，按 Enter 键，设置“倾斜角（T）”为 12°，AutoCAD 提示：

指定拉伸的倾斜角度或［表达式（E）］〈0〉（输入“12”，按 Enter 键）

指定拉伸的高度或［方向（D）/路径（P）/倾斜角（T）/表达式（E）］〈−391.1583〉：

（5）输入“拉伸的高度值”或拖动鼠标在绘图区域拾取一点来指定拉伸高度，按 Enter 键，完成把平面曲线拉伸成实体的任务，如图 9-18（b）所示。

使用鼠标单击模型，则在模型上出现 3 组“夹点”，如图 9-18（c）所示，可以使用这些“夹点”对模型进行编辑。

在 WCS 和“西南等轴测”视图，“概念”视觉样式下，观察该模型如图 9-18（d）所示。

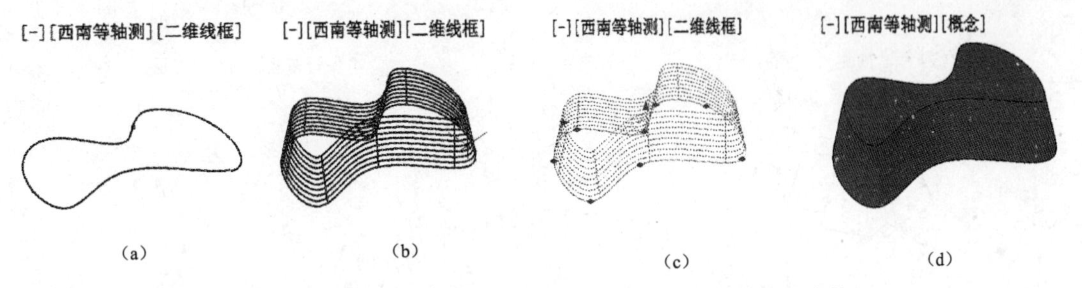

图 9-18　使用拉伸（，Extrude）命令拉伸平面曲线成实体

二、按住并拖动（，Presspull）

按住并拖动（，Presspull）命令是通过在区域中单击来按住或拖动有边界区域，然后移动光标或输入值以指定拉伸距离。该命令会自动重复，直到按 Esc 键、Enter 键或空格键。

1．命令激活方式

（1）在“三维基础”工作空间。

“默认”选项卡→“编辑”面板→“按住并拖动”按钮。

（2）在“三维建模”工作空间。

“常用”选项卡→“建模”面板→“按住并拖动”按钮。

“实体”选项卡→“实体”面板→“按住并拖动”按钮。

（3）在所有的工作空间。

快捷键：按住 Ctrl+Shift+E 组合键。

命令行：Presspull。

2．实例讲解

下面通过两个实例来讲解“按住并拖动”命令的使用方法。

【例 9-4】 使用“按住并拖动”命令对三维实体表面上平面曲线进行“按住并拖动”

操作步骤如下。

（1）在“西南等轴测”和“勾画”视觉样式下，绘制三维实体——“六棱台”，如图 9-19（a）所示。

（2）依次单击“常用”选项卡→“建模”面板→“按住并拖动”按钮，AutoCAD 提示：

选择对象或边界区域：

（3）为“六棱台”添加第一个柱体。

使用鼠标左键捕捉“六棱台”侧面的“梯形”，然后“按住并（向前）拖动”，在该“六棱台”的侧面上会出现一个拉伸的柱体，如图 9-19（b）所示，AutoCAD 提示：

指定拉伸高度或［多个（M）］：（输入“80”确定该“柱体”的长度）

已创建 1 个拉伸（第一个柱体添加完成，如图 9-19（c）所示）

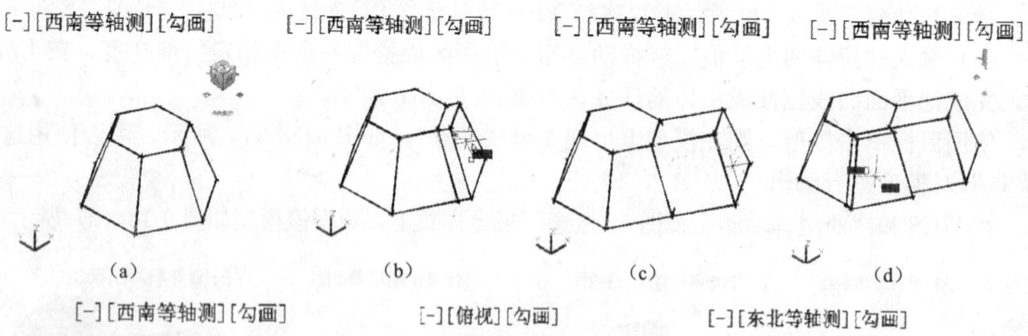

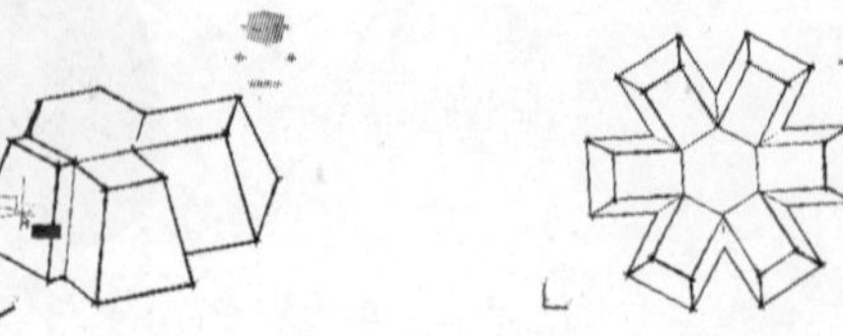

[-][东北等轴测][勾画]

(g)

图 9-19　使用“按住并拖动”命令对三维实体的表面进行“按住并拖动”

（4）为“六棱台”添加第二个和第三个柱体。

使用同样的方法，为“六棱台”再添加第二个和第三个长度为80的柱体，如图9-19（d）和图9-19（e）所示。

（5）为“六棱台”添加另外三个柱体。由于该命令只能“按住或拖动”可见平面，可以把视图变更成“东北等轴测”或“俯视”视图，继续完成其他三个柱体的添加，至此一个蟹状的三维实体创建完成，如图9-19（f）所示。

在“西南等轴测”和“勾画”视觉样式下，观看该“蟹状的三维实体”，如图9-19（g）所示。

【例9-5】 使用“按住并拖动”命令对三维实体表面上平面曲线进行“按住并拖动”。

操作步骤如下。

（1）在“西南等轴测”和“二维线框”视觉样式下，绘制三维实体——“四棱台”，如图9-20（a）所示。

（2）在“四棱台”的上面和侧面绘制不同的封闭的平面曲线，如图9-20（b）所示。

（3）为了观察方便，变更为“西南等轴测”和“勾画”视觉样式，如图9-20（c）所示。

（4）依次单击“常用”选项卡→“建模”面板→“按住并拖动”按钮，AutoCAD提示：

选择对象或边界区域：

（5）在“四棱台”的侧面上增添长方体。使用鼠标左键捕捉“四棱台”的侧面绘制的“矩形”，然后“按住并（向前）拖动”，在该“四棱台”的侧面上增添了一个长方体（如果鼠标左键拖动的方向相反，则在该“四棱台”的侧面上出现一个“四棱形”的孔）。当该长方体达到需要的长度时，可以输入数值或使用鼠标左键单击绘图区，完成长方体的添加，如图9-20（d）所示。

注意

“按住并拖动”能够连续工作，无须结束命令后再激活。

（6）在“四棱台”的侧面上增添七棱柱。使用鼠标左键捕捉“四棱台”的另一侧面绘制的“七边形”，使用同样的操作方法，将“七边形”拉伸成“七棱柱”，如图9-20（e）所示。

（7）在“四棱台”的顶面上添加“圆柱体”的孔。使用鼠标左键捕捉“四棱台”的顶面绘制的“圆形”，鼠标左键向下拖动“圆形”，如图9-20（f）所示，则在该“四棱台”的顶面上出现一个“圆柱体”的孔，如图9-20（g）所示。

在“西南等轴测”和“线框”视觉样式下，绘制三维实体——顶面上带“圆孔”的“四棱台”，如图9-20（h）所示。

从上述的2个例题可以看到“按住并拖动（，Presspull）”命令是一个功能强大、操作方便、快捷的命令。在创建三维实体中要充分发挥其功能，同时也要研究其功能的局限性，在不同的条件下选择更理想的命令组合。

三、旋转（，Revolve）

旋转命令可以通过绕轴扫掠对象创建三维实体或曲面。AutoCAD 2015的旋转（，Revolve）命令的功能非常强大，它可以旋转闭合多段线、多边形、圆、椭圆、闭合样条曲

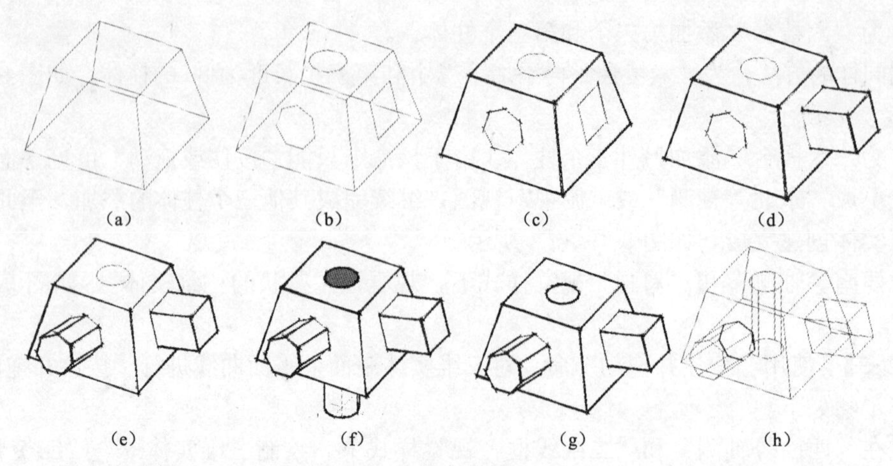

图 9-20　使用“按住并拖动”命令对三维实体表面上平面曲线进行“按住并拖动”

线、圆环和面域生成三维实体；也可以旋转不闭合平面曲线生成三维曲面；它一次能够旋转多个对象；旋转轴可以是任意方位的直线，旋转的对象与旋转轴可以不在同一平面内；但是它不能旋转包含在块中的对象。不能旋转具有相交或自交线段的多段线。

1. 激活命令的方法

(1) 在“三维基础”工作空间。

“默认”选项卡→“创建”面板→“旋转”按钮。

(2) 在“三维建模”工作空间。

“常用”选项卡→“建模”面板→“旋转”按钮。

“实体”选项卡→“实体”面板→“旋转”按钮。

(3) 在所有的工作空间。

菜单栏：“绘图”→“建模”→“旋转”。

命令行：revolve。

2. 实例讲解

根据右手定则判定旋转的正方向。下面通过两个实例来讲解旋转命令的使用方法。

【例 9-6】 在“自定义视图”中，选择“视图 UCS”绘制多个旋转对象和一条直线作为旋转轴；变更为“二维线框”视觉样式，设置 ISOLINES＝24 中，使用三维旋转小控件（，3drotate）旋转旋转轴，使它与多个旋转对象不在同一平面内。

操作步骤如下。

(1) 在“二维线框”视觉样式下，不同方位的 UCS 的 *XY* 平面中绘制“圆”、封闭的“多段线”和封闭的“样条曲线”作为旋转对象；使用“多段线”绘制一条一般位置的直线段作为“旋转轴”。它们的方位还可以使用“三维旋转小控件（，3drotate）”用旋转的方法加以调整；可以使用“对象 UCS”对其方位进行检测；设置“线框密度：ISOLINES＝24”。

(2) 依次单击“常用”选项卡→“建模”面板→“旋转”按钮，AutoCAD 提示：

选择要旋转的对象或［模式（MO）］：

(3) 依次选择“圆”、“多段线”和“样条曲线”作为旋转对象，如图 9-21（b）～（d）所示，按 Enter 键结束对象选择，AutoCAD 提示：

指定轴起点或根据以下选项之一定义轴［对象（O）/X/Y/Z］〈对象〉：

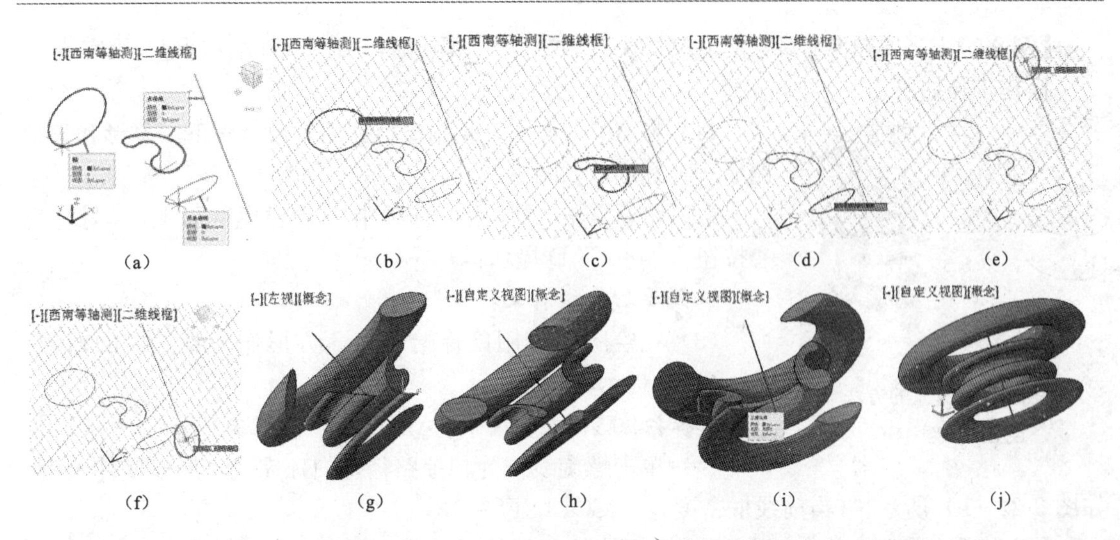

图 9-21　使用旋转（，Revolve）命令将封闭曲线“旋转”成三维实体

(4) 指定旋转轴。使用鼠标左键捕捉、单击“旋转轴”的上端点，如图 9-21（e）所示，然后使用鼠标左键捕捉、单击“旋转轴”的下端点，如图 9-21（f）所示。AutoCAD 提示：

指定旋转角度或［起点角度（ST）/反转（R）/表达式（EX）］〈360〉:

(5) 指定旋转角度。输入“225”（旋转角度 225°，其目的是分析和观察不在同一平面内的、不同封闭曲线对“旋转”产生的三维实体的影响），按 Enter 键结束命令，在绘图区出现了旋转角度 225°三维实体，如图 9-21（g）所示。

为了分析和观察方便，选择“左视”和“概念”视觉样式，可以看出三维实体的“切面”——3 个旋转对象的所在平面不共面并且与“旋转轴”之间都不平行，如图 9-21（h）所示。

在“自定义视图”和“概念”视觉样式下，观察旋转角度 225°的 3 个三维实体，如图 9-21（i）所示。在“自定义视图”和“概念”视觉样式下，观察旋转角度 360°的 3 个三维实体，如图 9-21（j）所示。

四、扫掠（，Sweep）

扫掠（，Sweep）命令能够沿开放或闭合的二维或三维路径扫掠开放或闭合的平面曲线（截面轮廓）来创建新的实体或曲面。

1. 激活命令的方法

(1) 在“三维基础”工作空间。

“默认”选项卡→“创建”面板→“扫掠” 按钮。

(2) 在“三维建模”工作空间。

“常用”选项卡→“建模”面板→“扫掠” 按钮。

“实体”选项卡→“实体”面板→“扫掠” 按钮。

(3) 在所有的工作空间。

菜单栏：“绘图”→“建模”→“扫掠” 。

命令行：sweep。

2. 实例讲解

下面通过对几个例题的学习认识扫掠（，Sweep）命令。

【例 9-7】 当要扫掠的对象是正六方形，扫掠路径是螺旋时，用扫掠的方法创建三维实体。

操作步骤如下。

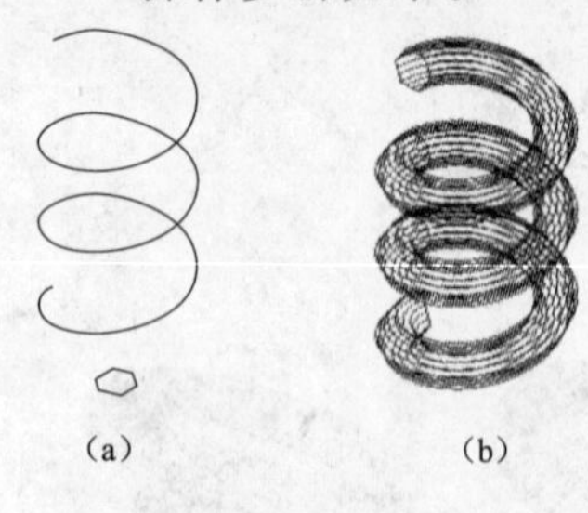

图 9-22 用扫掠的方法创建三维实体

(1) 在 *XY* 平面内，绘制要扫掠的对象——正六方形和扫掠路径——螺旋，如图 9-22 (a) 所示。

(2) 依次单击"常用"选项卡→"建模"面板→"扫掠"按钮，AutoCAD 提示：

选择要扫掠的对象：

(3) 在绘图区使用鼠标拾取正六方形作为要扫掠的对象。AutoCAD 提示：

选择扫掠路径或 [对齐 (A)/基点 (B)/比例 (S)/扭曲 (T)]：

(4) 单击螺旋线作为扫掠路径，扫掠完成，形成实体模型，如图 9-22 (b) 所示。(当前线框密度： ISOLINES=12)

【例 9-8】 用扫掠的方法创建三维螺旋体。扫掠的对象是在 *XOY* 平面内的图形面域，扫掠路径是一条 NURBS 曲线，比例因子 $s=0.5$，扭曲角度 $t=360°$。

操作步骤如下。

(1) 绘制要扫掠的对象和扫掠的路径，如图 9-23 (a) 所示。

(2) 依次单击"常用"选项卡→"建模"面板→"扫掠"按钮，AutoCAD 提示：

选择要扫掠的对象：

(3) 在绘图区使用鼠标拾取要扫掠的对象，如图 9-23 (b) 所示，AutoCAD 提示：

选择扫掠路径或 [对齐 (A)/基点 (B)/比例 (S)/扭曲 (T)]：

(4) 输入"s"，设置比例因子为 0.5。

(5) 输入"t"，设置扭曲角度为 360。

(6) 在绘图区域使用鼠标拾取扫掠路径，完成三维实体的扫掠，如图 9-23 (c) 所示 (线框密度 ISOLINES=6)。

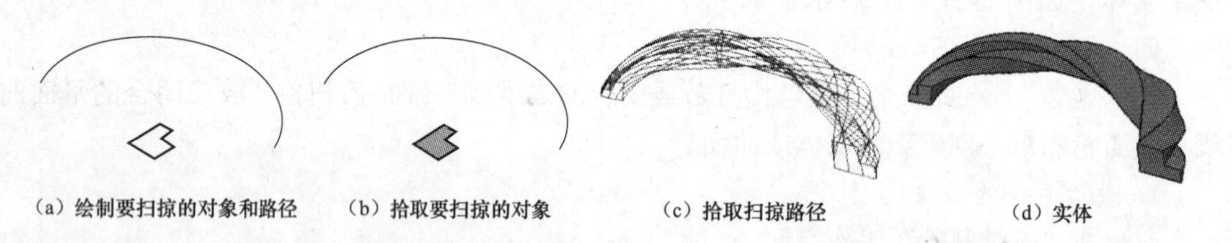

图 9-23 使用扫掠完成的三维实体，$s=0.5$，$t=360°$的操作过程

在"概念"视觉样式下，实体如图 9-23 (d) 所示。图 9-24 展示了不同比例因子和扭曲角度对扫掠三维实体的影响。

图 9-24 使用扫掠完成的比例因子和扭曲角度不同的三维实体

注意

执行扫掠命令的过程中有6个选项：①线框密度默认值是ISOLINES=4。②轮廓创建模式=实体。③对齐，指定是否对齐轮廓以使其作为扫掠路径切向的法向。注意如果轮廓与路径起点的切向不垂直（法线未指向路径起点的切向），则轮廓将自动对齐。出现对齐提示时输入“No”以避免该情况的发生。这一特性给扫掠带来了极大的方便。④基点，指定要扫掠对象的基点。⑤比例，指定比例因子以进行扫掠操作。从扫掠路径的开始到结束，比例因子将统一应用到扫掠的对象。⑥扭曲，设置正被扫掠对象的扭曲角度。扭曲角度指定欲扫掠路径全部长度的旋转量。

五、放样（ ，Loft）

使用放样（ ，Loft）命令，可以通过对包含两条或两条以上横截面曲线的一组曲线进行放样（绘制实体或曲面）来创建三维实体或曲面。如果对一组闭合的横截面曲线进行放样，则生成实体。如果对一组开放的横截面曲线进行放样，则生成曲面。

1. 激活命令的方法

（1）在“三维基础”工作空间。

“默认”选项卡→“创建”面板→“放样” 按钮。

（2）在“三维建模”工作空间。

“常用”选项卡→“建模”面板→“放样” 按钮。

“实体”选项卡→“实体”面板→“放样” 按钮。

（3）在所有的工作空间。

菜单栏：“绘图”→“建模”→“放样” 。

命令行：loft。

2. 实例讲解

下面通过对一个实例的讲解来学习放样命令的使用方法。

【例9-9】 放样创建实体的过程，如图9-25所示。

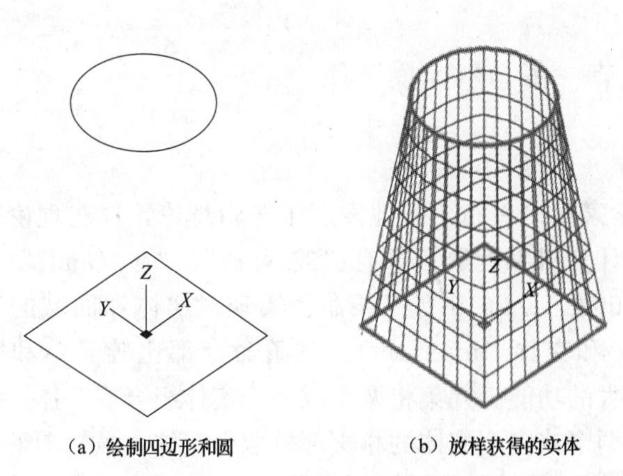

（a）绘制四边形和圆　（b）放样获得的实体

（c）“放样设置”对话框

图9-25　通过放样创建实体的过程（一）

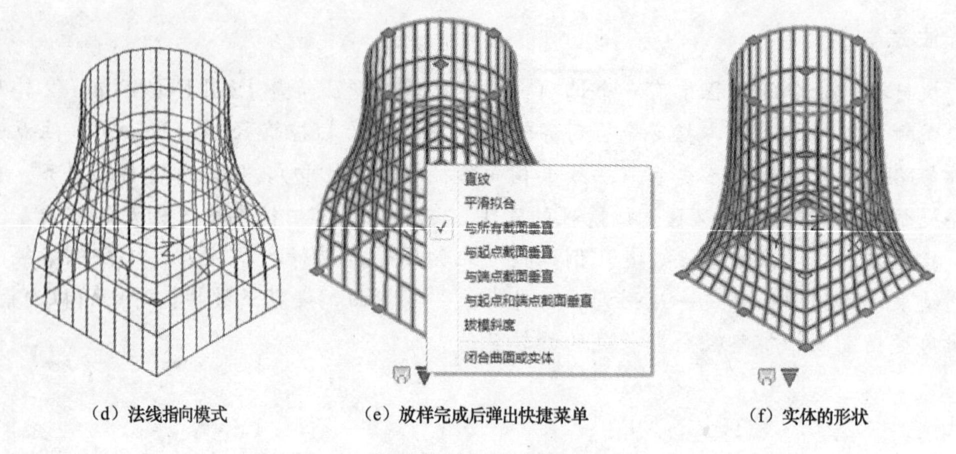

（d）法线指向模式　（e）放样完成后弹出快捷菜单　（f）实体的形状

图 9-25　通过放样创建实体的过程（二）

操作步骤如下。

（1）放样前的准备：在不同的平面上，绘制平面曲线。在 *XOY* 平面上绘制正四边形，中心（0，0，0）内接于圆半径＝100；在 *Z*＝200 平面上，画圆中心（0，0，200），圆半径＝60，如图 9-25（a）所示。

（2）依次单击"常用"选项卡→"建模"面板→"放样"按钮，AutoCAD 提示：

按放样次序选择横截面：

（3）按放样次序选择横截面。依次单击正四边形和圆［放样获得的实体见图 9-25（b）］，按 Enter 键，AutoCAD 提示：

输入选项［导向（G）/路径（P）/仅横截面（C）/设置（S）］〈仅横截面〉：

（4）输入"s"，按 Enter 键，弹出"放样设置"对话框，如图 9-25（c）所示，在该对话框中可以根据需要选择选项。若选择"法线指向"模式，则实现后的效果如图 9-25（d）所示。

（5）当放样完成，在对该实体"确认"后会在该实体附近出现"▼"按钮。当光标接近"▼"时，它变成红色，并且弹出如图 9-25（e）所示的快捷菜单，其中"√"表明该实体的现实状态，可以使用鼠标将"√"移到需要的模式。当使用鼠标将"√"移到"与端点截面垂直"的模式，该实体的形状如图 9-25（f）所示。

第四节　布　尔　操　作

一、概述

布尔操作得名于 19 世纪英国数学家乔治·布尔，他发展了逻辑理论，这些理论现在还广泛应用于计算机中。实际上，所有计算机编程语言都有"或（or）"、"与（and）"和"异或（xor）"三种布尔操作，同样，AutoCAD 2015 有三条命令实现对实体和面域的布尔操作：并集（union）、差集（subtract）和交集（intersect）。三条命令都比较简单和容易理解，然而它们在实体造型中显示出强大的功能。并集将两个或多个实体组合成一体；差集从一个实体中减去另一个实体；交集从两个或多个实体的相交部分取得实体。虽然图解只用了一对实体来演示布尔操作，但在多个实体时是同样有效的。虽然我们的讨论只限于实体布尔操作，对面域也是同样有效的。但是在布尔操作中不可以混淆实体和面域。

通常由布尔操作得到的实体属于复合实体，因为它至少含有两个元素。有些实体建模程序保存了原始实体的变化踪迹，甚至能将复合实体复原成多个原始实体。可是 AutoCAD 做不到这一点。一旦当一组实体的布尔操作完成以后，生成的实体就不能再回到它的原始状态（除了用另外的修改操作，或用 UNDO 命令）。没有共同部分的两个圆盘原形水平有共同部分的两个圆盘完全重合的两个圆盘。

水平

	没有共同部分的两个圆盘	有共同部分的两个圆盘	完全重合的两个圆盘
原形	A　B	A　B	A, B
UNION	A ∪ B	A ∪ B	A ∪ B
SUBTRACT	A － B	A － B	A － B Null
INTERSECT	A ∩ B Null	A ∩ B	A ∩ B

图 9-26　使用布尔操作创建实体的过程

二、通过并集操作合并选定面域或实体

组合面域是两个或多个现有面域的全部区域合并起来形成的，如图 9-27 所示。组合实体是两个或多个现有实体的全部体积合并起来形成的，如图 9-28 所示。可合并无共同面积或体积的面域或实体。

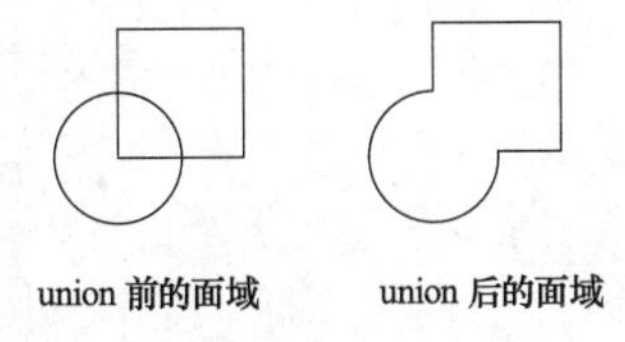

图 9-27　通过并集操作合并选定的面域

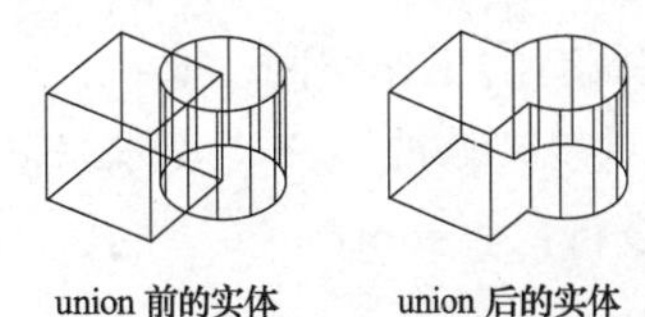

图 9-28　通过并集操作合并选定的实体

1. 激活命令的方法

（1）在“三维基础”工作空间。

“默认”选项卡→“编辑”面板→“并集”按钮。

（2）在“三维建模”工作空间。

“常用”选项卡→“实体编辑”面板→“并集”按钮。

“实体”选项卡→“布尔值”面板→“并集”按钮。

（3）在所有的工作空间。

菜单栏：“修改”→“实体编辑”→“并集”。

命令行：union。

2. AutoCAD 提示

选择对象：使用对象选择方式并在结束对象选择时按 Enter 键。

选择集可包含位于任意多个不同平面中的面域或实体。AutoCAD 把这些选择集分成单独连接的子集。实体组合在第一个子集中。第一个选定的面域和所有后续共面面域组合在第二个子集中。下一个不与第一个面域共面的面域以及所有后续共面面域组合在第三个子集中，依此类推，直到所有面域都属于某个子集。

得到的组合实体包括所有选定实体所封闭的空间。得到的组合面域包括子集中所有面域所封闭的面积。

三、通过减操作（差集，subtract）合并选定的面域或实体

使用 subtract 命令可以通过从另一个重叠集中减去一个现有的三维实体集来创建三维实体。可以通过从另一个重叠集中减去一个现有的面域对象集来创建二维面域对象，如图 9-29 所示。

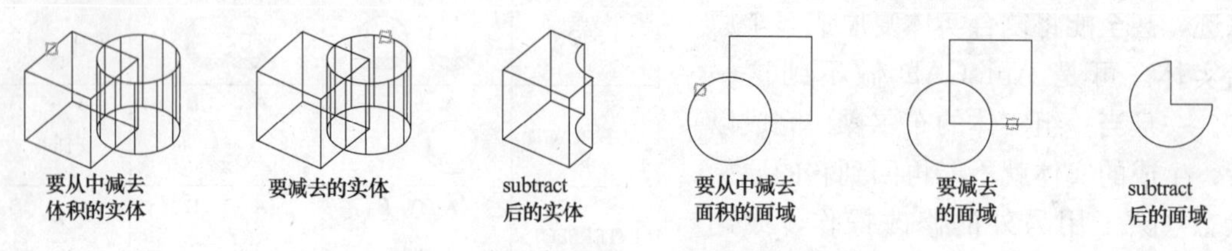

图 9-29　通过减操作合并选定的面域或实体

1. 激活命令的方法

(1) 在“三维基础”工作空间。

“默认”选项卡→“编辑”面板→“差集”按钮。

(2) 在“三维建模”工作空间。

“常用”选项卡→“实体编辑”面板→“差集”按钮。

“实体”选项卡→“布尔值”面板→“差集”按钮。

(3) 在所有的工作空间。

菜单栏：“修改”→“实体编辑”→“差集”。

命令行：_ subtract。

2. AutoCAD 提示

选择对象：使用对象选择方法并在完成时按 Enter 键。（选择要减去的实体或面域。）

选择对象：使用对象选择方法并在完成时按 Enter 键。（AutoCAD 从第一个选择集中的对象减去第二个选择集中的对象，然后创建一个新的实体或面域。）

执行减操作的两个面域必须位于同一平面上。但是，通过在不同的平面上选择面域集，可同时执行多个 subtract 操作。AutoCAD 会在每个平面上分别生成减去的面域。如果面域所在的平面上没有其他选定的共面面域，则 AutoCAD 不接受该面域。

【例 9-10】 创建一个 6 面带孔的空心球体（侧重于布尔运算）。该球是一个外径为 400，内径为 300 的空心球体；它的 6 面上分别开有直径为 200 的通孔。在“西南等轴测”视图以及“概念”视觉样式下，如图 9-30（a）所示，其全剖效果图如图 9-30（b）所示。

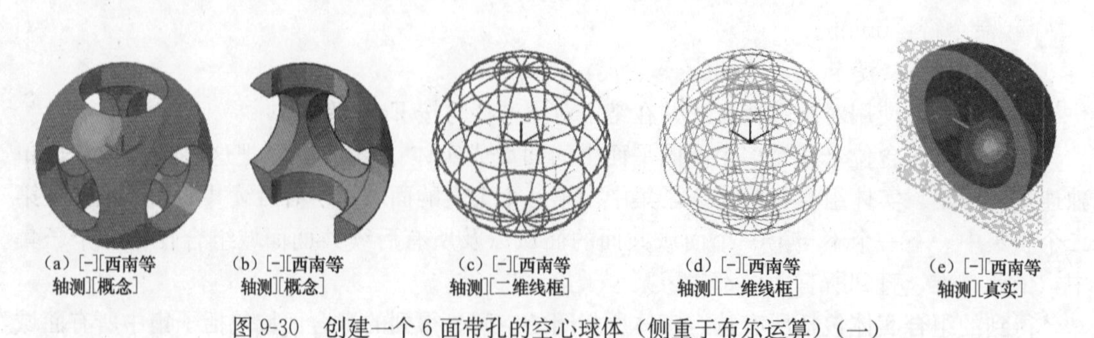

图 9-30　创建一个 6 面带孔的空心球体（侧重于布尔运算）（一）

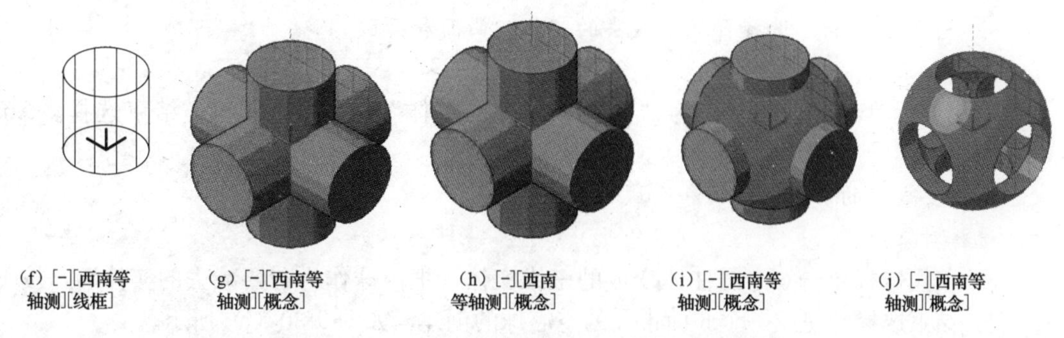

图 9-30　创建一个 6 面带孔的空心球体（侧重于布尔运算）（二）

操作步骤如下。

(1) 以“西南等轴测”视图和“二维线框”视觉样式，在绘图区的“图层 0（颜色为 160，蓝色）”，以坐标（0，0，0）为中心，分别创建一个外径为 400 和一个外径为 300 的两个实体球，如图 9-30（c）所示。

(2) 创建“空心球”。

1) 依次单击“常用”选项卡→“实体编辑”面板→“差集”按钮，AutoCAD 提示：

命令：_ subtract 选择要从中减去的实体、曲面和面域...

选择对象：

2) 使用鼠标单击外球（作为“要从中减去的实体”），按 Enter 键，结束选择。AutoCAD 提示：

选择要减去的实体、曲面和面域...

选择对象：

3) 使用鼠标单击内球（作为“要减去的实体”），按 Enter 键，结束选择，完成“空心球”的创建，如图 9-30（d）所示，其全剖效果图如图 9-30（e）所示。

(3) 绘制圆柱体。

1) 新建“图层 1（颜色为 20，橙色）”并设为“当前”；关闭“图层 0（颜色为 160，蓝色）”。

2) 以“西南等轴测”视图以及“线框”视觉样式下，在绘图区创建一个以坐标（0，0，0）为中心，外径为 200，高度为 220 的实体圆柱体；然后以圆柱体的底面作为“镜像平面”镜像该圆柱体，如图 9-30（f）所示。

3) 采用变更坐标系等方法在 X、Y、Z 轴 3 个方向分别创建 3 对（6 个）圆柱体，如图 9-30（g）所示。

4) 依次单击“常用”选项卡→“实体编辑”面板→“并集”按钮，AutoCAD 提示：

选择对象：

5) 使用鼠标依次单击 6 个实体圆柱体，按 Enter 键，则 6 个圆柱体变成一个三维实体，如图 9-30（h）所示。

(4) 创建 6 面带孔的空心球。

1) 打开“图层 0（颜色为 160，蓝色）”，空心球和这 6 个圆柱体变成的实体同时展现出来，如图 9-30（i）所示。

2) 依次单击“常用”选项卡→“实体编辑”面板→“差集”按钮，AutoCAD 提示：

命令：_ subtract 选择要从中减去的实体、曲面和面域...

选择对象：

使用鼠标单击空心球（作为“要从中减去的实体”），按 Enter 键，结束选择。AutoCAD 提示：

选择要减去的实体、曲面和面域...

选择对象：

3）使用鼠标单击 6 个圆柱体变成的三维实体（把内球作为“要减去的实体”），按 Enter 键，结束选择，完成一个 6 面带孔的空心球的创建，如图 9-30（j）所示。

四、交集（![]，Intersect）

交集（![]，Intersect）命令能够从两个或多个实体或面域的交集创建复合实体或面域并删除交集以外的部分，如图 9-31（a）和（b）所示。Intersect 计算两个或多个现有面域的重叠面积和两个或多个现有实体的公用部分的体积。

1. 激活命令的方法

（1）在“三维基础”工作空间。

“默认”选项卡→“编辑”面板→“交集”按钮。

（2）在“三维建模”工作空间。

“常用”选项卡→“实体编辑”面板→“交集”按钮。

“实体”选项卡→“布尔值”面板→“交集”按钮。

（3）在所有的工作空间。

菜单栏：“修改”→“实体编辑”→“交集”。

命令行：intersect。

2. 实例讲解

下面通过对一个实例的讲解来学习交集命令的使用方法。

【例 9-11】 使用交集（，Intersect）命令合并选定的实体。

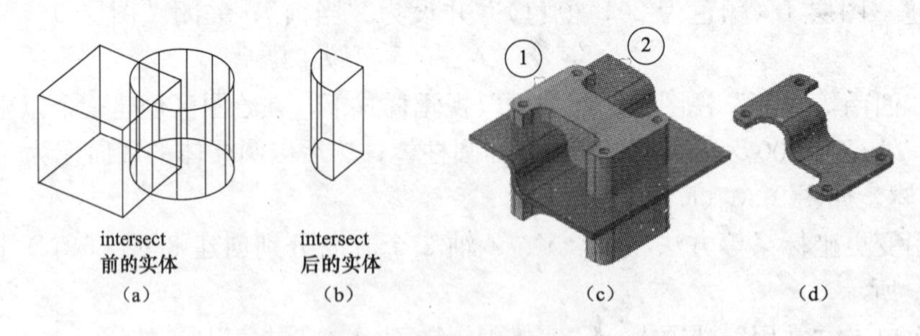

图 9-31 使用交集命令合并选定的实体

操作步骤如下。

（1）绘制图 9-31（a）和图 9-31（c）所示的图形。

（2）依次单击“常用”选项卡→“实体编辑”面板→“交集”按钮，AutoCAD 提示：

选择对象：

（3）使用鼠标分别拾取图 9-31（a）中的长方体和圆柱体，按 Enter 键结束命令，完成了“获得两个实体的公用部分”任务，结果如图 9-31（b）所示。使用鼠标分别拾取

图 9-31（c）中的①和②点，按 Enter 键结束命令，完成了“获得两个实体的公用部分”任务，结果如图 9-31（d）所示。

选择集可以包含位于任意多个不同平面中的面域或实体。AutoCAD 将选择集分成多个子集，并在每个子集中测试相交部分。第一个子集包含选择集中的所有实体。第二个子集包含第一个选定的面域和所有后续共面的面域。第三个子集包含下一个与第一个面域不共面的面域和所有后续共面面域，如此直到所有的面域分属各个子集为止。

第五节　改变和调整三维模型方位的命令

AutoCAD2015 有三条命令实现改变和调整三维模型之间的方位的命令：三维移动（，3dmove）、三维旋转（，3drotate）、三维对齐（，3dalign）。

这些命令的调出方法，如图 9-32 所示。

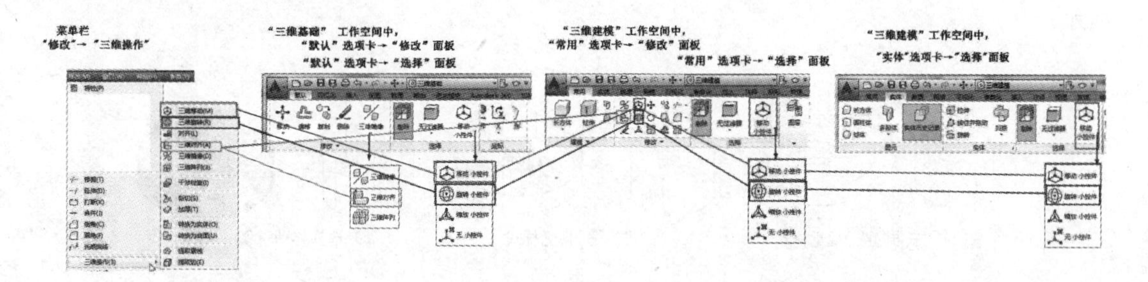

图 9-32　改变和调整三维模型方位命令的调出方法

一、三维移动（，3dmove）

在三维视图中，显示三维移动小控件以帮助在指定方向上按指定距离移动三维对象。使用三维移动小控件，可以自由移动选定的对象和子对象，或将移动约束到轴或平面。如果默认小控件（defaultgizmg）为三维移动小控件，则只要用户选择具有三维视觉样式的视图中的对象，都将显示该三维移动小控件。如果视觉样式设置为“二维线框”，则在命令执行期间，视觉样式将更改为“三维线框”。

1. 激活命令的方法

（1）在“三维基础”工作空间。

“默认”选项卡→“选择”面板→“移动”按钮。

（2）在“三维建模”工作空间。

“常用”选项卡→“选择”面板→“移动小控件”。

“实体”选项卡→“选择”面板→“移动小控件”。

（3）在所有的工作空间。

菜单栏：“修改”→“三维操作”→“移动小控件”。

命令行：3dmove。

2. 实例讲解

下面通过对实例的讲解来学习三维移动命令的使用方法。

【例 9-12】 将套安装到轴。初始条件：套、轴的轴线在三维空间中平行；安装要求：使套内孔的轴线与轴的小直径外圆的轴线重合；底平面与轴的台阶平面重合。

将套安装到轴（当套、轴的轴线在三维空间中平行但不重合）的过程如图 9-33 所示。

操作步骤如下。

(1) 绘制轴和套（套、轴的轴线在三维空间中平行但不重合），如图 9-33（a）（“隐藏”视觉样式）和图 9-33（b）（“二维线框”视觉样式）所示。

(2) 依次单击“常用”选项卡→“选择”面板→“移动小控件”，AutoCAD 提示：

选择对象：

(3) 使用鼠标拾取“套”作为移动对象，按 Enter 键结束对象的选择，如图 9-33（c）所示。

指定基点或［位移（D）］〈位移〉：

(4) 使用鼠标拾取“套”的底平面与孔的轴线的交点作为基点；然后移动鼠标，捕捉“轴”的台阶平面与轴的小直径外圆的轴线的交点，如图 9-33（d）所示，单击鼠标完成移动命令，结果如图 9-33（e）（“隐藏”视觉样式）和图 9-33（f）（“二维线框”视觉样式）所示。

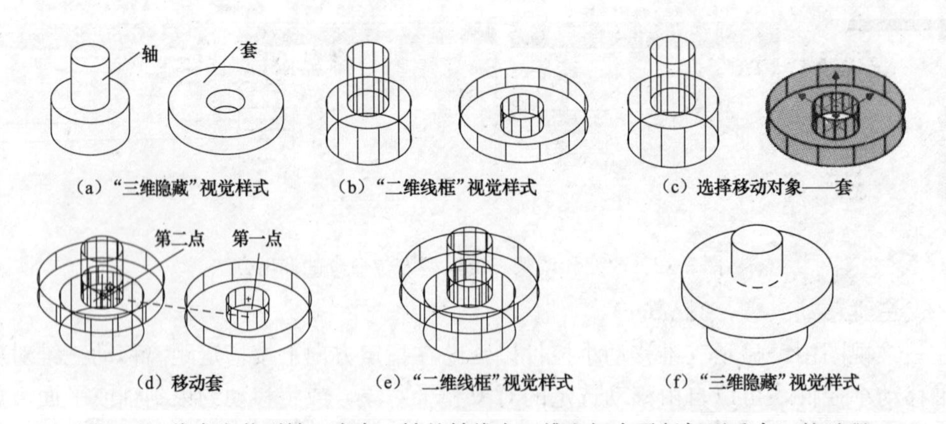

(a)“三维隐藏”视觉样式　(b)“二维线框”视觉样式　(c) 选择移动对象——套

(d) 移动套　(e)“二维线框”视觉样式　(f)“三维隐藏”视觉样式

图 9-33　将套安装到轴（当套、轴的轴线在三维空间中平行但不重合）的过程

【例 9-13】 将套安装到轴。

初始条件：套、轴的轴线在三维空间中不平行、不重合；安装要求：使套的底平面与孔的轴线的交点作为“第一个点”与轴的台阶平面与轴的小直径外圆轴线的交点作为“第二个点”重合。

将套安装到轴（当套、轴的轴线在三维空间中不平行、不重合）的过程如图 9-34 所示。

操作步骤如下。

(1) 绘制轴和套（套、轴的轴线在三维空间中不平行、不重合），如图 9-34（a）所示。

(2) 依次单击“常用”选项卡→“选择”面板→“移动小控件”，AutoCAD 提示：

选择对象：

(3) 使用鼠标拾取套，作为移动对象，按 Enter 键结束对象的选择，如图 9-34（b）所示。

指定基点或［位移（D）］〈位移〉：

(4) 使用鼠标拾取“套”的底平面与孔的轴线的交点，作为“手柄”移动“套”，如图 9-34（c）所示；然后移动鼠标，捕捉“轴”的台阶平面与轴的小直径外圆轴线的交点，如图 9-34（d）所示，单击鼠标完成移动命令，效果如图 9-34（e）所示。

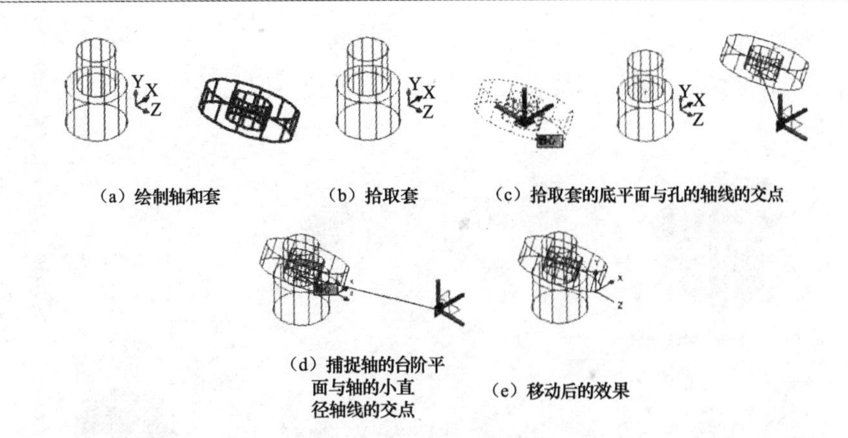

（a）绘制轴和套　（b）拾取套　（c）拾取套的底平面与孔的轴线的交点

（d）捕捉轴的台阶平面与轴的小直径轴线的交点　（e）移动后的效果

图 9-34　将套安装到轴（当套、轴的轴线在三维空间中不平行、不重合）的过程

注 意

如果两个三维模型三维空间中处于一般位置，如套、轴的轴线在三维空间中既不平行又不重合的时候，需要多次使用三维移动（，3dmove）、三维旋转（，3drotate）、三维对齐（，3dalign）命令才能使一个三维模型对另一个三维模型保证正确的相对位置关系。例题 2 完成其一个对应点的重合；例图 3 完成其一个对应轴线的重合，若套、轴都有要求对齐的径向槽，则还需要再进行三维旋转（，3drotate）才能实现。

二、三维旋转（，3drotate）

在三维视图中，显示三维旋转小控件以协助绕基点旋转三维对象。使用三维旋转小控件，用户可以自由地通过拖动来旋转选定的对象和子对象，或将旋转约束到轴。默认情况下，三维旋转小控件显示在选定对象的中心。可以通过使用快捷菜单更改小控件的位置来调整旋转轴。显示三维旋转小控件后，“三维旋转小控件”快捷菜单将提供用于对齐、移动或更改为其他小控件的选项。

1. 激活命令的方法

（1）在“三维基础”工作空间。

“默认”选项卡→“选择”面板→“旋转小控件”按钮。

（2）在“三维建模”工作空间。

“常用”选项卡→“修改”面板→“旋转小控件”按钮。

“常用”选项卡→“选择”面板→“旋转小控件”按钮。

“实体”选项卡→“选择”面板→“旋转小控件”按钮。

（3）在所有的工作空间。

菜单栏：“修改”→“三维操作”→“三维旋转”。

命令行：3drotate。

2. 实例讲解

下面通过对实例的讲解来学习三维旋转命令的使用方法。

【例 9-14】 将套安装到轴。初始条件：套、轴的轴线在三维空间中不平行，但是关键点已经重合（参见例 9-12）。

将套安装到轴（当套、轴的轴线在三维空间中不平行，但是关键点已经重合）的过程如图 9-35 所示。

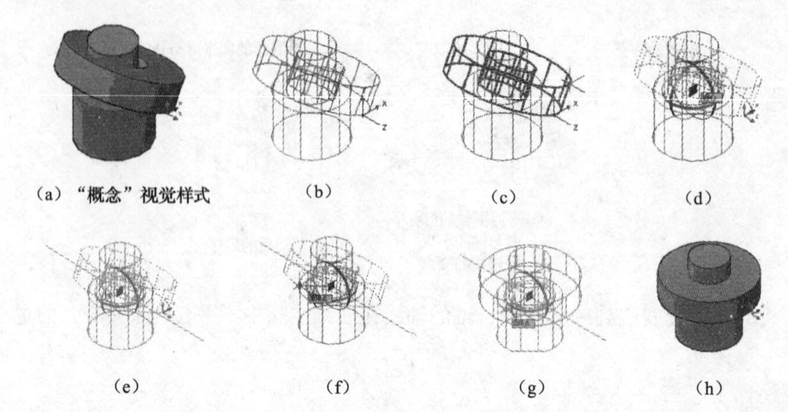

(a)“概念”视觉样式　(b)　(c)　(d)

(e)　(f)　(g)　(h)

图 9-35　将套安装到轴（当套、轴的轴线不平行，但是关键点已经重合时）的过程

操作步骤如下。

(1) 按照例 9-12 的操作，已经实现“套的底平面与孔的轴线的交点”与“台阶平面和轴的小直径外圆的轴线的交点”的重合，但是两轴线不重合，如图 9-35 (a) 所示（“概念”视觉样式）。为了便于观察，将“概念”视觉样式变更为“线框”视觉样式，如图 9-35 (b) 所示。

(2) 依次单击“常用”选项卡→“修改”面板→“旋转小控件”按钮。

(3) 用鼠标拾取要转动对象套，套上会出现三维旋转小控件，如图 9-35 (c) 所示。

(4) 指定“轴”和“套”的重合点作为基点，“旋转夹点”的中心与该点重合，如图 9-35 (d) 所示。

(5) 拾取旋转轴：单击“旋转夹点”的黄环。蓝色的旋转轴被激活，如图 9-35 (e) 所示。

(6) 指定角的起点：单击使用“捕捉象限点”按钮，然后使用光标捕捉套的底圆平面的象限点并单击，如图 9-35 (f) 所示。

(7) 指定角的端点：单击使用“捕捉象限点”按钮，然后使用光标捕捉轴的台阶圆平面的象限点并单击，如图 9-35 (g) 所示。

在“概念”视觉样式下，旋转后的结果如图 9-35 (h) 所示。

三、三维对齐（，3dalign）

三维对齐（，3dalign）命令可以通过移动、旋转或倾斜对象来使该对象与另一个对象对齐。该命令功能强大，使用方便。其操作过程如图 9-36 所示。（提示使用三维实体模型时，建议打开动态 UCS 以加速对目标平面的选择。）

1. 命令激活方法

(1) 在“三维基础”工作空间。

“默认”选项卡→“修改”面板→“三维对齐”按钮。

(2) 在“三维建模”工作空间。

“常用”选项卡→“修改”面板→“三维对齐”按钮。

(3) 在所有的工作空间。

菜单栏：“修改”→“三维操作”→“三维对齐”。

⌨ 命令：3dalign。

2. 实例讲解

下面通过对实例的讲解来学习三维对齐命令的使用方法。

【例 9-15】 将图 9-36（a）中的两个三维实体进行三维对齐。

操作步骤如下。

依次单击“常用”选项卡→“修改”面板→“三维对齐”按钮，AutoCAD 提示：

选择对象：找到 1 个（拾取点 1，选择源对象）

选择对象：（按 Enter 键结束对象选择）

指定源平面和方向...

指定基点或［复制（C）］：（拾取点 2，指定源对象的基点）

指定第二个点或［继续（C）］〈C〉：（拾取点 3，指定源对象的第二个点）

指定第三个点或［继续（C）］〈C〉：（拾取点 4，指定源对象的第三个点）

指定目标平面和方向...

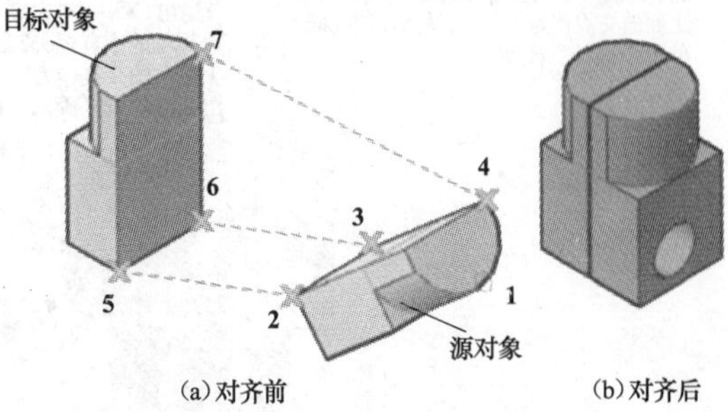

指定第一个目标点：（拾取点 5，指定第一个目标点）

指定第二个目标点或［退出（X）］〈X〉：（拾取点 6，指定第二个目标点）

指定第三个目标点或［退出（X）］〈X〉：（拾取点 7，指定第三个目标点）

三维对齐的工作完成，效果如图 9-36（b）所示。

目标对象　7　6　5　4　3　2　1　源对象

(a) 对齐前　　(b) 对齐后

图 9-36　三维对齐操作过程示意图

1—源对象；2—源对象的基点；3—源对象的第二个点；4—源对象的第三个点；5—目标的基点；6—目标的第二个点；7—目标的第三个点

【例 9-16】 使用三维对齐（，3dalign）命令完成下列任务：将带槽的套安装到带槽的轴上。要求：套的孔与轴的小直径外圆同轴；套的下端面与轴的台阶上面贴紧；套的槽与轴的槽对齐，其操作步骤如图 9-37 所示。

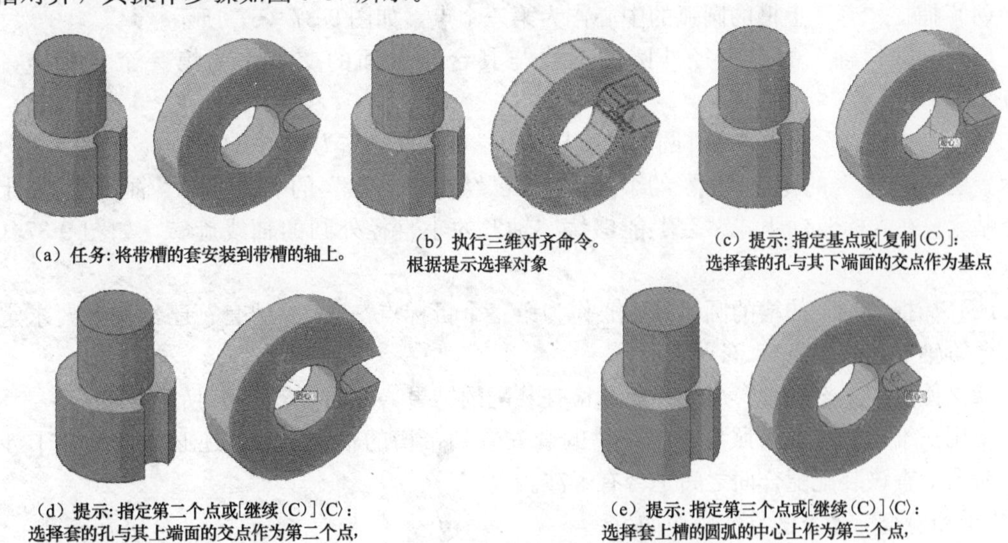

(a) 任务：将带槽的套安装到带槽的轴上。

(b) 执行三维对齐命令。根据提示选择对象

(c) 提示：指定基点或[复制(C)]：选择套的孔与其下端面的交点作为基点

(d) 提示：指定第二个点或[继续(C)]〈C〉：选择套的孔与其上端面的交点作为第二个点，用鼠标单击“确认”按钮

(e) 提示：指定第三个点或[继续(C)]〈C〉：选择套上槽的圆弧的中心上作为第三个点，用鼠标单击“确认”按钮

图 9-37　使用三维对齐命令按照要求将带槽的套安装到带槽的轴上（“概念”视觉样式）（一）

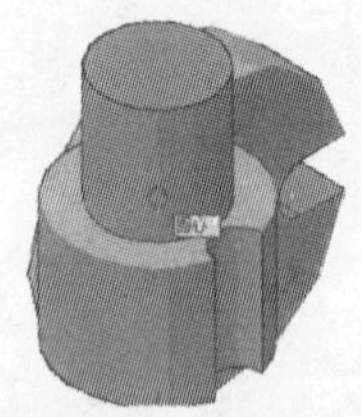

（f）提示：指定第一个目标点：
选择轴的小直径外圆的轴线与其台阶上面的交点作为第一个目标点，用鼠标单击“确认”按钮

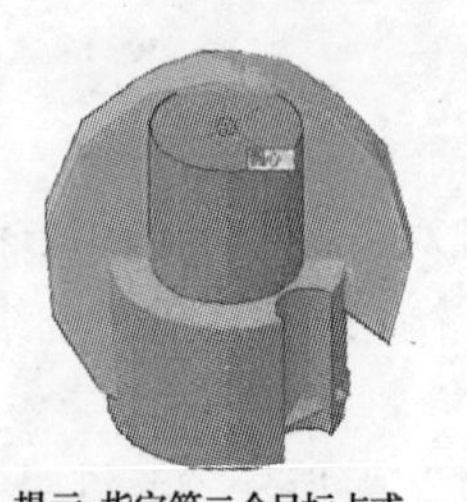

（g）提示：指定第二个目标点或［退出（X）］〈X〉：
选择轴的小直径外圆的轴线与其上端面的交点作为第二个目标点，用鼠标单击“确认”按钮

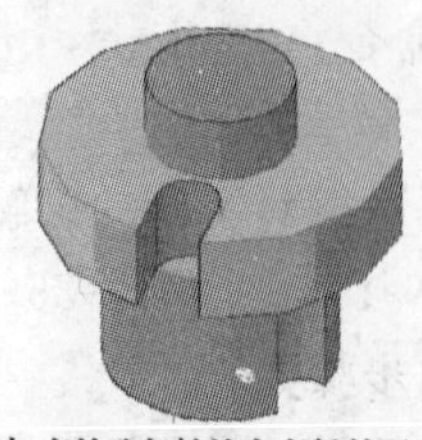

（h）这时，套的孔与轴的小直径外圆已经同轴；套的下端面与轴的台阶上面已经贴紧；在光标驱动下，套能够绕轴的小直径外圆的轴线旋转

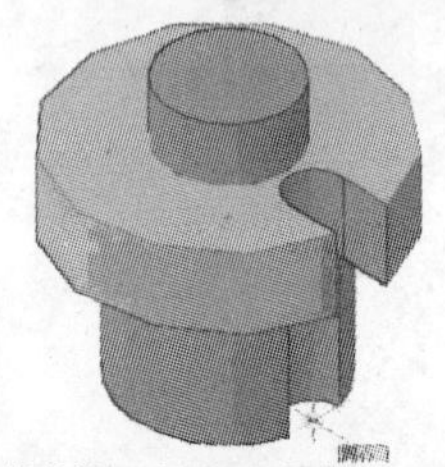

（i）提示：指定第三个目标点或［退出（X）］〈X〉：
选择轴的槽的圆弧的中心上作为第三个目标点，用鼠标单击“确认”按钮这时，套已经按照要求定位与该台阶轴上

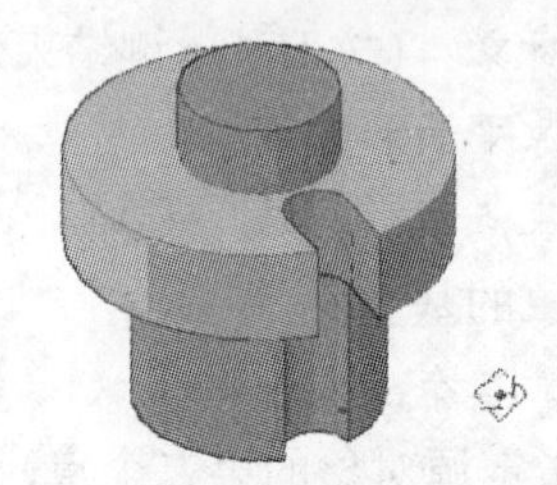

（j）可以使用“动态观察”命令观察、检查装配的结果

图 9-37 使用三维对齐命令按照要求将带槽的套安装到带槽的轴上（“概念”视觉样式）（二）

操作步骤如下。

依次单击“常用”选项卡→“修改”面板→“三维对齐”按钮，激活三维对齐命令，按照提示进行以下操作：

（1）用鼠标拾取“套”，选择对齐对象，如图 9-37（b）所示。

（2）捕捉“套”的孔与其下端面的交点作为基点，如图 9-37（c）所示。

（3）捕捉“套”的孔与其上端面的交点作为第二个点，如图 9-37（d）所示。

（4）捕捉“套”上槽的圆弧的中心作为第三个点，如图 9-37（e）所示。

（5）捕捉“轴”的小直径外圆的轴线与其台阶上面的交点作为第一个目标点，如图 9-37（f）所示。

（6）捕捉“轴”的小直径外圆的轴线与其上端面的交点作为第二个目标点，如图 9-37（g）所示。这时，“套”的孔与“轴”的小直径外圆已经同轴；“套”的下端面与“轴”的台阶上面已经贴紧；在光标驱动下，“套”能够绕“轴”的小直径外圆的轴线旋转，如图 9-37（h）所示。

（7）捕捉“轴”的槽的圆弧的中心作为第三个目标点。这时，“套”已经按照要求定位与该台阶轴上，如图 9-37（i）所示。

（8）使用“动态观察”命令观察、检查装配的结果，如图 9-37（j）所示。

使用三维对齐命令按照要求将带槽的套安装到带槽的轴上之后，还必须使用“干涉检查”命令检查该装配配合面之间是否有干涉。

“干涉检查”命令的具体操作如下：

（1）激活命令的方法。

命令行：interfere。

菜单栏：“修改”菜单→“三维操作”→“干涉检查”。

自定义工具栏：干涉检查。

(2) AutoCAD 提示。

选择第一组对象或［嵌套选择(N)/设置(S)］：找到 1 个

选择第一组对象或［嵌套选择(N)/设置(S)］：

选择第二组对象或［嵌套选择(N)/检查第一组(K)］〈检查〉：找到 1 个

选择第二组对象或［嵌套选择(N)/检查第一组(K)］〈检查〉：

第六节　从三维模型创建截面和图形

本节介绍一组与从三维模型创建截面和图形有关的命令，是为在“布局”中更好地表达“三维模型”的细节服务的。它们包括创建截面（，Sectionplane）命令、活动截面（，Livesection）命令、添加折弯（，Sectionplanejog）命令、生成截面（，Sectionplane-toblock）命令和平面摄影（，Flatshot）命令。图 9-38 列举了访问与在三维模型创建截面和图形有关的 5 个命令的路径。

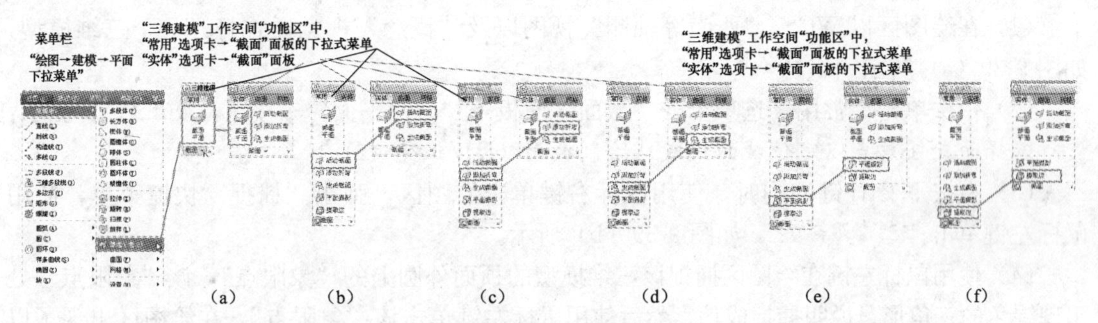

图 9-38　访问与在三维模型创建截面和图形有关的 5 个命令的路径

一、创建截面（，Sectionplane）

创建截面命令能够以通过三维对象创建剪切平面的方式创建截面对象。截面平面对象可创建三维实体、曲面和网格的截面。使用带有截面平面对象的活动截面分析模型，并将截面另存为块，以便在布局中使用。

1. 激活命令的方法

(1) 在“三维建模”工作空间“功能区”。

“常用”选项卡→“截面”面板→“截面平面”按钮。

“实体”选项卡→“截面”面板→“截面平面”按钮。

(2) 在所有的工作空间。

菜单栏：“绘图→建模→截面平面(E)”。

命令行：Sectionplane。

2. 实例讲解

下面通过对实例的讲解来学习创建截面命令的使用方法。

【例 9-17】 使用“创建截面”命令在一个三维模型上创建截面，其操作过程如图 9-39 所示。

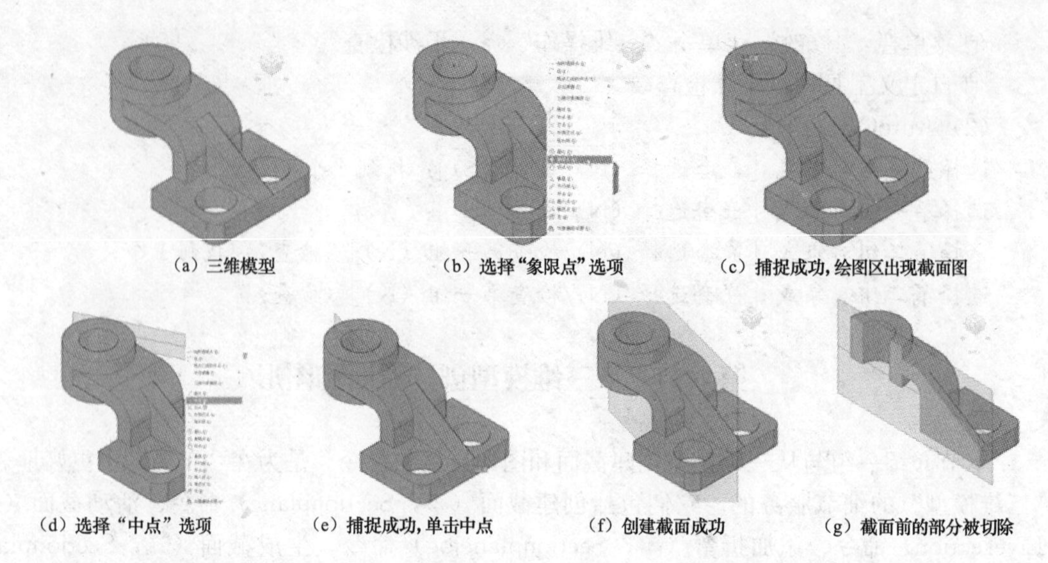

（a）三维模型　（b）选择“象限点”选项　（c）捕捉成功，绘图区出现截面图

（d）选择“中点”选项　（e）捕捉成功，单击中点　（f）创建截面成功　（g）截面前的部分被切除

图 9-39　使用“创建截面”命令在一个三维模型上创建截面的过程

操作步骤如下。

（1）在绘图区以 WCS、“西南等轴测”视图以及“概念”视觉样式打开一个三维模型，如图 9-39（a）所示。

（2）依次单击“常用”选项卡→“截面”面板→“截面平面”按钮，AutoCAD 提示：

选择面或任意点以定位截面线或［绘制截面（D）/正交（O）］：

（3）在按下 Ctrl 键的同时，使用鼠标右键单击绘图区，弹出“捕捉”快捷菜单，使用鼠标左键单击“象限点(Q)”，如图 9-39（b）所示。

（4）使用鼠标左键在绘图区捕捉该三维模型的顶面外圆上的“象限点”，该“象限点”处出现绿色的三角形，说明捕捉成功。然后使用鼠标左键单击该“象限点”，在绘图区出现了以该“象限点”为起点的截面图，截面呈半透明状，如图 9-39（c）所示。AutoCAD 提示：

指定通过点：

（5）在按下 Ctrl 键的同时，使用鼠标右键单击绘图区，弹出“捕捉”快捷菜单，使用鼠标左键单击“中点(M)”，如图 9-39（d）所示。

（6）使用鼠标左键在绘图区捕捉该三维模型的底座与加强筋之间交线的中点，该中点处出现绿色的三角形，说明捕捉成功，然后使用鼠标左键单击该中点，如图 9-39（e）所示。

（7）在绘图区出现了通过该象限点和该中点的截面图，截面呈半透明状，如图 9-39（f）所示，创建截面成功！

（8）依次单击“常用”选项卡→“截面”面板→“活动截面”按钮，AutoCAD 提示：

选择截面对象：

（9）使用鼠标左键单击该截面，三维模型在该截面前的部分被切除，如图 9-39（g）所示。由于“活动截面”命令是开关命令，如果再一次单击“活动截面”命令，则三维模型在该截面前被切除的部分将恢复。

二、活动截面（，Livesection）命令

创建截面后，调整其显示或修改其形状和位置，以更改显示的截面视图。“活动截面”命令和“添加折弯”就是专门为此而设置的。活动截面（，Livesection）命令能够打开选定截面对象的活动截面。打开时，将显示与截面对象相交的三维对象的横截面。活动截面是用于在三维实体、曲面或面域中查看剪切几何体的分析工具。活动截面仅可以与使用 Sectionplane 创建的对象一起使用。

1. 激活命令的方法

在“三维建模”工作空间中：

“常用”选项卡→“截面”面板→“活动截面”按钮。

“实体”选项卡→“截面”面板→“活动截面”按钮。

“网格”选项卡→“截面”面板→“活动截面”按钮。

快捷菜单：在绘图区选中“截面平面”，然后单击鼠标右键，在弹出的快捷菜单中选择“激活活动截面”选项。

命令行：Livesection。

2. 实例讲解

下面通过对实例的讲解来学习“活动截面”命令的使用方法。

【例 9-18】 利用例 9-16 中在三维模型上创建的截面，如图 9-40（a）所示，说明“活动截面”命令的使用方法。

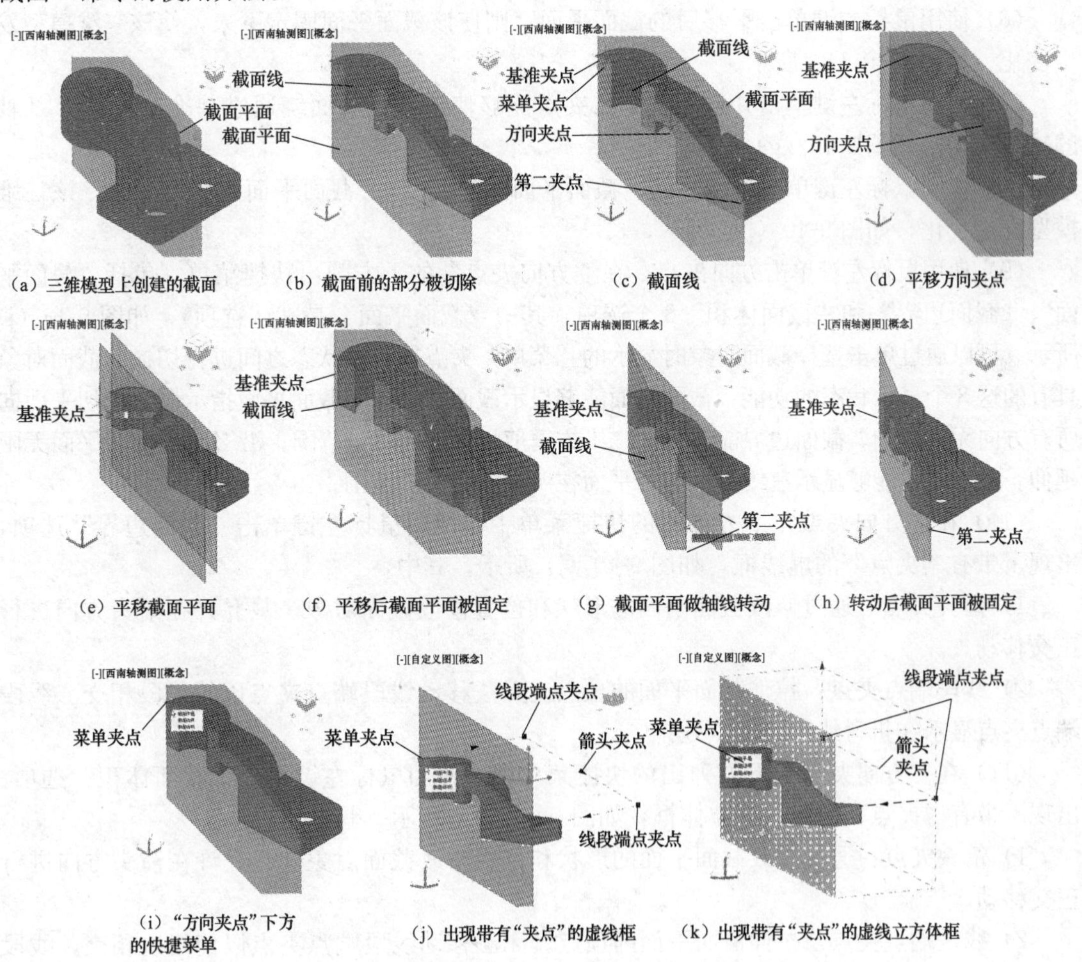

（a）三维模型上创建的截面　（b）截面前的部分被切除　（c）截面线　（d）平移方向夹点

（e）平移截面平面　（f）平移后截面平面被固定　（g）截面平面做轴线转动　（h）转动后截面平面被固定

（i）“方向夹点”下方的快捷菜单　（j）出现带有“夹点”的虚线框　（k）出现带有“夹点”的虚线立方体框

图 9-40 “活动截面”命令的使用方法

操作步骤如下。

(1) 依次单击“常用”选项卡→“截面”面板→“活动截面” 按钮，AutoCAD 提示：

选择截面对象：

(2) 使用鼠标左键单击“截面平面”，该截面平面被激活；三维模型在该截面前的部分被切除，如图 9-40 (b) 所示。由于活动截面（，Livesection）命令是开关命令，如果再一次单击“活动截面”命令，则三维模型在该截面前被切除的部分将恢复。

(3) 使用鼠标左键单击“截面平面”，则该截面平面显示出截面线。该截面线有 4 个夹点，如图 9-40 (c) 所示，使用这些夹点可以调整剪切区域的位置、长度、宽度和高度。

1) 基准夹点：用作移动、缩放和旋转截面对象的基点。它将始终与“菜单”夹点相邻。

2) 第二夹点：绕基准夹点旋转截面对象。

3) 菜单夹点：显示截面对象状态的菜单，此菜单用于控制关于剪切平面的视觉信息的显示。

4) 方向夹点：控制二维截面的观察方向。要反转截面平面的观察方向，单击“方向”夹点。一次仅可选择一个截面对象夹点。

(4) 使用鼠标左键单击并且拖动方向夹点能够使该方向夹点平移，如图 9-40 (d) 所示。

(5) 使用鼠标左键单击并且拖动基准夹点能够使该截面平面平移，如图 9-40 (e) 所示。

(6) 使用鼠标左键单击平移后的截面平面，则使该截面平面固定下来，使该三维模型发生变化，如图 9-40 (f) 所示。

(7) 使用鼠标左键单击并且拖动第二夹点能够使该截面平面绕通过基准夹点平行 Z 轴的轴线转动，如图 9-40 (g) 所示。

(8) 使用鼠标左键单击转动后的“截面平面”，则使该“截面平面”固定下来，该三维模型发生变化，如图 9-40 (h) 所示。

(9) 使用鼠标左键单击方向夹点，在“方向夹点”的下方弹出快捷菜单（包括“截面平面”、“截面边界”和“截面体积” 3 个选项，其中“截面平面”是默认选项），如图 9-40 (i) 所示。可以通过单击选择截面对象时显示的“菜单”夹点在对象状态之间进行切换。截面对象具有的这 3 个显示状态的功能：截面平面能够显示截面线和透明截面平面指示器。剪切平面向所有方向无限延伸。截面边界能够显示二维方框剪切平面的 XY 范围。沿 Z 轴的剪切平面无限延伸。截面体积能够显示三维方框剪切平面在所有方向上的范围。

(10) 在“方向夹点”下方弹出的快捷菜单中，使用鼠标左键单击“截面边界”选项，出现了带有“夹点”的虚线框，如图 9-40 (j) 所示，其中，

1) 箭头夹点：通过修改截面平面的形状和位置修改截面对象。只允许在箭头方向进行正交移动。

2) 线段端点夹点：拉伸截面平面的顶点。无法移动线段端点夹点以使线段相交。线段端点夹点显示在折弯线段的端点处。

(11) 在“方向夹点”下方弹出的快捷菜单中，使用鼠标左键单击“截面体积”选项，出现了带有“夹点”的虚线立方体框，如图 9-40 (k) 所示。其中，

1) 箭头夹点：通过修改截面平面的形状和位置修改截面对象。只允许在箭头方向进行正交移动。

2) 线段端点夹点：拉伸截面平面的顶点。无法移动线段端点夹点以使线段相交。线段端点夹点显示在折弯线段的端点处。

三、添加折弯（，Sectionplanejog）

在创建截面对象时将折弯线段添加至截面对象命令可以将折弯或角度插入其中。将在截面线上创建折弯。创建的折弯线段与截面线成 90°角。

1. 激活命令的方法

在“三维建模”工作空间。

“常用”选项卡→“截面”面板→“添加折弯”按钮。

“实体”选项卡→“截面”面板→“添加折弯”按钮。

“网格”选项卡→“截面”面板→“添加折弯”按钮。

快捷菜单：在绘图区使用鼠标左键单击“截面平面”，然后单击鼠标右键，在弹出的“快捷菜单”中选择“将折弯添加至截面”选项。

命令行：Sectionplanejog。

2. 实例讲解

下面通过对实例的讲解来学习“添加折弯”命令的使用方法。

图 9-41 介绍了添加折弯命令的使用方法，具体步骤如下。

（1）在绘图区以 WCS、“西南等轴测”视图以及“概念”视觉样式，打开一个三维模型，如图 9-41（a）所示。

（2）依次单击“常用”选项卡→“截面”面板→“截面平面”按钮，AutoCAD 提示：

选择面或任意点以定位截面线或［绘制截面（D）/正交（O）］：（输入“O”，按 Enter 键）

将截面对齐至：［前（F）/后（A）/顶部（T）/底部（B）/左（L）/右（R）］〈顶部〉：（输入“R”，按 Enter 键），创建截面平面完成，如图 9-41（b）所示。

（3）依次单击“常用”选项卡→“截面”面板→“添加折弯”按钮，AutoCAD 提示：

选择截面对象：

（4）在绘图区使用鼠标左键单击截面平面，如图 9-41（c）所示，AutoCAD 提示：

指定截面线上要添加折弯的点：

（5）使用鼠标右键单击绘图区，弹出“捕捉”快捷菜单，使用鼠标左键选择“圆心(C)”，使用鼠标左键捕捉和单击截面平面“截面线”上的三维模型的“圆心”，如图 9-41（d）所示。

至此，“添加折弯”的工作初步完成，形成了首尾相连、相互垂直的 3 个“截面平面”（A1、A2、A3）。激活截面平面后显示它们有首尾相连、相互垂直的 3 个“截面线”（A1、A2、A3），但是只有一个“基准夹点”，如图 9-41（e）所示。

（6）使用鼠标左键捕捉并单击截面线 A3 上的第二夹点，并拖动第二夹点使截面线 A3 绕转轴 1 逆时针转动，如图 9-41（f）所示。

（7）当第二夹点使截面线 A3 绕转轴 1 以逆时针转动至截面线 A3 与截面线 A2 重合时，截面平面 A2、A3 变成一个截面平面 A2，如图 9-41（g）所示。

（8）使用鼠标左键捕捉并单击新的截面线 A2 上的第二夹点，并拖动第二夹点使截面线 A2 绕转轴 1 顺时针转动 180°，再使用鼠标左键单击，实现了使用添加折弯命令完成一个三维模型的 1/4 截面，如图 9-41（h）所示。

使用“平面摄影”（，flatshot）拍摄的该三维模型的 1/4 截面图（图中红色虚线是该三维模型的不可见部分），如图 9-41（i）所示。

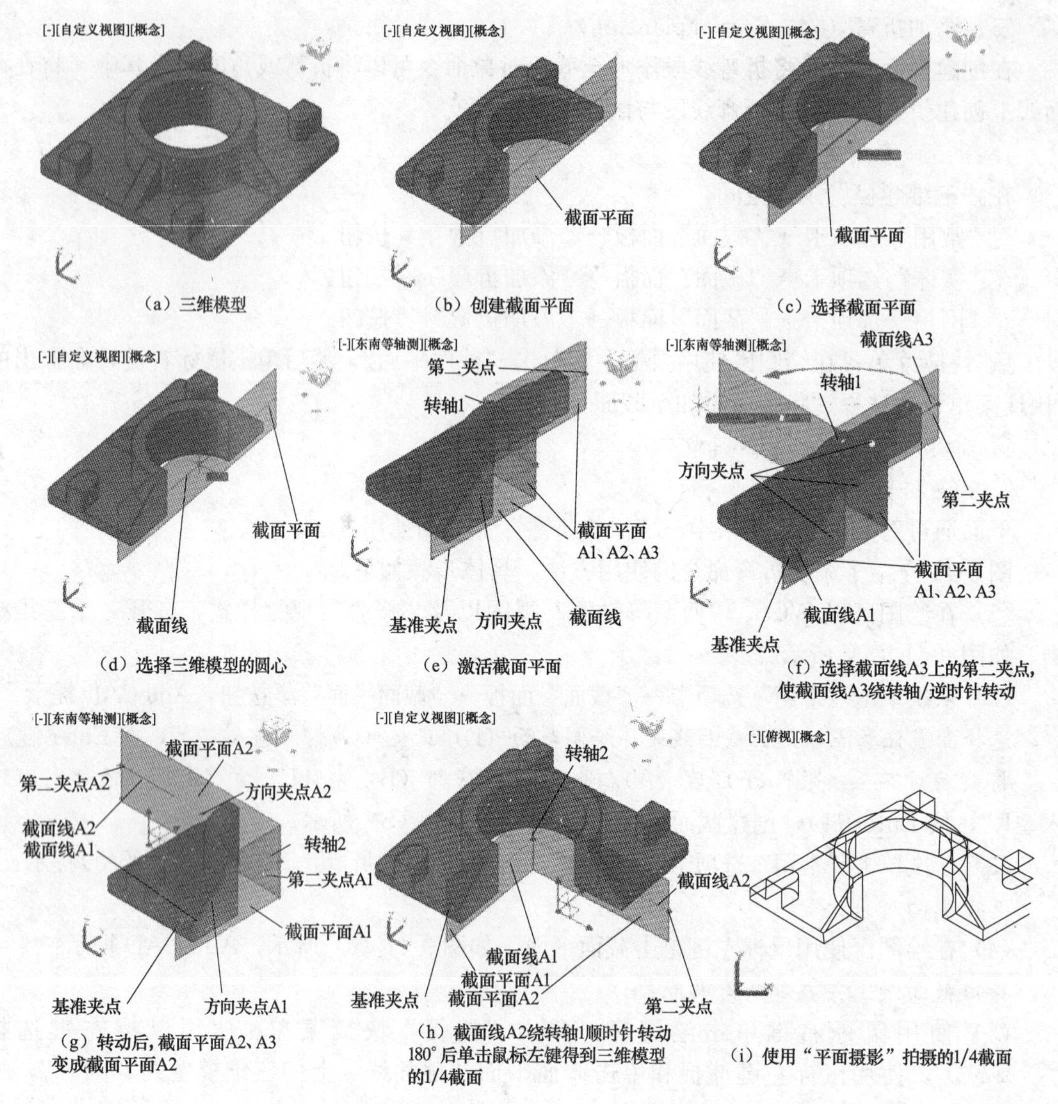

图 9-41 使用添加折弯命令实现一个三维模型的 1/4 截面

四、生成截面（，Sectionplanetoblock）

生成截面命令能够将选定的截面平面保存为二维或三维块。

1. 激活命令的方法

在“三维建模”工作空间中：

“常用”选项卡→“截面”面板→“生成截面”按钮。

“实体”选项卡→“截面”面板→“生成截面”按钮。

“网格”选项卡→“截面”面板→“生成截面”按钮。

快捷菜单：选择截面平面对象。单击鼠标右键，在弹出的快捷菜单中选择“生成二维/三维截面”。

命令行：Sectionplanetoblock。

2. 实例讲解

下面通过对实例的讲解来学习“生成截面”命令的使用方法。

使用“生成截面（![icon]，Sectionplanetoblock）”命令创建“二维截面”和“三维截面”的过程，如图 9-42 所示。

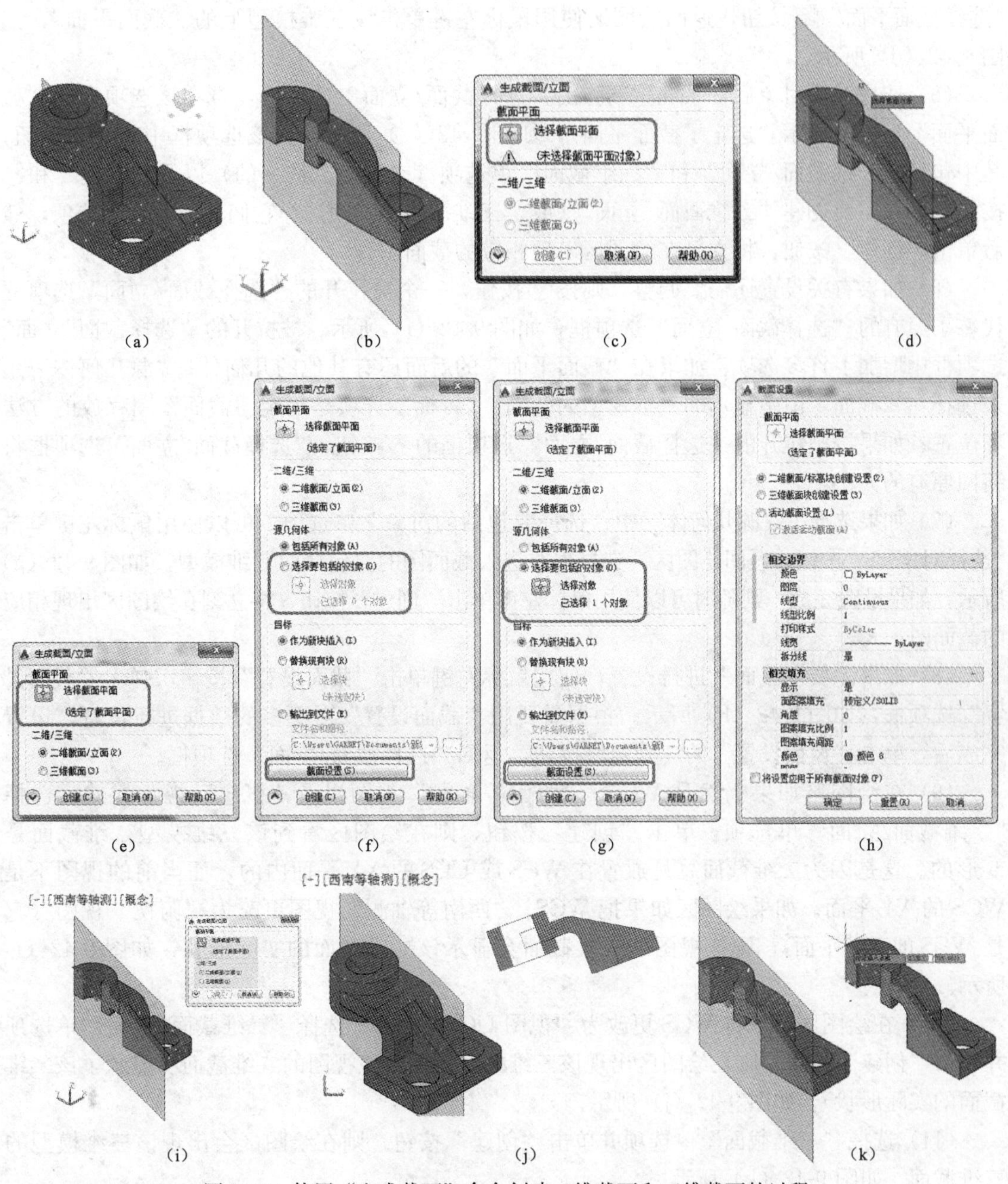

图 9-42　使用“生成截面”命令创建二维截面和三维截面的过程

操作步骤如下。

（1）在绘图区以 WCS、“西南等轴测”视图以及“概念”视觉样式打开一个三维模型，如图 9-42（a）所示。

（2）依次单击“常用”选项卡→“截面”面板→“截面平面”![icon]按钮，创建“截面平面”，如图 9-42（b）所示。

（3）依次单击“常用”选项卡→“截面”面板→“生成截面”![icon]按钮，弹出“选择截面/立面”选项框，如图 9-42（c）所示。

(4) 在该选项框的“截面平面”一栏中显示“未选择截面平面”，使用鼠标左键单击“选择截面平面”按钮，返回绘图区使用鼠标左键单击该三维模型上的“截面平面”，如图 9-42（d）所示。

(5) 选择截面对象后，系统重新弹出“选择截面/立面”选项框，且在该选项框的“截面平面”一栏中显示“选定了截面平面”，如图 9-42（e）所示。在该选项框中有 4 个按钮，其中包括“二维截面/立面”和“三维截面”单选项（它们是二选一的）以及“创建”和按钮。如果需要创建“二维截面/立面”（或“三维截面”），则选择它们其中的一个选项，然后单击“创建”按钮，将立刻在绘图区出现相应的截面图。

(6) 如果有关设置还需要调整，则按按钮，一个被拉开的“选择截面/立面”选项框代替了原有的“选择截面/立面”选项框，如图 9-42（f）所示。被拉开的“选择截面/立面”选项框中增加了许多选项：如果在“截面平面”的后面还有其他的几何体，“源几何体”用来选择在“截面”图中显示的三维模型的范围；“目标”选项是确定“截面”图存放的方法和位置；如果按被拉开的“选择截面/立面”选项框的按钮，“选择截面/立面”选项框将缩回原有的大小。

(7) 如果选择了“源几何体”中“选择要包括的对象”单选项，可以使用鼠标左键单击“选择对象”按钮，返回绘图区，选择需要进入截面图的要包括的三维模型，如图 9-42（g）所示。如果设置完成，则随时可以使用鼠标左键单击“创建”按钮，将立刻在绘图区出现相应的截面图。

(8) 如果需要“截面”进行设置，使用鼠标左键单击“截面设置”按钮，弹出“截面设置”选项框，如图 9-42（h）所示。根据需要用“截面设置”对更多的数据进行设置，设置完成后，单击“截面设置”的“确定”按钮，返回“选择截面/立面”选项框。

(9) 在绘图区如果仍然是 WCS、“西南等轴测”视图以及“概念”视觉样式，选择“二维截面/立面”单选项，单击“创建”按钮，则在绘图区看到该三维模型二维截面是变形的。这是因为二维截面总是放置在 WCS 或 UCS 的 *XY* 平面内的，而当前的视图不是 WCS 的 *XY* 平面。如果绘图区如果把 WCS、“西南等轴测”视图更改为“俯视”视图（它是 WCS 的 *XY* 平面），则该视图的二维截面会显示该二维截面的实际形状，如图 9-42（i）所示。

(10) 在绘图区如果将 WCS 更改为“视图 UCS（）”，选择“二维截面/立面”单选项并单击“创建”按钮，则在绘图区出现该三维模型投影到该视图的二维截面（显示了该二维截面的实际形状），如图 9-42（j）所示。

(11) 选择“三维截面”单选项并单击“创建”按钮，则在绘图区会出现该三维模型的三维截面，如图 9-42（k）所示。

五、平面摄影（，flatshot）

平面摄影命令能够基于当前视图创建所有三维对象的二维表示；也就是，所有三维模型、曲面和网格的边均被视线投影到与观察平面平行的平面上。这些边的二维表示作为块插入到 UCS 的 *XY* 平面上。可以分解此块以进行其他更改。该命令能够完成三维对象从“模型”到“布局”的任务；不过工作有些烦琐，这对 AutoCAD 2015 的试用者提供一个机会，如图 9-43 所示。

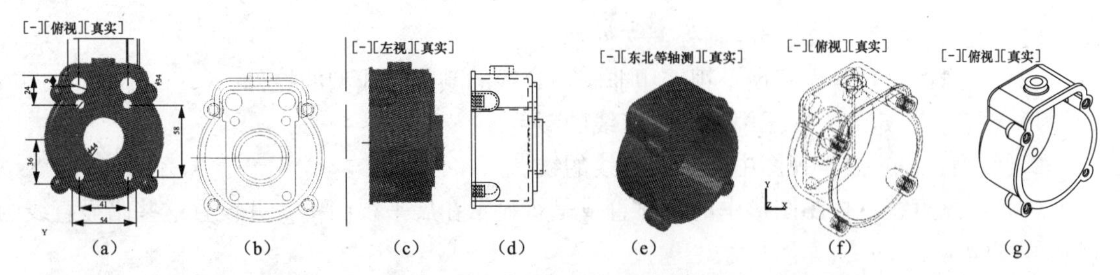

图 9-43　三维对象以及使用平面摄影命令获得的二维视图

1. 激活命令的方法

在“三维建模”工作空间中：

“常用”选项卡→“截面”面板→“平面摄影”。

“实体”选项卡→“截面”面板→“平面摄影”。

“网格”选项卡→“截面”面板→“平面摄影”。

命令行：flatshot。

图 9-44 列出了访问平面摄影命令的方法。

2. “平面摄影”对话框的设置

依次单击“常用”选项卡→“截面”面板→“平面摄影”，系统会弹出“平面摄影”对话框，如图 9-45 所示。该对话框各选项的意义如下。

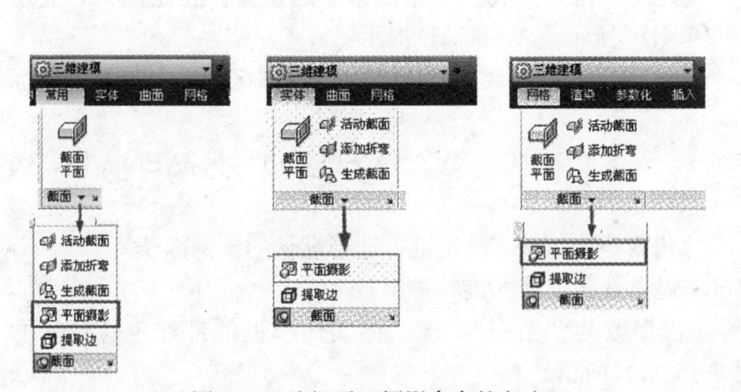

图 9-44　访问平面摄影命令的方法

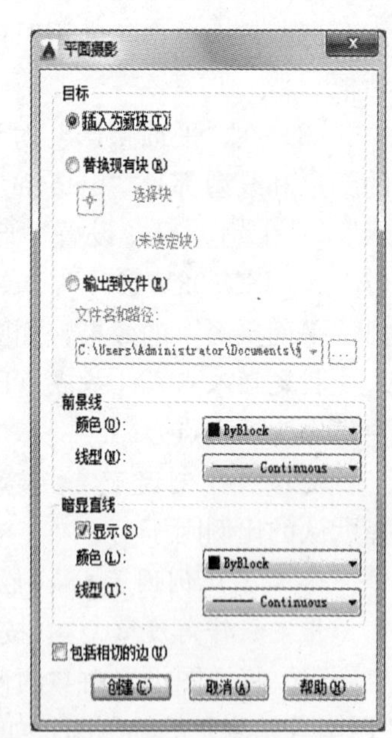

图 9-45　“平面摄影”对话框

(1) 目标：控制展平表示的创建位置。

1) 插入为新块：指定将展平表示作为块插入当前图形中。

2) 替换现有块：使用新创建的块替换图形中现有的块。

3) 选择块：在图形中选择要替换的块时，请暂时关闭此对话框。完成块选择后，按 Enter 键重新显示“平面摄影”对话框。

4) 已选定块/未选定块：指示是否已选定某个块。

5）输出到文件：将块保存到外部文件。

（2）前景线：包含设置展平视图中非暗显直线的颜色和线型的控件。

1）颜色：设定展平视图中非暗显直线的颜色。

2）线型：设定展平视图中未遮挡直线的线型。

（3）暗显直线：控制图形中的暗显直线是否显示在展平视图中，并设置这些暗显直线的颜色和线型。

1）显示：控制是否在展平表示中显示暗显直线。选定后，二维展平表示将显示其他对象隐藏的直线。

2）颜色：设定展平视图中位于几何图形后的直线颜色。

3）线型：设定展平视图中位于几何图形后的线型。

（4）包括相切的边：为曲线式曲面创建轮廓边。

设置完成，单击“创建”按钮，创建展平视图。

3. 实例讲解

下面通过对实例的讲解来学习平面摄影命令的使用方法。

操作方法如下。

（1）在绘图区，将坐标系设置为WCS，视图设置为“西南等轴测”及“真实”视觉样式，打开一个三维实体模型，如图9-46（a）所示。

（2）依次单击“常用”选项卡→“截面”面板→“平面摄影”，弹出“平面摄影”对话框。

（3）在“平面摄影”对话框中，选择“插入为新块”（默认）单选项；选择“前景线”的颜色和线型都是“bylayer”（随图层—默认）；在“暗显直线（隐藏线）”一栏中打开“显示”（☑显示(S)），设置“暗显直线（隐藏线）”的颜色和线型分别为“红色”和“虚线（ACA _ ISO002W100）”，单击“创建”按钮，完成“平面摄影”的设置。在绘图区，显示出“平面摄影”的效果，如图9-46（b）所示。AutoCAD提示：

指定插入点或［基点（B）/比例（S）/X/Y/Z/旋转（R）］：（在绘图区的空白处单击鼠标左键作为插入点）

输入X比例因子，指定对角点，或［角点（C）/XYZ（XYZ）］〈1〉：（按Enter键，选择默认的比例因子）

输入Y比例因子或〈使用X比例因子〉：（按Enter键，选择默认的比例因子）

指定旋转角度〈0〉：（按Enter键，选择默认的旋转角度）

（4）将视图设置由“西南等轴测”改为“俯视”，该三维实体模型的带红色隐藏线的“西南等轴测”的轴测图，如图9-46（c）所示。

（5）重新激活平面摄影命令，在弹出的“平面摄影”对话框中，选择“暗显直线（隐藏线）”，关闭“显示”（☑显示(S)），其他设置不变，单击“创建”按钮，在绘图区显示出平面摄影的效果，如图9-46（d）所示。AutoCAD提示：

指定插入点或［基点（B）/比例（S）/X/Y/Z/旋转（R）］：（输入插入点的坐标值或在绘图区的空白处单击鼠标左键作为插入点）

输入X比例因子，指定对角点，或［角点（C）/XYZ（XYZ）］〈1〉：（按Enter键，选择默认的比例因子）

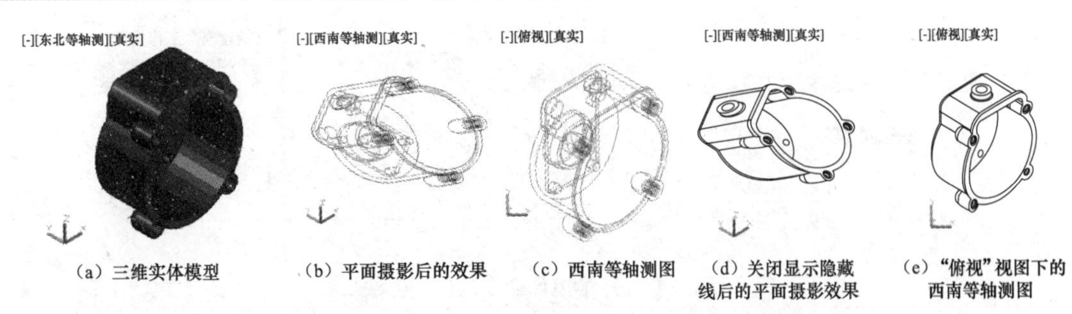

（a）三维实体模型　（b）平面摄影后的效果　（c）西南等轴测图　（d）关闭显示隐藏线后的平面摄影效果　（e）“俯视”视图下的西南等轴测图

图 9-46　“平面摄影（，flatshot）”命令三维实体模型过程

输入 Y 比例因子或〈使用 X 比例因子〉：（按 Enter 键，选择默认的比例因子）

指定旋转角度〈0〉：（按 Enter 键，选择默认的旋转角度）

（6）将视图设置由“西南等轴测”改为“俯视”，在绘图区的“俯视”视图下，该三维实体模型的不带红色隐藏线的“西南等轴测”的轴测图，如图 9-46（e）所示。

注意

平面摄影命令拍摄的图形的放置。因为“图形”总是放置在 WCS 或 UCS 的 *XY* 平面内的；在拍摄时，为了观察及时、方便，建议绘图区使用“视图 UCS（）”，显示出拍摄“图形”的实际形状；由于拍摄的目的是将在不同角度拍摄的“图形”形成该三维对象“图纸”（二维表示），就必须将拍摄的所有“图形”放置在同一个 *XY* 平面内。众所周知，如果不对该三维对象进行编辑，该三维对象在 WCS 中的位置是不变的。因此 WCS 的 *XY* 平面是最佳的选择。对于插入点也可以进行计算，使所有“图形”放置一次大体到位。

第七节　三维模型的三维镜像和三维阵列

三维模型的三维镜像（，Mirror3d）和三维阵列包括矩形阵列（，Arrayrect）、环形阵列（，Arraypolar）和三维路径阵列（，Arraypath）命令。三维模型的三维镜像和三维阵列能够减少重复性的工作，提高工作效率。

一、三维镜像

三维镜像命令用于创建镜像平面上选定对象的镜像副本。

1. 激活命令的方法

（1）在“三维基础”工作空间。

“默认”选项卡→“修改”面板→“三维镜像”。

（2）在“三维建模”工作空间。

“常用”选项卡→“修改”面板→“三维镜像”。

（3）在所有的工作空间。

菜单栏：“修改”→“三维操作”→“三维镜像”。

命令行：Mirror3d。

图 9-47 示出了在不同的工作空间中三维镜像命令的访问方法。

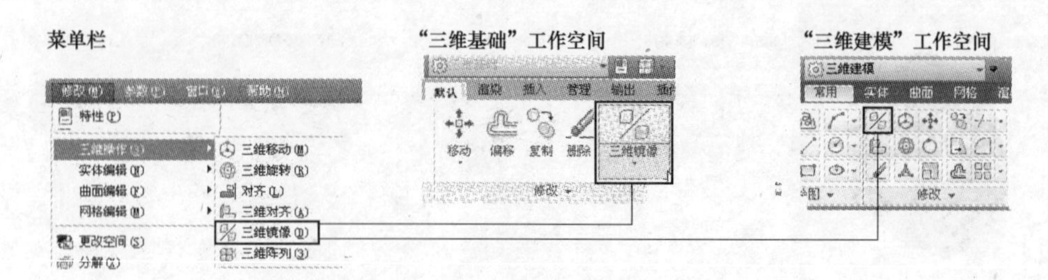

图 9-47 三维镜像命令的访问方法

2. AutoCAD 提示

选择对象：使用对象选择方法，然后按 Enter 键完成选择。

指定镜像平面（三点）的第一个点或［对象（O）/上一个（L）/Z 轴（Z）/视图（V）/XY（XY）/YZ（YZ）/ZX（ZX）/三点（3）］〈三点〉：

输入选项、指定点或按 Enter 键。共有 8 个选择，也就是说，为指定镜像平面提供了 8 种方法，而且每一种方法又有许多方案，可以根据需要加以灵活运用。以三点代表的平面作为镜像平面的方法是默认的方法，也可以使用选定平面对象的平面作为镜像平面；"上一个"是指相对于最后定义的镜像平面对选定的对象进行镜像处理；"指定 *Z* 轴为镜像平面"是根据平面上的一个点和平面法线上的一个点定义镜像平面。此方法选择镜像平面具有更大的灵活性；*Z* 轴有广泛的含义，是指三维空间直线，当然可以是 *X* 轴、*Y* 轴或 *Z* 轴，也可以是一般位置的直线；指定 *Z* 轴为镜像平面的含义，是指通过该"三维空间直线"上指定点的法平面作为镜像平面，也就是该"三维空间直线"是镜像平面在指定点的法线。

【例 9-19】 选择一个"支架"零件的底面为镜像平面，使用三点法对其镜像。

操作步骤如下。

(1) 在"西南等轴测"视图"真实"视觉样式下，打开"支架"零件，如图 9-48 (a) 所示。

(2) 依次单击"常用"选项卡→"修改"面板→"三维镜像"，在 AutoCAD 提示下选择该支架零件为镜像对象，按 Enter 键完成选择，如图 9-48 (b) 所示。

(3) 在 AutoCAD 提示下选择该支架零件底面上一点镜像平面的第一个点，如图 9-48 (c) 所示。

(4) 在 AutoCAD 提示下选择该支架零件底面上一点镜像平面的第二个点，如图 9-48 (d) 所示。

(5) 在 AutoCAD 提示下选择该支架零件底面上一点镜像平面的第三个点，如图 9-48 (e) 所示。在 AutoCAD 提示：

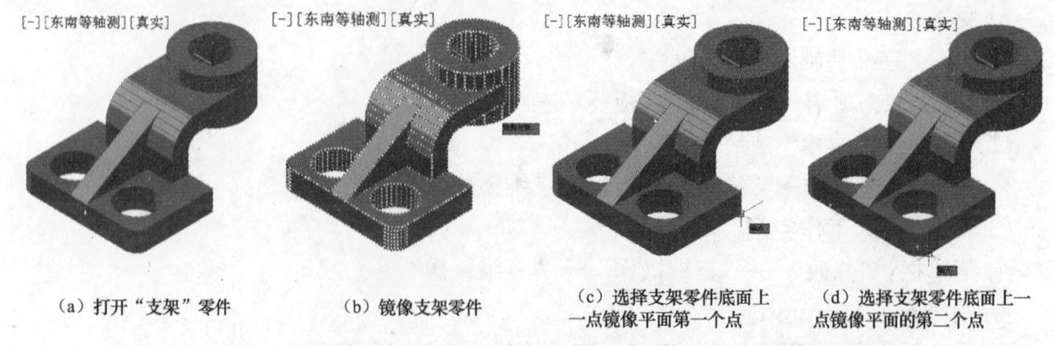

(a) 打开"支架"零件 (b) 镜像支架零件 (c) 选择支架零件底面上一点镜像平面第一个点 (d) 选择支架零件底面上一点镜像平面的第二个点

图 9-48 选择一个支架零件的底面为镜像平面，使用三点法对其镜像的过程（一）

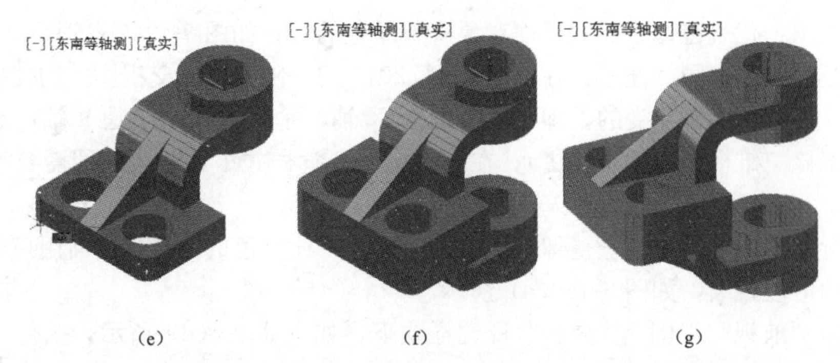

(e)　(f)　(g)

图 9-48　选择一个支架零件的底面为镜像平面，使用三点法对其镜像的过程（二）

是否删除源对象？［是（Y）/否（N）］〈否〉：（按 Enter 以保留源对象，三维镜像完成，如图 9-48（f）所示）

使用“动态观察”观看三维镜像的结果，如图 9-48（g）所示。

【例 9-20】 使用选定平面对象的平面作为镜像平面。创建一个“使女神不再寂寞”的雕塑。指定镜像平面的方法很多，按照 AutoCAD 提示，第 2 种方法就是“使用选定平面对象的平面”；平面对象是指选择“圆、圆弧或二维多段线线段”；这里“被选择”的“圆、圆弧或二维多段线线段”所在的平面就是镜像平面。

操作步骤如下。

（1）在前视视图，“真实”视觉样式下，打开一尊“女神”的雕塑，如图 9-49（a）所示。

（2）选“对象”为镜像平面，则需要使用选定平面对象的平面作为镜像平面，为此在绘图区画一个绿色的圆（当然，画一个圆弧或二维多段线线段也可以）以示区别；这个圆还需要沿着当前用户坐标系的 *Z* 轴向前移动一段距离，其位置才能符合要求，为此要将前视视

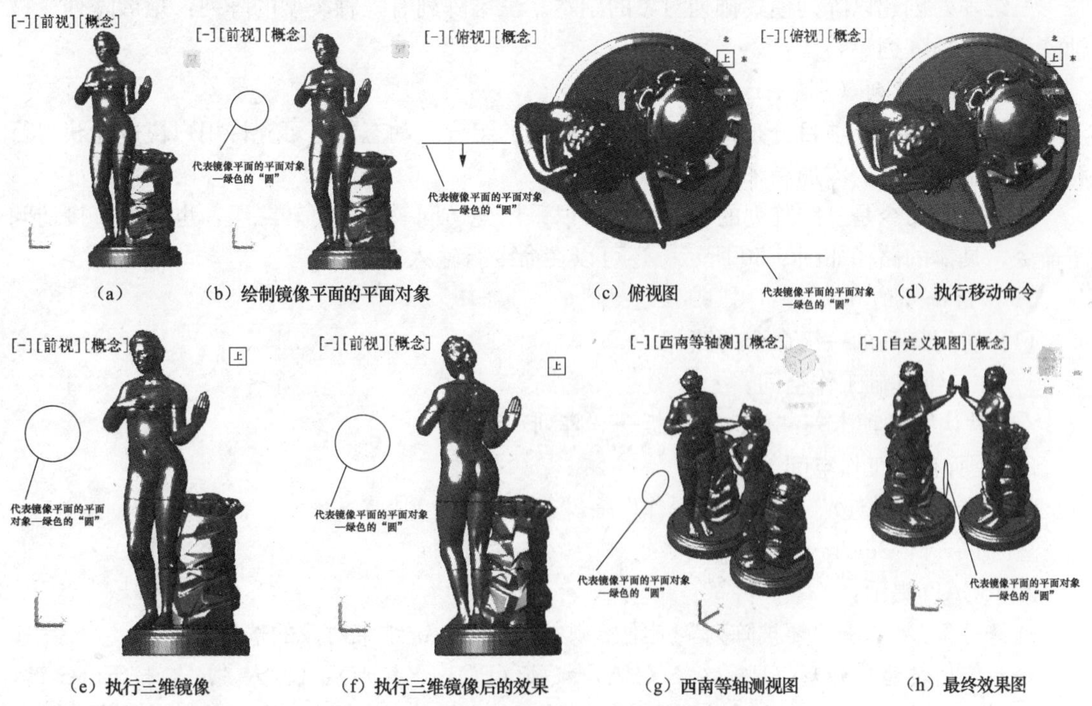

（a）　（b）绘制镜像平面的平面对象　（c）俯视图　（d）执行移动命令

（e）执行三维镜像　（f）执行三维镜像后的效果　（g）西南等轴测视图　（h）最终效果图

图 9-49　“使女神不再寂寞”的雕塑创建过程

图变更为俯视图：代表镜像平面的平面对象——绿色的圆，如图 9-49（b）所示。

（3）变更为俯视视图（注意：在 AutoCAD 2015 中，随着“正交视图”的变换，用户坐标系对绘图区而言始终是不变的，即水平方向是 X 轴，垂直方向始终是 Y 轴；这样该用户坐标系相对于该三维模型发生了变更），在“真实”视觉样式下，绿色的圆需要沿着当前用户坐标系的 Y 轴反方向移动一段距离，如图 9-49（c）所示。

（4）执行移动命令，使代表镜像平面的平面对象——绿色的圆沿着当前用户坐标系的 Y 轴反方向移动一段距离，如图 9-49（d）所示。

（5）返回“前视”视图，“真实”视觉样式下，如图 9-49（e）所示，执行三维镜像命令，AutoCAD 提示：

选择对象：（单击女神，按 Enter 键完成选择）

指定镜像平面（三点）的第一个点或［对象（O）/上一个（L）/Z 轴（Z）/视图（V）/XY（XY）/YZ（YZ）/ZX（ZX）/三点（3）］〈三点〉：（输入“O”，按 Enter 键）

选择圆、圆弧或二维多段线线段：（单击绿色的圆，按 Enter 键）

是否删除源对象？［是（Y）/否（N）］〈否〉：（按 Enter 键表示选择“否”）

（6）返回前视视图，“真实”视觉样式下，出现女神的背影，如图 9-49（f）所示，是否为“女神”瞬间转身了？

（7）变更为“西南等轴测”视图，看得清楚些，原来是一个“女神”镜像成一对“女神”，如图 9-49（g）所示。

使用“动态观察”——“自定义视图”视图看得清楚了，原来是一对“女神”在“聊天”；从此“使女神不再寂寞”的雕塑创建完成，如图 9-49（h）所示。

二、三维阵列（⊞，3darray）

三维阵列创建以阵列模式排列对象的副本。三维阵列有三种类型的阵列：矩形阵列、极轴阵列、路径阵列。

（一）矩形阵列（⊞，Arrayrect）

在矩形阵列中，项目分布到任意行、列和层的组合。动态预览可允许用户快速地获得行和列的数量和间距。添加层来生成三维阵列。

矩形阵列命令是三维阵列的子命令；可以采用先访问一级再下转二级，也可以直接访问子命令，具体的路径如图 9-50 所示。还可以在命令行输入命令。

1. 激活命令的方法

（1）访问阵列的一级命令的路径

1）在三维基础工作空间。

“默认”选项卡→“修改”面板→“阵列”⊞。

2）在所有的工作空间。

菜单栏：“修改”→“三维操作”→“三维阵列”⊞。

命令行：3darray。

AutoCAD 提示：

选择对象：（单击“要被阵列”三维模型，按 Enter 键结束对象的选择。）

输入阵列类型［矩形（R）/路径（PA）/极轴（PO）］〈矩形〉：（输入“R”，按 Enter 键，选择矩形阵列）AutoCAD 将显示默认的矩形阵列（3 行 4 列 1 层），并出现“矩形阵列”上下文选项卡（见图 9-51）和如下提示：

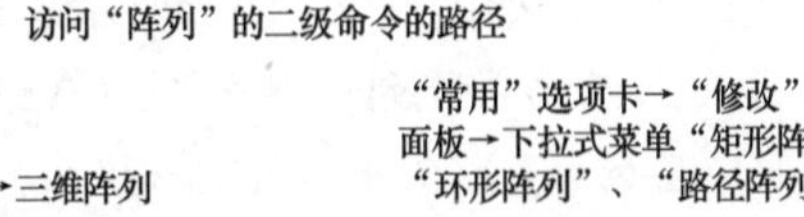

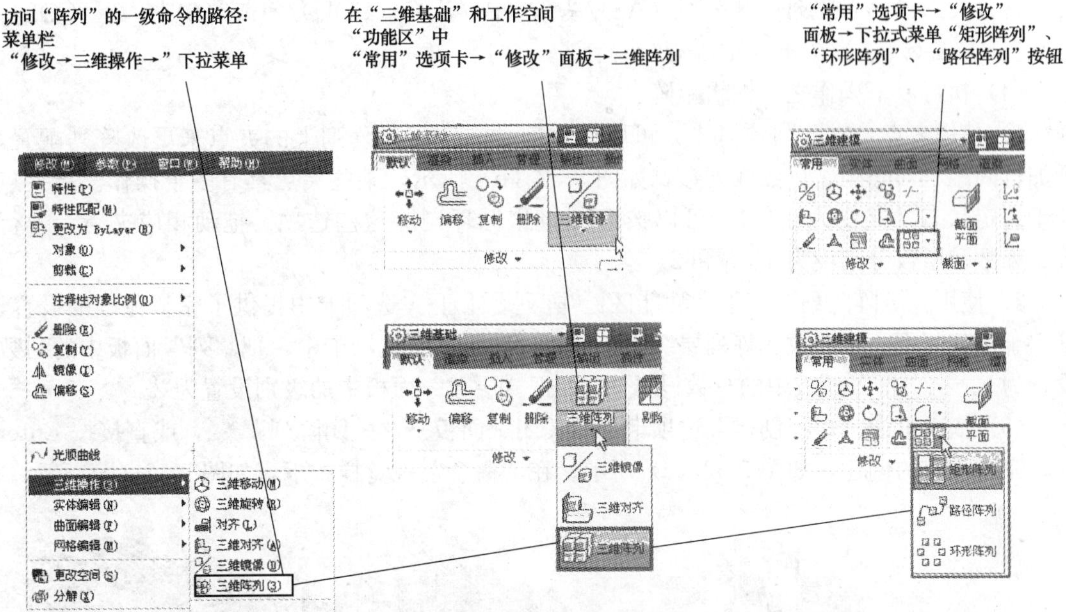

图 9-50　访问“阵列”的一级命令和二级命令的路径

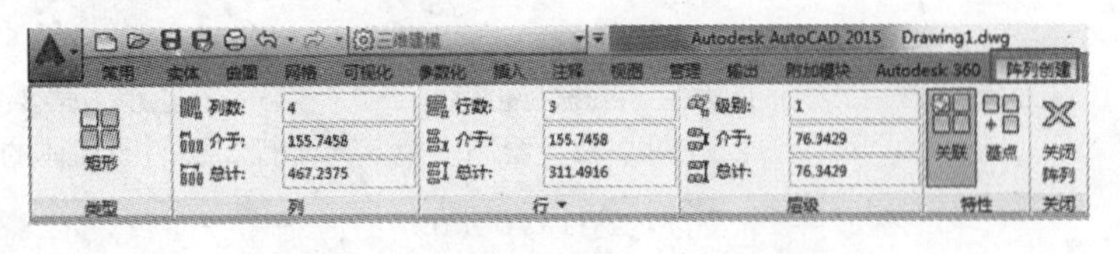

图 9-51　“矩形阵列”上下文选项卡

选择夹点以编辑阵列或［关联（AS）/基点（B）/计数（COU）/间距（S）/列数（COL）/行数（R）/层数（L）/退出（X）］〈退出〉：

（2）访问阵列的二级命令的路径：直接用下列方法访问矩形阵列命令。

在三维建模工作空间。

“常用”选项卡→“修改”面板→“矩形阵列”。

命令：arrayrect。

AutoCAD 提示：

选择对象：单击要被阵列三维模型，按 Enter 键结束对象选择。AutoCAD 将显示默认的矩形阵列（3 行 4 列 1 层），并出现“矩形阵列”上下文选项卡（见图 9-51）和如下提示：

选择夹点以编辑阵列或［关联（AS）/基点（B）/计数（COU）/间距（S）/列数（COL）/行数（R）/层数（L）/退出（X）］〈退出〉：

2. 实例讲解

【例 9-21】 绘制一个 5 列 4 行 2 层的圆柱体的矩形阵列。

操作步骤如下。

（1）在“三维建模”工作空间，“二维线框”视觉样式下，依次单击“常用”选项卡→“建模”面板→“圆柱体”，绘制圆柱体（ISOLINES=32），如图 9-52（a）所示。

（2）依次单击“常用”选项卡→“修改”面板→“矩形阵列”，AutoCAD 提示：

选择对象：

（3）用鼠标拾取“圆柱体”作为要排列的对象，并按 Enter 键。将显示默认的矩形阵列（3 行 4 列 1 层），如图 9-52（b）所示。AutoCAD 继续提示：

选择夹点以编辑阵列或［关联（AS）/基点（B）/计数（COU）/间距（S）/列数（COL）/行数（R）/层数（L）/退出（X）］〈退出〉：

（4）执行以下操作之一编辑矩阵：

1）使用夹点：在阵列预览中，可以通过拖动选定路径阵列上的夹点来更改阵列配置，增加行间距、列间距、行数或列数，如图 9-52（b）所示。某些夹点具有多个操作。当夹点处于选定状态（并变为红色），可以按 Ctrl 键来循环浏览这些选项。拖动相应夹点，把行数、列数和层数分别设为 4、5 和 2。

2）使用“矩阵阵列”上下文功能区：“阵列”上下文选项卡中提供了完整范围的设置，可用于调整间距、项目数和阵列层级。在“阵列”上下文选项卡中，把“列”面板中的列数设置为 5，把“行”面板中的行数设置为 4，把“层数”面板中的级别设置为 2。

（5）依次单击“矩阵创建”选项卡→“关闭”面板→“关闭阵列”，或直接按 Enter 键，完成阵列的创建，如图 9-52（c）所示。在“概念”视觉样式下，如图 9-52（d）所示。

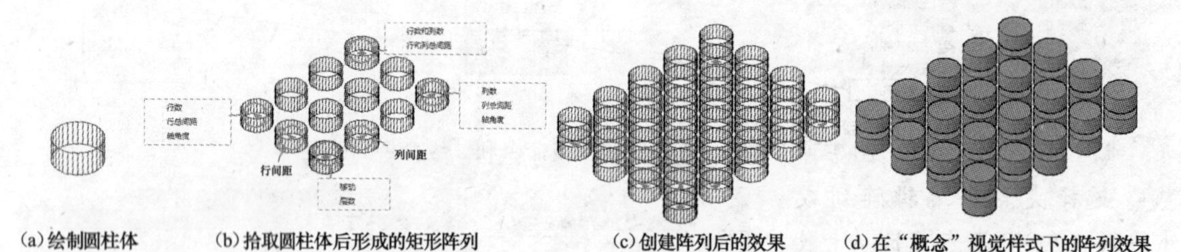

(a) 绘制圆柱体　(b) 拾取圆柱体后形成的矩形阵列　(c) 创建阵列后的效果　(d) 在“概念”视觉样式下的阵列效果

图 9-52　绘制一个 5 列 4 行 2 层的圆柱体的矩形阵列

（二）环形阵列（，Arraypolar）

环形阵列又称极轴阵列。用于中心对称的模型，例如车的轮辐、齿轮的齿等。使用环形阵列可以减少重复性的工作，提高工作效率。

1. 激活命令的方法

（1）访问“环形阵列”的一级命令的路径。方法与“矩形阵列”相同。

（2）访问“环形阵列”的二级命令的路径。在三维建模工作空间中：

“常用”选项卡→“修改”面板→“环形阵列”按钮。

命令：arraypolar。

AutoCAD 提示：

选择对象：（选择阵列的对象）

类型＝极轴　关联＝是

指定阵列的中心点或［基点（B）/旋转轴（A）］：（指定阵列的中心）AutoCAD 将显示默认的环形阵列，并出现“环形矩阵”上下文选项卡（见图 9-53）和如下提示：

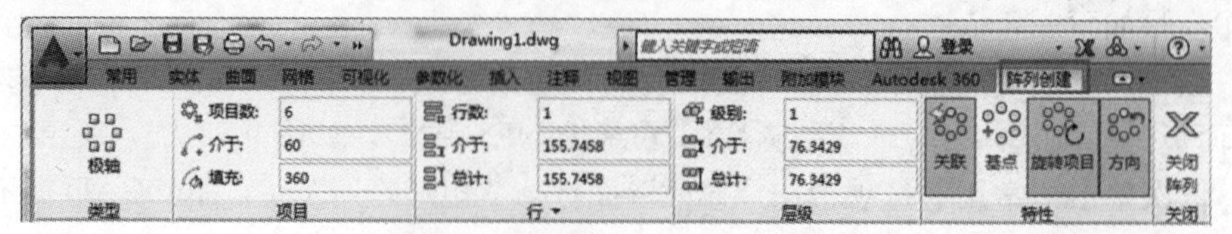

图 9-53　“环形阵列”上下文选项卡

选择夹点以编辑阵列或［关联（AS）/基点（B）/项目（I）/项目间角度（A）/填充角度（F）/行（ROW）/层（L）/旋转项目（ROT）/退出（X）］〈退出〉：

2. 实例讲解

【例 9-22】 绘制一个圆柱体的 17 项目 2 行 3 层的环形阵列。

操作过程如下。

（1）在"三维建模"工作空间，"二维线框"视觉样式下，依次单击"常用"选项卡→"建模"面板→"圆柱体"，绘制圆柱体（ISOLINES=32），如图 9-54（a）所示。

（2）依次单击"常用"选项卡→"修改"面板→"环形阵列"按钮，AutoCAD 提示：

选择对象：

（3）用鼠标拾取圆柱体作为要排列的对象，并按 Enter 键，将显示默认的环形阵列（6 项目 1 行 1 层），如图 9-54（b）所示。AutoCAD 继续提示：

指定阵列的中心点或［基点（B）/旋转轴（A）］：

（4）指定阵列中心点的位置后，AutoCAD 继续提示：

选择夹点以编辑阵列或［关联（AS）/基点（B）/项目（I）/项目间角度（A）/填充角度（F）/行（ROW）/层（L）/旋转项目（ROT）/退出（X）］〈退出〉：

（5）输入"i"（项目），然后输入要排列对象的数量"17"。

（6）输入"row"（行），然后输入要排列对象的行数"2"。

（7）输入"L"（层），然后输入要排列对象的层数"3"。

（8）执行以下操作之一编辑矩阵：

1）"环形阵列"上下文菜单提供完整范围的设置，用于对间距、项目数和阵列中的层级进行调整。

2）在选定的环形阵列上使用夹点来更改阵列配置。

a. 当将光标悬停在方形基准夹点上时，选项菜单可提供选择。例如，用户可以选择拉伸半径，然后拖动以增大或缩小阵列项目和中心点之间的间距。

b. 如果拖动三角形夹点，可以更改填充角度。

（9）按 Enter 键完成阵列，如图 9-54（c）所示。在"概念"视觉样式下，如图 9-54（d）所示。

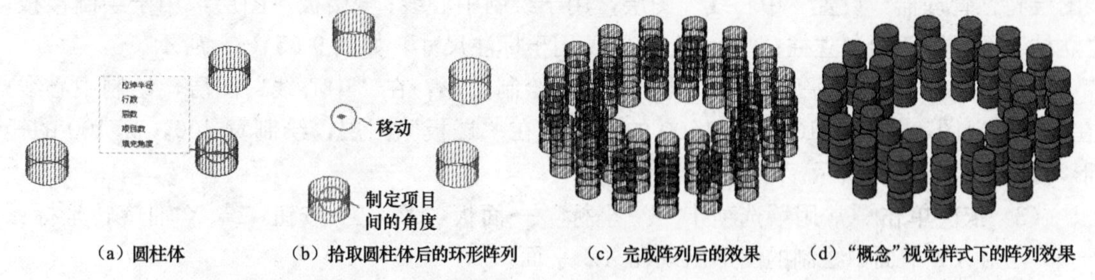

（a）圆柱体　（b）拾取圆柱体后的环形阵列　（c）完成阵列后的效果　（d）"概念"视觉样式下的阵列效果

图 9-54　绘制一个圆柱体的 17 项目 2 行 3 层的环形阵列的过程

（三）路径阵列（，Arraypath）

路径阵列用于路径分布的模型，例如旋转的楼梯等的建模。使用环形阵列可以减少重复性的工作，提高工作效率。

1. 激活命令的方法

(1) 访问路径阵列的一级命令的路径，方法与矩形阵列相同。

(2) 访问路径阵列的二级命令的路径：(直接访问"路径阵列"命令的路径)

在"三维建模"工作空间：

"常用"选项卡→"修改"面板→"路径阵列"按钮。

命令：arraypath。

2. 实例讲解

【例 9-23】 绘制螺旋状楼梯，其过程如图 9-55 所示。

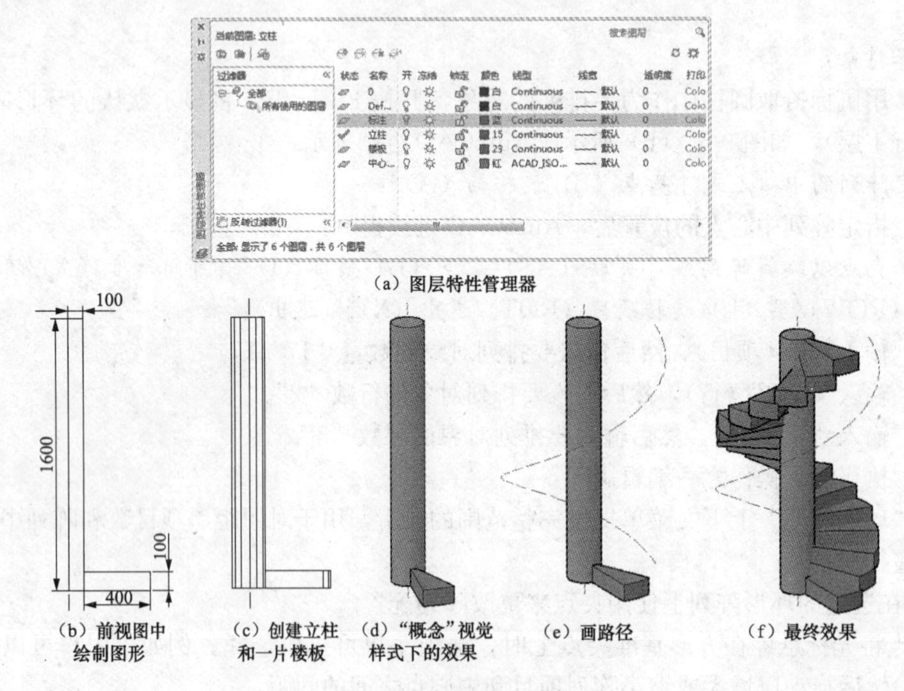

(a) 图层特性管理器

(b) 前视图中绘制图形　(c) 创建立柱和一片楼板　(d)"概念"视觉样式下的效果　(e) 画路径　(f) 最终效果

图 9-55　绘制螺旋状楼梯

操作步骤如下。

(1) 在三维建模工作空间，"二维线框"视觉样式下，使用"图层特性"按钮打开"图层特性管理器"设置"中心线"图层，用于绘制中心线；"楼板"图层，用于绘制楼板；"立柱"图，用于绘制立柱；"标注"图层，用于标注尺寸，如图 9-55 (a) 所示。

(2) 在前视图 XY 平面中的不同图层分别绘制图形：在"中心线"图层，绘制中心线；在"立柱"图，绘制宽 100，高 1600 的矩形；在"楼板"图层，绘制宽 400，高 100 的矩形，如图 9-55 (b) 所示。

(3) 依次单击"常用"选项卡→"坐标"→面板"X"按钮，绕 X 轴旋转坐标系 $-90°$，则 XY 平面中绘制的图形出现在 XZ 平面。

(4) 使用"旋转"命令创建立柱和一片楼板，如图 9-55 (c) 所示。

1) 在"立柱"层激活"旋转"命令（依次单击"实体"选项卡→"实体"面板→"旋转"旋转按钮），使用矩形绕中心线旋转 360°创建的立柱（底面圆半径 100，高 1600）。

2) 在"楼板"层激活旋转命令，使用矩形绕中心线旋转 22.5°创建一片楼板（高 100，内直径 200，外直径 1000）。

（5）调整视图，打开“概念”视觉样式，如图 9-55（d）所示。

（6）画路径——螺旋线。该螺旋线底面的中心点必须与立柱底面中心点重合（可以采用捕捉“中心点”的方法）。激活“螺旋”命令（依次单击“常用”选项卡→“绘图”面板→“螺旋”按钮），设置底面半径或直径 D=顶面半径或直径 D=500，螺旋高度=1500，圈数 T=1，其选项按默认的设置，如图 9-55（e）所示。

（7）绘制螺旋楼梯。激活“路径阵列”命令（依次单击“常用”选项卡→“修改”面板→“路径阵列”按钮），根据命令提示依次选取阵列对象（楼板）和阵列路径（螺旋形），然后在“阵列”选项卡中设置相应的参数便可完成螺旋式楼梯的绘制，如图 9-55（f）所示。

（四）控制阵列关联性

在上述的“矩形阵列”、“环形阵列”、“路径阵列”的操作中，AutoCAD 提示中有：

按 Enter 键接受或［关联（AS）/基点（B）/项目（I）/行（R）/层（L）/对齐项目（A）/Z 方向（Z）/退出（X）］〈退出〉：*取消*

“关联”选项放在第一条；可见，控制阵列关联性很重要。应根据实际需要确定该阵列是否设置为“关联”，阵列的关联性可允许用户通过维护项目之间的关系快速地在整个阵列中传递更改。阵列可以为关联或非关联。

（1）关联：项目包含在单个阵列对象中，类似于块。编辑阵列对象的特性，例如，间距或项目数。替代项目特性或替换项目的源对象。编辑项目的源对象以更改参照这些源对象的所有项目。

（2）非关联：阵列中的项目将创建为独立的对象。更改一个项目不影响其他项目。

本 章 小 结

创建和修改三维模型是用 AutoCAD 进行绘图设计的重要内容之一。AutoCAD 2015 创建和编辑的三维模型包括三维实体模型、三维曲面模型和三维网格模型。本章介绍了在 AutoCAD 2015 中创建三维实体模型的基本概念、基本命令的使用方法和一些使用技巧。读者只要准确、熟练和灵活地使用这些基本命令就能完成极为复杂的三维模型。

习 题 九

1. 试按照图 9-56（a）提供的零件的形状和尺寸，使用 AutoCAD 2015 的三维造型命令画出该零件的三维图形［该零件使用“线框”视觉样式后，图 9-56（b）；该零件使用“真实”视觉样式后，见图 9-56（c）］。为了表现该零件的内部结构，请使用“剖切”命令画出该零件的剖视图［见图 9-56（d）］。

2. 试按照图 9-57（a）提供的零件的形状和尺寸，使用 AutoCAD 2015 的三维造型命令画出该零件的三维图形［该零件使用“线框”视觉样式后，见图 9-57（b）；该零件使用“真实”视觉样式后，见图 9-57（c）］。

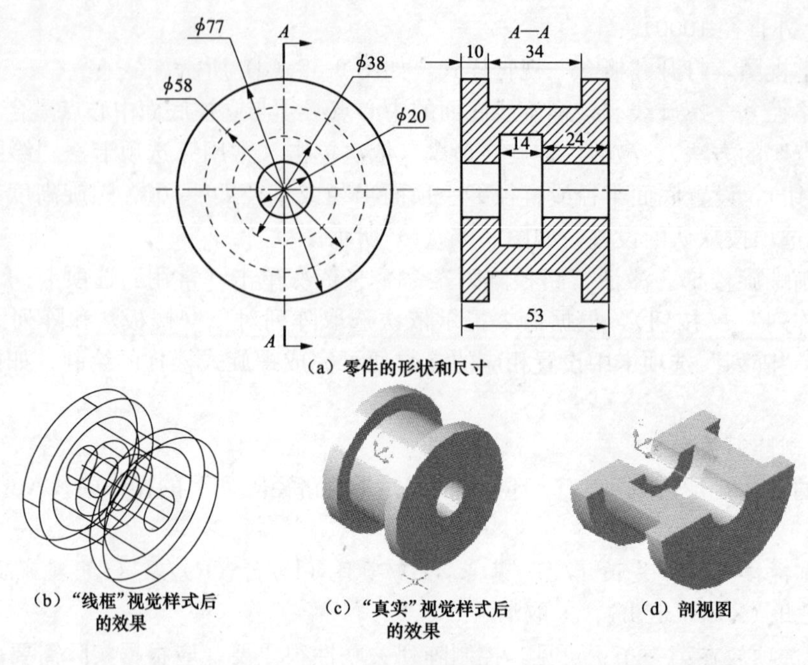

（a）零件的形状和尺寸

（b）“线框”视觉样式后的效果　（c）“真实”视觉样式后的效果　（d）剖视图

图 9-56　零件图

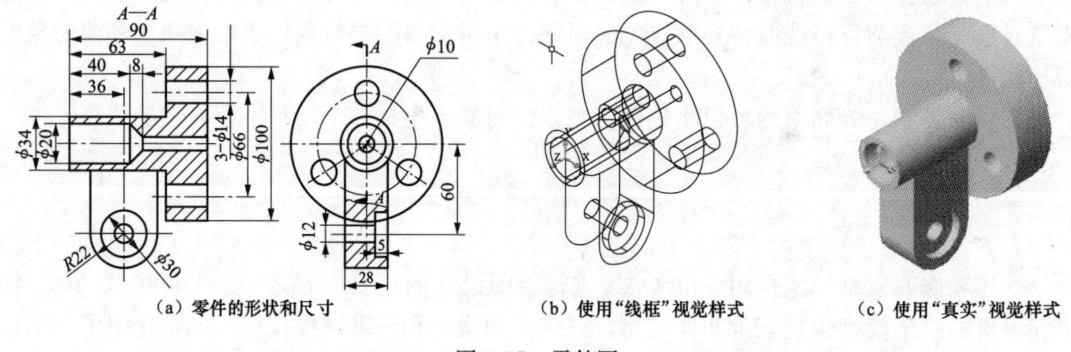

（a）零件的形状和尺寸　（b）使用“线框”视觉样式　（c）使用“真实”视觉样式

图 9-57　零件图

3. 试按照图 9-58（a）提供的零件的形状和尺寸，使用 AutoCAD 2015 的三维造型命令画出该零件的三维图形［该零件使用“线框”视觉样式后，见图 9-58（b）；该零件使用“真实”视觉样式后，见图 9-58（c)］。为了表现该零件的内部结构，请使用剖切命令画出该零件的剖视图［见图 9-58（d)、图 9-58（e)］。

4. 试按照图 9-59（a）提供的一个玻璃杯的形状和尺寸，使用 AutoCAD 2015 的三维造型命令画出该玻璃杯的三维图形［该玻璃杯使用“线框”视觉样式后，见图 9-59（b）；该玻璃杯使用“真实”视觉样式后，见图 9-59（c)］。

5. 试按照图 9-60（a）提供的一个玻璃杯的形状、尺寸和内存的饮料液面的高度，使用 AutoCAD 2015 的三维造型命令画出该玻璃杯的三维图形；玻璃杯内存的饮料必须与该玻璃杯内壁密切地接触［该玻璃杯使用“线框”视觉样式后，见图 9-60（b)］。

6. 请根据图 9-61～图 9-63 提供的零件图，创建三维实体模型。

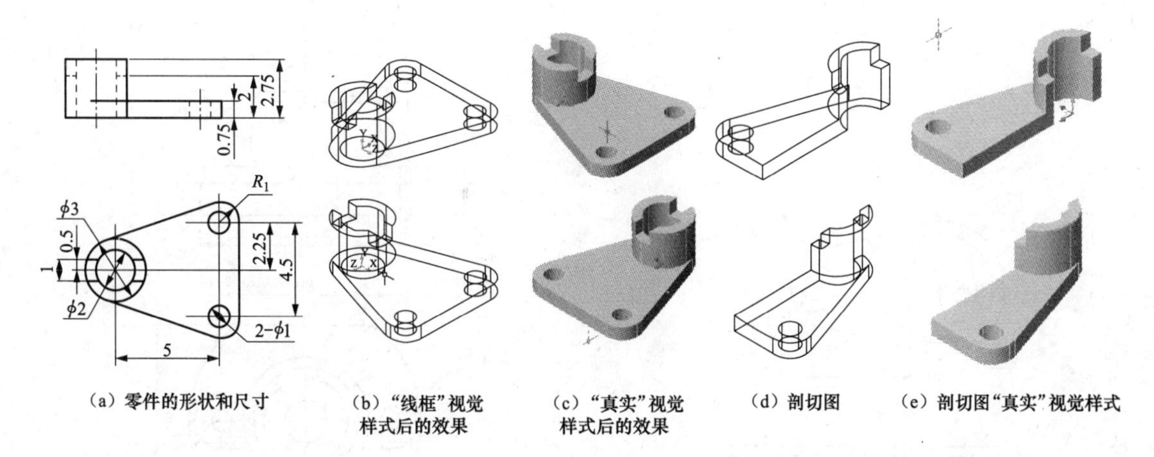

（a）零件的形状和尺寸　（b）“线框”视觉样式后的效果　（c）“真实”视觉样式后的效果　（d）剖切图　（e）剖切图“真实”视觉样式

图 9-58　零件图

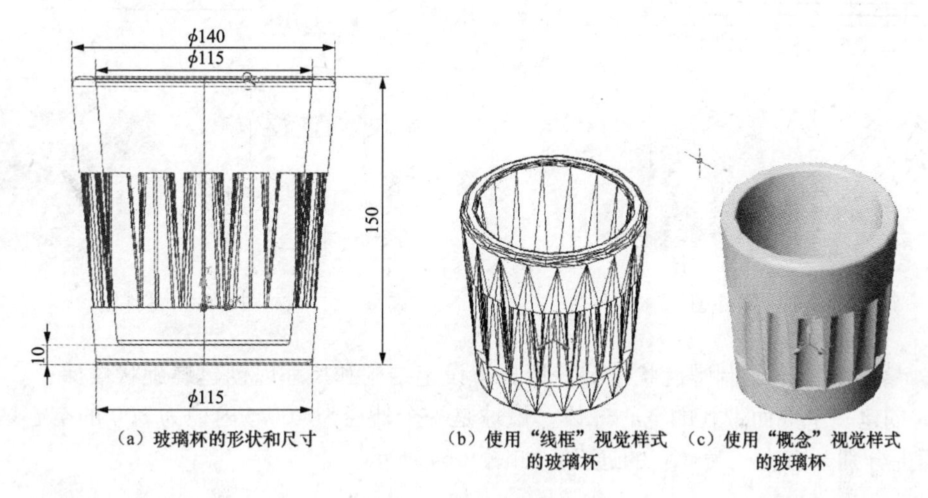

（a）玻璃杯的形状和尺寸　（b）使用“线框”视觉样式的玻璃杯　（c）使用“概念”视觉样式的玻璃杯

图 9-59　玻璃杯图

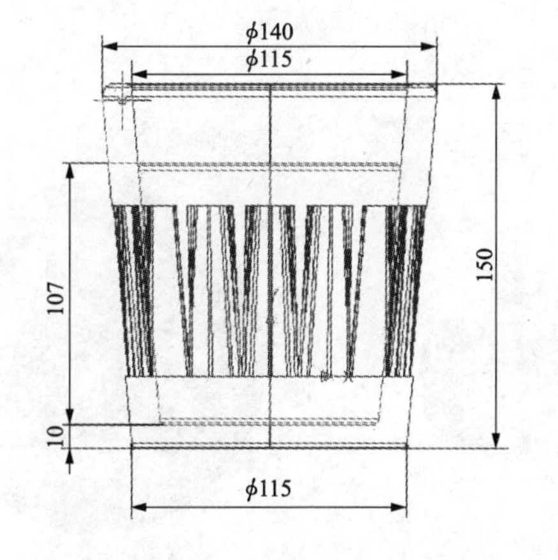

（a）玻璃杯的形状、尺寸和内存的饮料液面的高度　（b）使用“线框”视觉样式的玻璃杯

图 9-60　玻璃杯形状图

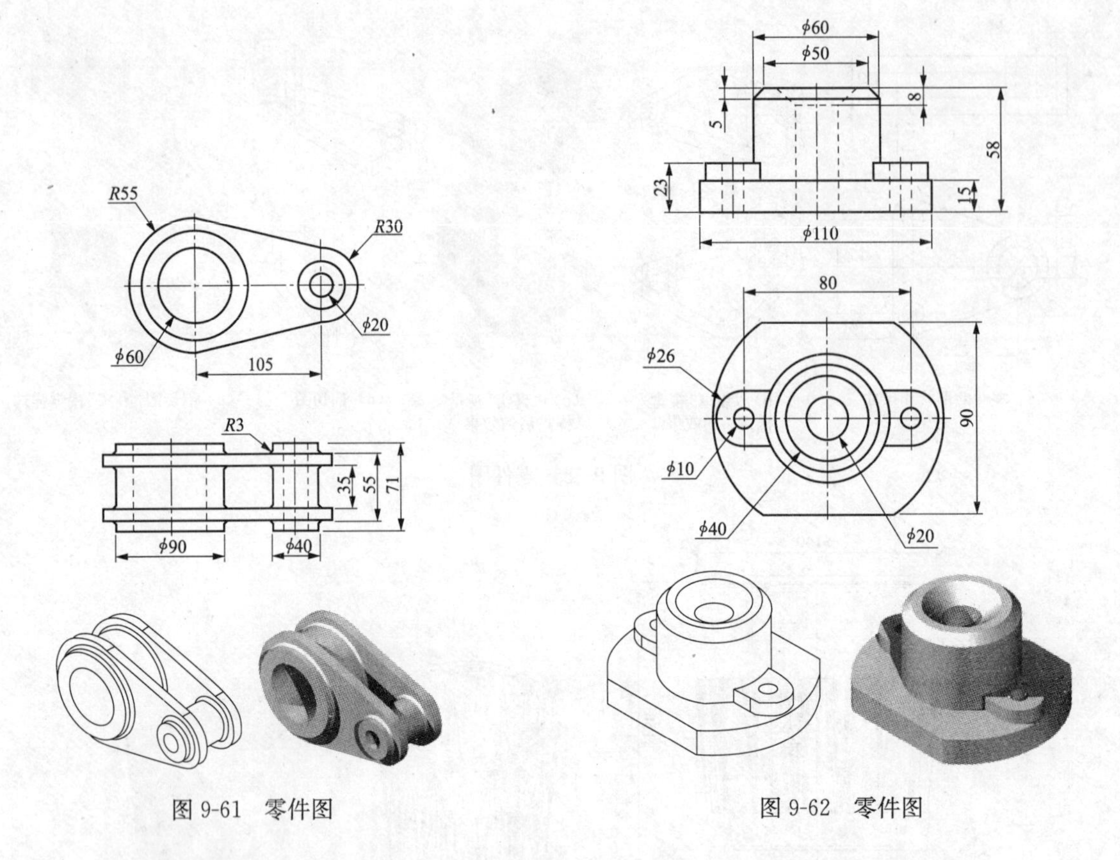

图 9-61 零件图　　图 9-62 零件图

7. 参考图 9-55 绘制螺旋状楼梯，请自行设定结构和尺寸以创建螺旋状楼梯。

8. 创建一个 6 面带孔的空心球体。该球是一个外径为 400，内径为 300 的空心球体；它的 6 面上分别开有直径为 200 的通孔，如图 9-64 所示。

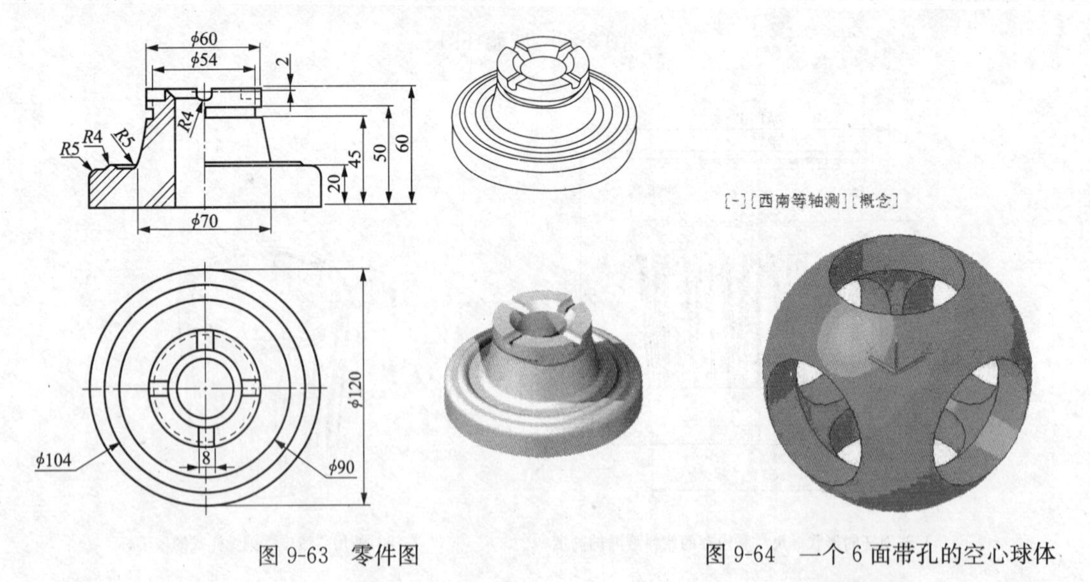

图 9-63 零件图　　图 9-64 一个 6 面带孔的空心球体

9. 参考图 9-43 的方法（使用“添加折弯”命令）绘制一个三维模型的 1/4 截面，如图 9-65 所示。

10. 图 9-66（a）中有三个零件。请按照图 9-66（b）的要求将零件 1 和零件 2 安装到零件 3 上。

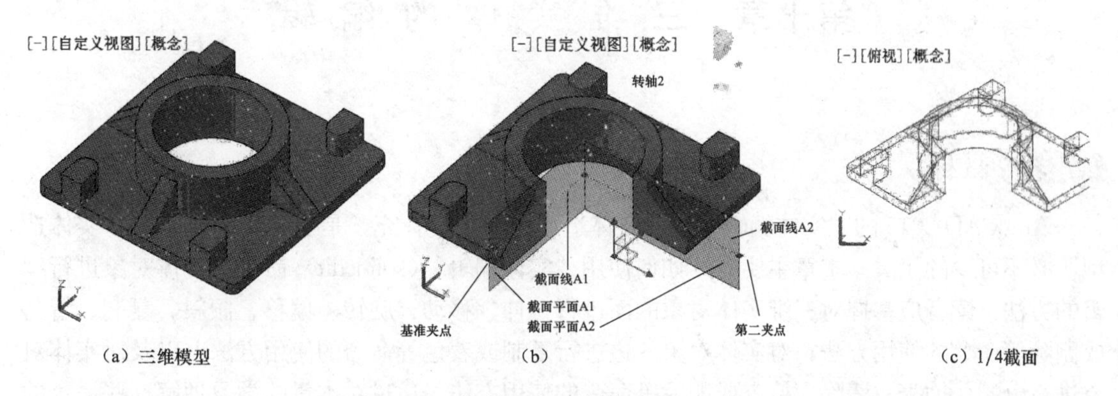

图 9-65　绘制一个三维模型的 1/4 截面

11. 参考图 9-67（a）给出的骰子的照片，使用创建三维模型的方法制作骰子模型（提示：骰子为一个三维实体模型，它是将一个正方体的 6 个表面上分别挖出 1～6 个半球形的坑，相对的两个表面的点数之和为 7，正方体的棱线都做成光滑圆角，其半径均为 20。骰子是正方体，边长 200mm）。先绘制顶面上的一点坑，一点坑在顶面的中心，一点坑的半球半径为 50，可以用正方体与球体的差集命令挖出一点坑；使用类似的方法挖出 2 点坑，其半球半径为 30mm，3 点坑至 6 点坑其半球半径均为 20mm。图 9-67（b）～图 9-67（i）示出的骰子 2 点坑至 5 点坑的中心位置的确定和挖点的过程。图 9-67（j）示出了从不同的视角看见的制作骰子的模型。

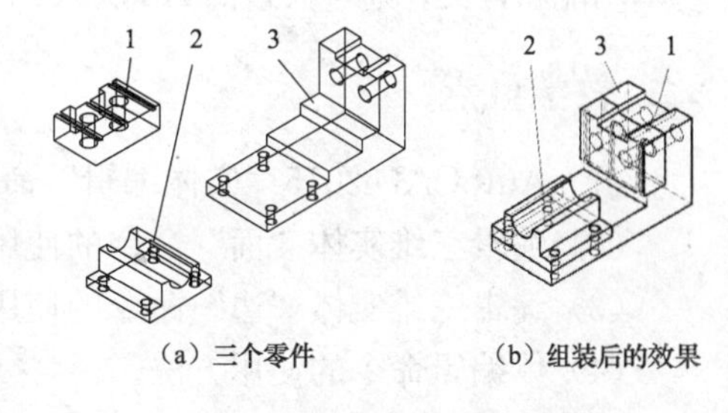

图 9-66　将零件 1 和零件 2 安装到零件 3 上

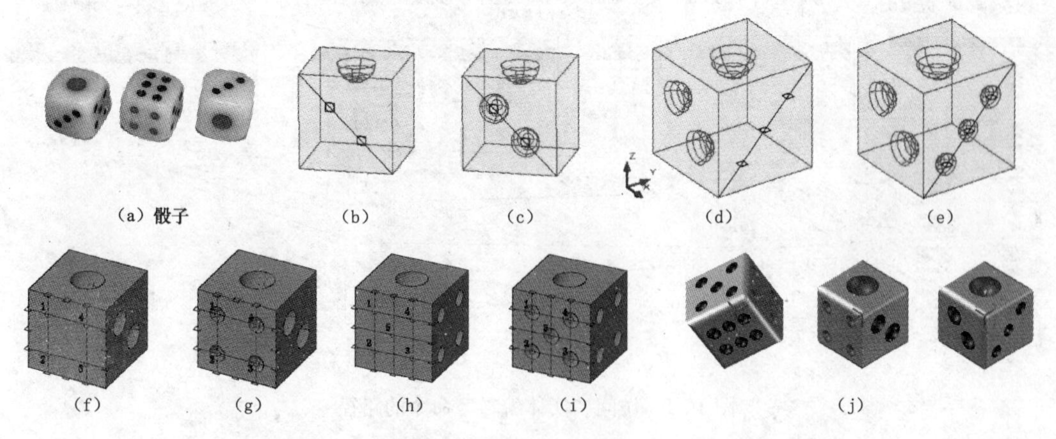

图 9-67　使用创建三维模型的方法制作骰子模型的过程

第十章　三维实体的编辑

教学目标

AutoCAD 2015的“实体编辑”是“实体造型”的重要补充，是实现更为复杂的“实体造型”必不可少的工具。本章主要介绍如何使用“实体编辑”（solidedit）命令对实体对象进行编辑的方法。读者应掌握对三维实体对象的面进行拉伸、移动、旋转、偏移、倾斜、复制、着色或删除等命令的使用方法；对实体对象的边进行复制或着色等命令的使用方法；以及对实体对象进行分割、抽壳、清除、检查或删除等命令的使用方法。通过对本章的学习理解这些命令的基本功能和含义，通过大量的AutoCAD的实践将会对这些命令有更深刻的理解。

教学重点

(1) AutoCAD 2015“实体编辑”命令的激活方式。
(2) 编辑三维实体“面”命令的使用方法。
(3) 编辑三维实体“边”命令的使用方法。
(4) 体编辑命令的使用方法。

第一节　“实体编辑”命令简介

实体编辑命令可以分为编辑面、编辑边和编辑体等三类，数量大。访问“实体编辑”命令的路径较为复杂，图10-1介绍了访问“实体编辑”命令的路径。

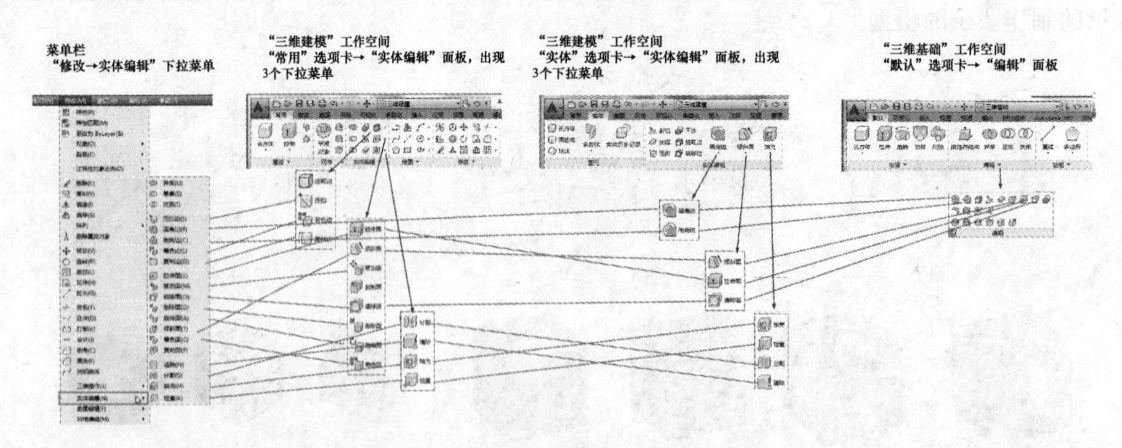

图10-1　访问“实体编辑”命令的路径

1. 激活命令的方法

(1) 在“三维建模”工作空间。

“常用”选项卡→“实体编辑”面板，3个下拉菜单，如图10-1所示。

“实体”选项卡→“实体编辑”面板，3个下拉菜单，如图10-1所示。

(2) 在“三维基础”工作空间。

“默认”选项卡→“编辑”面板，出现各子命令，如图10-1所示。

(3) 在所有的工作空间。

菜单栏：“修改”→“实体编辑”，出现各子命令，如图10-1所示。

命令行：输入solidedit命令，通过命令的“输入实体编辑选项”可以得到表10-1中的命令。

表10-1　命令行输入命令solidedit和非solidedit命令获得的“实体编辑”命令

类　型	命令行：输入命solidedit获得的“实体编辑”命令	非solidedit命令获得的命令
面	拉伸（E)/移动（M)/旋转（R)/偏移（O)/倾斜（T)/删除（D)/复制（C)/颜色（L)/材质（A)/放弃（U)	
边	复制（C)/着色（L)/放弃（U)/退出（X)	圆角边、倒角边、提取边、偏移边
体	压印（I)/分割实体（P)/抽壳（S)/清除（L)/检查（C)/放弃（U)/退出（X)〈退出〉	

2. 利用solidedit命令激活各子命令的方法

在命令提示行中，输入“solidedit”命令，AutoCAD提示：

实体编辑自动检查：SOLIDCHECK=1

输入实体编辑选项［面（F)/边（E)/体（B)/放弃（U)/退出（X)］〈退出〉:（选择实体编辑的选项：面或边或体。）

(1) 输入“f”，按Enter键可以对实体的面进行编辑，AutoCAD提示：

输入面编辑选项［拉伸（E)/移动（M)/旋转（R)/偏移（O)/倾斜（T)/删除（D)/复制（C)/颜色（L)/材质（A)/放弃（U)/退出（X)］〈退出〉:（选择实体的“面”的编辑选项：拉伸、移动、旋转、偏移、倾斜、删除、复制或颜色）

例如：若输入“E”（拉伸），即执行“拉伸面”子命令；若输入“M”（移动），即执行“移动面”子命令；其他类似。

(2) 输入“e”，按Enter键可以对实体的边进行编辑，AutoCAD提示：

输入边编辑选项［复制（C)/着色（L)/放弃（U)/退出（X)］〈退出〉:（选择实体的边的编辑选项：复制或着色）

例如：输入“C”（复制），即执行“复制边”子命令；输入“E”（着色），即执行“着色边”子命令。

(3) 输入“B”，按Enter键可以对实体的体进行编辑，AutoCAD提示：

输入体编辑选项［压印（I)/分割实体（P)/抽壳（S)/清除（L)/检查（C)/放弃（U)/退出（X)］〈退出〉:（选择实体的体的编辑选项：压印、分割实体、抽壳、清除或检查）

例如：输入“I”，即执行“压印”子命令；输入“P”，即执行“分割”子命令，其他类似。

选择不同的编辑对象和不同的编辑命令，AutoCAD提示是不同的。在本章第二节将对每一条命令的AutoCAD提示以及操作方法做详细介绍。

第二节　编辑三维实体“面”的命令

拉伸面（）、移动面（）、旋转面（）、偏移面（）、倾斜面（）、删除面（）、复制面（）和着色面（）等8条命令。

一、拉伸面

拉伸面命令可以将选定的三维实体对象上的已有面拉伸到指定的高度或沿某路径拉伸，如图10-2所示。一次可以选择多个面。

1. 激活命令的方法

（1）在“三维建模”工作空间。

“常用”选项卡→“实体编辑”面板→“拉伸面”按钮。

“实体”选项卡→“实体编辑”面板→“拉伸面”按钮。

（2）在“三维基础”工作空间。

“默认”选项卡→“编辑”面板→“拉伸面”按钮。

（3）在所有的工作空间。

菜单栏：“修改”→“实体编辑”→“拉伸面”。

命令行：solidedit。

2. “拉伸面”的操作步骤

（1）依次单击“常用”选项卡→“实体编辑”面板→“拉伸面”按钮，AutoCAD提示：

选择面或［放弃（U）/删除（R）］：

（2）使用鼠标拾取实体的一个或多个面，如图10-3所示，按Enter键结束面的选择，AutoCAD提示：

指定拉伸高度或［路径（P）］：

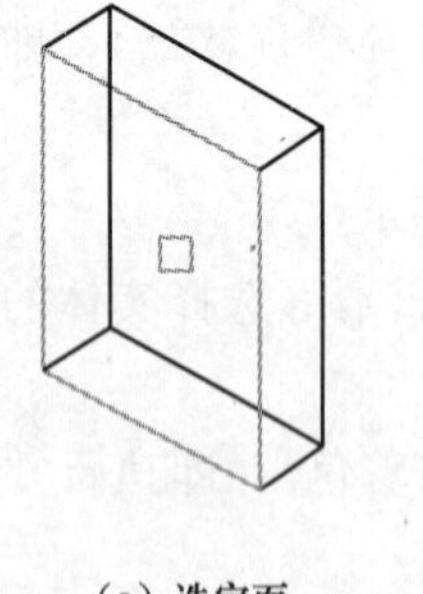

（a）选定面

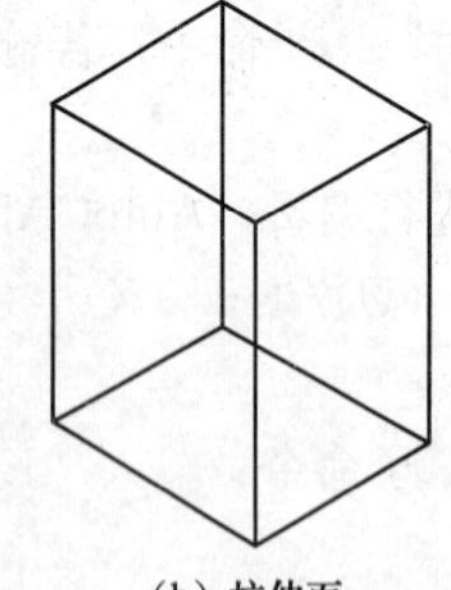

（b）拉伸面

图10-2　拉伸前后的三维实体

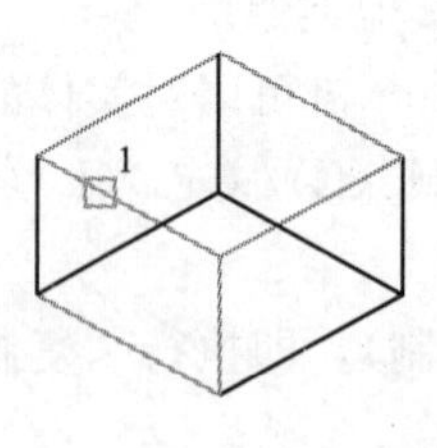

（a）选择集

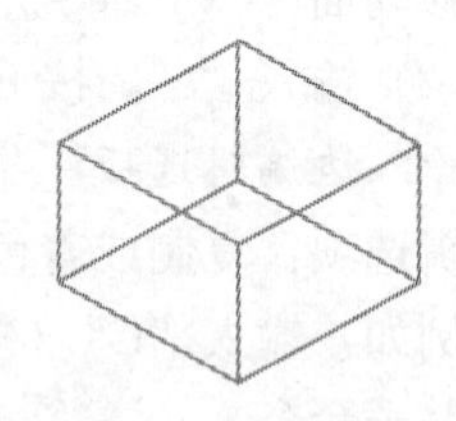

（b）所有的面都添加到选择集

图10-3　选择三维实体的拉伸面

（3）依次执行的操作。

1）指定拉伸高度：如果输入正值，则沿面的正方向拉伸；如果输入负值，则沿面的反方向拉伸。AutoCAD继续提示：

指定拉伸的倾斜角度〈0〉：（指定－90°～＋90°的角度或按Enter键。正角度将往里倾斜选定的面，负角度将往外倾斜面。默认角度为0，此时面被垂直拉伸。选择集中所有选定的面将倾斜相同的角度。如果指定了较大的倾斜角度或高度，则在达到拉伸高度前，面可能会汇聚到一点。选择不同拉伸的倾斜角度进行拉伸面，拉伸前后的三维实体见图 10-4）

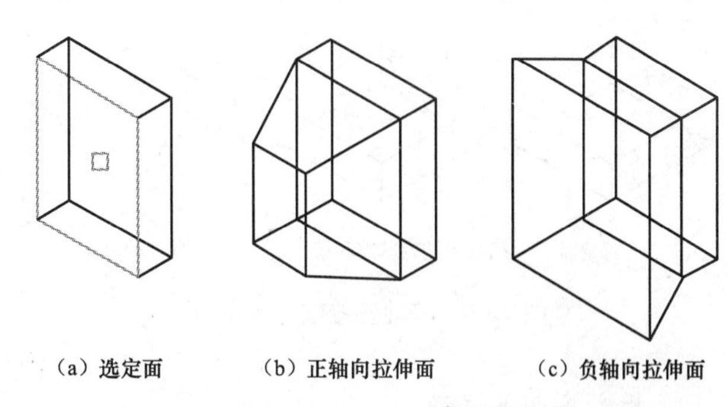

图 10-4　拉伸前后的三维实体（选择不同拉伸的倾斜角度）

2）指定拉伸路径：以指定的直线或曲线来设置拉伸路径。所有选定面的剖面将沿此路径拉伸。AutoCAD 继续提示：

选择拉伸路径：（使用一种对象选择方法选择拉伸的路径。拉伸路径可以是直线、圆、圆弧、椭圆、椭圆弧、多段线或样条曲线。拉伸路径不能处于同一平面，也不能具有高曲率的部分。选择路径对长方体进行拉伸面的过程见图 10-5）

被拉伸的面从剖面平面开始被拉伸，然后在路径端点、与路径垂直的剖面结束。拉伸路径的一个端点应在剖面平面上，如果不在，AutoCAD 将把路径移动到剖面的中心。如果路径是样条曲线，则路径应垂直于剖面平面且位于其中一个端点处。如果路径不垂直于剖面，AutoCAD 将旋转剖面直至垂直为止。如果一个端点在剖面上，剖面将绕此点旋转，否则 AutoCAD 将路径移动至剖面中心，然后绕中心旋转剖面。如果路径包含不相切的线段，那么 AutoCAD 将沿每个线段进行拉伸，然后在两段的分角平面处连接对象。如果路径是闭合的，则剖面位于斜接面。这允许实体的起始截面和终止截面相互匹配。如果剖面不在斜接面上，AutoCAD 将旋转路径直至它位于斜接面上为止。

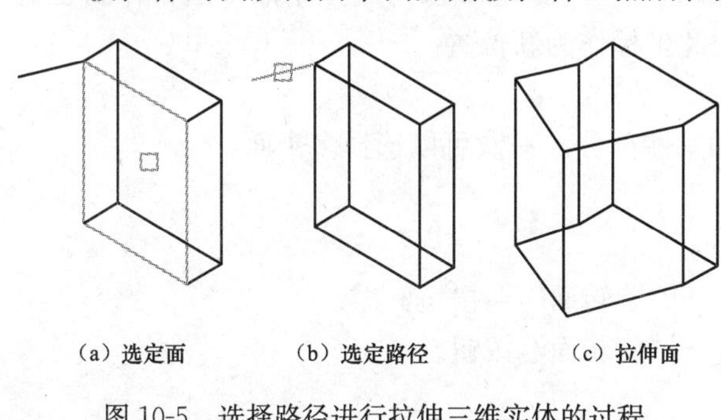

图 10-5　选择路径进行拉伸三维实体的过程

二、移动面

移动面命令可以沿指定的高度或距离移动选定的三维实体对象的面。一次可以选择多个面。

1. 激活命令的方法

（1）在三维建模工作空间。

“常用”选项卡→“实体编辑”面板→“移动面”按钮。

“实体”选项卡→“实体编辑”面板→“移动面”按钮。

（2）在三维基础工作空间。

“默认”选项卡→“编辑”面板→“移动面”按钮。

（3）在所有的工作空间。

菜单栏：“修改”→“实体编辑”→“移动面”。

命令行：solidedit。

2. 实例讲解

【例 10-1】　移动长方体上面的一个键槽，如图 10-6 所示。

操作步骤如下。

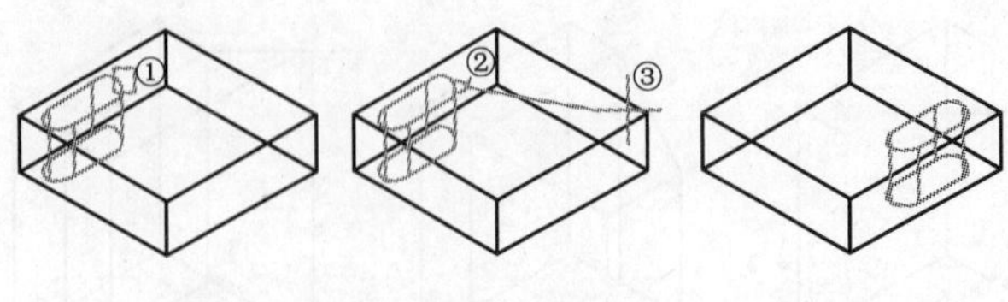

图 10-6 移动三维实体上的面

(1) 依次单击“常用”选项卡→“实体编辑”面板→“移动面”按钮，AutoCAD 提示：

选择面或［放弃（U）/删除（R）］：

(2) 使用鼠标拾取点①，选择键槽面为移动面，按 Enter 键，结束面的选择，AutoCAD 提示：

指定基点或位移：

(3) 使用鼠标拾取点②，指定位移的基点。AutoCAD 继续提示：

指定位移的第二点：

(4) 使用鼠标拾取点③，指定位移的第二点，完成键槽的移动。

用户指定的两点定义了位移相量，此相量指示选定面的移动距离和移动方向。AutoCAD 使用第一个点作为基点并相对于基点放置一个对象。如果指定一个点（通常作为坐标输入)，然后按 Enter 键，AutoCAD 将使用此坐标作为新位置。

三、旋转面

绕指定的轴旋转一个或多个面或实体的某些部分。一次可以选择多个面。

1. 激活命令的方法

(1) 在三维建模工作空间。

“常用”选项卡→“实体编辑”面板→“旋转面”按钮。

“实体”选项卡→“实体编辑”面板→“旋转面按钮。

(2) 在三维基础工作空间。

“默认”选项卡→“编辑”面板→“旋转面”按钮。

(3) 在所有的工作空间。

菜单栏：“修改”→“实体编辑”→“旋转面”。

命令行：solidedit。

2. “旋转面”的操作步骤

(1) 依次单击“常用”选项卡→“实体编辑”面板→“旋转面”按钮，AutoCAD 提示：

选择面或［放弃（U）/删除（R）］：

(2) 使用鼠标拾取实体的一个或多个面，按 Enter 键结束面的选择，AutoCAD 提示：

指定轴点或［经过对象的轴（A）/视图（V）/x 轴（X）/y 轴（Y）/z 轴（Z）］〈两点〉：

(3) 执行依次操作之一：

1) 指定轴线第一点（图 10-7 所示，指定轴线的第一点①，使用两个点定义旋转轴，AutoCAD 继续提示）：

在旋转轴上指定第二个点：(指定轴线的第二点②)

指定旋转角度或［参照（R）］：35（输入“35”，按 Enter 键，面绕 Z 轴旋转 35°，旋转完成。）

2) 输入“A”（经过对象的轴），

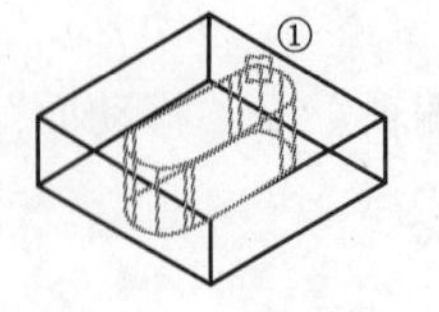

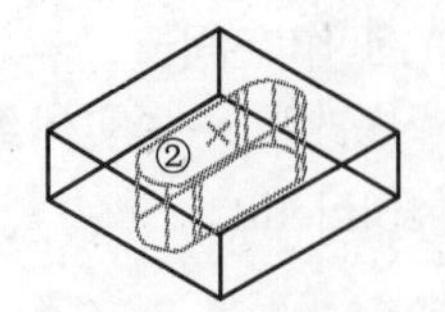

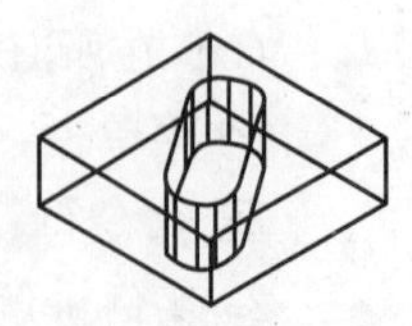

图 10-7 旋转三维实体上的面

将旋转轴与现有对象对齐。可以选择下列旋转轴对象：

a. 直线：将旋转轴与选定直线对齐。

b. 圆：将旋转轴与圆的三维轴对齐（此轴垂直于圆所在的平面且通过圆心）。

c. 圆弧：将旋转轴与圆弧的三维轴对齐（此轴垂直于圆弧所在的平面且通过圆弧圆心）。

d. 椭圆：将旋转轴与椭圆的三维轴对齐（此轴垂直于椭圆所在的平面且通过椭圆中心）。

e. 二维多段线：将旋转轴与由多段线起点和端点构成的三维轴对齐。

f. 三维多段线：将旋转轴与由多段线起点和端点构成的三维轴对齐。

g. LW 多段线：将旋转轴与由多段线起点和端点构成的三维轴对齐。

h. 样条曲线：将旋转轴与由样条曲线的起点和端点构成的三维轴对齐。

3）输入“v”（视图），将旋转轴与当前视口的查看方向对齐。

4）输入“x”（*X* 轴）或“y”（*Y* 轴）或“z”（*Z* 轴），将旋转轴与通过选定点的轴（*X*、*Y* 或 *Z* 轴）对齐。AutoCAD 继续提示：

指定旋转原点〈0，0，0〉：设置旋转点。

指定旋转角度或［参照（R）］：指定旋转角度，从当前位置起，使对象绕选定的轴旋转指定的角度。若输入“R”（参照），则可以指定参照角度和新角度。AutoCAD 继续提示：

指定参照（起点）角度〈0〉：（设置角度的起点。）

指定端点角度：（设置角度的端点。起点角度和端点角度之间的差值即为计算的旋转角度。）

四、偏移面

按指定的距离或通过指定的点，将面均匀地偏移。正值增大实体尺寸或体积，负值减小实体尺寸或体积。

1. 激活命令的方法

（1）在三维建模工作空间。

“常用”选项卡→“实体编辑”面板→“偏移面”按钮。

“实体”选项卡→“实体编辑”面板→“偏移面”按钮。

（2）在三维基础工作空间。

“默认”选项卡→“编辑”面板→“偏移面”按钮。

（3）在所有的工作空间。

菜单栏：“修改”→“实体编辑”→“偏移面”。

命令行：solidedit。

2.“偏移面”的操作步骤

1）依次单击“常用”选项卡→“实体编辑”面板→“偏移面”按钮，AutoCAD 提示：

选择面或［放弃（U）/删除（R）/全部（ALL）］：

2）使用鼠标拾取实体的一个或多个面，按 Enter 键，结束面的选择，AutoCAD 提示：

指定偏移距离：设置正值增加实体大小，或设置负值减小实体大小，例如图 10-8 所示，将长方体内一个面上的一键槽侧面进行偏移面。

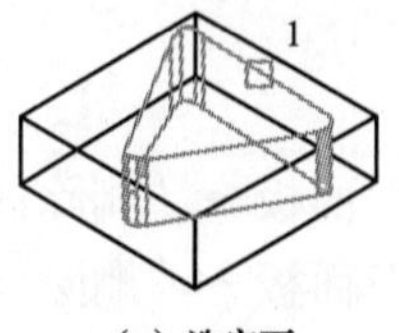

（a）选定面

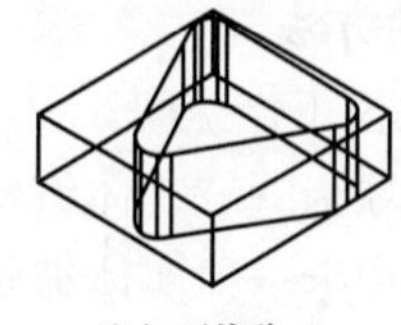
（b）面偏移=1

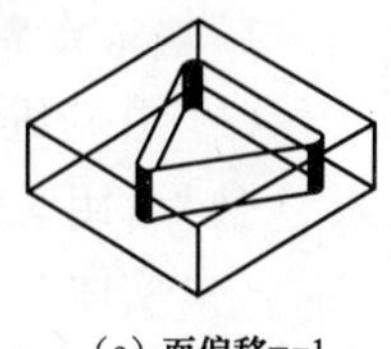
（c）面偏移=-1

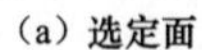
图 10-8 偏移三维实体上的面

注 意

实体体积越大，实体对象中孔的偏移越小。

五、倾斜面

按一个角度将面进行倾斜。倾斜角度的旋转方向由选择基点和第二点（沿选定相量）的顺序决定。正角度将向里倾斜面，负角度将向外倾斜面。默认角度为 0，可以垂直于平面拉伸面。选择集中所有选定的面将倾斜相同的角度。

1. 激活命令的方法

（1）在三维建模工作空间。

“常用”选项卡→“实体编辑”面板→“倾斜面”按钮。

“实体”选项卡→“实体编辑”面板→“倾斜面”按钮。

（2）在“三维基础”工作空间。

“默认”选项卡→“编辑”面板→“倾斜面”按钮。

（3）在所有的工作空间。

菜单栏：“修改”→“实体编辑”→“倾斜面”。

命令行：solidedit。

2. “倾斜面”的操作步骤

（1）依次单击“常用”选项卡→“实体编辑”面板→“倾斜面”按钮，AutoCAD 提示：

选择面或［放弃（U）/删除（R）/全部（ALL）］：

（2）使用鼠标拾取实体的一个或多个面，按 Enter 键结束面的选择，AutoCAD 提示：

指定基点：设置用于确定平面的第一个点。

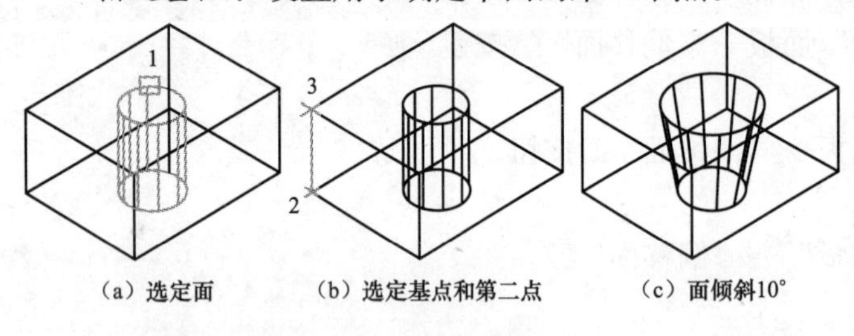

图 10-9 倾斜三维实体上的面

指定沿倾斜轴的另一个点：设置用于确定倾斜方向的轴的方向。

指定倾斜角度：指定－90°～＋90°的角度以设置与轴之间的倾斜度。

图 10-9 显示了对三维实体——长方体中圆孔进行倾斜面的过程。

六、删除面

删除面包括圆角和倒角。使用此选项可删除圆角和倒角边，并在稍后进行修改。如果更改生成无效的三维实体将不删除面。

1. 激活命令的方法

（1）在三维建模工作空间。

“常用”选项卡→“实体编辑”面板→“删除面”按钮。

“实体”选项卡→“实体编辑”面板→“删除面”按钮。

（2）在三维基础工作空间。

“默认”选项卡→“编辑”面板→“删除面”按钮。

（3）在所有的工作空间。

菜单栏：“修改”→“实体编辑”→“删除面”。

命令行：solidedit。

2. “删除面”的操作步骤

（1）依次单击“常用”选项卡→“实体编辑”面板→“删除面”，AutoCAD 提示：

选择面或［放弃（U）/删除（R）］：

（2）使用鼠标拾取实体的一个或多个要删除的面，按 Enter 键结束面的选择，选择的面被删除。要删除的面必须位于可以在删除后通过周围的面进行填充的位置处。

图 10-10 显示了对三维实体——长方体的倒圆面进行删除面的过程。

七、复制面

将面复制为面域或体。如果指定两个点，AutoCAD 使用第一个点作为基点，并相对于基点放置一个对象。如果只指定一个点（通常作为坐标输入），然后按 Enter 键，AutoCAD 将使用此坐标作为新位置。

1. 激活命令的方法

（1）在三维建模工作空间。

“常用”选项卡→“实体编辑”面板→“复制面”按钮。

“实体”选项卡→“实体编辑”面板→“复制面”按钮。

（2）在三维基础工作空间。

“默认”选项卡→“编辑”面板→“复制面”按钮。

（3）在所有的工作空间。

菜单栏：“修改”→“实体编辑”→“复制面”。

命令行：solidedit。

2. “复制面”的操作步骤

（1）依次单击“常用”选项卡→“实体编辑”面板→“复制面”，AutoCAD 提示：

选择面或［放弃（U）/删除（R）］：

（2）使用鼠标拾取实体的一个或多个要复制的面，按 Enter 键，结束面的选择，AutoCAD 提示：

指定基点或位移：设置用于确定复制的面的放置距离和方向（位移）的第一个点。

指定位移的第二点：设置第二个位移点。

图 10-11 显示了对三维实体——长方体上的左前面和两个倒圆面进行复制面的过程。

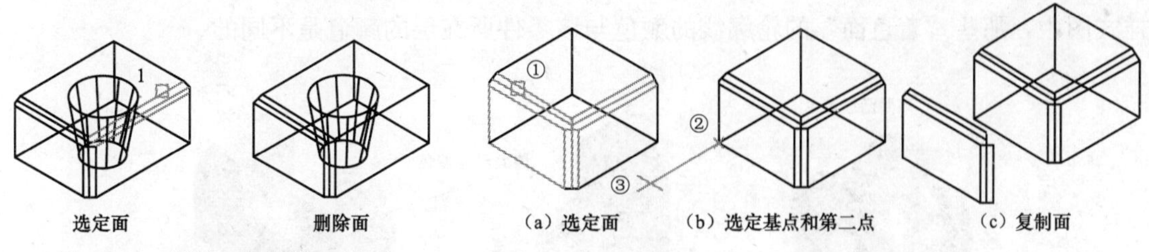

选定面　　删除面

图 10-10　删除三维实体上的面

（a）选定面　　（b）选定基点和第二点　　（c）复制面

图 10-11　复制三维实体上的面

八、着色面

修改面的颜色。着色面可用于亮显复杂三维实体模型内的细节。

1. 激活命令的方法

（1）在三维建模工作空间。

“常用”选项卡→“实体编辑”面板→“着色面”按钮。

“实体”选项卡→“实体编辑”面板→“着色面”按钮。

（2）在三维基础工作空间。

“默认”选项卡→“编辑”面板→“着色面”按钮。

（3）在所有的工作空间。

菜单栏：“修改”→“实体编辑”→“着色面”。

命令行：solidedit。

图 10-12　“选择颜色”对话框

2. “着色面”的操作步骤

（1）依次单击“常用”选项卡→“实体编辑”面板→“着色面”按钮，AutoCAD 提示：

选择面或［放弃（U）/删除（R）］：

（2）使用鼠标拾取实体的一个或多个要着色的面，按 Enter 键结束面的选择，AutoCAD 显示“选择颜色”对话框，如图 10-12 所示。从“选择颜色”对话框中选择着色面的颜色。

图 10-13 显示了三个实体零件在进行“着色面”后的“三维隐藏”视觉样式图。在“消隐”图中，那些“着色面”的轮廓线的颜色与该零件所在层的颜色是不同的。

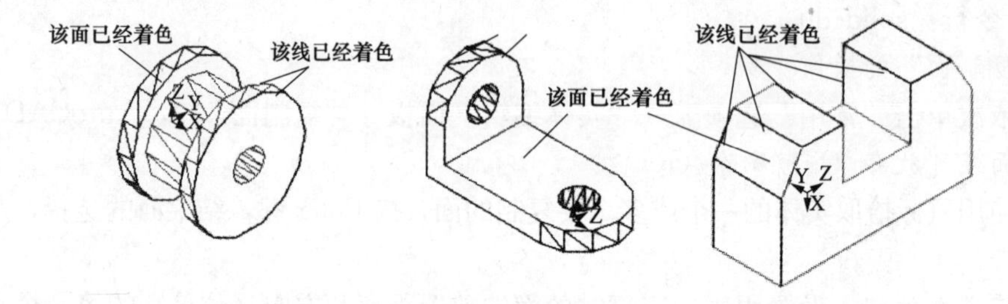

图 10-13　三个实体零件在进行“着色面”后的“三维隐藏”视觉样式

图 10-14 显示了三个实体零件在进行“着色面”后的“平面着色”图。在“真实”视觉样式图中，那些“着色面”的轮廓线的颜色与该零件所在层的颜色是不同的。

图 10-14　三个实体零件在进行“着色面”后的“真实”视觉样式图

第三节　编辑三维实体“边”的命令

通过修改边的颜色或复制独立的边来编辑三维实体对象。

一、复制边

复制三维边。所有三维实体边都被复制为直线、圆弧、圆、椭圆或样条曲线。

1. 激活命令的方法

(1) 在三维建模工作空间。

“常用”选项卡→“实体编辑”面板→“复制边”按钮。

(2) 在所有的工作空间。

菜单栏：“修改”→“实体编辑”→“复制边”。

命令行：solidedit。

2. 复制边的操作步骤

(1) 依次单击“常用”选项卡→“实体编辑”面板→“复制边”按钮，AutoCAD提示：

选择边或［放弃(U)/删除(R)］：

(2) 使用鼠标拾取实体的一个或多个要复制的边，按Enter键结束边的选择，AutoCAD提示：

指定基点或位移：设置用于确定新对象放置位置的第一个点。

指定位移的第二点：设置新对象的相对方向和距离。

图10-15显示在三维实体上的“复制边”的过程。

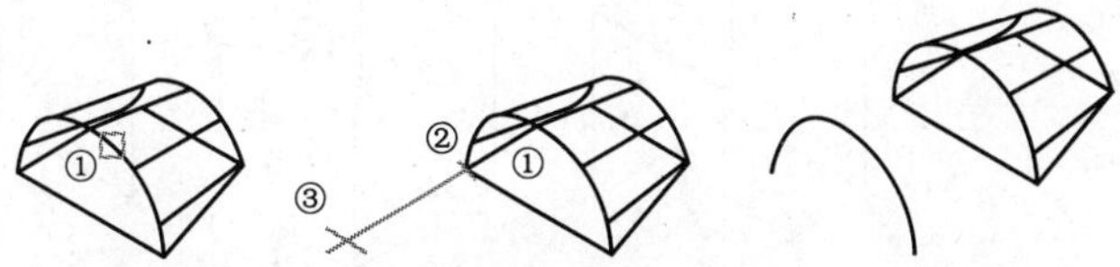

(a) 选定边　(b) 选定基点和第二点　(c) 复制边

图10-15　在三维实体上的“复制边”的过程

二、着色边

更改三维实体对象上各条边的颜色。

1. 激活命令的方法

(1) 在“三维建模”工作空间。

“常用”选项卡→“实体编辑”面板→“着色边”按钮。

(2) 在所有的工作空间。

菜单栏：“修改”→“实体编辑”→“着色边”。

命令行：solidedit。

2. “着色边”的操作步骤

(1) 依次单击“常用”选项卡→“实体编辑”面板→“着色边”按钮，AutoCAD提示：

选择边或［放弃(U)/删除(R)］：

(2) 使用鼠标拾取实体的一个或多个要着色的“边”，按Enter键结束边的选择，AutoCAD显示“选择颜色”对话框，如图10-12所示。从“选择颜色”对话框中选择着色边的颜色。

三、圆角边(，Filletedge)

圆角边为实体对象边建立圆角。可以选择多条边，使用圆角夹点可修改圆角半径。默认圆角半径由 filletrad 3D 系统变量设定。

1. 激活命令的方法

(1) 在三维建模工作空间。

"实体"选项卡→"实体编辑"面板→"圆角边"按钮。

(2) 在所有的工作空间。

菜单栏："修改"→"实体编辑"→"圆角边"。

命令行：Filletedge。

2. 圆角三维实体边的步骤

(1) 依次单击"实体"选项卡→"实体编辑"面板→"圆角边"按钮，AutoCAD 提示：

选择边或［链 (C)/环 (L)/半径 (R)］：

(2) 选择要进行圆角的实体的边。AutoCAD 继续提示：

按 Enter 键接受圆角或［半径 (R)］：

(3) 指定圆角半径。

(4) 选择其他边或按 Enter 键。

图 10-16 显示在三维实体上创建圆角，及利用圆角的夹点编辑圆角半径的示意。

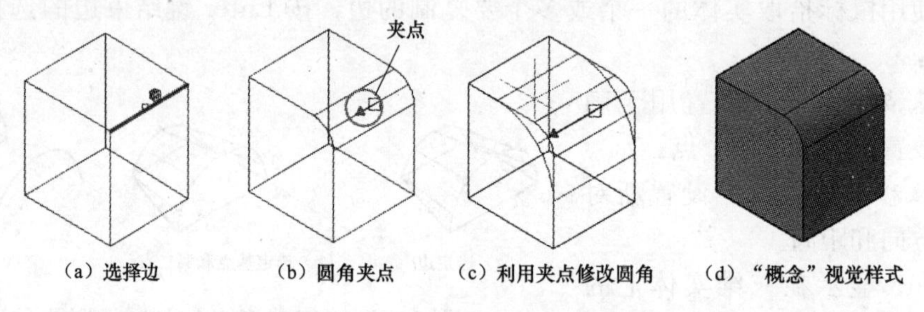

图 10-16　在三维实体上创建圆角

四、倒角边 (，Chamferedge)

倒角边为三维实体边和曲面边建立倒角。可以同时选择属于相同面的多条边。输入倒角距离值，或单击并拖动倒角夹点。

1. 激活命令的方法

(1) 在"三维建模"工作空间。

"实体"选项卡→"实体编辑"面板→"倒角边"按钮。

(2) 在所有的工作空间。

菜单栏："修改"→"实体编辑"→"倒角边"。

命令行：Chamferedge。

2. 对三维实体进行倒角的步骤

(1) 依次单击"实体"选项卡→"实体编辑"面板→"倒角边"按钮，AutoCAD 提示：

选择一条边或［环 (L)/距离 (D)］：

(2) 选择要倒角的基面的边，AutoCAD 继续提示：

选择同一个面上的其他边或［环 (L)/距离 (D)］：

(3) 选择同一个面上的其他边或按 Enter 键结束边的选择，AutoCAD 继续提示：

按 Enter 键接受倒角或［距离（D）］：

（4）输入“D”，按 Enter 键，然后指定基面距离（基面距离是指从选定的边到基面上一点的距离。另一个曲面距离是指从选定的边到相邻曲面上一点的距离）。AutoCAD 继续提示：

指定基面倒角距离或［表达式（E）］〈1.0000〉：

指定其他曲面倒角距离或［表达式（E）］〈1.0000〉：

按 Enter 键接受倒角或［距离（D）］：

（5）按提示依次输入距离值，然后按 Enter 键完成倒角的创建。

五、提取边（，Xedges）

提取边是从三维实体、曲面、网格、面域或子对象的边创建线框几何图形，如图 10-17 所示。使用提取边命令，通过从以下对象中提取所有边，可以创建线框几何体有三维实体、三维实体历史记录子对象、网格、面域、曲面和子对象（边和面）。

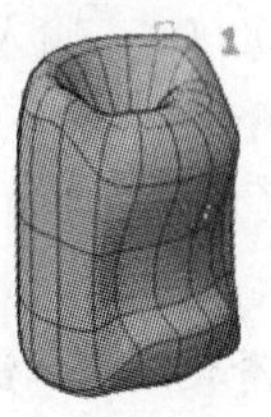
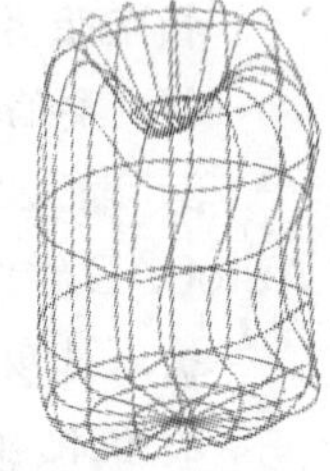

图 10-17　基于其他对象创建线框几何图形的示例

1. 激活命令的方法

（1）在“三维建模”工作空间。

“实体”选项卡→“实体编辑”面板→“提取边”按钮。

（2）在“三维基础”工作空间。

“默认”选项卡→“编辑”面板→“提取边”按钮。

（3）在所有的工作空间。

菜单栏：“修改”→“实体编辑”→“提取边”。

命令行：Xedges。

2. 基于其他对象创建线框几何图形的步骤

（1）依次单击“实体”选项卡→“实体编辑”面板→“提取边”按钮。

（2）选择以下对象中的一个或多个：三维实体、曲面、网格、面域、边（三维实体、曲面或网格上）、面（三维实体或网格上）。

（3）按 Enter 键。

直线、圆弧、样条曲线或三维多段线等对象是沿选定的对象或子对象的边创建的。

六、偏移边（，Offsetedge）

偏移边命令创建闭合多段线或样条曲线对象，该对象在三维实体或曲面上从选定平整面的边以指定距离偏移。偏移边命令还可以偏移三维实体或曲面上平整面的边。其结果会产生闭合多段线或样条曲线，位于与选定的面或曲面相同的平面上，而且可以是原始边的内侧或外侧。

1. 激活命令的方法

（1）在三维建模工作空间。

“实体”选项卡→“实体编辑”面板→“偏移边”按钮。

（2）在所有的工作空间。

菜单栏：“修改”→“三维操作”→“偏移边”。

命令行：Offsetedge。

2. “偏移边”的操作步骤

（1）依次单击“实体”选项卡→“实体编辑”面板→“偏移边”按钮，AutoCAD

提示：

选择面：

(2) 在三维实体或曲面上指定一个平面，AutoCAD 提示：

指定通过点或［距离 (D)/角点 (C)］：

(3) 执行下列操作之一：

1) 在绘图区拾取一点，创建穿过指定点的偏移对象。此点始终被视线投影到选定面的平面。

2) 输入“d”（距离），从选定面的边在指定距离处创建偏移对象。AutoCAD 继续提示：

指定距离〈0.0000〉：输入偏移距离，或按 Enter 键接受当前距离。

指定要偏移的侧面上的点：指定点的位置以确定偏移距离是应用于面的内部边还是外部边。

3) 输入“c”（角点），当在选定面的外部边上创建时，在偏移对象上指定角点类型。AutoCAD 继续提示：

输入选项［圆滑化 (R)/锐化 (S)］〈圆形〉：

a. 锐化 (S)：在偏移线性线段之间创建尖角。

b. 圆滑化 (R)：使用等于偏移距离的半径在偏移线性线段之间创建圆角。

第四节 体编辑命令

编辑整个实体对象的方法是将实体分割为独立的实体对象，以及抽壳、清除或检查选定的实体。

一、压印（, Imprint）

在实体上压印其他几何图形，以压印痕迹将实体表面分成不同的面域，为在实体对象进行其他操作创造条件。在选定的对象上压印一个对象。为了使压印操作成功，被压印的对象必须与选定对象的一个或多个面相交。压印操作仅限于下列对象：圆弧、圆、直线、二维和三维多段线、椭圆、样条曲线、面域、体及三维实体。

1. 激活命令的方法

(1) 在三维建模工作空间。

“常用”选项卡→“实体编辑”面板→“压印”按钮。

(2) 在所有的工作空间。

菜单栏：“修改”→“实体编辑”→“压印”。

命令行：Imprint。

2. 压印三维实体的步骤

(1) 依次单击“常用”选项卡→“实体编辑”面板→“压印”按钮。

(2) 选择三维实体对象。

(3) 选择要压印的对象（它必须与三维实体上的面共面）。

(4) 按 Enter 键保留原始对象，或输入“y”（是）将其删除。

(5) 选择要压印的其他对象（如果需要）。

(6) 按 Enter 键完成命令。

图 10-18 为在三维实体的面上压印的示例。

使用压印命令，可以通过压印与某个面重叠的共面对象向三维实体添加新的镶嵌面。压印提供可用来重塑三维对象的形状的其他边。

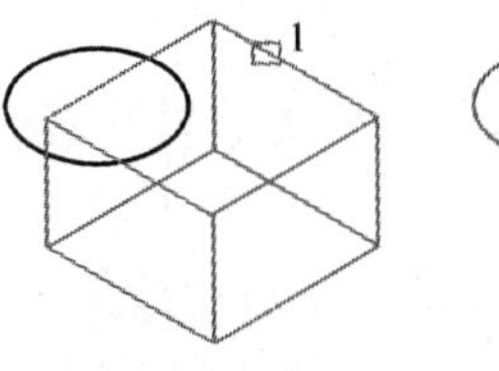

(a) 选定实体

(b) 选定对象

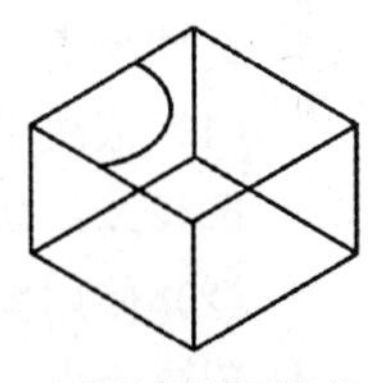

(c) 对象压印到实体

图 10-18　三维实体的面上压印

二、分割

用不相连的体将一个三维实体对象分割为几个独立的三维实体对象。使用并集操作（UNION）组合离散的实体对象可导致生成不连续的体。并集或差集操作可导致生成一个由多个连续体组成的三维实体。可以将这些体分割为独立的三维实体。

1. 激活命令的方法

(1) 在“三维建模”工作空间。

“常用”选项卡→“实体编辑”面板→“分割”按钮。

“实体”选项卡→“实体编辑”面板→“分割”按钮。

(2) 在所有的工作空间。

菜单栏：“修改”→“实体编辑”→“分割”。

命令行：solidedit。

2. “分割”实体的操作步骤

(1) 依次单击“常用”选项卡→“实体编辑”面板→“分割”按钮，AutoCAD 提示：

选择三维实体：

(2) 在绘图区使用鼠标拾取三维实体对象，则选取的三维实体被分割。

注 意

分割实体并不分割形成单一体积的 Boolean 对象。

三、抽壳

抽壳是用指定的厚度创建一个空的薄层，可以为所有面指定一个固定的薄层厚度，通过选择面可以将这些面排除在壳外，一个三维实体只能有一个壳。AutoCAD 通过将现有的面偏移出它们原来的位置来创建新面。

1. 激活命令的方法

(1) 在三维建模工作空间。

“常用”选项卡→“实体编辑”面板→“抽壳”按钮。

“实体”选项卡→“实体编辑”面板→“抽壳”按钮。

(2) 在所有的工作空间。

菜单栏：“修改”→“实体编辑”→“抽壳”。

命令行：solidedit。

2. “抽壳”实体的操作步骤

(1) 依次单击“常用”选项卡→“实体编辑”面板→“抽壳”按钮，AutoCAD 提示：

选择三维实体：

(2) 使用鼠标拾取三维实体，AutoCAD 继续提示：

删除面或 [放弃 (U)/添加 (A)/全部 (ALL)]：

(3) 指定对对象进行抽壳时要删除的面子对象，AutoCAD 继续提示：

输入抽壳偏移距离：

(4) 设置偏移的大小。指定正值可创建实体周长内部的抽壳，指定负值可创建实体周长外部的抽壳，如图 10-19 所示。

四、清除

删除共享边以及那些在边或顶点具有相同表面或曲线定义的顶点。删除所有多余的边、顶点、压印的以及不使用的几何图形。不删除压印的边。在特殊情况下，此选项可删除共享边或那些在边的侧面或顶点具有相同曲面或曲线定义的顶点。

1. 激活命令的方法

(1) 在三维建模工作空间。

“常用”选项卡→“实体编辑”面板→“清除”按钮。

“实体”选项卡→“实体编辑”面板→“清除”按钮。

(2) 在所有的工作空间。

菜单栏：“修改”→“实体编辑”→“清除”。

命令行：solidedit。

2. “清除”命令的操作步骤

(1) 依次单击“常用”选项卡→“实体编辑”面板→“清除”按钮，AutoCAD 提示：

选择三维实体：

(2) 在绘图区使用鼠标拾取三维实体对象，则选取的三维实体被清除，如图 10-20 所示。

(a) 选定面

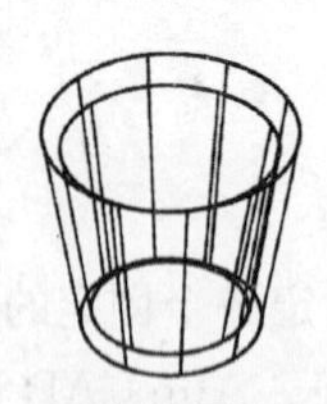

(b) 抽壳偏移=0.5

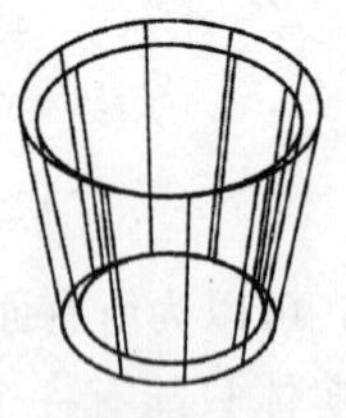

(c) 抽壳偏移=-0.5

图 10-19 对三维实体进行抽壳

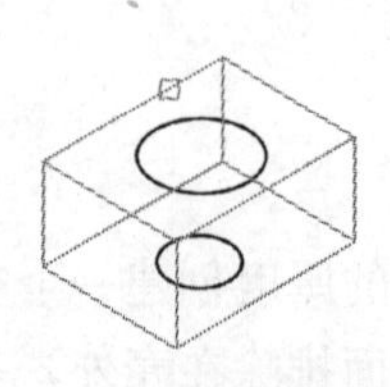

(a) 选定实体

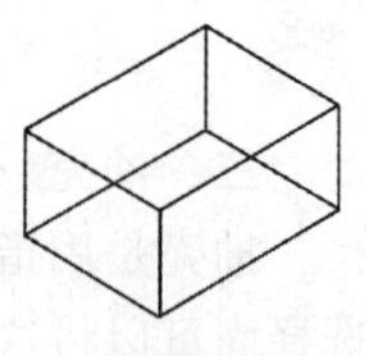

(b) 清除实体

图 10-20 清除三维实体上的所有多余的几何要素

五、检查

检查三维实体对象是否有效。

1. 激活命令的方法

(1) 在三维建模工作空间。

“常用”选项卡→“实体编辑”面板→“检查”按钮。

🖱“实体”选项卡→“实体编辑”面板→“检查”按钮。

(2) 在所有的工作空间。

🖱菜单栏：“修改”→“实体编辑”→“检查”。

⌨命令行：solidedit。

2. “检查”命令的操作步骤

(1) 依次单击“常用”选项卡→“实体编辑”面板→“检查”按钮，AutoCAD 提示：

选择三维实体：

(2) 在绘图区使用鼠标拾取三维实体对象，则选取的三维实体被检查，并提示：

此对象是有效的 ShapeManager 实体。

说明此对象是有效的实体。

本章小结

本章主要介绍如何使用“实体编辑”(solidedit) 命令对实体对象的面进行拉伸、移动、旋转、偏移、倾斜、复制、着色或删除等命令；对实体对象的边进行复制或着色等命令；对实体对象进行分割、抽壳、清除、检查或删除等命令。通过对本章的学习，理解这些命令的基本功能和含义，通过大量的 AutoCAD 的实践对这些命令将会有更深刻的理解。

习题十

1. 图 10-21 (a) 提供的零件的形状和尺寸，第九章习题 1 已经使用 AutoCAD 2015 的三维造型命令画出了该零件的三维图形。试对该零件的一些面和线进行着色面［见图 10-21 (b)］、着色线。

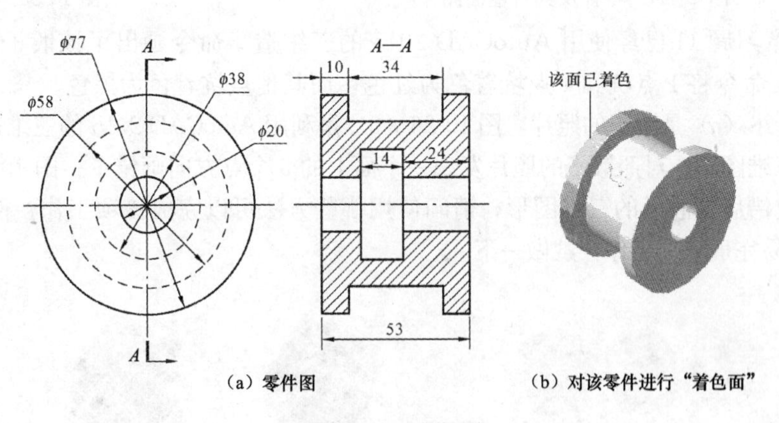

(a) 零件图　　(b) 对该零件进行“着色面”

图 10-21　零件图

2. 图 10-22 提供的零件的形状和尺寸，第九章习题 2 已经使用 AutoCAD 2015 的三维造型命令画出了该零件的三维图形。试对该零件的一些面和线进行着色面、着色线。

3. 图 10-23 提供的零件的形状和尺寸，试对该零件的一些面和线进行着色面、着色线。

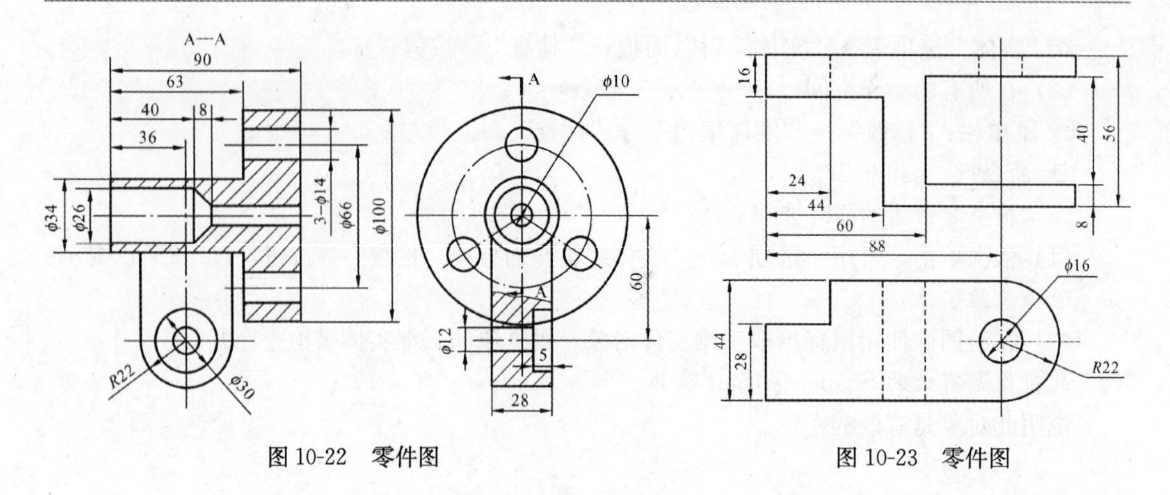

图 10-22　零件图　　　　图 10-23　零件图

4. 图 10-24（a）提供的零件的形状和尺寸，试对该零件的一些面和线进行着色面［见图 10-24（b）］、着色线。

5. 图 10-25 提供的零件的形状和尺寸，试对该零件的一些面和线进行着色面、着色线。

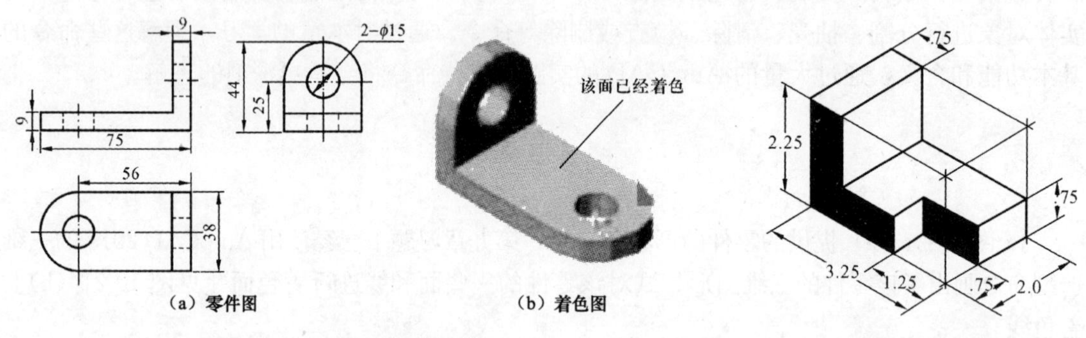

（a）零件图　　（b）着色图

图 10-24　零件及其着色面图　　　　图 10-25　零件图

6. 第九章习题 11 已经使用 AutoCAD 2015 的三维造型命令画出了该骰子的三维图形。请使用着色面命令将 1 点坑和 4 点坑着色为红色；而其他点坑着色为黑色。

7. 图 10-26（a）是骰子的照片，图 10-26（b）是利用 AutoCAD 2015 的三维造型命令画出的该骰子的三维图形。对照骰子的照片发现一个面上的 6 个点方向画错了；图 10-26（c）显示出已经完成改错后的骰子的三维图形，请问使用哪些方法可以完成该项工作？使用哪个方法（命令）最容易完成该项工作？试做一下。

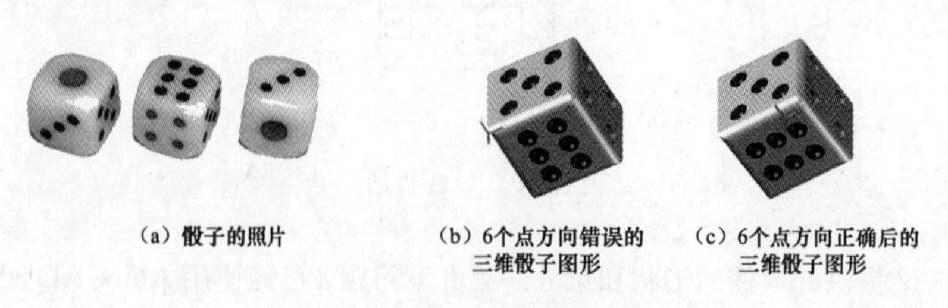

（a）骰子的照片　　（b）6个点方向错误的三维骰子图形　　（c）6个点方向正确后的三维骰子图形

图 10-26　骰子的三维图形纠错

第十一章　三维曲面建模和编辑

教学目标

本章介绍在 AutoCAD 2015 中创建和编辑三维曲面模型的基本命令的使用方法和一些使用技巧。通过对本章的学习，理解这些命令的基本功能和含义，通过大量的 AutoCAD 的实践将会对这些命令有更深刻的理解。

教学重点

（1）创建和编辑三维曲面模型命令的功能和含义。

（2）三维曲面建模的基本方法。

（3）三维曲面编辑的基本方法。

（4）曲面分析的基本方法。

第一节　概　　述

创建和编辑三维模型是用 AutoCAD 进行绘图设计的重要内容之一。AutoCAD 2015 创建和编辑的三维模型包括三维实体模型、三维曲面模型和三维网格模型。本章介绍在 AutoCAD 2015 中创建和编辑三维曲面模型的基本命令的使用方法，以及一些使用本章介绍的在 AutoCAD 2015 中创建和编辑三维曲面模型的基本命令的使用方法和一些使用技巧。

通过曲面建模，可以将多个曲面作为一个关联组或者以一种更自由的形式进行编辑。

除三维实体和网格对象外，AutoCAD 还提供了两种类型的曲面，即程序曲面和 nurbs 曲面。

程序曲面可以是关联曲面，即保持与其他对象间的关系，以便可以将它们作为一个组进行处理。

nurbs 曲面不是关联曲面。此类曲面具有控制点，使用户可以一种更自然的方式对其进行造型。

使用程序曲面可利用关联建模功能，而使用 nurbs 曲面可通过控制点来利用造型功能。图 11-1 显示了程序曲面命令能够完成的工作：拉伸、放样、平面、旋转、网络、扫掠、过度、修补、延伸、圆角和偏移。

人类生活需要大量各种带有三维曲面的物件。例如：轿车的外形是根据空气动力学原理和美学理念设计成各种三维曲面。AutoCAD 2015 既可以进行三维曲面建模，也可以将已经存在的三维曲面测绘一复制出来，这种过程与一般的设计制造过程相反，是先有实物后有模型。例如：人类根据测量人的脚的三维形状，创建鞋楦三维曲面模型，然后由 CAM 软件自动生成数控加工程序。这种根据已有的东西和结果，通过分析来推导出具体的实现方法的工

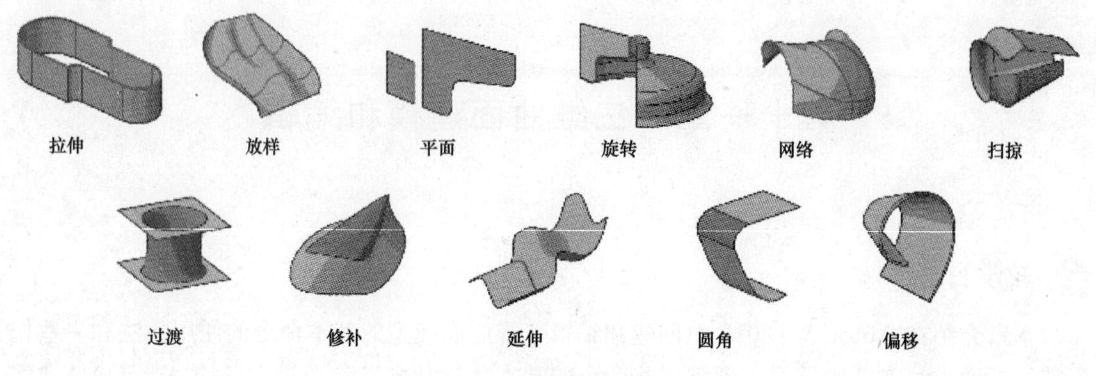

图 11-1　创建程序曲面的方法

程称为逆向工程，有的人也称为反求工程（Reverse Engineering）。逆向工程的工作原理是利用电子仪器去收集物体表面的原始数据，之后再使用软件计算出采集数据的空间坐标，并得到对应的颜色。扫描仪是对物体做全方位的扫描，然后整理数据、三维造型、格式转换、输出结果。

第二节　三维曲面建模命令的激活方式

一、创建程序曲面和 NURBS 曲面

可以使用下列方法创建程序曲面和 NURBS 曲面：

（1）基于轮廓创建曲面。使用拉伸（，extrude）、放样（，loft）、平面曲面（，Planesurf）、旋转（，revolve）、网络（，Surfnetwork）和扫掠（，sweep）基于由直线和曲线组成的轮廓形状来创建曲面。

（2）基于其他曲面创建曲面。使用曲面过渡（，Surfblend）、曲面修补（，Surfpatch）、曲面延伸（，Surfextend）、曲面圆角（，Surffillet）和曲面偏移（，Surfoffset）命令对曲面进行过渡、修补、延伸、圆角和偏移操作，以创建新曲面。

（3）将对象转换为程序曲面。将现有实体（包括复合对象）、曲面和网格转换为程序曲面（Convtosurface 命令）。

（4）将程序曲面转换为 NURBS 曲面。无法将某些对象（例如网格对象）直接转换为 NURBS 曲面。在这种情况下，可将对象先转换为程序曲面，然后再将其转换为 NURBS 曲面（Convtonurbs 命令）。

二、访问 AutoCAD 2015 曲面建模命令的方法

在“三维建模”工作空间“功能区”中，“曲面”选项卡包含有“创建”（见图 11-2 A组）、“编辑”（见图 11-2 B组）、“控制点”（见图 11-2 C组）、“曲线”（见图 11-2 D组）、“投影几何图形”（见图 11-2 E组）和“分析”（见图 11-2 F组）6 个面板。可以完成从创建、编辑、…、分析等曲面的绝大部分工作。为了满足 AutoCAD 老用户的习惯和学习在“三维建模”工作空间“功能区”的命令方法，可以采用对“菜单栏”和“三维建模”工作空间相互对照访问（调出）命令的方法，如图 11-2 所示。

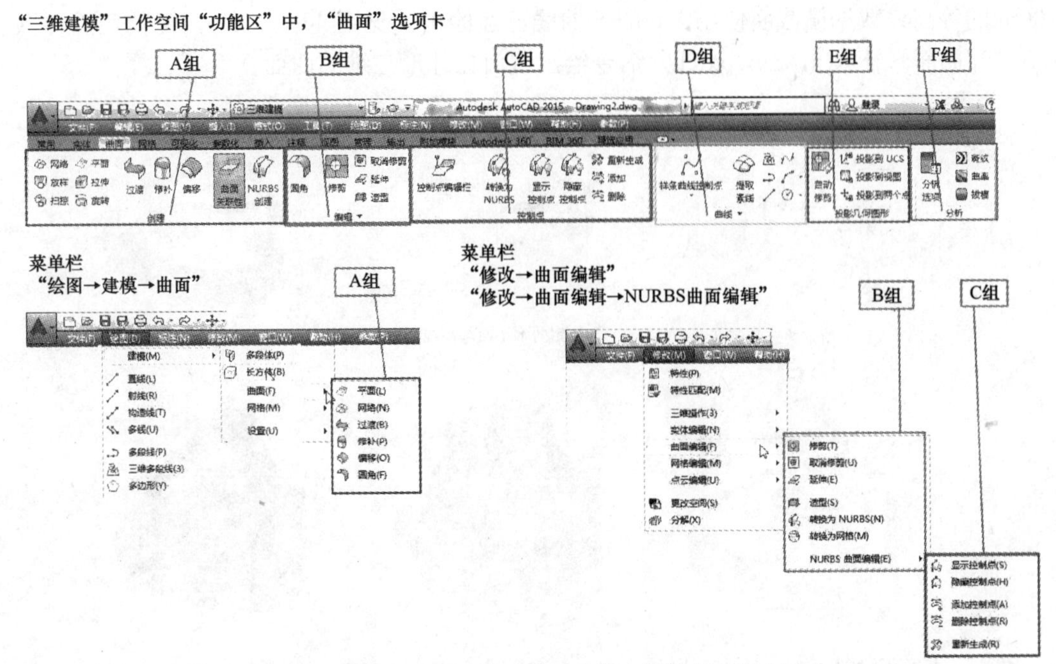

图 11-2　"菜单栏"和"三维建模"工作空间访问（调出）命令

第三节　三维曲面建模的基本方法

三维曲面建模的基本方法包括放样（，loft）、拉伸（，extrude）、旋转（，revolve）、扫掠（，sweep）、网络（，Surfnetwork）、平面曲面（，Planesurf）、曲面过渡（，Surfblend）、曲面修补（，Surfpatch）、曲面偏移（，Surfoffset）、曲面圆角（，Surffillet）。

命令激活的方法如下。

（1）在"三维建模"工作空间"功能区"中。

"曲面"选项卡→"创建"面板→各子命令对应图标。如激活"放样"，应依次单击"曲面"选项卡→"创建"面板→"放样"。

（2）在"三维基础"工作空间"功能区"中。

"默认"选项卡→"创建"面板→单击对应图标。如激活"放样"，应依次单击"默认"选项卡→"创建"面板→"放样"。

（3）在所有工作空间中。

菜单栏："绘图"→"建模"→各子命令。如激活"放样"，应依次单击"绘图"菜单→"建模"→"放样"。

命令行：输入对应命令后按 Enter 键。如激活"放样"，应在命令行中输入"loft"后，按 Enter 键。

一、放样（，loft）

该命令是在若干横截面之间的空间中创建三维实体或曲面。横截面定义了结果实体或曲面的形状，必须至少指定两个横截面。

【例 11-1】 假设在"三维建模"工作空间中，经过测量的某山丘的水平面、50m 和

200m 的等高线数据横截面使用 NURBS 曲线已经绘出［见图 11-3（a)］，请使用放样（，loft）和曲面修补（，Surfpatch）命令绘出该山丘外形三维图曲面。

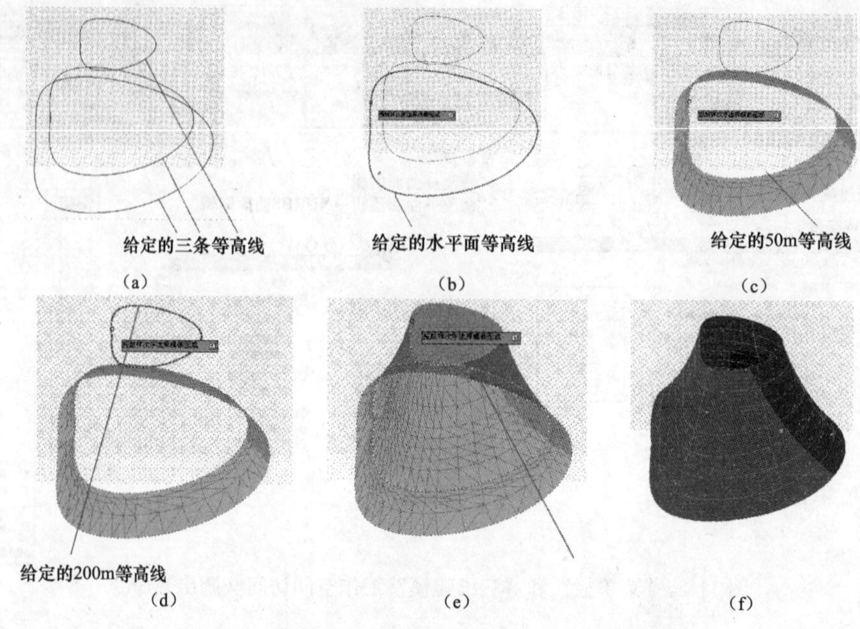

图 11-3 使用放样命令绘出某山丘外形三维图曲面

操作步骤如下。

(1) 在“三维建模”工作空间中，依次单击“实体”选项卡→“实体”面板→“放样”。AutoCAD 提示：

按放样次序选择横截面或［点（PO)/合并多条边（J)/模式（MO)］：

(2) 在绘图区域中，依次单击水平面［见图 11-3（b)］、50m 和 200m 等高面［见图 11-3（c）和图 11-3（d)］，作为选择的横截面轮廓并按 Enter 键，结果如图 11-3（e）所示。（注意：按照希望新三维对象通过横截面的顺序选择这些轮廓。）

(3) 执行以下操作之一：

1）仅使用横截面轮廓：再次按 Enter 键或输入“c”（仅横截面）。在“放样设置”对话框中，修改用于控制新对象的形状的选项。单击“预览更改”对话框在进行更改时预览所做的更改。完成后，单击“确定”按钮。

2）遵循导向曲线：输入“g”（导向曲线），选择导向曲线，然后按 Enter 键。

3）遵循路径：输入“p”（路径），选择路径，然后按 Enter 键。

放样操作后删除还是保留原对象，取决于 DELOBJ 系统变量的设置。

使用“真实”视觉样式和“三维动态观察”浏览，如图 11-3（f）所示。

二、拉伸（，extrude）

该命令通过将曲线拉伸到三维空间可创建三维实体或曲面。开放曲线可创建曲面，而闭合曲线可创建实体或曲面。

【例 11-2】 将 *XY* 平面中的封闭椭圆曲线［见图 11-4（a)］拉伸成柱面或锥台面。

操作步骤如下。

(1) 在“三维建模”工作空间中，依次单击“实体”选项卡→“实体”面板→“拉伸”

。AutoCAD 提示：

选择要拉伸的对象或［模式（MO)］：

(2) 在绘图区域中，单击该椭圆，作为要拉伸的对象并按 Enter 键。AutoCAD 提示：

指定拉伸的高度或［方向（D)/路径（P)/倾斜角（T)/表达式（E)］：

1) 拉伸成柱面：再次按 Enter 键并使用鼠标拖动该椭圆沿正或负 Z 轴拉伸（或输入数字)，以指定拉伸的高度，如图 11-4（b）所示。

2) 拉伸成锥台面：输入“t”按 Enter 键，输入指定拉伸的倾斜角度或表达式并指定高度。

拉伸后删除还是保留原对象，取决于 DELOBJ 系统变量的设置。

注意

单击该曲面，出现该曲面的夹点，再单击该曲面弹出它“快捷特性”对话框，可以使用该曲面的夹点和“快捷特性”对其进行编辑，如图 11-4（c）所示。

(3) 拉伸对象时，可以指定以下任意一个选项。

1) 模式：设定拉伸是创建曲面还是实体。

2) 指定拉伸路径：使用“路径”选项，可以通过指定要作为拉伸的轮廓路径或形状路径的对象来创建实体或曲面。拉伸对象始于轮廓所在的平面，止于在路径端点处与路径垂直的平面。

3) 倾斜角：在定义要求成一定倾斜角的零件方面，倾斜拉伸非常有用，例如铸造车间用来制造金属产品的铸模。

4) 方向：通过“方向”选项，可以指定两个点以设定拉伸的长度和方向。

5) 表达式：输入数学表达式可以约束拉伸的高度。

使用“概念”视觉样式、“西南等轴测”和“自定义模型视图”浏览，如图 11-4（d）和图 11-4（e）所示。

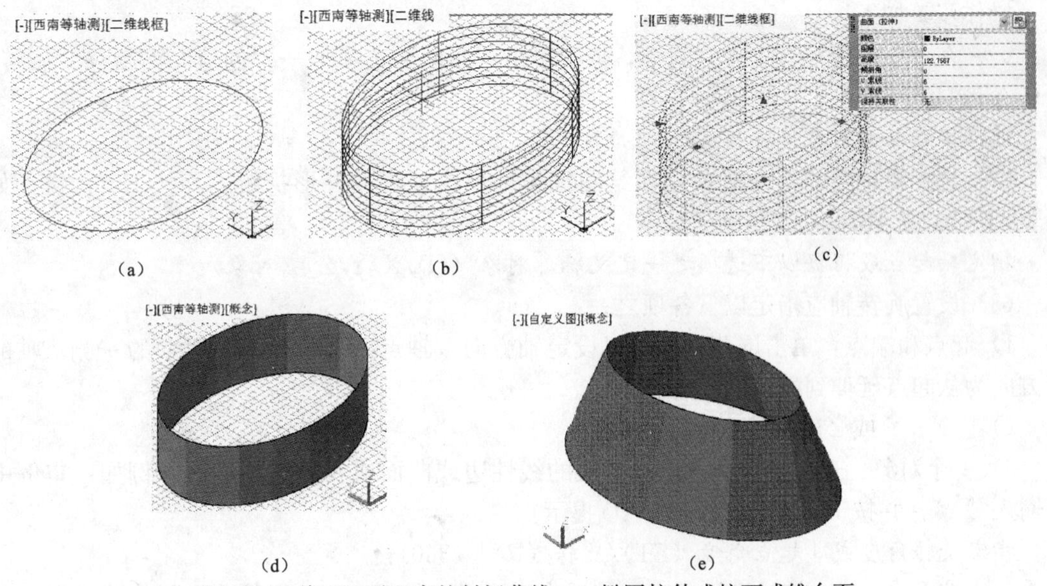

(a)　(b)　(c)

(d)　(e)

图 11-4　将 XY 平面中的封闭曲线——椭圆拉伸成柱面或锥台面

三、旋转（，revolve）

该命令通过绕轴扫掠对象创建三维实体或曲面。开放轮廓可创建曲面，闭合轮廓可创建实体或曲面。“模式”选项控制是否创建曲面实体。

【例 11-3】 用旋转命令绘制曲面——罐。使用该命令前的准备工作：在“三维建模”工作空间“功能区”中，依次单击“常用”选项卡→“绘图”面板→“多段线”，画一个罐的外形折线，如图 11-5（a）所示。

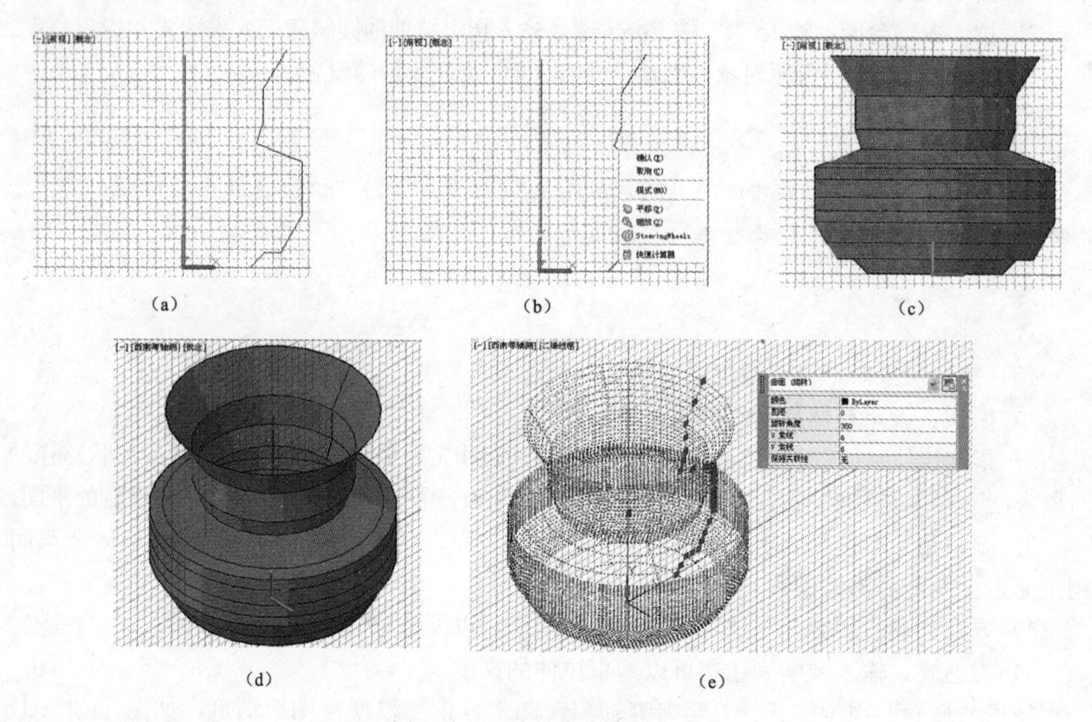

图 11-5 用旋转命令绘制曲面

操作步骤如下。

(1) 在“三维建模”工作空间中，依次单击“曲面”选项卡→“创建”面板→“旋转”。AutoCAD 提示：

选择要旋转的对象或［模式（MO）］：

(2) 选择要旋转的闭合对象：在绘图区域中单击该罐的外形折线，并按 Enter 键，如图 11-5（b）所示。AutoCAD 提示：

指定轴起点或根据以下选项之一定义轴［对象（O）/X/Y/Z］〈对象〉：

(3) 设置旋转轴应指定以下各项之一：

1) 起点和端点：单击屏幕上的点以设定轴方向。轴点必须位于旋转对象的一侧。轴的正方向为从起点延伸到端点的方向。

2) □X、Y 或 Z 轴：输入 x、y 或 z。

3) 一个对象：选择直线、多段线线段的线性边或曲面或实体的线性边。例如：本例中可输入“Y”，并按 Enter 键。AutoCAD 提示：

指定旋转角度或［起点角度（ST）/反转（R）］〈360〉：

(4) 按 Enter 键：旋转默认角度：360°曲面形成，如图 11-5c 所示。要创建三维实体角度必须为 360 度。如果输入更小的旋转角度，则会创建曲面而不是实体。

（5）使用“概念”视觉样式和“西南等轴测”或使用“动态观察”浏览，如图 11-5d 所示。

此外，编辑曲面有两种方法：由“概念”视觉样式换为“二维线框”视觉样式，点击曲面，出现夹点，可进行编辑或点击曲面，点鼠标右键选“快捷特性”，也可编辑该曲面，如图 11-5e 所示。

四、扫掠（，sweep）

该命令通过沿指定路径延伸轮廓形状（被扫掠的对象）来创建三维实体或曲面。沿路径扫掠轮廓时，轮廓将被移动并与路径垂直对齐。开放轮廓可创建曲面，而闭合曲线可创建实体或曲面。

【例 11-4】 使用扫掠命令创建三维曲面。使用该命令前的准备工作：在 WCS 的 *XY* 平面内绘制一条折线段作为扫掠的对象，如图 11-6（a）所示，绕 *Y* 轴转 90°后绘制另一条折线段作为扫掠路径，设为“东南等轴测”以及“*X* 射线”视觉样式，如图 11-6（b）和（c）所示。

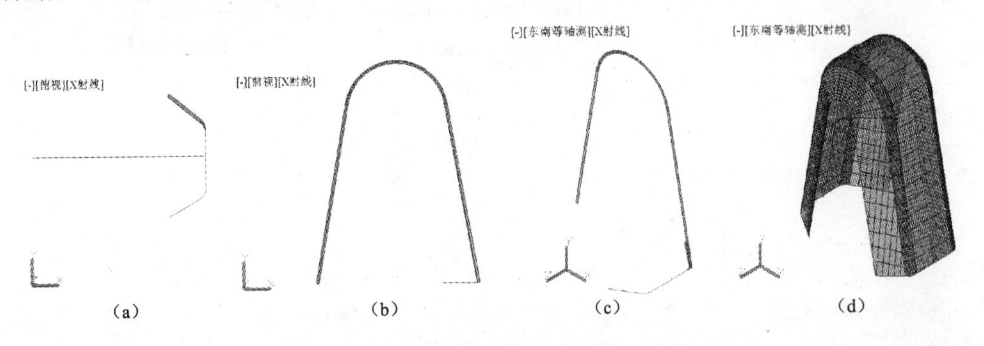

图 11-6　使用扫掠命令创建三维曲面的过程

操作步骤如下。

（1）在“三维建模”工作空间中，依次单击“曲面”选项卡→“创建”面板→“扫掠”。AutoCAD 提示：

选择要扫掠的对象或［模式（MO）］：

（2）在绘图区域中，单击绘制好的要扫掠的对象并按 Enter 键。AutoCAD 提示：

选择扫掠路径或［对齐（A）/基点（B）/比例（S）/扭曲（T）］：

（3）在绘图区域中，单击绘制好的“扫掠路径”并按 Enter 键。

扫掠以后，删除或保留原对象，取决于 DELOBJ 系统变量的设置。

使用“X 射线”视觉样式和“东南等轴测”浏览，如图 11-6（d）所示。

五、网络（，Surfnetwork）

网络（，Surfnetwork）是在 U 方向和 V 方向（包括曲面和实体边子对象）的几条曲线之间的空间中创建曲面。可以在曲线网络之间或在其他三维曲面或实体的边之间创建网络曲面。

【例 11-5】 使用网络命令创建网格曲面。使用该命令前的准备工作——绘制曲线：在 WCS 的 *XY* 平面内，根据需要绘制若干条平行于 *Y* 轴的长短和间距不等的直线段和两侧的圆弧（过直线段的 3 个端点），如图 11-7（a）～（c）所示；使坐标系绕 *Y* 旋转 90°，通过每一个直线段的两个端点绘制一个圆弧，如图 11-7（d）所示。

操作步骤如下。

（1）在“三维建模”工作空间中，依次单击“曲面”选项卡→“创建”面板→“网络”

。AutoCAD 提示：

沿第一个方向选择曲线或曲面边：

（2）在绘图区域中，依次单击第一个方向的第 1、2、3…条圆弧［见图 11-7（f）和 11-7（g）］并按 Enter 键。注意：必须按照它们所处的位置进行依次选择。AutoCAD 提示：

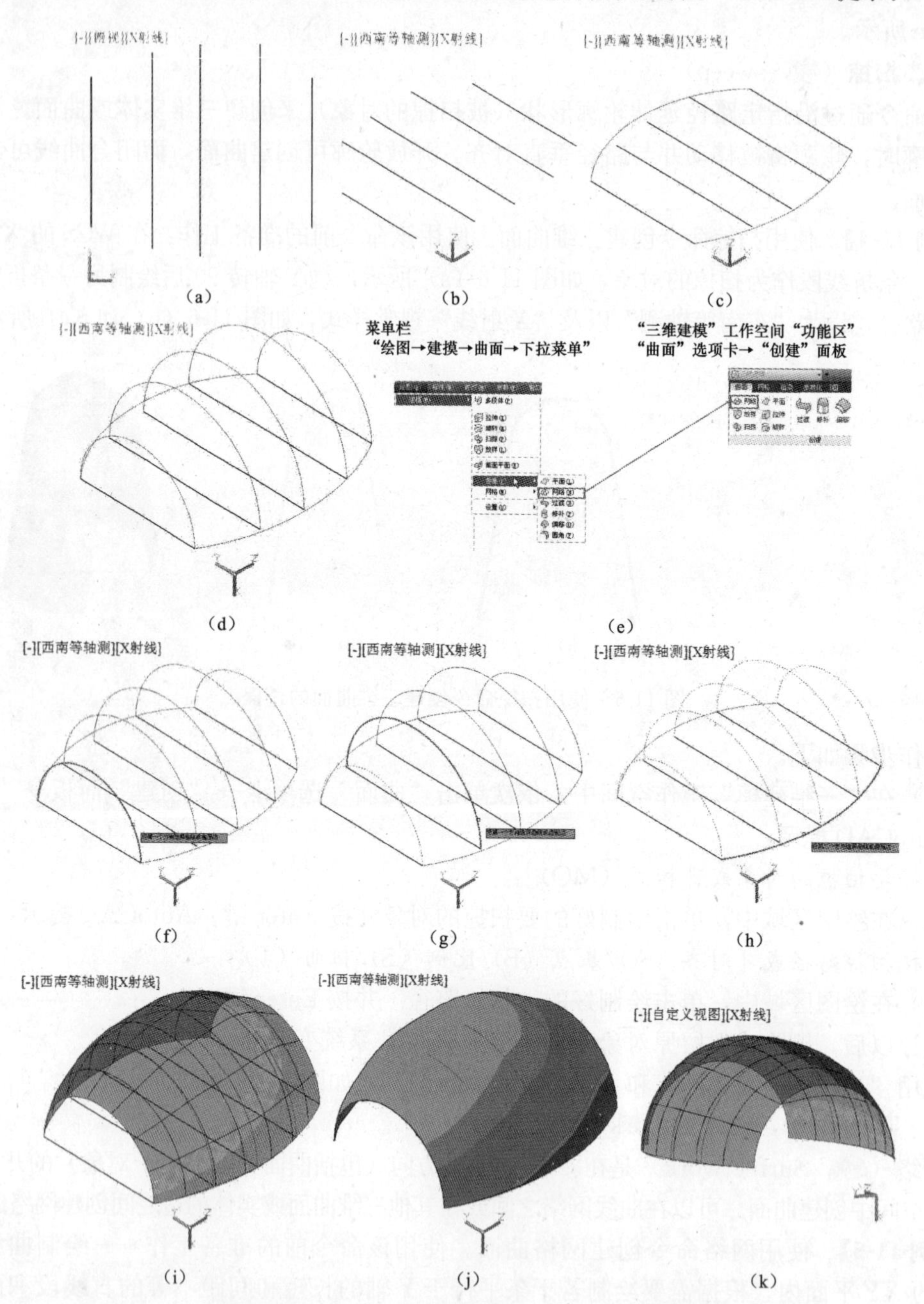

图 11-7 使用网络命令创建网络曲面的准备工作和创建网络曲面的过程

沿第二个方向选择曲线或曲面边：

（3）在绘图区域中，依次单击第二个方向的 2 条“圆弧”并按 Enter 键，如图 11-7（i）所示。

（4）提示列表：

1）沿第一个方向选择曲线或曲面边：沿 U 或 V 方向选择开放曲线、开放曲面边或面域边（而不是曲面或面域）的网络。

2）沿第二个方向选择曲线或曲面边：沿 U 或 V 方向选择开放曲线、开放曲面边或面域边（而不是曲面或面域）的网络。

3）凸度幅值：设定网络曲面边与其原始曲面相交处该网络曲面边的圆度。有效值介于 0 和 1 之间，默认值为 0.5。仅当放样边属于三维实体或曲面（而不是曲线）时，此选项才显示。

如果 surface associativity 系统变量设定为 1，曲面将依赖于它创建时所用的曲线或边。

使用“西南等轴测”或“自定义视图”和“X 射线”视觉样式浏览，如图 11-7（j）和图 11-7（k）所示。

六、平面曲面（，plaesnurf）

该命令是通过选择关闭的对象或指定矩形表面的对角点创建平面曲面。支持首先拾取选择并基于闭合轮廓生成平面曲面。通过命令指定曲面的角点时，将创建平行于工作平面的曲面。

【例 11-6】 使用平面曲面（，plaesnurf）命令创建平面曲面。

操作步骤如下。

（1）在“三维建模”工作空间中，依次单击“曲面”选项卡→“创建”面板→“平面”。AutoCAD 提示：

指定第一个角点或［对象（O）］〈对象〉：

（2）在绘图区域中，依次选定两个角点或对象并按 Enter 键，完成了第一个曲面的绘制，如图 11-8（c）和 11-8（d）所示。

（3）在绘图区域中，依次将坐标轴 Y 轴和 Z 轴转动 90°［见图 11-8（f）］，分别绘制第二个和第三个曲面（方法同步骤 2），如图 11-8（g）所示。

（4）提示列表：

1）第一个角点/其他角点：指定第一个点和第二个点以定义矩形平面曲面。

2）对象：通过对象选择来创建平面曲面或修剪曲面。可以选择构成封闭区域的一个闭合对象或多个对象。有效对象包括：直线、圆、圆弧、椭圆、椭圆弧、二维多段线、平面三维多段线和二维样条曲线。DELOBJ 系统变量可控制创建曲面时是否自动删除选定对象。

使用“概念”或“勾画”视觉样式浏览，如图 11-8（h）和 11-8（i）所示。

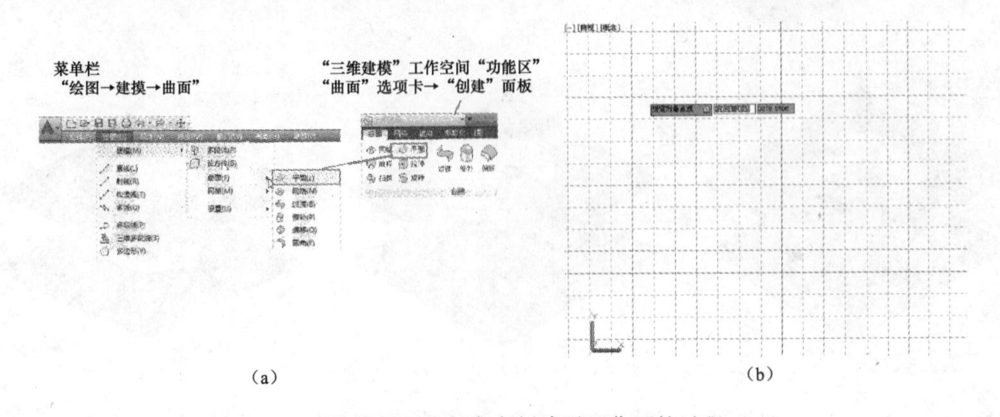

图 11-8　使用平面曲面命令创建平面曲面的过程（一）

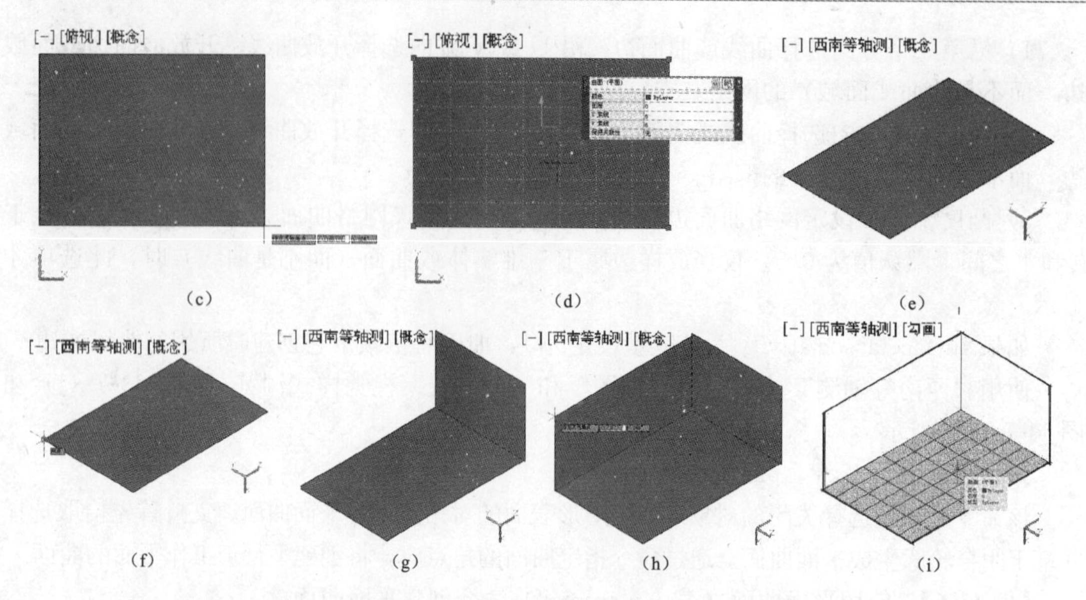

图 11-8 使用平面曲面命令创建平面曲面的过程（二）

七、曲面过渡（，surfblend）

该命令在两个现有曲面之间创建连续的过渡曲面。将两个曲面融合在一起时，可以指定曲面连续性和凸度幅值。

【例 11-7】 在两个平行带孔的曲面之间创建连续的过渡曲面，如图 11-9（a）所示。

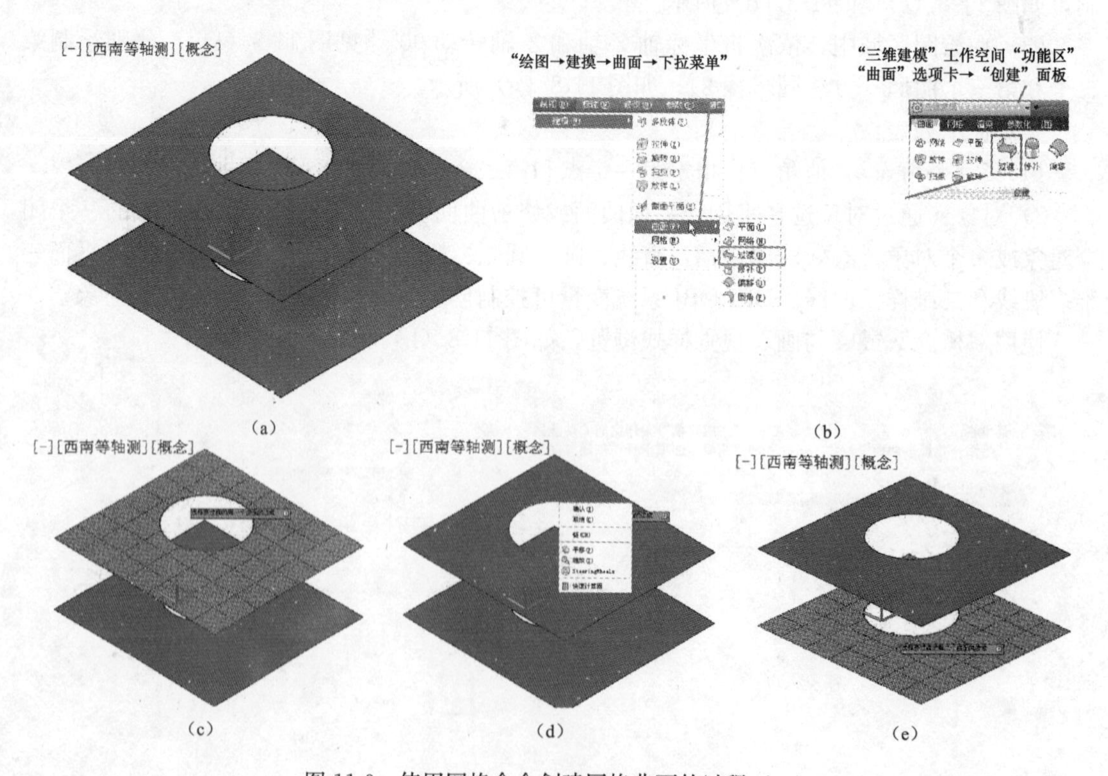

图 11-9 使用网格命令创建网格曲面的过程（一）

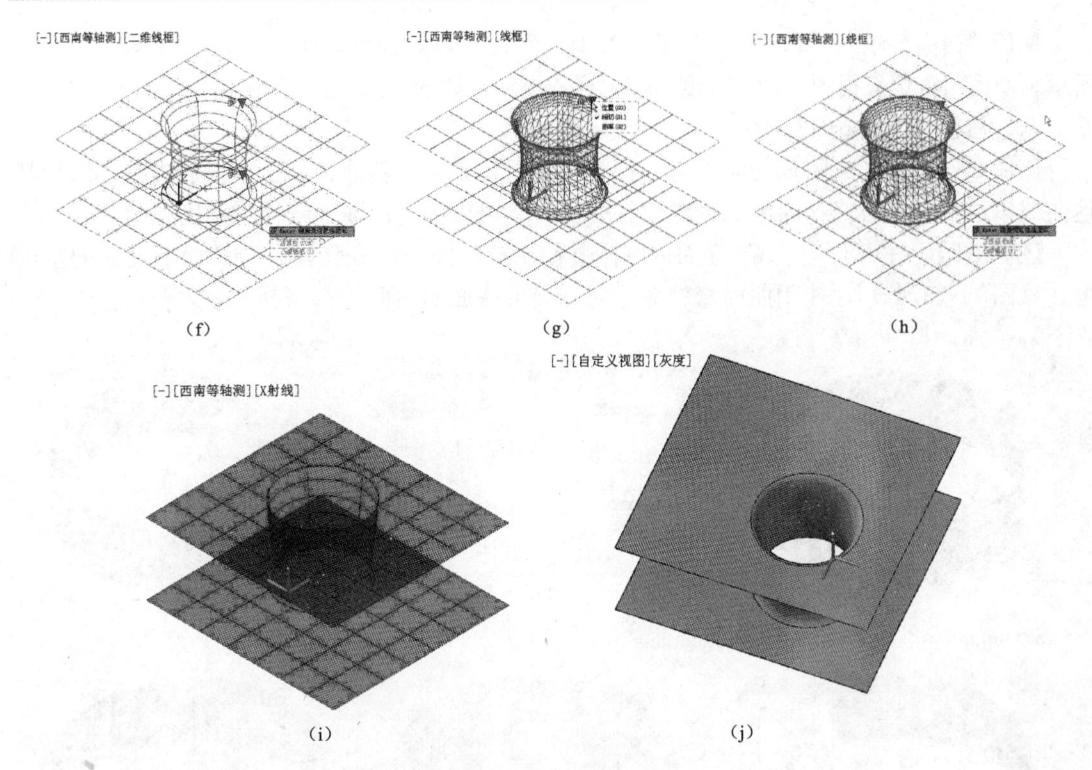

图 11-9　使用网格命令创建网格曲面的过程（二）

操作步骤如下。

(1) 在“三维建模”工作空间“功能区”中，依次单击“曲面”选项卡→“创建”面板→曲面过渡“”，如图 11-9 (b) 所示。

AutoCAD 提示：

选择要过渡的第一个曲面的边或 [链 (CH)]:

(2) 在绘图区域中，单击上方“平面曲面”孔的边沿并按 Enter 键，如图 11-9 (c) 和 (d) 所示。AutoCAD 提示：

选择要过渡的第二个曲面的边或 [链 (CH)]:

(3) 在绘图区域中，单击下方“平面曲面”孔的边沿并按 Enter 键，如图 11-9 (e) 所示。

AutoCAD 提示：

按 Enter 键接受过渡曲面或 [连续性 (CON)/凸度幅值 (B)]:

按 Enter 键，任务完成，如图 11-9 (f) 所示。

(4) 提示列表。

1) 选择曲面边：选择边子对象或者曲面或面域（而不是曲面本身）作为第一条边和第二条边。

2) 链：选择连续的连接边。

3) 连续性：测量曲面彼此融合的平滑程度。默认值为 G0。选择一个值或使用夹点来更改连续性。

4) 凸度幅值：设定过渡曲面边与其原始曲面相交处该过渡曲面边的圆度。默认值为 0.5。有效值介于 0 和 1 之间。

使用“西南等轴测”和“线框”或“X射线”视觉样式浏览，如图 11-9（h）和 11-9（i）所示。使用“自定义视图”和“灰度”视觉样式浏览，如图 11-9（j）所示。

八、修补（，surfpatch）

该命令通过在形成闭环的曲面边上拟合一个封口来创建新曲面，也可以通过闭环添加其他曲线以约束和引导修补曲面。创建修补曲面时，可以指定曲面连续性和凸度幅值。

【例 11-8】 在 WCS 的 XY 平面内画圆并使用拉伸曲面命令创建一个圆筒形曲面的基础上［见图 11-10（a）］，使用曲面修补命令对圆筒形曲面的顶面进行修补和效果分析。

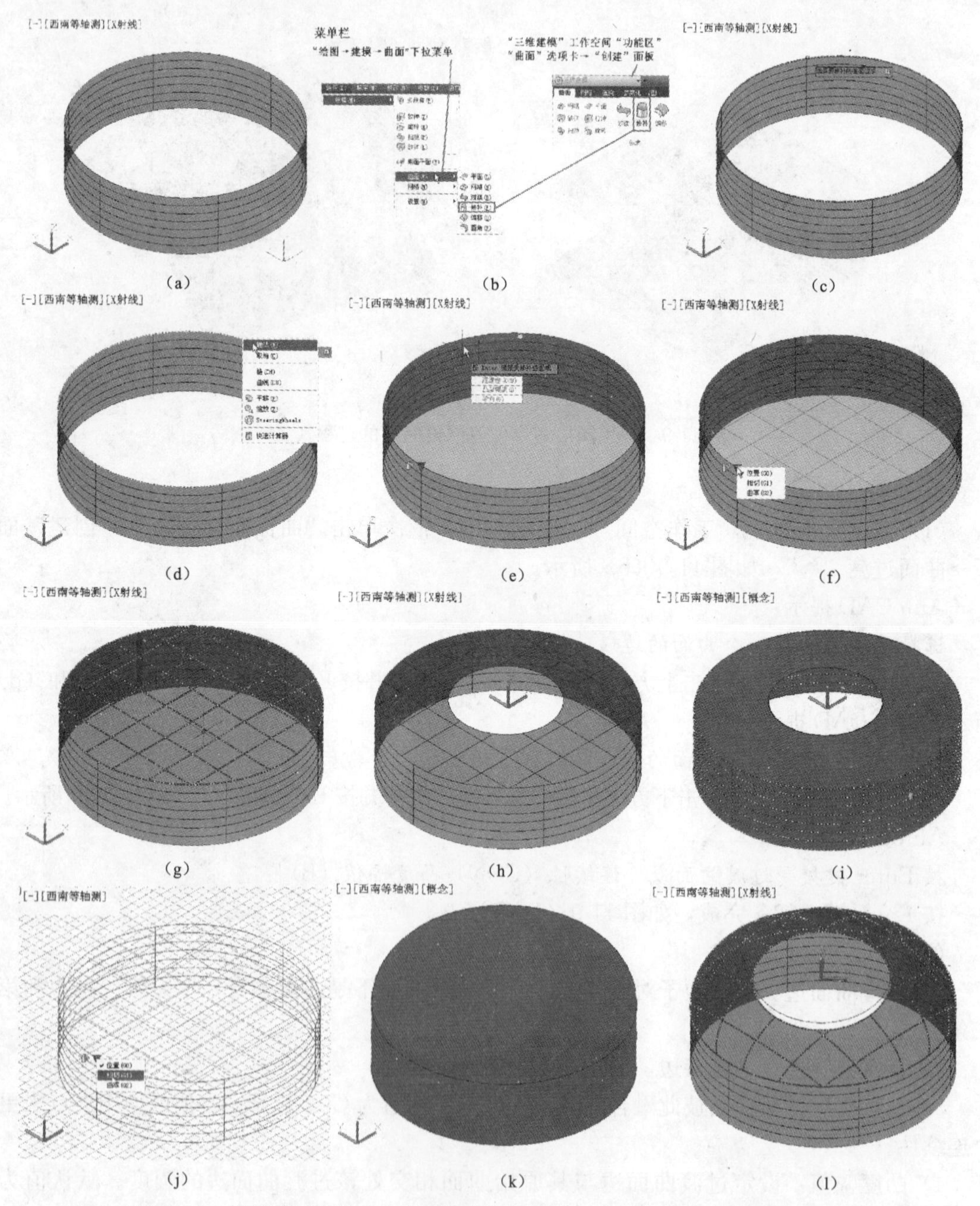

图 11-10 使用曲面修补命令对圆筒形曲面的顶面进行修补的过程和效果分析

操作步骤如下。

(1) 在“三维建模”工作空间功能区中，依次单击“曲面”选项卡→“创建”面板→修补“”。

AutoCAD 提示：

选择要修补的曲面边或［链（CH）/曲线（CU）］〈曲线〉：

(2) 在绘图区域中，选择一条或多条闭合曲面边，如本例：单击该圆筒形曲面上端的边沿，并确认，如图 11-10（c）～（e）所示。

AutoCAD 提示：

按 Enter 键接受修补曲面或［连续性（CON）/凸度幅值（B）/导向（G）］：

(3) 按 Enter 键，得到平顶效果，如图 11-10（f）所示，如果使用修改曲面（，Surftrim）命令在该平顶钻孔，平顶就看得更清楚了，如图 11-10（g）所示。

(4) 其他效果举例：如果在按 Enter 键之前，在绘图区域中单击“倒三角形”，会弹出一个浮动“菜单”，如图 11-10（j）所示，单击第 2 选项“相切”，则得到面包顶效果［见图 11-10（k）］，同样使用修改曲面（，Surftrim）命令在该面包上钻孔，能看得更清晰，如图 11-10（l）所示。

(5) 提示列表如下。

1）曲面边：选择个别曲面边并将它们添加到选择集中。

2）链：选择连接的但单独的曲面对象的连续边。

3）曲线：选择曲线而不是边。

4）接受修补曲面：创建跨选定边的修补。

5）连续性：测量曲面彼此融合的平滑程度。默认值为 G0。选择一个值或使用夹点来更改其连续性。

6）凸度幅值：为获得最佳的效果，输入一个介于 0 和 1 之间的值，以设定修补曲面边与原始曲面相交处修补曲面边的圆度。默认值为 0.5。

7）导向：使用其他导向曲线以塑造修补曲面的形状。导向曲线可以是曲线，也可以是点。

使用“西南等轴测”视图“X 射线”（或“概念”）视觉样式浏览，如图 11-10 所示。

【例 11-9】 假设在“三维建模”工作空间中，经过测量的某山丘的水平面、50m 和 200m 的等高线数据横截面使用 NURBS 曲线已经绘出，如图 11-11（a）所示，请使用曲面修补（，Surfpatch）命令绘出该山丘外形三维图曲面。

操作步骤如下。

(1) 选取“二维线框”视觉样式，在“三维建模”工作空间功能区中，依次单击“曲面”选项卡→“创建”面板→修补“”，如图 11-11（b）所示。

AutoCAD 提示：

选择要修补的曲面边或［链（CH）/曲线（CU）］〈曲线〉：

(2) 在绘图区域中，选择山顶即 200m 等高线并确认，如图 11-11（c）所示。

AutoCAD 提示：

按 Enter 键接受修补曲面或［连续性（CON）/凸度幅值（B）/导向（G）］：

(3) 在绘图区域中，单击倒三角形，弹出菜单，如图 11-11（d）所示，选取“相切”，山顶的修补面已经凸起，如图 11-11（e）所示。

使用“真实”视觉样式和“三维动态观察”浏览，如图 11-11（f）所示；使用“着色”视觉样式和“三维动态观察”浏览，如图 11-11（g）所示。

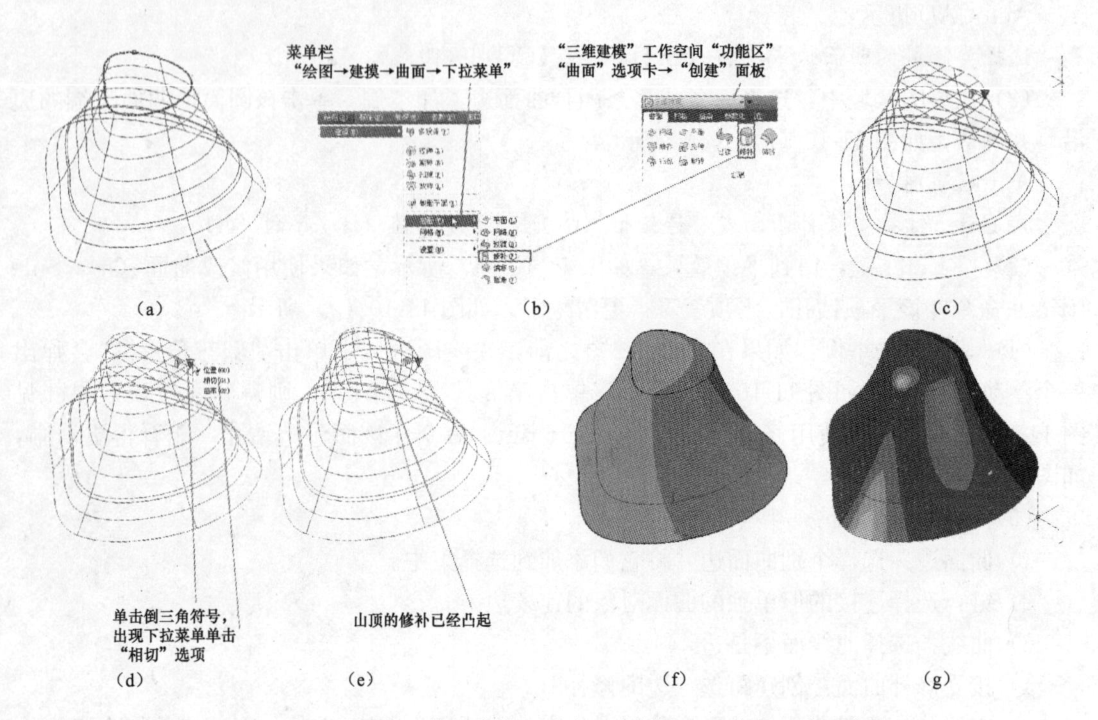

图 11-11 使用曲面修补命令继续完成绘制某山丘外形三维图曲面

九、曲面偏移（◆，Surfoffset）

该命令能够创建与原始曲面相距指定距离的平行曲面。用翻转方向选项反转偏移的方向。

【例 11-10】 使用偏移指令将给定曲面创建成实体。使用该命令前的准备工作：在“西南等轴测”视图，“概念”视觉样式下，绘制一个曲面图形，该曲面是由一个圆角曲面和两个平面曲面组成的，如图 11-12（a）所示。

操作步骤如下。

(1) 在“三维建模”工作空间中，依次单击“曲面”选项卡→“创建”面板→“偏移”◆，如图 11-12（b）所示。

AutoCAD 提示：

选择要偏移的曲面或面域：

(2) 在绘图区域中，依次选择要偏移的曲面或面域，如图 11-12（c）～(e) 所示［或者使用鼠标圈选的方法同时选中多个曲面或面域，如图 11-12（f）所示］，按 Enter 键确认。

AutoCAD 提示：

指定偏移距离或［翻转方向（F）/两侧（B）/实体（S）/连接（C）/表达式（E）］〈0.0000〉：

箭头将显示偏移方向，如图 11-12（g）所示。

(3) 输入“s”(实体)，并按 Enter 键。

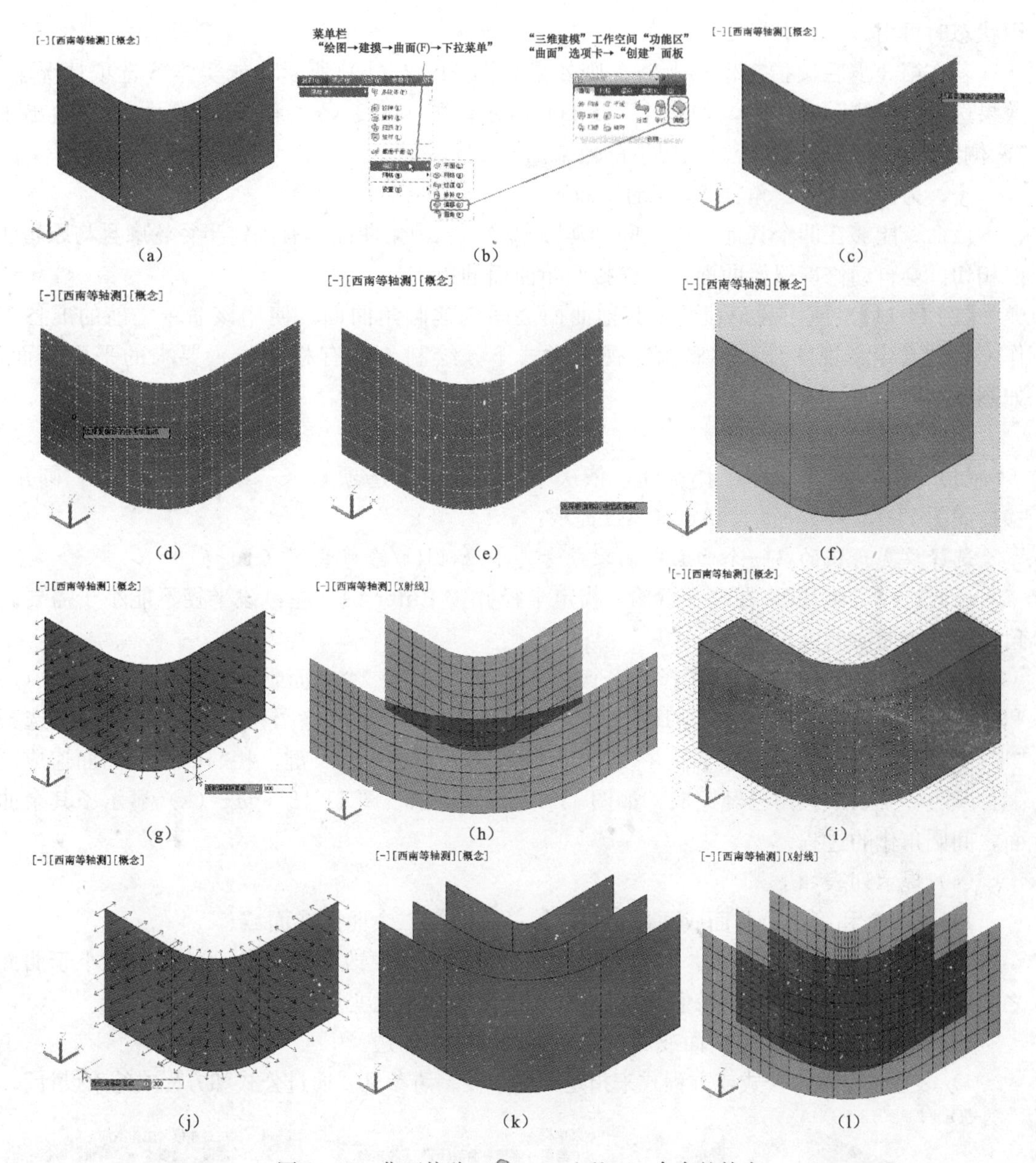

图 11-12　曲面偏移（，Surfoffset）命令的特点

AutoCAD 提示：

距离或［翻转方向（F）/两侧（B）/实体（S）/连接（C）/表达式（E）］〈0.0000〉：

(4) 输入偏移距离，并按 Enter 键，任务完成，如图 11-12（i）所示。

(5) 对曲面进行偏移时，可以执行以下操作：

1）用“翻转”选项更改偏移方向。

2）在两个方向上进行偏移以创建两个新曲面。

3）在偏移曲面之间创建实体。

4）如果要对多个曲面进行偏移，可以指定偏移后的曲面是否仍然保持连接。

5）可输入用于约束偏移曲面与原始曲面之间的距离表达式。此选项仅在关联性处于启用状态时可用。

若在第 3 步后仅指定偏移距离，则效果如图 11-12（h）所示；或实体 S 选项情况下，效果选择“两侧”选项时，如图 11-12（j）所示；图 11-12（k）和 11-12（l）分别给出了“两侧”选项并输入偏移距离情况下的效果。

十、为曲面生成圆角（，surffillet）

该命令能够在两个其他曲面之间创建圆角曲面。圆角曲面具有固定半径轮廓且与原始曲面相切。会自动修剪原始曲面，以连接圆角曲面的边。

【例 11-11】 使用圆角在两个其他曲面之间创建圆角曲面。使用该命令之前的准备工作：在“自定义视图”和“概念”视觉样式下，绘制 4 片有相互位置要求的平面曲面，如图 11-13（a）所示。

操作步骤如下。

（1）在“三维建模”工作空间，依次单击“曲面”选项卡→“编辑”面板→“圆角”，如图 11-13（b）所示。AutoCAD 提示：

选择要圆角化的第一个曲面或面域或者［半径（R）/修剪曲面（T）］：

（2）选择“半径”，在命令行输入指定半径并按 Enter 键（注：该半径不能小于需要圆角化的两个曲面的圆角半径）。

（3）在绘图区域中，依次选择第一个曲面或者面域和第二个曲面或者面域，如图 11-13（c）和 11-13（d）所示，结果如图 11-13（e）所示。如果需要调整圆角半径，可以通过选择“半径”，在命令行输入目标半径并按 Enter 键即可。再按 Enter 键，相邻的两个曲面连成同一种颜色，说明该圆角已经完成，如图 11-13（f）所示。图 11-13（g）～（k）显示了其余曲面之间圆角化的过程。

（4）提示列表如下。

1）第一个和第二个曲面或面域：指定第一个和第二个曲面或面域。

2）半径：指定圆角半径。使用圆角夹点或输入值来更改半径。输入的值不能小于曲面之间的间隙。如果未输入半径值，将使用 filletrad 3D 系统变量的值。

3）修剪曲面：将原始曲面或面域修剪到圆角曲面的边。

4）表达式：输入公式或方程式来指定圆角半径。请参见“通过公式和方程式约束设计”。

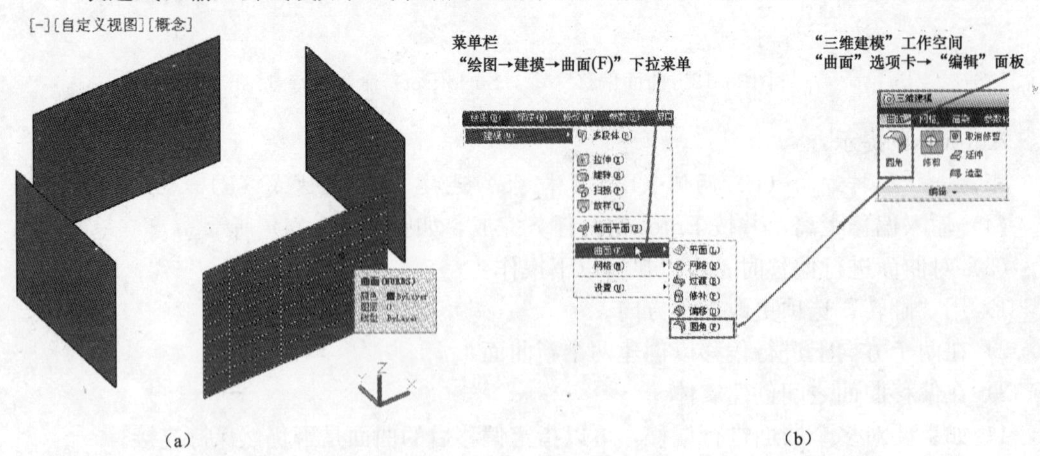

图 11-13 使用圆角在两个其他曲面之间创建圆角曲面的过程（一）

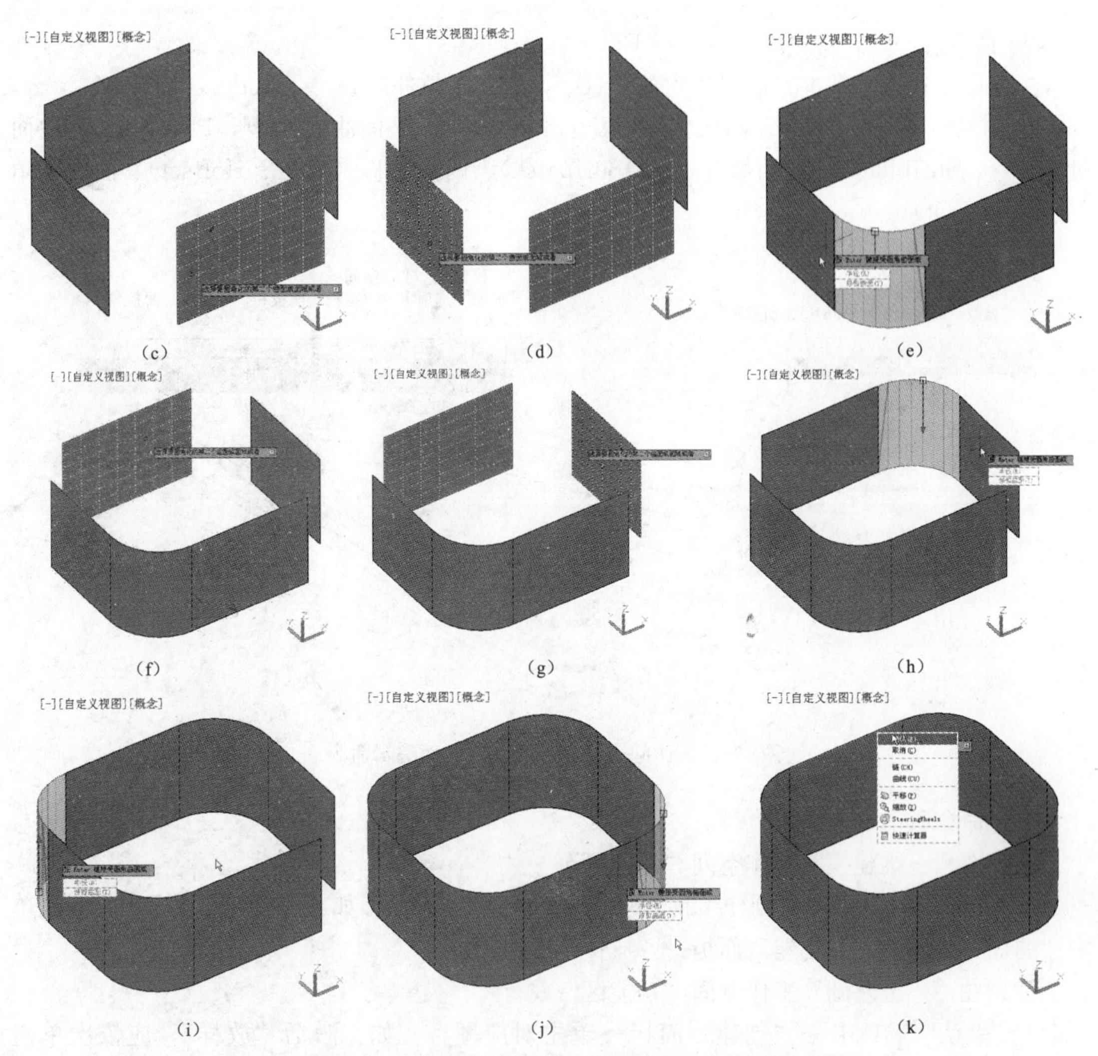

图 11-13　使用圆角在两个其他曲面之间创建圆角曲面的过程（二）

第四节　三维曲面编辑的方法

三维曲面编辑的基本方法包括：修剪曲面（，Surftrim）、取消修剪曲面（，Surfuntrim）、延伸曲面（；Surfextend）、造型（，Surfsculpt）编辑程序曲面和 NURBS 曲面。同样，可以使用上述工具修改 NURBS 曲面，但也可以通过拉伸控制点来重塑 NURBS 曲面的形状。完成曲面设计时，可使用曲面分析工具确保模型质量，并在必要时重新生成模型。

命令（见图 11-14）激活的方法：

(1) 在“三维建模”工作空间“功能区”。

“曲面”选项卡→“编辑”面板和“控制点”面板。

(2) 在所有工作空间。

菜单栏：“修改”→“曲面编辑”下拉菜单。

⌨ 命令行：输入对应的命令并按 Enter 键。

三维曲面建模的基本方法包括：放样（，loft）、拉伸（，extrude）、旋转（，revolve）、扫掠（，sweep）、网格（，Surfn etwork）、平面曲面（，Planesurf）、曲面过渡（，Surfblend）、曲面修补（，Surfpatch）、曲面偏移（，Surfoffset）、曲面圆角（，Surffillet）。

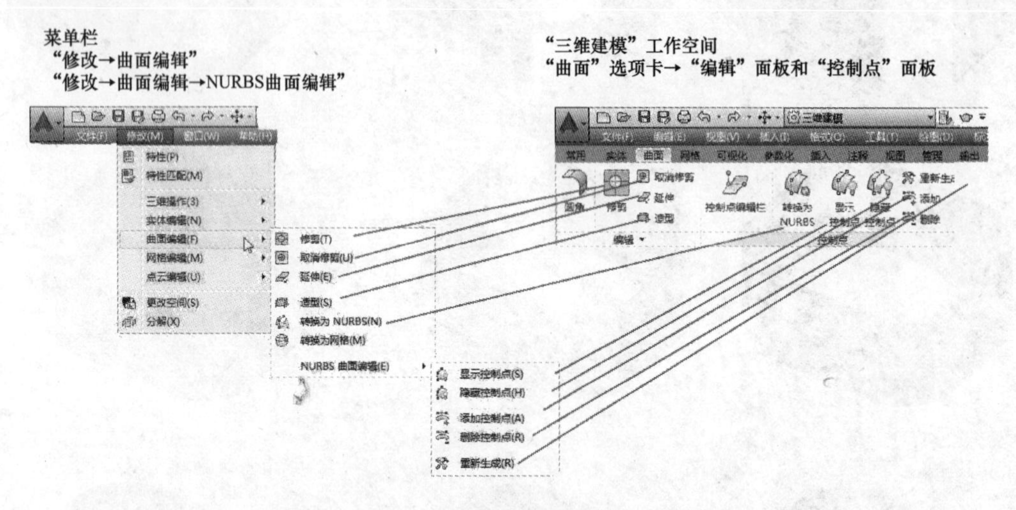

图 11-14　访问 AutoCAD 2015 曲面编辑命令

放样命令激活的方法。

（1）在"三维建模"工作空间"功能区"。

🖱"曲面"选项卡→"创建"面板→各子命令对应图标。如：激活"放样"，应依次单击"曲面"选项卡→"创建"面板→"放样"。

（2）在"三维基础"工作空间"功能区"。

🖱"默认"选项卡→"创建"面板→单击对应图标。如：激活"放样"，应依次单击"默认"选项卡→"创建"面板→"放样"。

（3）在所有工作空间。

🖱 菜单栏："绘图"→"建模"→各子命令。如：激活"放样"，应依次单击"绘图"菜单→"建模"→"放样"。

⌨ 命令行：输入对应命令后按 Enter 键。如激活"放样"，应在命令行中输入"loft"，按 Enter 键。

一、修剪曲面（，surftrim）

该命令是修剪与其他曲面或其他类型的几何图形相交的曲面部分。可以选择要修剪的曲面或面域，选择要修剪的一个或多个曲面或面域；可以选择剪切曲线、曲面或面域，可用作修剪边的曲线包含直线、圆弧、圆、椭圆、二维多段线、二维样条曲线拟合多段线、二维曲线拟合多段线、三维多段线、三维样条曲线拟合多段线、样条曲线和螺旋。还可以使用曲面和面域作为修剪边界。可以选择要修剪的区域，选择曲面上要删除的一个或多个面域。

【例 11-12】 使用"修剪曲面（，surftrim）"命令在圆柱形曲面上修剪出 2 个圆孔和 4 个圆孔。

操作步骤如下。

(1) 在 WCS 的 *XY* 平面内画“圆”，在“西南等轴测”视图和“概念”样式下，将其拉伸成“圆柱形曲面”，如图 11-15 (a) 所示；转为“前视”视图和“线框”视觉样式，在 *XY* 平面内画“圆”(捕捉多段线的中点作为圆心，其半径为 50)，转回“西南等轴测”视图和“概念”样式，如图 11-15 (b) 所示。

(2) 在“三维建模”工作空间中，依次单击“曲面”选项卡→“编辑”面板→“修剪”，如图 11-15 (c) 所示。AutoCAD 提示：

选择要修剪的曲面或面域或者 [延伸 (E)/投影方向 (PRO)]：

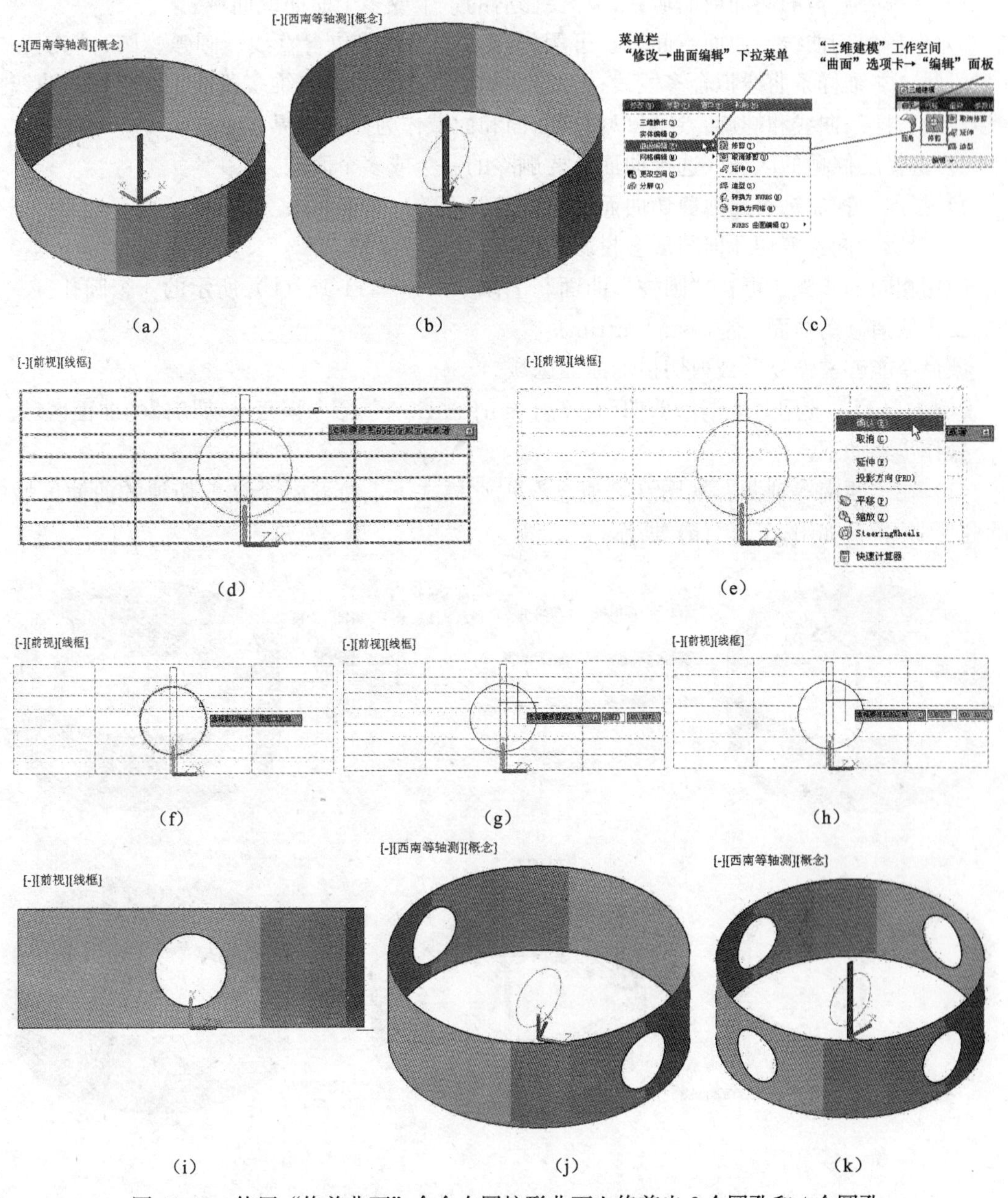

图 11-15　使用“修剪曲面”命令在圆柱形曲面上修剪出 2 个圆孔和 4 个圆孔

(3) 在“前视”视图和“线框”视觉样式下，选择需要修剪的曲面并按 Enter 键，如图 11-15 (d) 和11-15 (e) 所示；AutoCAD 提示：

选择剪切曲线、曲面或面域：

(4) 使用鼠标左键单击“圆”，如图 11-15 (f) 所示，按 Enter 键，AutoCAD 提示：

选择要修剪的区域［放弃 (U)］：

(5) 使用鼠标左键单击圆内的部分并按 Enter 键，选定的区域被删除掉，如图 11-15 (g)～(i) 所示；使用“西南等轴测”视图和“概念”样式浏览，如图 11-15 (j) 所示。

(6) 显示列表。

1) 选择要修剪的曲面或面域：选择要修剪的一个或多个曲面或面域。

2) 选择剪切曲线、曲面或面域：可用作修剪边的曲线包含直线、圆弧、圆、椭圆、二维多段线、二维样条曲线拟合多段线、二维曲线拟合多段线、三维多段线、三维样条曲线拟合多段线、样条曲线和螺旋。还可以使用曲面和面域作为修剪边界。

3) 选择要修剪的区域：选择曲面上要删除的一个或多个面域。

4) 扩展：控制是否修剪剪切曲面以与修剪曲面的边相交。

5) 投影方向：剪切几何图形会投影到曲面。

使用相同的步骤，可在“圆柱形曲面”上修剪出如图 11-15 (k) 所示的 4 个圆孔。

二、取消修剪曲面 (, surfuntrim)

该命令能够“恢复”被剪切掉的曲面区域。

【例 11-13】 使用“取消修剪曲面 (, surfuntrim)”命令恢复被剪切掉的曲面区域。

操作步骤如下。

(1) 在“西南等轴测”视图和“概念”视觉样式下，打开一个被剪切掉的曲面区域的“圆柱形曲面”，如图 11-16 (a) 所示。

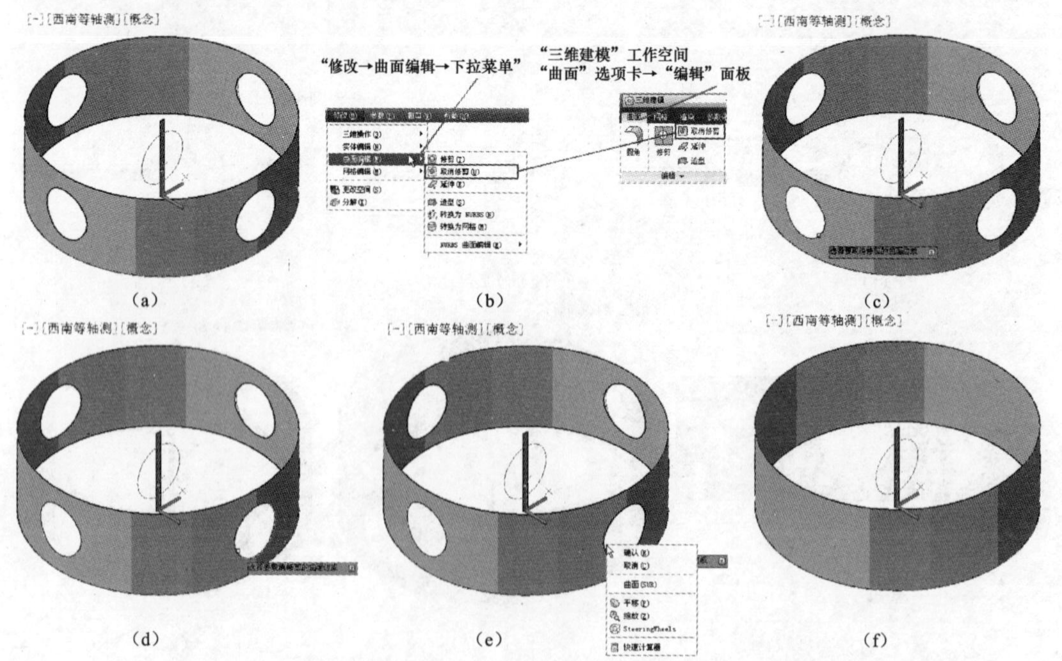

图 11-16　使用“修剪曲面”命令恢复被剪切掉的曲面区域的过程

（2）在“三维建模”工作空间中，依次单击“曲面”选项卡→“编辑”面板→“取消修剪”，如图 11-16（b）所示；

AutoCAD 提示：

选择要取消修剪的曲面边或［曲面（SUR）］：

（3）在绘图区域中，依次单击要取消修剪的曲面边（孔的边沿），如图 11-16（c）～（e）所示，按 Enter 键，4 个孔同时消失了，如图 11-16（f）所示。

（4）提示列表：

1）要取消修剪的曲面上的边：选择修剪区域的边以进行替换，或输入“SUR”以取消修剪曲面。

2）要取消修剪的曲面：选择曲面，以替换所有的修剪区域。

注意

如果多次修剪曲面，则可能会丢失某些原始的修剪边。在这种情况下，如果丢失了修剪边，则可能无法执行某些取消修剪动作。

第五节　分　析　曲　面

曲面分析工具可以检查曲面的连续性、曲率和拔模斜度，分析的基本方法包括：斑纹（，analysiszebra）、曲率（，analysiscurvature）和拔模（，analysisdraft）。

激活命令的方法如下。

在“三维建模”工作空间“功能区”中。

“曲面”选项卡→“分析”面板→各命令对应图标。如激活“斑纹”，应依次单击“曲面”选项卡→“分析”面板→“斑纹”。

命令行：输入对应命令并按 Enter 键。如激活斑纹，应在命令行中输入“analysisoptions”并按 Enter 键。

使用曲面分析工具可在制造前验证曲面和曲线。分析工具包括

（1）斑纹分析：通过将平行线投影到模型上来分析曲面的连续性。

（2）曲率分析：通过显示渐变色，计算曲面曲率高和低的区域。

（3）拔模分析：计算模型在零件及其模具之间是否具有足够的拔模斜度。

在图 11-17 中，

（1）单击“斑纹”按钮，然后单击需要进行斑纹分析的三维模型，模型随之出现斑纹。

（2）单击“曲率”按钮，然后单击需要进行曲率分析的三维模型，模型随之出现显示曲率的渐变色。

（3）单击“拔模”按钮，然后单击需要进行拔模斜度分析的三维模型，模型随之出现显示拔模斜度的色带。

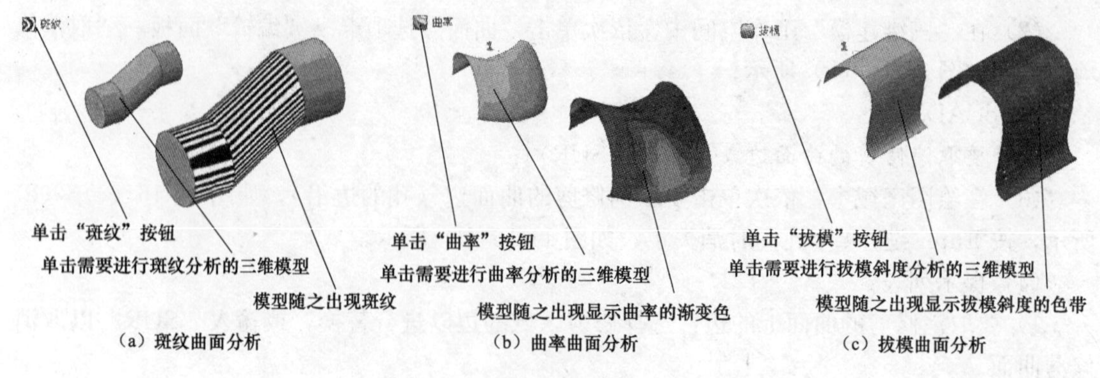

图 11-17 三个曲面分析命令的基本操作

一、分析选项（，analysisoptions）

该命令用于设置斑纹、曲率和拔模分析的显示选项。

在“三维建模”工作空间，依次单击“曲面”选项卡→“分析”面板→“分析选项”，如图 11-18（a）所示。

（1）“斑纹”选项卡：可以根据需要对其进行选择，如图 11-18（b）所示。

（2）“曲率”选项卡：可以根据需要对其进行选择，如图 11-18（c）所示。

（3）“拔模斜度”选项卡：可以根据需要对其进行选择，如图 11-18（d）所示。

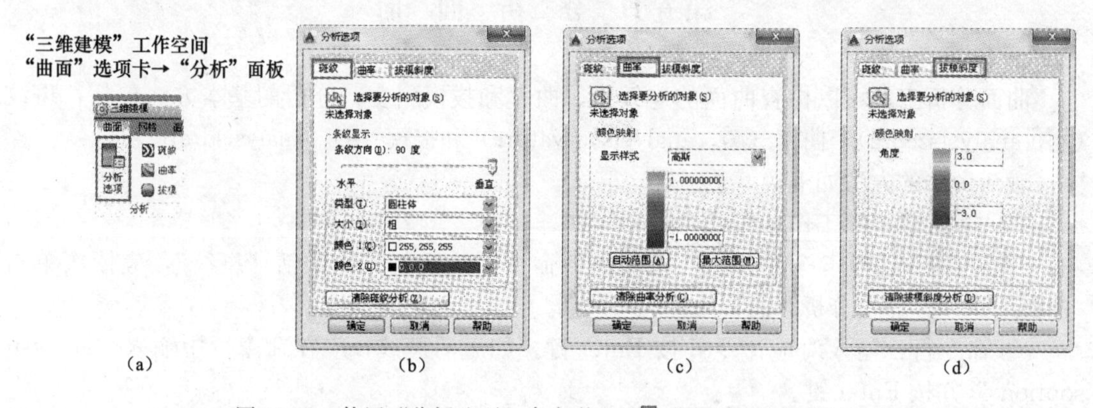

图 11-18 使用“分析选项”命令弹出“分析选项”选项卡

二、斑纹（，analysiszebra）

斑纹命令用于分析曲面连续性，将条纹投影到曲面上，以便用户可以检验曲面之间的连续性。曲面连续性是衡量两个曲面相交时平滑程度的指标。例如，汽车发动机盖看上去是一个曲面的多个小曲面组成，原因在于平滑的曲面连续性。

【例 11-14】 使用斑纹分析曲面的连续性。

操作步骤如下。

（1）在绘图区打开需要进行斑纹分析的三维曲面模型，如图 11-19（a）所示。

（2）在“三维建模”工作空间中，依次单击“曲面”选项卡→“分析”面板→“斑纹”，如图 11-19（b）所示。

AutoCAD 提示：

选择要分析的实体、曲面或［关闭（T）］：

（3）选择单击需要进行斑纹分析的模型，如图 11-19（c）所示，按 Enter 键，随之出现斑纹，如图 11-19（d）所示。

（4）选项列表：

1）选择要分析的实体和曲面：指定要分析的三维实体或曲面对象。

2）关闭：关闭为斑纹分析而选择的所有对象的分析颜色显示。

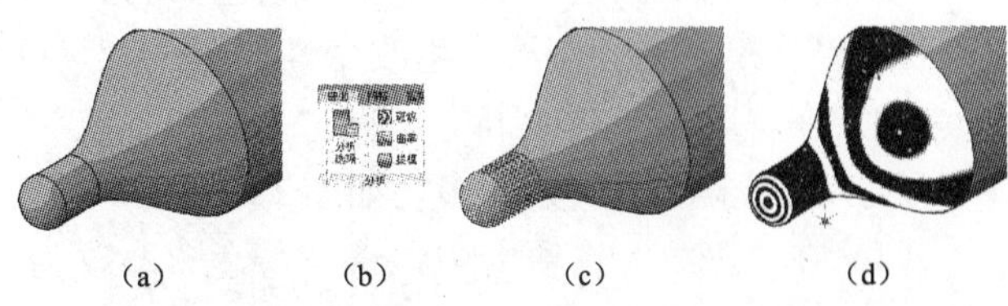

图 11-19　使用斑纹分析来分析曲面的连续性

在图 11-20 中：

（1）在“斑纹”选项卡中，“条纹方向”从 90°（垂直，默认值）～0°（水平）选项。

（2）在“斑纹”选项卡中，“类型”有“圆柱体（默认值）”和“铬球”选项。

（3）在“斑纹”选项卡中，“大小”有 7 个选项，“粗（默认值）”。

（4）在“斑纹”选项卡中，“颜色 1”有无限个选项，“白色（默认值）”。

（5）在“斑纹”选项卡中，“颜色 1”有无限个选项，“黑色（默认值）”。

（6）在“斑纹”选项卡中，“选择要分析的对象”和“清除斑纹分析”按钮。

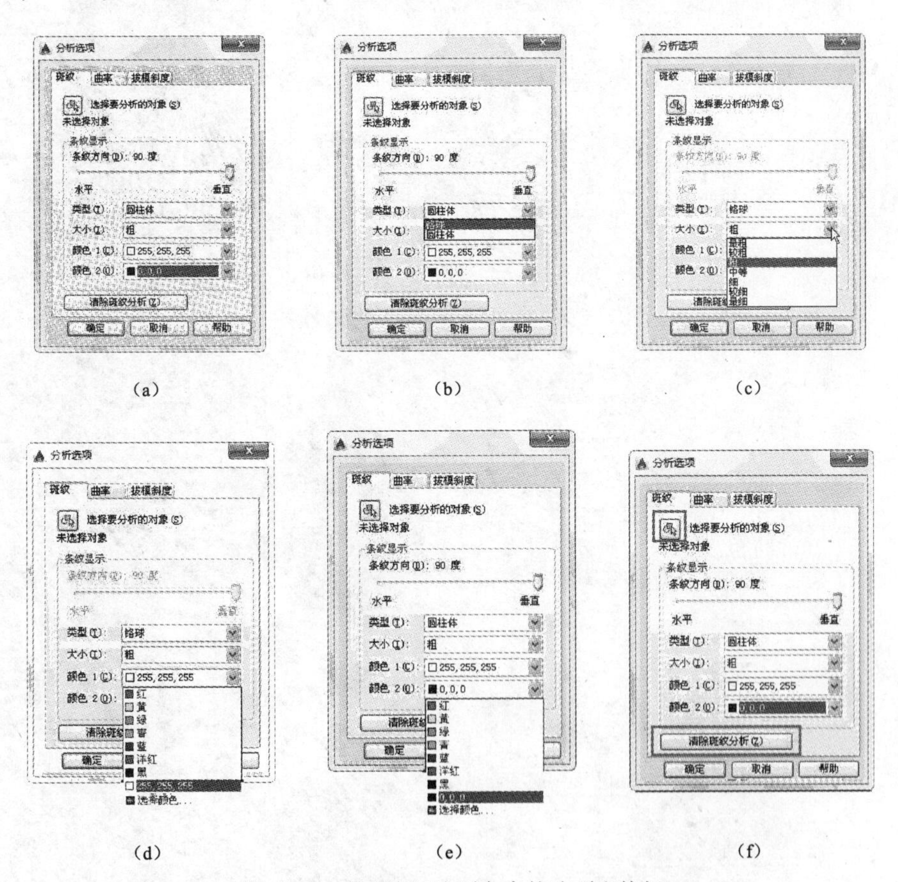

图 11-20　“斑纹”选项卡中的选项和按钮

【例 11-15】 使用“斑纹”分析三维模型表面（从例题可以看出“斑纹”对话框中各个选项的功能）

操作步骤如下。

（1）在“斑纹”选项卡中，将“颜色 2”改为“红”色，如图 11-21（a）所示。

（2）在“斑纹”选项卡中，将“颜色 2”改为“红”色，将“类型”由“圆柱体”更改为“铬球”，模型上的斑纹发生改变，如图 11-21（b）所示。

（3）在“斑纹”选项卡中，将“颜色 2”改为“红”色，将“大小”由“粗”更改为“中等”，模型上的斑纹数变多，如图 11-21（c）所示。

（4）在“斑纹”选项卡中，将“颜色 2”改为“红”色，将“大小”由“粗”更改为“最细”，模型上的斑纹数变多，如图 11-21（d）所示。

（5）在“斑纹”选项卡中，将“颜色 1”改为“蓝”色，将“颜色 2”改为“洋红”，将“大小”由“粗”更改为“最细”，模型上的斑纹数变多，如图 11-21（e）所示。

（6）在“斑纹”选项卡中，将“条纹方向”由“90°”改为“45°”，将“颜色 1”改为“蓝”，将“颜色 2”改为“洋红”，将“大小”由“粗”更改为“最细”，模型上的斑纹方向改变，斑纹数变多，如图 11-21（f）所示。

（7）“斑纹”选项卡中的“清除斑纹方向”按钮，该模型恢复原来的“视觉样式”。

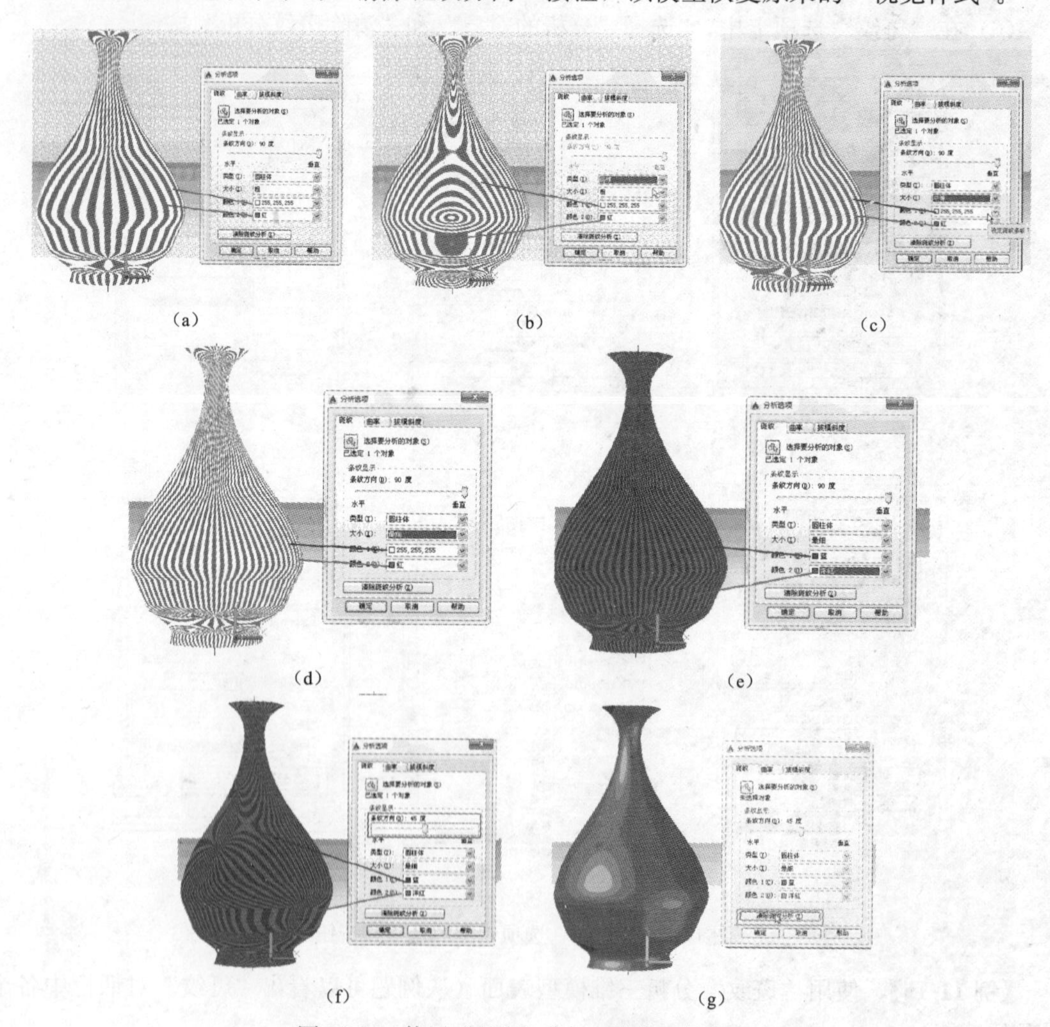

图 11-21　使用“斑纹”分析三维模型的表面

三、曲率（▧，analysiscurvature）

该命令能够在曲面上显示渐变色，以便评估曲面曲率的不同方面。用于直观显示高斯曲率、最小曲率、最大曲率、平均U和V曲面曲率。最大曲率和正高斯值显示为绿色；最小曲率和负高斯值显示为蓝色。正高斯曲率表示曲面形状类似于碗。负高斯曲率表示曲面形状类似于鞍。平均曲率和零高斯值表示曲面至少在一个方向上为平面（平面、圆柱体和圆锥体的高斯曲率为零）。

若要更改曲率分析显示设置，请使用“分析选项”对话框的“曲率”选项卡。高斯曲率是曲面论中最重要的内蕴几何量。设曲面P点处的两个主曲率为k_1、k_2，它们的乘积$k=k_1 \cdot k_2$称为曲面于该点的总曲率或高斯曲率。它反映了曲面的一般弯曲程度。高斯曲率k的绝对值有明显的几何意义。

平均曲率是两个主曲率的平均值。

1. 激活命令的方法

在“三维建模”工作空间“功能区”中：

“曲面”选项卡→“分析”面板→“拔模”▧按钮。

命令行：analysiscurvature。

2. 实例讲解

【例11-16】“曲率”选项卡介绍。

（1）“显示样式”是“高斯（默认值）”时颜色从“绿”到“蓝”表示的默认范围是“1.0000（高斯）”到“−1.0000（高斯）”，如图11-22（a）所示。

（2）“显示样式”有“高斯（默认值）”、“平均”、“最大半径”和“最小半径”4个选项，如图11-22（b）所示。

（3）“自动范围”按钮能够根据被分析模型的实际，计算它的“曲率范围”以便80%的值位于高低范围之内。本例中，单击该按钮后颜色从“绿”到“蓝”所表示的数值范围自动地改成“−0.001 267 6（高斯）”到“−0.001 280 0（高斯）”；同时，被分析的模型的渐变色也随之改变，如图11-22（c）所示。

（4）“最大范围”按钮能够根据被分析模型的实际，计算选定用于“曲率分析”的所有

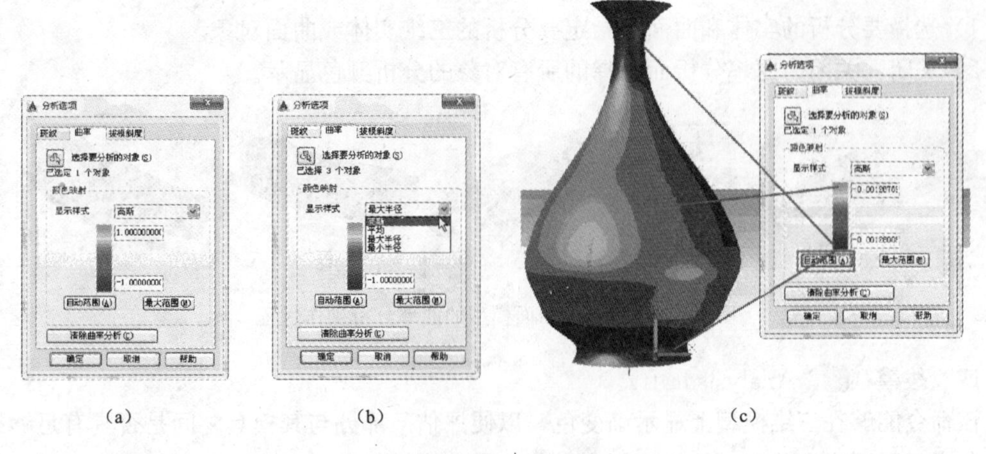

（a）　　（b）　　（c）

图11-22　“曲率”选项卡的选项（一）

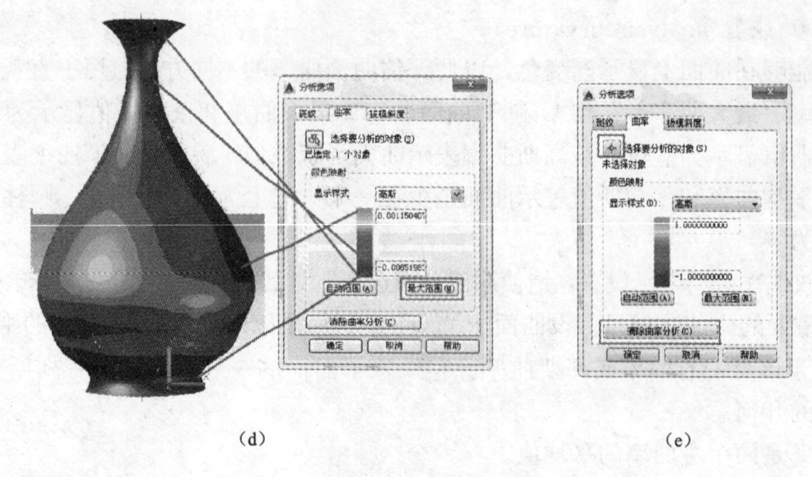

（d）　　（e）

图 11-22 “曲率”选项卡的选项（二）

对象的“最大范围”和“最小范围”。本例中，单击该按钮后颜色从“绿”到“蓝”所表示的数值范围自动地改成“0.00115040（高斯）”到“－0.008 519 8（高斯）”；同时，被分析模型的渐变色也随之改变，如图 11-22（d）所示。

（5）“选择要分析的对象”和“清除曲率分析”按钮，如图 11-22（e）所示。

【例 11-17】 对给定的三维曲面进行曲率分析。

操作步骤如下。

（1）在绘图区打开需要进行曲率分析的三维曲面模型，如图 11-23（a）所示。

（2）在“三维建模”工作空间“功能区”中依次单击“曲面”选项卡→“分析”面板→单击“曲率”按钮，如图 11-23（b）所示。

AutoCAD 提示：

选择要分析的实体、曲面或［关闭（T）］：

（3）单击需要进行曲率分析的模型，如图 11-23（c）所示，按 Enter 键，模型随之显示出渐变色，如图 11-23（d）所示；使用“动态观察”方法浏览渐变色模型，如图 11-23（e）所示。

（4）选项列表：

1）选择要分析的实体和曲面：指定要分析的三维实体或曲面对象。

2）关闭：关闭为曲率分析而选择的所有对象的分析颜色显示。

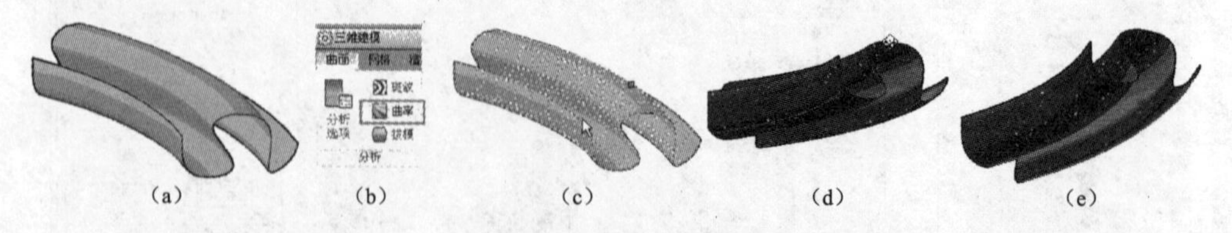

（a）　（b）　（c）　（d）　（e）

图 11-23 对三维曲面模型的曲率分析操作过程

四、拔模（，Analysisdraft）

该命令能够在三维模型上显示渐变色，以便评估某部分与其模具之间是否具有足够的空间。色谱显示了指定范围内的拔模斜度变化。最大拔模斜度显示为红色，最小拔模斜度显示为蓝色。如果曲面与构造平面平行，曲面法线与当前 UCS 的方向相同，则拔模斜度为 90.0。如果垂直，则拔模斜度为 0。如果曲面与当前 UCS 平行，曲面法线与当前 UCS 的方向相反，则拔模斜度为−90.0。若要更改拔模分析显示设置，请使用“分析选项”对话框的“拔模斜度”选项卡。

1. 激活命令的方法

在“三维建模”工作空间“功能区”中：

“曲面”选项卡→“分析”面板→“拔模”按钮。

命令行：Analysisdraft。

AutoCAD 提示：

选择要分析的实体、曲面或 [关闭 (T)]：

若要创建需要模塑的形或零件，拔模分析工具将会计算零件及其模具之间是否具有足够的拔模（基于拖动方向）。

注意

分析工具仅适用于三维视觉样式，而不适用于二维环境。

2. 实例讲解

【例 11-18】 对给定的三维实体模型进行拔模分析。

操作步骤如下。

(1) 在绘图区打开或创建需要进行拔模分析的三维曲面模型或三维实体模型，如图 11-24 (a) 所示。

(2) 在“三维建模”工作空间“功能区”中依次单击“曲面”选项卡→“分析”面板→单击“拔模”按钮。

AutoCAD 提示：

选择要分析的实体、曲面或 [关闭 (T)]：

(3) 选择单击需要进行拔模分析的模型，如图 11-24 (c) 所示，按 Enter 键，模型随之发生颜色变化，如图 11-24 (d) 所示；使用“动态观察”方法浏览模型的侧面和背面，如图 11-24 (e) 和 11-24 (f) 所示。

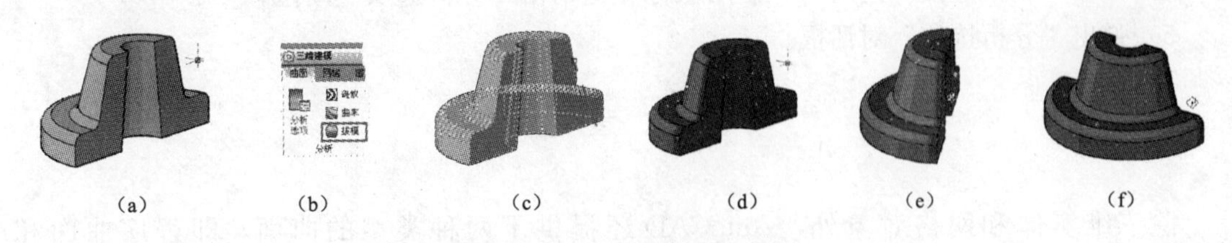

(a)　(b)　(c)　(d)　(e)　(f)

图 11-24　分析模型拔模的步骤

说明：访问“分析选项”命令另外还有一条路径（见图 11-25）。

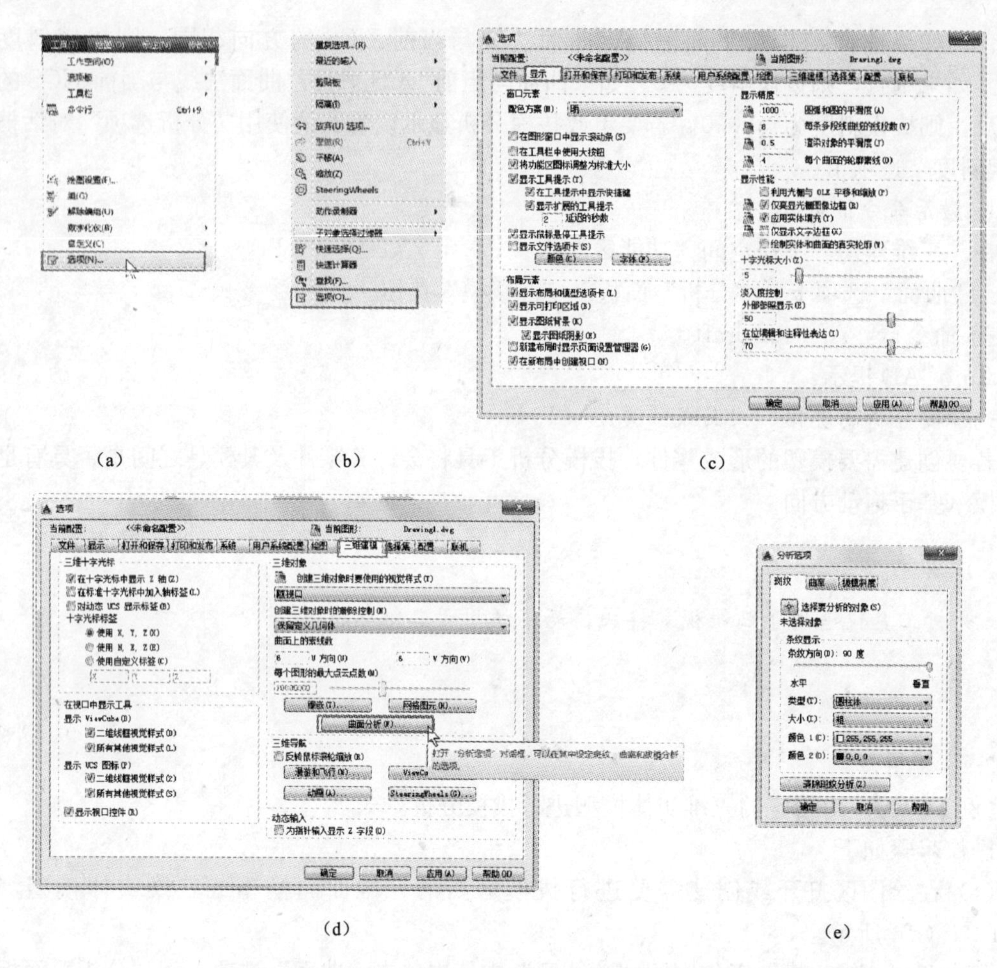

图 11-25 选择“选项”选项弹出“分析选项”对话框

1）使用鼠标左键单击“菜单栏”的“工具”→“选项”选项。

2）或者使用鼠标右键单击 AutoCAD 2015 绘图区的任何一个位置，随即弹出“快捷菜单”使用鼠标左键单击“快捷菜单”→“选项”按钮。

3）随即弹出“选项”对话框的“显示”选项卡；使用鼠标左键单击“选项”对话框的“三维建模”“分析选项”。

4）弹出“三维建模”选项卡，使用鼠标左键单击“分析选项”按钮。

5）弹出“分析选项”对话框。

本 章 小 结

除三维实体和网格对象外，AutoCAD 还提供了两种类型的曲面，即程序曲面和 NURBS 曲面。本章主要介绍如何使用程序曲面命令。本章介绍了在 AutoCAD 2015 中创建和编辑三维曲面模型基本命令的使用方法和一些使用技巧。通过对本章的学习理解这些命令的基本功能和含义，通过大量的 AutoCAD 的实践对这些命令将会有更深刻地理解。

习题十一

1. 将本章的所有例题在 AutoCAD 2015 中重新做一遍；对例题提出新的做法。

2. 图 11-26 的（a）～(d) 依次是同一个茶壶的壶体、壶嘴、茶杯和壶把的剖面图（包含其形状和尺寸，不考虑其厚度）。请使用多个创建曲面命令完成该茶具的曲面造型，如图 11-26（e）所示。

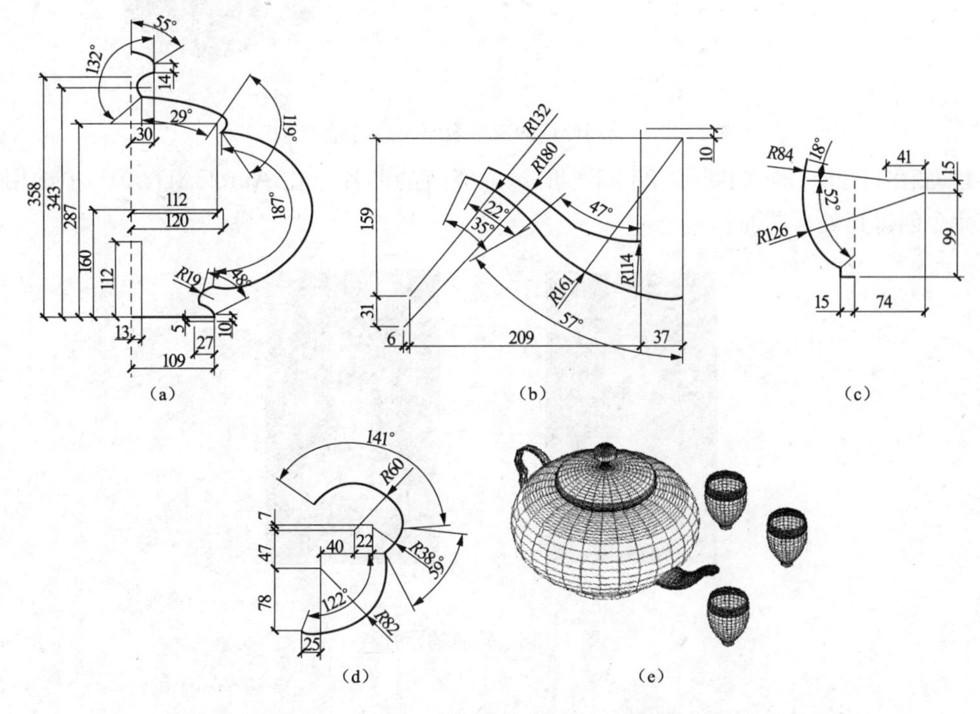

图 11-26　茶壶的壶体、壶嘴、茶杯和壶把的剖面图和该茶具的曲面造型图

3. 绘制台灯的三维表面模型。其具体步骤：先打开本书提供的三维曲线图（1. dwg、2. dwg 和 3. dwg）1. dwg，如图 11-27（a）所示。然后将图 11-27（a）所示的多段线 A 绕回转轴 B 形成回转面，再创建空斯曲线及直纹面，如图 11-27（b）所示。随后根据图 11-27（c）所示的尺寸画出台灯底座的表面模型；最后将底座与灯罩组合在一起，如图 11-27（d）所示。

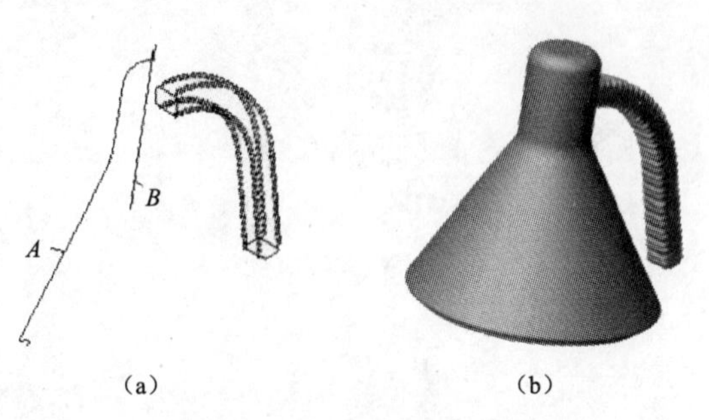

图 11-27　绘制台灯的三维表面模型的过程（一）

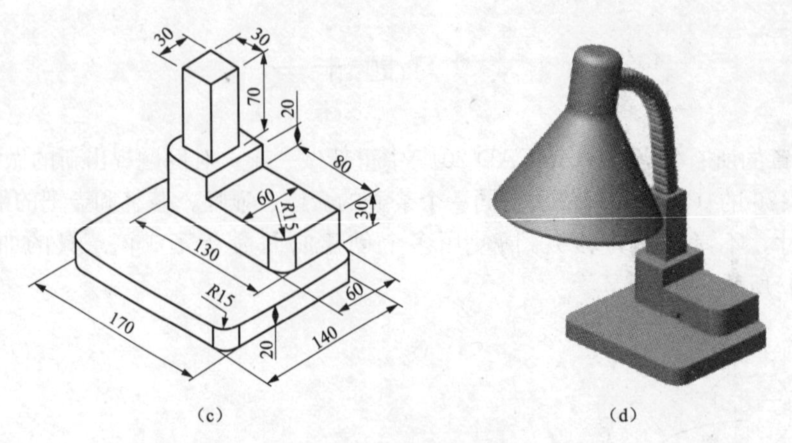

(c) (d)

图 11-27 绘制台灯的三维表面模型的过程（二）

4. 如图 11-28（a）和图 11-28（b）所示的瓷瓶的照片。在 AutoCAD 2015 中试用曲面建模命令创建其外形曲面。

(a)

(b)

图 11-28 瓷瓶的照片

第十二章　三维网格的建模和编辑

教学目标

本章主要介绍 AutoCAD 2015 三维网格建模和三维网格编辑命令的激活方式、使用方法和功能。通过对本章的学习，读者应理解这些命令的基本功能和含义，掌握三维网格建模和三维网格编辑命令的使用方法。通过大量的 AutoCAD 的实践将会对这些命令有更深刻的理解。

教学重点

(1) 三维网格建模和三维网格编辑的意义。

(2) 创建网格图元的基本方法。

(3) 修改网格面的方法。

(4) 三维实体、三维曲面和三维网格相互转换的方法。

第一节　概　　述

一、三维网格建模和三维网格编辑的意义

AutoCAD 2015 的三维建模可让用户使用实体、曲面和网格对象创建三维图形。实体、曲面和网格对象提供不同的功能，这些功能综合使用时可提供强大的三维建模工具套件。例如，可以将三维实体转换为三维网格，以使用网格锐化和平滑处理。然后，可以将三维模型转换为三维曲面，以使用关联性和 NURBS 建模。

网格对象使用"网格镶嵌细分"的方法将其表面细分成许多网格；使用"网格编辑"命令对该"网格对象"进行编辑。"网格编辑"的命令有拉伸面、分割面、合并面、闭合孔等；合理、科学地运用这些命令可以完成较复杂的三维建模任务。

二、三维网格建模和三维网格编辑命令的访问方法

三维网格建模和三维网格编辑命令激活的方法如下。

(1)"三维建模"工作空间功能区。

"网格"选项卡→"网格"面板→6 个面板。

(2) 菜单栏。

"绘图"菜单栏→"建模"子菜单→"网格"子菜单→"图元"子菜单。

"修改"菜单栏→"网格编辑"子菜单。

图 12-1 列出了在菜单栏和"三维建模"工作空间中访问"三维网格建模"和"三维网格编辑"命令的方法，其中：

A 组 是创建"网格图元"的命令。创建网格长方体、网格圆锥体、网格圆柱体、网格棱锥体、网格球体、网格楔体和网格圆环体等 8 个命令。A 组是"网格"选项卡的"图元"面板以及其滑出式面板的重要组成部分。

B组 是“三维建模”工作空间功能区“网格”选项卡的“图元”面板中另外的 4 个命令：将创建旋转网格（，revsurf）命令、边界定义的网格（，edgesurf）命令、直纹网格（，rulesurf 命令）以及平移网格（，tabsurf 命令）（参见本章第三节）。

C组 是“三维建模”工作空间功能区的“网格”选项卡的“网格”面板的 6 个命令，用于三维实体、三维曲面转换为三维网格（参见本章第五节）。

D组 是“三维建模”工作空间功能区的“网格”选项卡的“网格编辑”面板的 6 个命令（参见本章第四节）。

E组 是“三维建模”工作空间功能区的“网格”选项卡的“转换网格”面板（参见本章第六节第七节）。

F组 是“三维建模”工作空间功能区的“网格”选项卡的“截面”面板。

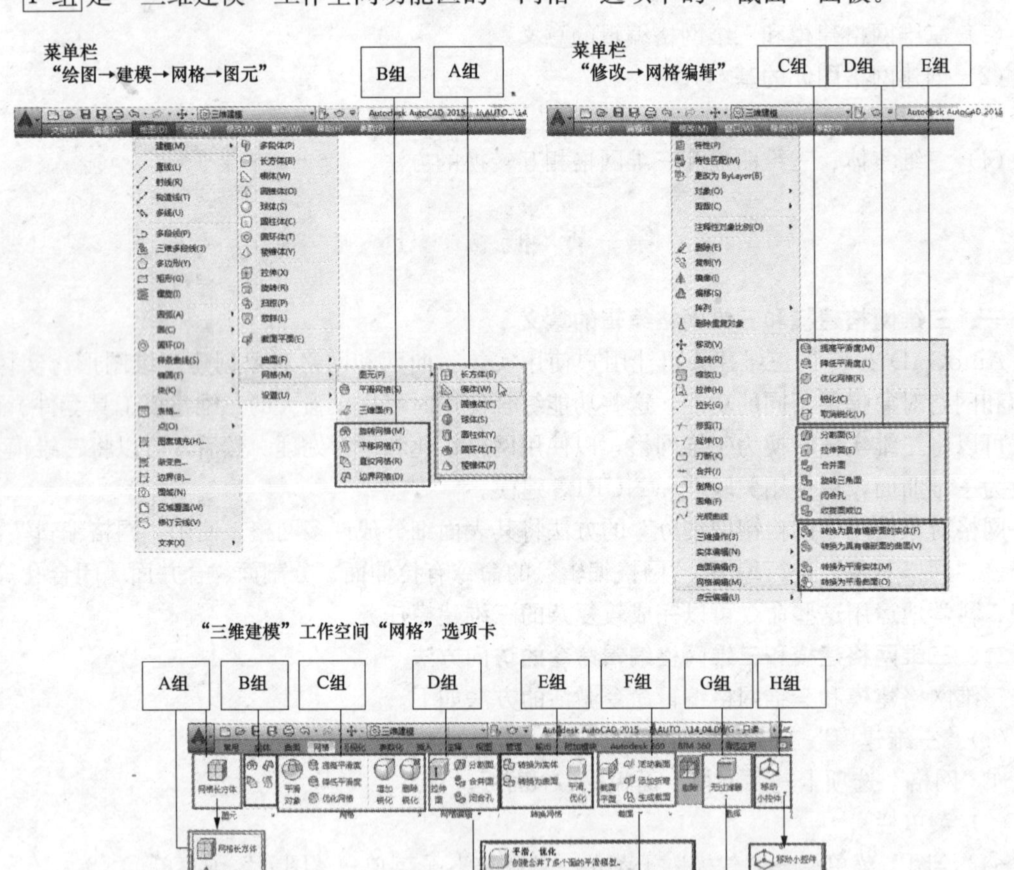

图 12-1　访问“三维网格建模”和“三维网格编辑”命令的方法

G组和H组是"三维建模"工作空间功能区的"网格"选项卡的"选择"面板的2组下拉菜单。

本章讲述的重点是A组、B组、C组和D组；这些命令是"三维网格"的核心技术，是学习的重点。F组、G组和H组的命令也是属于"三维网格"命令；与第九章中与之相对应的属于"三维实体"命令在"概念"和"操作"有许多类似之处，限于篇幅，本章就不再讲述了。请读者对照第九章中与之相对应的命令进行自学。

第二节　创建网格图元——三维网格建模的基本方法

创建三维网格的方法有很多种，创建"网格图元"是三维网格建模的重要和基本方法。创建标准形状的，有网格长方体、网格圆锥体、网格圆柱体、网格棱锥体、网格球体、网格楔体和网格圆环体。

一、访问"创建网格图元"命令的方法（以网格长方体为例）（参见图12-1A组）

命令激活的方法：

(1)"三维建模"工作空间"功能区"。

"网格"选项卡→"图元"面板→"图元"滑出式面板→网格长方体。

(2) 在所有工作空间中。

菜单栏："绘图"→"建模"→"网"→"图元"→"长方体"。

命令行：mesh。

AutoCAD提示：

输入选项［长方体(B)/圆锥体(C)/圆柱体(CY)/棱锥体(P)/球体(S)/楔体(W)/圆环体(T)/设置(SE)］〈长方体〉：

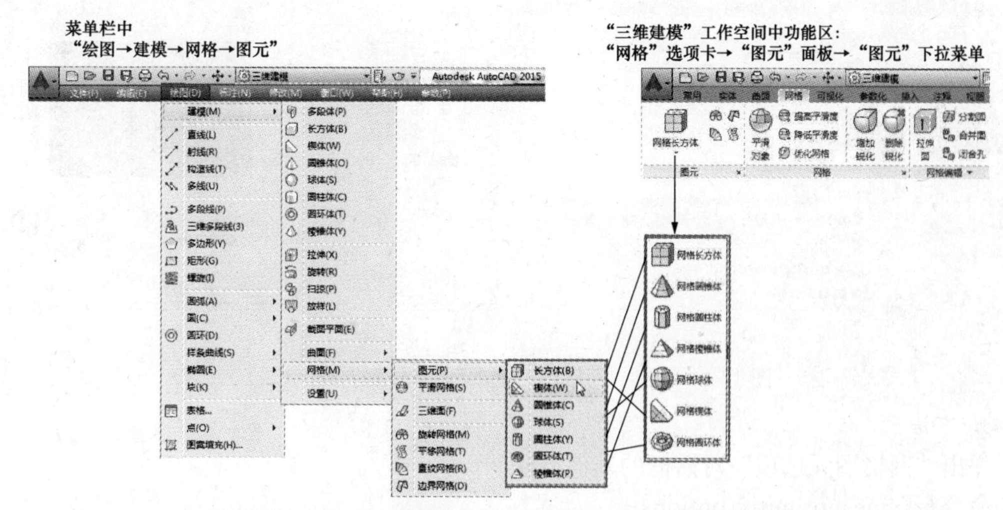

图12-2　在"菜单栏"和"三维建模"工作空间中访问"平滑网格图元"命令的方法

二、调出"网格图元选项"对话框的方法

1. 方法一

可以通过"选项"和"网格镶嵌选项"对话框显示此对话框。

操作步骤如下。

(1) 在绘图区单击鼠标右键，弹出浮动菜单，选择该菜单最下面一项“选项”，如图 12-3 (a) 所示。

(2) 弹出“选项”对话框，在该对话框中使用鼠标左键单击“三维建模”，如图 12-3 (b) 所示。

(3) 在“三维建模”选项中，使用鼠标左键单击“网格图元”按钮，如图 12-3 (c) 所示，直接弹出“网格图元选项”对话框，如图 12-3 (d) 所示。

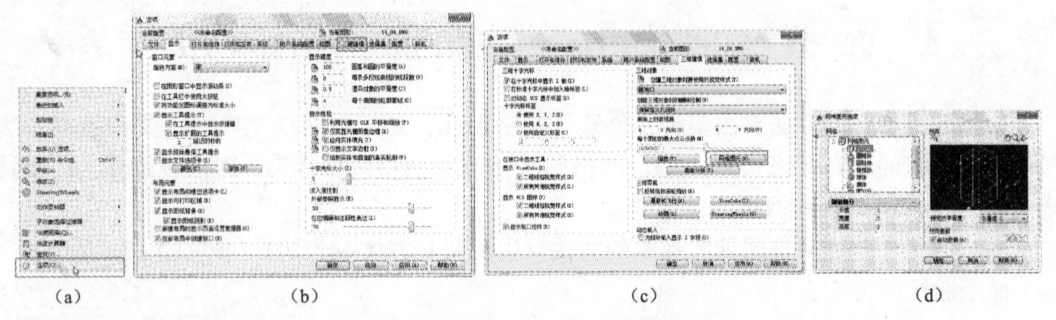

(a)　(b)　(c)　(d)

图 12-3　调出“网格图元选项”对话框的方法（一）

2. 方法二

操作步骤如下。

在“三维建模”工作空间功能区中，依次单击“网格”选项卡→“图元”面板左下角的对话框启动器，如图 12-4 (a) 所示，弹出“网格图元选项”对话框，如图 12-4 (b) 所示。

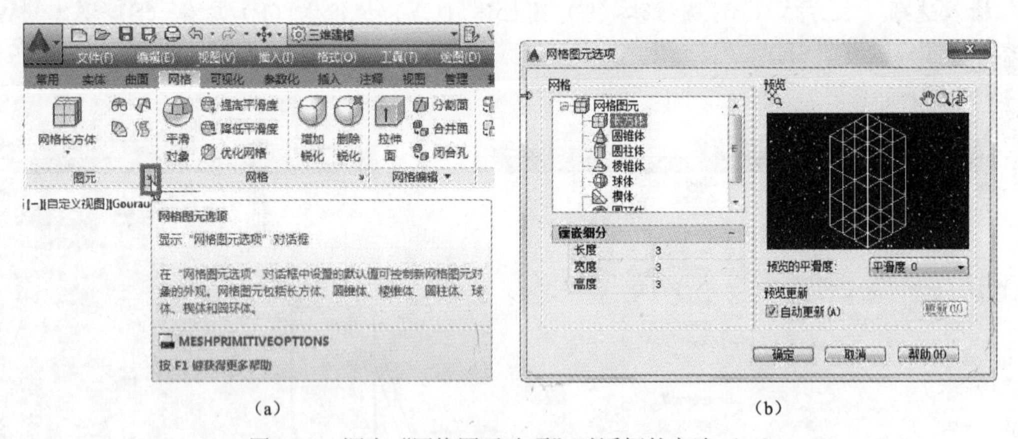

(a)　(b)

图 12-4　调出“网格图元选项”对话框的方法（二）

3. 方法三

弹出“网格图元选项”对话框的其他方法。

命令行：meshprimitiveoptions

“网格图元选项”对话框是编辑“网格图元”的重要工具，在“网格图元选项”对话框中设置的默认值（镶嵌细分值和平滑度 0～4 预选）可控制新网格图元对象的外观。网格图元包括长方体、圆锥体、棱锥体、圆柱体、球体、楔体和圆环体。因此，在绘制某网格图元之前，根据设计任务的需要，调出“网格图元选项”对话框，对其默认值（镶嵌细分值和平滑度 0～4 预选）进行设定。“网格图元选项”对话框中设置的初始的镶嵌细分值见表 12-1。读者可以输入新值以及平滑度 0～4 预选；可以在“预览”窗口显示读者设置的新默认值。图 12-5 展示了 7 个“网格图元”的“网格图元选项”对话框；在这里可以根据需要对其“三维网格图元的系统变量”进行设置。表 12-1 提供了 7 个“网格图元”的系统变量允许的数值范围和初始的默认镶嵌细分值。

表 12-1　　三维网格图元的系统变量和初始的默认镶嵌细分值

三维网格图元	(a) 长方体 box	(b) 圆锥体 cone	(c) 圆柱体 cyl	(d) 棱锥体 pyr	(e) 球体 sphere	(f) 楔体 wedge	(g) 圆环体 torus
长度	3 (1～256)			3 (1～256)		4 (1～64)	
宽度	3 (1～256)					3 (1～64)	
高度	3 (1～256)	3 (1～256)	3 (1～256)	3 (1～256)	6 (3～1024)	3 (1～64)	
轴 axis		3 (1～256)	8 (3～512)		12 (3～512)		
基点 base		3 (1～256)	3 (1～256)	3 (1～256)		3 (1～256)	
斜度 slope						3 (1～256)	
半径							8 (3～512)
扫掠路径							8 (3～512)
平滑度 0 图示							
平滑度 4 图示							

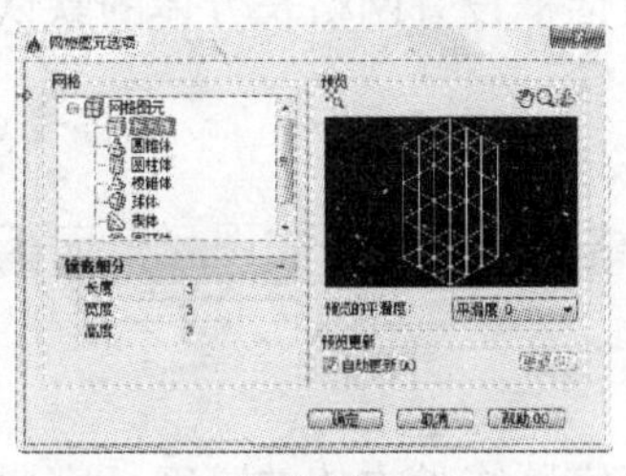

(a) 长方体

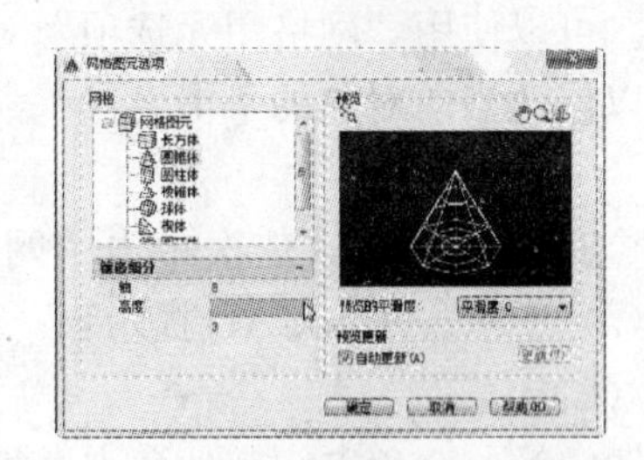

(b) 圆锥体

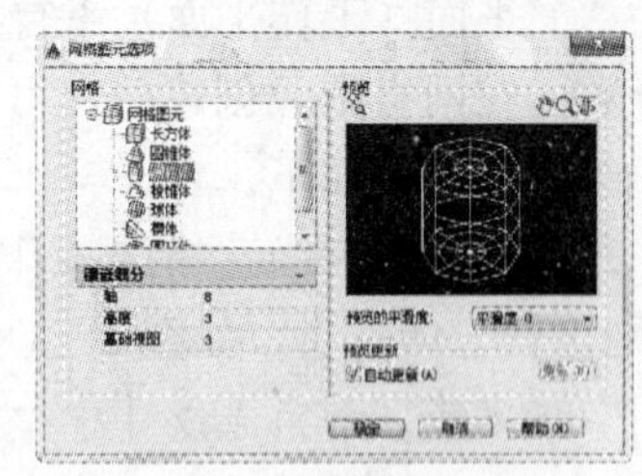

(c) 圆柱体

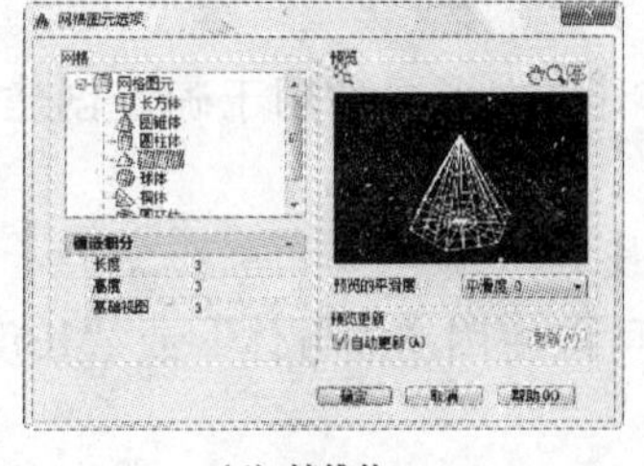

(d) 棱锥体

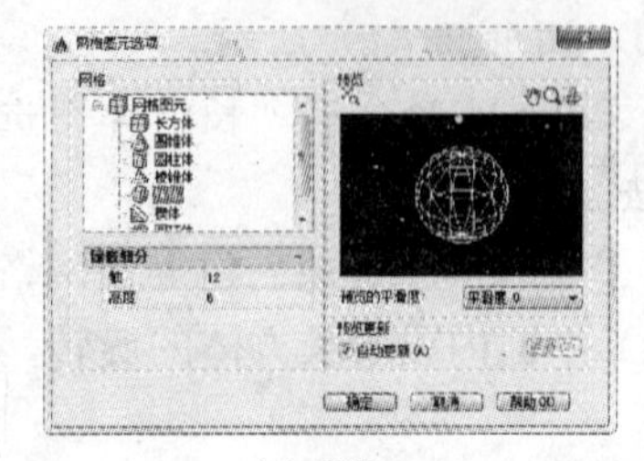

(e) 球体

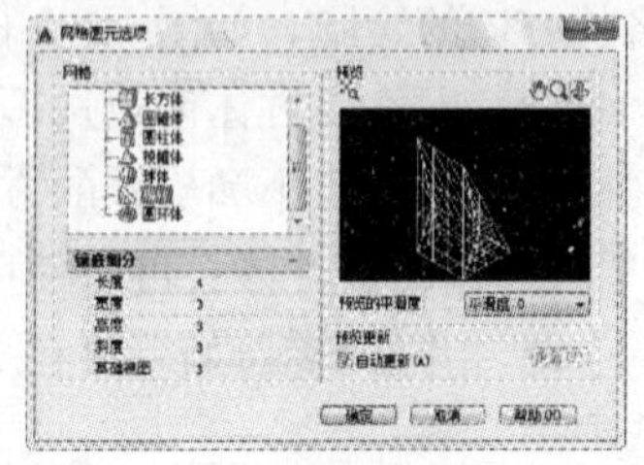

(f) 楔体

图 12-5　三维网格图元的“网格图元选项”对话框（一）

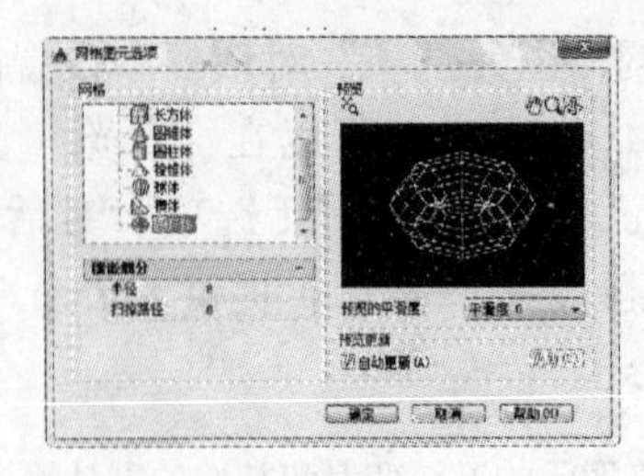

（g）圆环体

图 12-5 三维网格图元的“网格图元选项”对话框（二）

注意

（1）在命令行输入“系统变量”也能够重新设置三维网格图元的“镶嵌细分值”；“()”前的数字是“初始的默认镶嵌细分值”；“()”内是它的允许的数值范围。[必须是正整数] 以及平滑度。

（2）在命令行输入“系统变量”将“镶嵌细分值”重新设置后，三维网格图元的“网格图元选项”对话框中对应的“镶嵌细分值”和示意图也随之改变。

（3）构成一个“系统变量”的字母较多，为了便于使用建议记住其结构：以 divmeshboxlength 为例，即 div-mesh-box-length。其中，div 表示镶嵌细分值；mesh 表示网格；box 表示网格长方体；length 表示为网格长方体沿 x 轴的长度。所以，divmeshboxlength 表示为“网格长方体沿 x 轴的长度设置细分数目”。

三、创建网格图元——网格长方体

该命令用于创建网格长方体或立方体，创建的网格长方体的底面将绘制为与当前 UCS 的 *XY* 平面（工作平面）平行。可以使用“网格图元选项”对话框设置网格长方体的默认细分数。在网格图元创建后，可以修改当前对象的平滑度

操作步骤如下。

（1）在“三维建模”工作空间功能区中，依次单击“网格”选项卡→“图元”面板→“网格长方体”，如图 12-6（a）所示。AutoCAD 提示：

指定第一个角点或 [中心（C）]：

（2）在绘图区域中，依次选定第一个角点、其他角点并指定网络长方体的高度，完成网格长方体的绘制，如图 12-6（b）和 12-6（c）所示。

（3）网格长方体创建选项：MESH 命令的“长方体”选项提供了多种用于确定创建的网格长方体的大小和旋转的方法。

1）创建立方体：可以使用“立方体”选项创建等边网格长方体。

2）指定旋转：如果要在 *XY* 平面内设定长方体的旋转，可以使用“立方体”或“长度”选项。

3）从中心点开始创建：可以使用“中心点”选项创建使用指定中心点的长方体。

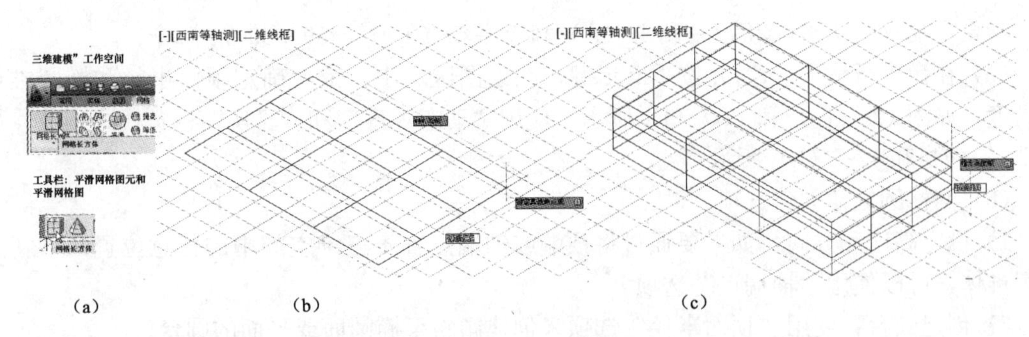

图 12-6　创建网格图元——网格长方体的过程

四、创建网格图元——网格圆锥体

该命令用于创建底面为圆形或椭圆形的尖头网格圆锥体或网格圆台。默认情况下，网格圆锥体的底面位于当前 UCS 的 *XY* 平面上，圆锥体的高度与 *Z* 轴平行。可以使用“网格图元选项”对话框设置网格圆锥体的默认细分数。在网格图元创建后，可以修改当前对象的平滑度。

【例 12-1】 以椭圆底面创建一网格圆台（网格圆锥体的特例）。

操作步骤：

(1) 为提高网格图元的精度，调出“网格图元选项”；将网格圆锥体的镶嵌细分值改为高度=38，轴=18，基点=18，如图 12-7 (a) 所示。

(2) 在“三维建模”工作空间功能区中，依次单击“网格”选项卡→“图元”面板→“网格圆锥体”，如图 12-7 (b) 所示，AutoCAD 提示：

指定底面的中心点或［三点 (3P)/两点 (2P)/切点、切点、半径 (T)/椭圆 (E)］:

(3) 在命令行输入“E”并按 Enter 键。

(4) 在绘图区域中，依次指定第一条轴的起点，第一条轴的端点，第二条轴的端点，如图 12-7 (c) 和 12-7 (d) 所示，AutoCAD 提示：

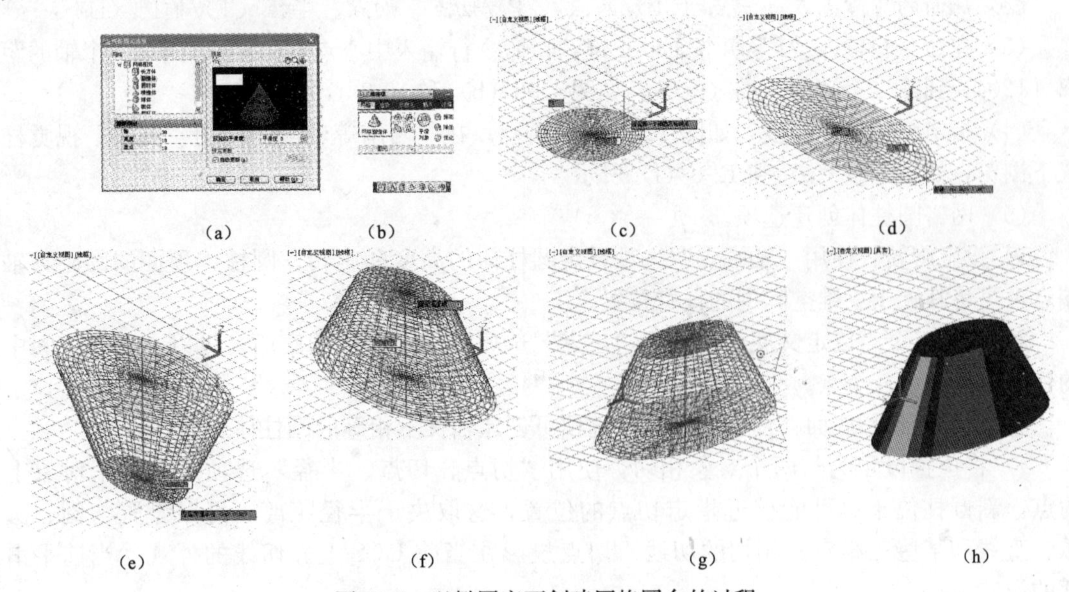

图 12-7　以椭圆底面创建网格圆台的过程

指定高度或［两点（2P）/轴端点（A）/顶面半径（T）］〈359.9390〉：

（5）在命令行输入“t”并按 Enter 键，在绘图区域中，依次确定顶面半径和椭圆锥台的高度，如图 12-7（e）和 12-7（f）所示；使用“动态观察”和“真实”视觉模式浏览，如图 12-7（g）和 12-7（h）所示。

（6）网格圆锥体创建选项：

1）设定高度和方向：如果要通过将顶端或轴端点置于三维空间中的任意位置来重新定向圆锥体，可以使用“轴端点”选项。

2）创建圆台：使用“顶面半径”选项来创建倾斜至椭圆面或平面的圆台。

3）指定圆周和底面：“三点”选项可在三维空间内的任意位置处定义圆锥体底面的大小和所在平面。

4）创建椭圆形底面：使用“椭圆”选项可创建轴长不相等的圆锥体底面。

5）将位置设定为与两个对象相切：使用“切点、切点、半径”选项定义两个对象上的点。新圆锥体位于尽可能接近指定切点的位置，这取决于半径距离。可以设置与圆、圆弧、直线和某些三维对象相切的切线。切点投影在当前 UCS 上。切线的外观受当前平滑度影响。

五、创建网格图元——网格圆柱体

该命令创建以圆或椭圆为底面的网格圆柱体。默认情况下，网格圆柱体的底面位于当前 UCS 的 *XY* 平面上。圆柱体的高度与 *Z* 轴平行。可以使用“网格图元选项”对话框设置网格圆柱体的默认细分数。在网格图元创建后，可以修改当前对象的平滑度。

【例 12-2】 以椭圆底面创建网格圆柱体（网格圆柱体的一个特例）。

操作步骤如下。

（1）为了提高网格圆柱体的网格密度，首先调出“网格图元选项”，设圆柱体的“镶嵌细分”的轴=8，如图 12-8（a）所示。

（2）在“三维建模”工作空间功能区中，依次单击“网格”选项卡→“图元”面板→“网格圆柱体”，AutoCAD 提示：

指定底面的中心点或［三点（3P）/两点（2P）/切点、切点、半径（T）/椭圆（E）］：

（3）在命令行输入“E”并按 Enter 键，在命令行输入中心点（0，0）、到第一个轴的距离（120）、到第二个轴的距离（240），如图 12-8（b）和 12-8（c）所示。

（4）指定圆柱体的高度，如图 12-8（d）所示；在“西南等轴测”视图“真实”视觉样式下浏览，如图 12-8（e）和 12-8（f）所示。

（5）网格圆柱体创建选项。

1）设定旋转：使用“轴端点”选项设定圆柱体的高度和旋转。圆柱体顶面的圆心为轴端点，可将其置于三维空间中的任意位置。

2）使用三个点以定义底面：使用“三点”选项定义圆柱体的底面。可以在三维空间中的任意位置设定三个点。

3）创建椭圆形底面：使用“椭圆”选项可创建轴长不相等的圆柱体底面。

4）将位置设定为与两个对象相切：使用“切点、切点、半径”选项定义两个对象上的点。新圆柱位于尽可能接近指定切点的位置，这取决于半径距离。可以设置与圆、圆弧、直线和某些三维对象相切的切线。切点投影在当前 UCS 上。切线的外观受当前平滑度的影响。

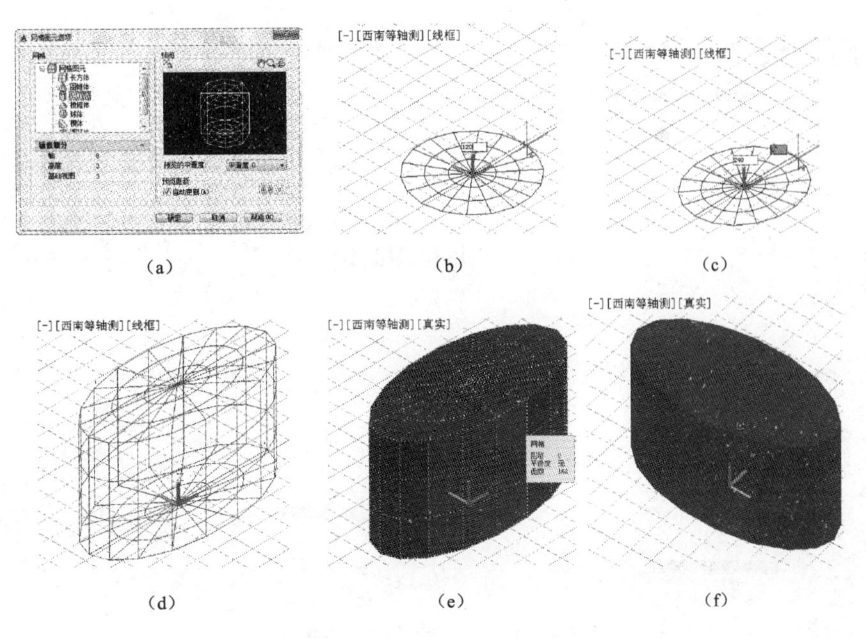

图 12-8　创建以椭圆底面的网格圆柱体的过程

六、创建网格图元——网格棱锥体

该命令可创建最多具有 32 个侧面的网格棱锥体，可以创建倾斜至一个点的棱锥体，也可以创建从底面倾斜至平面的棱台。可以使用“网格图元选项”对话框设置网格棱锥体的默认细分数。在网格图元创建后，可以修改当前对象的平滑度。

【例 12-3】 创建有 7 个侧面的网格棱台（网格棱锥体的一个特例，网格棱锥体侧面数默认是 4，创建最多具有 32 个侧面的网格棱锥体，如果网格棱台的顶面半径为 0，则为网格棱锥体）。

操作步骤如下。

(1) 在“三维建模”工作空间功能区中，依次单击“网格”选项卡→“图元”面板→网格棱锥体，如图 12-9 (a) 所示，AutoCAD 提示：

指定底面的中心点或 [边 (E)/侧面 (S)]：

(2) 依次在命令行中输入侧面数 (7)、底面的中心点 (0，0)、底面半径 (4)、顶面半径 (2)、高度 (5)，如图 12-9 (b)～(g) 所示；在“西南等轴测”视图“概念”视觉样式下浏览，如图 12-9 (h) 所示。

(3) 网格棱锥体创建选项：

1) 设定侧面数：使用“侧面”选项设定网格棱锥体的侧面数。

2) 设定边长：使用“边”选项指定底面边的尺寸。

3) 创建棱台：使用“顶面半径”选项创建倾斜至平面的棱台。平截面与底面平行，边数与底面边数相等。

4) 设定棱锥体的高度和旋转：使用“轴端点”选项指定棱锥体的高度和旋转。该端点是棱锥体的顶点。轴端点可以位于三维空间的任意位置。

5) 设定内接或外切的周长：指定是在半径内部还是在半径外部绘制棱锥体底面。

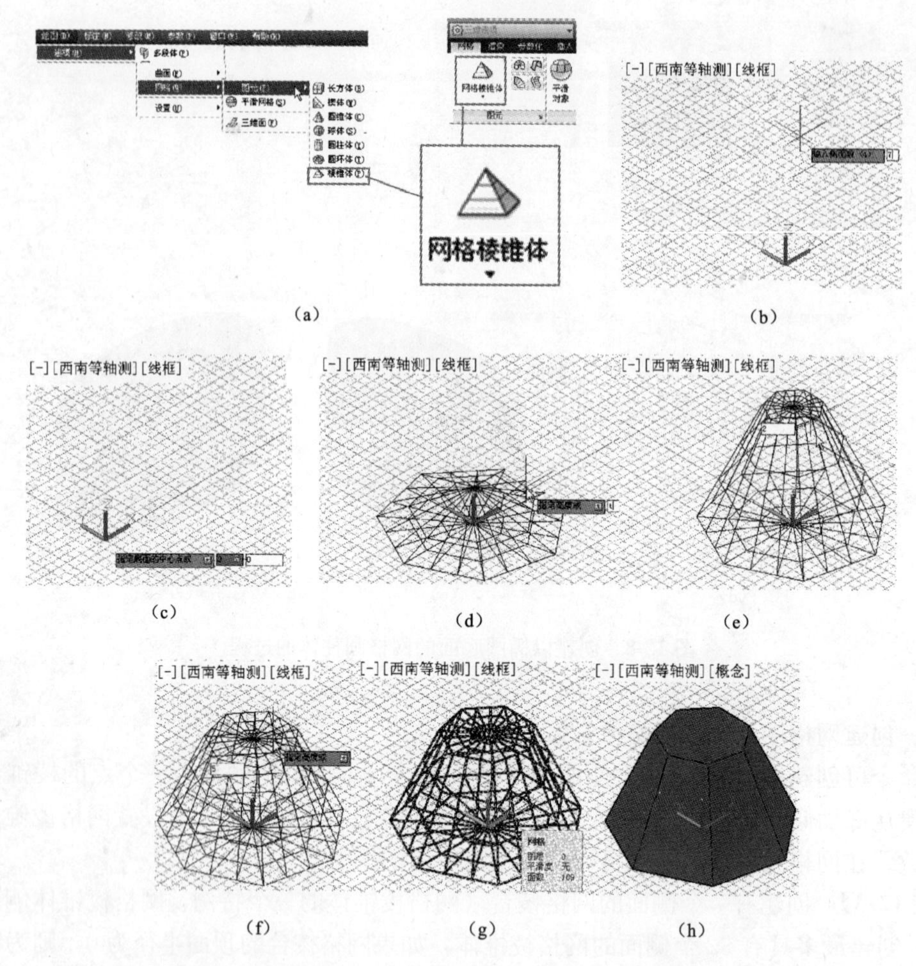

图 12-9 创建一个底面半径为 4，顶面半径为 2，高度为 4 的网格七棱锥体的过程

七、创建网格图元——网格球体

该命令可用来创建网格球体，如果从圆心开始创建，网格球体的中心轴将与当前用户坐标系（UCS）的 Z 轴平行。可以使用“网格图元选项”对话框设置网格球体的默认细分数。在网格图元创建后，可以修改当前对象的平滑度。

【例 12-4】 创建一个球心坐标为（0，0，0），半径为 300 的网格球体。

操作步骤如下。

（1）为了提高创建的网格球体的网格密度，在命令行设置系统变量 divmeshsphereaxis 为“20”，divmeshsphereheight 为“12”；也可以使用“网格图元选项”对话框设置网格球体的默认细分数，如图 12-10（a）所示。

（2）在“三维建模”工作空间功能区中，依次单击“网格”选项卡→“图元”面板→网格球体，如图 12-10（b）所示，AutoCAD 提示：

指定中心点或［三点（3P）/两点（2P）/切点、切点、半径（T）］：

（3）在命令行中，依次输入中心点（0，0，0）和半径（300），如图 12-10（c）和 12-10（d）所示，其结果如图 12-10（e）所示。

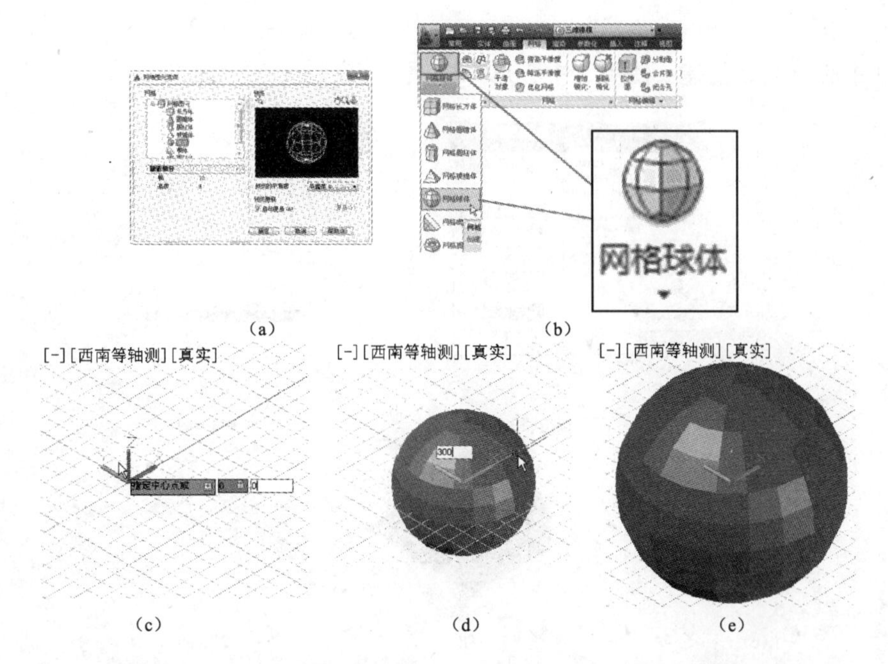

(a)　(b)

(c)　(d)　(e)

图 12-10　创建一个球心坐标为（0，0，0），半径为 300 的网格球体

(4) 网格球体创建选项如下。

1) 指定三个点以设置圆周的大小和所在平面：使用"三点"选项在三维空间中的任意位置定义球体的大小。这三个点还可定义圆周所在的平面。

2) 指定两个点以设置直径或半径：使用"两点"选项在三维空间中的任意位置定义球体的大小。圆周所在的平面平行于 UCS 的 XY 平面，Z 值由第一个点的 Z 值确定。

3) 将位置设定为与两个对象相切：使用"切点、切点、半径"选项定义两个对象上的点。球体位于尽可能接近指定切点的位置，这取决于半径的距离。可以设置与圆、圆弧、直线和某些三维对象相切的切线。切点投影在当前 UCS 上。切线的外观受当前平滑度影响。

八、创建网格图元——网格楔体

该命令用于创建面为矩形或正方形的网格楔体。将楔体的底面绘制为与当前 UCS 的 XY 平面平行，斜面正对第一个角点。楔体的高度与 Z 轴平行。可以使用"网格图元选项"对话框设置网格楔体的默认细分数。在网格图元创建后，可以修改当前对象的平滑度。

【例 12-5】 创建如图 12-11 所示的网格图元——网格楔体。

操作步骤如下。

(1) 在"三维建模"工作空间功能区中，依次单击"网格"选项卡→"图元"面板→网格楔体，如图 12-11（a）所示，AutoCAD 提示：

指定第一个角点或［中心（C）］：

(2) 在绘图区域中，依次指定第一个角点、其他角点的位置以及楔体的高度，如图 12-11（b）～(d）所示，使用"西南等轴测"视图"线框"视觉样式浏览，如图 12-11（e）所示。

(3) 网格楔体创建选项：

1) 创建等边楔体：使用"立方体"选项。

2) 指定旋转：如果要在 XY 平面内设定网格楔体的旋转，可以使用"立方体"或"长度”选项。

3）从中心点开始创建：使用“中心点”选项。

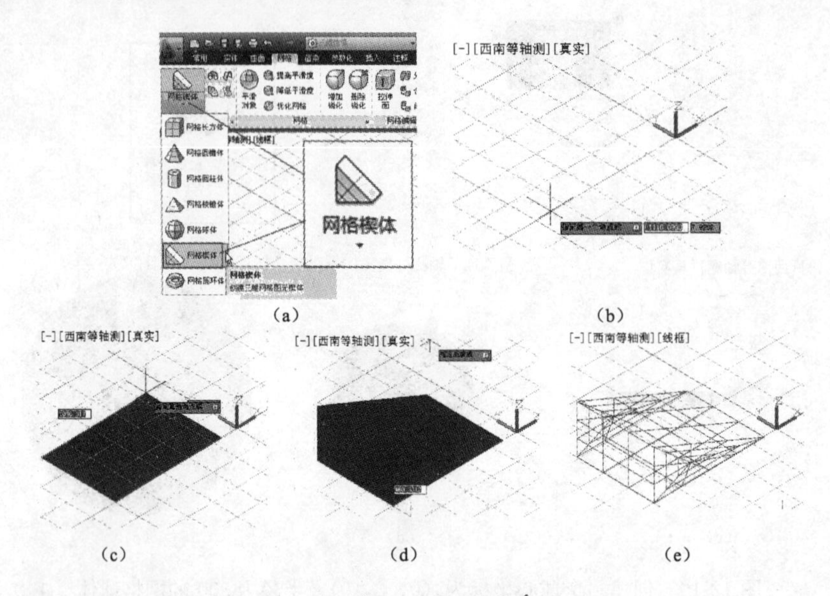

图 12-11 创建一个网格楔体的过程

九、创建网格图元——网格圆环体

该命令创建类似于轮胎内胎的环形实体。

网格圆环体的结构、系统变量对网格圆环体形状的影响和自交的网格圆环体，如图 12-12 所示。

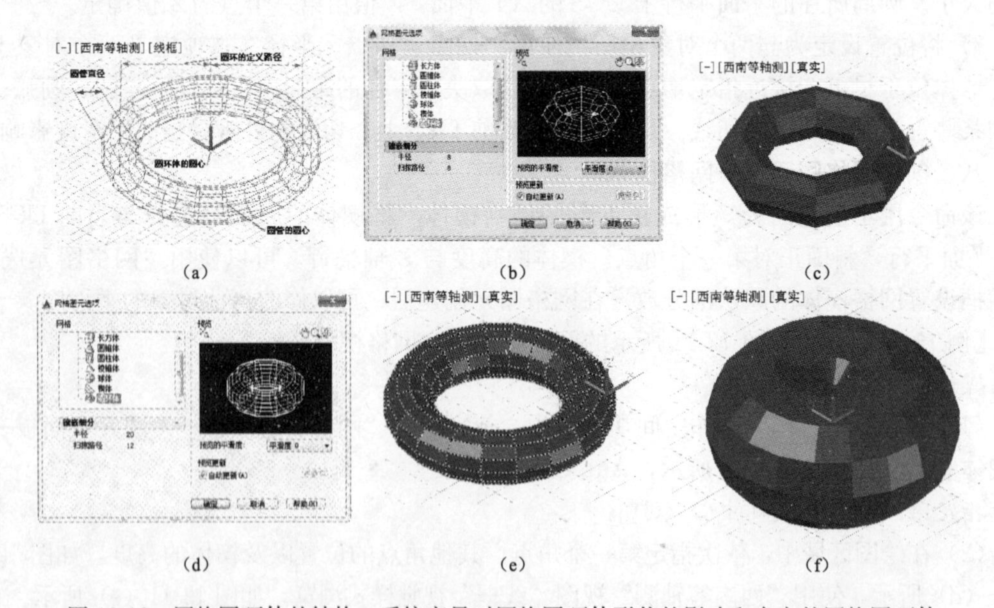

图 12-12 网格圆环体的结构、系统变量对网格圆环体形状的影响和自交的网格圆环体

网格圆环体具有两个半径值：一个值定义圆管（即 AutoCAD 提示：圆管半径）；另一个值定义路径（即 AutoCAD 提示：圆环指定半径；在“网格图元选项”对话框中称为扫描

路径），该路径相当于从圆环体的圆心到圆管的圆心之间的距离。默认情况下，圆环体将绘制为与当前 UCS 的 XY 平面平行，且被该平面平分，如图 12-12（a）所示。

当系统变量 divmeshtoruspath＝8、divmeshtorussection＝8 时，“网格图元选项”对话框设置的网格圆环体的默认细分数如图 12-12（b）所示，此时的网格圆环体如图 12-12（c）所示。

当设定系统变量 divmeshtoruspath＝20、divmeshtorussection＝12 时，“网格图元选项”对话框设置的网格圆环体的默认细分数如图 12-12（d）所示，此时的网格圆环体如图 12-12（e）所示。

当“圆管半径”大于“扫描路径”时，网格圆环体发生自交。自交的网格圆环体是没有中心孔的，如图 12-12（f）所示。

【例 12-6】 创建一个中心点（0，0），扫描路径为 500，圆管半径为 100 的网格圆环体，其创建过程如图 12-13 所示。

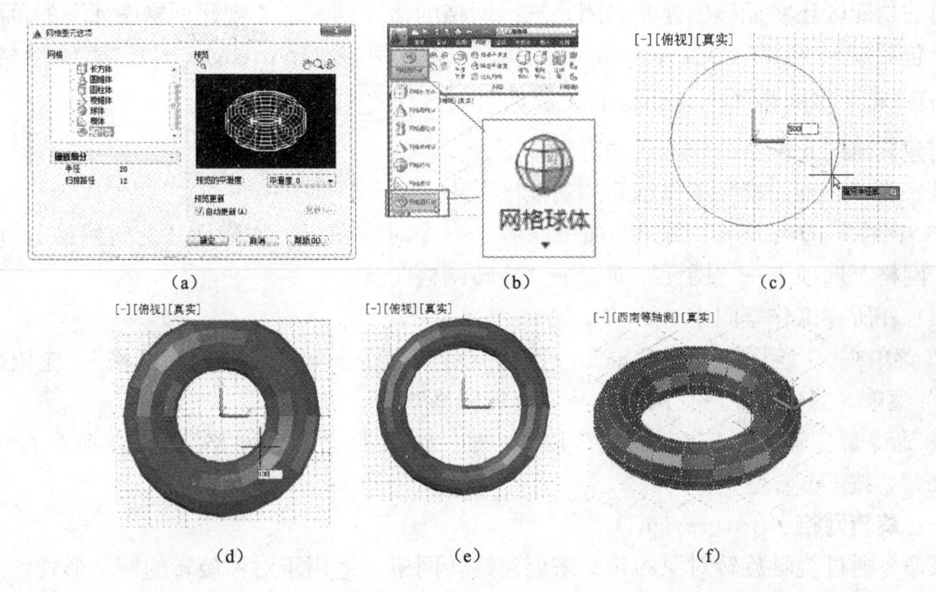

图 12-13　创建一个中心点（0，0），扫描路径为 500，圆管半径为 100 的网格圆环体的过程

操作步骤如下。

（1）在“网格图元选项”对话框设置该网格圆环体的扫描路径的镶嵌细分值为“20”，圆管半径的细分值为“12”，如图 12-13（a）所示。

（2）在“三维建模”工作空间功能区中，依次单击“网格”选项卡→“图元”面板→网格圆环体，如图 12-13（b）所示，AutoCAD 提示：

指定中心点或［三点（3P）/两点（2P）/切点、切点、半径（T）］：

（3）在命令行中，依次指定中心点（0，0）、半径（500）和圆管半径（100），如图 12-13（c）～(e) 所示，使用“西南等轴测”视图“真实”视觉样式浏览，如图 12-13（f）所示。

（4）圆环体创建选项如下。

1）设定圆周或半径的大小和所在平面。使用“三点”选项在三维空间中的任意位置定义网格圆环体的大小。这三个点还可定义圆周所在的平面。使用此选项可在创建网格圆环体时进行旋转。

2）设定圆周或半径。使用“两点”选项在三维空间中的任意位置定义网格圆环体的大小。圆周所在平面与第一个点的 Z 值相符。

3）将位置设定为与两个对象相切。使用“切点、切点、半径”选项定义两个对象上的点。圆环体的路径位于尽可能接近指定切点的位置，这取决于指定的半径距离。可以设置与圆、圆弧、直线和某些三维对象相切的切线。切点投影在当前 UCS 上。切线的外观受当前平滑度影响。

第三节　创建其他图元网格的方法

除了上一节介绍的能够创建封闭三维网格的命令外，AutoCAD 2015 的“三维建模”工作空间的功能区还将能够创建非封闭是三维网格的命令列入了“创建网格图元”的范围，这些命令包括旋转网格（，revsurf）、边界定义的网格（，edgesurf）、直纹网格（，rulesurf）和平移网格（，tabsurf），参见图 12-1 B组。

创建其他图元网格命令激活的方法如下。

（1）在“三维建模”工作空间“功能区”中。

“网格”选项卡→“图元”面板→各子命令对应图标。如激活“旋转网格”，应依次单击“网格”选项卡→“图元”面板→“旋转网格”。

（2）在所有工作空间中。

菜单栏：“绘图”→“建模”→网格→各子命令。如激活“旋转网格”，应依次单击“绘图”菜单→“建模”→“网格”→“旋转网格”。

命令行：输入对应命令后按 Enter 键。如激活“旋转网格”，应在命令行中输入“revsurf”，按 Enter 键。

一、旋转网格（，revsurf）

该命令通过绕轴旋转对象的轮廓来创建旋转网格，适用于对称旋转的网格形式。

【例 12-7】 使用旋转网格（，revsurf）命令创建一个酒杯。

操作步骤如下。

（1）在“前视”视图中沿 Z 轴方向绘制直线作为酒杯的旋转轴，用“样条曲线，spline”绘制酒杯的截面图，如图 12-14（a）所示。

（2）在“三维建模”工作空间功能区中，依次单击“网格”选项卡→“图元”面板→“旋转网格”，如图 12-14（b）所示，AutoCAD 提示：

选择要旋转的对象：

（3）在绘图区域中，依次选择要旋转的对象（样条曲线 1）和定义旋转轴的对象（直线 2），如图 12-14（c）所示。

（4）在命令行中，依次输入起点角度和包含角，结果如图 12-14（d）所示；在“西南等轴测”视图“概念”视觉样式下浏览，如图 12-14（e）所示。

（5）提示列表：

1）要旋转的对象：选择直线、圆弧、圆或二维/三维多段线。

2）用于定义旋转轴的对象：选择直线或打开二维或三维多段线。轴方向不能平行于原始对象的平面。

3）起点角度：如果设定为非零值，将以生成路径曲线的某个偏移开始网格旋转。指定起点角度，以生成路径曲线的某个偏移开始网格旋转。

4）指定包含角：指定网格绕旋转轴延伸的距离。包含角是路径曲线绕轴旋转所扫过的角度。输入一个小于整圆的包含角可以避免生成闭合的圆。

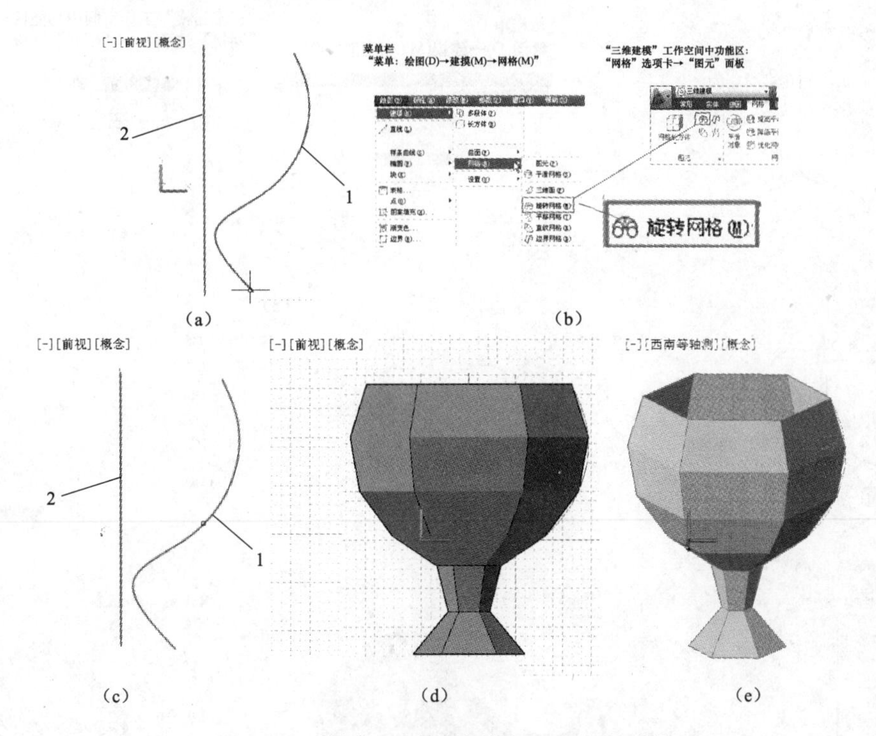

图 12-14　创建一个旋转网格——酒杯的过程

二、边界网格（，edgesurf）

该命令可创建一个网格，此网格近似于一个由四条邻接边定义的孔斯曲面片网格。孔斯曲面片网格是在四条邻接边（这些边可以是普通的空间曲线）之间插入的双三次曲面。边界定义的网格。

【例 12-8】 使用边界网格（，edgesurf）命令创建一个三维边界网格。

操作步骤如下。

(1) 在绘图区域中绘制首尾相连的 4 段三维曲线；为了提高三维边界网格的密度，在命令行分别输入“surftab1=20，surftab2=20”（分别是 M 和 N 方向的网格密度，其默认值均为 6)，如图 12-15 (a) 所示。

(2) 在“三维建模”工作空间功能区中，依次单击“网格”选项卡→“图元”面板→“边界网格”，如图 12-15 (b) 所示，AutoCAD 提示：

选择用作曲面边界的对象 1：

(3) 在绘图区域中，依次单击 4 段三维曲线，如图 12-15 (c)～(f) 所示，其结果如图 12-15 (g) 所示；在“二维线框”视觉样式下浏览，如图 12-15 (h) 所示。

(4) 提示列表：

1) 选择用做曲面边界的对象 1：指定要用做边界的第一条边。

2) 选择用做曲面边界的对象 2：指定要用做边界的第二条边。

3) 选择用做曲面边界的对象 3：指定要用做边界的第三条边。

4) 选择用做曲面边界的对象 4：指定要用做边界的最后一条边。

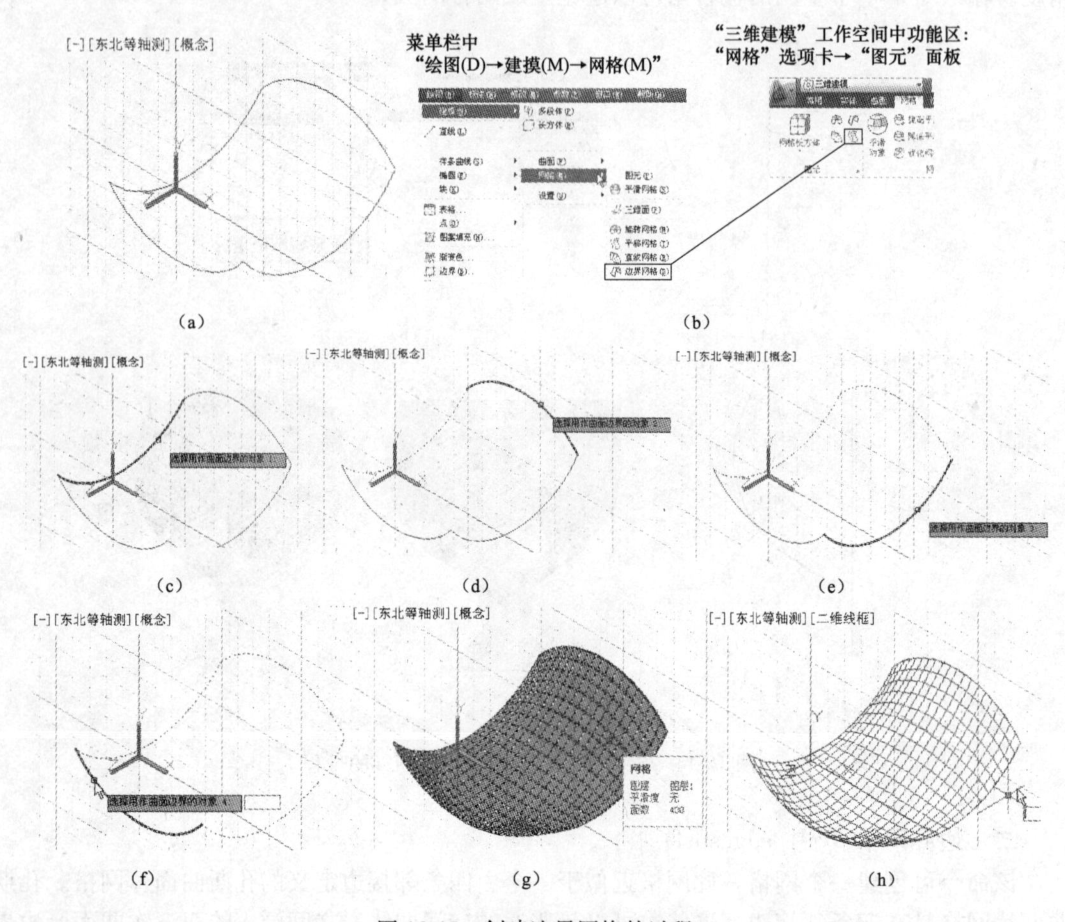

图 12-15 创建边界网格的过程

三、直纹网格（, rulesurf）

该命令创建表示两条直线或曲线之间的直纹曲面的网格。

【例 12-9】 使用直纹网格（, rulesurf）命令在两条空间交错直线之间创建一个直纹网格，如图 12-16 所示。

在创建直纹网格之前，需进行如下的准备工作：

(1) 在“俯视”视图“真实”视觉样式下，绘制两条平行的直线，如图 12-16 (a) 所示。

(2) 将“俯视”视图转变为“西南等轴测”视图，如图 12-16 (b) 所示。

(3) 在“三维建模”工作空间功能区中，依次单击“网格”选项卡→“修改”面板→“三维旋转”，如图 12-16 (c) 所示，AutoCAD 提示：

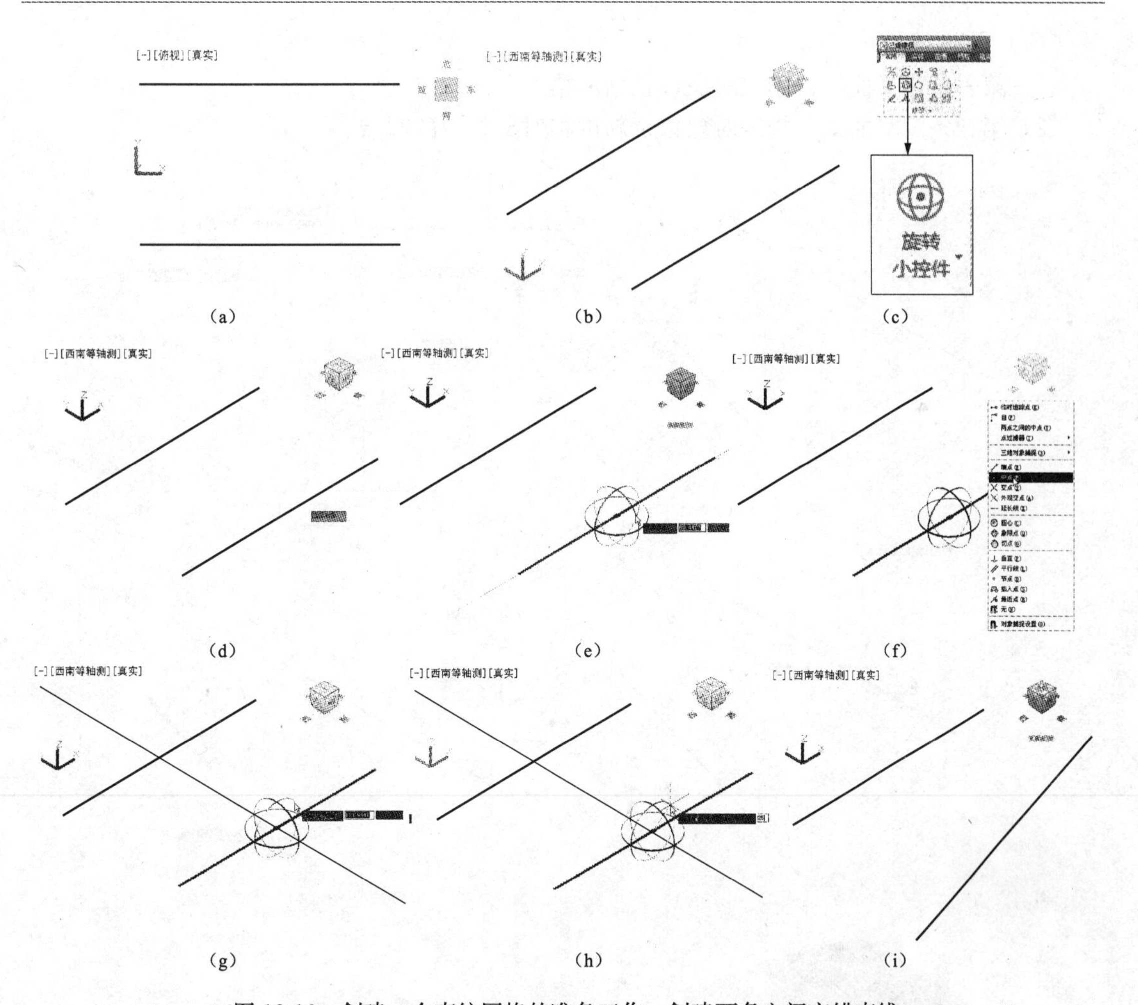

图 12-16　创建一个直纹网格的准备工作：创建两条空间交错直线

选择对象：

（4）在绘图区域中，依次指定拟旋转的直线、基点、旋转轴以及旋转角度，如图 12-16（d）～（h）所示，结果得到夹角为 25°的空间交错直线，如图 12-16（i）所示。

为提高三维边界网格的密度，在命令行分别输入“surftab1＝20”，“surftab2＝20”（分别是 M 和 N 方向的网格密度，其默认值均为 6）或打开为创建三维边界网格设置的图形样板（＊.dwt）避免做重复性的操作。

操作步骤如下。

（1）在绘图区，创建夹角为 25°的两条空间交错直线，如图 12-17（a）所示。

（2）在“三维建模”工作空间功能区中，依次单击“网格”选项卡→“图元”面板→“直纹网格”，如图 12-17（b）所示，AutoCAD 提示：

选择第一条定义曲线：

（3）在绘图区域中，依次选择第一条定义曲线、第二条定义曲线，如图 12-17（c）～（d）所示，绘制的直纹网格如图 12-17（e）所示；使用“动态观察”和“线框”视觉样式浏览，如图 12-17（f）和 12-17（g）所示。

（4）提示列表：

1）第一条定义曲线：指定对象以及新网格对象的起点。

2）第二条定义曲线：指定对象以及新网格对象扫掠的起点。

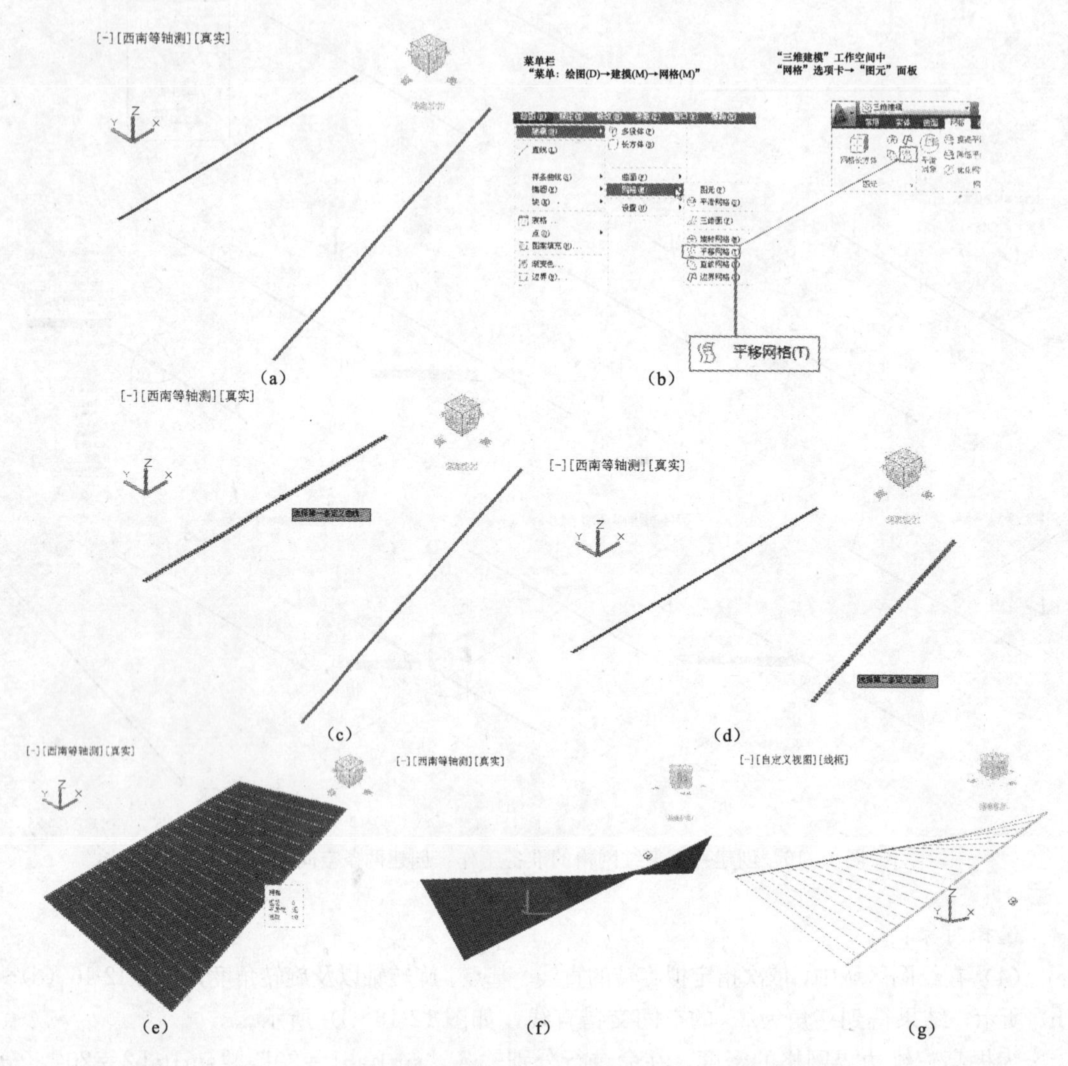

图 12-17　两条空间交错直线之间创建一个直纹网格的过程

四、平移网格（，tabsurf）

该命令可创建表示常规展平曲面的网格。曲面是由直线或曲线的延长线（称为路径曲线）按照指定的方向和距离（称为方向相量或路径）定义的。

【例 12-10】 使用平移网格（，tabsurf）命令创建一个三维平移网格。

操作步骤如下。

（1）在“俯视”视图“二维线框”视觉样式下，使用多段线画出波浪线 A 和水平直线 B，如图 12-18（a）所示，并将“俯视”视图转为“东北等轴测”视图，如图 12-18（b）所示。

（2）参照“直纹网格”例题中的准备工作，将直线 B 旋转 90°，其过程如图 12-18（c）～（e）所示。

(3) 在“三维建模”工作空间功能区中，依次单击“网格”选项卡→“图元”面板→“平移网格”，如图 12-18 (f) 所示，AutoCAD 提示：

选择用作轮廓曲线的对象：

(4) 在绘图区域中，依次选择轮廓曲线（波浪线 A）和方向相量（直线 B），如图 12-18 (g) 和 12-18 (h) 所示，则平移网格创建完成，如图 12-18 (i) 所示；使用“概念”视觉样式浏览，如图 12-18 (j) 所示。

(5) 提示列表：

1) 选择用做轮廓曲线的对象：指定沿路径扫掠的对象。路径曲线定义多边形网格的近似曲面。它可以是直线、圆弧、圆、椭圆、二维或三维多段线。从路径曲线上离选定点最近的点开始绘制网格。

2) 选择用做方向相量的对象：指定用于定义扫掠方向的直线或开放多段线。

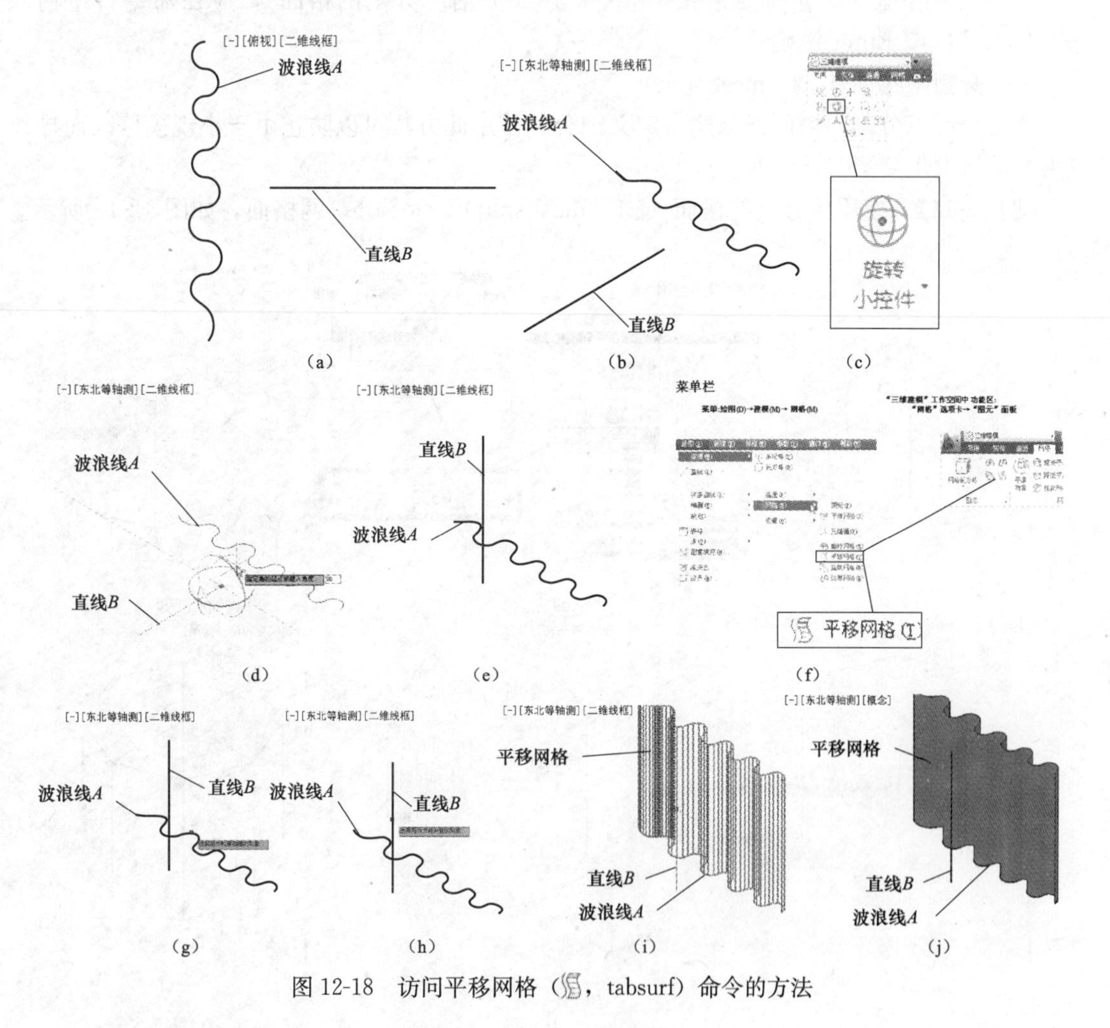

图 12-18　访问平移网格（，tabsurf）命令的方法

第四节　修 改 网 格 面

修改网格面的命令包括分割网格面（，meshsplit）、拉伸网格面（，meshextrude)、合并网格面（，meshmerge）、收拢网格面或边（，meshcollapse）、闭合孔（，meshcap）和旋转三角形网格面（，_ meshspin）等，以修改网格面形状。访问修改网格面的命令的方法参见图 12-1 D组。

修改网格面命令激活的方法如下。

（1）在“三维建模”工作空间“功能区”中。

“网格”选项卡→“网格编辑”面板→各子命令对应图标。如激活“分割网格面”，应依次单击“网格”选项卡→“网格编辑”面板→“分割面”。

（2）在所有工作空间中。

菜单栏：“修改”→“网格编辑”→各子命令。如激活“分割网格面”，应依次单击“修改”菜单→“网格编辑”→“分割面”。

命令行：输入对应命令后按 Enter 键。如激活“分割网格面”，应在命令行中输入“meshsplit”，按 Enter 键确认。

一、分割网格面（，meshsplit）

该命令可以分割网格面以创建自定义细分。使用此方法可以防止由于小规模修改而导致较大的区域发生变形。

【例 12-11】 使用“分割网格面（，meshsplit）”命令分割网格面，如图 12-19 所示。

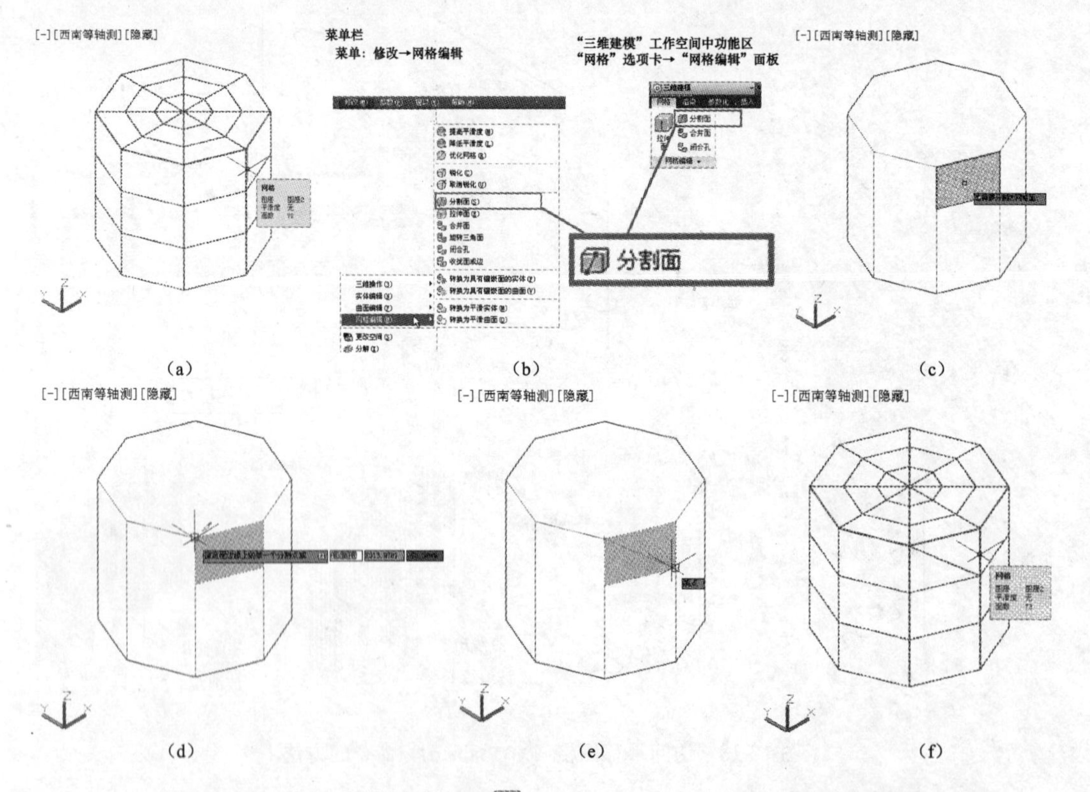

图 12-19 使用“分割网格面（，meshsplit）”命令分割网格面的过程

操作步骤如下。

（1）在“西南等轴测”视图“隐藏”视觉样式下绘制“网格圆柱体”，如图 12-19（a）

所示。

（2）在“三维建模”工作空间功能区中，依次单击“网格”选项卡→“网格编辑”面板→“分割面”，如图 12-19（b）所示，AutoCAD 提示：

选择要分割的网格面：

（3）在绘图区域中依次选择要分割的网格面，并指定面边缘上的第一个分割点和第二个分割点，如图 12-19（c）～(e) 所示，则完成了将一个网格面分割成两个网格面的任务，如图 12-19（f）所示。

（4）提示列表：

1）要分割的面：在绘图区域中，指定要拆分的网格面。

a. 面边上的第一个分割点。在要开始分割的网格面的边上设定位置。

b. 面边上的第二个分割点。在要定义分割路径的网格面的边上设置第二个位置。

2）顶点：将分割的第一个端点限制为网格顶点。

a. 第一个分割顶点。在网格面上指定顶点。

b. 面边上的第二个分割点。在要定义分割路径的网格面的边上设定第二个位置。

二、拉伸网格面（，meshextrude）

可以通过拉伸网格面命令向三维对象添加定义。拉伸其他类型的对象会创建独立的三维实体对象。但是，拉伸网格面会展开现有对象或使现有对象发生变形，并分割拉伸的面。

【例 12-12】 使用“拉伸网格面（，meshextrude)”命令拉伸网格面。

操作步骤如下。

（1）在“西南等轴测”视图“二维线框”视觉样式下绘制“网格圆柱体”，如图 12-20（a）所示。

（2）将视觉样式转为“带边框着色”，如图 12-20（b）所示。

（3）在“三维建模”工作空间功能区中，依次单击“网格”选项卡→“网格编辑”面板→“拉伸面”，如图 12-20（c）所示，AutoCAD 提示：

选择要拉伸的网格面或 [设置 (S)]：

（4）在绘图区域中，依次选择要拉伸的网格面并确定，指定拉伸的高度，如图 12-20（c）～(e) 所示；在“西南等轴测”视图“隐藏”视觉样式下浏览，如图 12-20（k）所示。

（5）如果需要拉伸多个网格面，则按照拉伸一个网格面的方法进行，其过程如图 12-20 (h)～(j) 所示；在“西南等轴测”视图“带边框着色”视觉样式下浏览，如图 12-20（f）所示。

（6）提示列表：

1）要拉伸的网格面：指定要拉伸的网格面。单击一个或多个面可将其选中。

2）设置：（仅当在选择面之前启动该命令时才可用）设定拉伸多个相邻网格面的样式。

3）拉伸高度：沿 Z 轴拉伸网格面。输入正值将沿 Z 轴正方向拉伸面。输入负值将沿 Z 轴负方向拉伸。多个网格面不必与相同的平面平行。

4）方向：指定拉伸的长度和方向（方向不能与拉伸创建的扫掠曲线所在的平面平行）。

5）路径：指定用于确定拉伸的路径和长度的对象（例如直线或样条曲线）。网格面的轮廓沿路径扫掠。扫掠网格面的新方向与路径的端点垂直。

6）倾斜角：设定拉伸的倾斜角度。正角度从基准网格面向内倾斜。负角度则向外倾斜。

默认角度 0 表示垂直于网格平面拉伸面。

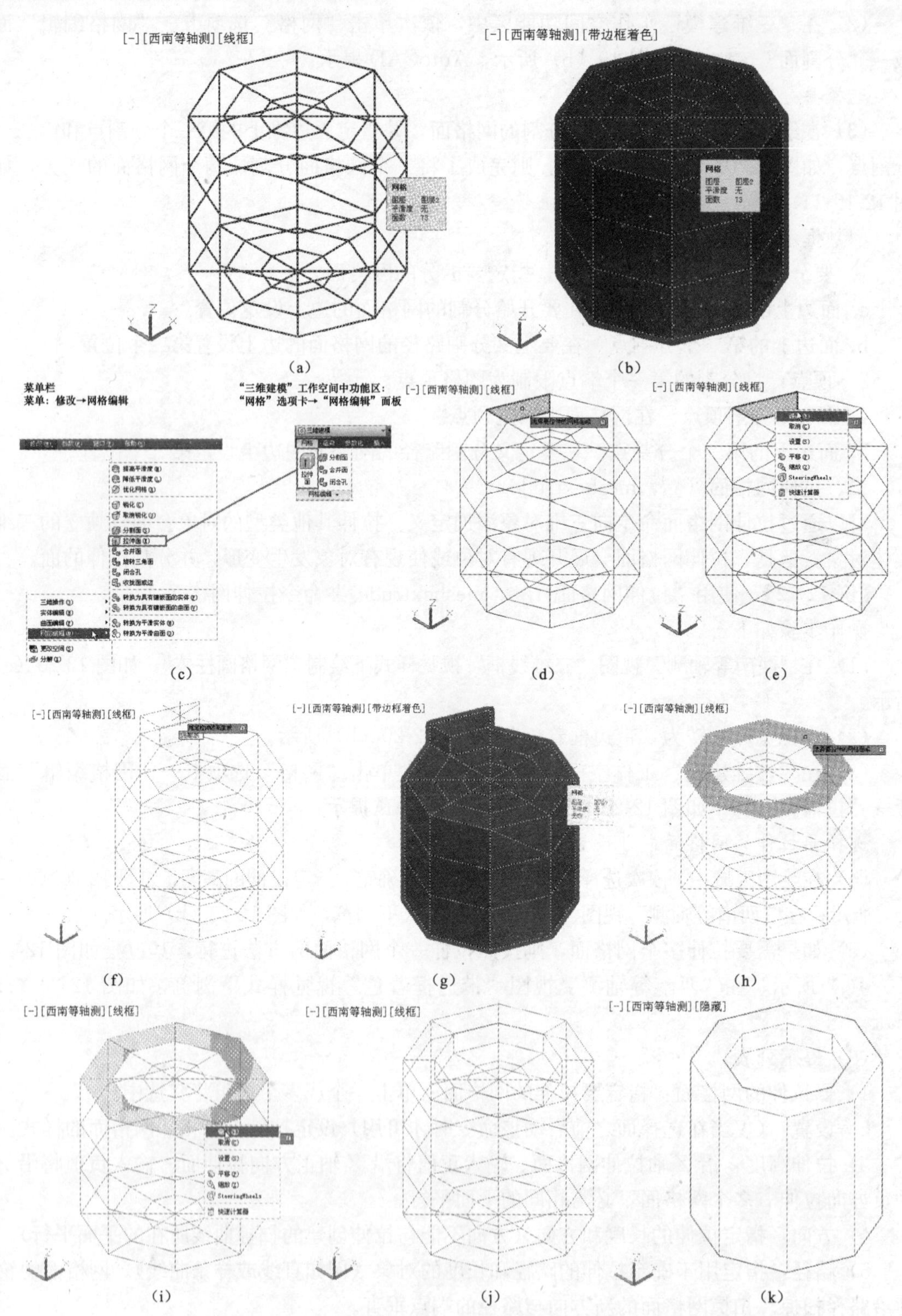

图 12-20　使用"拉伸网格面（ ，meshextrude）"命令拉伸网格面的过程

三、合并网格面（，meshmerge）——**重新配置相邻的网格面**

该命令可以通过重新配置相邻面来扩展编辑选项。产品提供几个选项：合并相邻面。合并相邻面以形成单个面。合并最适用于在同一平面上的面。

【例 12-13】 使用“合并网格面（，meshmerge）”命令合并网格面。

操作步骤如下。

(1) 在“西南等轴测”视图“带边框着色”视觉样式下绘制“网格圆柱体”，如图 12-21（a）所示；将视觉样式转为“二维线框”，如图 12-21（b）所示。

(2) 在“三维建模”工作空间功能区中，依次单击“网格”选项卡→“网格编辑”面板→“合并面”，如图 12-21（c）所示，AutoCAD 提示：

选择要合并的相邻网格面：

(3) 在绘图区域中，依次选择要合并的相邻的网格面，如图 12-21（d）、（e）所示，则选择的网格面合并为一个网格，如图 12-21（f）所示；在“西南等轴测”视图“带边框着色”视觉样式下浏览，如图 12-21（g）所示。

(4) 提示列表。

选择要合并的相邻面：指定要合并的网格面。单击每个面可将其选中。

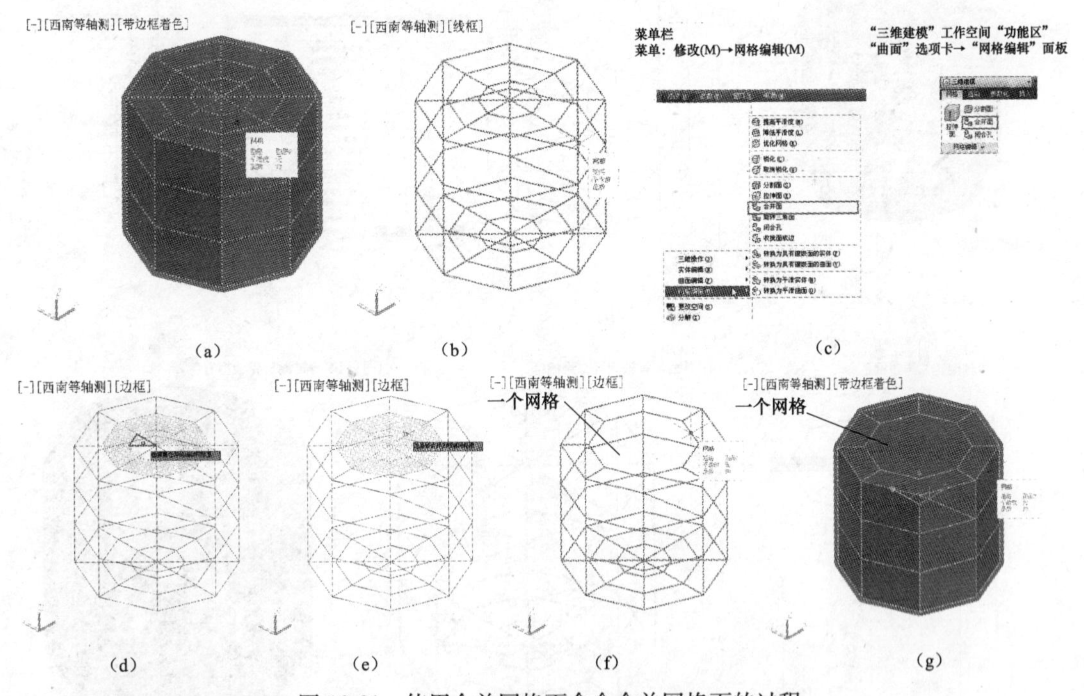

图 12-21　使用合并网格面命令合并网格面的过程

四、收拢网格面或边（，meshcollapse）——**收拢网格顶点**

该命令用于合并选定网格面或边的顶点。可以使周围的网格面的顶点在选定边或面的中心收敛。周围的面的形状会更改以适应一个或多个顶点的丢失。

【例 12-14】 使用收拢网格面或边命令，将周围面的相邻顶点合并以形成单个点，如图 12-22 所示。

操作步骤如下。

（1）在“西南等轴测”视图“带边框着色”视觉样式下绘制带有一个大网格的网格圆柱体（在讲述合并网格面命令时完成的图形），如图 12-22（a）所示。为了便于操作，改变成“西南等轴测”视图“二维线框”视觉样式，如图 12-22（b）所示。

（2）在“三维建模”工作空间功能区中，依次单击“网格”选项卡→“网格编辑”面板→“收拢面或边”，如图 12-22（c）所示，AutoCAD 提示：

选择要收拢的网格面或边：

（3）在绘图区域中，选择要收拢的网格面或边（合并的大网格面），如图 12-22（d）所示，则“合并的大网格面”的中心变成了“要收拢的网格面或边”的中心，该“网格面”消失了，如图 12-22（e）所示，在“西南等轴测”视图“带边框着色”视觉样式下浏览，如图 12-22（f）所示。

（4）提示列表。

选择要收拢的网格面或边：指定其中的点成为周围面收敛点的网格边或面。单击单个网格边或面。

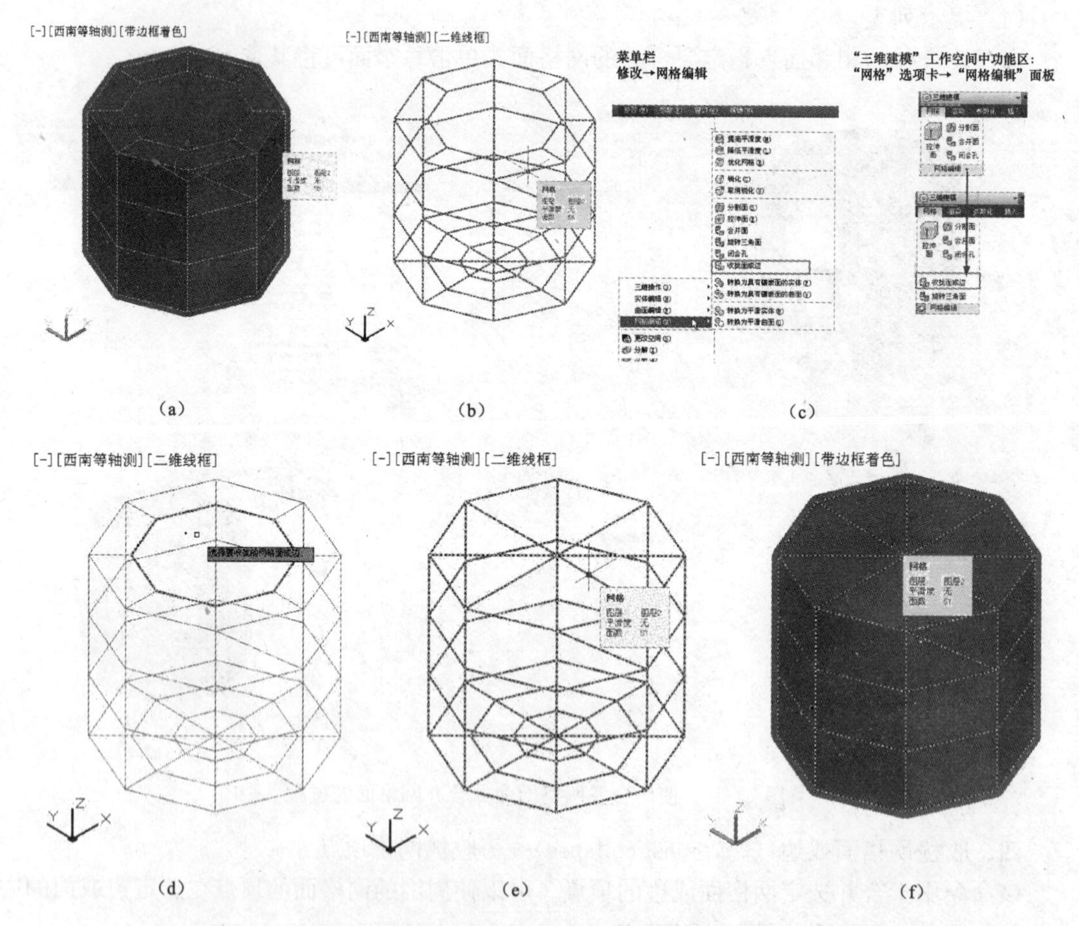

图 12-22　使用收拢网格面或边命令收拢周围面的相邻顶点的过程

五、旋转三角形网格面（，_meshspin）

该命令能够旋转两个三角面所共用的边。旋转共用边以便从相对的顶点延伸。当相邻三角形形成矩形而不是三角形时，此方法最适用。

【例 12-15】 使用旋转三角形网格面（，_ meshspin）命令旋转三角形网格面。

操作步骤如下。

（1）为了作图方便，调出“网格图元选项”对话框，调整“网格棱锥体”的“镶嵌细分值”，将其长度、高度、基点的值均设定为 2，如图 12-23（a）所示。

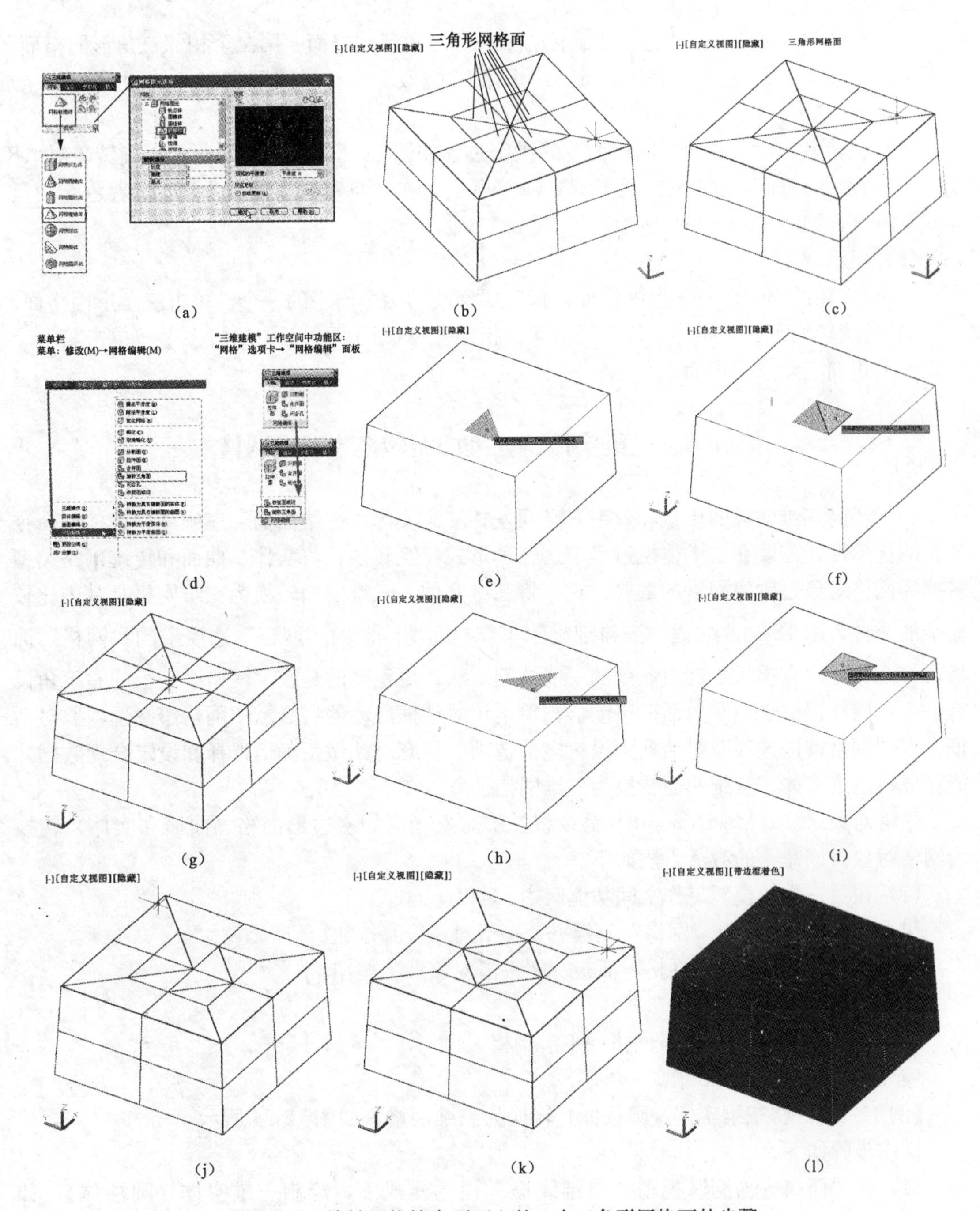

图 12-23　旋转网格棱台顶面上的 8 个三角形网格面的步骤

（2）在“西南等轴测”视图“隐藏”视觉样式下，绘制“网格棱台”，如图 12-23（b）所示；为了便于观察，使用“动态旋转”工具，将“西南等轴测”视图旋转成“自定义视图”，如图 12-23（c）所示。

（3）在“三维建模”工作空间功能区中，依次单击“网格”选项卡→“网格编辑”面板→“旋转三角面”，如图 12-23（d）所示，AutoCAD 提示：

选择要旋转的第一个三角形网格面：

（4）在绘图区域中，依次选择要旋转的第一个三角形网格面、第二个相邻三角形网格面，如图 12-23（e）、（f）所示，在“自定义视图”“隐藏”视觉样式下浏览，如图 12-23（g）所示。

（5）旋转另一对“三角形网格面”的操作过程如图 12-23（h）~（j）所示；旋转 4 对（8 个）“三角形网格面”的效果如图 12-23（k）所示，在“自定义视图”“带边框着色”视觉样式下浏览，如图 12-23（l）所示。

（6）提示列表。

1）要旋转的第一个三角形网格面：指定要修改的两个面中的一个。单击三角形网格面。

2）要旋转的第二个相邻三角形网格面：指定要修改的两个面中的另一个。单击第一个选定面旁边的三角形网格面。

第五节　三维实体、三维曲面转换为三维网格

为了提高三维建模的质量和效率，必须发挥三维实体、三维曲面和三维网格建模的命令各自的优越性，需要在三维建模过程中这三种形式相互转换；将实体、曲面和传统网格类型转换为网格对象是创建网格的重要方式。将三维实体、三维曲面转换为三维网格是其中比较复杂的一种，图 12-1 C组 是“三维建模”工作空间功能区的“网格”选项卡的“网格”面板的 6 个命令，它提供了这组命令的一些访问方法；更重要的是在“网格”面板的右下角设有一个“网格镶嵌选项”对话框启动器；单击该对话框启动器将显示“网格镶嵌选项”对话框。在“网格镶嵌选项”对话框中设有多个选项。只有对此做正确地选择和设定合理数据才能完成将三维实体、三维曲面转换为三维网格任务。

平滑对象（，Meshsmooth）命令将三维对象（例如多边形网格、曲面和实体）转换为网格对象。该命令的激活方法如下。

（1）在“三维建模”工作空间功能区中：

“常用”选项卡→“网格”面板→“平滑对象”按钮。

“网格”选项卡→“网格”面板→“平滑对象”按钮。

（2）在所有工作空间中：

菜单栏：绘图→建模→网格→平滑网格。

命令行：Meshsmooth。

【例 12-16】 将三维实体（圆柱体）转换为三维网格，如图 12-24 所示。

操作步骤如下。

（1）在“西南等轴测”视图“二维线框”视觉样式下，绘制三维实体（圆柱体），如图 12-24（a）所示。

（2）在“三维建模”工作空间功能区中，依次单击“网格”选项卡→“网格”面板→“平滑对象”，如图 12-24（b）所示，AutoCAD 提示：

选择要转换的对象：

（3）在绘图区域中，单击该三维实体，如图 12-24（b）所示，并按 Enter 键，则“三维实体”变成了“网格圆柱体”，如图 12-24（d）所示；在“西南等轴测”视图“带边框着色”视觉样式下浏览，如图 12-24（e）所示。

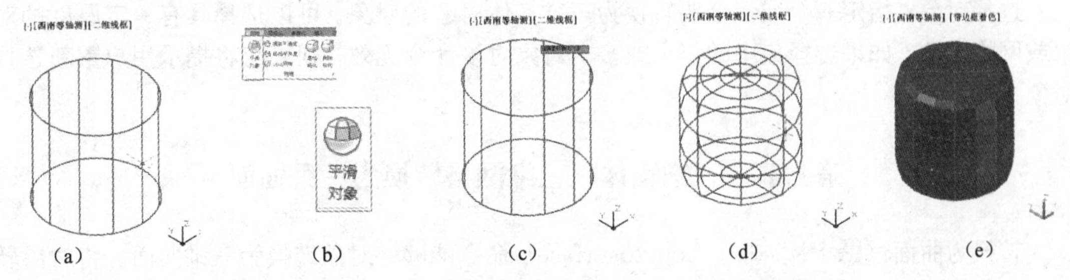

图 12-24　将三维实体（圆柱体）转换为网格的步骤

第六节　三维曲面、三维网格转换为三维实体

转换为实体（转换为实体，Convtosolid）命令将具有一定厚度的三维网格、封闭的曲面以及多段线和圆转换为三维实体。

该命令的激活方法如下。

（1）在“三维建模”工作空间功能区中。

“网格”选项卡→“转换网格”面板→“转换为实体”。

（2）在所有工作空间中。

菜单栏：修改→三维操作→转换为实体。

命令行：Convtosolid。

【例 12-17】 将网格（沙发）和封闭的三维曲面（桶形曲面）转换为三维实体。

操作步骤如下。

（1）使用“三维网格长方体”网格拉伸命令创建沙发，如图 12-25（a）所示；在“西南等轴测”视图“概念”视觉样式下，观察该沙发，如图 12-25（b）所示。

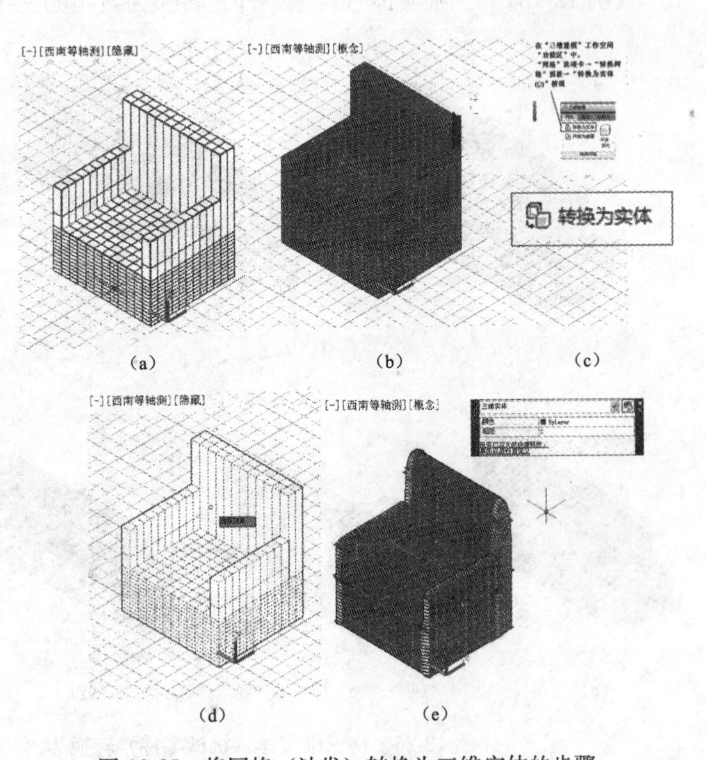

图 12-25　将网格（沙发）转换为三维实体的步骤

(2) 在“三维建模”工作空间功能区中，依次单击“网格”选项卡→“转换网格”面板→“转换为实体”，如图 12-25 (c) 所示，AutoCAD 提示：

选择对象：

(3) 在绘图区域中，使用鼠标单击该沙发，如图 12-25 (d) 所示，并按 Enter 键，该沙发转换为实体沙发，如图 12-25 (e) 所示。

(4) 提示列表。

选择对象：指定一个或多个要转换为三维实体对象的对象。可以选择具有一定厚度的对象或网格对象。如果选择集中的一个或多个对象对该命令无效，则系统将提示用户重新选择对象。

第七节 三维实体、三维网格转换为三维曲面

转换为曲面（转换为曲面，Convtosurface）命令能够将对象转换为三维曲面。将对象转换为曲面时，可以指定结果对象是平滑的还是具有镶嵌面的。

该命令的激活方法如下。

(1) 在“三维建模”工作空间功能区中。

“网格”选项卡→“转换网格”面板→“转换为曲面”。

(2) 在所有工作空间中。

菜单栏：修改→三维操作→转换为曲面。

命令行：Convtosurface。

【例 12-18】 三维实体（机械零件）转换为封闭的三维曲面，其过程如图 12-26 所示。

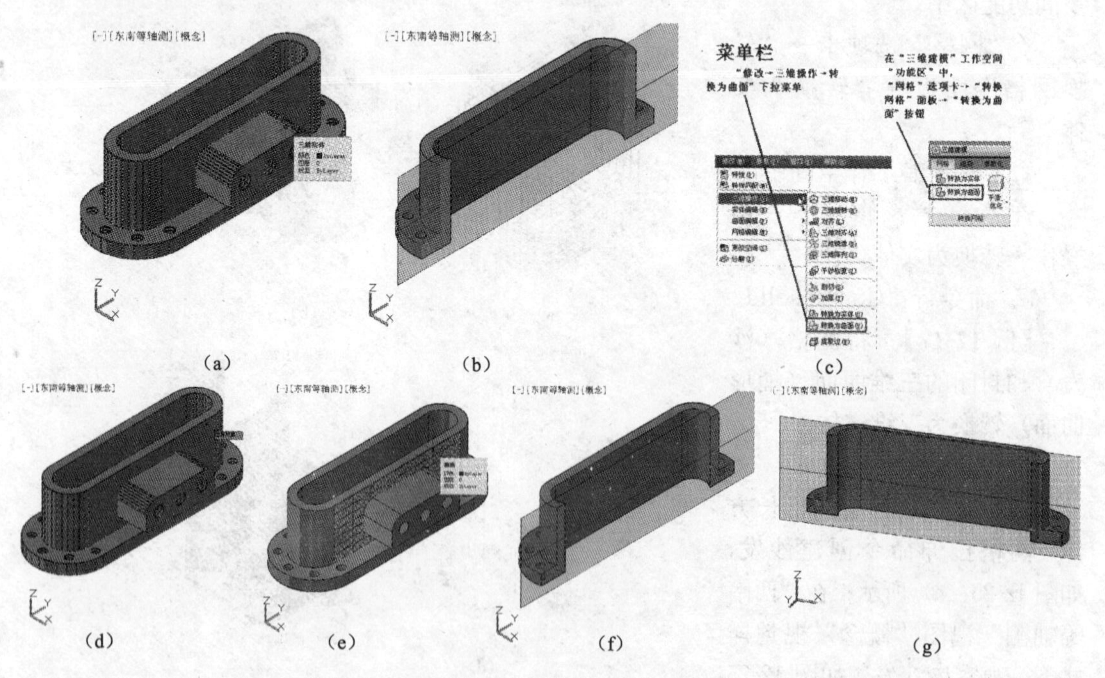

图 12-26 将三维实体（机械零件）转换为封闭的三维曲面的过程

操作步骤如下。

(1) 在“西南等轴测”视图“概念”视觉样式下，打开一个三维实体（机械零件），如图 12-26 (a) 所示；观看该“三维实体（机械零件）”的三维截面图，如图 12-26 (b) 所示。

(2) 在“三维建模”工作空间功能区中，依次单击“网格”选项卡→“转换网格”面板→“转换为曲面”，如图 12-26 (c) 所示，AutoCAD 提示：

选择对象：

(3) 在绘图区域中，使用鼠标左键单击该“三维实体”，如图 12-26 (d) 所示，并按 Enter 键，该“三维实体”转换为封闭的三维曲面，如图 12-26 (e) 所示。

(4) 使用“西南等轴测”视图“概念”视觉样式和“动态观察”工具浏览该“机械零件”的三维截面图，如图 12-26 (f) 和 12-26 (g) 所示。

(5) 提示列表。

选择对象：指定一个或多个要转换为曲面的对象。如果选择集中的一个或多个对象对该命令无效，则系统将提示用户重新选择对象。

本章小结

本章主要介绍了 AutoCAD 2015 三维网格建模和三维网格编辑命令的激活方式、使用方法和功能。通过对本章的“理论联系实际例题”的学习，学生能较准确地理解这些命令的基本功能和含义。通过大量 AutoCAD 的实践将会对这些命令有更深刻的理解。

习题十二

使用“三维网格长方体”网格拉伸命令创建如图 12-27 所示的沙发。

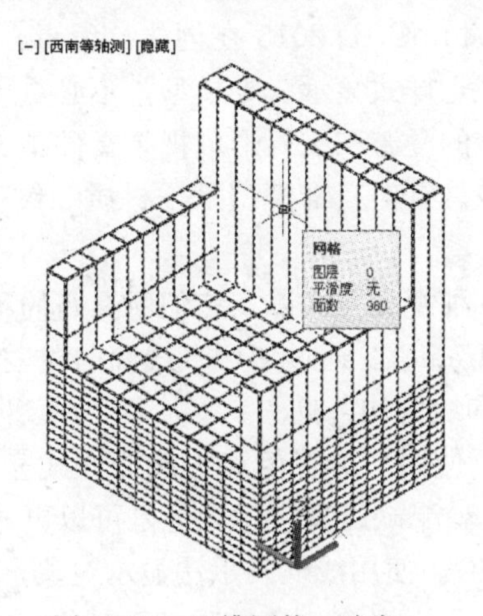

图 12-27　三维网格（沙发）

第十三章　三维模型的视觉样式和渲染

教学目标

本章主要介绍了10种视觉样式的特点和设置方法以及使用条件。通过对本章的学习，读者应理解和掌握各种视觉样式的使用方法和三维模型的渲染方法，以及渲染时三维模型的材质、纹理、光线和环境等条件的设置方法。

教学重点

（1）三维模型的视觉样式和渲染的意义。

（2）三维模型的视觉样式的特点及使用方法。

（3）三维模型渲染命令的含义及使用方法。

AutoCAD 2015三维模型的视觉样式和渲染是创建三维模型的重要学习和实践环节，创建三维模型的过程中，要不断地根据需要变更其视觉样式。三维模型渲染出的效果图常常是许多行业的最终产品。三维模型的渲染要考虑三维模型的材质、纹理、光线和环境等条件。对于建筑设计还要考虑该建筑物的地理位置（经纬度和海拔）、渲染的日期和时刻对阳光、阴影的影响——对渲染效果的影响。

第一节　三维模型的视觉样式

AutoCAD 2015使用三维模型的视觉样式命令（Vscurrent）为当前视口中的三维模型提供10种不同的视觉样式，AutoCAD 2015在创建、编辑、浏览一个三维模型时，可以根据不同需要选择使用不同的视觉样式显示三维模型，不必重新生成图形就可以应用不同的视觉样式的三维模型。三维模型的漫游和飞行形成视频文件是AutoCAD 2015成果输出的重要方式，其要求的视觉样式应该具有对三维模型赋予材质和纹理（含贴图），并可以设置背景光照等属性。

一、AutoCAD 2015的10种视觉样式以及它们所具有的不同特点

（1）二维线框（2D Wireframe）。通过使用直线和曲线表示边界的方式显示对象。注意：光栅图像、OLE对象、线型和线宽均可见。

（2）概念（Conceptual）。使用平滑着色和古氏面样式显示对象。古氏面样式在冷暖颜色而不是明暗效果之间转换。效果缺乏真实感，但是可以更方便地查看模型的细节。

（3）消隐（隐藏，Hidden）。使用线框表示法显示对象，而隐藏表示背面的线。

（4）真实（Realistic）。使用平滑着色和材质显示对象。

（5）着色（Shaded）。使用平滑着色显示对象。

（6）带边缘着色（Shaded with Edges）。使用平滑着色和可见边显示对象。

（7）灰度（Shades of Gray）。使用平滑着色和单色灰度显示对象。

(8) 勾画 (Sketchy)。使用线延伸和抖动边修改器显示手绘效果的对象。

(9) 线框 (Wireframe)。通过使用直线和曲线表示边界的方式显示对象。

(10) X 射线 (X-ray)。以局部透明度显示对象。

图 13-1 显示了同一幢房子在默认设置条件下的 10 种不同视觉样式所具有的不同特点；可以仔细观察它们之间的异同点，考虑其各自适用的场所。

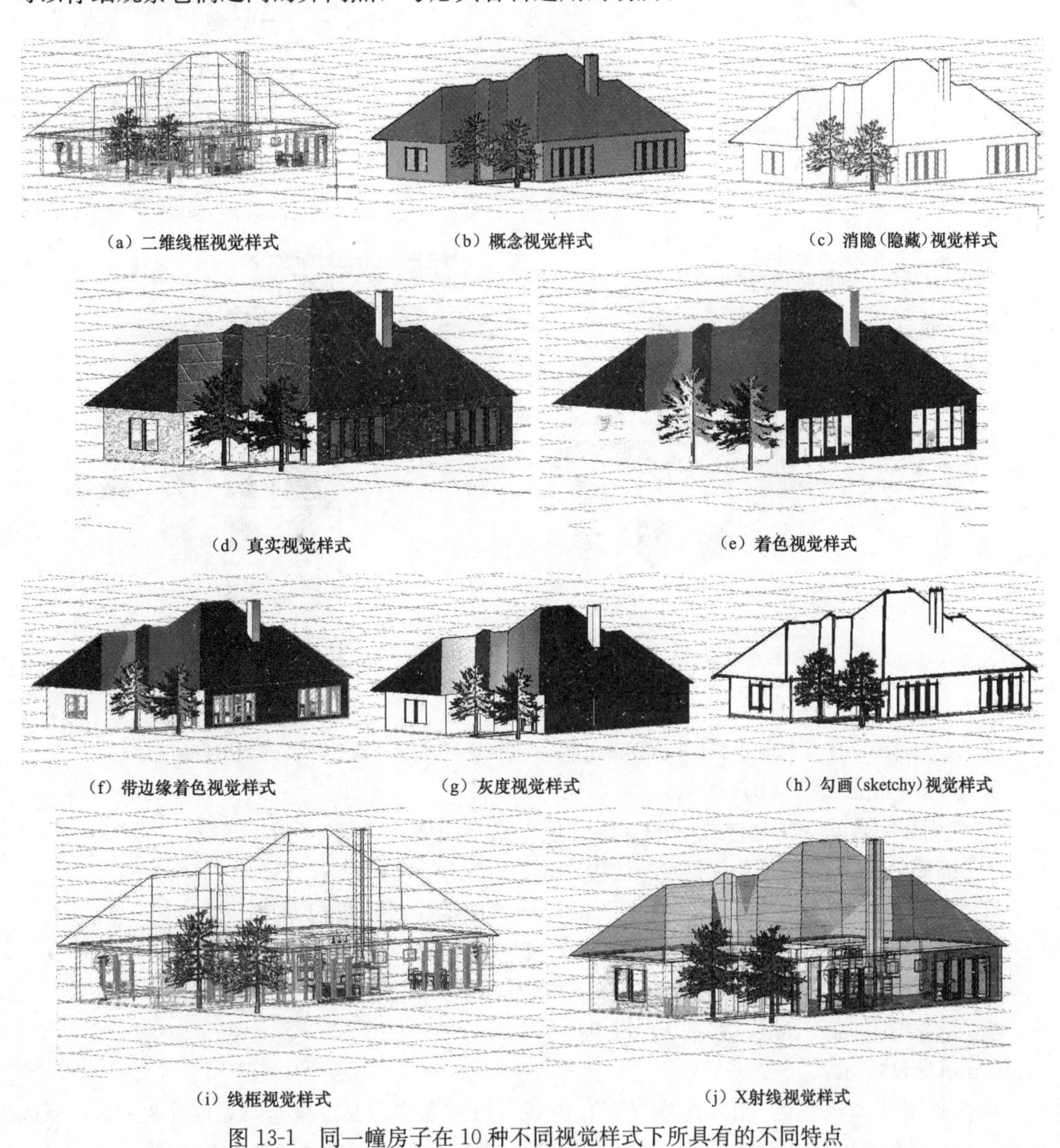

图 13-1　同一幢房子在 10 种不同视觉样式下所具有的不同特点

二、访问“三维模型视觉样式命令”的方法

三维模型视觉样式命令对应的关系如图 13-2 所示。

访问“三维模型视觉样式命令”和“视觉样式管理器”对话框的方法如下。

绘图区左上角，如图 13-2 (a) 所示。

[俯视] [二维线框] 下拉菜单。

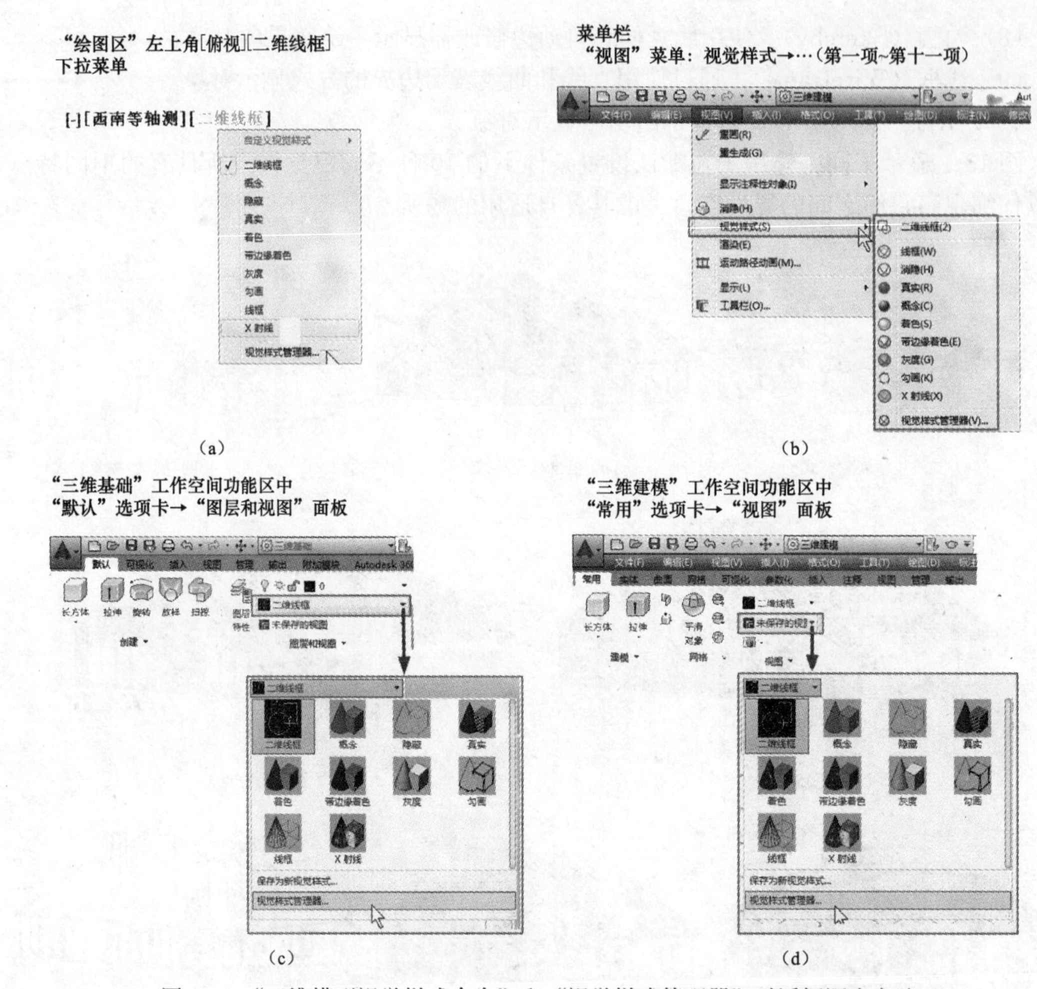

图 13-2 "三维模型视觉样式命令"和"视觉样式管理器"对话框调出方法

菜单栏，如图 13-2（b）所示：

"视图"菜单→视觉样式→…（第一项～第十一项）。

"三维基础"工作空间功能区中，如图 13-2（c）所示：

"默认"选项卡→"图层和视图"面板→"视觉样式"下拉菜单。

"三维建模"工作空间功能区中，如图 13-2（d）所示：

"常用"选项卡→"视图"面板→"视觉样式"下拉菜单。

命令行：vscurrent，并按 Enter 键。

AutoCAD 提示：

输入选项［二维线框（2）/线框（W）/隐藏（H）/真实（R）/概念（C）/着色（S）/带边缘着色（E）/灰度（G）/勾画（SK）/X 射线（X）/其他（O）/当前（U）］〈当前〉：

"三维模型视觉样式命令"调出的目的：①更换新的视觉样式（单击新的视觉样式按钮后，单击"保存为新视觉样式"按钮）；②单击"视觉样式管理器"按钮，弹出"视觉样式管理器"对话框。在"视觉样式管理器"对话框中可以对实体对象"视觉样式"命令中所包含的这 10 种视觉样式的参数编辑的多项设置进行进一步设定，形成在特定条件下用户合用的视觉样式，并且可以存放在"工具选项板"上，以备专用。

三、“视觉样式管理器”对话框

“视觉样式管理器”对话框可以对图形中所使用的“视觉样式”的参数进行设定，如图 13-3 和图 13-4 所示。

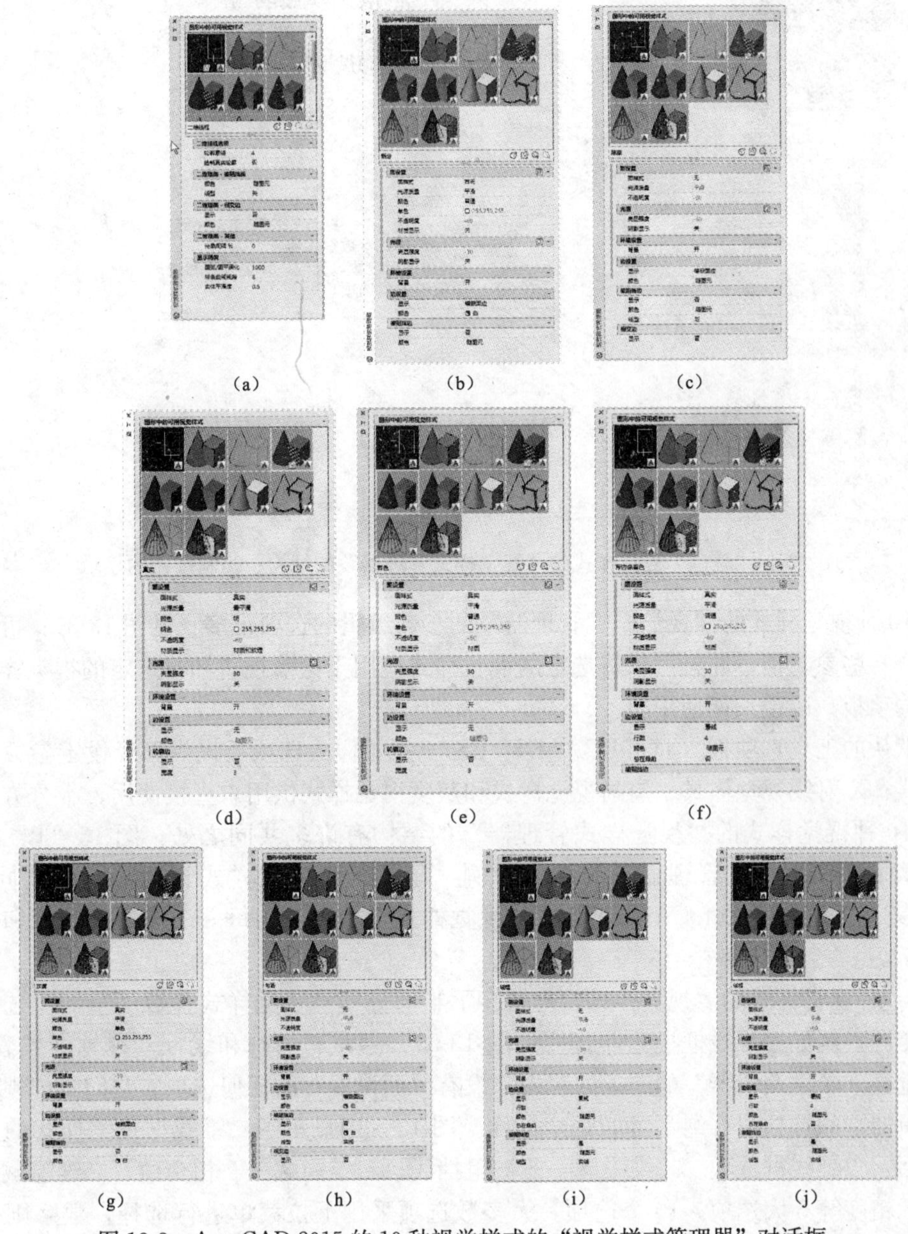

(a)　(b)　(c)　(d)　(e)　(f)　(g)　(h)　(i)　(j)

图 13-3　AutoCAD 2015 的 10 种视觉样式的“视觉样式管理器”对话框

视觉样式管理器的结构，控制按钮的显示如图 13-4 所示。它由“视觉样式样例图像”和“视觉样式参数编辑器”上、下两部分组成。由于视觉样式管理器的结构复杂，尺寸较大。为了展示和操作方便，在选定需要编辑的“视觉样式”后，可以按动“视觉样式样例图像”开关按钮，关闭“视觉样式样例图像”部分；或拖动视觉样式管理器上、下部分调整按钮以改变上、下两部分的比例。

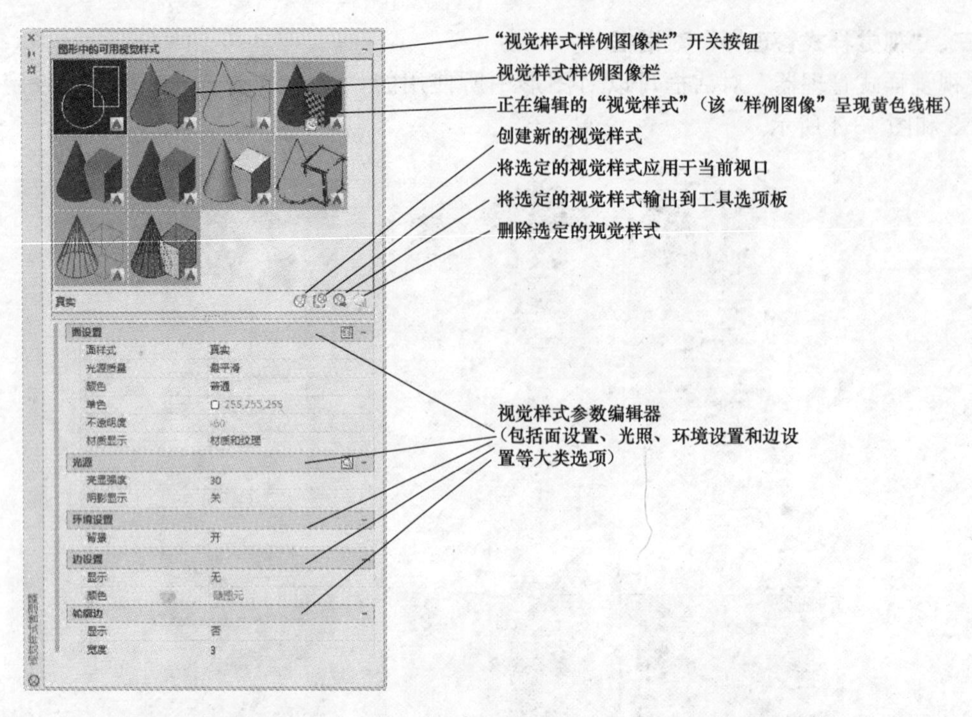

图 13-4　"着色"视觉样式的"视觉样式管理器"的结构、控制按钮的显示

这 10 种视觉样式的"视觉样式管理器"的参数编辑的选项很多（见图 13-3）；可以根据需要改变一些参数值，并且可以将选定的视觉样式应用于当前视口和将选定的视觉样式输出到工具选项板，以便长期使用。

在默认的工具选项板（TOOLPALETTES）→视觉样式选项板提供已经设定参数的三种视觉样式：X 射线视觉样式、勾画视觉样式和灰度视觉样式供用户直接使用，十分方便。

这 10 种视觉样式的"视觉样式管理器"的结构有许多共同之处，图 13-4 以"着色"视觉样式的"视觉样式管理器"的结构为例，显示出"视觉样式管理器"的共同结构。读者可以通过上机对 AutoCAD 2015 的"视觉样式管理器"的每一个按钮的功能和操作方法进行练习。

这 10 种视觉样式的"视觉样式管理器"下半部分即"视觉样式参数编辑器"选项的内容都不相同：例如二维线框视觉样式（见图 13-5）、隐藏、勾画和线框"视觉样式管理器"的"视觉样式参数编辑器"的选项内容中都没有"面设置"的任何选项。它们的"视觉样式参数编辑器"的选项内容绝不可能完全一样。图 13-5 中显示了二维线框视觉样式的选项内容，包括：二维线框选项、二维隐藏——被阻挡线、二维隐藏——相交边、二维隐藏——其他和显示精度等 5 大选项，10 个选项。大多数选项采用下拉菜单进行选择，数字则可以用输入方法输入。弹出的"选择颜色"对话框仅在 256 种颜色中进行选择。从中可以看出：二维线框视觉样式主要用于绘图。

概念、真实、着色、带边缘着色、灰度和 X 射线的"视觉样式管理器"都有"面设置"。图 13-6 显示了"带边缘着色"视觉样式的"视觉样式管理器"的选项内容，具有一定的代表性。它有 4 大类近 20 个选项。大多数选项采用下拉菜单进行选择，数字可以用输入方法输入。它们都有极强的颜色功能；弹出的"选择颜色"对话框，在"真彩色"、"索引颜色”（即 256 种颜色）和“配色系统”中进行选择；它们都允许使用“背景”、“光照”和“材质和纹理”，这样，在这 6 种视觉样式下“绘图区”可以展现出接近于渲染的画面效果，为三维模型的漫游和飞行形成视频文件创造了条件。

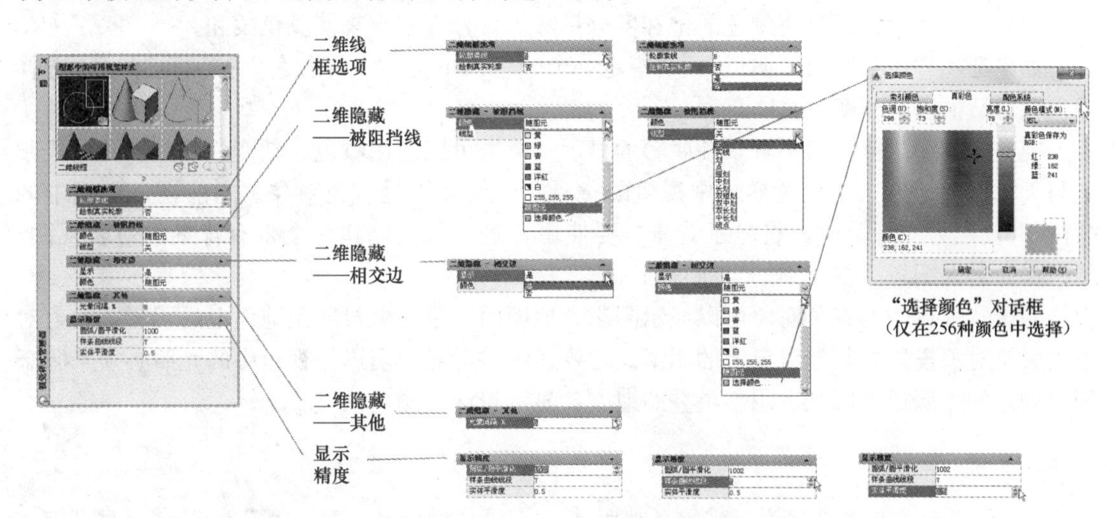

图 13-5　二维线框视觉样式的“视觉样式管理器”的选项内容

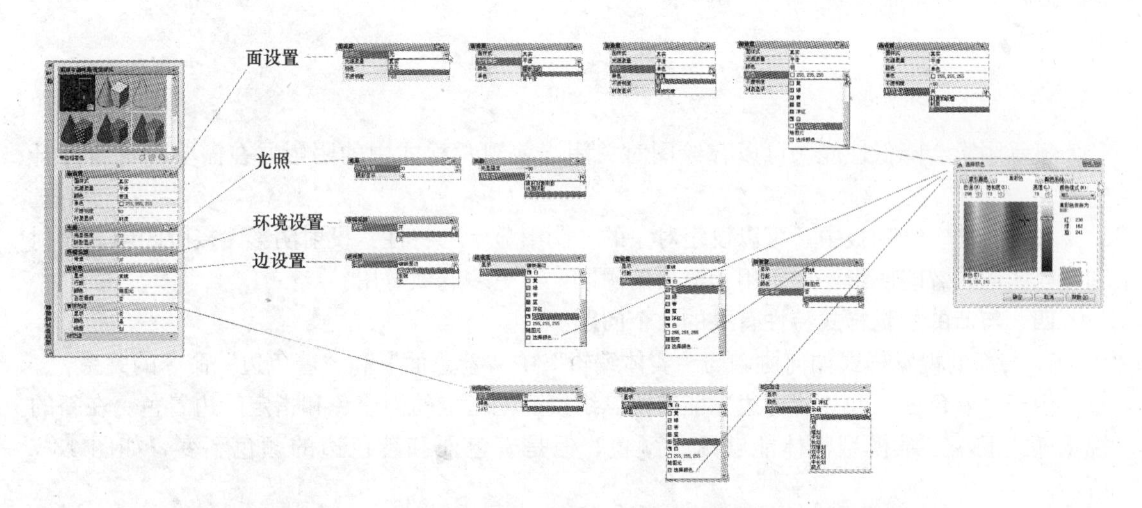

图 13-6　“带边缘着色”视觉样式的“视觉样式管理器”的选项内容

图 13-6 中，在样例图像中选定当前视觉样式后，在“面设置”的“面样式”下选择以下选项之一：

（1）真实：以尽可能接近于面在现实中的显示方式对面进行着色。

（2）古氏：使用冷色和暖色而不是暗色和亮色来增强面的显示效果，在真实显示中这些面可能会被附加阴影而很难看。

（3）无：不应用面样式。其他面样式被禁用。

在样例图像中选定当前视觉样式后，在“面设置”的“材质和颜色”的“面颜色模式”下，选择以下选项之一：

（1）普通：不应用面颜色修改器。

（2）单色：以一种指定颜色的着色显示面。

（3）明色：根据一种指定颜色来更改面颜色的色调和饱和度值。

（4）降饱和度：通过将颜色的饱和度分量降低百分之三十来使颜色柔和。

如果选择“单色”或“明色”，请指定一个颜色。单击“选择颜色”按钮可弹出“选择颜色”对话框以选择颜色。

视觉样式还控制视口中背景和阴影的显示。背景可以使用颜色、渐变色填充、图像或阳光与天光作为任何三维视觉样式中视口的背景，即使其不是着色对象。当前视觉样式中的“背景”设定为“开”时，将显示背景。要使用背景，首先创建一个带有背景的命名视图，然后将命名视图置为视口中的当前视图。

阴影，视口中的着色对象可以显示阴影。地面阴影是对象投射到地面上的阴影。映射对象阴影是对象投射到其他对象上的阴影。若要显示映射对象阴影，视口中的光照必须来源于用户创建的光源或者阳光。阴影重叠的地方，显示较深的颜色。

注 意

若要显示映射对象阴影，需要硬件加速。关闭“增强的三维性能”后，将无法显示映射对象阴影。要访问这些设置，需在命令提示下输入“3dconfig”。在“自适应降级和性能调节”对话框中单击“手动调节”。

显示阴影会降低性能。可以在绘图时关闭当前视觉样式中的阴影并在需要时重新打开它们。

在“特性”选项板中，可以设定对象的“阴影显示”特性：投射阴影、接收阴影、投射和接收阴影或忽略阴影。对于用于渲染的阴影，有更多选项可用。

四、与新的视觉样式特性有关的几个问题

1. 与新的视觉样式如何协调与“实体编辑”中“着色面”和“着色边”命令的关系

由于“着色面”和“着色边”能够使三维模型上指定的面着色和指定的边着色。在新的视觉样式下，三维模型整体能够赋予颜色，但是着色面和着色边的颜色不变，如图 13-7 所示。

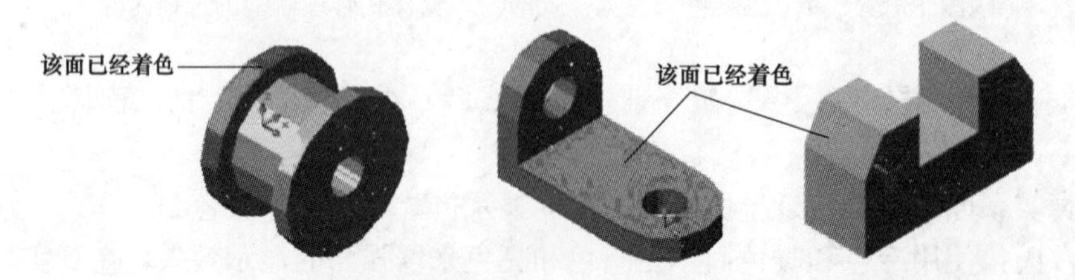

图 13-7　三维模型整体能够赋予“颜色”而着色面和着色边的颜色不变

2. 充分利用新的视觉样式可以赋予颜色的功能以获得较好的视觉效果

为了获得较好的视觉效果，在“真实”等多种视觉样式中，可以将三维模型所在图层的颜色设定为24位真颜色中比较有“质感”的颜色——黄金颜色、白银颜色等（见图13-8），三维实体零件的颜色——黄金颜色可以按图13-8的显示在“索引颜色”、“真色彩”和“配色系统”中设定值（RGB颜色模式，红=163，绿=165，蓝=79）。

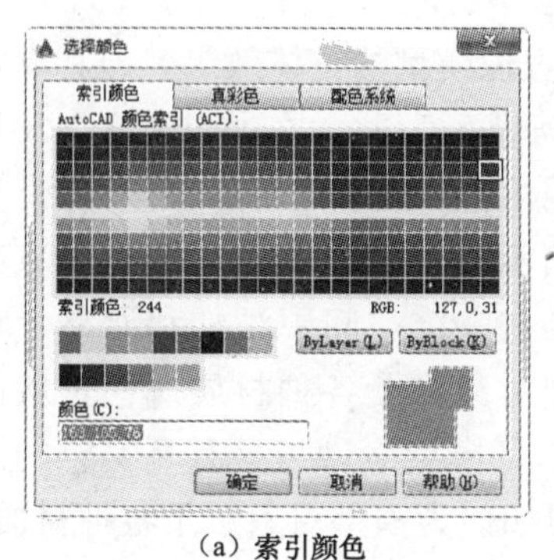

（a）索引颜色

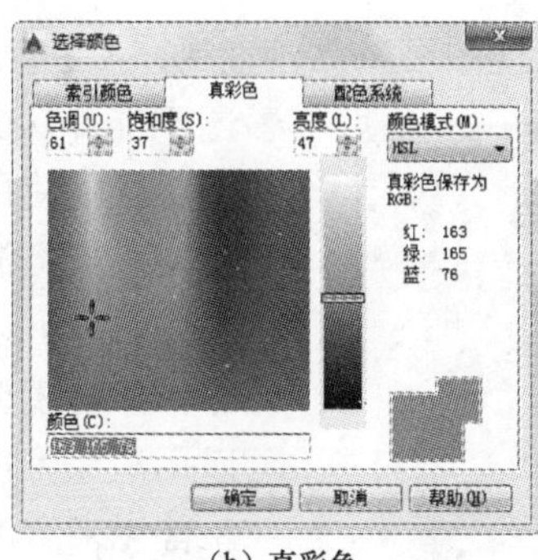

（b）真彩色

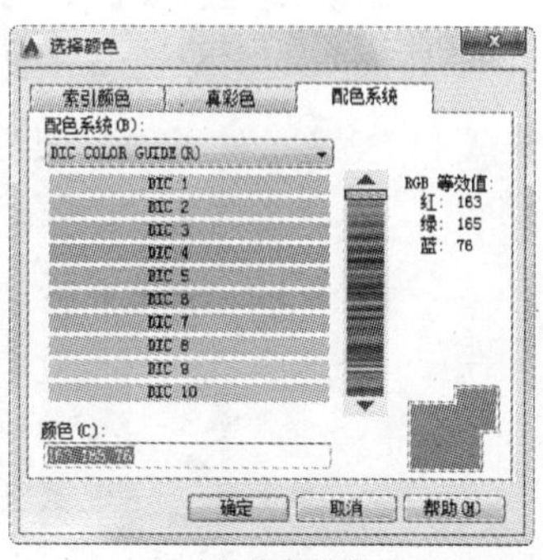

（c）配色系统

图13-8　黄金颜色的设定值

3. 多种新的视觉样式能够在“绘图区”利用“材质”或“材质和纹理”、“背景”和“光照”的设置来获得较佳的效果图

图13-9为某房间的“绘图区”效果图。“材质”或“材质和纹理”、“背景”和“光照”设置系统原本是渲染的专利；如今，多种新的视觉样式也能够共享这一系统了。按照习惯：还是在下一节对“材质”或“材质和纹理”、“背景”和“光照”设置系统做详细地介绍。

图13-9　某房间的“绘图区”效果图

第二节　三维模型的渲染

三维模型的渲染运用几何图形、光源和材质将模型渲染为具有真实感的图像。通过对三维模型的渲染可以实现以下功能：

（1）为图形对象赋予材质。

（2）选择材质设置和编辑材质的光学特性。

（3）设置贴图。

（4）创建和使用背景和配景。

（5）“高级渲染设置”选项板中设置。

（6）创建渲染视图并查看统计信息。

一、三维模型渲染命令的概述

虽然模型的消隐视图和着色视图可以比较直观、形象地表现模型的整体效果，但其真实感还不能令人满意。为此，在 AutoCAD 2015 中，还可以使用渲染命令（Render）来为模型创建具有最终演示质量的渲染图。在使用渲染命令之前，可以在三维空间中添加和调整各种光源，并为模型对象赋予各种材质属性，从而可以用渲染命令将模型渲染为具有真实感的图像。首先来学习如何为模型对象赋予各种材质，以使渲染后的模型具有极为真实的视觉效果。图 13-10 为某室内装饰的渲染效果图。它充分显示了 AutoCAD 2015 在工业设计、产品开发和艺术造型等领域的能力。

图 13-10　某室内装饰的渲染效果图

对三维模型进行渲染时，首先要对其场景（Sence，包括三维模型及其材质和纹理、光照、背景等）进行设置，使用的命令较多，访问与渲染相关命令的路径如图 13-11 所示。

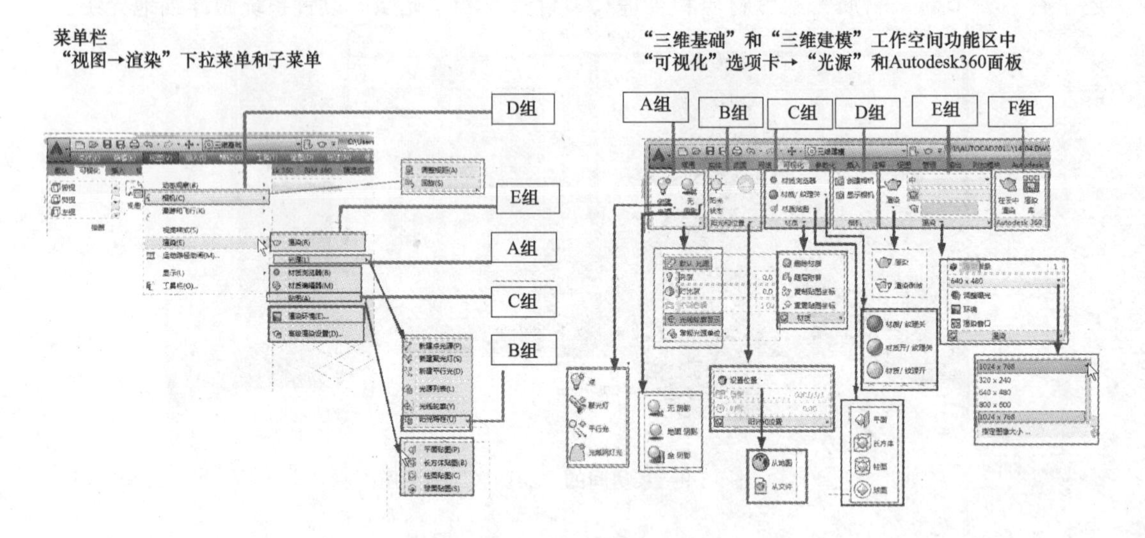

图 13-11　访问与渲染有关的命令

图 13-11 中：

菜单栏的“视图→渲染”下拉菜单和子菜单，参见图 13-11 的左半部分。

（1）在“三维基础”工作空间功能区中。

“可视化”选项卡→“光源”、“阳光和位置”、“材质”、“渲染”和 Autodesk360 面板，而且包括滑出式面板。依次参见图 13-11 A 组、B 组、C 组、E 组和 F 组。

(2) 在“三维建模”工作空间功能区中。

🖰“可视化”选项卡→“光源”、“阳光和位置”、“材质”、“相机”、“渲染”和 Autodesk360 面板，而且包括滑出式面板。依次参见图 13-11 A组、B组、C组、D组、E组和F组。

二、材质

1. 与材质有关命令的概述和与材质有关命令的调出方法

在渲染之前要将合用的材质赋予特定的三维模型。要做的工作：使用“材质浏览器”对话框能够浏览 AutoCAD 2015 材质库提供的 23 大类 1000 余种材质，根据需要可以直接赋予三维模型；同时可以使用“材质编辑器”对话框能够编辑材质或自定义材质；还可以使用“纹理编辑器”对话框将材质纹理进行编辑；能够对三维模型特定的表面进行贴图；为渲染做好准备。图 13-11 C组和图 13-12 提供了与材质有关命令的调出方法。

(1) 图 13-12 中：

🖰菜单栏的“视图→渲染”下拉菜单和“贴图”子菜单，参见图 13-12 的左半部分。

(2)“三维基础”工作空间功能区中。

🖰“可视化”选项卡→“材质”面板，包括“材质”、“材质贴图”和“材质/纹理开、关”三个滑出式面板以及一个“材质编辑器”启动器，参见图 13-12。

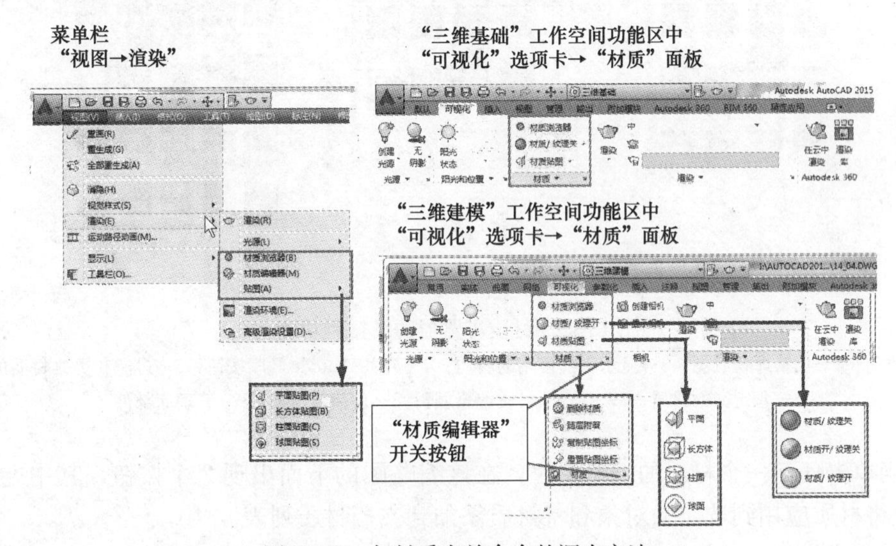

图 13-12　与材质有关命令的调出方法

(3) 在“三维建模”工作空间功能区中。

🖰“可视化”选项卡→“材质”面板，包括“材质”、“材质贴图”和“材质/纹理开、关”三个滑出式面板以及一个“材质编辑器”启动器，参见图 13-12。使用鼠标左键单击“材质浏览器”按钮，即可以弹出“材质浏览器”。如果使用鼠标左键单击“材质编辑器”启动器（▣），即可以弹出“材质编辑器”。

2. “材质浏览器”的结构和功能（见图 13-13）

图 13-13 中，

1)“材质浏览器”各个按钮的名称和功能：

2）当单击“过滤和更改材质的显示”按钮之后，弹出有关材质显示的选项卡。包括：材质显示范围、方式、材质显示的顺序和缩略图的大小等选项。可以根据需要和习惯进行选择。

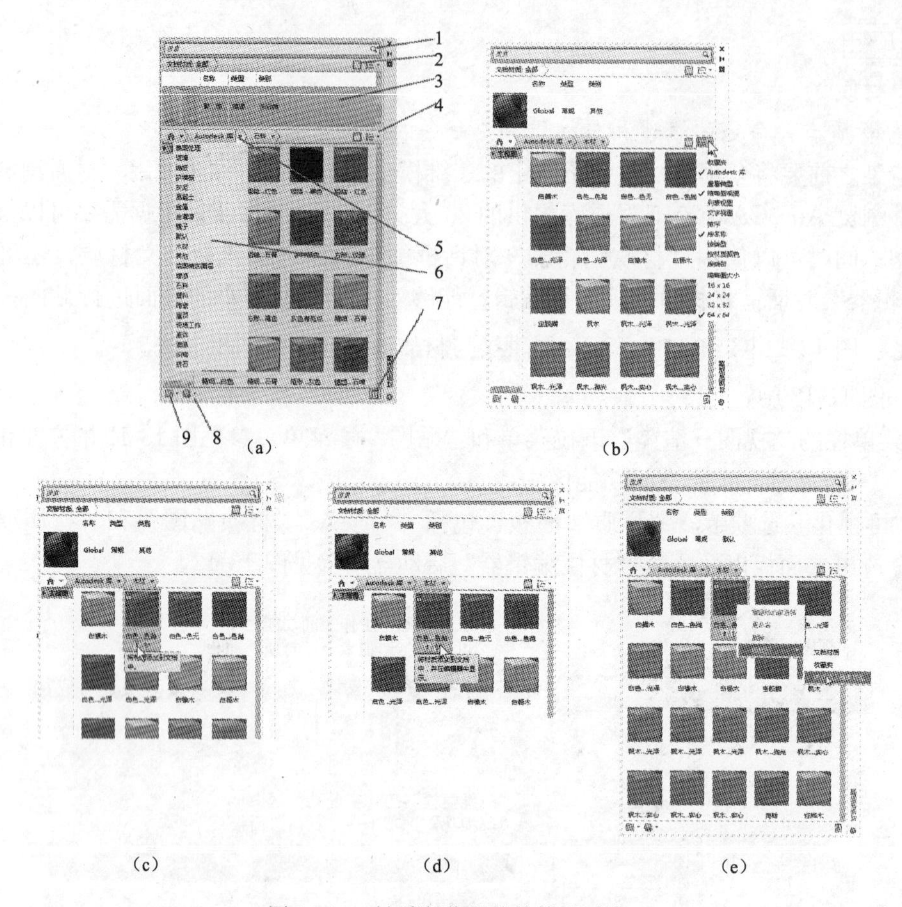

图 13-13 材质浏览器的结构和功能

1—搜索材质；2—切换库树状图；3—显示当前使用的材质；4—开关 Autodesk 库按钮；5—过滤和更改材质的显示；6—预定义的材质；7—打开“材质编辑器”；8—创建新材质；9—管理库部件

3）当单击任何一个材质的缩略图时，在该缩略图的下面出现 2 个按钮，其中左边按钮的功能是将材质应用到选定的对象和将材质添加到文档材质列表。

4）当单击任何一个材质的缩略图时，在该缩略图的下面出现 2 个按钮，其中右边按钮的功能是将材质应用到选定的对象、将材质添加到文档材质列表和打开材质副本以进行编辑。

5）当使用鼠标右键单击任何一个材质的缩略图时，在该缩略图处弹出一个选项卡，以便对该材质进行处置，其中包括“添加到收藏夹和活动的工具”选项卡，以便于该材质重复使用。

3. 关于将材质应用于对象和面

可以将材质应用于对象、图层或面。可以将材质应用到整个对象和图层上的所有对象，或者也可以选择特定的面。当在“材质浏览器”中创建或修改材质时，可以执行以下操作：

单击库中的材质，该材质将应用到图形中任何选定的对象。将材质样例直接拖动到图形中的对象上。通过在“材质浏览器”中单击材质样例快捷菜单中的“指定给选择”，可将材质指定给某个对象。

注意

对于所有材质和纹理，单面颜色都受支持。如果对象具有单面颜色和漫射（颜色）纹理，则当该纹理淡入时将会显示每面的颜色。

4. 材质编辑器和纹理编辑器

材质编辑器（材质编辑器除了采用上述几种方法打开之外，还可以使用命令 Mateditoropen 打开）用于编辑在“材质浏览器”中选定的材质。材质编辑器的配置将随选定材质类型的不同而有所变化。选项列表将显示以下常用选项：

(1)“外观”选项卡：包含用于编辑材质特性的控件。

(2) 材质预览：预览选定的材质。

(3)“选项”下拉菜单：提供用于更改缩略图预览的形状和渲染质量的选项。

(4) 名称：指定材质的名称。

(5) 显示材质浏览器：显示材质浏览器。

(6) 创建材质：创建或复制材质。

(7)“信息”选项卡：包含所有用于编辑和查看材质信息的控件。

(8) 信息：指定材质的常规说明。

1) 名称。指定材质名称。

2) 说明。提供材质的说明。

3) 关键字。提供材质的关键字或标记。关键字用于在材质浏览器中搜索和过滤材质。

(9) 关于：显示材质的类型、版本和位置。

(10) 纹理路径：显示与材质属性关联的纹理文件的路径。

纹理编辑器用于编辑基于图像或程序纹理的特性。访问方法在“材质编辑器”中，单击纹理图像样例，纹理设置控制应用到材质纹理的许多方面，包括位置、比例、大小和重复。某些设置可通用于多个纹理，其他设置对于纹理类型是唯一的。

图 13-14 中，图 13-14 (a) 显示了材质浏览器，已经从 Autodesk 材质库选择了“织物”类材质，使用鼠标单击该材质的缩略图时弹出与之对应的材质编辑器。图 13-14 (b) 显示了该材质编辑器包含了该材质的缩略图、名称、常规（颜色、图像、图像褪色等）以及反射率、透明度、剪切等按钮（这些都是材质的光学属性，其按钮尚未打开）。图 13-14 (c) 打开反射率、透明度、剪切等按钮，这些按钮打开后，分别滑出表格，提供该材质光学属性的默认值；设计者根据该材质的光学属性修改相应的数值。图 13-14 (d) 在材质编辑器中材质缩略图的右下方设有“选择缩略图形状和渲染质量”按钮，当单击该按钮时，弹出“选择缩略图形状和渲染质量”选项卡，包括 12 种缩略图形状和 4 种渲染质量可供选择的选项。图 13-14 (e) 在“选择缩略图形状和渲染质量”选项卡中选择“花瓶”，缩略图也随之变为花瓶形状。图 13-14 (f) 如果在“选择缩略图形状和渲染质量”选项卡中选择“球体”，缩

略图也随之变为球体形状。图 13-14（g）在“材质编辑器”上单击“信息”键，即展现了“信息”页的 5 项内容，其“纹理路径”告诉用户该材质存放在 C:\Program Files\Common Files\Autodesk Shared\Materials\Textures\3\Mats 中 Furnishings. Fabrics. Plaid. 4. JPEG 图像文件。

图 13-14（h）使用鼠标单击材质编辑器的“材质缩略图”，立即弹出“纹理编辑器”本图显示出与之对应的“纹理编辑器”。在该“纹理编辑器”中可根据需要进行编辑。

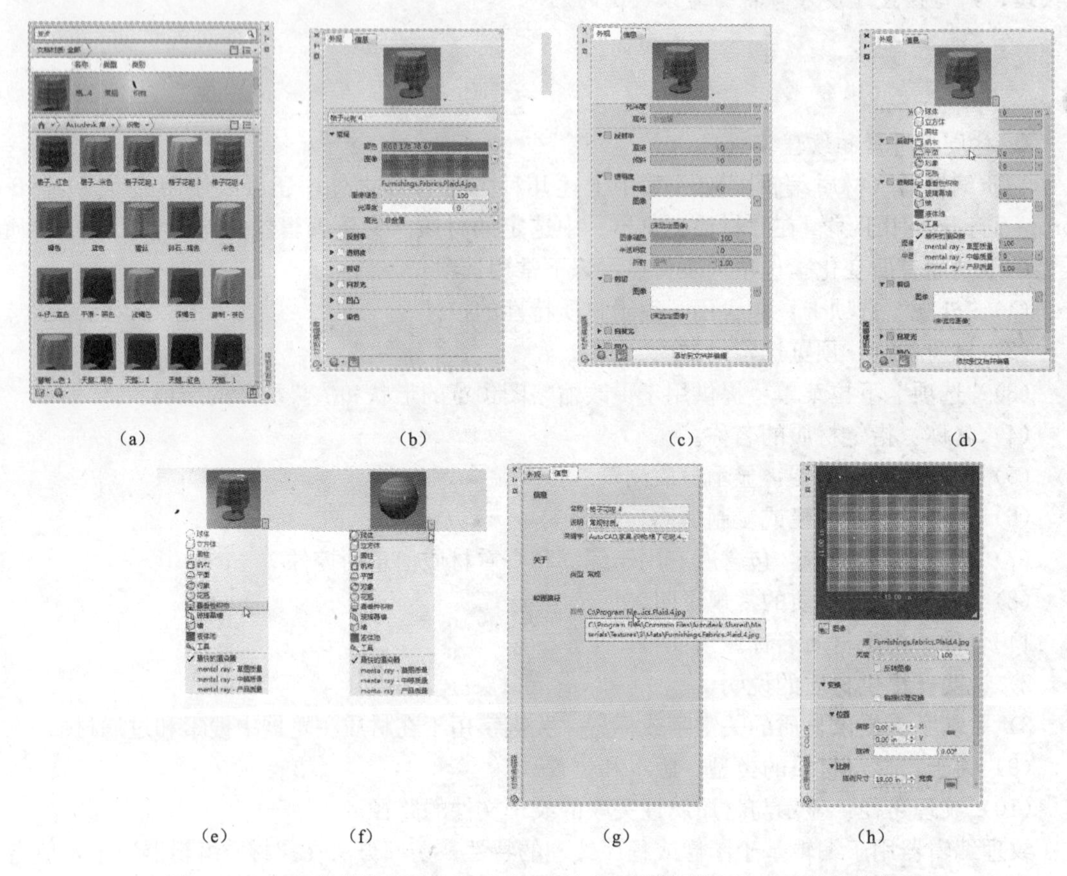

图 13-14　材质编辑器的结构和功能以及与材质浏览器和纹理编辑器的关系

三、贴图

贴图是在“真实视觉样式”条件下进行“漫游和飞行”、制作“运动路径动画”和 AutoCAD 2015 渲染时再现三维模型的真实感的主要手段之一。

在“材质编辑器”中，提供了漫射贴图（包含纹理贴图、木材、大理石）、不透明度贴图、反射贴图或凹凸贴图四大类贴图。可供选择贴图的文件格式有 TGA（. tga）、BMP（. bmp，. rle，. dib）、PNG（. png）、JFIF（. jpg，. jpeg）、TIFF（. tif）GIF（. gif）和 PCX（. pcx）。这四大类贴图的方法基本相同。

材质贴图将调整该材质以适应对象的形状，将合适的材质贴图类型应用到对象可以提高适应度。

（1）平面贴图。将图像映射到对象上，就像将其从幻灯片投影器投影到二维曲面上一样。图像不会失真，但是会被缩放以适应对象。该贴图最常用于面。

(2) 长方体贴图。将图像映射到类似长方体的实体上。该图像将在对象的每个面上重复使用。

(3) 球面贴图。在水平和垂直两个方向上同时使图像弯曲。纹理贴图的顶边在球体的“北极”压缩为一个点；同样，底边在“南极”压缩为一个点。

(4) 柱面贴图。将图像映射到圆柱形对象上；水平边将一起弯曲，但顶边和底边不会弯曲。图像的高度将沿圆柱体的轴进行缩放。

四、光源

在创建三维模型的渲染图的过程中，光源是一项必不可少的要素。采用不同类型的光源进行各种必要的设置，可以产生完全不同的效果。正确的光源对于在绘图时显示三维模型和创建渲染非常重要。调出有关“光源”命令，参见图 13-11 A组。

1. 默认光源

在具有三维着色视图的视口中绘图时，默认光源来自两个平行光源，在模型中移动时该光源会跟随视口。模型中所有的面均被照亮，以使其可见。可以控制亮度和对比度，但不需要自己创建或放置光源。必须关闭默认光源，以便显示从用户创建的光源或阳光发出的光线。

2. 用户创建的光源

要进一步控制光源，可以创建点光源、聚光灯和平行光以达到希望的效果。可以移动或旋转光源（使用夹点工具），将其打开或关闭以及更改其特性（例如颜色）。更改的效果将立即显示在视口中。

使用不同的光线轮廓表示每盏聚光灯和点光源。不使用轮廓表示图形中的平行光和阳光。绘图时，可以打开或关闭光线轮廓的显示。默认情况下，不打印光线轮廓。

3. 阳光

阳光是一种类似于平行光的特殊光源。用户为模型指定的地理位置以及指定的日期和当日时间定义了阳光的角度。可以更改阳光的强度和太阳光源的颜色。

表 13-1　　新建光源的种类和命令的执行过程

命　令	按　钮	命令行	命令行提示
新建点光源	点	Point light	指定源位置〈0，0，0〉： 输入要更改的选项［名称（N）/强度（I）/状态（S）/阴影（W）/衰减（A）/颜色（C）/退出（X）］〈退出〉：
新建聚光灯	聚光灯	Spotlight	指定源位置〈0，0，0〉： 指定目标位置〈0，0，−10〉： 输入要更改的选项［名称（N）/强度（I）/状态（S）/聚光角（H）/照射角（F）/阴影（W）/衰减（A）/颜色（C）/退出（X）］〈退出〉： 命令：
新建平行光	平行光	Distant Light	指定光源方向 FROM〈0，0，0〉或［矢量（V）］： 指定光源方向 TO〈1，1，1〉： 输入要更改的选项［名称（N）/强度（I）/状态（S）/阴影（W）/颜色（C）/退出（X）］〈退出〉：

续表

命　令	按　钮	命令行	命令行提示
新建光域网灯光	光域网灯光	Weblight	指定源位置〈0，0，0〉：
			指定目标位置〈0，0，－10〉：
			输入要更改的选项［名称（N）/强度因子（I）/状态（S）/光度（P）/光域网（B）/阴影（W）/过滤颜色（C）/退出（X）］〈退出〉： 光域网灯光的 Lightingunits 需要 1 和 2 之间的整数

注　对“命令行提示”提出的参数和数值应根据设计需要和参考案例做出准确地回答。光源的正确设置是渲染成功的重要条件。

五、渲染

对由三维模型组成的场景进行渲染是一项复杂的工作，是对其光线、材质等因素的设置是否合理是一个全面地检验；由于渲染过程耗费和占用计算机资源和计算机工作时间，渲染前要仔细检查各设置是否合理，是否有遗漏等，争取渲染过程一次成功，避免返工。

调出与渲染有关的命令，在图 13-11 E组 中已经进行了较详细的介绍：菜单栏的“视图→渲染”下拉菜单和子菜单，参见图 13-11 的左半部分。

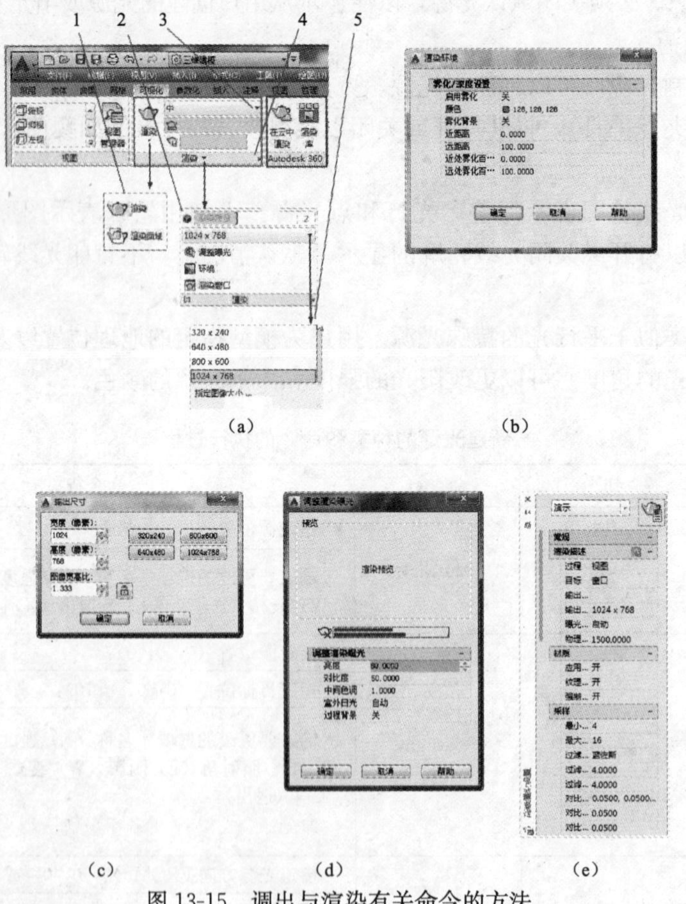

图 13-15　调出与渲染有关命令的方法

（1）在“三维基础”工作空间功能区中。

“可视化”选项卡→“渲染”，包括 4 个滑出式面板。依次参见图 13-11 E组 和

图 13-15（a）。

（2）在“三维建模”工作空间功能区中。

🖱“可视化”选项卡→“渲染”，包括 4 个滑出式面板。依次参见图 13-1 E组 和图 13-15（a）。

图 13-15（a）中，1—通过单击面板展开器图标滑出式面板——“渲染”和“渲染面域”2 个按钮；2—通过单击面板展开器图标滑出式面板——“渲染”的选项：“渲染质量”1～5 等级，可以使用鼠标进行调整；“渲染图的像素数”这里又设一个面板展开器图标，通过单击它获得滑出式面板 5；单击“调整渲染曝光”按钮，可以弹出“调整渲染曝光”对话框，如图 13-15（d）所示。单击“环境”按钮，弹出“渲染环境”对话框，如图 13-15（b）所示。4—单击“高级渲染设置”选项板启动器，弹出“高级渲染设置”选项板，如图 13-15（e）所示。5—有 4 组“渲染图的像素数”可供选择；单击“指定图像大小”按钮，能弹出“输出尺寸”对话框，如图 13-15（c）所示。

在图 13-15（b）中，“渲染环境”对话框用于“雾化、深度设置”；对于室外场景的渲染要打开该项。图 13-15（c）“输出尺寸”对话框，4 组尺寸选择一个，根据是否保存长宽比做出选择。图 13-15（d）为“调整渲染曝光”对话框，能够渲染预览；可以对于光线有关的重要数值进行调整。“高级渲染设置”选项板，如图 13-15（e）所示选项板分为从基本设置到高级设置的若干部分。基本部分包含了影响模型的渲染方式、材质和阴影的处理方式以及反锯齿执行方式的设置（反锯齿可以削弱曲线式线条或边在边界处的锯齿效果）。“光线跟踪”部分控制如何产生着色。“间接发光”部分用于控制光源特性、场景照明方式以及是否进行全局照明和最终采集。还可以使用诊断控件来帮助了解图像没有按照预期效果进行渲染的原因。

在渲染之前，根据需要还可以对光线、材质等的设置进行全面地检查。图 13-16 是一个室内场景的渲染。

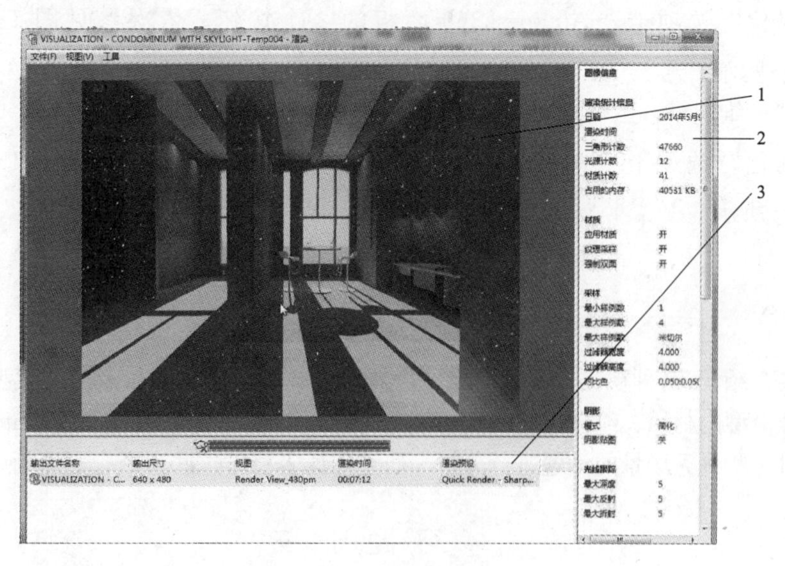

图 13-16　室内场景的渲染

1—“图像”窗格；2—统计信息窗格；3—“历史记录”窗格

图 13-16 中，“渲染”窗口分为以下三个窗格：

“图像”窗格。显示渲染图像。

“统计信息”窗格。位于窗口右侧，显示用于渲染的当前设置。

“历史记录”窗格。位于底部，提供当前模型的渲染图像的近期历史记录以及进度条以显示渲染进度。

将为从中创建渲染的每个图形打开独立的渲染窗口，所有图形的渲染始终显示在其相应的渲染窗口中。

从“渲染”窗口中，用户可以执行以下操作：

（1）将图像保存为文件。

（2）将图像的副本保存为文件。

（3）监视当前渲染的进度。

（4）查看用于当前渲染的设置。

（5）追踪模型的渲染历史记录。

（6）清理、删除或清理并删除渲染历史记录中的图像。

（7）放大渲染图像的某个部分，平移图像，然后再将其缩小。

六、Autodesk 360

“在云中渲染”能够帮助注册的用户免费完成该用户完成的三维建模场景的渲染，并且承诺其所有权归该用户所有。这样有助于解决一般用户计算机设备能力有限，无法完成高精度渲染的困难。读者也可以尝试一下。

Autodesk 360/“渲染库”已经保存有许多优秀的“渲染图”，希望读者能从这些成果中学习渲染的技巧。

调出 Autodesk360 面板的方法如下。

（1）在“三维基础”工作空间功能区中。

“可视化”选项卡→Autodesk360 面板的 2 个按钮。依次参见图 13-11 F组 和图 13-15（a）所示。

（2）在“三维建模”工作空间功能区中。

“可视化”选项卡→Autodesk360 面板的 2 个按钮。依次参见图 13-11 F组 和图 13-15（a）所示。

本章小结

本章主要介绍了 10 种视觉样式的特点、设置方法、使用条件，以及三维模型的渲染方法和渲染时三维模型的材质、纹理、光线和环境等条件的设置方法。通过大量 AutoCAD 的实践和使用，并对一些优秀场景的设置进行分析、研究，读者将对这些命令有更深刻地理解。

习题十三

1. 图 13-17（a）提供的零件的形状和尺寸，第九章习题第 1 题已经使用 AutoCAD 2015

的三维造型命令画出了该零件的三维图形。试使用五种视觉样式显示该零件，并分析五种视觉样式的优、缺点和适用场合。

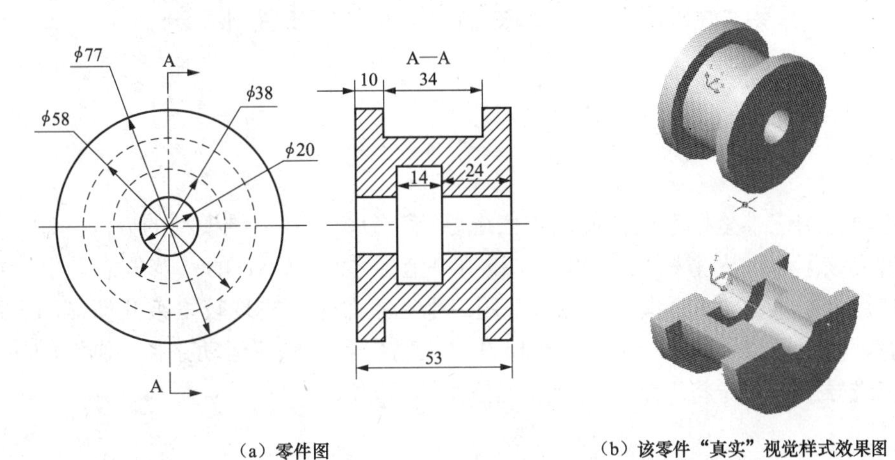

（a）零件图　　（b）该零件“真实”视觉样式效果图

图 13-17　零件的“真实”视觉样式

2. 图 13-18（a）提供的零件的形状和尺寸，第九章习题第 2 题已经使用 AutoCAD 2015 的三维造型命令画出了该零件的三维图形。试使用“真实”和“概念”视觉样式显示该零件［见图 13-18（b）］，并对该零件进行渲染。

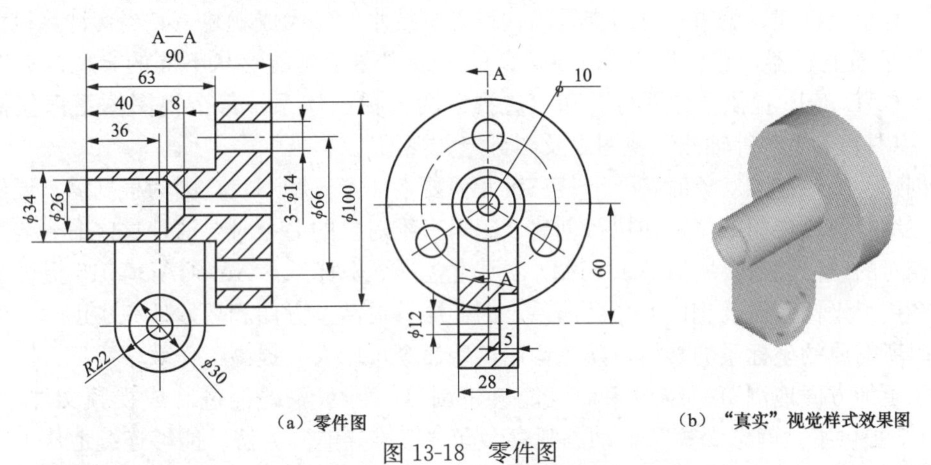

（a）零件图　　（b）“真实”视觉样式效果图

图 13-18　零件图

3. 某客厅的三维建模，如图 13-19（a）为“二维线框”视觉样式；（b）为“概念”视觉样式。试对该场景进行渲染（注意对其材质、光线等条件的设定）。

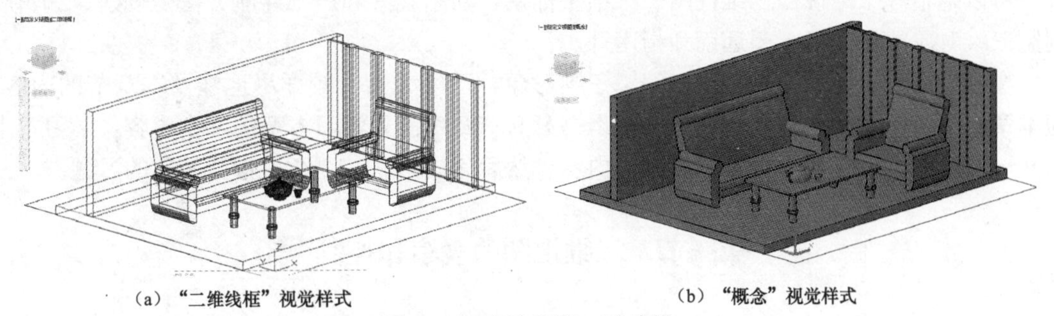

（a）“二维线框”视觉样式　　（b）“概念”视觉样式

图 13-19　某客厅的三维建模

第十四章　三维视图和三维坐标系

教学目标

本章主要介绍三维坐标系以及使用"三维导航"命令观察三维模型的方法。通过本章的学习，读者应该了解世界坐标系（WCS）和用户坐标系（UCS）的基本概念，学会如何选择和综合使用多个 AutoCAD 世界坐标系和用户坐标系命令，实现较复杂几何体的三维实体造型。同时，读者还应了解 AutoCAD 2015 中"漫游"和"创建运动路径动画"的功能，学会使用"三维导航"命令将三维模型制成视频作品的方法。

教学重点

（1）三维视图的观察和控制。

（2）世界坐标系和用户坐标系。

（3）使用"三维导航"命令观察三维模型。

在计算机上创建、编辑三维对象是当代计算机技术的伟大成就之一。当代计算机大多数使用的是平面显示器，它借助于 AutoCAD 的三维视图工具能够从不同的方位观察三维对象。AutoCAD 2015 提供了"平行"和"透视"两大视图体系，每个视图体系都包括 6 个"正交"视图和 4 个"等轴测"视图以及"自定义视图"。

当创建、编辑三维对象时，要清楚三维几何要素的方位和形状，因为根据需求要经常变更这些三维几何要素的方位，在执行创建、编辑三维对象的命令时要清楚这些命令与三维几何要素相对的几何关系，所以 AutoCAD 必须建立三维坐标系。AutoCAD 2015 提供了世界坐标系和用户坐标系以及相应的命令体系，因此能够灵活、方便和巧妙地完成创建、编辑三维对象时所需要的坐标系的转换，熟练运用这些命令可以大大提高工作效率。

为了更加方便地浏览三维对象而且能够将浏览三维对象的经过制成视频文件，AutoCAD 2015 提供了"静态观察"、"动态观察"和"三维导航"方法，能够连续地从不同的角度观察图形。AutoCAD 2015 使用"创建运动路径动画"功能能够将沿着设置"运动路径"制成较高清晰度的、赋予三维对象材质的视频作品。

可以毫不夸张地说：三维视图、三维坐标系、动态观察和三维导航方法是创建、编辑和浏览三维对象的显微镜、望远镜和指南针。

在前面的章节中，为了创建、编辑三维对象，已经大量、较详尽地涉及本章节的内容，为本章的学习做好了准备。建议在学习本书第 9～12 章前先学习本章的基本内容，学习本书第 9～13 章后再系统地学习本章的全部内容，然后完成第 9～13 章后带"*"的习题。

第一节　三维视图的观察和控制

三维视图的观察和控制是指在空间任何点上观测对象，或在所选择的视点对象上增加新的对象，编辑所看到的对象，或者消除对象的隐藏线等。

一、使用“视点预设”方法选择三维视图

“视点预设”可以设置图形的三维可视化观察方向。

命令激活的方法如下。

菜单栏：“视图”→“三维视图”→“视点预设”，如图 14-1（a）所示。

命令行：ddvpoint，按 Enter 键。

激活命令后，显示“视点预设”对话框，如图 14-1（b）所示。在该对话框中，可以直接单击左、右两个图标来设置观察方向，然后单击“确定”按钮弹出视点的坐标球及三轴架图，如图 14-1（c）所示。在屏幕右上方的坐标球系是以三维方式来表示的一个球体坐标，其中心点为北极（0，0，1），内圈为赤道（n，n，0），而整个外圈为南极（0，0，−1）。此外，坐标球上还有一个十字交叉记号，可以通过移动鼠标或数字化仪光标，便能够让此十字交叉记号移到球体上的任何位置。而当移动十字交叉记号时，三轴架也随着转动，如此便可确定视图点的位置。当找到合适的视图点后，按下光标指向设备上的选择按钮即可。此命令提供了一个极为方便的功能，让用户能够以平面视图［其视图点为（0，0，1）］的方式来显示对象，图 14-1（d）为一个零件的“视点”。

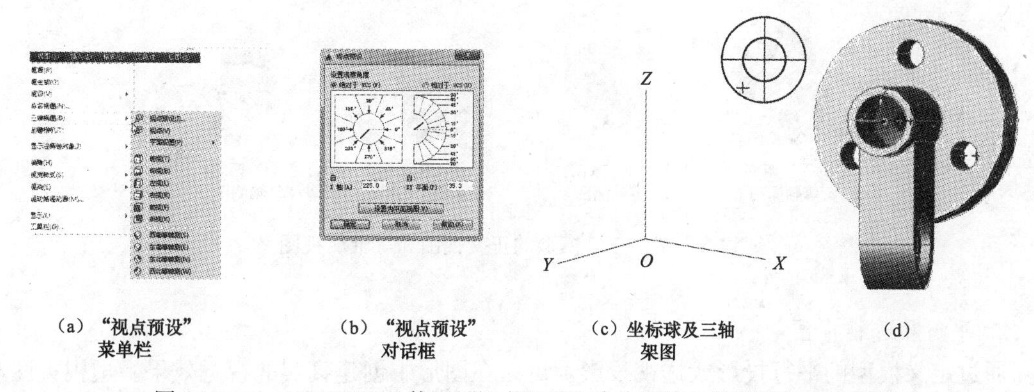

（a）“视点预设”菜单栏　（b）“视点预设”对话框　（c）坐标球及三轴架图　（d）

图 14-1　AutoCAD 2015 使用“视点预置”命令预置三维模型视点的过程

二、设置正交视图与等轴测视图

1. 正交视图与等轴测视图命令

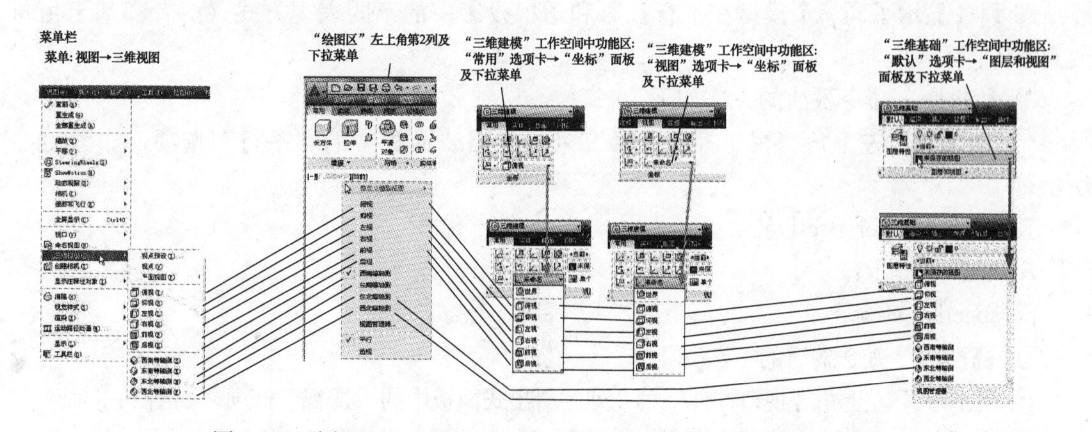

图 14-2　访问 AutoCAD 2015 的正交视图和等轴测视图命令的方法

命令的激活方法如下。

(1) 在“三维建模”工作空间功能区中。

“可视化”选项卡→“坐标”面板以及滑出式面板（该面板以及滑出式面板的结构和内容与“常用”选项卡→“坐标”面板以及滑出式面板完全相同）。

(2) 在“三维基础”工作空间功能区中。

“默认”选项卡→“图层和视图”面板以及滑出式面板。

(3) 在所有工作空间中。

选择菜单栏“视图”→“三维视图”。

“绘图区”左上角“视口控件”第 2 列的滑出式面板。

例如图 14-3 显示了三维模型的正交视图和等轴测视图。

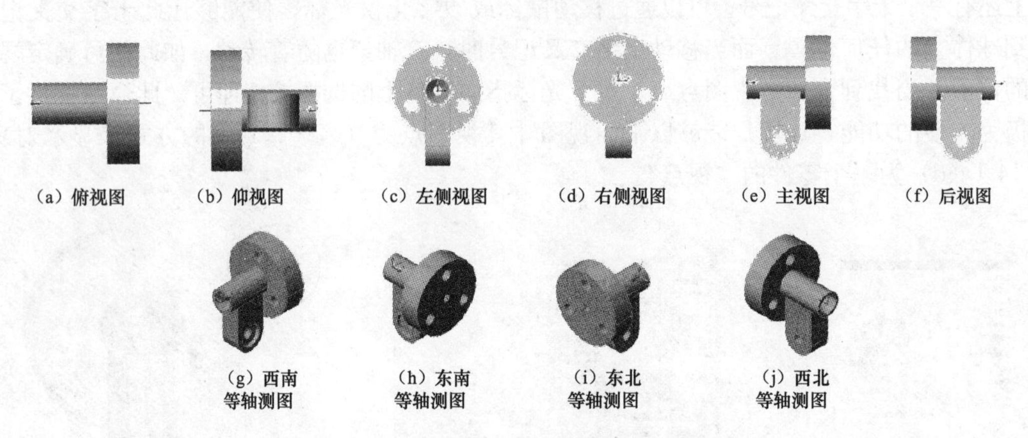

图 14-3 零件三维模型的正交视图和等轴测视图

2. 平行和透视视图

通过定义模型的平行投影或透视投影，可以在图形中创建真实的视觉效果。透视视图和平行投影之间的差别：透视视图取决于理论相机和目标点之间的距离。较小的距离产生明显的透视效果，较大的距离产生轻微的效果。在透视效果关闭或在其位置定义新视图之前，透视图将一直保持其效果。

图 14-4 显示了同一个模型在平行投影和透视投影中的不同表现方式（两者都基于相同的观察方向）。

“平行投影”命令激活的方法如下。

“绘图区”左上角“视口控件”第 2 列的滑出式面板中的“平行”选项，如图 14-5 所示。

命令行：perspective。

AutoCAD 提示：

perspective 的新值〈1〉：0。

“透视投影”命令激活的方法如下。

“绘图区”左上角“视口控件”第 2 列的滑出式面板中的“透视”选项，如图 14-5 所示。

命令行：perspective。

AutoCAD 提示：
perspective 的新值〈0〉：1。

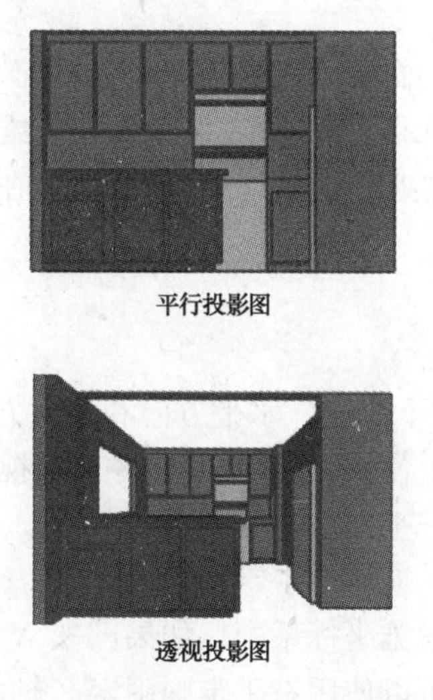

图 14-4　平行投影图和透视投影图的效果对比图

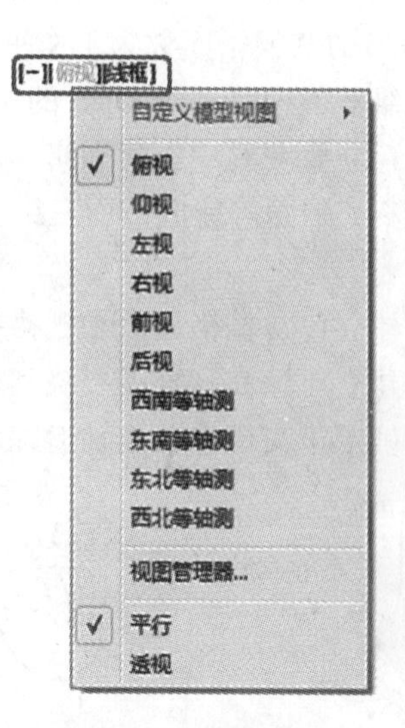

图 14-5　“视口控件”

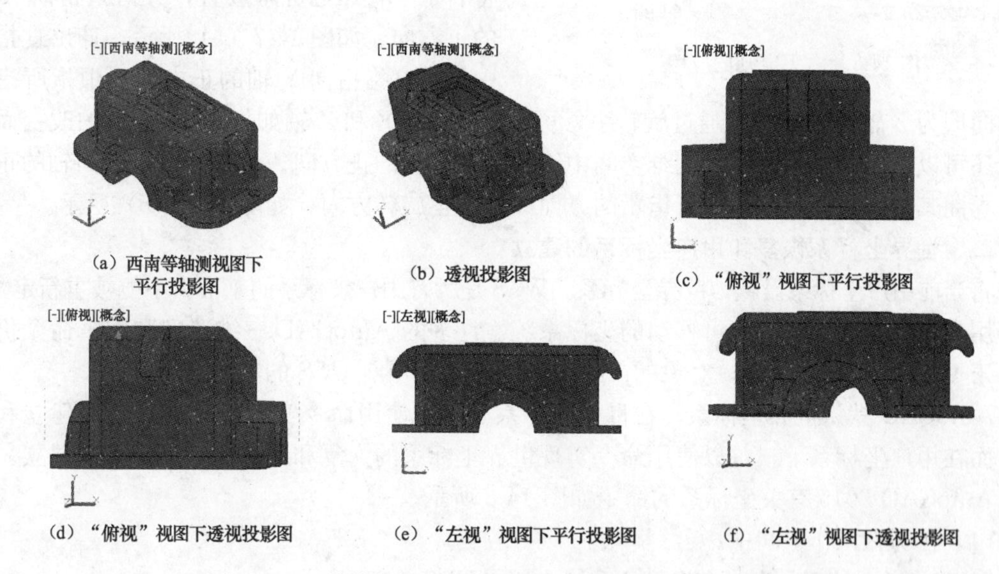

(a) 西南等轴测视图下平行投影图　(b) 透视投影图　(c) “俯视”视图下平行投影图
(d) “俯视”视图下透视投影图　(e) “左视”视图下平行投影图　(f) “左视”视图下透视投影图

图 14-6　三维模型的平行投影图和透视投影图的效果对比图

第二节　世界坐标系和用户坐标系

一、世界坐标系和用户坐标系的概念

AutoCAD 提供了两个三维坐标系：一个称为世界坐标系的固定坐标系和一个称为用户坐标系的可移动坐标系。UCS 对于输入坐标、定义图形平面和设置视图非常有用。改变 UCS 并不改变视点，只改变坐标系的方向和倾斜度。

在三维中工作时，用户坐标系对于输入坐标、在二维工作平面上创建三维对象以及在三维中旋转对象很有用。

在三维环境中创建或修改对象时，可以在三维模型空间中移动和重新定向 UCS 以简化工作。UCS 的 *XY* 平面称为工作平面。

在三维环境中，基于 UCS 的位置和方向对对象进行的重要操作包括：

(1) 建立要在其中创建和修改对象的工作平面（AutoCAD 的二维图形和三维图元的底面只能在 *XY* 平面内完成；而三维“图元”的“高度”以及“拉伸”等命令只能在 *Z* 轴方向进行）。

(2) 建立包含栅格显示和栅格捕捉的工作平面。

(3) 建立对象在三维中要绕其旋转的新 UCS 的 *Z* 轴。

(4) 确定正交模式、极轴追踪和对象捕捉追踪的上下方向、水平方向和垂直方向。

(5) 使用 PLAN 命令将三维视图直接定义在工作平面中。

(6) 应用右手定则。

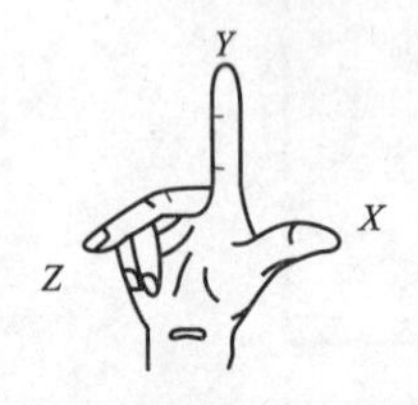

(a) 已知*X*和*Y*轴的方向，确定*Z*轴的正方向

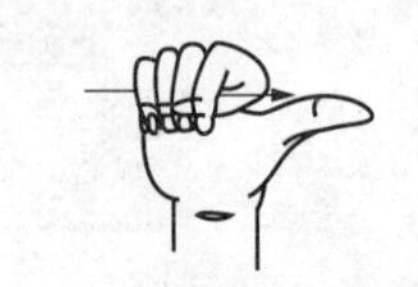

(b) 右手拇指指向轴的正方向，卷曲其余四指

图 14-7　右手定则的应用

在三维坐标系中，如果已知 *X* 和 *Y* 轴的方向，可以使用右手定则确定 *Z* 轴的正方向。将右手手背靠近屏幕放置，大拇指指向 *X* 轴的正方向。如图 14-7 (a) 所示，伸出食指和中指，食指指向 *Y* 轴的正方向。中指所指示的方向即为 *Z* 轴的正方向。通过旋转手，可以看到 *X*、*Y* 和 *Z* 轴如何随着 UCS 的改变而旋转。还可以使用右手定则确定三维空间中绕坐标轴旋转的正方向。将右手拇指指向轴的正方向，卷曲其余四指。右手四指所指示的方向即轴的正旋转方向，如图 14-7 (b) 所示。

二、世界坐标系恢复和用户坐标系的建立

将当前用户坐标系设置为世界坐标系。WCS 是所有用户坐标系的基准，不能被重新定义。

用户坐标观察的是一种可移动的坐标系统。许多的 AutoCAD 三维造型和编辑命令仍然取决于 UCS 的位置和方向；对象的二维图形的绘制在当前 UCS 的 *XY* 平面上。

AutoCAD 默认世界坐标系。在世界坐标系下可以使用命令实现用户坐标系的建立和变更；而在用户坐标系下，可以使用命令实现世界坐标系的恢复和新的用户坐标系的建立。

AutoCAD 2015 有关坐标系的命令如图 14-8 所示。

(1) 在所有工作空间中：

菜单栏中“工具”→“命名 UCS”，如图 14-8 (a) 所示。

(2) 在“三维基础”工作空间功能区中：

“默认”选项卡→“坐标”面板以及 2 个滑出式面板，如图 14-8 (b) 所示。

“可视化”选项卡→“坐标”面板和 3 个滑出式面板以及 UCS 对话框启动器，如图 14-8 (c) 所示。

(3) 在“三维建模”工作空间功能区中：

“常用”选项卡→“坐标”面板和 4 个滑出式面板以及“UCS 对话框开关”按钮，如图 14-8 (d) 所示。

“可视化”选项卡→“坐标”面板以及 4 个滑出式面板，如图 14-8 (e) 所示。（该面板以及“滑出式面板”的结构和内容与“三维建模”工作空间功能区中“常用”选项卡→

“坐标”面板以及 4 个滑出式面板和 UCS 对话框启动器完全相同；同时“三维基础”工作空间功能区中，“可视化”选项卡→“坐标”面板以及 4 个滑出式面板和 UCS 对话框启动器完全相同）

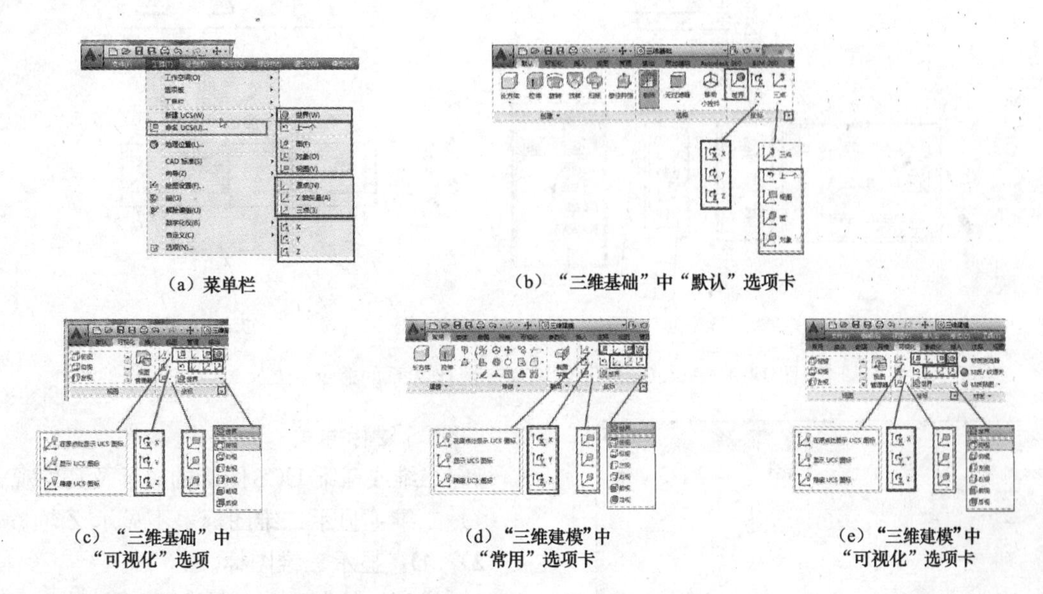

（a）菜单栏　（b）“三维基础”中“默认”选项卡

（c）“三维基础”中“可视化”选项　（d）“三维建模”中“常用”选项卡　（e）“三维建模”中“可视化”选项卡

图 14-8　AutoCAD 2015 三维坐标系的命令（一）

注 意

默认情况下，“坐标”面板在“草图与注释”工作空间中处于隐藏状态。要显示“坐标”面板，单击“视图”选项卡，然后单击鼠标右键并选择“显示面板”，再单击“坐标”。在三维工作空间中，“坐标”面板位于“常用”选项卡上。

第三节　与三维坐标系有关的命令的基本含义和用法

为了进一步了解 AutoCAD 2015 有关坐标系的命令，将具有代表性的“三维建模”工作空间中功能区（“常用”选项卡→“坐标”面板和 4 个滑出式面板以及 UCS 对话框启动器）置于图 14-9 中进行进一步地介绍。

为了方便，在图 14-9 中将该“可视化”选项卡→“坐标”面板中的第一排和第二排按钮进行了放大，列在图的右侧，并进行了编号：①～⑧是没有面板展开器图标；⑨、⑪、⑫、⑬有面板展开器图标，是由滑出式面板构成的按钮组；⑩是 UCS 对话框启动器。

一、UCS 图标（、Ucsicon）

控制 UCS 图标的可见性、位置、外观和可选性。依次单击“可视化”选项卡→“坐标”面板→UCS 图标按钮，打开“UCS 图标”对话框，如图 14-10 所示。“UCS 图标”对话框各选项意义如下。

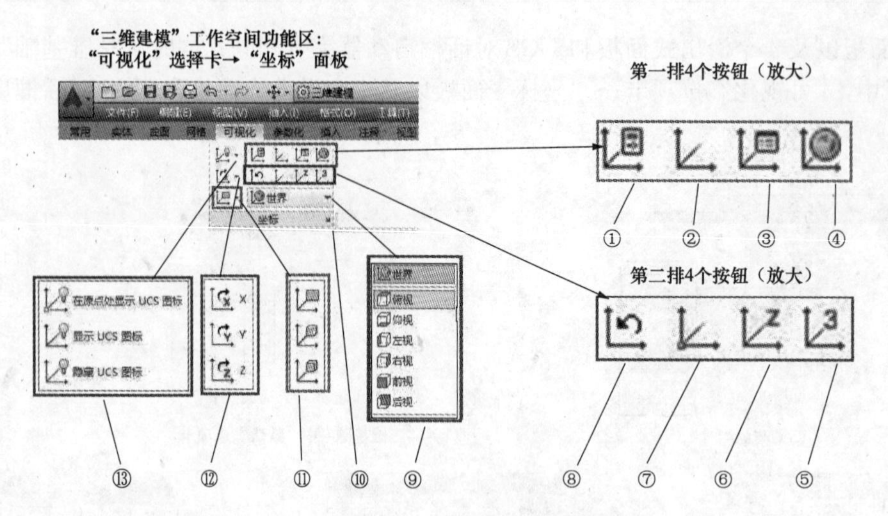

图 14-9 AutoCAD 2015 有关三维坐标系的命令（二）

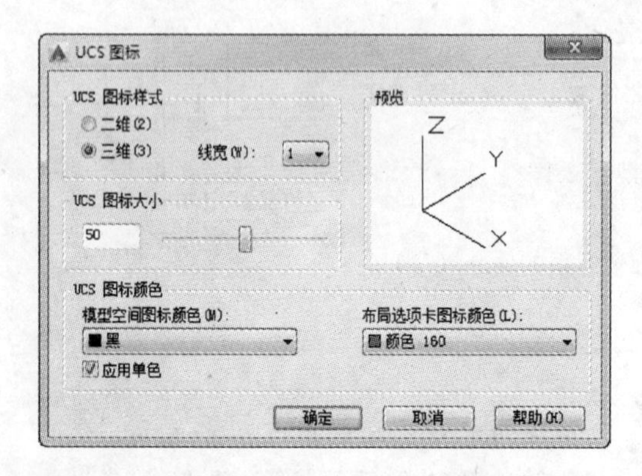

图 14-10 "UCS 图标"对话框

1. UCS 图标样式

指定二维或三维 UCS 图标的显示及其外观。

（1）二维：显示二维图标，不显示 Z 轴。

（2）3D：显示三维图标。

（3）线宽：控制选中三维 UCS 图标时 UCS 图标的线宽。

2. 预览

显示 UCS 图标在模型空间中的预览。

3. UCS 图标大小

按视口大小的百分比控制 UCS 图标的大小。默认值为 50，有效范围为 5～95。注意，UCS 图标的大小与显示它的视口大小成比例。

4. UCS 图标颜色

控制 UCS 图标在模型空间视口和"布局"选项卡中的颜色。

（1）模型空间图标颜色：控制 UCS 图标在模型空间视口中的颜色。

（2）"布局"选项卡图标颜色：控制 UCS 图标在布局选项卡中的颜色。

（3）应用单色：将选定的模型空间图标颜色应用于所有轴的二维 UCS 图标。

二、UCS 命令（⊾，UCS）

设置当前用户坐标系的原点和方向。依次单击"可视化"选项卡→"坐标"面板→"UCS 图标"⊾按钮，可以激活 UCS 命令，AutoCAD 提示：

*当前 UCS 名称：*世界**

指定 UCS 的原点或［面（F）/命名（NA）/对象（OB）/上一个（P）/视图（V）/世界（W）/X/Y/Z/Z 轴（ZA）］〈世界〉：

可以执行以下操作之一来设置用户坐标系。

（1）指定 UCS 的原点：使用一点、两点或三点定义一个新的 UCS，这三点可以指定原点、正 X 轴上的点以及正 XY 平面上的点。

1）如果指定单个点，当前 UCS 的原点将会移动，而不会更改 X、Y 和 Z 轴的方向。
2）如果指定第二个点，则 UCS 将旋转以使正 X 轴通过该点。
3）如果指定第三个点，则 UCS 将围绕新 X 轴旋转来定义正 Y 轴。

提示

也可以直接选择并拖动 UCS 图标原点夹点到一个新位置，或从原点夹点菜单选择“仅移动原点”。

（2）输入“F”（面）：将 UCS 动态对齐到三维对象的面。将光标移到某个面上以预览 UCS 的对齐方式。

提示

也可以选择并拖动 UCS 图标（或者从原点夹点菜单选择“移动并对齐”）来将 UCS 与面动态对齐。

（3）输入“NA”（命名）：保存或恢复命名 UCS 定义。AutoCAD 提示：
输入选项 [恢复（R）/保存（S）/删除（D）/?]：

提示

也可以在该 UCS 图标上单击鼠标右键并单击命名 UCS 来保存或恢复命名 UCS 定义。如果经常使用命名的 UCS 定义，可以在初始 UCS 提示下直接输入“恢复”、“保存”、“删除”和“?”选项，无需指定“命名”选项。

1）恢复：恢复已保存的 UCS 定义，使它成为当前 UCS。
2）保存：把当前 UCS 按指定名称保存。
3）删除：从已保存的定义列表删除指定的 UCS 定义。
4）?：列出 UCS 定义。列出保存的 UCS 定义，显示每个保存的 UCS 定义相对于当前 UCS 的原点和 X、Y、Z 轴。输入“*”以列出所有 UCS 定义。如果当前 UCS 与 WCS 相同，则作为“世界”列出。如果它是自定义的，但未命名，则作为“无名称”列出。

（4）输入“OB”（对象）：将 UCS 与选定的二维或三维对象对齐。UCS 可与包括点云在内的任何对象类型对齐（参照线和三维多段线除外）。将光标移到对象上，以查看 UCS 将如何对齐的预览，并单击以放置 UCS。大多数情况下，UCS 的原点位于离指定点最近的端点，X 轴将与边对齐或与曲线相切，并且 Z 轴垂直于对象对齐。

（5）输入“P”（上一个）：恢复上一个 UCS。可以在当前任务中逐步返回最后 10 个 UCS 设置。对于模型空间和图纸空间，UCS 设置单独存储。

（6）输入“V”（视图）：将 UCS 的 XY 平面与垂直于观察方向的平面对齐。原点保持不变，但 X 轴和 Y 轴分别变为水平和垂直。

（7）输入“W”（世界）：将 UCS 与 WCS 对齐。也可以单击 UCS 图标并从原点夹点菜单选择“世界”。

（8）输入“X”或“Y”或“Z”（X、Y、Z）：绕指定轴旋转当前 UCS。

1）将右手拇指指向 X 轴的正向，卷曲其余四指，其余四指所指的方向即绕轴的正旋转方向，如图 14-11（a）所示。

（a）绕X轴旋转

（b）绕Y轴旋转

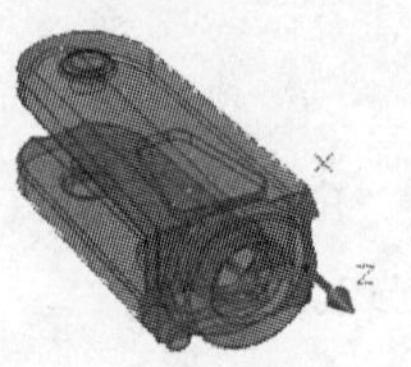
（c）绕Z轴旋转

图 14-11　绕指定轴旋转当前 UCS

2）将右手拇指指向 Y 轴的正向，卷曲其余四指，其余四指所指的方向即绕轴的正旋转方向，如图 14-11（b）所示。

3）将右手拇指指向 Z 轴的正向，卷曲其余四指，其余四指所指的方向即绕轴的正旋转方向，如图 14-11（c）所示。

通过指定原点和一个或多个绕 X、Y 或 Z 轴的旋转，可以定义任意的 UCS，如图 14-12 所示。

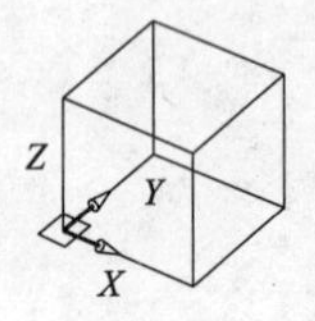

世界坐标系

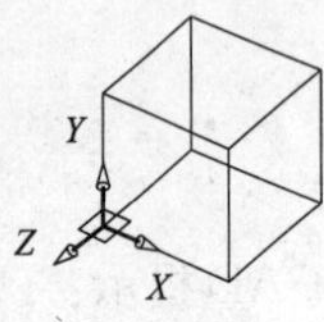

绕X轴的旋转
角度=90°

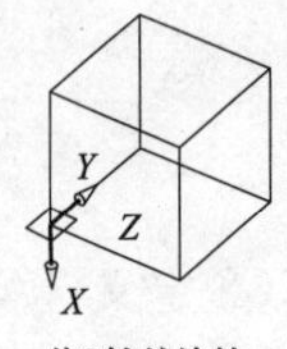

绕Y轴的旋转
角度=90°

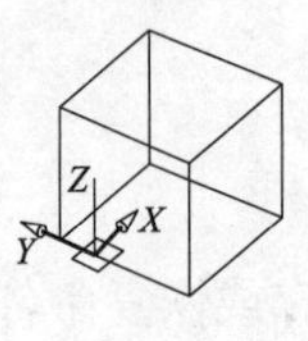

绕Z轴的旋转
角度=90°

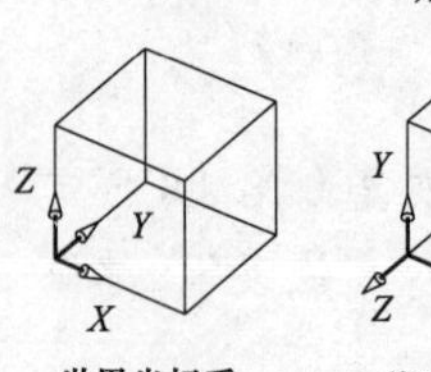

世界坐标系

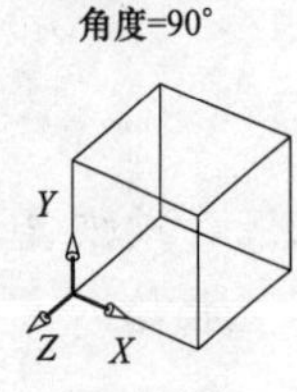

绕X轴的旋转
角度=90°

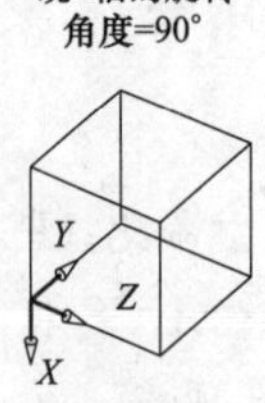

绕Y轴的旋转
角度=90°

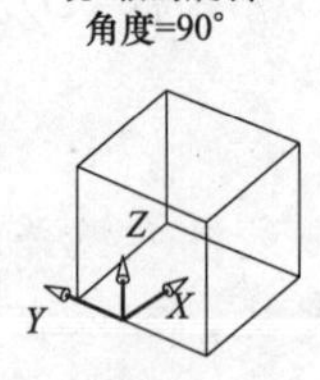

绕Z轴的旋转
角度=90°

图 14-12　旋转 UCS 示例

（9）输入“ZA”（Z 轴）：将 UCS 与指定的正 Z 轴对齐。

三、命名 UCS（■，UCSMAN）

管理 UCS 定义。

1. 命令激活的方法

（1）在“三维基础”工作空间功能区中。

🖱“默认”选项卡→“坐标”面板的右下角的“■”按钮。

🖱“可视化”选项卡→“坐标”面板的右下角的“■”按钮。

（2）在“三维建模”工作空间功能区中。

🖱“可视化”选项卡→“坐标”面板→“命名 UCS”■按钮。

🖱“可视化”选项卡→“坐标”面板的右下角的“■”按钮。

🖱“常用”选项卡→“坐标”面板的右下角的“■”按钮。

（3）在所有工作空间中。

菜单栏：工具→命名 UCS。

命令行：ucsman。

2. UCS 对话框的设置

依次单击“可视化”选项卡→“坐标”面板→“命名 UCS”按钮，可以打开 UCS 对话框，如图 14-13 所示。UCS 对话框包括“命名 UCS”、“正交 UCS”和“设置”三个选项卡，其意义如下：

(1)“命名 UCS”选项卡（见图 14-13）：列出 UCS 定义并设置当前 UCS。

1）当前 UCS：显示当前 UCS 的名称。如果当前 UCS 尚未保存，则将列为“未命名”。

2）UCS 名称列表：列出当前图形中定义的 UCS。指针指向当前 UCS。如果有多个视口和多个未命名 UCS 设置，列表将仅包含当前视口的未命名 UCS。列表中始终包含“世界”，它既不能被重命名，也不能被删除。如果在当前编辑任务期间定义其他 UCS，将显示“上一个”选项。可以通过重复选择“上一个”和“置为当前”来逐步返回到这些 UCS。要向此列表中添加 UCS 名称，可依次使用 UCS 命令的“已命名”、“保存”选项。

3）置为当前：恢复选定的坐标系。要恢复选定的坐标系，可以在列表中双击坐标系的名称，或在此名称上单击鼠标右键，然后选择“置为当前”。

4）详细信息：显示“UCS 详细信息”对话框，其中显示了 UCS 坐标数据。也可以在选定坐标系的名称上单击鼠标右键，然后单击“详细信息”选项来查看该坐标系的详细信息。

(2)“正交 UCS”选项卡（见图 14-14）：将 UCS 改为正交 UCS 设置之一。

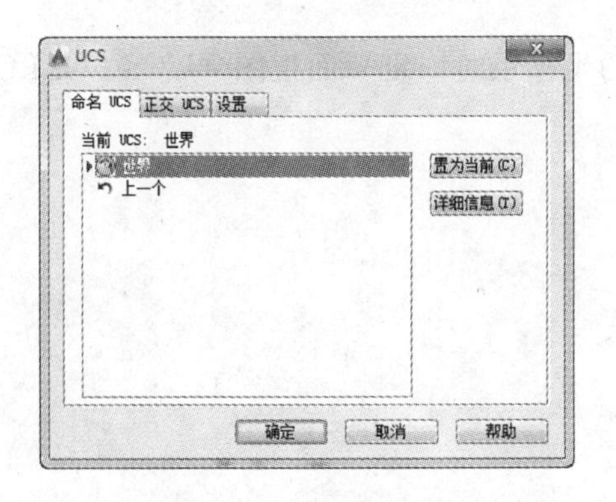

图 14-13　UCS 对话框

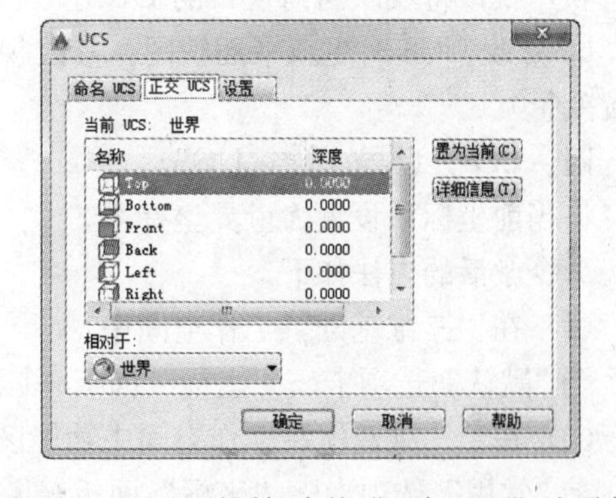

图 14-14　UCS 对话框中的“正交 UCS”选项卡

1）当前 UCS：显示当前 UCS 的名称。

2）正交 UCS 名称：列出当前图形中定义的六个正交坐标系。正交坐标系是根据“相对于”列表中指定的 UCS 定义的。

a. 名称：指定正交 UCS 的名称。

b. 深度：指定正交 UCS 的 *XY* 平面与通过 UCS（由 UCS BASE 系统变量指定）原点的平行平面之间的距离。UCS BASE 坐标系的平行平面可以是 *XY*、*YZ* 或 *XZ* 平面。

3）置为当前：恢复选定的坐标系。

4）详细信息：显示“UCS 详细信息”对话框，其中显示了 UCS 坐标数据。也可以在选定 UCS 的名称上单击鼠标右键，然后选择“详细信息”选项来查看其详细信息。

5）相对于：指定用于定义正交 UCS 的基准坐标系。默认情况下，WCS 是基准坐标系。

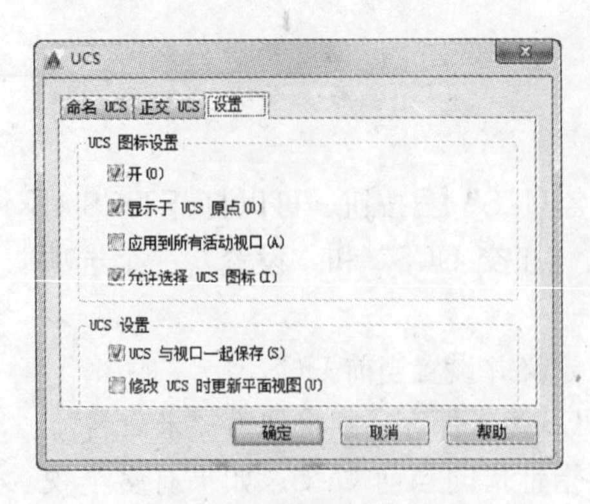

图 14-15　UCS 对话框中的“设置”选项卡

只要更改“相对于”设置，选定正交 UCS 的原点就会恢复到默认位置。如果将图形中的正交坐标系另存为视口配置的一部分，或从“相对于”中而非“世界”中选择某个设置，则正交坐标系的名称将更改为“未命名”，以区别于预定义的正交 UCS。

（3）“设置”选项卡（见图 14-15）：显示和修改与视口一起保存的 UCS 图标设置和 UCS 设置。

1）UCS 图标设置：指定当前视口的 UCS 图标显示设置。

a. 开：显示当前视口中的 UCS 图标。

b. 显示于 UCS 原点：在当前视口中当前坐标系的原点处显示 UCS 图标。如果不勾选该选项，或者坐标系原点在视口中不可见，则将在视口的左下角显示 UCS 图标。

c. 应用到所有活动视口：将 UCS 图标设置应用到当前图形中的所有活动视口。

d. 允许选择 UCS 图标：控制当光标移到 UCS 图标上时该图标是否亮显，以及是否可以通过单击选择它并访问 UCS 图标夹点。

2）UCS 设置：指定更新 UCS 设置时 UCS 的行为。

a. UCS 与视口一起保存：将 UCS 与视口一起保存（UCS VP 系统变量）。如果不勾选此选项，视口将反映当前视口的 UCS。

b. 修改 UCS 时更新平面视图：修改视口中的坐标系时恢复平面视图（UCS FOLLOW 系统变量）。

四、UCS，世界（，UCS）

将当前坐标系设置为世界坐标系。

命令激活的方法如下。

（1）在“三维基础”工作空间中：

“默认”选项卡→“坐标”面板→。

（2）在“三维建模”工作空间中功能区。

“常用”选项卡→“坐标”面板→。

“可视化”选项卡→“坐标”面板→。

（3）在所有工作空间中。

菜单栏：工具→新建 UCS→ 世界(W)。

命令行：UCS。

AutoCAD 提示：

指定 UCS 的原点或［面（F）/命名（NA）/对象（OB）/上一个（P）/视图（V）/世界（W）/X/Y/Z/Z 轴（ZA）］〈世界〉：_ w

在 UCS 对话框中，将世界坐标系命名为当前的 UCS；使用鼠标单击“置为当前”确定后，也是恢复世界坐标系的一个方法。

五、三点（，UCS）

使用三点定义新的用户坐标系。这三点可以指定原点、正 *X* 轴上的点以及正 *XY* 平面上的点。

依次单击“可视化”选项卡→“坐标”面板→按钮，AutoCAD 提示：

命令：_ucs

当前 UCS 名称：* 世界 *

指定 UCS 的原点或［面（F）/命名（NA）/对象（OB）/上一个（P）/视图（V）/世界（W）/X/Y/Z/Z 轴（ZA）］〈世界〉：_3

指定新原点〈0，0，0〉：(指定新原点)

在正 X 轴范围上指定点〈当前〉：(指定正 X 轴上的点)

在 UCS XY 平面的正 Y 轴范围上指定点〈当前〉：(指定正 XY 平面上的点)

六、Z 轴相量（，UCS）

将用户坐标系与指定的正向 Z 轴对齐。该命令设定三维模型表面某点的法线方向是新用户坐标系的 Z 轴方向。

依次单击“可视化”选项卡→“坐标”面板→按钮，AutoCAD 提示：

命令：_ucs

当前 UCS 名称：* 没有名称 *

指定 UCS 的原点或［面（F）/命名（NA）/对象（OB）/上一个（P）/视图（V）/世界（W）/X/Y/Z/Z 轴（ZA）］〈世界〉：_zaxis

指定新原点或［对象（O）］〈0，0，0〉：(指定新原点)

在正 Z 轴范围上指定点〈0.0000，0.0000，1.0000〉：(指定正 Z 轴上的点)

七、原点（，UCS）

通过移动原点来定义新的用户坐标系。转换用户坐标系的原点（0，0，0）以便输入绝对坐标、创建坐标标注，或在三维空间中设置工作平面。

八、上一个（，UCS）

恢复上一个用户坐标系。可以在当前任务中逐步返回最后 10 个 UCS 设置。对于模型空间和图纸空间，UCS 设置单独存储。

九、命名 UCS 组合框控制

命名 UCS 组合框控制有 7 个选项，如图 14-16 所示。它们的坐标原点的位置没有改变，绘图区的图形不变，而它们的图标坐标轴依次发生改变，同时在 XOY 平面的网格也依次随 X 轴、Y 轴的改变发生了变化。

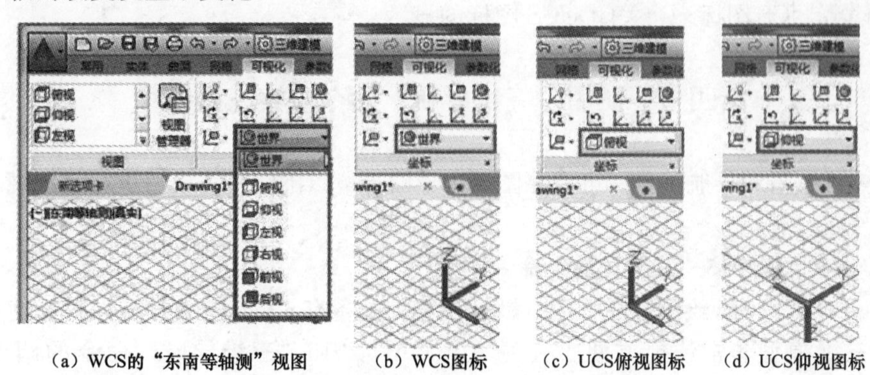

(a) WCS的“东南等轴测”视图　(b) WCS图标　(c) UCS俯视图标　(d) UCS仰视图标

图 14-16　使用“UCS 对话框”命名（一）

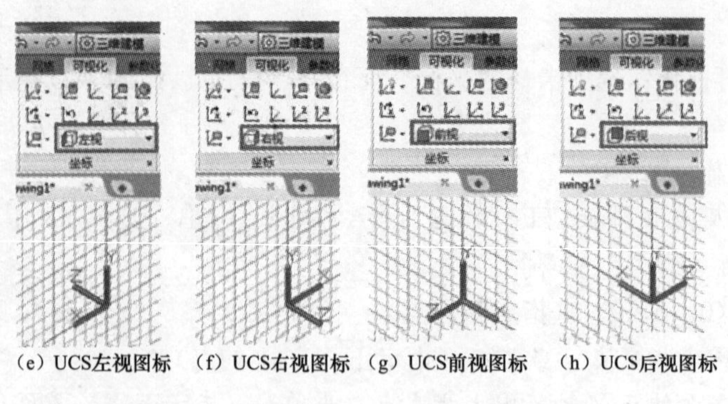
（e）UCS左视图标　（f）UCS右视图标　（g）UCS前视图标　（h）UCS后视图标

图 14-16　使用“UCS 对话框”命名（二）

十、UCS 对话框启动器

UCS 对话框启动器位于“可视化”选项卡→“坐标”面板的右下角。单击该启动器可以打开 UCS 对话框，对应 UCS 对话框，前面已经做了详细的介绍，在此不再赘述。

十一、视图 UCS（）、对象 UCS（）和面 UCS（）组合框

视图 UCS（）能够选择三维模型上的一个点作为用户坐标系的原点，而该 UCS 的 *XOY* 平面与计算机屏幕平行。

对象 UCS（）可以将 UCS 与选定的二维或三维对象对齐。UCS 可与包括点云在内的任何对象类型对齐（参照线和三维多段线除外）。

面 UCS（）是将 UCS 与实体对象的选定面对齐。要选择一个面，请在此面的边界内或面的边上单击，被选中的面将亮显，UCS 的 *X* 轴将与找到的第一个面上的最近的边对齐。

十二、*X*、*Y*、*Z* 旋转 UCS（、和）

绕指定轴（*X*、*Y* 或 *Z* 轴）旋转当前 UCS。这组命令的特点：新的用户坐标系的原点位置不变，坐标系图标绕 *X* 轴（或 *Y* 轴、*Z* 轴）的旋转角度可以选择默认值——90°；也可以根据需要输入设定值。命令详细的使用方法见 UCS 命令解释。

十三、在原点处显示 UCS 图标、显示 UCS 图标和隐藏 UCS 图标组合框

控制 UCS 图标的可见性、位置、外观和可选性。

（1）在原点处显示 UCS 图标：在当前 UCS 的原点（0，0，0）处显示该图标。如果原点超出视图，它将显示在视口的左下角。

（2）显示 UCS 图标：显示 UCS 图标。

（3）隐藏 UCS 图标：关闭 UCS 图标的显示。

第四节　使用“三维导航”命令观察三维模型

使用三维查看和导航工具，可以在图形中导航。可以围绕三维模型进行动态观察、缩放和旋转。

一、AutoCAD 2015“三维导航”命令的调出

在 AutoCAD 2015 绘图区的右侧（默认位置）配备有 ViewCube 和导航栏，使用它们的命令观察三维模型非常快捷方便。有关 AutoCAD 2015“三维导航”命令的调出方法在图 14-17 中给予系统地展示。

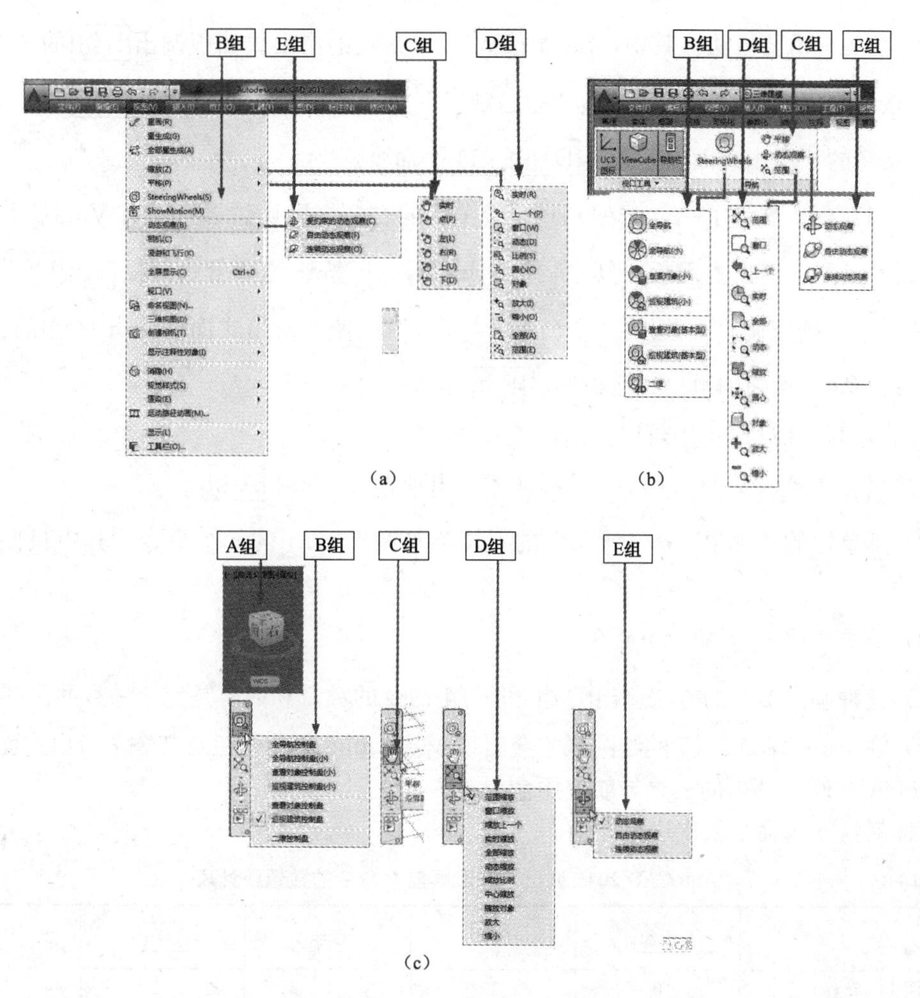

图 14-17　AutoCAD 2015“三维导航”命令的调出

注意

在 AutoCAD 2015“三维基础”工作空间中功能区或“三维建模”工作空间中功能区：“视图”选项卡→“视口工具”面板设有 ViewCube 和“导航栏”按钮组，它们分别控制 AutoCAD 2015 绘图区的 ViewCube 和“导航栏”的显示和隐藏。

图 14-17（a）展示了 AutoCAD 2015 菜单栏中，“视图”→“缩放”的下拉菜单调出 D组 的 11 个命令，“视图”→“平移”的下拉菜单调出 C组 的 6 个命令，“视图”→SteeringWheels 调出 B组 的 1 个命令和“视图”→“动态观察”的下拉菜单调出 E组 的 3 个命令。

图 14-17（b）展示了 AutoCAD 2015 在“三维基础”工作空间中功能区或“三维建模”工作空间中功能区：“视图”选项卡→(加载）“导航”面板以及滑出式面板，也是调出三维

导航命令的一个重要方法。其中，SteeringWheels 按钮的滑出式面板调出B组的 7 个命令，“平移”按钮调出C组的 1 个命令，“动态观察”按钮的滑出式面板调出E组的 3 个命令，“缩放”按钮的“滑出式面板”调出D组的 11 个命令。

图 14-17（c）展示了 AutoCAD 2015 绘图区的右侧（默认位置）常有 ViewCube A组和导航栏及其 3 个滑出式面板。其中，SteeringWheels 按钮的滑出式面板调出B组的 7 个命令，“平移”按钮调出C组的 1 个命令，“缩放”按钮的滑出式面板调出D组的 11 个命令，“动态观察”按钮的滑出式面板调出E组的 3 个命令。

从图 14-17 和表 14-1 中可以看出：

（1）只有在 AutoCAD 2015 的绘图区才会出现 ViewCube A组。

（2）菜单栏的“视图”→“平移”的下拉菜单调出C组的 6 个命令，其中只保留 1 个命令。

（3）菜单栏有B组的 1 个命令。

（4）三种调出命令的方法调出D组和E组命令的数量和内容是完全一致的。

（5）在 AutoCAD 2015 的绘图区才会出现 ViewCube 和导航栏及其 3 个滑出式面板涵盖了 AutoCAD 2015 调出的三维导航使用命令。

下面对这 5 组命令依次进行介绍。

表 14-1　AutoCAD 2015 调出“三维导航”命令的数量统计表

图　号	A组	B组	C组	D组	E组
图 14-17（a）	0	1	6	11	3
图 14-17（b）	0	7	1	11	3
图 14-17（c）	1	7	1	11	3

二、ViewCube

ViewCube 是用户在二维模型空间或三维视觉样式中处理图形时显示的导航工具。通过 ViewCube，用户可以在标准视图和等轴测视图间切换。ViewCube 是持续存在的、可单击和可拖动的界面，它可用于在模型的标准与等轴测视图之间切换。显示 ViewCube 时，它将显示在模型上绘图区域中的一个角上，且处于非活动状态。ViewCube 工具将在视图更改时提供有关模型当前视点的直观反映。当光标放置在 ViewCube 工具上时，它将变为活动状态。用户可以拖动或单击 ViewCube、切换至可用预设视图之一、滚动当前视图或更改为模型的主视图。ViewCube 的默认位置是 AutoCAD 2015 绘图区的右上角，而绘图区右侧的“导航栏”与 ViewCube 是不分离的。

ViewCube 的外观是可以控制的。ViewCube 有两种显示状态：不活动状态和活动状态。当处于非活动状态时，默认情况下会显示为部分透明，以便不会遮挡模型的视图。当处于活动状态时，它是不透明的，可能会遮挡模型当前视图中的对象视图。除了可以控制 ViewCube 在处于非活动状态时的不透明度级别外，还可以控制 ViewCube 的以下特性：大小、位置、UCS 菜单的显示、默认方向、指南针显示。

指南针显示在 ViewCube 下方，用于指示为模型定义的北向。可以单击指南针上的基本方向字母以旋转模型，也可以单击并拖动指南针环以交互方式围绕轴心点旋转模型。

1. 重定向视图

用户可以通过单击 ViewCube 上的预定义区域或拖动 ViewCube 工具来重定向模型的当前视图。ViewCube 提供 26 个已定义部分，用户可以单击这些部分来更改模型的当前视图。这 26 个已定义部分按类别分为三组：角、边和面，如图 14-18 所示。在这 26 个部分中，有 6 个代表模型的标准正交视图：上、下、前、后、左、右。通过单击 ViewCube 上的一个面设置正交视图。

图 14-18　ViewCube 工具

使用其他 20 个已定义部分可以访问模型的带角度视图。单击 ViewCube 上的一个角，可以基于模型三个侧面所定义的视点，将模型的当前视图重定向为 3/4 视图。单击一条边，可以基于模型的两个侧面，将模型的视图重定向为半视图。

ViewCube 的轮廓有助于识别其所处方向的形式：标准形式或固定形式。当 ViewCube 处于标准形式的方向且其方向未调整到 26 个预定义部分之一时，其轮廓将显示为虚线。在被约束到一个预定义的视图时，ViewCube 的轮廓将显示为连续的实线。

（1）拖动或单击 ViewCube。用户可以单击并拖动 ViewCube，将模型视图重定向为除 26 个预定义部分之一外的自定义视图。如果将 ViewCube 拖动到靠近其中一个预设方向的位置，且设定为捕捉到最近的视图，则 ViewCube 将旋转到最近的预设方向。

ViewCube 围绕选择集轴心点重定向视图。

1）如果未选择对象，则轴点位于视图的中心。

2）如果选择了对象，则轴点位于选定对象的中心。

3）如果选择了多个对象，则轴点位于选定对象范围的中心。

（2）滚动面视图。从一个面视图查看模型时，ViewCube 附近将显示两个滚动箭头按钮。使用滚动箭头可将当前视图围绕视图中心顺时针或逆时针旋转 90°，如图 14-19 所示。

（3）查看相邻面。若在 ViewCube 处于活动状态时从一个面视图查看模型，则 4 个正交三角形会显示在 ViewCube 附近。可以使用这些三角形切换到其中一个相邻面视图。图 14-20 为单击左边三角形切换到左视图的示例。

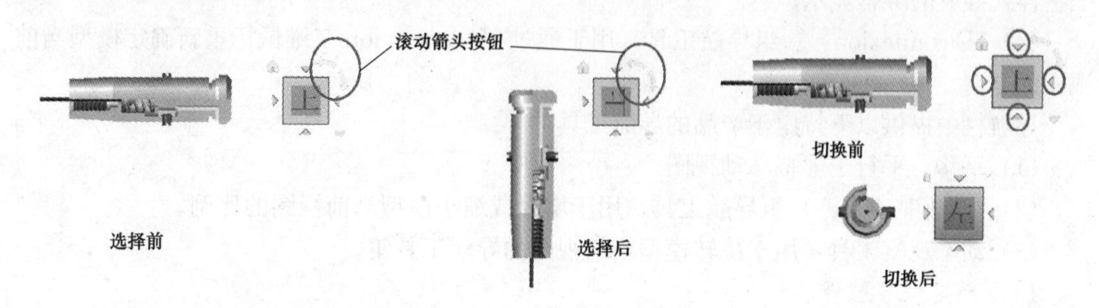

图 14-19　滚动面视图示例　　图 14-20　切换至相邻面的示例

2. ViewCube 主视图

可以为模型定义一个主视图，以便可以在使用导航工具时恢复熟悉的视图。主视图是一种特殊视图，它使用易于返回到已知或熟悉的视图模型进行存储。可以将模型的任意视图定义为主视图。可以将保存的主视图应用于当前视图，方法是单击 ViewCube 工具上方的“主视图”按钮或使用 ViewCube 菜单。

打开在 2008 版本之前的基于 AutoCAD 产品中创建的图形时，模型的范围将用作默认主视图。在更高版本的基于 AutoCAD 的产品中创建的图形具有在俯视/左视/前视方向定义的主视图。

使用主视图导航回熟悉的视图，也可以使用主视图在保存模型时生成缩略图预览，而无需使用上一个保存的视图。“缩略图预览设置”对话框用于在保存图形时控制缩略图预览（主视图或上一个保存的视图）。

（1）重定义主视图。在 ViewCube 上单击鼠标右键，然后选择“将当前视图设定为主视图”。

（2）将模型重定向为主视图。执行以下操作之一：

1）单击 ViewCube 附近的主视图按钮。

2）在 ViewCube 上单击鼠标右键，然后选择“主视图”。

（3）恢复默认的主视图。

1）在绘图区域中单击鼠标右键，然后选择“选项”。

2）在“打开和保存”选项卡的“文件保存”下单击“缩略图预览设置”。

3）单击“将主视图重置为默认值”，然后单击“确定”按钮退出对话框。

三、导航栏

导航栏是一种用户界面元素，用户可以从中访问通用导航工具和特定于产品的导航工具，如图 14-21 所示。通用导航工具是指可在多种 Autodesk 产品中找到的工具。产品特定的导航工具为该产品所特有。导航栏在当前绘图区域的一个边上方沿该边浮动。通过单击导航栏上的按钮之一，或选择在单击“分割”按钮的较小部分时显示列表中的某个工具可以启动导航工具。

导航栏中提供以下通用导航工具。

（1）ViewCube：指示模型的当前方向，并用于重定向模型的当前视图。

（2）SteeringWheels：提供在专用导航工具之间快速切换的控制盘集合。

（3）ShowMotion：用户界面元素，可提供用于创建和回放以便进行设计查看、演示和书签样式导航的屏幕显示。

（4）3D connexion：一组导航工具，用于通过 3D connexion 三维鼠标重新确定模型当前视图的方向。

导航栏中提供以下特定于产品的导航工具。

（1）平移：平行于屏幕移动视图。

（2）“缩放”工具：一组导航工具，用于增大或缩小模型当前视图的比例。

（3）动态观察工具：用于旋转模型当前视图的导航工具集。

1. 重新定位导航栏

链接到 ViewCube 工具时，导航栏位于 ViewCube 之上或之下，并且方向为竖直。当没有链接到 ViewCube 时，导航栏可以沿绘图区域的一条边自由对齐，如图 14-22 所示。

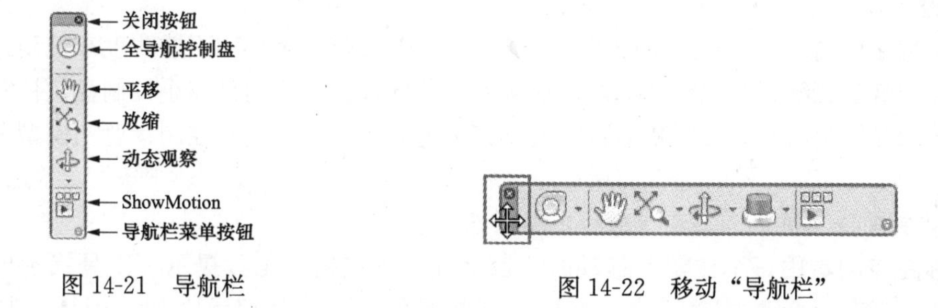

图 14-21　导航栏　　　　图 14-22　移动“导航栏”

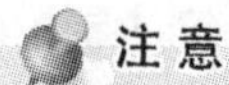

注 意

导航栏必须断开与 ViewCube 的链接才能独立放置。

2. 链接或取消链接导航栏和 ViewCube 的步骤

单击导航栏菜单按钮，在“固定位置”下单击或清除“链接到 ViewCube”。当选中“链接到 ViewCube”后，导航栏和 ViewCube 将一起重新定位。

3. 显示或隐藏导航栏的步骤

依次单击“视图”选项卡→“视口工具”面板→“导航栏”，可以显示或隐藏导航栏。

四、SteeringWheels

SteeringWheels 是追踪菜单，划分为不同部分（称为按钮）。每个按钮都代表一种导航工具。SteeringWheels（也称为控制盘）将多个常用导航工具结合到一个单一界面中，从而为用户节省时间。控制盘是任务特定的，从中可以在不同视图中导航和定向模型。各种可用的控制盘如图 14-23 所示。

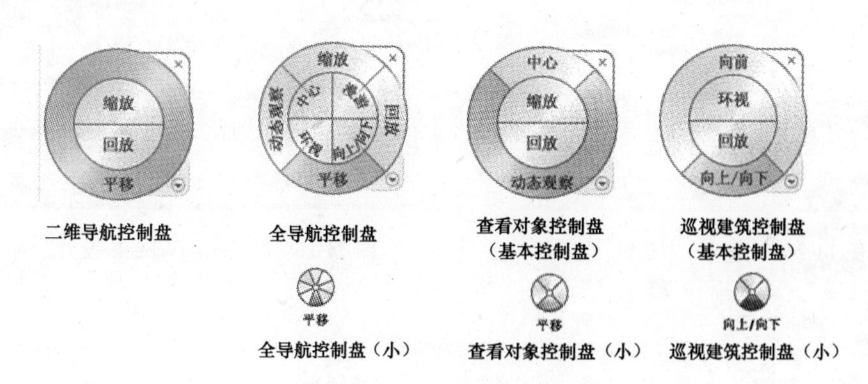

图 14-23　各种可用的控制盘

1. 显示和使用控制盘

按住并拖动控制盘的按钮是交互操作的主要模式。显示控制盘后，单击其中一个按钮并按住定点设备上的按钮可激活导航工具。拖动以重新定向当前视图，松开按钮可返回至控制盘。

2. 控制盘外观

可通过在控制盘的不同可用样式之间切换，或通过调整大小和不透明度来控制控制盘的外观。控制盘（二维导航控制盘除外）有两种不同样式：大控制盘和小控制盘。控制盘的大小控制显示在控制盘上的按钮和标签的大小；不透明度级别控制被控制盘遮挡模型中对象的可见性。

3. 控制盘工具提示、工具消息和工具光标文字

光标在控制盘中每个按钮上移动时，都会显示该按钮的工具提示。工具提示出现在控制盘下方，并且在单击按钮时确定将要执行的操作。与工具提示类似，当从控制盘中使用其中一种导航工具时将显示工具消息和光标文字。在导航工具处于活动状态时显示工具消息；它们提供有关使用工具的基本说明。工具光标文字在光标附近显示活动导航工具的名称。禁用工具消息和光标文字只会影响在使用小控制盘或全导航控制盘（大）时显示的消息。

4. 设置 SteeringWheels

在绘图区域中单击鼠标右键，然后选择“选项”，打开“选项”对话框，如图 14-24 所示。在“三维建模”选项卡中“三维导航”一栏下，单击 SteeringWheels，打开“SteeringWheels 设置”对话框，如图 14-25 所示。在“SteeringWheels 设置”对话框中，可以对各选项进行设置。例如：在“大控制盘”或“小控制盘”下移动“控制盘大小”滑块，可以更改控制盘大小；移动“控制盘不透明度”滑块，可以更改控制盘不透明度；在“显示”一栏下，单击或清除相应的复选框，可以切换 SteeringWheels 工具消息或工具提示。

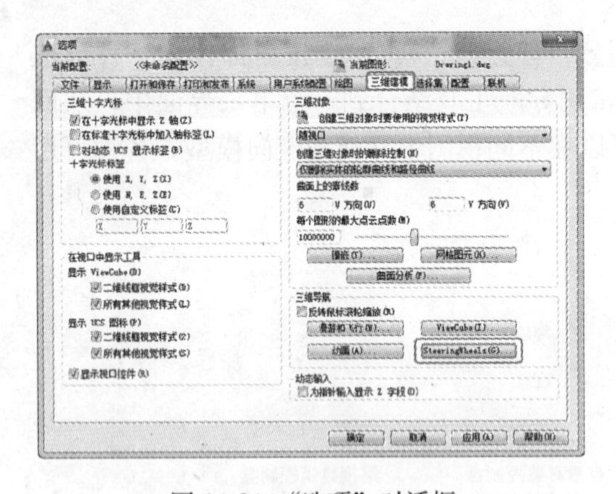

图 14-24 “选项”对话框

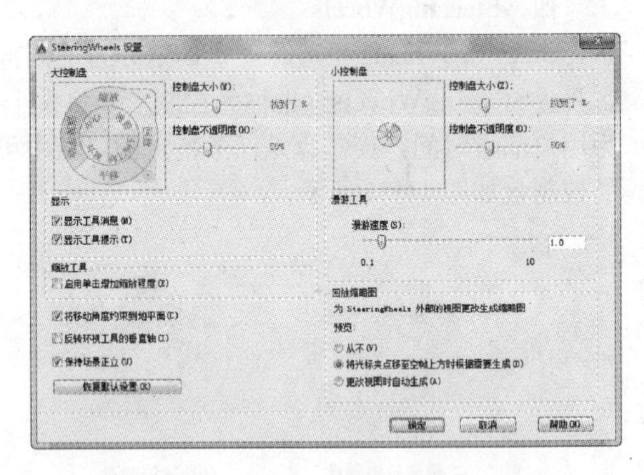

图 14-25 “SteeringWheels 设置”对话框

注意

“三维导航”命令处于活动状态时无法编辑对象。在转盘的不同部分之间移动光标时，光标图标的形状会改变，以指示查看旋转的方向。

五、平移（3DPAN、PAN）命令

平移命令能将光标形状变为手形。在单击并拖动光标时，手形变为，视图沿拖动的方向移动。视图可以水平、垂直或对角拖动。可以查看整个图形，或者在输入3DPAN命令之前选择一个或多个对象。查看整个图形可能降低视频显示效果。

命令激活的方法如下。

（1）在“三维基础”工作空间或“三维建模”工作空间功能区中：

“视图”→“导航”（需要时加载)→平移。

（2）在所有工作空间中。

菜单栏：视图→平移→6个子命令。

绘图区：“导航栏”→第2组。

快捷菜单：启动“三维导航”的任何一个命令后，在绘图区域中单击鼠标右键，然后选择“平移”，绘图区的三维图形则随光标移动而同步移动。

六、三维缩放（3D ZOOM）命令

启用交互式三维视图用户可以缩放视图。三维缩放（3D ZOOM）命令模拟相机变焦镜头的效果。它使对象看起来靠近或远离相机，但不改变相机的位置，放大图像。如果用透视投影法查看对象，也会夸大查看对象时的透视效果。可能引起某些对象外形的轻微失真。缩放将光标形状变成放大镜加上正（+）号和负（－）号。单击并垂直向上拖动光标可以放大图像，使对象显得更大或更近。单击并垂直向下拖动光标可以缩小图像，使对象显得更小或更远。

命令激活的方法如下。

（1）在“三维基础”工作空间或“三维建模”工作空间功能区中：

“视图”→“导航”（需要时加载)→缩放滑出式面板。

（2）在所有工作空间中，

菜单栏：视图→缩放→11个子命令。

绘图区：“导航栏”→第3组的滑出式面板（缩放）。

快捷菜单：在绘图区域中单击鼠标右键，并选择“缩放”，如图14-26所示。在绘图区执行三维缩放（3D ZOOM）命令时，当光标下移时三维图形缩小，当光标上移时三维图形放大。

七、动态观察

1. 受约束的动态观察（3D orbit）命令

受约束的动态观察命令控制在三维空间中交互式查看对象，使用户能够通过单击和拖动定点设备来控制三维对象的视图。在启动命令之前可以查看整个图形，或者选择一个或多个对象。查看整个图形可能会降低视频显示效果。

命令激活的方法如下。

（1）在“三维基础”工作空间或“三维建模”工作空间功能区中：

“视图”→“导航”（需要时加载)→动态观察。

（2）在所有工作空间中，

菜单栏：视图→动态观察→受约束的动态观察。

绘图区：“导航栏”→第4组的滑出式面板。

受约束的动态观察命令在当前视口中激活三维模型，如图14-27（a）所示；自由动态观察三维模型，如图 14-27（b）所示；连续动态观察三维模型，如图 14-27（c）所示。

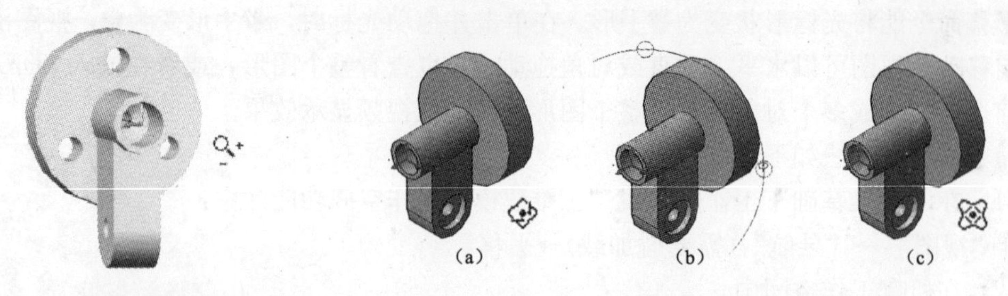

图 14-26　在绘图区执行三维缩放命令的示意图

图 14-27　三种动态观察命令的异同

2. 自由动态观察（3DForbit）命令

自由动态观察命令控制在三维空间中交互式查看对象，使用户能够通过单击和拖动定点设备来控制三维对象的视图。在启动命令之前可以查看整个图形，或者选择一个或多个对象。查看整个图形可能会降低视频显示效果。

命令激活的方法如下。

（1）在“三维基础”工作空间或“三维建模”工作空间功能区中：

“视图”→“导航”（需要时加载）→动态观察。

（2）在所有工作空间中，

菜单栏：“视图”→“动态观察”→“自由动态观察”。

绘图区：“导航栏”→第 3 组→自由动态观察。

命令行：3DForbit。

注 意

自由动态观察（3DForbit）命令处于活动状态时无法编辑对象。在转盘的不同部分之间移动光标时，光标图标的形状会改变，以指示查看旋转的方向。当移动光标时三维图形可以绕一般位置的轴回转；当移动光标时，三维图形可以绕屏幕用户坐标系的 X 轴回转；当移动光标时，三维图形可以绕屏幕用户坐标系的 Y 轴回转；当移动光标时三维图形可以绕垂直于桌面的轴（屏幕用户坐标系 Z 轴）回转。

3. 连续动态观察（3DCorbit）命令

连续动态观察（3DCorbit）命令启用交互式三维视图并允许用户设置对象在三维视图中连续运动。

命令激活的方法如下。

（1）在“三维基础”工作空间或“三维建模”工作空间功能区中：

“视图”→“导航”（需要时加载）→动态观察（参见图 14-15 E组）。

（2）在所有工作空间中。

菜单栏：“视图”→“动态观察”→“连续动态观察”（参见图 14-15 E组）。

绘图区："导航栏"→第 3 组→"连续动态观察"。

命令行：3DCorbit。

第五节　漫游飞行和创建运动路径动画

用户可以在当前视口中创建图形的交互式视图。使用三维观察和导航工具，可以在图形中导航、为指定视图设置相机以及创建动画以便与其他人共享设计。可以围绕三维模型进行动态观察、回旋、漫游和飞行，设置相机，创建预览动画以及录制运动路径动画，用户可以将这些分发给其他人以从视觉上传达设计意图。

调出与相机、漫游、飞行和创建运动路径动画有关命令的方法，请参见图 14-28。

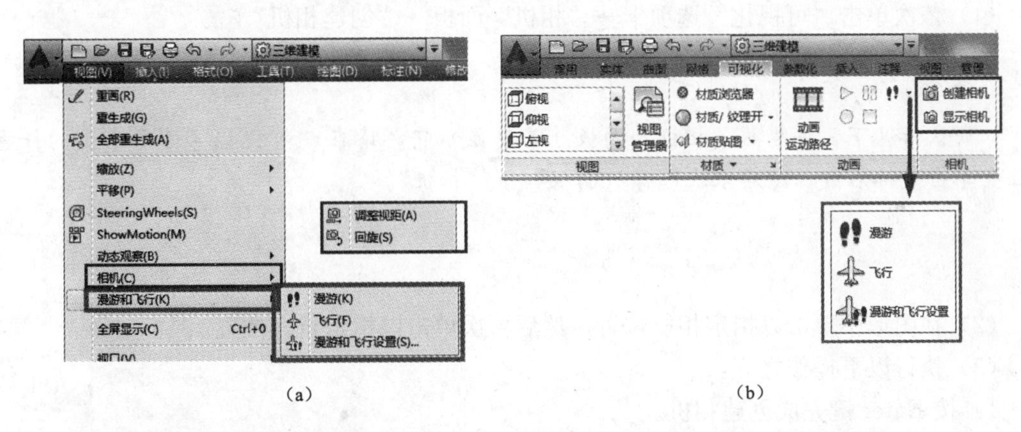

(a)　(b)

图 14-28　调出与相机、漫游、飞行和创建运动路径动画有关命令的方法

与相机有关命令的激活方法如下。

(1) 在"三维建模"工作空间功能区中。

"可视化"选项卡→"相机"面板→"创建相机"和"显示相机"。

菜单栏："视图"→"创建相机"。

菜单栏："视图"→"相机"→"调整视距"和"回转"。

与漫游、飞行有关的命令激活方法如下。

(2) 在"三维建模"工作空间功能区中。

"可视化"选项卡→"动画"面板的滑出式面板，即"漫游"、"飞行"和"漫游和飞行设置"等 3 个命令以及"动画运动路径"按钮。

菜单栏："视图"→"漫游和飞行"→"漫游"、"飞行"和"漫游和飞行设置"等 3 个命令。

菜单栏："视图"→"运动路径动画"。

一、创建和调整相机

漫游、飞行和创建运动路径动画都需要创建和调整相机；可以将相机放置到图形中以定义三维视图；可以在图形中打开或关闭相机并使用夹点来编辑相机的位置、目标或焦距；可以通过位置 *XYZ* 坐标、目标 *XYZ* 坐标和视野/焦距（用于确定倍率或缩放比例）定义相机；还可以定义剪裁平面，以建立关联视图的前后边界。

(1) 位置：定义要观察三维模型的起点。

(2) 目标：通过指定视图中心的坐标来定义要观察的点。

(3) 焦距：定义相机镜头的比例特性。焦距越大，视野越窄。

前向和后向剪裁平面。指定剪裁平面的位置。剪裁平面是定义（或剪裁）视图的边界。在相机视图中，将隐藏相机与前向剪裁平面之间的所有对象。同样隐藏后向剪裁平面与目标之间的所有对象。

默认情况下，保存的相机将按顺序命名，如 Camera1、Camera2 等。可以重命名相机以更好地描述相机视图。“视图管理器”列出了图形中现有的相机以及其他命名视图。

使用“相机轮廓外观”对话框控制相机轮廓的颜色和尺寸。

1. 创建三维视图相机的步骤

(1) 依次单击“可视化”选项卡→“相机”面板→“创建相机”。

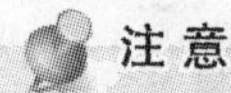

注 意

默认情况下，将隐藏“相机”面板。若要显示它，请在“可视化”选项卡上的任意位置单击鼠标右键，然后依次选择“面板”→“相机”。

(2) 在图形中单击以指定相机位置，然后再次单击以指定目标位置。

(3) 执行以下操作之一：

1）按 Enter 键完成创建相机。

2）通过单击鼠标右键并从选项列表中选择可进一步定义相机特性。

注：依次单击“可视化”选项卡→“相机”面板→“相机显示”，可以显示三维视图相机。

2. 更改相机特性

可以修改相机焦距、更改其前向和后向剪裁平面、命名相机以及打开或关闭图形中所有相机的显示。可以通过多种方式更改相机设置：

(1) 单击并拖动夹点以调整焦距或视野的大小，或对其重新定位，如图 14-29（a）所示。

(2) 使用动态输入工具提示输入 X、Y、Z 坐标值，如图 14-29（b）所示。

(3) 在“相机特性”选项板中修改相机特性，如图 14-29（c）所示。

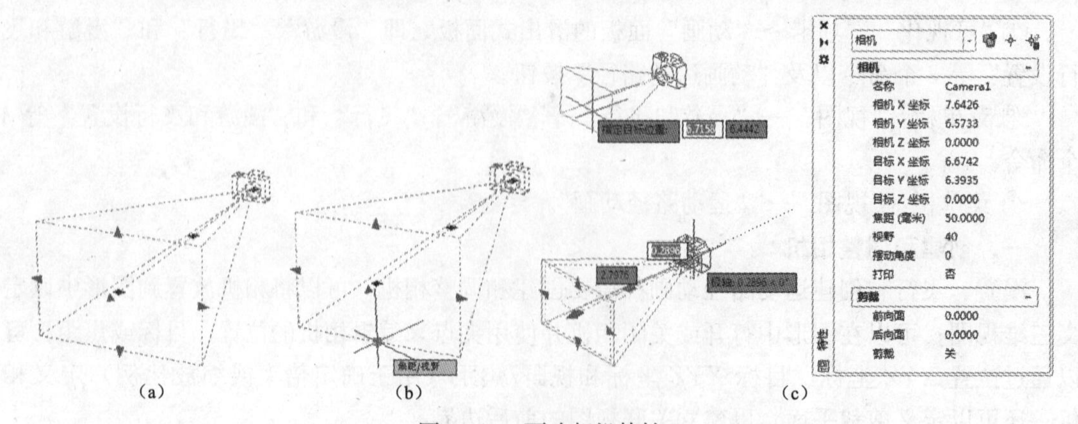

(a)　　(b)　　(c)

图 14-29　更改相机特性

二、漫游或飞行

用户可以模拟在三维图形中漫游（👣，3DWALK）和飞行（✈，3DFLY）。穿越漫游模型时，将沿 XY 平面行进。飞越模型时，将不受 XY 平面的约束，所以看起来像“飞”过模型中的区域。

1. 使用键盘和鼠标交互进行漫游和飞行

用户可以使用一套标准的键和鼠标交互在图形中漫游和飞行。使用四个箭头键或 W 键、A 键、S 键和 D 键来向上、向下、向左或向右移动。要在漫游模式和飞行模式之间切换，请按 F 键。要指定查看方向，沿要查看的方向拖动鼠标。

注意

“漫游和飞行导航映射”气泡提供用于控制漫游和飞行模式的键盘和鼠标动作的相关信息。气泡的外观取决于在“漫游和飞行设置”对话框中选择的显示选项。

2. 漫游或飞行时显示模型的俯视图

在三维模型中漫游或飞行时，可以跟踪该三维模型中的位置。启动 3DWALK 或 3DFLY 时，“定位器”窗口会显示模型的俯视图，如图 14-30 所示。位置指示器显示模型关系中用户的位置，而目标指示器显示用户正在其中漫游或飞行的模型。在开始漫游模式或飞行模式之前或在模型中移动时，用户可以在“定位器”窗口中编辑位置设置。

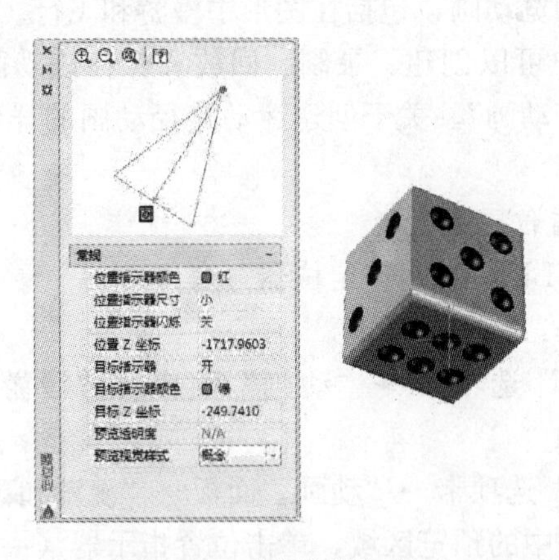

图 14-30 “定位器”窗口

注意

如果显示“定位器”窗口后计算机性能降低，可以关闭该窗口。

3. 指定漫游和飞行设置

在功能区上的“三维导航”面板或“漫游和飞行设置”对话框中指定漫游和飞行设置。

用户可以设定默认步长（即每秒步数）和其他显示设置。

指定漫游或飞行设置的步骤如下。

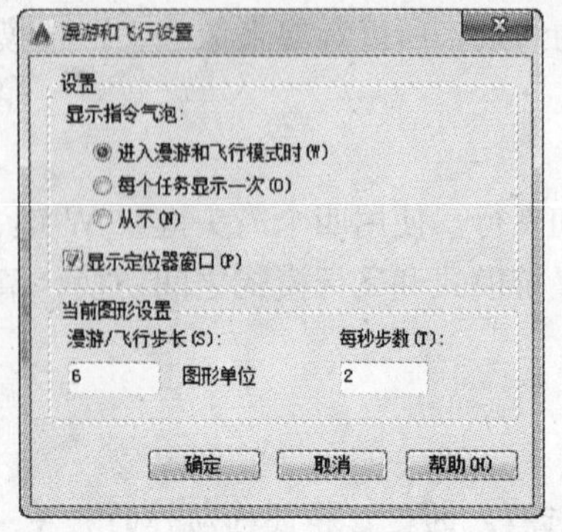

图 14-31 “漫游和飞行设置”对话框

(1) 依次单击“可视化”选项卡→“动画”面板→“漫游和飞行”下拉菜单→“漫游和飞行设置”，打开“漫游和飞行设置”对话框，如图 14-31 所示。

(2) 在“漫游和飞行设置”对话框中的“设置”下，选择以下选项之一。

1) 进入漫游/飞行模式时：指定每次进入漫游或飞行模式时显示“漫游和飞行导航映射”气泡。

2) 每个任务显示一次：指定当在每个 AutoCAD 任务中首次进入漫游或飞行模式时显示“漫游和飞行导航映射”气泡。

3) 从不：指定从不显示“漫游和飞行导航映射”气泡。

(3) 如果不想显示“定位器”窗口，请在“显示定位器窗口”选项中清除该复选框。

(4) 在“当前图形设置”部分的“漫游/飞行步长”下，在图形单位中输入一个数字以设定步长。

(5) 在“每秒步数”选项中，输入一个介于 1～30 的数字。

(6) 单击“确定”按钮，完成漫游或飞行的设置。

4. 动态演示漫游和飞行导航

可以创建任意导航的预览动画，包括在图形中漫游和飞行。在创建运动路径动画之前先创建预览以调整动画。用户可以创建、录制、回放和保存该动画。关于预览动画的详细信息，请参见“关于创建预览动画”。关于创建运动路径动画的详细信息，请参见“关于创建运动路径动画”。

5. 更改漫游或飞行查看位置的步骤

启动 3DWALK 或 3DFLY 以显示“定位器”窗口。

(1) 执行以下操作之一：

1) 依次单击“可视化”选项卡→“动画”面板→“漫游和飞行”下拉菜单→“漫游”。

2) 依次单击“可视化”选项卡→“动画”面板→“漫游和飞行”下拉菜单→飞行”。

(2) 在“定位器”窗口中的预览区域，单击位置指示器（一个彩色的点）并将其拖动到新位置。

(3) 如果显示目标指示器，则单击该目标指示器并将其拖动到新目标。

(4) 在“常规”部分，对当前设置进行任意更改。

(5) 继续在模型中漫游和飞行。

三、创建运动路径动画（anipath）

运动路径动画能够把相机保存在三维模型移动或平移的动画文件中。使用运动路径动画（例如模型的三维动画穿越漫游）可以向技术客户和非技术客户形象地演示模型。可以录制和回放导航过程，以动态传达设计意图。

在运动路径动画中，用户可以通过将相机及其目标链接到点或路径来控制相机运动。要使用运动路径创建动画，可以将相机及其目标链接到某个点或某条路径。如果要相机保持原样，请将其链接到某个点。如果要相机沿路径运动，请将其链接到某条路径。如果要目标保持原样，请将其链接到某个点。如果要目标移动，请将其链接到某条路径。无法将相机和目标链接到一个点。如果要使动画视图与相机路径一致，请使用同一路径。在“运动路径动画”对话框中，将目标路径设定为“无”可以实现该目的。

注 意

要将相机或目标链接到某条路径，必须在创建运动路径动画之前创建路径对象。路径可以是直线、圆弧、椭圆弧、圆、多段线、三维多段线或样条曲线。

1. 创建运动路径动画的步骤

(1) 在图形中，为相机或目标创建路径对象。路径可以是直线、圆弧、椭圆弧、圆、多段线、三维多段线或样条曲线。

注 意

创建的路径在动画中不可见。

(2) 如果“可视化”选项卡上未显示“动画”面板，请在“可视化”选项卡上单击鼠标右键，然后依次单击“面板”→“动画”。

(3) 依次单击“可视化”选项卡→“动画”面板→“动画运动路径”，打开“运动路径动画”对话框，如图 14-32 所示。

(4) 在“运动路径动画”对话框的“相机”部分，单击“点”或“路径”。

(5) 执行以下操作之一：

1) 要指定新的相机点，单击“拾取点”按钮，并在图形中指定点。输入该点的名称，单击“确定”按钮。

2) 要指定新的相机路径，请单击“选择路径”按钮，并在图形中指定路径。输入该路径名称，单击“确定”按钮。

3) 要指定现有的相机点或路径，请从下拉列表中进行选择。

(6) 在“运动路径动画”对话框的“目标”部分，单击“点”或“路径”。

(7) 执行以下操作之一：

1) 要指定新的目标点，请单击“拾取点”按钮，并在图形中指定点。输入该点名称，单击“确定”按钮。

2) 要指定新的目标路径，请单击“选择路径”按钮，并在图形中指定路径。输入该路径名称，单击“确定”按钮。

3) 要指定现有的目标点或路径，请从下拉列表中进行选择。

(8) 在“动画设置”部分，调整动画设置以根据需要创建动画。

(9) 调整点、路径和设置完成后，单击“预览”查看动画，或者单击“确定”按钮保存动画。

2. 记录、预览和保存运动路径动画

可以在录制动画之前预览动画，然后使用所需格式保存该动画。

(1) 依次单击“可视化”选项卡→“动画”面板→“动画运动路径”，打开“运动路径动画”对话框，如图 14-32 所示。

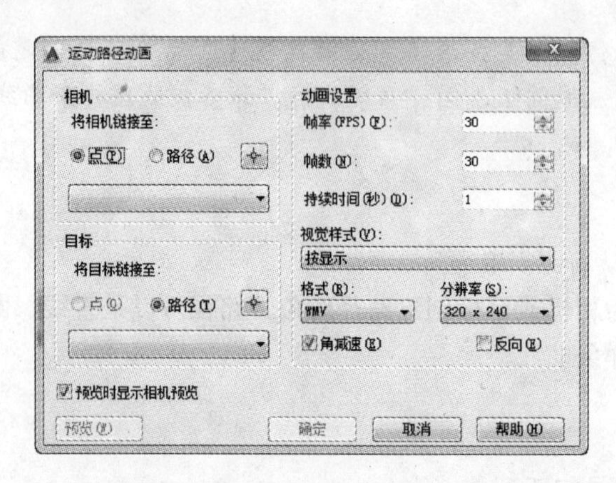

图 14-32 “运动路径动画”对话框

(2) 在“运动路径动画”对话框中，执行以下操作：

1) 为相机指定一点或一条路径。

2) 为目标指定一点或一条路径。

3) 调整任意动画设置。

(3) 要预览该动画，请单击“预览”按钮。

(4) 在“动画预览”窗口中查看动画。预览动画完成后，关闭“动画预览”窗口。

(5) 在“运动路径动画”对话框中，单击“确定”按钮。

(6) 在“另存为”对话框中，指定保存该动画文件的文件名和位置。

(7) 单击“保存”按钮。

本 章 小 结

本章介绍了 AutoCAD 2015 建立世界坐标系（WCS）和用户坐标系（UCS）的意义、使用方法和应用，使用“三维导航”命令观察三维模型的方法，以及使用漫游飞行和创建运动路径动画将三维模型制成视频作品的方法。希望读者能通过大量的 AutoCAD 的实践来加深对这些命令的理解。

习 题 十 四

将图 14-33 所示的北京西单牌楼（Beijing Xidan Archway. dwg）创建其运动路径动画。

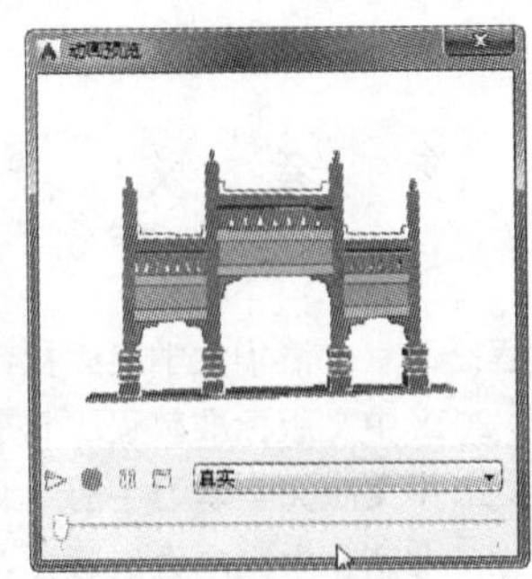

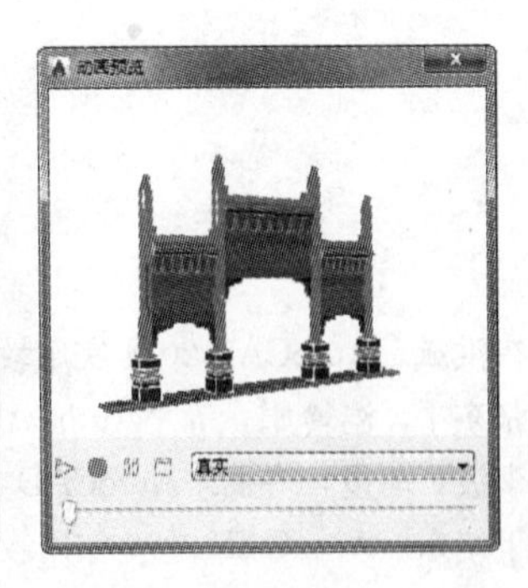

图 14-33　北京西单牌楼（Beijing Xidan Archway. dwg）及其 2 幅动画预览截图

参 考 文 献

[1] 崔洪斌. AutoCAD 2014 实用教程. 北京：清华大学出版社，2013.

[2] 张东平，温玲娟，等. AutoCAD 2012 中文版标准教程. 北京：清华大学出版社，2012.

[3] 李波，胡俊，齐磊. AutoCAD 2012 中文版完全学习手册. 北京：电子工业出版社，2012.

[4] 丁绪东. AutoCAD 2007 实用教程. 北京：中国电力出版社，2007.

[5] 吴永进，林美樱. AutoCAD 2007 中文版实用教程：3D 应用篇. 林彩娥. 北京：人民邮电出版社，2008.

[6] 丁绪东. AutoCAD 2004 实用教程. 北京：中国电力出版社，2004.

[7] Alan jefferis，Michael Jones，Terdasa Jefferis. AutoCAD 2004 建筑制图高级教程. 吴新华，译. 北京：清华大学出版社，2004.

[8] Ellen Finkelstein. AutoCAD 2004 宝典. 罗军，陈豫生，黄帅丹，等，译. 北京：电子工业出版社，2004.